U0550568

# 審定序

海蛞蝓是當今眾多海洋生物中極具人氣的類群。因其多樣的色紋形貌與行為生態，有「海中的寶石」之美譽。在水中攝影的普及化，與網際網路普遍化的雙重效應，許許多多的海蛞蝓的原色樣貌，逐漸廣為人知，並受到普羅大眾的喜愛。

廣義的「海蛞蝓」，涵蓋了軟體動物腹足綱下數個類群的種類；目前全球海域已經紀錄超過 4000 種，而且新的種類仍不斷被發現。這本蒐羅了日本近岸海域 1260 種海蛞蝓的野外原色圖鑑，以大量的水中攝影圖片，呈現了野外的海蛞蝓體色姿態，並佐以彩繪插圖標示足供辨識的海蛞蝓形態特徵，大幅提高了由野外生態影像辨識物種的便利性與正確性。

臺灣與日本相鄰，同屬於西太平洋海域生物地理分布區。就底棲性海洋無脊椎動物而言，有許多共同分布的種類。此本海蛞蝓圖鑑中文版譯本的物種中文學名，除參考已發表的臺灣學術刊物的譯名外，也依照物種的分類學名中文譯意參酌命之。對於國內喜愛探索週邊海域海蛞蝓自然生態的人士，也有極高的參考價值。

黃興倬

識於國立自然科學博物館

NUDIBRANCH & SEA SLUG ILLUSTRATED

【新版 ウミウシ】

# 海蛞蝓 圖鑑

晨星出版

# Contents

※ 本書以 2009 年 7 月出版的《海蛞蝓　活著的海中妖精》為基礎，新增 320 頁，收錄總計 1260 種海蛞蝓的新版書籍。

# 海蛞蝓照片展
# NUDIBRANCH & SEA SLUG WATCHING

大西洋海神海蛞蝓與錢幣水母

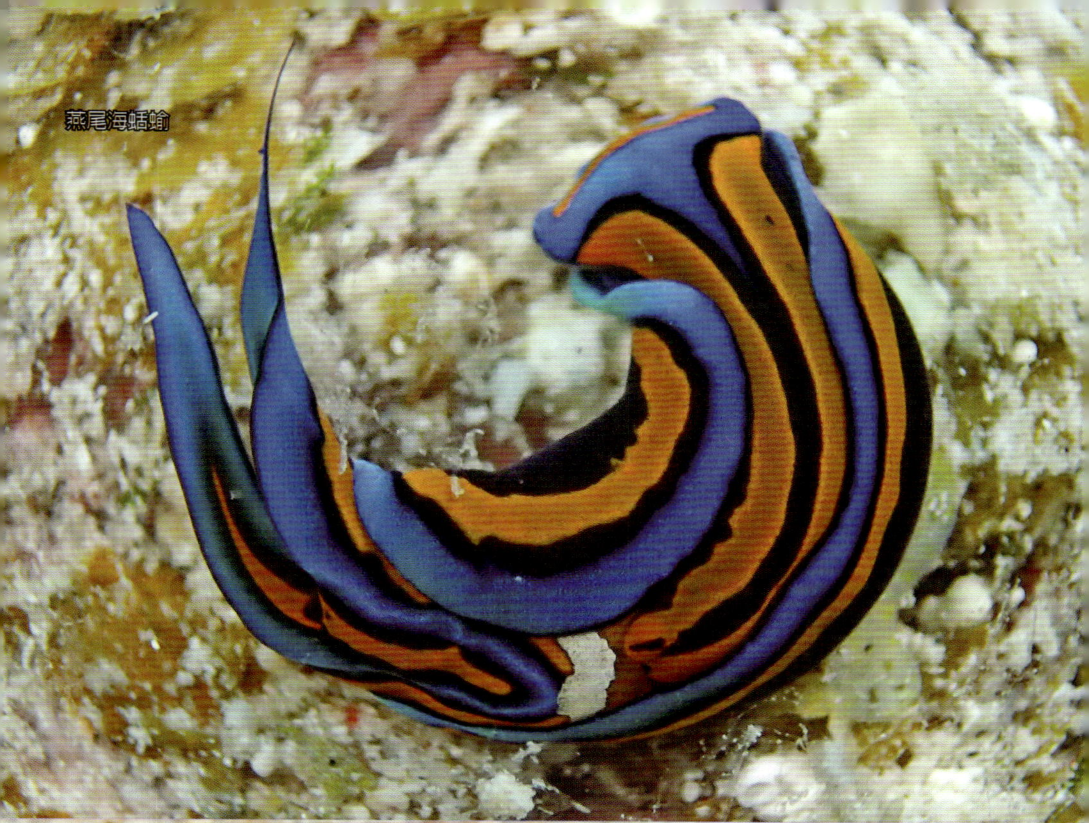

燕尾海蛞蝓

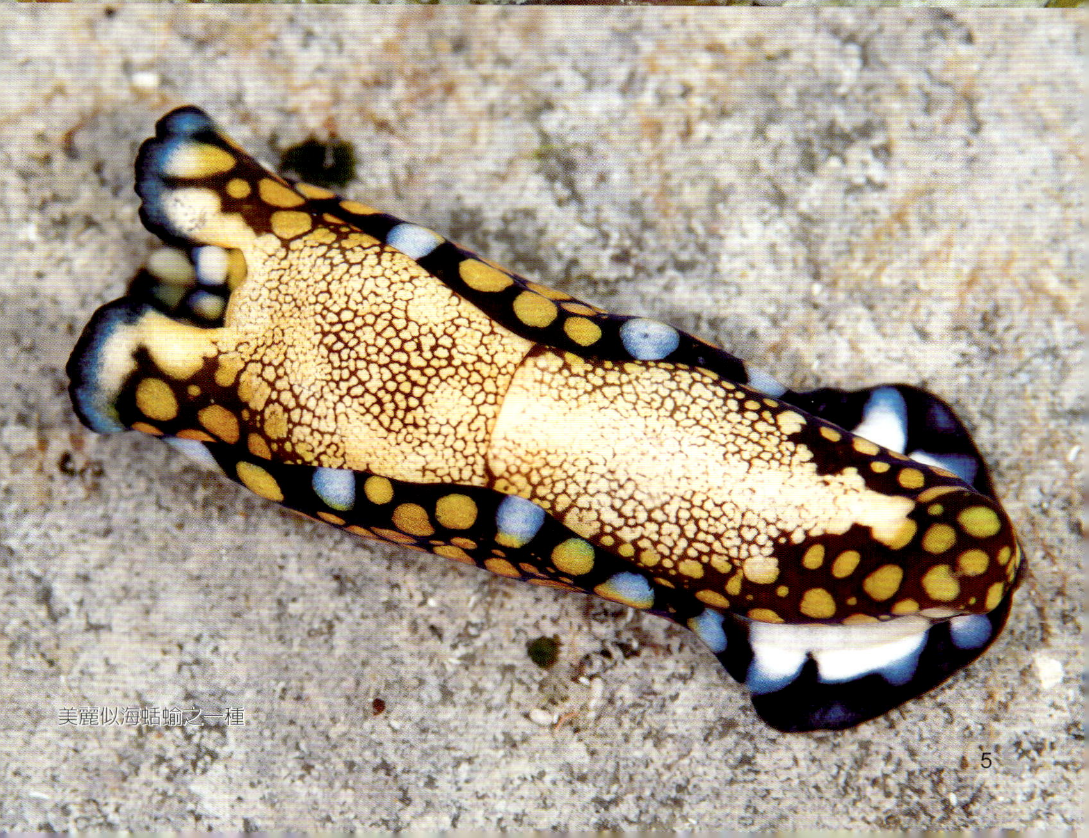

美麗似海蛞蝓之一種

黑緣管翼海蛞蝓

布洛克灰翼海蛞蝓

鰻游二列鰓海蛞蝓

相模海兔

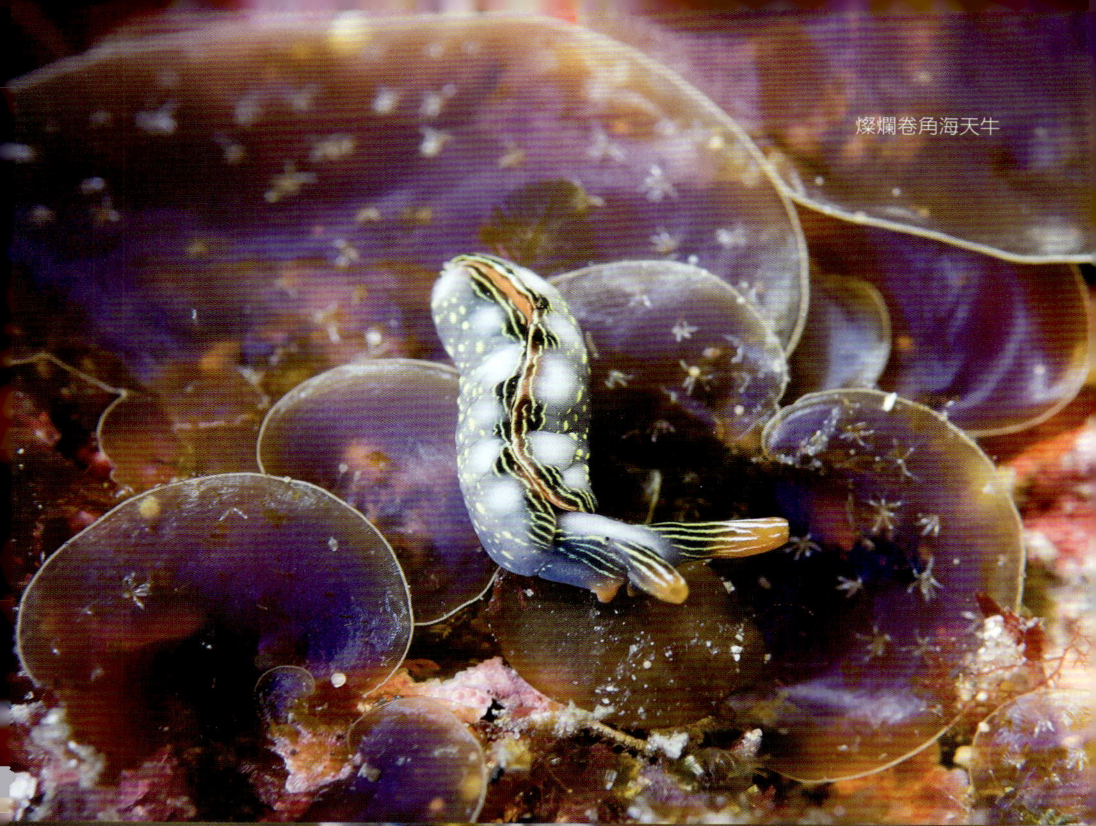
燦爛卷角海天牛

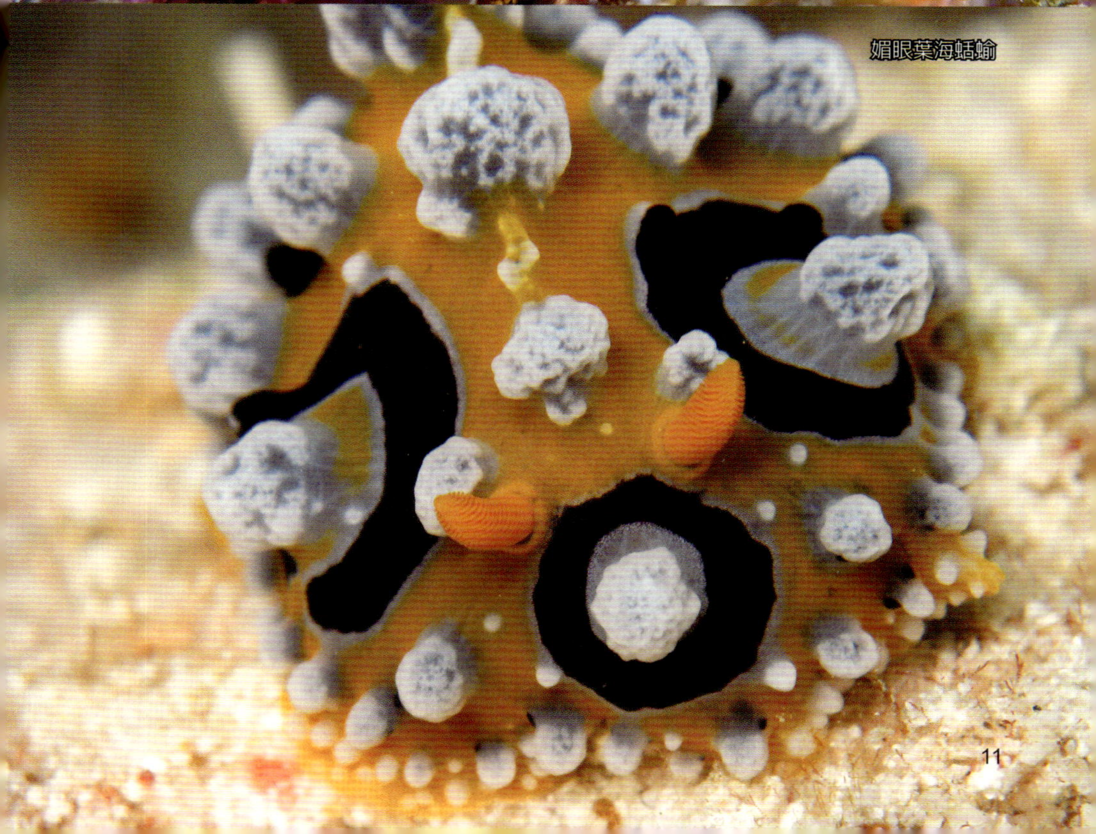
媚眼葉海蛞蝓

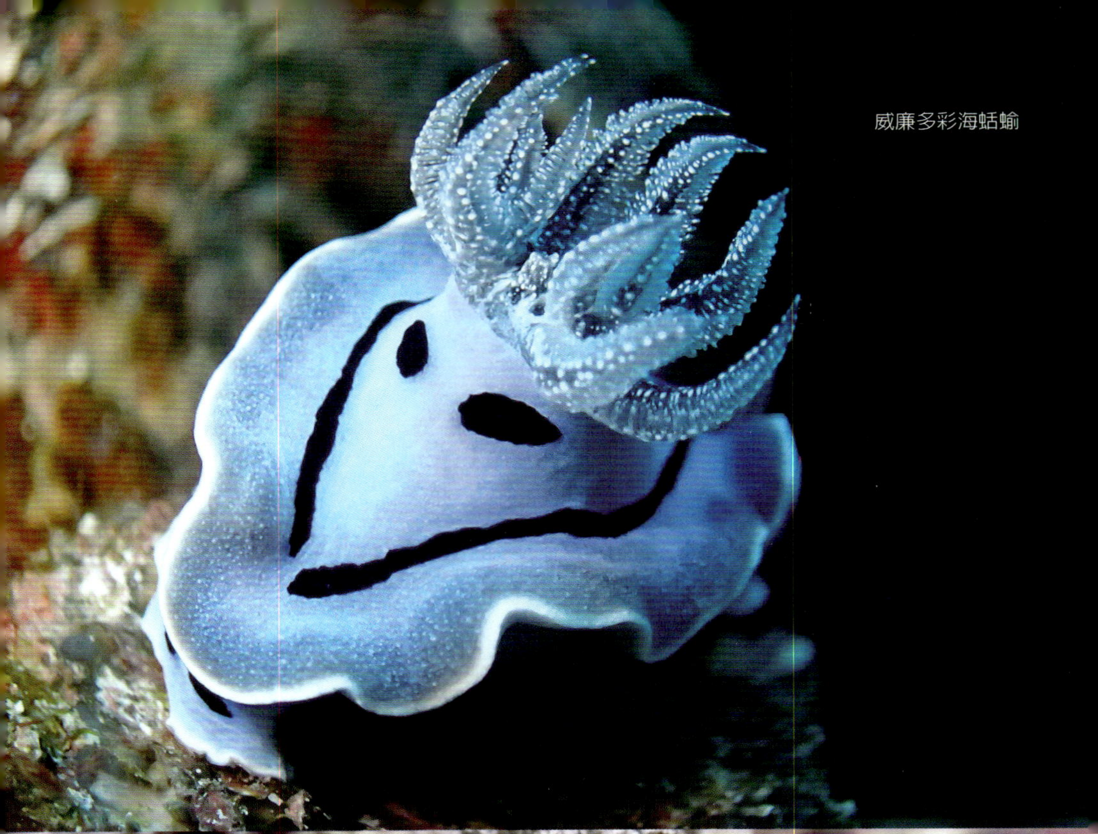
威廉多彩海蛞蝓

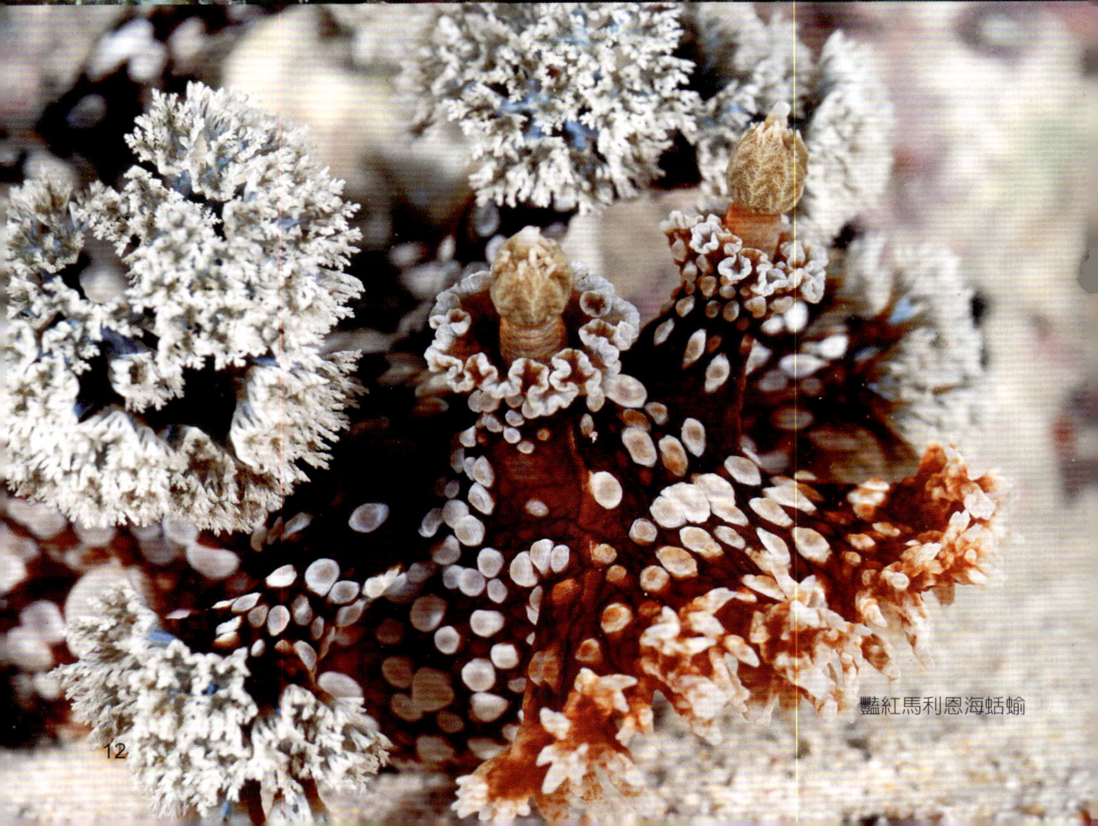
豔紅馬利恩海蛞蝓

三葉角質海蛞蝓

1
2
3
4
5
6
7
8
9

## 海蛞蝓照片展
## NUDIBRANCH & SEA SLUG WATCHING
### 【配色】

①巨大瑰麗海蛞蝓 ②波點葉海蛞蝓 ③馬場高澤海蛞蝓 ④洛博角鰓海蛞蝓 ⑤煙囪盤海蛞蝓 ⑥空杯麗長葡萄螺 ⑦黃緣瑰麗海蛞蝓 ⑧突丘小葉海蛞蝓 ⑨蠕蟲擬葉海蛞蝓 ⑩華麗多彩海蛞蝓 ⑪紅紫扇鰓海蛞蝓 ⑫埃孚鷺海蛞蝓 ⑬鰻游二列鰓海蛞蝓 ⑭大腳墨彩海蛞蝓 ⑮優美腹翼海蛞蝓 ⑯白點角鰓海蛞蝓 ⑰天空葉海蛞蝓 ⑱豹斑角鰓海蛞蝓 ⑲雞冠多角海蛞蝓

10
11
12
13
14
15
16
17
18
19

1 2
3 4
5 6
7
8 9

## 海蛞蝓照片展
## NUDIBRANCH & SEA SLUG WATCHING
### 【外形】

①裂紋擬葉海蛞蝓 ②近藤隅海蛞蝓 ③多變沒藥灰翼海牛 ④越前真鰓海蛞蝓 ⑤馬場菊太郎美葉海蛞蝓 ⑥巴西旋蓑海蛞蝓 ⑦朦朧瘤背盤海蛞蝓 ⑧金斑裸海蛞蝓 ⑨裝飾嘉德林多彩海蛞蝓 ⑩ 近緣赫夫灰翼海蛞蝓 ⑪巨叢沒藥灰翼海牛 ⑫白脊瘤背盤海蛞蝓 ⑬赭瑪綴爾海牛 ⑭漢考克海蛞蝓之一種 2 ⑮ 模仿真鰓海蛞蝓 ⑯麥福森灰翼海蛞蝓 ⑰幽靈卡伯海蛞蝓 ⑱卡伯海蛞蝓之一種 2 ⑲薩維金亞努斯海蛞蝓

10 11
12 13
14 15
16 17
18 19

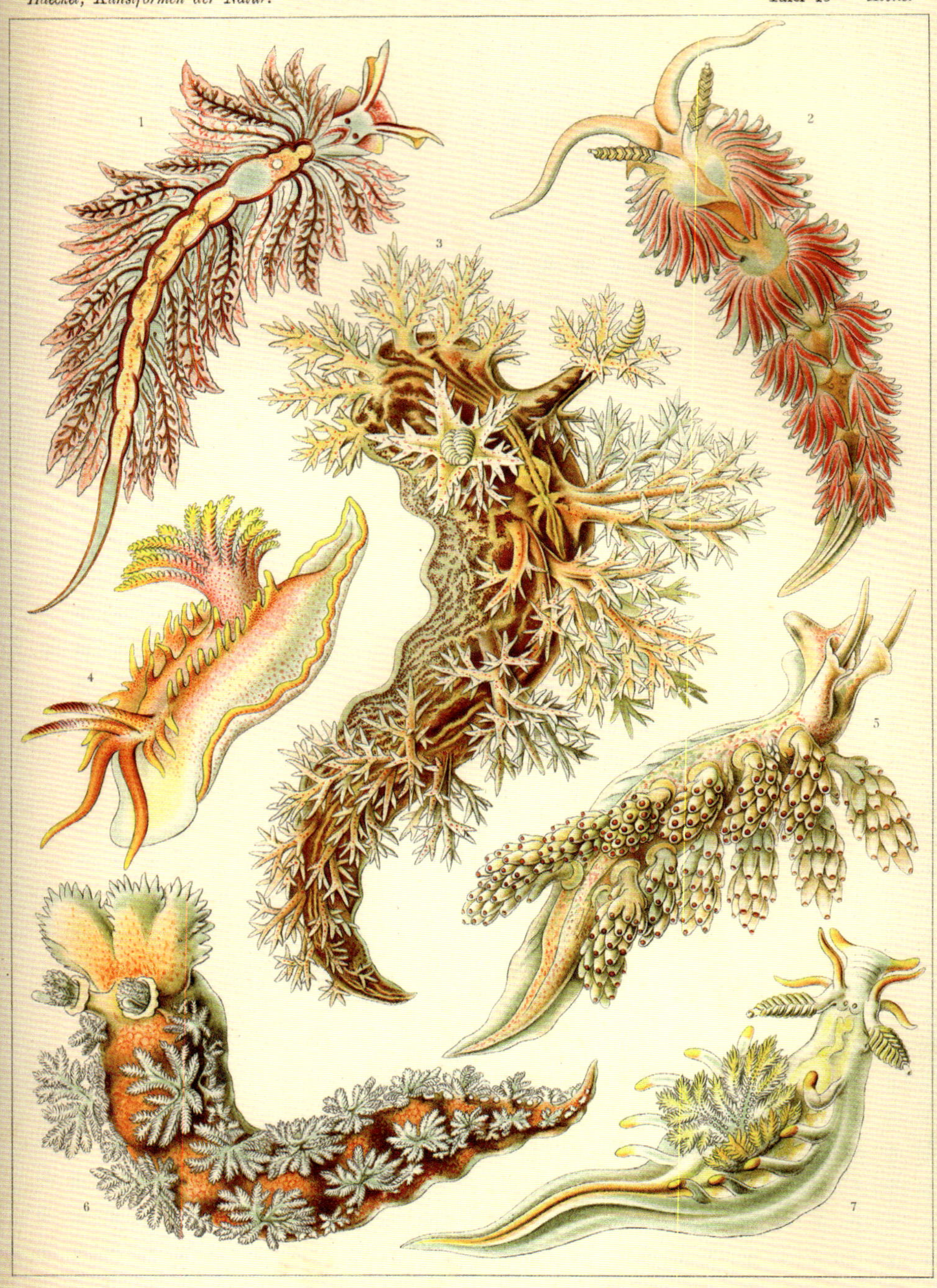
Haeckel, Kunstformen der Natur.
Tafel 43 — Aeolis.
1
2
3
4
5
6
7
Nudibranchia. — Nacktkiemen-Schnecken.

# 海蛞蝓畫作（西洋篇）

無論哪個時代，海蛞蝓的美深深擄獲了專家的心。海蛞蝓不好養殖，也很難製成美麗的標本，本書收錄的圖片可說是時代先驅。

德國動物學家恩斯特・海克爾的著作與插圖、阿道夫・吉爾奇的石版畫作、《自然界的藝術形式》、Leipzig 出版、第 43 個插圖・裸鰓目（1900 年）。

Ernst Haeckel：Kunst Formen der Natur. Verlag des Bibliographischen Instituts, Leipzig und Wien. 1899 ～ 1901. Tafel 43 Nndibranchia. Lithogr., Adolf Giltsch.

| | 海克爾記載的學名 | 現在的學名 |
|---|---|---|
| 1 | *Hermaea bifida*（Locén） | *Hermaea variopicta*（Costa, 1869） |
| 2 | *Aeolis coronate*（Forbes） | *Facelina auriculata*（Müller, 1776） |
| 3 | *Dendronotus arborescens*（Alder） | *Dendronotus frondosus*（Ascantius, 1774） |
| 4 | *Idalia elegans*（Leuckart） | *Okenia elegans*（Leuckart, 1828） |
| 5 | *Doto coronate*（Locén） | *Doto coronata* Gmelin, 1791 |
| 6 | *Tritonia Hombergii*（Cuvier） | *Tritonia Hombergii* Cuvier, 1803 |
| 7 | *Ancula cristata*（Locén） | *Ancula gibbosa*（Risso, 1818） |

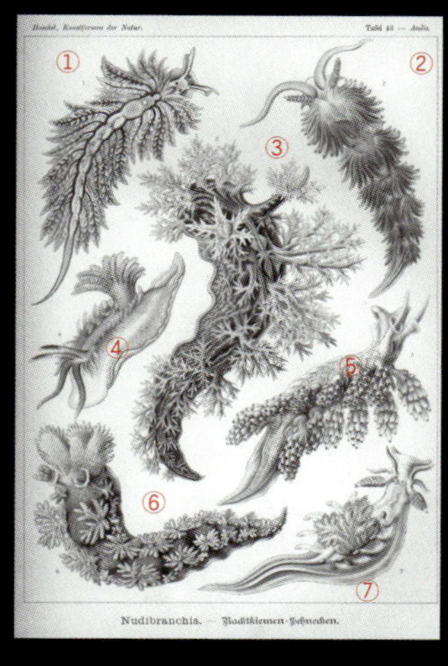
①
②
③
④
⑤
⑥
⑦
Nudibranchia.

日本動物圖鑑附圖第一六圖

引自《日本動物圖鑑》1927 年、北隆館出版

# 海蛞蝓畫作（日本篇）

**引自貝類學者、平瀨信太郎　筆、《日本動物圖鑑》1927 年、北隆館、東京彩色印刷卷首插圖第 16 圖**

| | 平瀨信太郎記載的學名 | 現在的名稱（無中文名稱者省略）與學名 |
|---|---|---|
| 1 | *Petalifera*（*Pseudaplysia*）*punctulata* Tapparone-Canefri | 斑葉海兔<br>*Petalifera punctulata*（Tapparone-Canefri, 1874） |
| 2 | *Doris*（*Homoiodoris*）japonica Bergh | 日本似海牛海蛞蝓<br>*Homoiodoris japonica* Bergh, 1881 |
| 3 | *Tethys*（*Tethys*） *nigrocincta* Martens | 黑邊海兔<br>*Aplysia parvula* Guilding in Mörch, 1863 |
| 4 | *Plocamopherus* sp. | 尾脊卷髮多角海蛞蝓<br>*Plocamopherus tilesii* Bergh, 1877 |
| 5 | *Dolabella* sp. | 耳狀截尾海兔<br>*Dolabella auricularia*（Lightfoot, 1786） |
| 6 | *Oscanius* sp. | 優美側鰓海蛞蝓<br>*Berthellina delicate*（Pease, 1861） |
| 7 | *Idalia* sp. | 脊突海蛞蝓屬 *Okenia* 之一種 |
| 8 | *Chromodoris marenzelleri* Bergh | 節慶高澤海蛞蝓<br>*Hypselodoris festiva*（A.Adams, 1861） |
| 9 | *Elysia viridis*（Montagu） | 平瀨海天牛<br>*Elysia hirasei* Baba, 1955 |
| 10 | *Aclesia freeri Griffin* | 利氏鬚海兔<br>*Bursatella leachii leachii de* Blainville, 1817 |

佩飾巢海蛞蝓
引自小野田勝造•小野田伊久馬：《内外動物原色大圖鑑》、1940 年、誠文堂新光社、東京

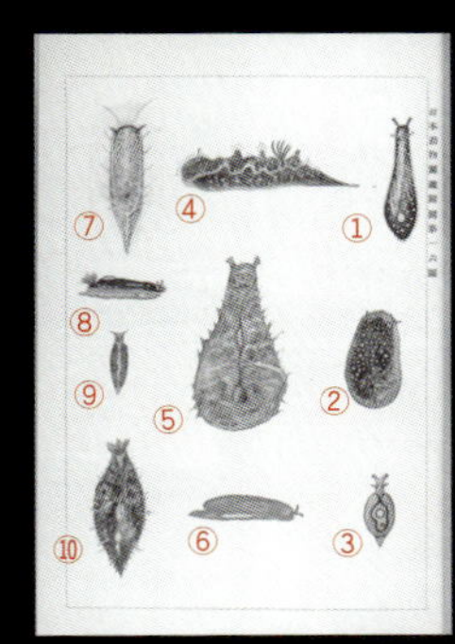
⑦
④
①
⑧
⑨
⑤
②
⑩
⑥
③

# 海蛞蝓郵票展示集

## （引自福元勝治先生的集郵收藏品）

與古畫一樣，海蛞蝓也是郵票圖案的主角。透過集郵欣賞平時沒見過的海蛞蝓模樣，就像閱讀圖鑑充滿樂趣。躍身郵票主角的物種，大多是色彩鮮豔的族群。

20¢ SINGAPORE
1
NOUVELLE-CALÉDONIE ET DÉPENDANCES
32F
2
ASCENSION
50p
3
Hydatina amplustre
Royal Paper Bubble
Rf4
MALDIVES
4
Hydatina physis
$1·50
TUVALU
5
6
RÉPUBLIQUE D'HAITI
POSTES
GOURDE 0.05
Grenada Grenadines
$5
7
FIJI
NUDIBRANCHS
83c
8
45c
NORFOLK ISLAND
9
REPOBLIKA DEMOKRATIKA MALAGASY
Aplysia depilans
500 FMG
100 ARIARY
10
Cocos (Keeling) Islands
HARMINOEA CYMBALUM
$3
11
SULTANATE OF OMAN
40 BAIZA
12
Ascension Island
65p
13
75c
NORFOLK ISLAND
14
$2
BEQUIA
GRENADINES OF ST. VINCENT
15
CHRISTMAS ISLAND
41c
16
SOLOMON ISLANDS
$1·50
17
POLYNÉSIE FRANÇAISE
44f
RF
18
NOUVELLE-CALÉDONIE ET DÉPENDANCES
37F
POSTE AÉRIENNE
19
RÉPUBLIQUE D'HAITI
POSTES
GOURDE 0.25
20
SEA SLUG Roboastra arika
10
PAPUA NEW GUINEA
21
FØROYAR
7.50
22
COOK ISLANDS
30c
23
FIJI
NUDIBRANCHS
$2.00
24
WALLIS ET FUTUNA
23F
RF
Huxabranchus
25
Mauritius
40cents
26
TUVALU
15c
27
VANUATU
100
Notodoris minor
28
Cocos (Keeling) Islands
HALGERDA TESSELLATA
$2
29
FIJI
NUDIBRANCHS
42c
30

NORFOLK ISLAND 95c
31
VANUATU 35
32
$1.20 WWF
NIUE
33
PENRHYN NORTHERN COOK ISLANDS 80c
34
VANUATU 55
Chromodoris kuniei
35
NOUVELLE-CALEDONIE
Aquarium de Nouméa
Chromodoris kuniei
Postes 1990
42F RF
36
KENYA
MARINE LIFE
37
PALAU 22¢
FOUR-COLOR NUDIBRANCH
SYMBIOSIS
38
VANUATU 20
Chromodoris elisabethina
39
Chromodoris annae
Malaysia 20¢
40
FIJI NUDIBRANCHS
41
SEA SLUG Chromodoris fidelis
15
PAPUA NEW GUINEA
42
COMMONWEALTH OF DOMINICA $1.00
NUDIBRANCH, Coryphella sp.
43
20 ISLE of MAN
44
POSTES 1999
200R
ROYAUME DU CAMBODGE
45
Flabellina macassarana
Malaysia 20¢
46
35
PAPUA NEW GUINEA
47
REPUBLIQUE DE DJIBOUTI
45F
48
Glossodoris atromarginata
Malaysia 20¢
49
SOLOMON ISLANDS
70c
50
AUSTRALIA
45c
51
BENNETT'S NUDIBRANCH
55c AUSTRALIA
52
20¢ WWF
NIUE
53
日本郵便
60
NIPPON 1987
海洋生物学100年記念
54
NUDIBRANCH 85c
NORFOLK ISLAND
55
$1.50 WWF
56
El Salvador
¢ 2.20
$ 0.25
57
SOLOMON ISLANDS
80c
58
FIJI NUDIBRANCHS
53c
59
3.50
中華民國郵票
REPUBLIC OF CHINA
60
Coryphella verrucosa
$2
BEQUIA
GRENADINES OF ST. VINCENT
61
NUDIBRANCH
$1.05
NORFOLK ISLAND
62
40
PAPUA NEW GUINEA
63
$2
BEQUIA
64
$1
NIUE
65
Fryeria ruppelli
Malaysia 20¢
66
SINGAPORE 35c
Nudibranch
67
10c
68
Phyllidia ocellata
Malaysia 20¢
69
NUDIBRANCH 45c
NORFOLK ISLAND
70
PENRHYN NORTHERN COOK ISLANDS 30c
71
FIJI NUDIBRANCHS
72
SOLOMON ISLANDS
22c
73
Cocos (Keeling) Islands
PHILLIDIA VARICOSA
$1
74

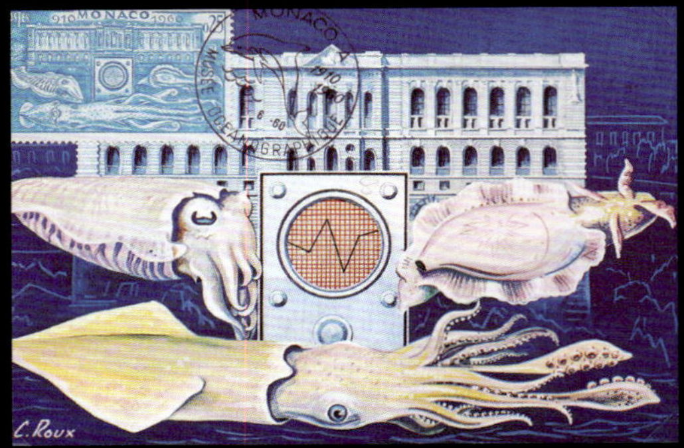
MONACO
C. Roux

**摩納哥海洋博物館 50 週年紀念郵票上的海兔**

1960 年發行六款「摩納哥海洋博物館 50 週年紀念郵票」，這是其中之一。棲息在大西洋、地中海周邊的脫毛海兔（右上），左上為歐洲烏賊，下方還有相模帆烏賊。

NOUVELLE CALEDONIE ET DEPENDANCES
10F
PREMIER JOUR
NOUMEA

**歷史最悠久的郵票**

在海中遨遊的海蛞蝓身影令人印象深刻，這是法屬新喀里多尼亞 1959 年發行的七款（魚、漁業、海洋生物）普通發票之一。照片為印刷在明信片背面的大西洋海神海蛞蝓實物圖片，十分有趣。順帶一提，郵票中還有另一種環節動物纓鰓蟲。

1. 玫瑰泡螺／新加坡 1977 年 2. 密紋泡螺／法屬新喀里多尼亞 1974 年 3. 波紋豔泡螺／亞森欣島 1983 年 4. 玫瑰泡螺／馬爾地夫 1993 年 5. 密紋泡螺／吐瓦魯 1994 年 6. 波紋豔泡螺／海地 1973 年 7. 美洲密紋泡螺 （有時亦稱為 Brown-lined paper-bubble）／格瑞那達、格瑞那丁群島 1986 年 8. 大西洋海神海蛞蝓／斐濟 1993 年 9. 大西洋海神海蛞蝓／諾福克島 1993 年 10. 脫毛海兔／馬達加斯加 1993 年 11. 空杯麗長葡萄螺／科科斯（基林）群島 1986 年 12. 三彩　／阿曼 1982 年 13. 中華傘螺／亞森欣島 1996 年 14. 二列鰓海蛞蝓／諾福克島 1993 年 15. 厚角海神鰓海蛞蝓／貝基亞島 2005 年 16. 印度灰翼海蛞蝓／索羅門群島 1989 年 17. 印度灰翼海蛞蝓／聖誕島 1989 年 18. 珠綠螺之一種／法屬玻里尼西亞 1988 年 19. 黑美葉海蛞蝓／法屬新喀里多尼亞 1964 年 20. 美葉海蛞蝓之一種／海地 1973 年 21.Roboastra 屬之一種／巴布亞紐幾內亞 1978 年 22. 多角海蛞蝓之一種／法羅群島 2002 年 23. 六鰓海蛞蝓之一種／庫克群島 1992 年 24. 血紅六鰓海蛞蝓／斐濟 1993 年 25. 血紅六鰓海蛞蝓／瓦利斯和富圖那 1982 年 26. 血紅六鰓海蛞蝓／模里西斯 1969 年 27. 血紅六鰓海蛞蝓／吐瓦魯 1988 年 28. 微小三鰓海蛞蝓／萬那杜 1985 年 29. 鑲嵌瘤背盤海蛞蝓／科科斯（基林）群島 1986 年 30. 卡爾森瘤背盤海蛞蝓／斐濟 1993 年 31. 威利瘤背盤海蛞蝓／諾福克島 1993 年 32. 瘤背盤海蛞蝓屬之一種／萬那杜 1985 年 33. 伊莉莎白多彩海麒麟／紐埃 1999 年 34. 多彩海蛞蝓之一種／彭林 1993 年 35. 庫尼角鰓海蛞蝓／萬那杜 1985 年 36. 庫尼角鰓海蛞蝓／法屬新喀里多尼亞 1990 年 37. 多彩海蛞蝓之一種／肯亞 1980 年 38. 多彩海蛞蝓之一種／帛琉 1987 年 39. 伊莉莎白多彩海麒麟／萬那杜 1985 年 40. 安娜多彩海蛞蝓／馬來西亞 1988 年 41. 信實角鰓海蛞蝓／斐濟 1993 年 42. 信實角鰓海蛞蝓／巴布亞紐幾內亞 1978 年 43. 扇羽海蛞蝓之一種／多米尼克 1998 年 44. 真鰓海蛞蝓之一種／曼島 1994 年 45. 扇羽海蛞蝓之一種／柬埔寨 1999 年 46. 扇羽海蛞蝓之一種／巴布亞紐幾內亞 1988 年 47. 扇羽海蛞蝓之一種／巴布亞紐幾內亞 1978 年 48. 舌狀海蛞蝓之一種／吉布地 1977 年 49. 黑邊多彩海蛞蝓／馬來西亞 1988 年 50. 布洛克高澤海蛞蝓／索羅門群島 1989 年 51. 布洛克高澤海蛞蝓／澳洲 1995 年 52. 高澤海蛞蝓之一種／澳洲 1984 年 53. 崔恩高澤海蛞蝓／紐埃 1999 年 54. 上：節慶高澤海蛞蝓、下：金紫角鰓海蛞蝓／日本 1987 年 55. 舌狀海蛞蝓之一種／諾福克島 1993 年 56. 布洛克高澤海蛞蝓／紐埃 1999 年 57. 多彩海蛞蝓之一種／薩爾瓦多 2004 年 58. 豹斑角鰓海蛞蝓／索羅門群島 1989 年 59. 洛氏多彩海蛞蝓／斐濟 1993 年 60. 華麗多彩海蛞蝓／臺灣（中華民國） 61. 幾何角鰓海蛞蝓／貝基亞島 2005 年 62. 多彩海蛞蝓之一種／諾福克島 1993 年 63. 多彩海蛞蝓之一種／巴布亞紐幾內亞 1978 年 64. 豹斑角鰓海蛞蝓／貝基亞島 2005 年 65. 洛氏多彩海蛞蝓／紐埃 1999 年 66. 葉海蛞蝓之一種／馬來西亞 1988 年 67. 葉海蛞蝓之一種／新加坡 1994 年 68. 媚眼葉海蛞蝓／法屬新喀里多尼亞 1990 年 69. 媚眼葉海蛞蝓／馬來西亞 1990 年 70. 媚眼葉海蛞蝓／諾福克島 1993 年 71. 腫紋葉海蛞蝓／彭林 1993 年 72. 腫紋葉海蛞蝓／ 斐濟 1993 年 73. 腫紋葉海蛞蝓／索羅門群島 1989 年 74. 腫紋葉海蛞蝓／科科斯（基林）群島 1985 年

## 掌握海蛞蝓的分布狀況

雖然照片欄外記載了各種海蛞蝓的拍攝地點，但適度省略了地點所屬的縣名。請參閱以下地圖。

奄美大島
慶良間群島
沖繩島
宮古島
石垣島
西表島
知床羅臼
龍飛
平内町大島
深浦町岡崎
中泊町下前
倉橋島
生湯
七尾市
親不知
天草
越前
濱名湖
一切
田邊
宇和島白浦
伊勢志摩
古座
間崎島
屋久島
八丈島
小笠原
浦安有海
三浦半島
房總半島
千本濱
三保
獅子濱
茅崎
逗子
荒崎海岸
真鶴
城之島
明鐘岬
宮川灣
初島
大瀨崎
井田
富戶
伊豆半島
黃金崎
伊豆海洋公園
田子
浮島
雲見
伊豆大島

# 海蛞蝓圖鑑的閱讀方法

Nudibranchia Doridacea
Phanerobranchia
海牛下目 Doridacea
（顯鰓超科 Phanerobranchia）
①
多角海蛞蝓科 Polyceridae
多角海蛞蝓亞科 Polycerinae
角鞘海蛞蝓屬 Thecacera
太平洋角鞘海蛞蝓
*Thecacera pacifica* Bergh, 1883
②
③
印度－
太平洋
④
⑤
身體從黑色慢慢
變至藍色、白色
⑦
黑色
| 大瀨崎 水深 12m 大小 15mm 加藤昌一 |
⑥
身體爲黃褐色，觸角鞘、鰓兩側的突起和尾部的顏色，從黑色慢慢轉變至藍色、白色。觸角前端、鰓軸、口觸手爲黑色。長度達 25mm。
⑧


**① 上層分類群**
在頁面左上方或右上方，以不同顏色的書眉標示。

**② 中文名稱**
標示種的中文名稱。沒有中文名稱的種僅標示學名。尚未鑑定的種與沒有學名的未描述物種，以該科或該屬分類群之一種的方式標示。若有複數種，則加上編號。

**③ 學名**
世界共通的名稱。以《國際動物命名規約》訂定的屬名與種名二名法標記。本書在學名之後接著標示命名者與命名年代。若屬有變更，則以（ ）表示。
至於未知種、未描述物種的種名，在可能符合的分類群後加上 sp.（species 的簡稱）。若是有複數種，則加上編號。

**④ 分布**
本書根據國外資料刊載鑑定種的分布範圍，若無國外資料，則參考日本國內的書籍與論文。

**⑤ 生態照片**
選用以突顯種特徵的角度拍攝的成體照片，部分內容還有強調顏色、形狀變異或是幼齡時期的照片。

**⑥ 圖說**
描述照片的拍攝地點、拍攝時的水深、攝影者名字、拍攝個體的體長（有貝殼的種為殼長）。

**⑦ 顯著特徵的圖解**
利用圖片清楚解說該種特徵。

**⑧ 解說**
描述各種海蛞蝓的身體底色、背面突起、觸角、鰓的顏色、形狀與位置等主要特徵。此外，還有主要棲息地區、棲息環境等拍攝時的資訊。

## 關於本書

本書刊載種僅限於日本國內的攝影種，原因在於如今公認為同種的海外原生個體，在形態和顏色上多與日本原生個體不同，今後很可能被列為別種。

分類方式大致遵守 Gosliner et al., 2018 的規定，一部分參考 WoRMS（2019、12 月的資料），但也加上許多作者的獨特見解。此外，儘管專家不斷發表新論文，也不可能立刻更新採用，許多資訊需要時間驗證。至於新和名的部分，原文書只採用學術機關有標本的名稱。只用照片鑑定就採用新和名可能會出錯，造成鑑定問題，風險很高。

一般的海蛞蝓愛好者極少關注裸殼翼足亞目，因此本書並未收錄。

在描述種的特性時，本書重視與近似種的差異，而非顯而易見的形態。圖說以特徵差異為重點。

小野篤司

# 異鰓亞綱
## Heterobranchia
# 直神經下綱
## Euthyneura
# 捻螺形群
## Acteonimorpha

殼為外在性，體積大，大多有一個完整的螺形。
許多屬可從齒舌差異識別。
過去被列在頭盾目裡。

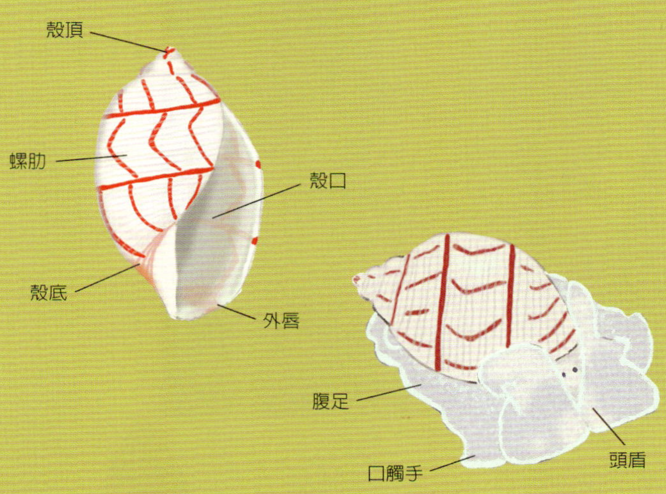
殼頂
螺肋
殼口
殼底
外唇
腹足
頭盾
口觸手

| 千本濱 水深 15m 大小 7mm 高重博 |

捻螺科 Acteonidae
和捻螺屬 Japonacteon

# 希氏和捻螺

*Japonactaeon sieboldii*（Reeve, 1842）

西太平洋

殼薄有光澤，縫合線下爲白色。肩部與殼底有褐色橫帶條紋，軟體爲帶白色的半透明狀。原爲捻螺屬。殼長 20mm。

有光澤，縫合線下為白色
肩部與殼底有褐色橫帶條紋
帶白色的半透明狀

---

| 宇和島白浦 水深 0.5m 大小 5mm 高重博 |

捻螺科 Acteonidae
和捻螺屬 Japonacteon

# 日本和捻螺

*Japonactaeon nipponensis*（Yamakawa, 1911）

俄羅斯
到九州

殼爲淡黃色，有黑色直條紋，縫合線附近與底色交錯，十分顯眼。殼面遍布細螺溝。軟體爲黑色，頭盾較淡。殼長達 13mm。

與底色交錯的黑色橫條紋
殼面遍布細螺溝

軟體為黑色，頭盾較淡

捻螺科 Acteonidae
和捻螺屬 Japonacteon

# 和捻螺之一種

*Japanacteon* sp.

日本

| 大瀨崎 水深 12m 大小 12mm 高重博 |

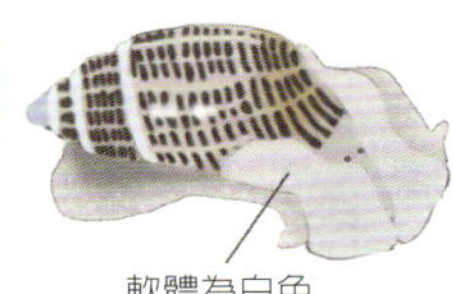
縫合線下為白色
僅螺肋上方有黑色虛線
軟體為白色

殼形比細溝蛹螺圓，僅螺肋上方有黑色虛線。縫合線下爲白色。軟體爲白色。過去的書籍也曾將其列爲細溝蛹螺。殼長達 10mm。

---

捻螺科 Acteonidae
蛹螺屬 Pupa

# 細溝蛹螺

*Pupa strigosa*（Gould, 1859）

西太平洋

| 大瀨崎 水深 5m 大小 5mm 高重博 |

殼爲白色，遍布鮮明的刻點狀螺溝。螺溝阻斷了灰色直線，使其呈虛線狀。體層爲砲彈形，軟體爲白色。殼長達 15mm。

| 濱名湖 水深 1m 大小 5mm 高重博 |

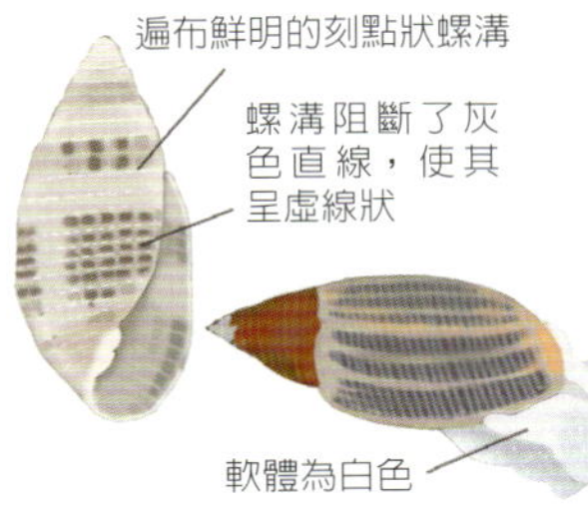
遍布鮮明的刻點狀螺溝
螺溝阻斷了灰色直線，使其呈虛線狀
軟體為白色

捻螺科 Acteonidae
蛹螺屬 Pupa

## 堅固蛹螺

*Pupa solidula*（Linnaeus, 1758）

印度－西太平洋

| 小笠原 水深 18m 大小 10mm 高重博 |

殼爲白色，螺溝較深且清晰。有許多黑色或灰色直線，遭溝螺阻斷，呈方斑狀。軟體爲白色。殼長 25mm。

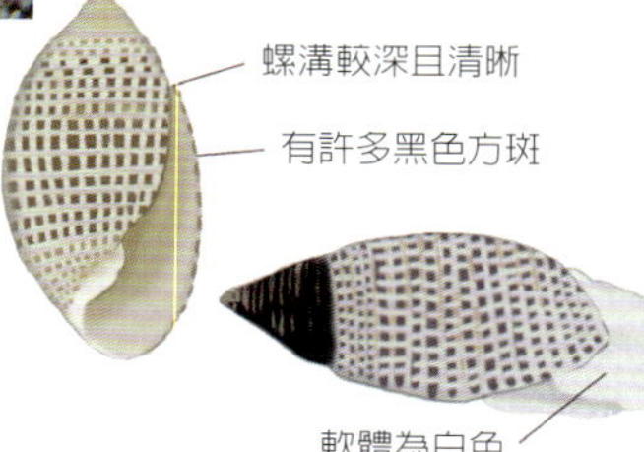
螺溝較深且清晰
有許多黑色方斑
軟體為白色

捻螺科 Acteonidae
斑捻螺屬 Punctacteon

## 紅斑捻螺

*Punctacteon fabreanus*（Crosse, 1874）

西太平洋

| 大瀨崎 水深 5m 大小 11mm 高重博 |

殼略帶光澤，遍布刻點狀螺溝。有 3 條紅褐色帶狀條紋。外形近似親緣蛹螺，但螺溝較窄。軟體爲白色。殼長達 18mm。

呈卵形且遍布刻點狀螺溝
渲染狀大型紅褐色斑點，形成 3 條寬帶狀條紋
軟體為白色

捻螺科 Acteonidae
斑捻螺屬 Punctacteon

# 吉良斑捻螺

*Punctacteon kirai*（Habe, 1949）

西太平洋

| 千本濱 水深 20m 大小 10mm 高重博 |

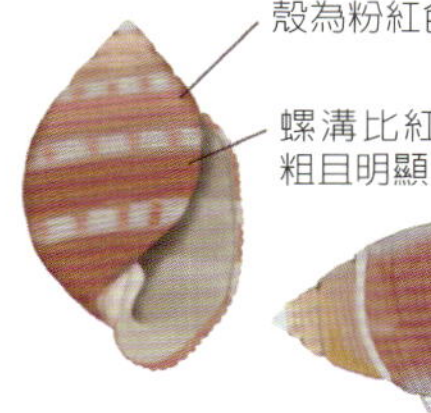
殼為粉紅色
螺溝比紅斑捻螺
粗且明顯
軟體為白色

殼爲粉紅色，螺溝比紅斑捻螺粗且明顯。軟體爲白色。殼長達 26mm。

---

捻螺科 Acteonidae
斑捻螺屬 Punctacteon

# 火焰斑捻螺

*Punctacteon flammeus*
（Gmelin, 1791）

印度－
西太平洋

| 大瀨崎 水深 15m 大小 9mm 高重博 |

殼爲白色，有 3 條火焰形粉紅色斑紋形成的螺紋。殼面遍布螺溝。軟體爲白色。殼長達 16mm。

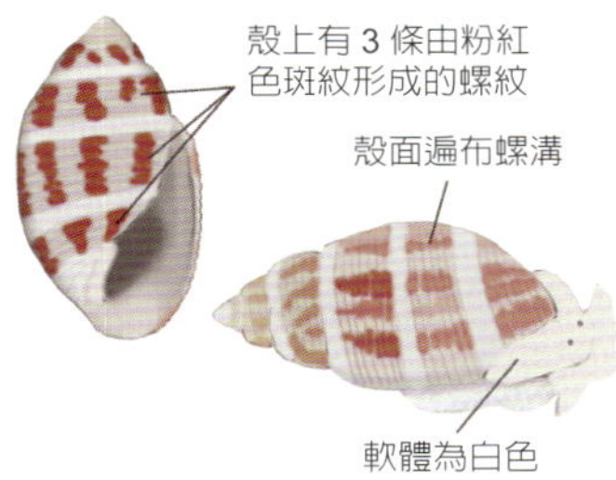
殼上有 3 條由粉紅
色斑紋形成的螺紋
殼面遍布螺溝
軟體為白色

| 千本濱 水深 23m 大小 5mm 高重博 |

捻螺科 Acteonidae
Rictaxiella 屬

## 銚子豔捻螺

*Rictaxiella choshiensis* Habe, 1958

日本

殼爲淡紫色，縫合線下有白色螺紋。殼面遍布深色刻點狀螺溝。腹足爲帶紫色的半透明狀，頭盾爲淡黃色。殼長達 9.5mm。

殼為淡紫色
殼面遍布深色
刻點狀螺溝
頭盾為淡黃色

| 八丈島 水深 5m 大小 10mm 加藤昌一 |

紅紋螺科 Bullinidae
豔捻螺屬 Bullina

## 紅線豔捻螺

*Bullina lineata*（Gray, 1825）

西太平洋－
中太平洋

殼爲白色，有 2 條紅色細橫紋，與彎曲的紅色直線交叉。軟體爲帶白色的半透明狀，有淺藍色邊緣。殼長達 15mm。

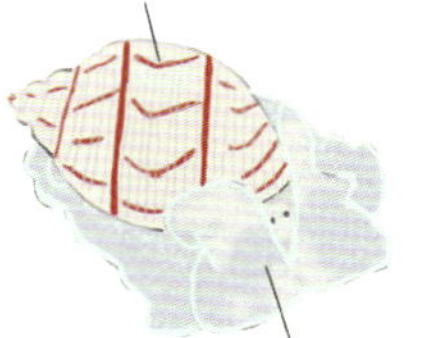
2 條紅色細橫紋
彎曲的紅色直線與橫紋交叉
軟體有藍色邊緣

紅紋螺科 Bullinidae
黵捻螺屬 Bullina

# 高貴黵捻螺

*Bullina nobilis* Habe, 1950

日本、
菲律賓

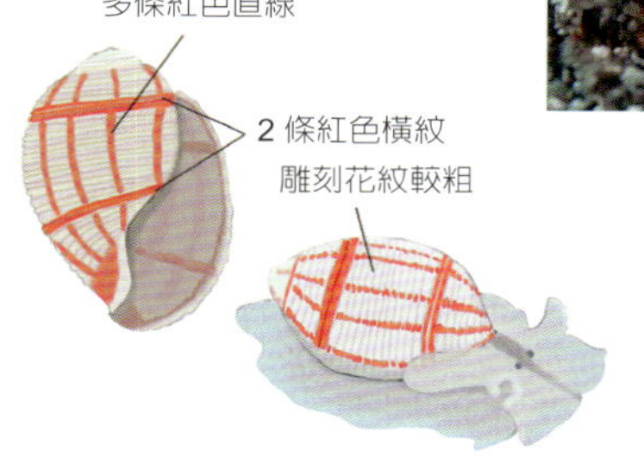
多條紅色直線
2 條紅色橫紋
雕刻花紋較粗

| 井田 水深 8m 大小 10mm 片野猛 |

大型白色薄殼上，有 2 條紅色橫紋和多條紅色直線。外形很像紅線黵捻螺，但雕刻花紋較粗，紅色直線的彎度較直。軟體帶有白色半透明，無邊緣，殼長達 20mm。

紅紋螺科 Bullinidae
黵捻螺屬 Bullina

# 黑細帶黵捻螺

*Bullina vitrea* Pease, 1860

西太平洋

| 八丈島 水深 6m 大小 10mm 加藤昌一 |

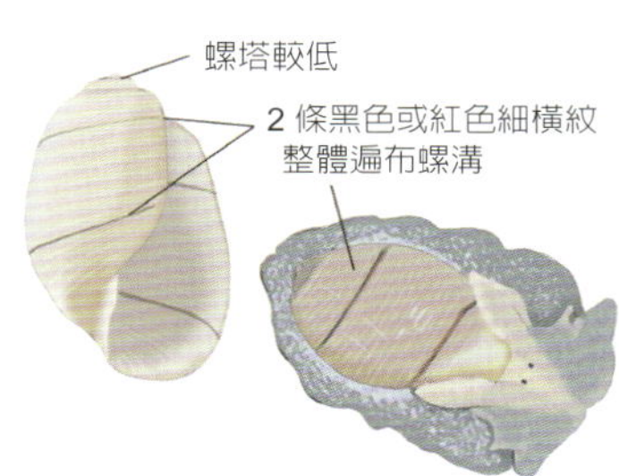
螺塔較低
2 條黑色或紅色細橫紋
整體遍布螺溝

殼爲白色，上面有 2 條黑色或紅色細橫紋。螺塔較低，整體遍布螺溝。軟體爲帶白色的半透明狀，寬腹足密布白色細點。帶有紅色橫紋的個體看似 *Bullina callizona*，但可從低螺塔區分。異名爲 *B. roseana*。殼長達 25mm。

| 伊豆大島 水深 20m 大小 9mm 高重博 |

｜大瀨崎　水深 6m　大小 7mm　高重博｜

紅紋螺科 Bullinidae
豔捻螺屬 Bullina

# 豔捻螺之一種

*Bullina* sp.

日本、
菲律賓

殼爲帶粉紅色的半透明狀，外唇爲深色。整體遍布淺螺溝，螺塔低。軟體爲帶白色的半透明狀，腹足遍布白色細點。殼長達 8mm。

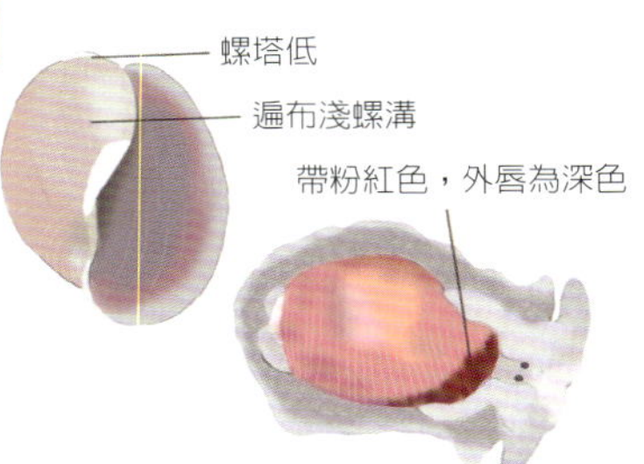
螺塔低
遍布淺螺溝
帶粉紅色，外唇為深色

｜千本濱　水深 15m　大小 18mm　高重博｜

船尾螺科 Aplustridae
泡螺屬 Hydatina

# 三帶泡螺

*Hydatina albocincta*
（van der Hoeven, 1839）

印度－
西太平洋

殼爲白色，有光澤，呈飽滿的球形。表面有 4 條褐色橫紋。軟體爲紫褐色，有白邊。殼長達 50mm。

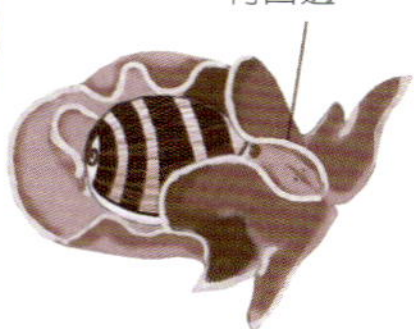
殼型為球形，
有 4 條褐色橫紋
軟體為紫褐色，
有白邊

船尾螺科 Aplustridae
泡螺屬 Hydatina

# 經度泡螺

*Hydatina zonata*（Lightfoot, 1786）

印度－西太平洋

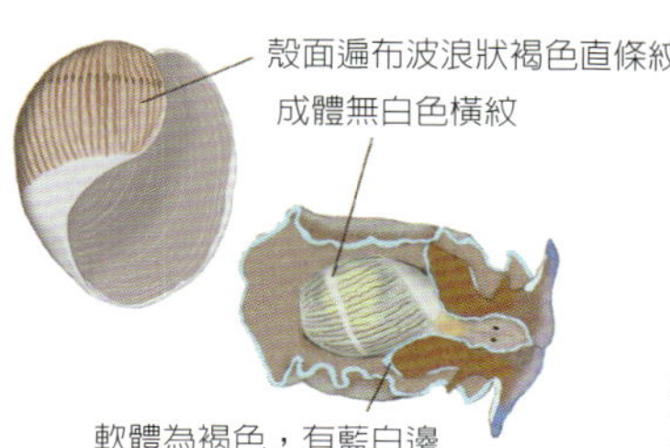
殼面遍布波浪狀褐色直條紋
成體無白色橫紋
軟體為褐色，有藍白邊

| 八丈島　水深 5m　大小 20mm　加藤昌一 |

殼為白色，遍布波浪狀褐色直條紋。照片為幼體，中央有白色帶狀區域，長至成體就會消失。軟體為褐色，有藍白邊。殼長達 25mm。

---

船尾螺科 Aplustridae
泡螺屬 Hydatina

# 黑帶泡螺

*Hydatina velum*（Gmelin, 1791）

印度－西太平洋

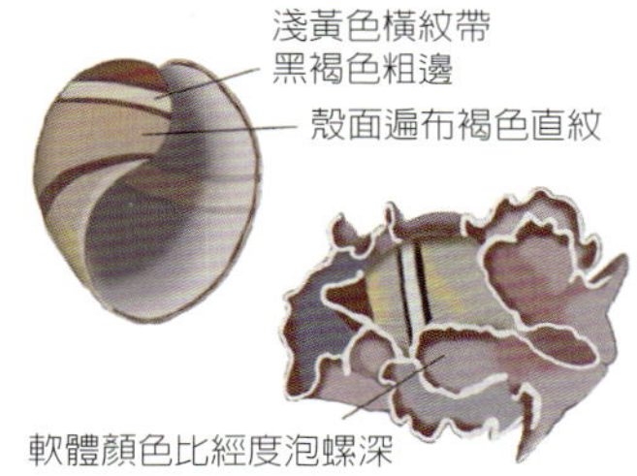
淺黃色橫紋帶
黑褐色粗邊
殼面遍布褐色直紋
軟體顏色比經度泡螺深

| 千本濱　水深 17m　大小 34mm　高重博 |

殼為白色，遍布褐色細橫紋。中間有一條框著黑褐色粗邊的淺黃色橫紋，成體後橫紋不會消失。外形近似經度泡螺，但軟體顏色較深，產卵期有生殖隔離現象。有些研究者認為黑帶泡螺是經度泡螺的異名。殼長達 30mm。

---

船尾螺科 Aplustridae
泡螺屬 Hydatina

# 密紋泡螺

*Hydatina physis*（Linnaeus, 1758）

全球熱帶海域

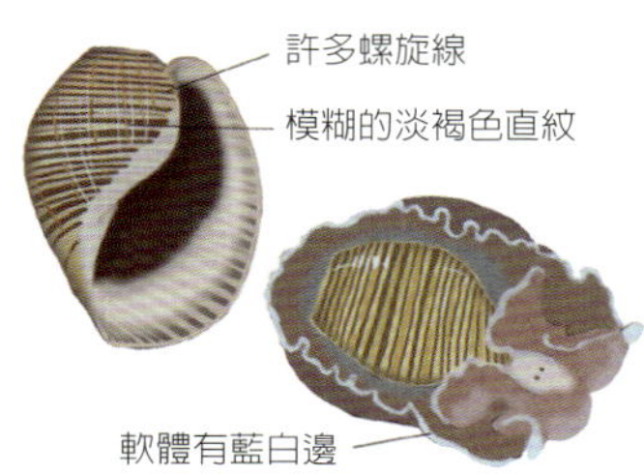
許多螺旋線
模糊的淡褐色直紋
軟體有藍白邊

| 八丈島　水深 1m　大小 40mm　加藤昌一 |

殼面有許多黑色螺旋線和模糊的淡褐色直紋，軟體為紫褐色，有細細的藍白邊。殼長達 50mm。

| 八丈島 水深 1m 大小 20mm 加藤昌一 |

船尾螺科 Aplustridae
泡螺屬 Hydatina

# 玫瑰泡螺

*Hydatina amplustre*（Linnaeus, 1758）

印度－太平洋

殼爲白色卵形，有 2 條黑邊寬版淺紅褐色橫紋。軟體爲白色，殼長達 25mm。

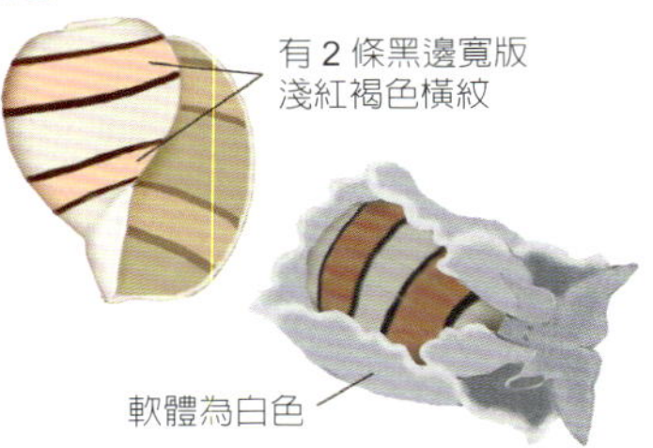
有 2 條黑邊寬版
淺紅褐色橫紋
軟體為白色

船尾螺科 Aplustridae
豔泡螺屬 Micromelo

# 波紋豔泡螺

*Micromelo undata*（Bruguière, 1792）

全球熱帶海域

| 八丈島 水深 12m 大小 8mm 加藤昌一 |

殼爲白色卵形。殼面有 3 條黑褐色橫紋，與波浪狀直線交叉。軟體爲帶白色半透明狀，整體遍布白色斑紋，有藍、黃、綠形成的邊。殼長達 10mm。

3 條黑褐色橫紋
波浪狀直線與橫紋交叉
整體遍布白色斑紋

# 異鰓亞綱
Heterobranchia

# 直神經下綱
Euthyneura

# 厚唇螺側群
Ringipleura

殼厚呈球形，有圓錐形螺塔。
沒有殼蓋，軟體可完全收在殼裡。
齒舌細，沒有砂囊板。
棲息於沙地，以小動物為食。

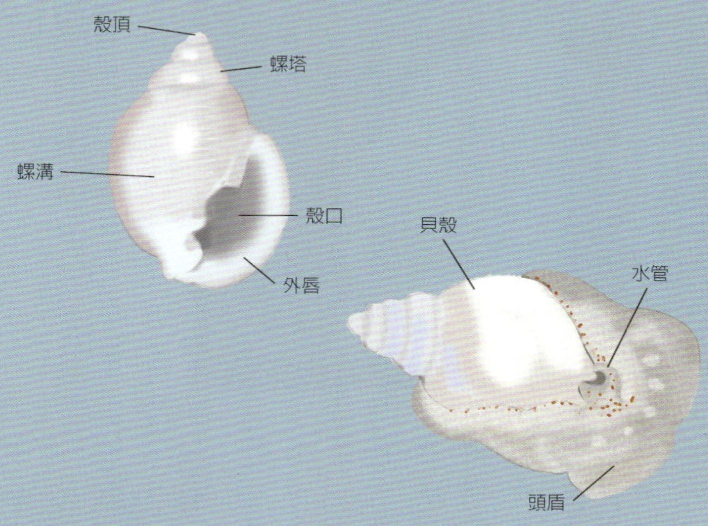
殼頂
螺塔
螺溝
殼口
外唇
貝殼
水管
頭盾

厚唇螺科 Ringiculidae
厚唇螺屬 Ringicula

## 白豆厚唇螺

*Ringicula doliaris* Gould, 1860

西太平洋

| 千本濱 水深 18m 大小 4mm 高重博 |

殼厚，顏色為帶有光澤感的白色，螺溝細緻，間隔較寬。軟體為帶白色的半透明狀，外套膜緣遍布褐色小點。殼長達 5.5mm。

帶有光澤感的白色

螺溝間隔較寬

外套膜緣遍布褐色小點

厚唇螺科 Ringiculidae
厚唇螺屬 Ringicula

## 黑田厚唇螺

*Ringicula kurodai* Takeyama, 1935

西太平洋

| 大瀨崎 水深 10m 大小 2mm 高重博 |

殼厚，顏色為帶有光澤感的白色。外形近似白豆厚唇螺，螺層較不飽滿，螺塔較高。殼長 2.6mm，屬於小型海蛞蝓。外套膜緣遍布褐色小點。

螺塔高

螺層細長，不飽滿

# 厚唇螺側群
## Ringipleura
# 裸側總目
## Nudipleura
# 側鰓目
## Pleurobranchida

背面覆蓋外套膜，形成背楯。細長的觸角捲成筒狀。
身體右側有鰓，口觸手之間有口幕。殼不是在內部，就是沒有。
與裸鰓目為近親。
***Pleurobranchus*** 屬大多以海鞘為食，利用酸性物質保護自己。
***Pleurobranchaea*** 屬不只吃多種小動物，還會同類相食。

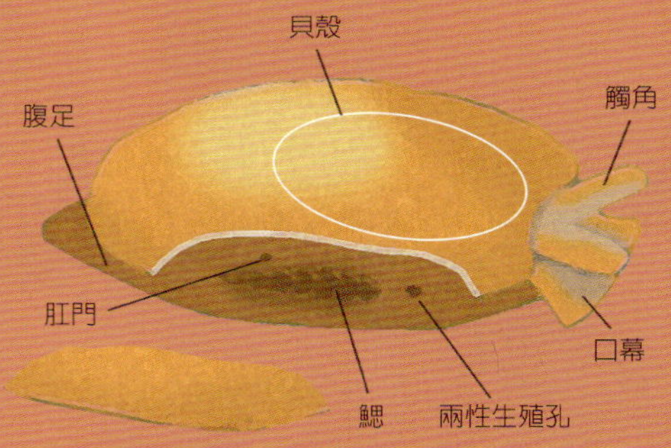
貝殼
腹足
觸角
肛門
口幕
鰓
兩性生殖孔

| 慶良間群島 水深 7m 大小 12mm 小野篤司 |

側鰓科 Pleurobranchoidae
Berthella 屬

# 星斑側鰓海蛞蝓

*Berthella stellata*（Risso, 1826）

全球溫帶與熱帶海域

背面有十字或 T 字白色斑紋

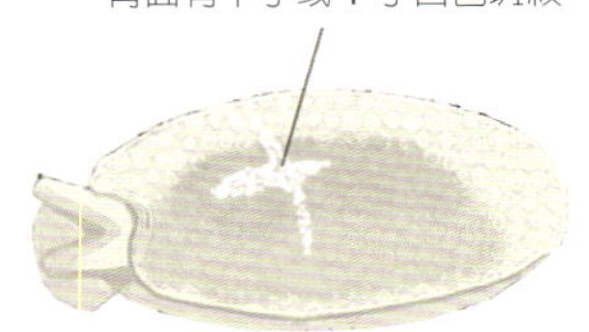

身體底色爲帶白色的半透明狀，遍布細微的半透明龜殼圖案。背面有十字或 T 字白色斑紋，但並非所有個體都有。可在淺海滾動的石頭背面發現其蹤影。可能有多個隱藏種。長度達 20mm。

---

| 八丈島 水深 10m 大小 17mm 廣江一弘 |

| 慶良間群島 水深 12m 大小 15mm 小野篤司 |

| 慶良間群島 水深 7m 大小 20mm 小野篤司 |

| 慶良間群島 水深 5m 大小 25mm 小野篤司 |

| 慶良間群島 水深 6m 大小 12mm 小野篤司 |

側鰓科 Pleurobranchoidae
Berthella 屬

# 馬丁側鰓海蛞蝓

*Berthella martensi*（Pilsbry, 1896）

印度－西太平洋熱帶海域

外套膜分成 4 片

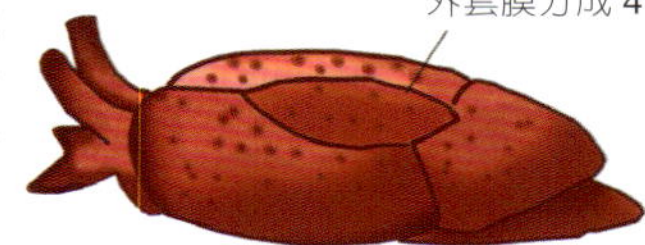

顏色多樣，包括灰白色、黃褐色、黑褐色等

身體底色有多種變化，包括帶白色的半透明狀、黃褐色、黑褐色等。大多個體的外套膜上有黃褐色、黑褐色或黑色的圓形小斑紋，但有些個體沒有斑紋。遇到危險的時候，3 葉外套膜會自割求生。長度達 80mm。

側鰓科 Pleurobranchoidae
Berthella 屬

# 傑斯側鰓海蛞蝓

*Berthella chacei*
（J. Q. Burch, 1944）

西太平洋北部、
北太平洋、
東太平洋

| 平內町大島 水深 6m 大小 20mm 吉川一志 |

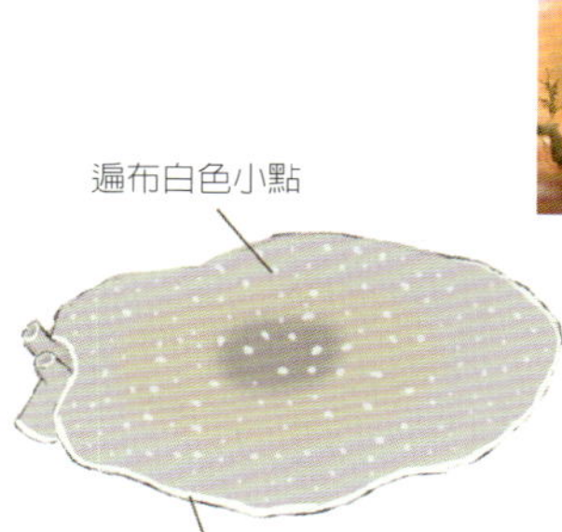
遍布白色小點
白色細線框邊

身體底色爲帶白色的半透明狀，可隱約看到位於中間的深色內臟。體表遍布白色小點，外套膜周圍有白色細線框邊。長度達 50mm。

---

側鰓科 Pleurobranchoidae
Berthella 屬

# 優美側鰓海蛞蝓

*Berthellina delicata*
（Pease, 1861）

印度－
西太平洋

| 八丈島 水深 10m 大小 30mm 加藤昌一 |

淺黃色到橙色，身體幾乎皆為相同色調

身體底色爲淺黃色到橙色，幾乎是同調。外套膜沒有斑紋，也沒有突起，這一點與本屬他種不同，可輕鬆辨識。長度達 40mm。屬於夜行性，白天潛藏在潮水順暢的淺海處滾石背面。

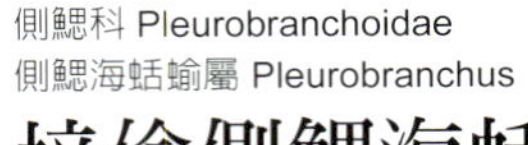

側鰓科 Pleurobranchoidae
側鰓海蛞蝓屬 Pleurobranchus

## 培倫側鰓海蛞蝓

*Pleurobranchus peronii*
Cuvier, 1804

印度－
西太平洋

| 八丈島　水深 2m　大小 35mm　加藤昌一 |

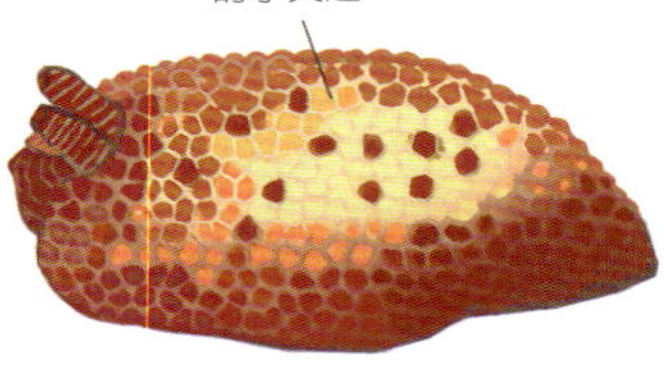
體表有龜殼圖案
的小突起

| 八丈島　水深 6m　大小 5mm　加藤昌一 |

成體的體色為黃褐色到紅紫色，外套膜具龜殼圖案小突起。部分小突起顏色較深。幼體為帶白色的透明狀，遍布白色小點。屬於夜行性，白天潛藏在淺海處滾石背面。長度達 130mm，一般只有 50mm。

---

側鰓科 Pleurobranchoidae
側鰓海蛞蝓屬 Pleurobranchus

## 福斯卡側鰓海蛞蝓

*Pleurobranchus forskalii*
（Rüppell & Leuckart, 1828）

印度－
西太平洋
熱帶海域

| 慶良間群島　水深 7m　大小 50mm　小野篤司 |

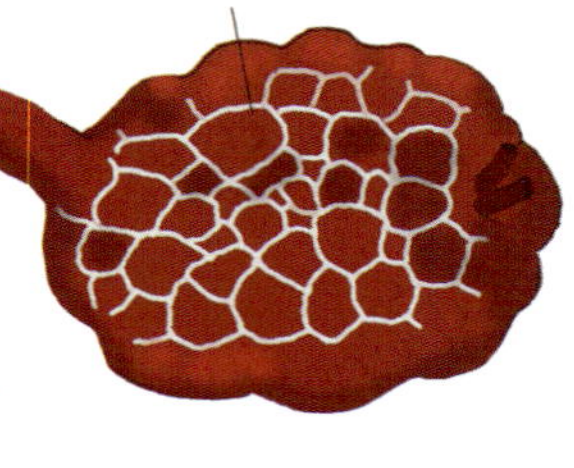
白色或深色龜殼圖案

| 慶良間群島　水深 8m　大小 100mm　小野篤司 |

身體底色為淺黃褐色到紅紫色，外套膜有白色或深色龜殼圖案。有些小型個體的龜殼圖案呈圓形突起，為超過 200mm 的大型種。屬於夜行性，白天通常潛藏在滾石下的沙底。

側鰓科 Pleurobranchoidae
側鰓海蛞蝓屬 Pleurobranchus

## 乳突側鰓海蛞蝓

*Pleurobranchus mamillatus* Quoy & Gaimard, 1832

印度－西太平洋

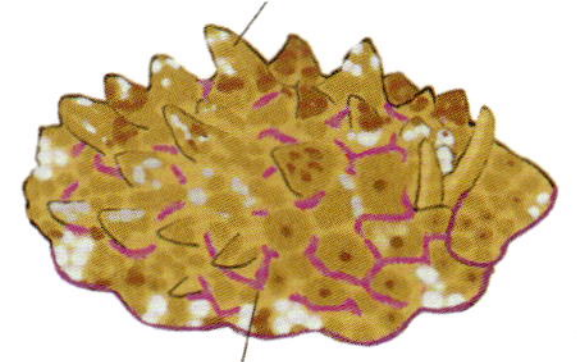
往上延伸的突起
有些突起根部有粉紅色圓邊

| 初島 水深 18m 大小 200mm 岩切秋人 |

體色變化豐富，從褐色到橘色都有。外套膜有往上延伸的突起，有些突起的根部有粉紅色圓邊。外套膜周圍排列著小型突起。長度達 500mm。

側鰓科 Pleurobranchoidae
側鰓海蛞蝓屬 Pleurobranchus

## 巨大側鰓海蛞蝓

*Pleurobranchus grandis* Pease,1868

西太平洋、中太平洋

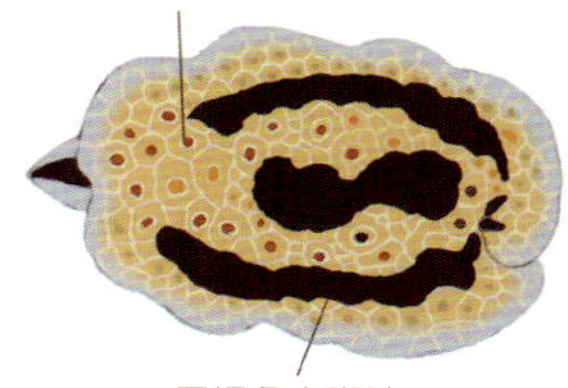
染著淺褐色與紅色的龜殼圖案
黑褐色大斑紋

| 石垣島 水深 7m 大小 150mm 野底聰 |

身體底色爲乳白色，外套膜具有染成淺褐色與紅色的龜殼圖案，其中還點綴著黑褐色大斑紋。觸角爲深色。夜行性，長度達 300mm。日文名稱「ソバカスフシエラガイ」是益田在 1999 年提出的，過去的書籍曾使用過異名「ヨコヅナフシエラガイ」。

側鰓科 Pleurobranchoidae
側鰓海蛞蝓屬 Pleurobranchus

## 白突側鰓海蛞蝓

*Pleurobranchus albiguttatus*（Bergh, 1905）

印度－西太平洋

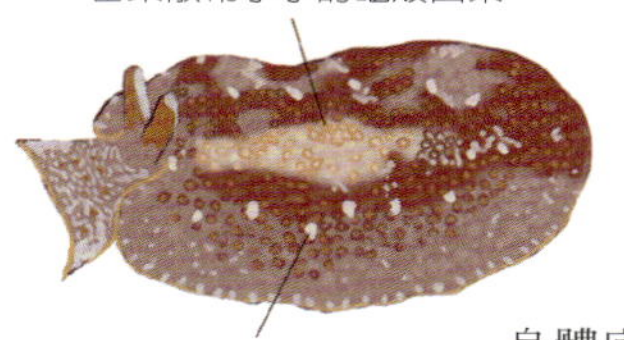
密集散布小小的龜殼圖案
白色小斑紋呈放射狀分布

| 慶良間群島 水深 5m 大小 30mm 小野篤司 |

身體底色爲淺黃褐色到黃褐色。外套膜綿密，遍布小小的龜殼圖案，還有白色小斑紋呈放射狀分布。龜殼圖案上有小型圓錐狀突起，部分爲白色，往上延伸。外形近似培倫側鰓海蛞蝓，但此種的腹足有橙色或褐色小斑紋，可由此區別。長度達 80mm。

| 慶良間群島 水深 8m 大小 10mm 小野篤司 |

側鰓科 Pleurobranchoidae
側鰓海蛞蝓屬 Pleurobranchus

## 喀里多尼亞側鰓海蛞蝓

*Pleurobranchus caledonicus* Risbec, 1928

西太平洋－中太平洋

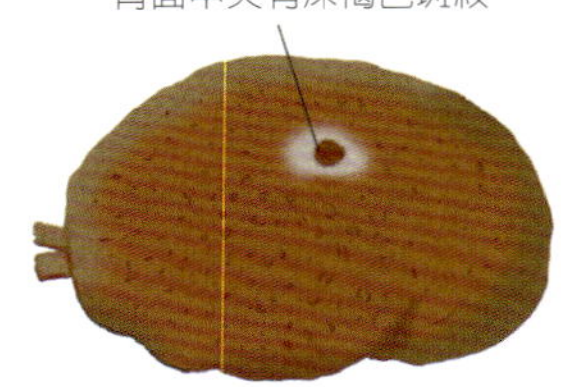
背面中央有深褐色斑紋

身體底色爲灰褐色到紅褐色，背面有深色小斑點，中央則是特有的深褐色斑紋，周圍顏色極淡。常見於珊瑚礁淺處的滾石背面。長度達 150mm。

---

| 沖繩島 水深 4m 大小 18mm 今川郁 |

側鰓科 Pleurobranchoidae
Pleurehdera 屬

## 哈洛德側鰓海蛞蝓

*Pleurehdera haraldi* Marcus & Marcus, 1970

西太平洋、中太平洋

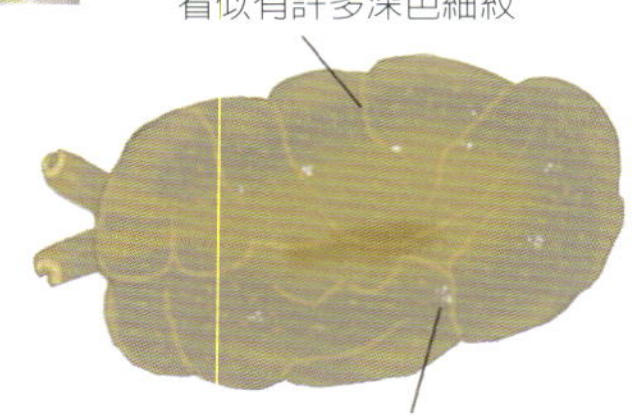
看似有許多深色細紋
外套膜上有些許白色細點

身體顏色變化豐富，從帶淺粉紅色的半透明狀到紅褐色都有。外套膜上有許多細紋，看起來像是深色不規則網狀。此外，外套膜上通常還有些許白色細點。一般可從外套膜看到身體內部的器官。長度達 40mm。

側鰓科 Pleurobranchoidae
Pleurobranchaea 屬

# 斑點側鰓海蛞蝓

*Pleurobranchaea maculata*
（Quoy & Gaimard, 1832）

印度－
西太平洋

| 八丈島　水深 8m　大小 15mm　加藤昌一 |

散布黑褐色的
網狀圖案

外套膜與口幕緊密相連

身體底色為灰黃色，散布黑褐色網狀圖案。許多個體的口幕與外套膜有白色小點。外套膜與口幕緊密相連。什麼都吃，專家曾在胃裡找到同種的小型個體與他種海蛞蝓。一般常見於淺海處滾石下方。長度達 110mm。

側鰓科 Pleurobranchoidae
Pleurobranchaea 屬

# 布氏側鰓海蛞蝓

*Pleurobranchaea brockii*
Bergh, 1897

印度－
西太平洋

| 八丈島　水深 5m　大小 50mm　加藤昌一 |

散布大型褐色
網狀斑紋

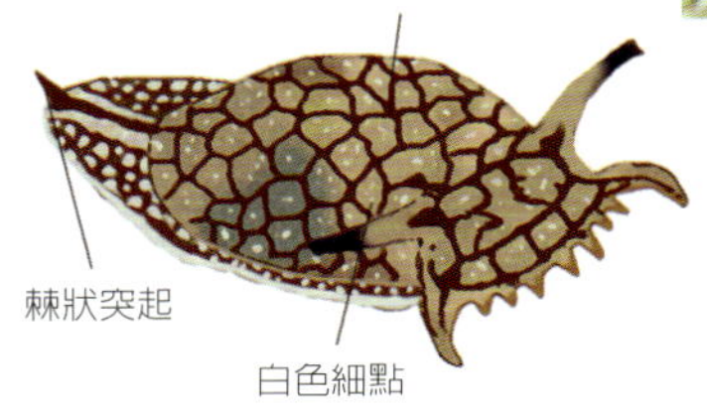
棘狀突起
白色細點

身體底色為淡灰黃色，散布大型褐色網狀斑紋。網狀斑紋的中心都有白色細點。腹足後端有棘狀突起。口幕比明月側鰓海蛞蝓小，但伸展性佳，利於尋找食物。與斑點側鰓海蛞蝓一樣什麼都吃。長度達 120mm。

側鰓科 Pleurobranchoidae
Euselenopus 屬

# 明月側鰓海蛞蝓

*Euselenops luniceps*
（Cuvier, 1817）

印度－
西太平洋

| 大瀨崎 水深 12m 大小 40mm 山田久子 |

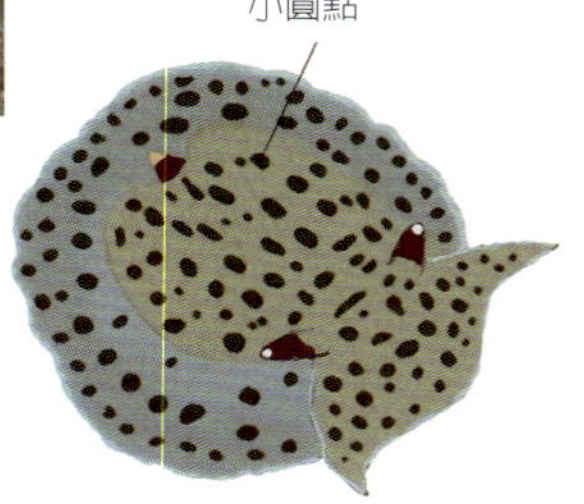
整體遍布黑褐色
小圓點

身體底色爲白色，外套膜、腹足表面和整個口幕都有黑褐色小圓點。在本科中，此種的口幕明顯較大。外套膜後端有水管。屬夜行性，白天潛藏在沙裡。長度達 70mm。

側鰓科 Pleurobranchidae

# 側鰓科海蛞蝓之一種

Pleurobranchidae sp.

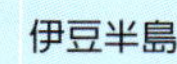
伊豆半島

| 大瀨崎 水深 15m 大小 12mm 山本敏 |

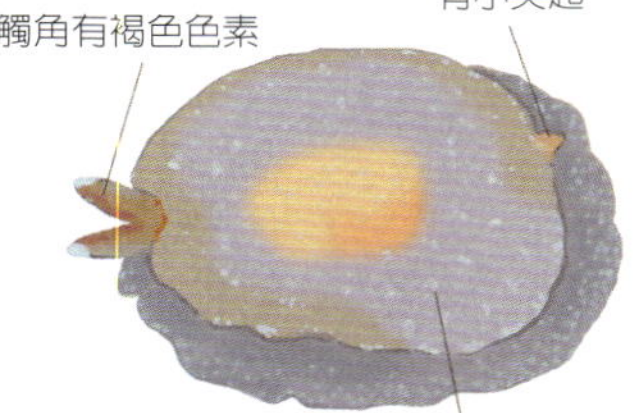
外套膜後側
有小突起
觸角有褐色色素
遍布白色細微點點

游泳中
大瀨崎
山本敏

身體底色爲白色半透明狀，外套膜、口幕和腹足邊緣遍布白色細微點點。外套膜後側有小突起。專家觀察到在體表一側沾滿沙粒，用腹足游泳的模樣。與近似種之間，可從外套膜表面沒有網狀斑紋、有褐色色素、體表沒有橘色色素等特點區分。長度達 12mm。

# 裸鰓目
## Nudibranchia

身體為橢圓形，成體沒有殼。鰓消失，以次生鰓取而代之。
多數種的次生鰓圍繞肛門呈圓形排列。

# 海牛下目
## Doridacea
# 顯鰓超科
## Phanerobranchia

身體細長，鰓外露，不收起來。
沒有收納鰓的袋子，專家認為這是原始形質。
以苔蘚蟲、海鞘和其他海蛞蝓為食。
屬於 **WoRMS** 未曾收錄的既有分類群，
但本書為適合一般民眾閱讀的圖鑑，
為了幫助讀者了解裸鰓目，特地介紹此科。

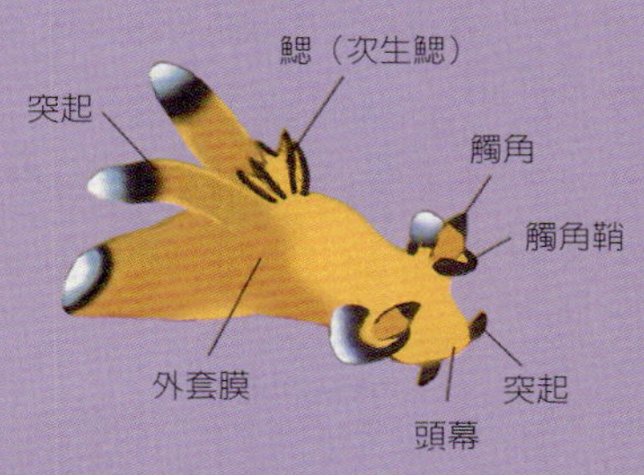
鰓（次生鰓）
突起
觸角
觸角鞘
外套膜
突起
頭幕

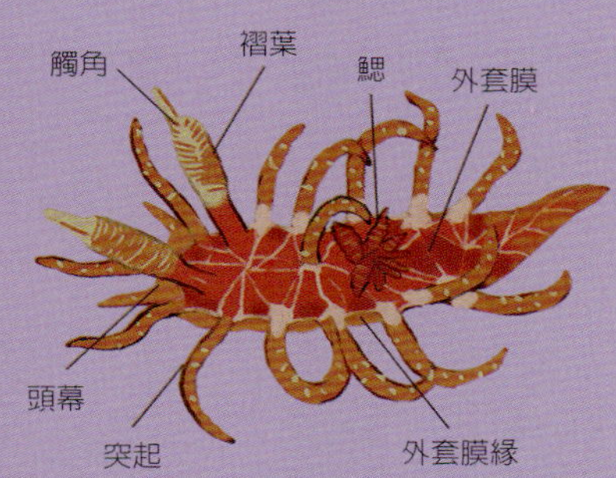
觸角
褶葉
鰓
外套膜
頭幕
突起
外套膜緣

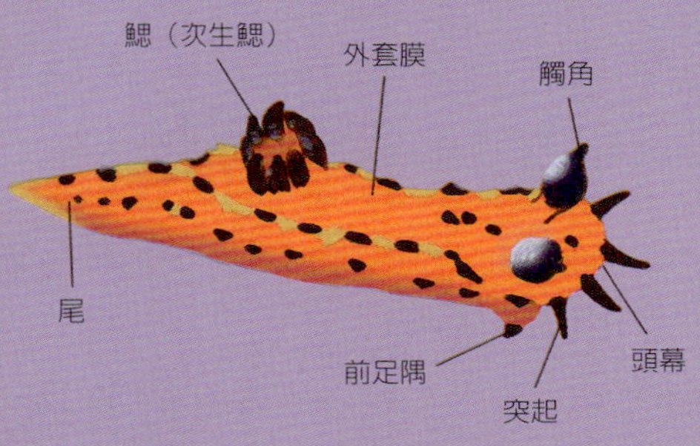
鰓（次生鰓）
外套膜
觸角
尾
前足隅
頭幕
突起

|八丈島 水深 5m 大小 80mm 加藤昌一|

六鰓海蛞蝓科 Hexabranchidae
六鰓海蛞蝓屬 Hexabranchus

## 血紅六鰓海蛞蝓

*Hexabranchus sanguineus*
（Rüppell & Leuckart, 1830）

印度－太平洋、中太平洋

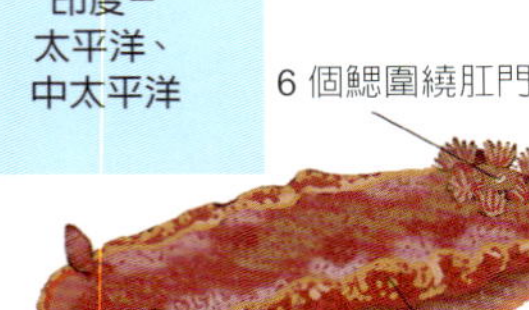
6 個鰓圍繞肛門排列
觸角間距寬
外套膜的背側邊緣往內捲

|八丈島 水深 10m 大小 10mm 加藤昌一|

|慶良間群島 水深 12m 大小 8mm 小野篤司|

大型個體的身體底色大致爲紅色，小型個體爲藍色、淡黃色、白色半透明狀，變化較爲豐富。大型個體的外套膜背側邊緣往內捲，小型個體的外套膜較短，因此外形與一般海蛞蝓無異。有 6 個鰓，圍繞肛門排列。觸角間距寬。偶爾會游泳。由於外觀變化多樣，很容易被誤認爲多彩海蛞蝓科。長度達 600mm。

|大瀨崎 水深 7m 大小 20mm 山田久子|

多角海蛞蝓科 Polyceridae
多角海蛞蝓亞科 Polycerinae
多角海蛞蝓屬 Polycera

## 藤田多角海蛞蝓

*Polycera fujitai* Baba, 1937

西太平洋

後方為黃色，前方帶黑色
整體遍布橙色與黑色細點
頭緣有 6 ～ 10 根指狀突起

身體底色爲黃白色，整體遍布橙色與黑色細點。頭緣處有 6 ～ 10 根指狀突起。背部周緣排列著白色小突起，尾部正中線上方也有幾個白色小突起。通常觸角褶葉後方爲黃色，前方帶黑色。長度達 35mm。

多角海蛞蝓科 Polyceridae
多角海蛞蝓亞科 Polycerinae
多角海蛞蝓屬 Polycera

# 日本多角海蛞蝓

*Polycera japonica* Baba, 1949

印度－
太平洋

| 慶良間群島　水深 5m　大小 8mm　小野篤司 |

觸角褶葉大

黑色斑點

10 個小突起

身體底色爲淺綠色，全身遍布白色斑點與細點，因此許多個體看起來像白色。許多個體的鰓部與身體後方有黑色斑點。頭緣有 10 個極小的突起。觸角褶葉比身體大。長度達 10mm。

---

多角海蛞蝓科 Polyceridae
多角海蛞蝓亞科 Polycerinae
多角海蛞蝓屬 Polycera

# 瑞氏多角海蛞蝓

*Polycera risbeci* Odhner, 1941

印度－
西太平洋
熱帶海域

| 慶良間群島　水深 5m　大小 5mm　小野篤司 |

黑褐色細橫線

觸角褶葉大

幾根微小突起

身體底色爲黃褐色、綠褐色、褐色、黑褐色，變化豐富。通常體表有黑褐色細線，但有些個體沒有。此外，有些個體全身遍布白色細點。觸角褶葉大，從褶葉往上生長的軸部較短。頭緣有幾根小突起。長度達 8mm。

| 井田 水深 23m 大小 13mm 片野猛 |

多角海蛞蝓科 Polyceridae
多角海蛞蝓亞科 Polycerinae
多角海蛞蝓屬 Polycera

## 阿部多角海蛞蝓

*Polycera abei*（Baba, 1960）

日本

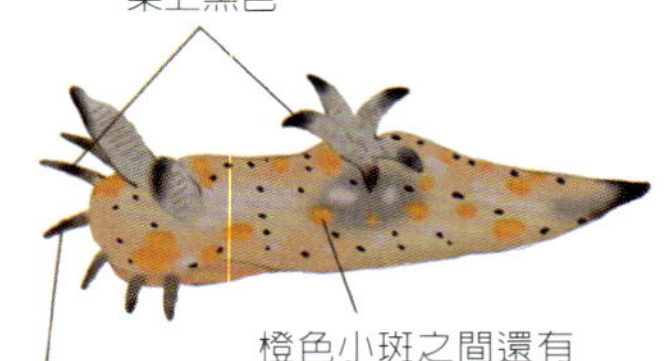
觸角與鰓的前端
染上黑色
6 根黑色突起
橙色小斑之間還有
黑色小點

身體底色爲黃白色半透明狀。全身散布橙色小斑，中間還有黑色小點。頭部前緣有 6 根黑色突起，照片裡的個體缺少部分突起。觸角與鰓和身體底色一樣，幾乎爲半透明，前端染了黑色。背面與體側的邊界不明顯。長度達 15mm。

| 一切 水深 12m 大小 8mm 山田久子 |

多角海蛞蝓科 Polyceridae
多角海蛞蝓亞科 Polycerinae
多角海蛞蝓屬 Polycera

## 赫氏多角海蛞蝓

*Polycera hedgpethi* Marcus, 1964

日本、加州、
南非、澳洲等

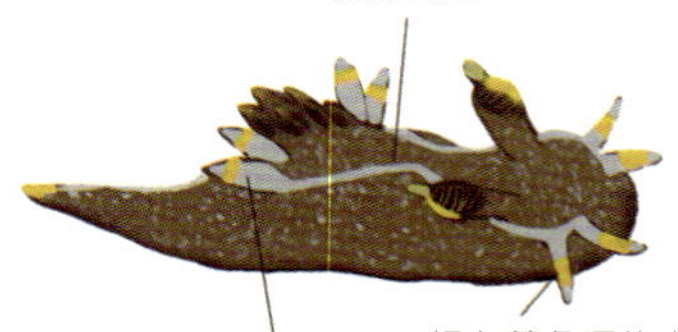
白邊在鰓的
後方合流
4 根有黃色環的突起
左右各有 2 個帶著
黃色環的突起

身體遍布深褐色細點，背部邊緣的白邊從頭部側邊，通過鰓側部的突起基部，在鰓的後方合流，一直到尾部末端。鰓側部的左右各有 2 個突起，上面還有黃色環。頭部前緣的 4 根突起爲白色，靠近前端的部分有黃色環。觸角與鰓的前端爲黃色。長度達 40mm。

多角海蛞蝓科 Polyceridae
多角海蛞蝓亞科 Polycerinae
多角海蛞蝓屬 Polycera

# 黑斑多角海蛞蝓

*Polycera melanosticta*
（M. C. Miller, 1996）

琉球群島、
紐西蘭、澳洲

| 慶良間群島 水深 18m 大小 8mm 小野篤司 |

軸部為橙色，
前端為黑色
橙色小斑
橙色，前端為黑色

身體爲白色半透明狀，全身遍布黑色與白色細點。鰓的軸部爲橙色，前端爲黑色。觸角前端爲黑色。觸手狀前足隅爲橙色，前端爲黑色。頭部前緣有些許橙色斑點，突起與身體底色相同。根據千葉大學的標本，從身體的黑色紋路等特性，提議新名稱「クロゴマフジタウミウシ」。長度達 10mm。

多角海蛞蝓科 Polyceridae
多角海蛞蝓亞科 Polycerinae
多角海蛞蝓屬 Polycera

# 多角海蛞蝓之一種 1

*Polycera* sp. 1

印度－
西太平洋

| 慶良間群島 水深 7m 大小 17mm 小野篤司 |

全身遍布黑色小斑

背部邊緣有三角形突起

身體底色爲帶紅色的橙色，全身散布黑色小斑。頭部前緣的突起、觸角褶葉、去除基部的鰓、尾部末端爲黑色。背部和體側分開，邊緣有淺色三角形突起。頭緣有 6 根突起。長度達 20mm。

|八丈島 水深 12m 大小 10mm 加藤昌一|

多角海蛞蝓科 Polyceridae
多角海蛞蝓亞科 Polycerinae
多角海蛞蝓屬 Polycera

# 多角海蛞蝓之一種 2

*Polycera* sp. 2

西太平洋、
中太平洋

身體底色爲黃褐色到橙色，鰓與觸角顏色略深。整體遍布微小的白色細點。背面邊緣有白色小突起如邊框排列。在苔蘚蟲的蟲室內棲息產卵。許多個體長度不滿 10mm。

整體遍布微小的白色細點

白色小突起如邊框排列

|慶良間群島 水深 14m 大小 8mm 小野篤司|

多角海蛞蝓科 Polyceridae
多角海蛞蝓亞科 Polycerinae
多角海蛞蝓屬 Polycera

# 多角海蛞蝓之一種 3

*Polycera* sp. 3

琉球群島、
印尼

身體爲灰褐色，全身遍布黑色細點。觸角的軸爲黃色，褶葉與身體同色。觸角很長，前端爲球狀，柄爲黃色。前足隅呈觸手狀，往外延伸，顏色爲黃色。鰓軸內側爲黃色。腹足緣到尾部末端也是黃色。頭緣也有許多小突起。根據千葉大學的標本，從染黃的觸角、尾端等特性，提議新名稱「ツマキフジタウミウシ」。長度達 13mm。

前端為黃色
軸內為黃色
尾部末端
也是黃色
許多小突起
黃色

多角海蛞蝓科 Polyceridae
多角海蛞蝓亞科 Polycerinae
多角海蛞蝓屬 Polycera

# 多角海蛞蝓之一種 4

*Polycera* sp. 4

日本

黑色短突起
具有白色小突起
略大的白色突起在背部邊緣排列

| 浮島　水深 8m　大小 12mm　山田久子 |

身體底色爲橙色，背部中央具有許多白色小突起，背部邊緣也有略大的白色突起排列。觸角與鰓的前端爲黑色。頭部前緣有 10 根黑色短突起。長度達 12mm。

---

多角海蛞蝓科 Polyceridae
多角海蛞蝓亞科 Polycerinae
多角海蛞蝓屬 Polycera

# 多角海蛞蝓之一種 5

*Polycera* sp. 5

西太平洋
熱帶海域

前端為黑色，下方為橙色
頭部側緣至尾部
有黑色線

| 慶良間群島　水深 28m　大小 18mm　小野篤司 |

身體爲帶白的半透明狀，頭部側緣至尾部有黑色線，但線條有時會中斷，變成黑色點點。背部邊緣清晰。體側、頭部、背面遍布黑點，但數量不一。鰓、觸角與頭部前緣的突起前端爲黑色，下方爲橙色。頭緣有 6 根突起。尾部也有橙色區塊。過去的文獻曾將其列爲阿部多角海蛞蝓。長度達 20mm。

｜慶良間群島　水深 18m　大小 10mm　小野篤司｜

多角海蛞蝓科 Polyceridae
多角海蛞蝓亞科 Polycerinae
多角海蛞蝓屬 Polycera

伊豆半島、琉球群島

## 多角海蛞蝓之一種 6

*Polycera* sp. 6

遍布略微隆起的黑色斑點
褶葉為黑色
突起前端 1 / 2 為黑色，有許多棘

身體底色爲帶白色的半透明狀，體表遍布略微隆起的黑色斑點。觸角褶葉爲黑色。鰓部上方 1 ／ 2 爲黑色。頭部前緣有 6 ～ 7 根突起，前端 1 ／ 2 爲黑色，長著許多棘狀突起。長度達 20mm。

｜大瀨崎　水深 12m　大小 20mm　加藤昌一｜

多角海蛞蝓科 Polyceridae
多角海蛞蝓亞科 Polycerinae
多角海蛞蝓屬 Polycera

本州

## 多角海蛞蝓之一種 7

*Polycera* sp. 7

全身遍布白色細點
整體為黑色，局部呈黃色
小突起排列

身體爲黃褐色，全身遍布白色細點。鰓外側的軸爲褐色與黑色。觸角爲黑色，褶葉後方的局部呈黃色。從頭部前緣到背部邊緣排列著小突起。長度達 15mm。

｜慶良間群島　水深 20m　大小 16mm　小野篤司｜

多角海蛞蝓科 Polyceridae
多角海蛞蝓亞科 Polycerinae
多角海蛞蝓屬 Polycera

日本

## 多角海蛞蝓之一種 8

*Polycera* sp. 8

觸角為橙色，前端為黑色
整體為橙色，只有前端染上些許黑色
背部邊緣不清晰

身體爲白色半透明狀，局部帶橙色。體表遍布些微隆起的黑斑，黑斑不連續，也不形成線。頭部前緣的突起與鰓爲橙色，前端有一點點黑色。背部邊緣不清晰。觸角爲橙色，前端爲黑色。頭部前緣有 6 根突起。長度達 16mm。

多角海蛞蝓科 Polyceridae
多角海蛞蝓亞科 Polycerinae
角鞘海蛞蝓屬 Thecacera

# 彩繪角鞘海蛞蝓

*Thecacera picta* Baba, 1972

印度－
西太平洋

| 大瀨崎 水深 20m 大小 20mm 加藤昌一 |

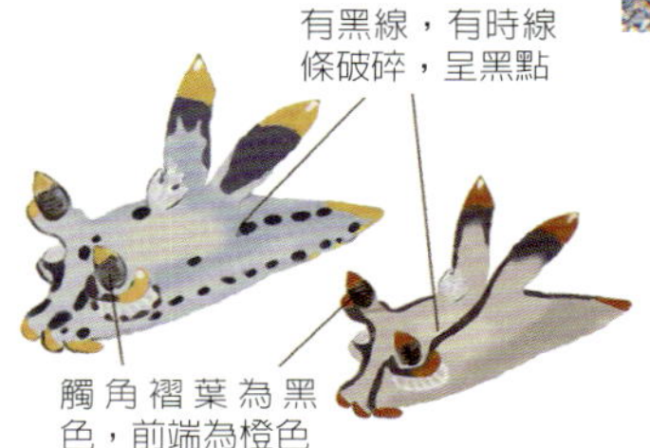
身體為白色半透明狀
有黑線，有時線條破碎，呈黑點
觸角褶葉為黑色，前端為橙色

身體爲白色半透明狀，從頭部前緣到觸角有一條黑線通過，一直到鰓邊兩側的突起。但有時線條破碎，呈黑點。有些個體的體側有幾個黑點。觸角褶葉爲黑色，前端爲橙色，有些個體褶葉沒有黑色。長度達 20mm。

---

多角海蛞蝓科 Polyceridae
多角海蛞蝓亞科 Polycerinae
角鞘海蛞蝓屬 Thecacera

# 豐羽角鞘海蛞蝓

*Thecacera pennigera*
(Montagu, 1815)

印度－
西太平洋、
中太平洋、
地中海等

| 井田 水深 23m 大小 15mm 片野猛 |

身體為白色半透明狀

觸角為白色
遍布黑點、橙色或黃色斑點

身體爲白色半透明狀，體表遍布黑點、橙色或黃色斑點。鰓也有黑色、橙色斑紋。觸角是和身體底色相同的白色，可從這一點與彩繪角鞘海蛞蝓區分。長度達 30mm。

|大瀨崎 水深 12m 大小 15mm 加藤昌一|

多角海蛞蝓科 Polyceridae
多角海蛞蝓亞科 Polycerinae
角鞘海蛞蝓屬 Thecacera

# 太平洋角鞘海蛞蝓

*Thecacera pacifica* Bergh, 1883

印度－
太平洋

身體為黃褐色，觸角鞘、鰓兩側的突起和尾部的顏色，從黑色慢慢轉變至藍色、白色。觸角前端、鰓軸、口觸手為黑色。長度達25mm。

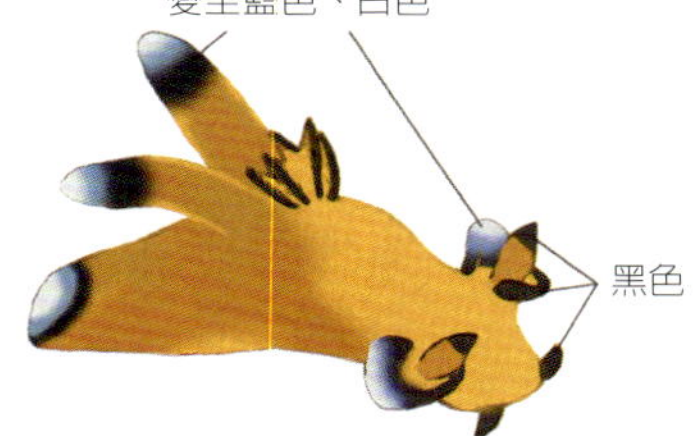
身體從黑色慢慢
變至藍色、白色
黑色

|大瀨崎 水深 28m 大小 10mm 山田久子|

多角海蛞蝓科 Polyceridae
多角海蛞蝓亞科 Polycerinae
角鞘海蛞蝓屬 Thecacera

# 角鞘海蛞蝓之一種1

*Thecacera* sp. 1

關東～
東海地方

身體為白色半透明狀。包括觸角和鰓在內，全身遍布黃色細點。鰓兩側的突起較短。長度達10mm。

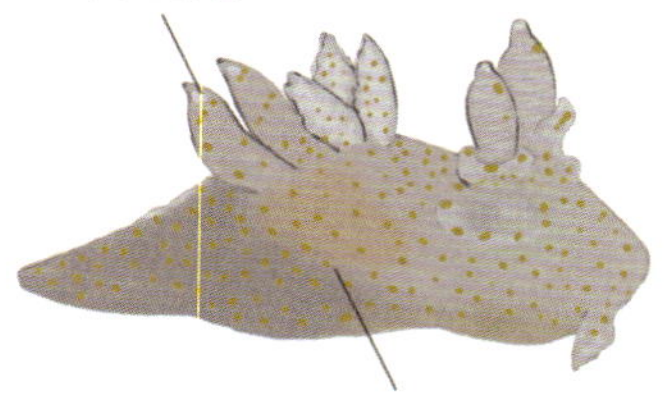
鰓兩側的
突起較短
全身遍布黃色細點

多角海蛞蝓科 Polyceridae
多角海蛞蝓亞科 Polycerinae
角鞘海蛞蝓屬 Thecacera

# 角鞘海蛞蝓之一種2

*Thecacera* sp. 2

伊豆半島以南、印尼

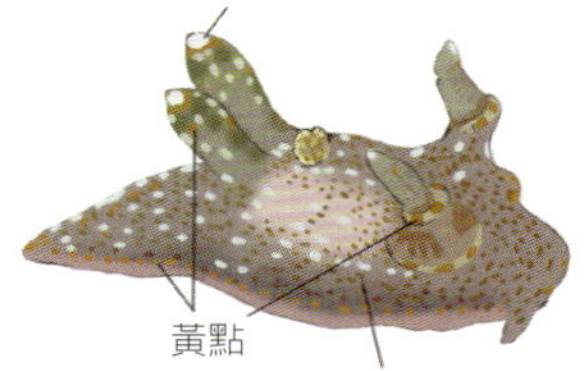
突起前端為白色
黃點
散布白色與褐色細點

| 慶良間群島 水深 18m 大小 9mm 小野篤司 |

身體爲白色半透明狀，全身散布白色與褐色細點。腹足線、鰓兩側的突起前端周圍、觸角鞘有黃點，觸角前端與鰓兩側的突起前端爲白色。長度達 16mm。

多角海蛞蝓科 Polyceridae
多角海蛞蝓亞科 Polycerinae
角鞘海蛞蝓屬 Thecacera

# 角鞘海蛞蝓之一種3

*Thecacera* sp. 3

西太平洋

前端為黑色
整體遍布黑色小圓斑

| 大瀨崎 水深 21m 大小 30mm 加藤昌一 |

身體呈金黃色，全身遍布黑色小圓斑。觸角前端、鰓兩側突起的前端爲黑色，鰓兩側突起比同屬他種大。長度達 40mm。

多角海蛞蝓科 Polyceridae
多角海蛞蝓亞科 Polycerinae
角鞘海蛞蝓屬 Thecacera

# 角鞘海蛞蝓之一種4

*Thecacera* sp. 4

西太平洋

前端為白色
淡紫色
許多橙色直線
身體呈淡紫色半透明狀

| 大瀨崎 水深 25m 大小 17mm 法月麻紀 |

身體爲淡紫色半透明狀，遍布橙色直線。觸角褶葉的外側，與鰓兩邊的突起前端爲白色，下方爲紫色。觸角爲淡紫色。鰓爲橙色。長度達 60mm。

|八丈島 水深 10m 大小 5mm 余吾涉|

多角海蛞蝓科 Polyceridae
多角海蛞蝓亞科 Polycerinae
Palio 屬

## 天草多角海蛞蝓

*Palio amakusana* Baba, 1960

日本

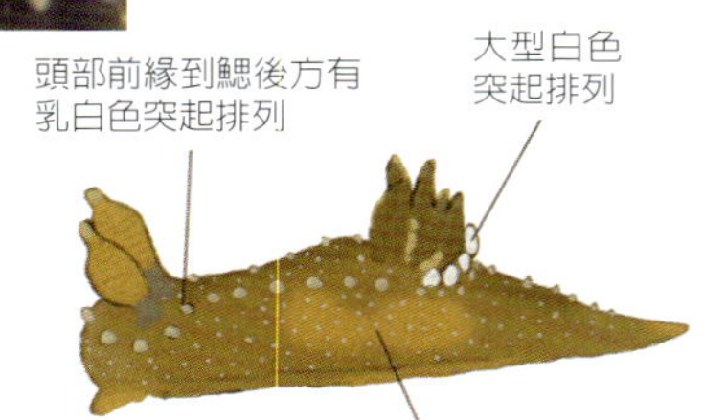
頭部前緣到鰓後方有
乳白色突起排列
大型白色
突起排列
全身遍布乳白色小突起

身體爲黃褐色，遍布乳白色小突起。略大的乳白色突起，從頭部前緣通過背部邊緣，往鰓後方排列，接著在鰓後方形成大型白色突起。觸角與鰓的顏色和身體底色相同。長度達 30mm。

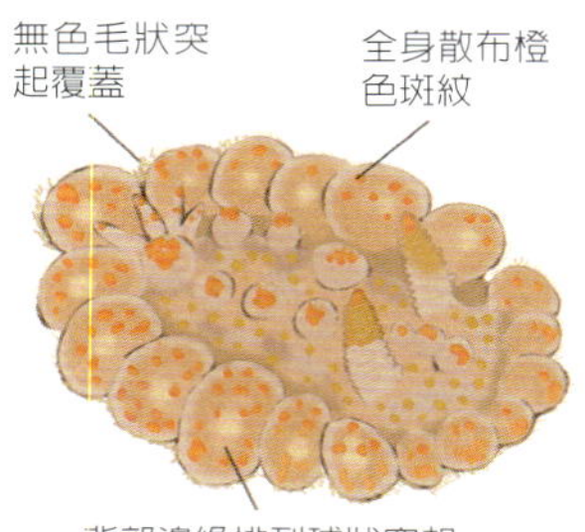
無色毛狀突
起覆蓋
全身散布橙
色斑紋
背部邊緣排列球狀突起

|八丈島 水深 12m 大小 8mm 余吾涉|

多角海蛞蝓科 Polyceridae
Triophinae 亞科
Limacia 屬

## 華麗多角海蛞蝓

*Limacia ornata*（Baba, 1937）

日本、
澳洲

身體爲白色半透明狀，全身散布橙色斑紋。背部邊緣有球狀突起排列，頭部前緣和背面散布小型突起。突起表面覆蓋細微毛狀物質。觸角與鰓的前端呈紅色。長度達 18mm。

多角海蛞蝓科 Polyceridae
Triophinae 亞科
捲髮海蛞蝓屬 Kaloplocamus

# 分枝捲髮海蛞蝓

*Kaloplocamus ramosus*
（Cantraine, 1835）

印度－太平洋、
東大西洋、
地中海

| 大瀨崎 水深 35m 大小 15mm 山田久子 |

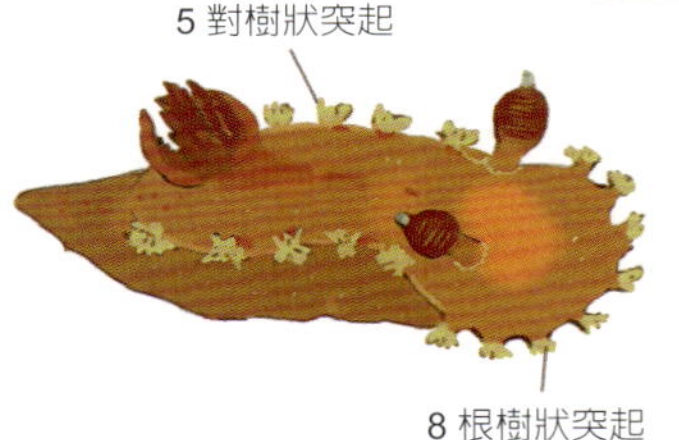
5 對樹狀突起
8 根樹狀突起

身體底色爲橙色，背部邊緣有 5 對、頭部前緣有 8 根樹狀突起。觸角褶葉與鰓顏色較深。背面與樹狀突起有發光器，受到刺激就會發光。以苔蘚蟲爲食。長度達 60mm。

---

多角海蛞蝓科 Polyceridae
Triophinae 亞科
捲髮海蛞蝓屬 Kaloplocamus

# 尖枝捲髮海蛞蝓

*Kaloplocamus acutus* Baba, 1955

西太平洋

| 慶良間群島 水深 10m 大小 8mm 小野篤司 |

體表遍布
白色細點
紅色
突起為白色，前端為紅色

身體爲黃色到橙色，體表遍布白色細點。頭部前緣有 6 根、背部邊緣有 4 對突起，前端皆爲紅色。觸角、鰓的前端也是紅色。長度達 25mm。

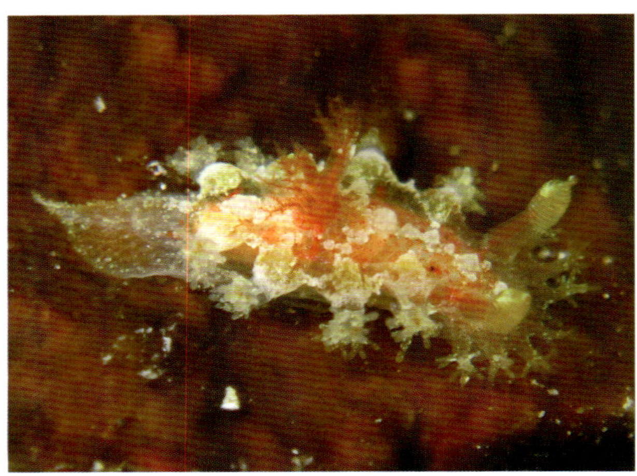

多角海蛞蝓科 Polyceridae
Triophinae 亞科
捲髮海蛞蝓屬 Kaloplocamus

## 醫生捲髮海蛞蝓

*Kaloplocamus dokte*
Velles & Gosliner, 2006

西太平洋、
中太平洋

| 慶良間群島 水深 9m 大小 6mm 小野篤司 |

身體爲白色半透明狀，背面正中線的上方、鰓的周圍、背部邊緣的突起柄和基部皆有獨特白斑。鰓爲紅色。口幕突起爲 8 根，背部邊緣有 4 對前端分支的突起。長度達 12mm。

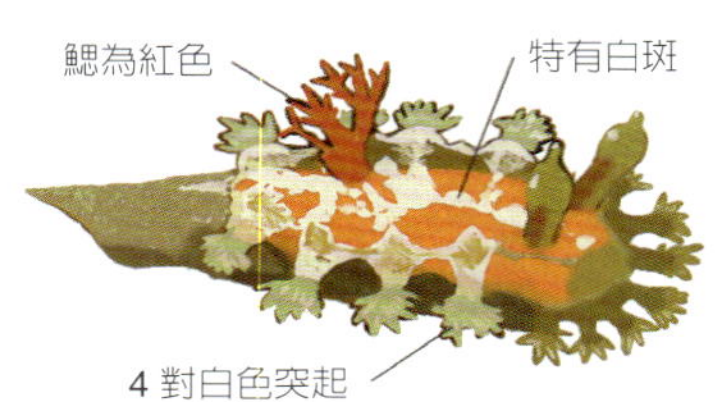
鰓為紅色
特有白斑
4 對白色突起

多角海蛞蝓科 Polyceridae
Triophinae 亞科
捲髮海蛞蝓屬 Kaloplocamus

## 毛枝捲髮海蛞蝓

*Kaloplocamus peludo*
（Valles & Gosliner, 2006）

印度－
西太平洋、
中太平洋

| 慶良間群島 水深 15m 大小 8mm 小野篤司 |

身體爲白色至灰褐色半透明狀，全身遍布紅色細點。背部正中央有斑駁的白色帶狀。體表有毛狀小突起密布，頭部前緣有 6 根突起，背側邊緣有 5 對大突起。體側還有樹狀小突起。長度達 15mm。

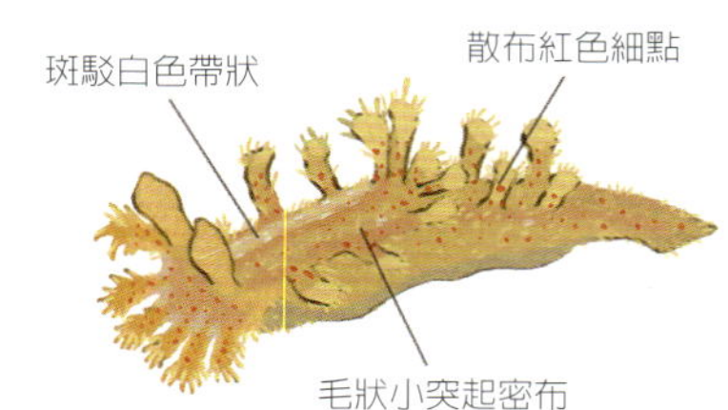
斑駁白色帶狀
散布紅色細點
毛狀小突起密布

多角海蛞蝓科 Polyceridae
Triophinae 亞科
捲髮海蛞蝓屬 Kaloplocamus

西太平洋

# 捲髮海蛞蝓之一種 1

*Kaloplocamus* sp. 1

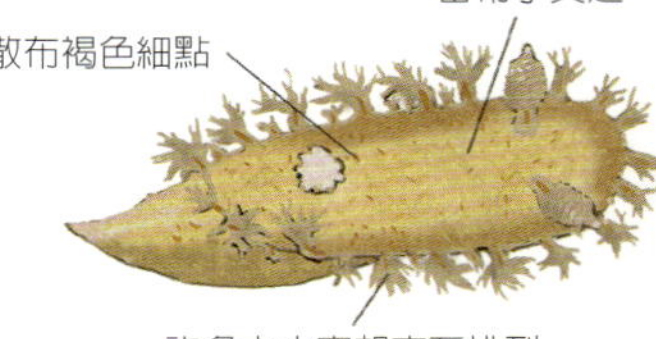
密布小突起
散布褐色細點
許多大小突起交互排列

| 八丈島 水深 8m 大小 8mm 加藤昌一 |

身體爲黃灰色，遍布褐色細點。背部邊緣有較大的突起，在鰓前方有 4 對、鰓後方有 2 對，大突起之間還有小突起。背面也密布小突起。長度達 8mm。

多角海蛞蝓科 Polyceridae
Triophinae 亞科
捲髮海蛞蝓屬 Kaloplocamus

日本

# 捲髮海蛞蝓之一種 2

*Kaloplocamus* sp. 2

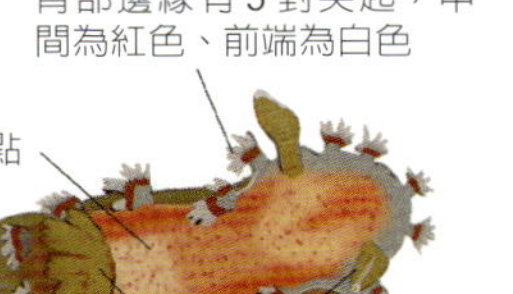
背部邊緣有 5 對突起，中間為紅色、前端為白色
全身密布紅色細點
黃色

| 千本濱 水深 15m 大小 20mm 山田久子 |

身體爲帶黃色與紅色的半透明狀，全身散布紅色細點。背部邊緣有 5 對突起，與頭幕邊緣的突起一樣，分支的上端爲紅色，前端爲白色半透明狀。鰓與觸角爲黃色。長度達 20mm。

多角海蛞蝓科 Polyceridae
Triophinae 亞科
捲髮海蛞蝓屬 Kaloplocamus

沖繩島

# 捲髮海蛞蝓之一種 3

*Kaloplocamus* sp. 3

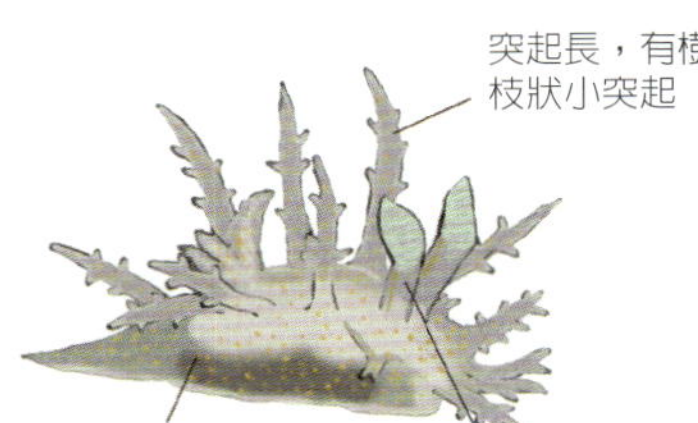
突起長，有樹枝狀小突起
全身散布淺橙色細點
無觸角鞘

| 沖繩島 水深 20m 大小 5mm 今川郁 |

身體爲白色半透明狀，全身散布淺橙色細點。體型近似豐羽角鞘海蛞蝓或東方枝背海蛞蝓，但沒有觸角鞘。背部邊緣的突起比觸角外側的小，有 5 對；頭幕邊緣的突起有 4 根。每根突起都很長，皆有樹枝狀小突起。觸角褶葉爲黃白色。曾觀察到長 5mm 的個體。

| 沖繩島 水深 13m 大小 50mm 今川郁 |

多角海蛞蝓科 Polyceridae
Triophinae 亞科
束鬚海蛞蝓屬 Plocamopherus

## 泰氏束鬚海蛞蝓

*Plocamopherus tilesii* Bergh, 1877

西太平洋

身體爲白色半透明狀，隨處可見深褐色斑點，遍布黑點與黃點。背部邊緣有 3 對小型樹狀突起，前端有發光瘤。口幕又大又寬，有幾個小型樹狀突起。偶爾會游泳。長度達 150mm。

散布許多黑點和黃點

口幕又大又寬

3 對樹狀突起的前端有發光瘤

---

多角海蛞蝓科 Polyceridae
Triophinae 亞科
束鬚海蛞蝓屬 Plocamopherus

## 帝王束鬚海蛞蝓

*Plocamopherus imperialis* Angas, 1864

日本、
澳洲、紐西蘭

| 八丈島 水深 10m 大小 12mm 加藤昌一 |

身體爲黃褐色，背部幾乎是褐色，全身密布褐色細點，體側的細點特別顯眼。背部邊緣有 3 對突起，前端有粉紅色發光瘤。尾部上緣隆起，看起來像鰭，有時會游泳。過去的文獻將其視爲雀斑束鬚海蛞蝓。長度達 100mm。

3 對突起前端有粉紅色發光瘤

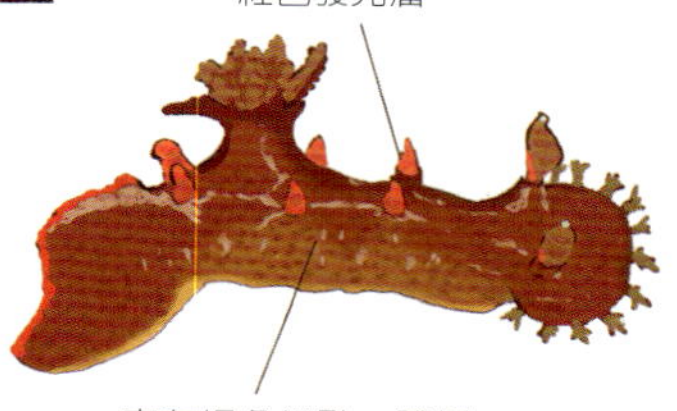

密布褐色細點，體側細點很顯眼

多角海蛞蝓科 Polyceridae
Triophinae 亞科
束鬚海蛞蝓屬 Plocamopherus

# 雀斑束鬚海蛞蝓

*Plocamopherus pecoso*
Valles & Gosliner, 2006

西太平洋－
中太平洋

| 慶良間群島 水深 20m 大小 20mm 小野篤司 |

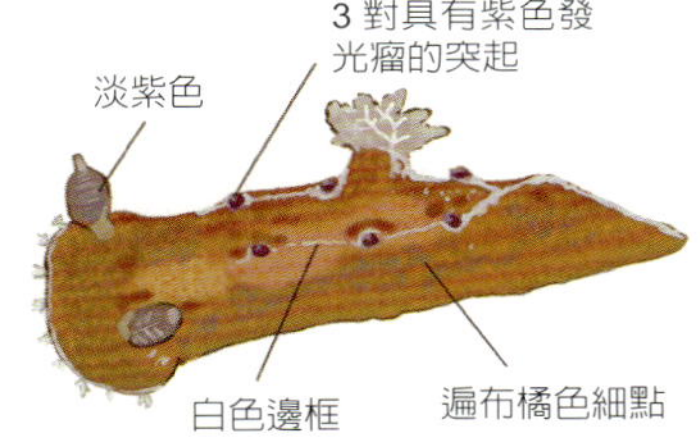
3 對具有紫色發
光瘤的突起
淡紫色
白色邊框
遍布橘色細點

身體爲白色半透明狀，體表密布橘色細點，但腹足緣的細點較稀疏。有些個體的背部有形狀不一的褐色小斑。背部邊緣有淡淡的白邊，有 3 對前端帶紫色發光瘤的突起。觸角也是淡紫色。過去的文獻將其視爲ソバカスヒカリウミウシ 。

---

多角海蛞蝓科 Polyceridae
Triophinae 亞科
束鬚海蛞蝓屬 Plocamopherus

# 錫蘭束鬚海蛞蝓

*Plocamopherus ceylonicus*
（Kelaart, 1858）

印度、
太平洋

| 八丈島 水深 8m 大小 20mm 廣江一弘 |

身體多處有褐色斑點
遍布白色細點
3 對突起的前端有白色
或粉紅色發光瘤

身體爲白色半透明狀，全身有許多形狀不一的褐色斑點。體表散布白色細點，有些細點很密集。背部邊緣有 3 對突起，前端具有白色或粉紅色發光瘤。過去的文獻將其視爲帝王束鬚海蛞蝓。

|八丈島 水深 14m 大小 20mm 加藤昌一|

多角海蛞蝓科 Polyceridae
Triophinae 亞科
束鬚海蛞蝓屬 Plocamopherus

# 花斑束鬚海蛞蝓

*Plocamopherus maculatus*
(Pease, 1860)

印度－太平洋

身體爲偏黃色半透明狀，體表有稀疏的深褐色不規則小斑點與紅褐色斑點。體側有白色小突起。背部邊緣有 3 對突起，只有鰓後方的 1 對突起有發光瘤。長度達 30mm。

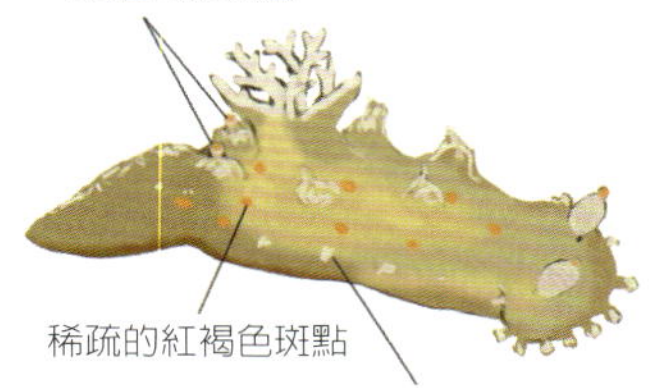
只有鰓後方的 1 對
突起有發光瘤
稀疏的紅褐色斑點
體側有白色小突起

|慶良間群島 水深 9m 大小 10mm 小野篤司|

多角海蛞蝓科 Polyceridae
Triophinae 亞科
束鬚海蛞蝓屬 Plocamopherus

# 斑足束鬚海蛞蝓

*Plocamopherus maculapodium*
Valles & Gosliner, 2006

印度－太平洋

身體呈茶褐色，腹足緣顏色較淺，散布大量褐色細點十分顯眼。背部邊緣有 3 對白色突起，只有最後方的突起帶白色或粉紅色發光瘤。體側排列些微隆起的小白斑。長度達 25mm。

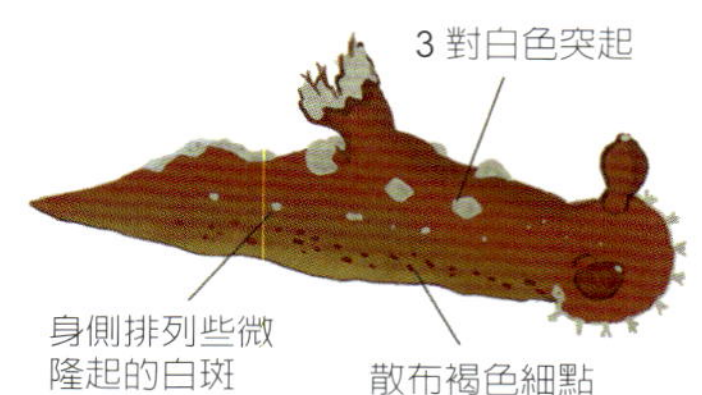
3 對白色突起
身側排列些微
隆起的白斑
散布褐色細點

多角海蛞蝓科 Polyceridae
Triophinae 亞科
束鬚海蛞蝓屬 Plocamopherus

# 瑪格麗特束鬚海蛞蝓

*Plocamopherus margaretae*
Valles & Gosliner, 2006

印度－西太平洋

| 八丈島 水深 18m 大小 50mm 加藤昌一 |

3 對突起的前
端有發光瘤
散布白點與黃點
稀疏的黑色眼紋

身體爲黃色、橘色與紅褐色，全身散布白點與些微隆起的小黃點。此外，體表的白圈黑眼紋較爲稀疏，口幕處較多，尺寸也較大。背部邊緣有 3 對突起，各自帶有抹上細微白點的粉紅色發光瘤。日文異名爲「クメジマヒカリウミウシ」。長度達 75mm。

---

多角海蛞蝓科 Polyceridae
Triophinae 亞科
束鬚海蛞蝓屬 Plocamopherus

# 束鬚海蛞蝓之一種

*Plocamopherus* sp.

琉球群島、印尼

| 慶良間群島 水深 7m 大小 40mm 小野篤司 |

白色小點呈
網狀散布
鰓內側為白色
1 對突起的前端有
黃色發光瘤

身體爲橙色，白色小點呈網狀散布，有些小點連在一起。體側小突起的前端呈枝狀。背部邊緣有 3 對突起，鰓後方有 1 對突起，前端帶黃色發光瘤。鰓內側爲白色。Gosliner et al., 2018 收錄的 *Plocamopherus* sp. 2 就是本種。根據千葉大學標本，基於其白色網狀斑紋，建議使用新名稱「シロアミヒカリウミウシ」。長度達 40mm。

多角海蛞蝓科 Polyceridae
Triophinae 亞科
Crimora 屬

## 胡椒多角海蛞蝓

*Crimora lutea* Baba, 1949

印度－
太平洋

| 伊豆大島　水深 15m　大小 10mm　水谷知世 |

身體爲黃色到橙色，全身散布黑色圓錐狀小突起，口幕緣的突起前端爲雙叉狀。鰓和觸角爲黃色，但曾觀察到兩者皆爲白色的個體。觸角與身體同色。長度達 15mm。

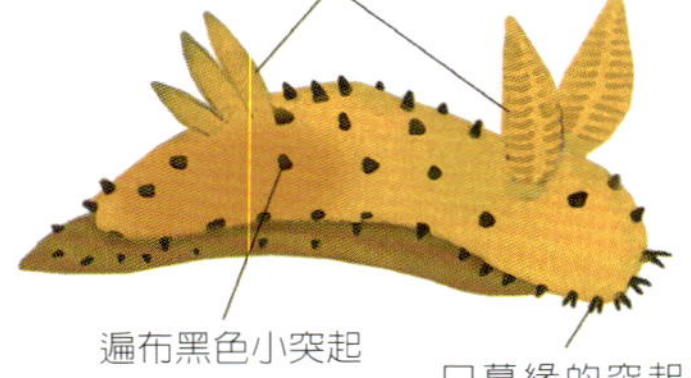
鰓與觸角和身體同色
遍布黑色小突起
口幕緣的突起
前端為雙叉狀

多角海蛞蝓科 Polyceridae
Triophinae 亞科
Triopha 屬

## 海小丑多角海蛞蝓

*Triopha modesta* Bergh, 1880

北海道、
南韓、
阿拉斯加

| 知床羅臼　水深 10m　大小 12mm　黑田貴司 |

身體爲白色半透明狀，遍布些微隆起的橙色斑點。背部邊緣排列著前端有黃色瘤的突起。口幕緣排列著先端分支的黃色突起，觸角褶葉與鰓的前端爲黃色。與原生於加州的 *T. catalinae* 有分子系統上的差異。長度達 70mm。

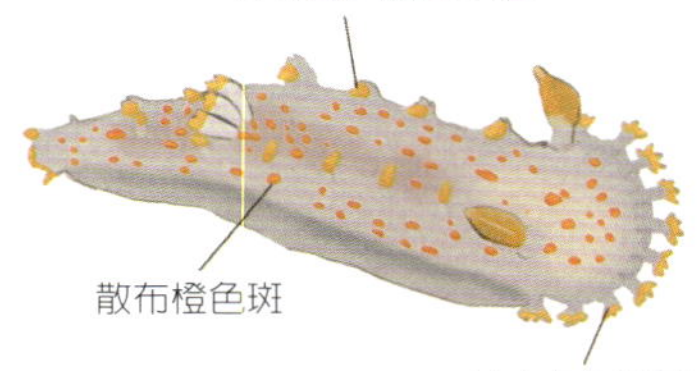
一排有黃色瘤的突起
散布橙色斑
分支突起排列

多角海蛞蝓科 Polyceridae
巢海蛞蝓亞科 Kalinginae
巢海蛞蝓屬 Kalinga

# 佩飾巢海蛞蝓

*Kalinga ornata*
Alder & Hancock, 1864

印度－
太平洋

| 大瀨崎 水面下 大小 120mm 山田久子 |

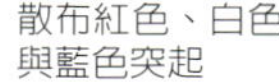
散布紅色、白色
與藍色突起

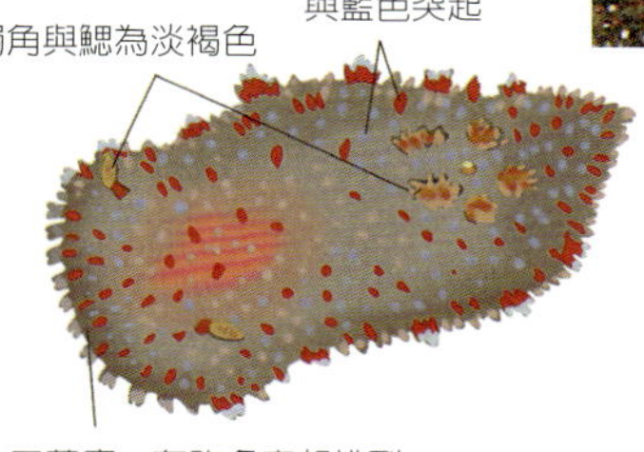
觸角與鰓為淡褐色
口幕廣，有許多突起排列

身體爲白色半透明狀，全身遍布紅色、白色與藍色突起。有 6 個獨立的鰓，肛門位於中心。口幕廣，有許多突起排列。觸角與鰓爲淡褐色。以蛇尾爲食。長度達 200mm。

---

多角海蛞蝓科 Polyceridae
食鞘海蛞蝓亞科 Nembrothinae
食鞘海蛞蝓屬 Nembrotha

# 條紋食鞘海蛞蝓

*Nembrotha lineolata* Bergh, 1905

印度－
西太平洋

| 屋久島 水深 15m 大小 20mm 菅野隆行 |

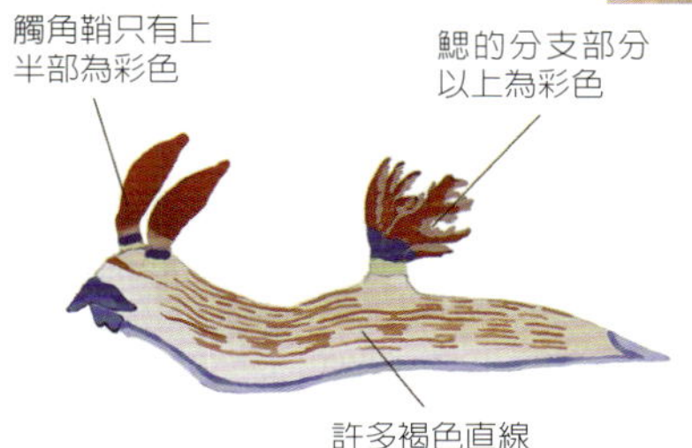
觸角鞘只有上
半部為彩色
鰓的分支部分
以上為彩色
許多褐色直線

身體爲透著黃色的白色，全身遍布褐色直線。鰓的分支、分支以上接近前端的部分，一直到最前端呈藍紫色。外形近似的張伯倫食鞘海蛞蝓，從鰓的基部以上爲彩色。本種的觸角鞘上部也是彩色。長度達 60mm。

多角海蛞蝓科 Polyceridae
食鞘海蛞蝓亞科 Nembrothinae
食鞘海蛞蝓屬 Nembrotha

## 庫伯利食鞘海蛞蝓

*Nembrotha kubaryana* Bergh, 1877

印度－
西太平洋

| 慶良間群島 水深 5m 大小 35mm 小野篤司 |

身體為黑色，有許多些微隆起的綠色小圓斑與直線。腹足緣、觸角鞘、觸角褶葉、口觸手的邊緣和鰓軸為朱紅色。長度達 120mm，日本大多為 40mm 的個體。以海鞘為食。

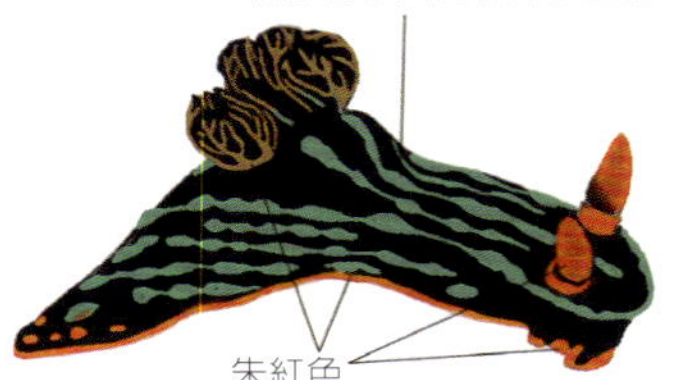
有綠色小圓斑和許多直線
朱紅色

---

多角海蛞蝓科 Polyceridae
食鞘海蛞蝓亞科 Nembrothinae
食鞘海蛞蝓屬 Nembrotha

## 雞冠食鞘海蛞蝓

*Nembrotha cristata* Bergh, 1877

印度－
西太平洋

| 慶良間群島 水深 5m 大小 60mm 小野篤司 |

身體為深綠色，遍布些微隆起的亮綠色圓斑。從鰓軸到分支前端為亮綠色。本種小型個體的圓斑大多帶紅色。比較大型的個體長度達 130mm。

鰓軸到分支前端為亮綠色
全身散布綠色圓斑

多角海蛞蝓科 Polyceridae
食鞘海蛞蝓亞科 Nembrothinae
食鞘海蛞蝓屬 Nembrotha

# 米勒食鞘海蛞蝓

*Nembrotha milleri*
Gosliner & Behrens, 1997

印度－
西太平洋

| 慶良間群島 水深 5m 大小 90mm 小野篤司 |

鰓較大，
鰓葉為深色
許多直向細褶
身體為深綠色

身體爲深綠色，體表有許多直向細褶，有些個體身上帶稀疏的淺色或深色突起。有些小型個體的突起帶紅色紋路。鰓較大，鰓葉爲深色。此爲體長超過150mm的大型種，可以吞下大隻的黃紋多角海蛞蝓。

---

多角海蛞蝓科 Polyceridae
食鞘海蛞蝓亞科 Nembrothinae
食鞘海蛞蝓屬 Nembrotha

# 李文斯頓食鞘海蛞蝓

*Nembrotha livingstonei* Allan, 1933

印度－
西太平洋

| 慶良間群島 水深 5m 大小 40mm 小野篤司 |

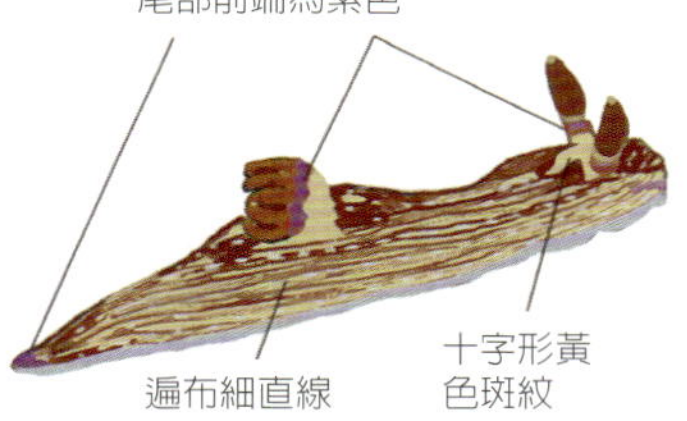
觸角鞘、鰓的分支部分、
尾部前端為紫色
遍布細直線
十字形黃
色斑紋

身體底色爲乳白色，遍布紅褐色與黑褐色斑紋。體表布滿細直線。觸角間有十字形黃斑。觸角鞘、鰓的分支部位、尾部前端通常爲紫色。長度達 40mm。

| 慶良間群島 水深 7m 大小 30mm 小野篤司 |

| 田子 水深 26m 大小 50mm 山田久子 |

多角海蛞蝓科 Polyceridae
食鞘海蛞蝓亞科 Nembrothinae
食鞘海蛞蝓屬 Nembrotha

## 食鞘海蛞蝓之一種 1

*Nembrotha* sp. 1

日本、
菲律賓、
印尼

身體爲黃白色到藍色，有幾條深褐色的粗直線。觸角後方、有些個體的鰓後方也有紅斑。觸角褶葉與鰓前端爲紅色。Gosliner et al., 2018 的 *Nembrotha* sp. 2 就是本種。長度達 40mm。

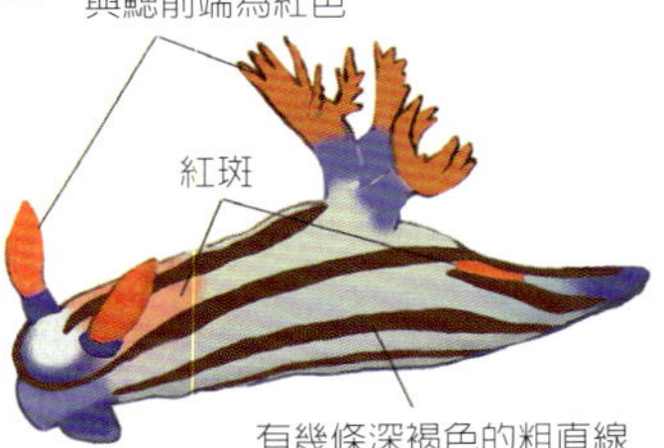
觸角褶葉
與鰓前端為紅色
紅斑
有幾條深褐色的粗直線

| 慶良間群島 水深 5m 大小 30mm 山田久子 |

多角海蛞蝓科 Polyceridae
食鞘海蛞蝓亞科 Nembrothinae
食鞘海蛞蝓屬 Nembrotha

## 食鞘海蛞蝓之一種 2

*Nembrotha* sp. 2

西太平洋

身體爲紅褐色到黑色，遍布微隆起的橙紅色圓紋。小型個體的觸角褶葉邊緣爲白色，通常長大後就變得不明顯。鰓會在成長過程中變得與身體同色，不過基部會殘留部分白色紋路。觸角之間爲白色。本種的顏色變異多樣。長度達 50mm。

軸的顏色較淡

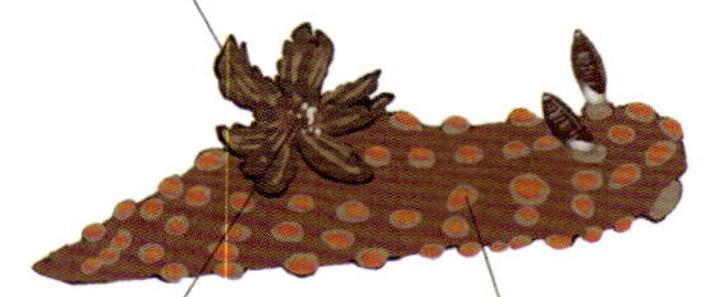
局部為白色紋路
遍布隆起的橙紅色圓紋

多角海蛞蝓科 Polyceridae
食鞘海蛞蝓亞科 Nembrothinae
食鞘海蛞蝓屬 Nembrotha

琉球群島、臺灣

# 食鞘海蛞蝓之一種 3

*Nembrotha* sp.3 cf. *chamberlaini*
Gosliner & Behrens, 1997

褐色或紅褐色
藍色
許多褐色直線

| 慶良間群島 水深 12m 大小 30mm 小野篤司 |

整個觸角鞘、撐起鰓部的基部與部分軸部，呈現褐色或紅褐色。尾部也是相同顏色。腹足緣爲藍色。背部有許多褐色直線。外形近似的張伯倫食鞘海蛞蝓，在體色、斑紋上有顯著的變異性，但本種幾乎一樣，列入同種需要更進一步的討論。長度達 30mm。

多角海蛞蝓科 Polyceridae
食鞘海蛞蝓亞科 Nembrothinae
食鞘海蛞蝓屬 Nembrotha

西太平洋
熱帶海域

# 食鞘海蛞蝓之一種 4

*Nembrotha* sp. 4

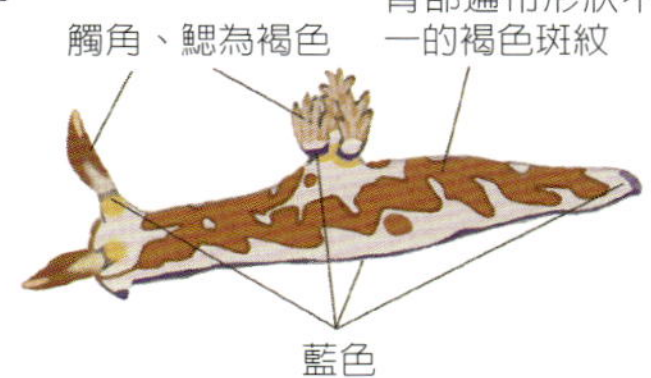
觸角、鰓為褐色
背部遍布形狀不
一的褐色斑紋
藍色

| 慶良間群島 水深 6m 大小 20mm 小野篤司 |

身體爲乳白色，頭部到背部遍布形狀不一的褐色斑紋，一直延伸到尾端。觸角鞘緣、腹足緣、鰓的分支部位和尾端爲藍色。觸角和鰓爲褐色。Gosliner et al., 2018 的 *Nembrotha* sp. 4 就是本種。長度達 30mm。

多角海蛞蝓科 Polyceridae
食鞘海蛞蝓亞科 Nembrothinae
Roboastra 屬

印度－
西太平洋

# 細長多角海蛞蝓

*Roboastra gracilis*（Bergh, 1877）

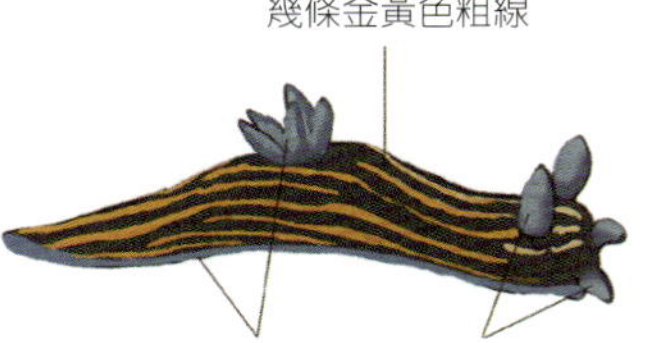
幾條金黃色粗線
觸角、口觸手、鰓、腹足緣為藍色

| 八丈島 水深 5m 大小 20mm 加藤昌一 |

身體爲黑色，有幾條金黃色粗線。觸角、口觸手、鰓、腹足緣爲藍色。外形近似黃紋多角海蛞蝓的小型個體，但鰓軸基部不是黃綠色，身體較瘦，可從這兩點區分。長度達 30mm。

多角海蛞蝓科 Polyceridae
食鞘海蛞蝓亞科 Nembrothinae
Roboastra 屬

## 黃紋多角海蛞蝓

*Roboastra luteolineata*（Baba, 1936）

印度－
西太平洋

| 慶良間群島 水深 5m 大小 20mm 法月麻紀 |

身體爲黑色，有多條黃色到橘色直線。鰓的基部有黃綠色斑紋，可吞下其他食鞘海蛞蝓亞科的物種。此爲大型種，最大可達 230mm。有些研究學者將此種列入 *Tyrannodoris* 屬，本書參照 Gosliner et al., 2018 內容。

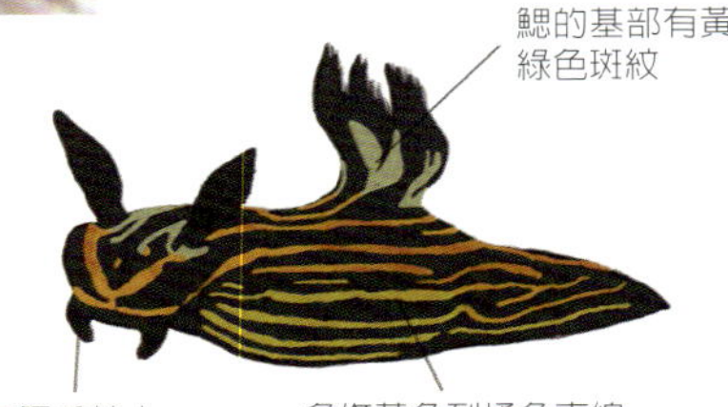
鰓的基部有黃
綠色斑紋
口觸手較大
多條黃色到橘色直線

---

多角海蛞蝓科 Polyceridae
食鞘海蛞蝓亞科 Nembrothinae
Roboastra 屬

## 觸手多角海蛞蝓

*Roboastra tentaculata*（Pola, Cervera & Gosliner 2005）

西太平洋

| 大瀨崎 水深 20m 大小 12mm 山田久子 |

身體爲黃色到黃綠色，背部邊緣到腹足緣有褐色或深群青色的微粗直線。鰓與觸角爲群青色。觸角後方的背面有 3 條直線。觸角較大。長度達 30mm。

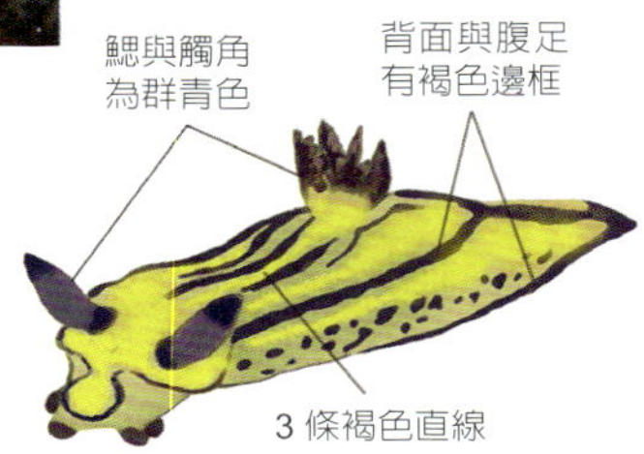
鰓與觸角
為群青色
背面與腹足
有褐色邊框
3 條褐色直線

多角海蛞蝓科 Polyceridae
食鞘海蛞蝓亞科 Nembrothinae
Roboastra 屬

# 尼可拉斯多角海蛞蝓

*Roboastra nikolasi*（Pola, Padula, Gosliner & Cervera, 2014）

西太平洋

| 慶良間群島 水深 7m 大小 15mm 小野篤司 |

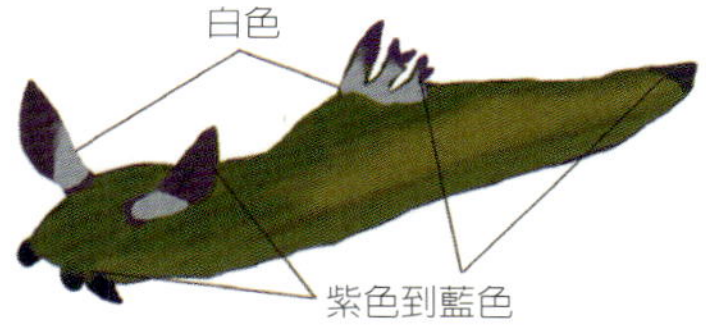
白色
紫色到藍色

身體顏色爲綠色，帶著淡褐色與黃色。觸角柄與鰓的基部爲白色，口觸手、觸角褶葉、鰓的前端、尾部末端爲紫色到藍色。專家觀察到其以觸角倒向兩邊的沙地尋找食物的模樣。本種的屬參照 Gosliner et al., 2018 內容。長度達 15mm。

---

多角海蛞蝓科 Polyceridae
食鞘海蛞蝓亞科 Nembrothinae
繡邊海蛞蝓屬 Tambja

# 蛞蝓繡邊多角海蛞蝓

*Tambja limaciformis*（Eliot, 1908）

印度－
西太平洋

| 慶良間群島 水深 6m 大小 10mm 小野篤司 |

白色與紫色
白色前端為紫色
散布蛋白色小斑紋

身體顏色呈紅色到深紅色，散布蛋白色小斑紋。觸角鞘從柄到褶葉下部爲紅色，前端爲白色和紫色。本種的屬參照 Gosliner et al., 2018 內容。不過，照片爲別種。長度達 15mm。

| 大瀨崎 水深 23m 大小 16mm 山田久子 |

多角海蛞蝓科 Polyceridae
食鞘海蛞蝓亞科 Nembrothinae
纐邊海蛞蝓屬 Tambja

西太平洋

## 天草纐邊多角海蛞蝓

*Tambja amakusana* Baba, 1987

觸角前端、鰓的前端和尾端為紫色
有些體表帶直線，
有些散布細微突起

體色變異豐富，常見的顏色包括橙色、綠色與茶褐色。有些個體的體表帶直線，有些散布細微突起。觸角前端、鰓的前端和尾端爲紫色。本種的屬參照 Gosliner et al., 2018 內容。長度達 17mm。

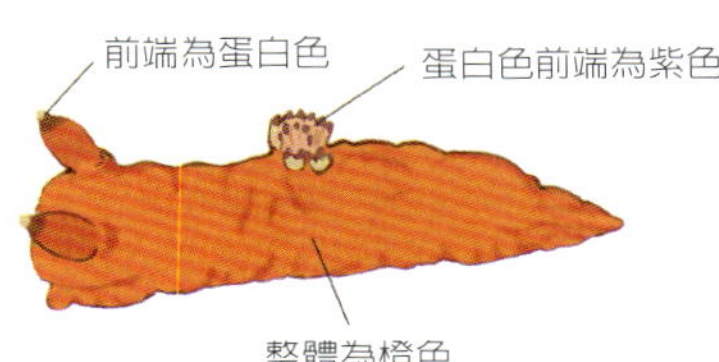
前端為蛋白色
蛋白色前端為紫色
整體為橙色

| 八丈島 水深 8m 大小 15mm 加藤昌一 |

多角海蛞蝓科 Polyceridae
食鞘海蛞蝓亞科 Nembrothinae
纐邊海蛞蝓屬 Tambja

西太平洋、
中太平洋

## 卡瓦纐邊多角海蛞蝓

*Tambja kava* Pola, Padula, Gosliner & Cervera, 2014

身體幾乎全爲橙色，觸角前端爲蛋白色。鰓爲蛋白色，前端爲紫色。長度達 20mm。

| 八丈島 水深 5m 大小 80mm 加藤昌一 |

多角海蛞蝓科 Polyceridae
食鞘海蛞蝓亞科 Nembrothinae
纐邊海蛞蝓屬 Tambja

南日本、
琉球群島

## 相模纐邊多角海蛞蝓

*Tambja sagamiana*（Baba, 1955）

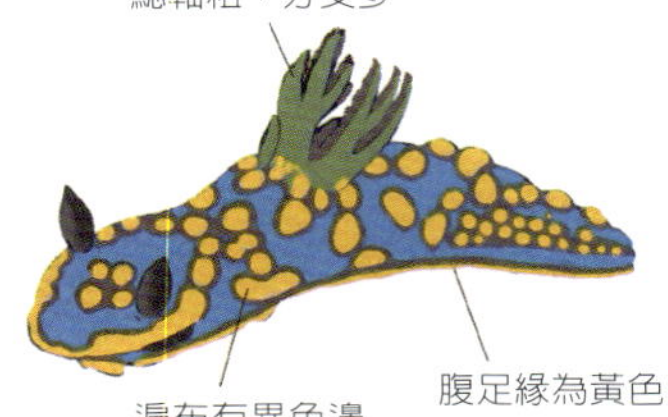
鰓軸粗，分支少
遍布有異色邊
的黃色斑點
腹足緣為黃色

身體爲藍色，遍布帶黑邊的黃色斑點。腹足緣爲黃色。有時會看到近似雞冠食鞘海蛞蝓的個體，不過本種的鰓軸粗，分支少。長度達 130mm。

多角海蛞蝓科 Polyceridae
食鞘海蛞蝓亞科 Nembrothinae
繡邊海蛞蝓屬 Tambja

# 豔麗繡邊多角海蛞蝓

*Tambja pulcherrima* Willan & Chang, 2017

西太平洋

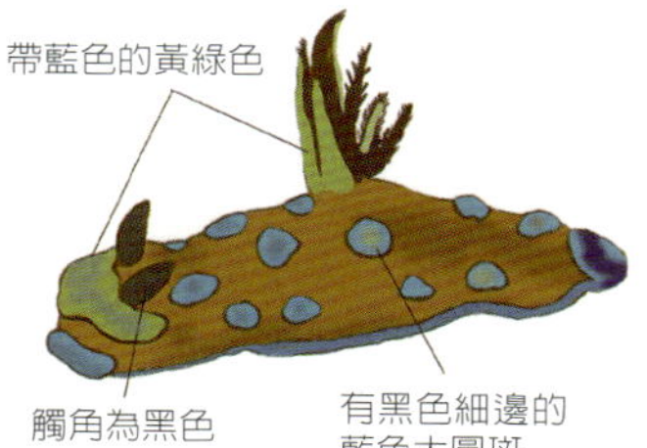
帶藍色的黃綠色
觸角為黑色
有黑色細邊的
藍色大圓斑

| 大瀨崎 水深 25m 大小 55mm 山田久子 |

身體爲黃色到土黃色、橙色，遍布帶黑色細邊的藍色圓斑。頭幕緣與鰓軸爲帶藍的黃綠色。本屬種吃苔蘚蟲。長度達 80mm。

---

多角海蛞蝓科 Polyceridae
食鞘海蛞蝓亞科 Nembrothinae
繡邊海蛞蝓屬 Tambja

# 藍紋繡邊多角海蛞蝓

*Tambja morosa*（Bergh, 1877）

印度－西太平洋

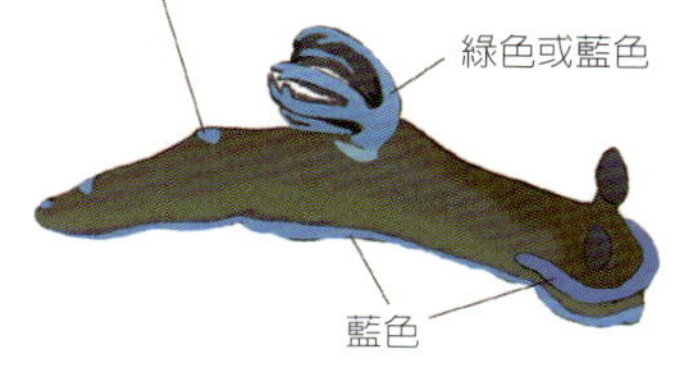
長出藍色小斑紋
綠色或藍色
藍色

| 八丈島 水深 5m 大小 80mm 加藤昌一 |

身體爲綠色到黑色，頭幕緣、腹足緣爲藍色。鰓的外側爲綠色或藍色，有不同變異。體表會長出藍色或深色小斑紋。以苔蘚蟲爲食。長度達 70mm。

---

多角海蛞蝓科 Polyceridae
食鞘海蛞蝓亞科 Nembrothinae
繡邊海蛞蝓屬 Tambja

# 繡邊海蛞蝓之一種 1

*Tambja* sp. 1

印度－西太平洋

觸角鞘、鰓為蛋白色
鰓的前端為紫色
散布蛋白色疣狀突起

| 八丈島 水深 6m 大小 8mm 加藤昌一 |

體色爲鮮豔的紅色，觸角鞘、鰓爲蛋白色，體表有同色的疣狀突起。鰓的前端爲紫色。長度達 10mm。

多角海蛞蝓科 Polyceridae
食鞘海蛞蝓亞科 Nembrothinae
繡邊海蛞蝓屬 Tambja

琉球群島、菲律賓、印尼

## 繡邊海蛞蝓之一種 2

*Tambja* sp. 2

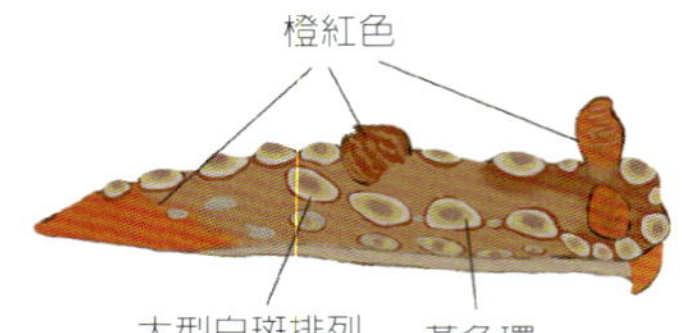
橙紅色
大型白斑排列
黃色環

| 沖繩島　水深 12m　大小 10mm　今川郁 |

身體為半透明，廣泛散布細微的黑色與橙色細點。從頭幕緣到背部邊緣、體側，排列大型白斑。此白斑的中心為紅紫色，外圍有黃色環。鰓、觸角和尾部為橙紅色。照片個體很年輕，長度達 61mm。

多角海蛞蝓科 Polyceridae
食鞘海蛞蝓亞科 Nembrothinae
繡邊海蛞蝓屬 Tambja

伊豆半島

## 繡邊海蛞蝓之一種 3

*Tambja* sp. 3

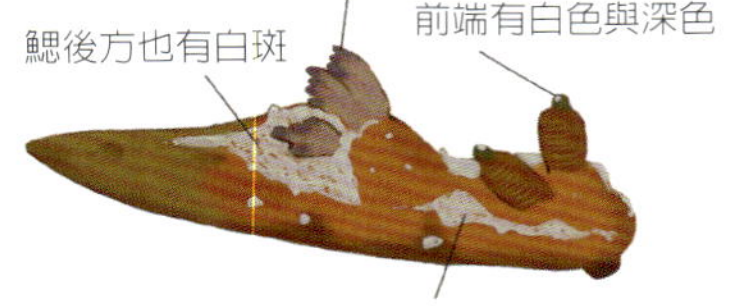
前端為紫色
鰓後方也有白斑
前端有白色與深色
從頭幕緣往後延伸的白斑

| 大瀨崎　水深 20m　大小 15mm　山田久子 |

身體底色為黃褐色，還有從頭幕緣往後延伸的白斑，鰓後方也有白斑。背部邊緣不清晰。乍看很像多角海蛞蝓屬，鰓的基部分離，前端為紫色。觸角與身體底色相同，前端並列白色與深色。長度達 15mm。

優美海麒麟科 Okadaiidae
瓦西海蛞蝓屬 Vayssierea

印度－西太平洋

## 貓瓦西海蛞蝓

*Vayssierea felis*（Collingwood, 1881）

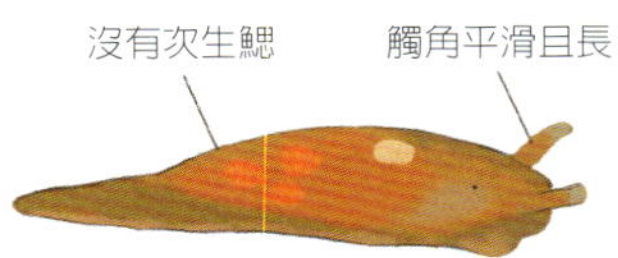
沒有次生鰓
觸角平滑且長

| 八丈島　水深 1m　大小 4mm　加藤昌一 |

身體為紅色半透明狀，有些個體沒有紅色，看起來像白色。沒有次生鰓，觸角平滑且長。幼生期在卵中度過，孵化時的形態與成體相同。常棲息於潮間帶，以龍介蟲為食。長度達 4mm。

隅海蛞蝓科 Goniodorididae
隅海蛞蝓屬 Goniodoris

# 栗色隅海蛞蝓

*Goniodoris castanea*
Alder & Hancock, 1845

日本、大西洋北部的歐洲沿岸、紐西蘭

| 大瀨崎 水深 8m 大小 4mm 山田久子 |

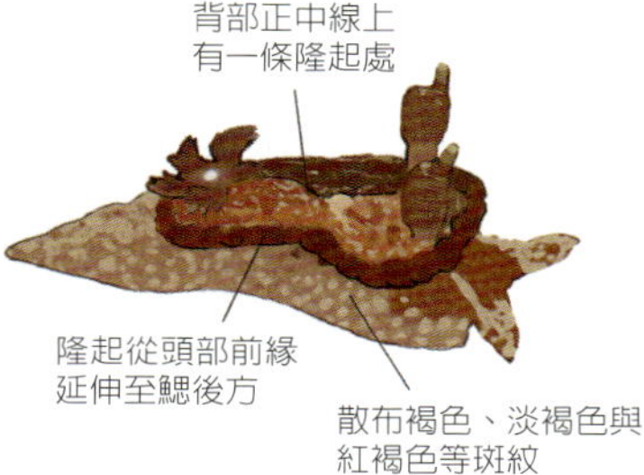
背部正中線上
有一條隆起處
隆起從頭部前緣
延伸至鰓後方
散布褐色、淡褐色與
紅褐色等斑紋

身體為帶褐色的半透明狀，全身散布褐色、淡褐色與紅褐色斑紋。有些個體身上沒有這些斑紋。背部正中線上有一條隆起處，從頭部前緣延伸至鰓後方。長度達 40mm。

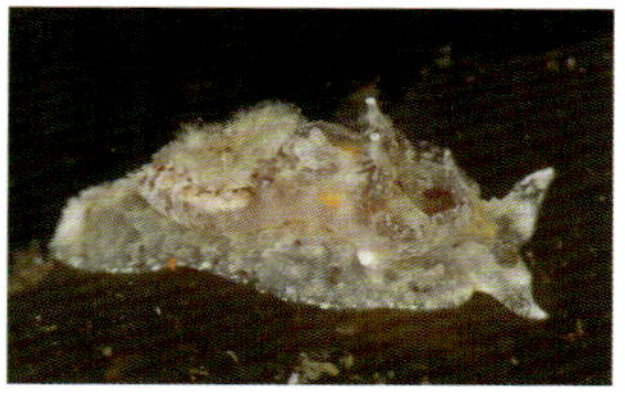

| 大瀨崎 水深 10m 大小 10mm 山田久子 |

---

隅海蛞蝓科 Goniodorididae
隅海蛞蝓屬 Goniodoris

# 喬賓隅海蛞蝓

*Goniodoris joubini* Risbec, 1928

印度－西太平洋

| 大瀨崎 水深 3m 大小 10mm 加藤昌一 |

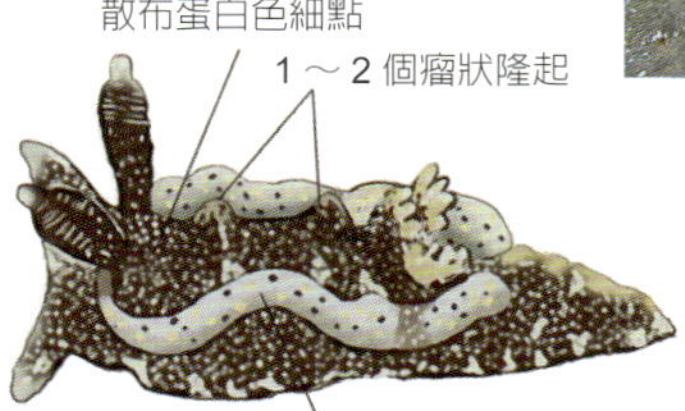
散布蛋白色細點
1～2 個瘤狀隆起
顏色較淺，遍布黃點、
褐點與白點

身體為褐色，全身遍布蛋白色細點，細點數量依個體不同。背部邊緣有隆起的淺色皺褶，遍布黃點、褐點與白點。背部的鰓前方有 1～2 個瘤狀隆起。長度達 12mm。

｜八丈島 水深 8m 大小 15mm 加藤昌一｜

隅海蛞蝓科 Goniodorididae
隅海蛞蝓屬 Goniodoris

## 貓隅海蛞蝓

*Goniodoris felis* Baba, 1949

西太平洋

身體爲帶褐色的半透明狀，背部邊緣的皺褶部分、觸角、口觸手、尾部上緣爲白色。有些個體的白色部分極淡。鰓的顏色從半透明，變化至橙色與褐色。長度達 10mm。

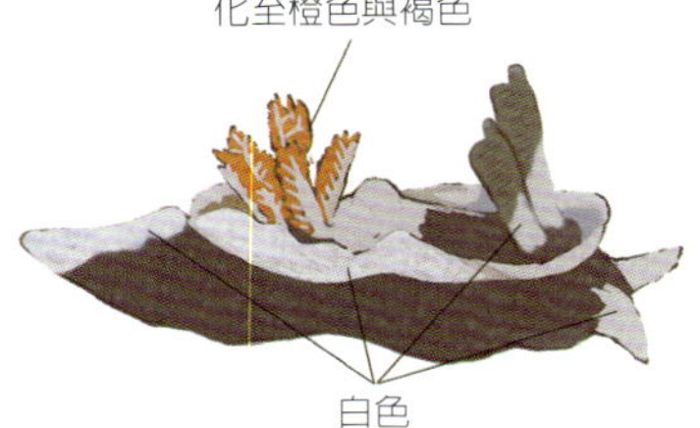
鰓的顏色從半透明變
化至橙色與褐色
白色

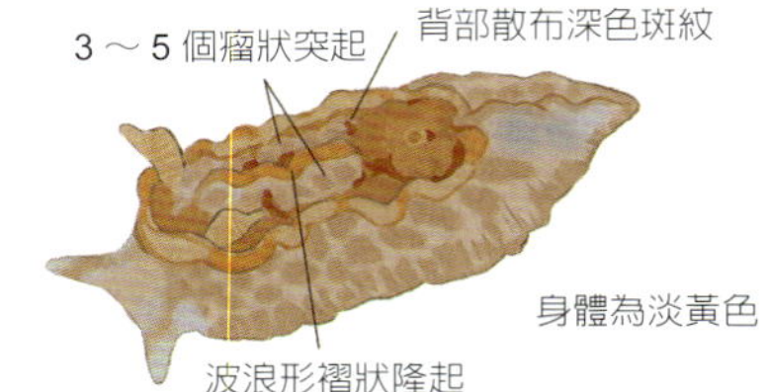
3～5 個瘤狀突起
背部散布深色斑紋
身體為淡黃色
波浪形褶狀隆起

隅海蛞蝓科 Goniodorididae
隅海蛞蝓屬 Goniodoris

## 菅島隅海蛞蝓

*Goniodoris sugashimae* Baba, 1960

本州

｜親不知 水深 3m 大小 20mm 木元伸彥｜

身體爲淡黃色，背部散布深色斑紋。褶狀隆起包圍著觸角前方到鰓後方一帶。背部正中線上的褶狀隆起成細微波浪，隆起處的後半部有 3～5 個瘤狀突起。根據原有記載，除了褶狀隆起與瘤狀突起之外，其他身體部位十分光滑。長度達 25mm。

隅海蛞蝓科 Goniodorididae
隅海蛞蝓屬 Goniodoris

# 隅海蛞蝓之一種 1

*Goniodoris* sp. 1

印度－西太平洋

軸後方的大型褶葉十分搶眼
褐色
褐色
褐色邊緣的內側有黃線

| 慶良間群島 水深 15m 大小 7mm 小野篤司 |

身體爲白色，背部周緣、口觸手和觸角前端爲褐色。背部的褐色邊緣內側有黃線。觸角很大，軸後方的褶葉很搶眼。鰓爲白色。長度達 10mm。

隅海蛞蝓科 Goniodorididae
隅海蛞蝓屬 Goniodoris

# 隅海蛞蝓之一種 2

*Goniodoris* sp. 2

西太平洋

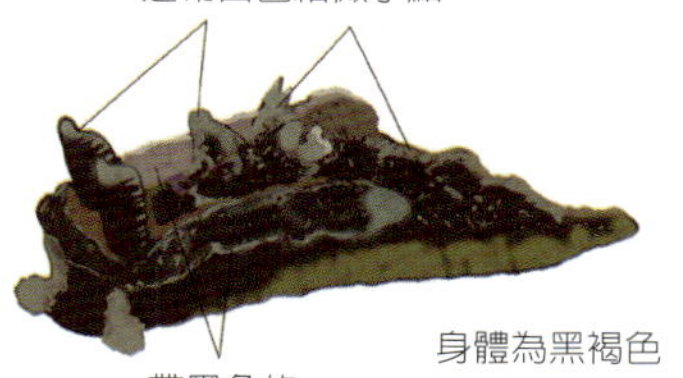
遍布白色細微小點
身體為黑褐色
帶黑色的
半透明狀

| 慶良間群島 水深 5m 大小 5mm 小野篤司 |

身體爲深褐色，白色細微小點集中散布在觸角、背部邊緣的褶狀隆起、鰓前方的瘤狀隆起和尾部上緣等身體局部。沒有喬賓隅海蛞蝓特有的黃色細點。長度達 8mm。

隅海蛞蝓科 Goniodorididae
隅海蛞蝓屬 Goniodoris

# 隅海蛞蝓之一種 3

*Goniodoris* sp. 3

西太平洋

觸角前端、口觸手為深褐色
白色的半透明狀

| 慶良間群島 水深 7m 大小 8mm 小野篤司 |

身體顏色從黃色變化至褐色，觸角柄與鰓爲白色半透明狀。觸角前端、口觸手爲深褐色。背部周緣的褶狀突起通常很飽滿，但並非所有個體皆如此。根據千葉大學的標本，從身體顏色令人聯想到橘貓等特性，提議新名稱「チャトラネコジタウミウシ」。長度達 12mm。

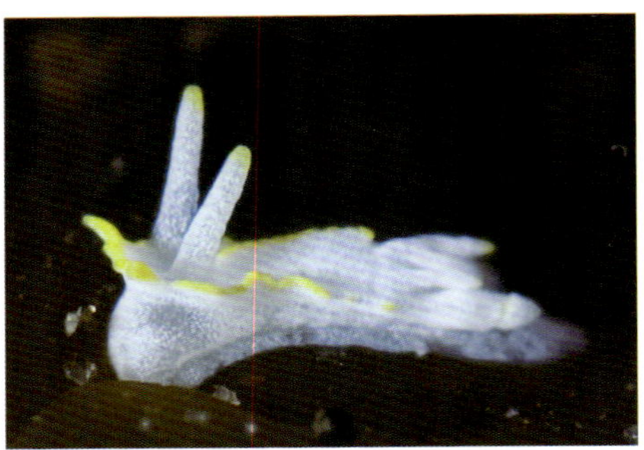

隅海蛞蝓科 Goniodorididae
似隅海蛞蝓屬 Goniodoridella

西太平洋

# 沙氏似隅海蛞蝓

*Goniodoridella savignyi* Pruvot - Fol, 1933

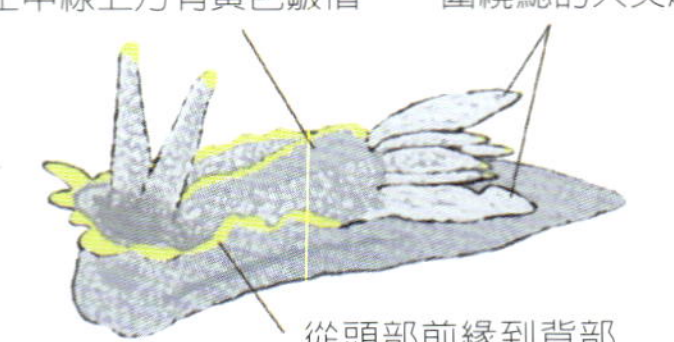
正中線上方有黃色皺褶
圍繞鰓的大突起
從頭部前緣到背部
邊緣的黃色皺褶

| 八丈島 水深 10m 大小 8mm 加藤昌一 |

身體爲帶白色或黃色的半透明狀，背部邊緣與觸角間到鰓的正中線上方，有黃色皺褶。頭部前緣的皺褶爲黃色，白色觸角平滑。背部後方有幾根長突起。長度達 10mm。

隅海蛞蝓科 Goniodorididae
似隅海蛞蝓屬 Goniodoridella

西太平洋

# 似隅海蛞蝓之一種 1

*Goniodoridella* sp. 1

遍布褐色的不規則斑紋
褐色帶狀
觸角顏色包括白色
與褐色斑紋

| 大瀨崎 水深 5m 大小 8mm 山田久子 |

身體爲奶油色，體表遍布褐色的不規則斑紋。頭部前端的觸角顏色包括白色與褐色斑紋，有時全部爲褐色。有些個體的鰓後方 2 對突起較大。頭部前端的上下兩邊呈褐色帶狀。長度達 8mm。

隅海蛞蝓科 Goniodorididae
似隅海蛞蝓屬 Goniodoridella

日本

# 似隅海蛞蝓之一種 2

*Goniodoridella* sp. 2

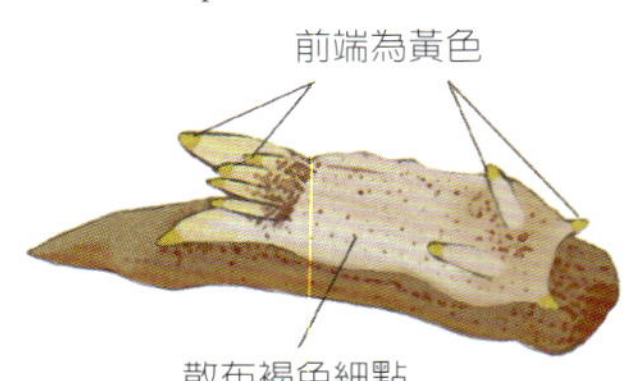
前端為黃色
散布褐色細點

| 雲見 水深 10m 大小 6mm 山田久子 |

身體底色是帶淡淡黃色的白色，體表遍布褐色細點，部分聚集形成斑紋。觸角與身體後方的突起、頭部前緣的 1 對小突起前端爲黃色。背部側緣、頭部邊緣的皺褶略厚。長度達 8mm。

隅海蛞蝓科 Goniodorididae
似隅海蛞蝓屬 Goniodoridella

# 似隅海蛞蝓之一種 3

*Goniodoridella* sp. 3

西太平洋

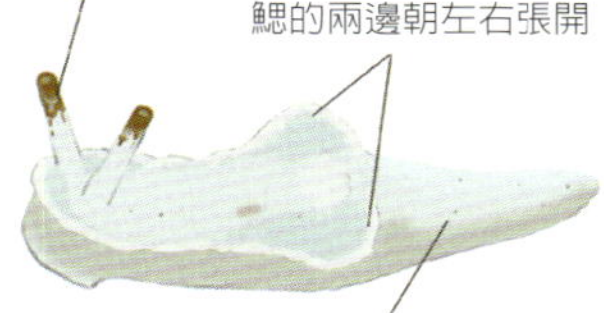
褐色，遍布蛋白色細點
鰓的兩邊朝左右張開
綠褐色細點極為稀疏

| 慶良間群島　水深 3m　大小 3mm　小野篤司 |

身體爲白色，綠褐色細點在體表稀疏分布。觸角上方爲褐色，散布蛋白色細點。鰓的兩側隆起，朝左右張開。長度達 5mm。

---

隅海蛞蝓科 Goniodorididae
似隅海蛞蝓屬 Goniodoridella

# 似隅海蛞蝓之一種 4

*Goniodoridella* sp. 4

慶良間群島

鰓兩側的突
起朝上伸直
平滑且粗
散布褐色斑
背部邊緣排列小突起

| 慶良間群島　水深 10m　大小 3mm　小野篤司 |

身體爲白色半透明狀，體表散布褐色斑點。背部邊緣排列小突起，鰓兩邊的突起朝上伸直，觸角平滑且粗。小野（2004）的隅海蛞蝓科之一種 2 即爲本種。長度達 3mm。

---

隅海蛞蝓科 Goniodorididae
似隅海蛞蝓屬 Goniodoridella

# 似隅海蛞蝓之一種 5

*Goniodoridella* sp. 5

慶良間群島

| 慶良間群島　水深 15m　大小 10mm　小野篤司 |

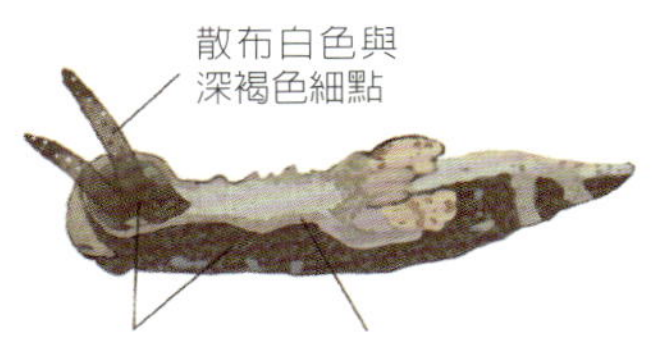
散布白色與
深褐色細點
深褐色斑紋
從頭部到背部邊緣的隆
起呈鑰匙孔形狀

身體底色爲蛋白色，觸角基部後方、整個體側都有深褐色斑紋。此深褐色區域還遍布細微的黑褐色細點。從頭部到背部邊緣的隆起呈鑰匙孔形狀。透明觸角遍布白色與深褐色細點，鰓兩邊的 1 對突起較大。長度達 10mm。

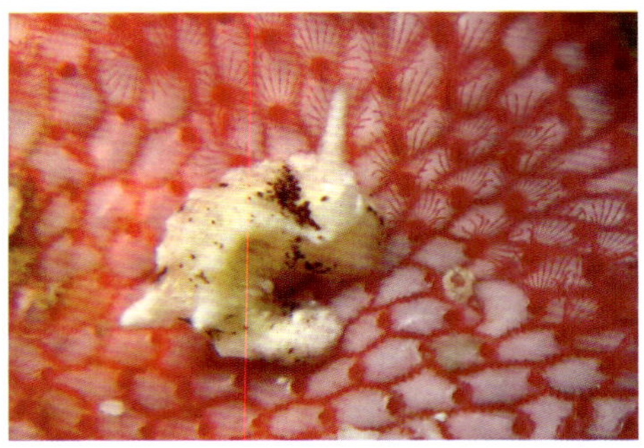

| 慶良間群島 水深 5m 大小 3mm 小野篤司 |

隅海蛞蝓科 Goniodorididae
似隅海蛞蝓屬 Goniodoridella

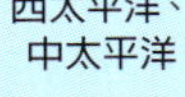
西太平洋、
中太平洋

## 似隅海蛞蝓之一種 6

*Goniodoridella* sp. 6

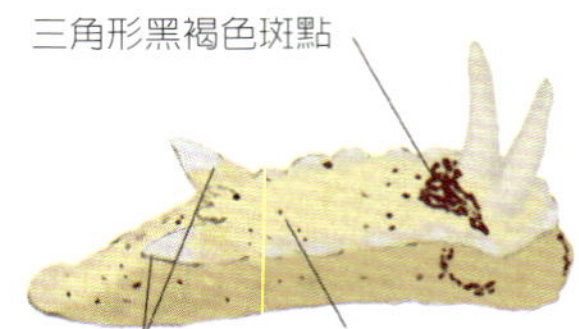
三角形黑褐色斑點
白色
稀疏的黑褐色細點

身體爲奶油色到白色，體表的黑褐色細點分布得很稀疏。觸角後方有細點形成的三角形黑褐色斑，一直延續到體側。頭部前方也有直向斑紋。觸角和身體同色。與 Gosliner et al., 2018 的 *Goniodoridella* sp. 1 爲同種。長度達 7mm。照片中牠正在吃苔蘚蟲。

---

| 大瀨崎 水深 10m 大小 5mm 山田久子 |

隅海蛞蝓科 Goniodorididae
似隅海蛞蝓屬 Goniodoridella

西太平洋

## 似隅海蛞蝓之一種 7

*Goniodoridella* sp. 7

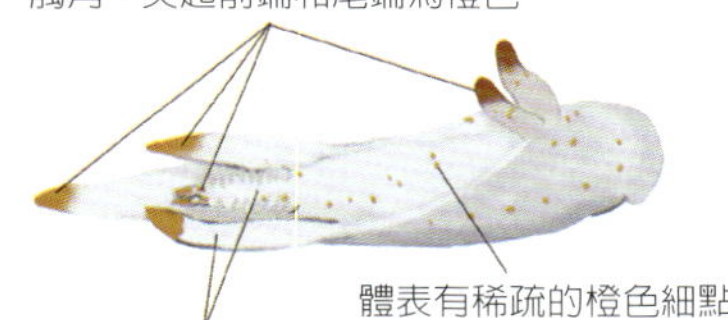
觸角、突起前端和尾端為橙色
體表有稀疏的橙色細點
1 對突起與鰓較長

白色身體細長，觸角、鰓兩側的突起前端和尾端爲橙色。體表有稀疏的橙色細點。背部後方看似有 3 根突起，中間是鰓，而且有許多鰓葉。遇到危險會立刻躲進沙中。長度達 5mm。

---

| 慶良間群島 水深 8m 大小 3mm 小野篤司 |

隅海蛞蝓科 Goniodorididae
似隅海蛞蝓屬 Goniodoridella

西太平洋

## 似隅海蛞蝓之一種 8

*Goniodoridella* sp. 8

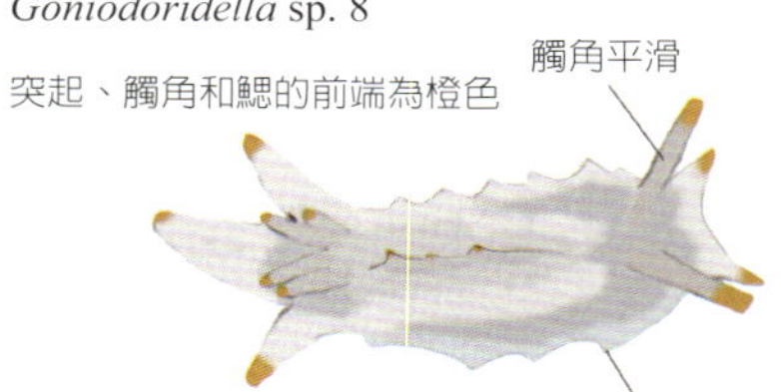
觸角平滑
突起、觸角和鰓的前端為橙色
背部邊緣為平緩的鋸齒狀

身體爲白色，頭部前緣有 1 對突起、觸角、鰓、鰓兩側的突起和尾部等處的前端皆爲橙色。背部正中線的上方隆起有一部分突出，爲橙色。背部邊緣爲平緩的鋸齒狀。觸角平滑。過去的文獻曾將其列爲脊突海蛞蝓之一種。長度達 6mm。

隅海蛞蝓科 Goniodorididae
脊突海蛞蝓屬 Okenia

# 平扁脊突海蛞蝓

*Okenia plana* Baba, 1960

西太平洋

｜三浦半島　水深 2m　大小 14mm　山田久子｜

鰓的正前方
有 1 根突起
全身遍布褐色
與白色細點
背面左右各有一排
突起，每排 5 根

身體爲黃白色，全身遍布褐色與白色細點。背面左右各有一排突起，每排 5 根，鰓的正前方還有 1 根突起。以藏在滾石下的苔蘚蟲爲食。過去的文獻曾將其列爲毛茸脊突海蛞蝓。長度達 10mm。

---

隅海蛞蝓科 Goniodorididae
脊突海蛞蝓屬 Okenia

# 毛茸脊突海蛞蝓

*Okenia pilosa*
（Bouchet & Ortea, 1983）

西太平洋

｜大瀨崎　水深 5m　大小 15mm　山田久子｜

背面有網狀排
列的白色細點

背面有許多突起

全身遍布褐色與白色細點

全身爲偏白的半透明狀，全身遍布褐色與白色細點。背面有網狀排列的白色細點。背面的突起比平扁脊突海蛞蝓還多，但沒有 2 排。日文名稱是由奧谷（2017）命名的。過去的文獻曾使用過異名「毛茸隅海蛞蝓」（トノイバラウミウシ）。長度達 10mm。

| 八丈島 水深 7m 大小 6mm 加藤昌一 |

隅海蛞蝓科 Goniodorididae
脊突海蛞蝓屬 Okenia

# 高角脊突海蛞蝓

*Okenia rhinorma* Rudman, 2007

印度－太平洋

身體爲白色，散布黑褐色、橙色與褐色的不規則斑紋，但有些個體沒有斑紋。背部邊緣的皺褶狀隆起長著 3 對突起，鰓與觸角很接近。鰓後方有黑褐色細紋形成的斑紋。長度達 10mm。

有黑褐色、橙色與褐色的不規則斑紋
鰓後方有黑褐色斑點
3 對突起

| 大瀨崎 水深 3m 大小 5mm 山田久子 |

隅海蛞蝓科 Goniodorididae
脊突海蛞蝓屬 Okenia

# 馬場脊突海蛞蝓

*Okenia babai* Hamatani, 1961

伊豆半島以南、九州

身體爲白色半透明，背面有些許橙色紋和許多綠色紋。鰓軸、觸角前緣與尾部上方有橙色紋。長度達 10mm。

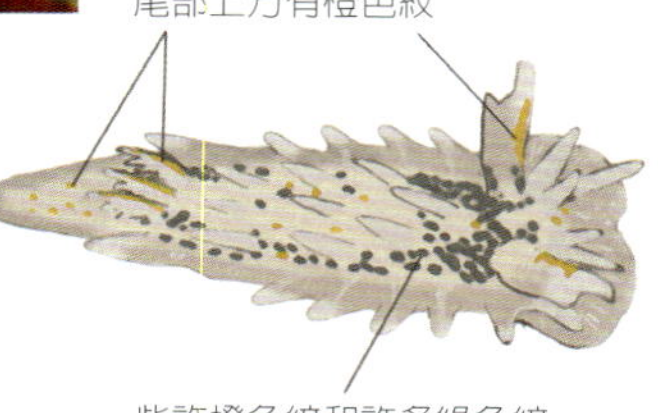
鰓軸、觸角前緣與尾部上方有橙色紋
些許橙色紋和許多綠色紋

隅海蛞蝓科 Goniodorididae
脊突海蛞蝓屬 Okenia

# 弘氏脊突海蛞蝓

*Okenia hiroi*（Baba, 1938）

西太平洋

｜八丈島　水深 6m　大小 20mm　加藤昌一｜

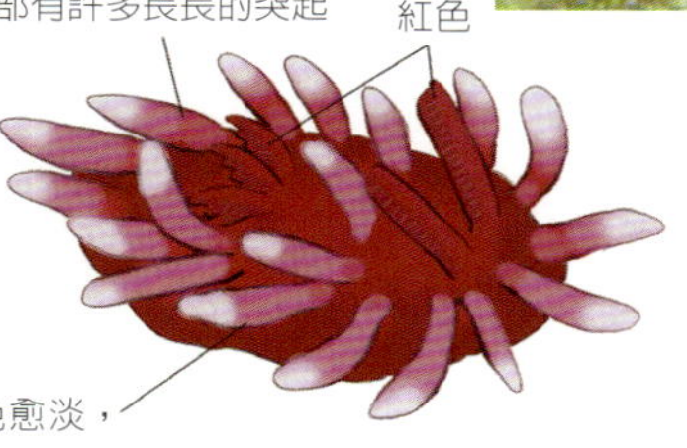
背部有許多長長的突起
紅色
愈往前顏色愈淡，
前端為白色

身體爲紅色，背部突起愈往前顏色愈淡，前端爲白色。觸角與鰓都是紅色。背部有許多長長的突起。長度達 10mm。

---

隅海蛞蝓科 Goniodorididae
脊突海蛞蝓屬 Okenia

# 中本脊突海蛞蝓

*Okenia nakamotoensis*
（Hamatani, 2001）

印度－
西太平洋

｜八丈島　水深 6m　大小 20mm　加藤昌一｜

基部為白色、上方為紅色

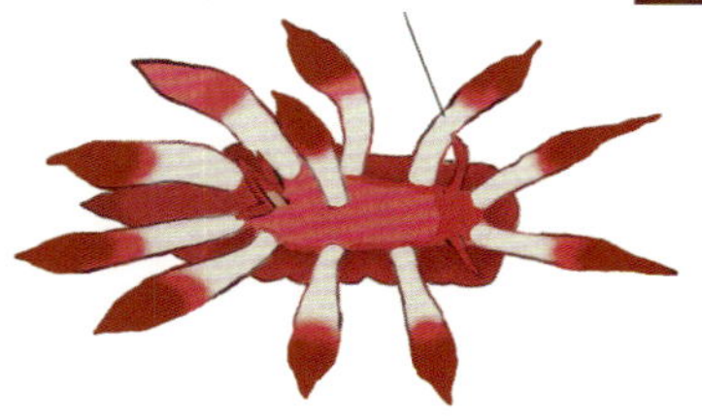
背部的左右兩邊各有 5 對突
起，鰓前方有 1 根突起

身體爲紅色，背部突起的基部爲白色，上方爲紅色。背部的左右兩邊各有 5 對突起，鰓前方有 1 根突起。觸角與鰓爲紅色。長度達 30mm。

| 八丈島 水深 7m 大小 5mm 山田久子 |

隅海蛞蝓科 Goniodorididae
脊突海蛞蝓屬 Okenia

## 近藤脊突海蛞蝓

*Okenia kondoi*（Hamatani, 2001）

西太平洋

身體爲紅色，背部突起的基部爲白色，上方爲紅色。背部突起有左右 4 對，鰓前方有 1 根突起。觸角和鰓爲紅色。外觀近似中本脊突海蛞蝓，可用突起數量識別。頭部前緣擴張。長度達 15mm。

背部的左右兩邊有 4 對突起，鰓前方有 1 根突起

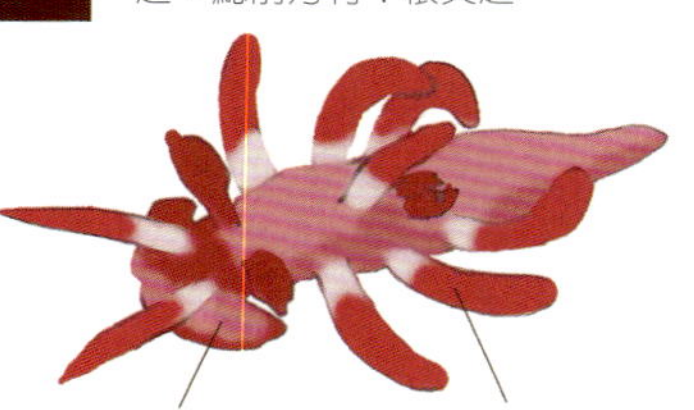
頭部前緣外擴
基部為白色，上方為紅色

| 大瀨崎 水深 10m 大小 6mm 川原晃 |

隅海蛞蝓科 Goniodorididae
脊突海蛞蝓屬 Okenia

## 棘脊突海蛞蝓

*Okenia echinata* Baba, 1949

伊豆半島以南、九州

身體爲白色半透明狀，背部爲紅褐色。全身遍布白色細點。鰓與觸角前端爲白色。背部邊緣、背部與頭部邊緣有許多突起。長度達 10mm。

鰓與觸角前端為白色

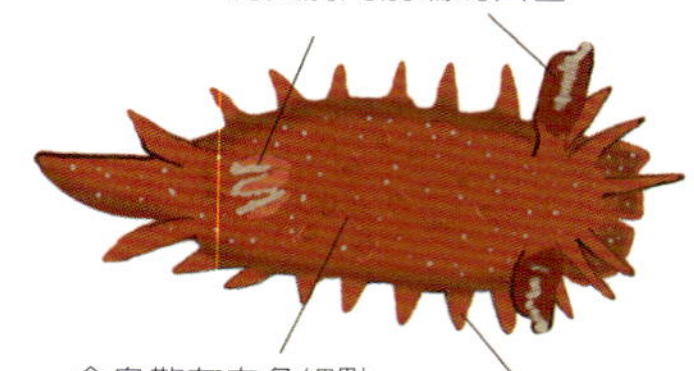
全身散布白色細點
許多突起

隅海蛞蝓科 Goniodorididae
脊突海蛞蝓屬 Okenia

## 日本脊突海蛞蝓

*Okenia japonica* Baba, 1949

本州到九州、香港

| 八丈島 水深 10m 大小 8mm 加藤昌一 |

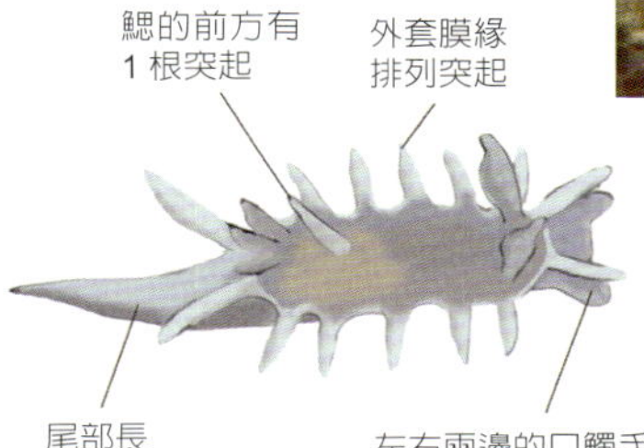
鰓的前方有
1 根突起
外套膜緣
排列突起
尾部長
左右兩邊的口觸手
前端為圓形外擴

身體爲白色半透明，突起與背部邊緣有白色色素，但許多個體全身都是白色。背部邊緣、頭部邊緣有突起排列，鰓的前方也有 1 根突起。觸角、尾部長。長度達 10mm。

隅海蛞蝓科 Goniodorididae
脊突海蛞蝓屬 Okenia

## 巴納德脊突海蛞蝓

*Okenia barnardi* Baba, 1937

日本、香港

| 雲見 水深 7m 大小 6mm 山田久子 |

觸角與鰓的前端為褐色
背部為褐色，
中間為淺色
整體遍布白色細點

身體爲白色半透明，全身遍布白色細點。背部爲褐色，中間爲淺色。外套膜緣排列許多突起。鰓的前方也有 1 根突起。觸角與鰓的前端爲褐色。長度達 10mm。

| 大瀨崎　水深 20m　大小 7mm　山田久子 |

隅海蛞蝓科 Goniodorididae
脊突海蛞蝓屬 Okenia

## 鮮明脊突海蛞蝓

*Okenia distincta* Baba, 1940

本州
到九州

身體是透著些許白色的黃色半透明狀，全身遍布褐色紋，但背部最多。背部周緣、頭部邊緣與背部有許多突起。相對之下，觸角比突起長。鰓與身體同色，觸角也是同色，基部附近通常有褐色紋。長度達 10mm。

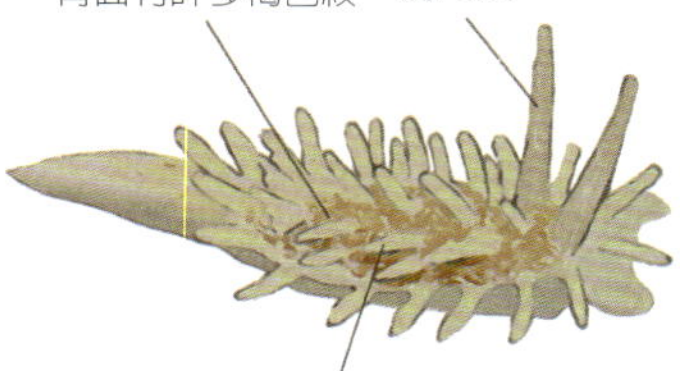
背面有許多褐色紋
觸角長
外套膜緣、背部有許多突起

| 一切　水深 10m　大小 4mm　山田久子 |

隅海蛞蝓科 Goniodorididae
脊突海蛞蝓屬 Okenia

## 透明脊突海蛞蝓

*Okenia pellucida* Burn, 1957

印度－
太平洋

身體爲白色半透明狀，幾乎全身都有褐色網狀斑紋。外套膜緣略短，帶白色的突起排列。觸角長，前端爲白色。長度達 20mm。

全身遍布褐色
網狀斑紋

觸角長，前
端為白色

帶白色的突起排列

隅海蛞蝓科 Goniodorididae
脊突海蛞蝓屬 Okenia

# 小脊突海蛞蝓

*Okenia liklik* Gosliner, 2004

西太平洋

| 慶良間群島　水深 6m　大小 4mm　小野篤司 |

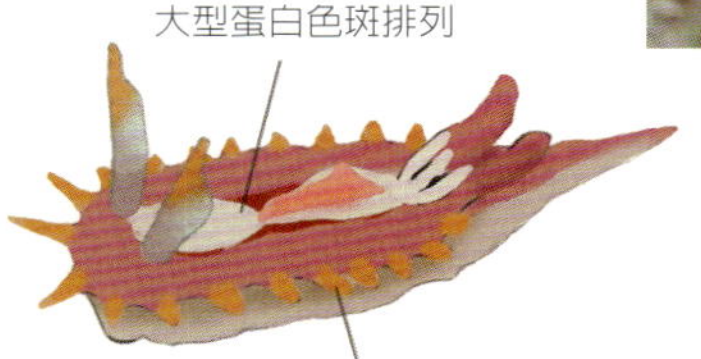
大型蛋白色斑排列
背部周緣的突起為粉紅色，
前端為黃色

身體幾乎是透明的，外套膜緣爲粉紅色。有些個體的粉紅色較深，看起來像是紫色。背部中央有大型蛋白色斑，局部有紅褐色斑圍繞。背部周緣排列著粉紅色突起，前端爲黃色，有褐色紋。觸角又長又大，前端爲黃色。長度達 7mm。

---

隅海蛞蝓科 Goniodorididae
脊突海蛞蝓屬 Okenia

# 紫紋脊突海蛞蝓

*Okenia purpureolineata*
Gosliner, 2004

沖繩縣、
菲律賓

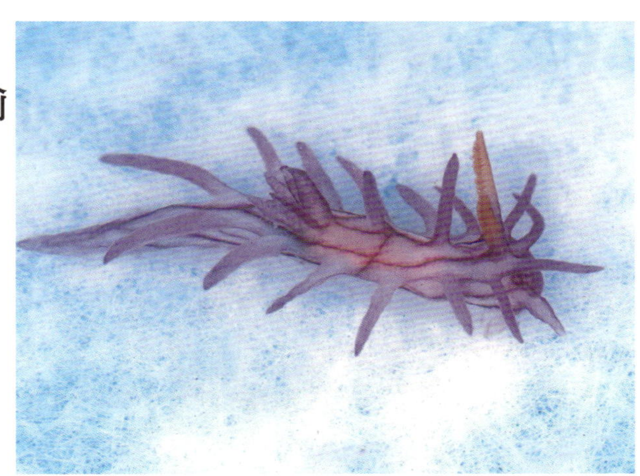

| 沖繩島　水深 60m　大小 12mm　Robert F. Bolland |

鰓前有 2 根突起　觸角為黃褐色

微亂的紫色線貫穿體表

身體爲透著淡紫色的白色，微亂的紫色線貫穿體表。觸角爲黃褐色，鰓和身體是同樣。頭部邊緣到背部邊緣有 7 對長突起。背部正中線上方的鰓前有 2 根突起。口觸手很長。日本採集到 49 ～ 55mm 的個體。長度達 15mm。

| 沖繩島 水深 5m 大小 7mm 今川郁 |

隅海蛞蝓科 Goniodorididae
脊突海蛞蝓屬 Okenia

西太平洋

## 網紋脊突海蛞蝓

*Okenia lambat* Gosliner, 2004

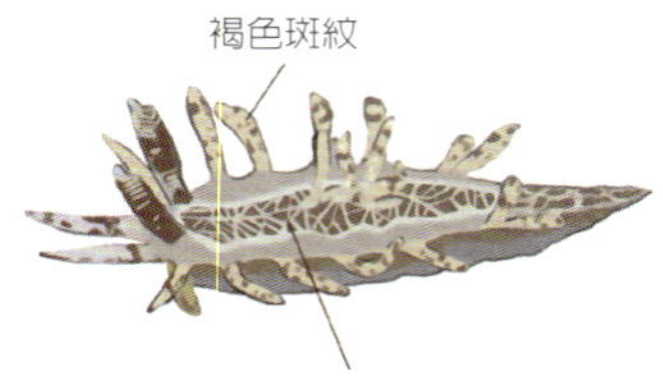
褐色斑紋
背部有網眼狀褐色斑

身體爲白色半透明狀，網眼狀褐色斑紋從頭部散布到背部，延伸至尾部。觸角、背部周緣的突起爲淡黃色，點綴著褐色斑紋。長度達 7mm。

| 慶良間群島 水深 7m 大小 3mm 小野篤司 |

隅海蛞蝓科 Goniodorididae
脊突海蛞蝓屬 Okenia

伊豆半島到琉球群島

## 脊突海蛞蝓之一種 1

*Okenia* sp. 1

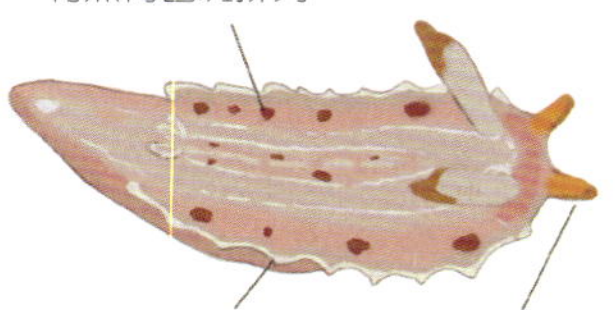
身體呈淡粉紅色，
有黑褐色斑排列
呈鋸齒狀有蛋白色邊
1 對黃褐色突起

身體底色幾乎透明，淺粉紅色的色帶從背部周緣延伸至頭部。背部中央也有粉紅色色帶，有白色邊。背部邊緣呈鋸齒狀，有蛋白色邊。頭部前緣的 1 對突起爲黃褐色。過去的文獻曾將其分類爲似隅海蛞蝓屬，本種帶有觸角褶葉。長度達 10mm。

| 八丈島 水深 10m 大小 15mm 加藤昌一 |

隅海蛞蝓科 Goniodorididae
脊突海蛞蝓屬 Okenia

西太平洋

## 脊突海蛞蝓之一種 2

*Okenia* sp. 2

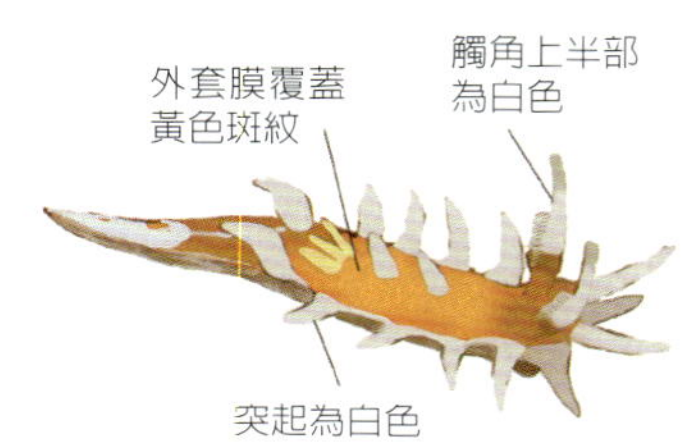
外套膜覆蓋
黃色斑紋
觸角上半部
為白色
突起為白色

身體爲白色半透明狀，黃色斑紋覆蓋在外套膜上。外套膜上方與外套膜緣的突起爲白色。觸角的下半部爲黃色，上半部爲白色。長度達 10mm。

隅海蛞蝓科 Goniodorididae
脊突海蛞蝓屬 Okenia

# 脊突海蛞蝓之一種 3

*Okenia* sp. 3

西太平洋

有白線裝飾的網
狀紅褐色斑紋
突起散布白點

| 慶良間群島 水深 15m 大小 7mm 小野篤司 |

身體覆蓋著有白線裝飾的網狀紅褐色斑紋。觸角褶葉的下方、背部突起的基部為白色。背部周緣排列突起，鰓前也有 1 根突起。每根突起都有白點遍布。長度達 10mm。

隅海蛞蝓科 Goniodorididae
脊突海蛞蝓屬 Okenia

# 脊突海蛞蝓之一種 4

*Okenia* sp. 4

本州到
琉球群島

突起顏色由前端到基部
呈黑色、白色、橙色
有白邊的黑色紋

| 慶良間群島 水深 15m 大小 8mm 小野篤司 |

身體從黃色變至橙色，突起顏色由前端到基部呈黑色、白色與橙色，有些個體沒有白色。整個背部都有突起，鰓前有 2 對突起。背部點綴黑色紋，部分有白邊。長度達 10mm。

隅海蛞蝓科 Goniodorididae
脊突海蛞蝓屬 Okenia

# 脊突海蛞蝓之一種 5

*Okenia* sp. 5

本州
到九州

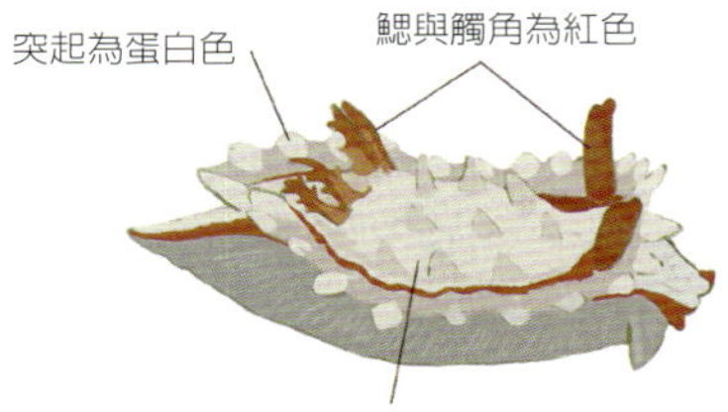
突起為蛋白色
鰓與觸角為紅色
背面為白色，帶紅邊

| 大瀨崎 水深 35m 大小 7mm 山田久子 |

身體底色為白色半透明狀，背部中央為白色，帶紅邊。背部中央的白色區塊有白色突起。背部周緣為白色半透明狀，只有突起為蛋白色。鰓與觸角為紅色。長度達 8mm。

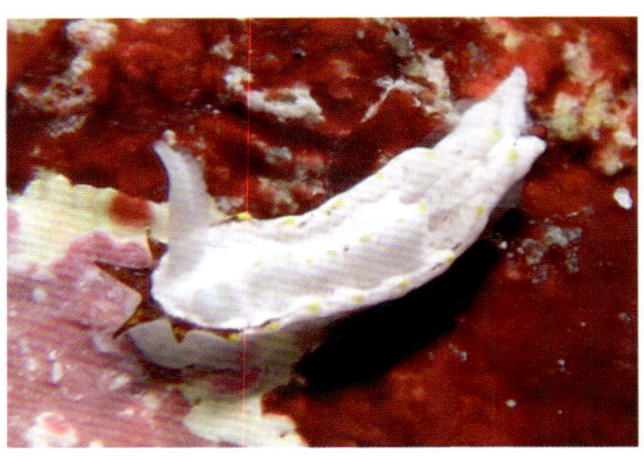

| 大瀨崎　水深 27m　大小 6mm　山田久子 |

隅海蛞蝓科 Goniodorididae
脊突海蛞蝓屬 Okenia

## 脊突海蛞蝓之一種 6

*Okenia* sp. 6

印度－西太平洋

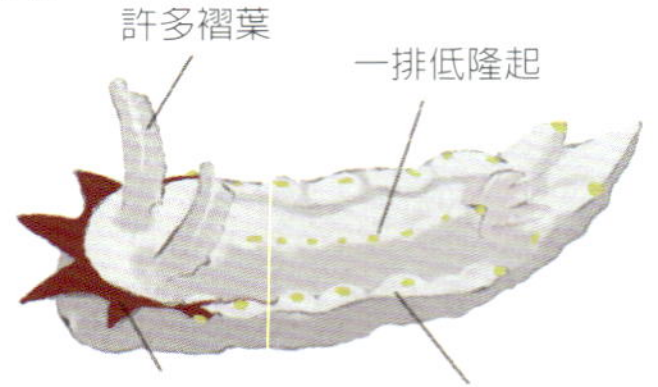
許多褶葉
一排低隆起
褐色
呈鋸齒狀，尖銳前端為黃色

身體為白色，頭部前緣的 1 對突起較大，呈褐色。後方的 1 ～ 2 根突起有時不帶褐色。背部邊緣呈鋸齒狀，尖銳前端為黃色。背部正中央也有一排低隆起，突起的前端為黃色。白色觸角有褶葉，有些個體的觸角上方帶褐色。長度達 6mm。

| 大瀨崎　水深 34m　大小 10mm　山田久子 |

隅海蛞蝓科 Goniodorididae
脊突海蛞蝓屬 Okenia

## 脊突海蛞蝓之一種 7

*Okenia* sp. 7

本州到九州

突起前端為白色
身體為帶褐色的半透明狀
白色線呈網狀遍布全身

身體為帶褐色的半透明狀，全身都有網狀白色線。鰓部前端與觸角前端皆為褐色。背部周緣的突起前端為白色。長度達 12mm。

| 奄美大島　水深 10m　大小 10mm　山田久子 |

隅海蛞蝓科 Goniodorididae
圈頸海蛞蝓屬 Trapania

## 達維爾圈頸海蛞蝓

*Trapania darvelli* Rudman, 1987

西太平洋

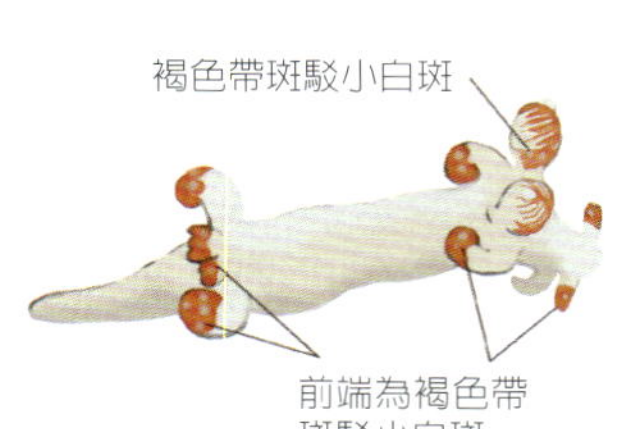
褐色帶斑駁小白斑
前端為褐色帶斑駁小白斑

身體為白色，觸角兩側與鰓兩側的突起、口觸手的前端為褐色，帶斑駁小白斑。觸角褶葉與鰓皆為褐色，有斑駁小白斑。長度達 13mm。

隅海蛞蝓科 Goniodorididae
圈頸海蛞蝓屬 Trapania

# 陶德圈頸海蛞蝓

*Trapania toddi* Rudman, 1987

西太平洋

| 慶良間群島 水深 15m 大小 9mm 小野篤司 |

全身有點綴白
斑的褐色斑點

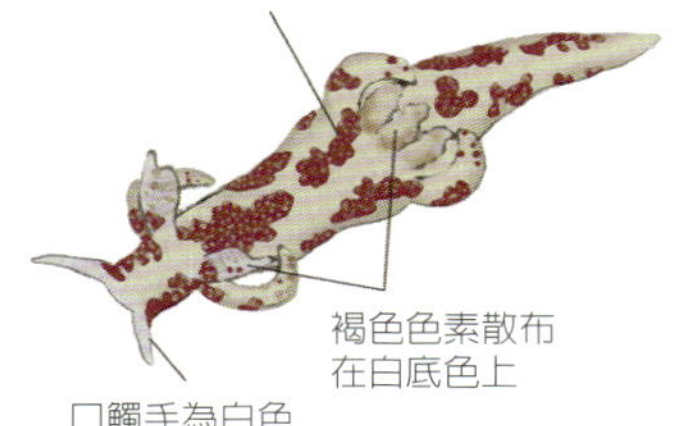
褐色色素散布
在白底色上
口觸手為白色

身體爲白色半透明狀，全身有點綴白斑的褐色斑點。褐色斑點的位置大致相同，左右接近對稱。口觸手爲白色。鰓與觸角褶葉爲白底色，散布褐色色素。鰓與觸角兩側的突起、口觸手、觸角、尾部爲黃色，顏色分布不一。長度達 10mm。

---

隅海蛞蝓科 Goniodorididae
圈頸海蛞蝓屬 Trapania

# 條紋圈頸海蛞蝓

*Trapania vitta*
Gosliner & Fahey, 2008

西太平洋

| 八丈島 水深 14m 大小 10mm 加藤昌一 |

突起為白色

橙色

身體爲白色，鰓軸、觸角前端、尾部正中線上方、口觸手、前足隅爲橙色。金帶圈頸海蛞蝓的兩觸角外側和鰓兩側突起爲白色，可從這兩處辨別。長度達 12mm。

| 大瀨崎 水深 25m 大小 9mm 山田久子 |

隅海蛞蝓科 Goniodorididae
圈頸海蛞蝓屬 Trapania

## 掌圈頸海蛞蝓

*Trapania palmula*
Gosliner &Fahey, 2008

西太平洋

身體爲乳白色，密布褐色細點。點綴白色細點的不規則褐色斑，主要覆蓋在體側。兩觸角的外側突起與鰓兩側的突起有黃白邊藍色紋。尾部上方爲蛋白色。長度達 8mm。

密布褐色細點
有黃白邊的藍色紋

---

| 慶良間群島 水深 12m 大小 7mm 小野篤司 |

隅海蛞蝓科 Goniodorididae
圈頸海蛞蝓屬 Trapania

## 鱗斑圈頸海蛞蝓

*Trapania squama*
Gosliner & Fahey, 2008

西太平洋

身體爲蛋白色，深褐色斑紋描繪出大型環狀模樣。鰓與觸角略帶褐色，體積較大。長度達 10mm。

略帶褐色，體積較大
大型環狀深褐色斑紋

隅海蛞蝓科 Goniodorididae
圈頸海蛞蝓屬 Trapania

# 隆背圈頸海蛞蝓

*Trapania gibbera*
Gosliner &Fahey, 2008

西太平洋

|慶良間群島 水深 7m 大小 6mm 小野篤司|

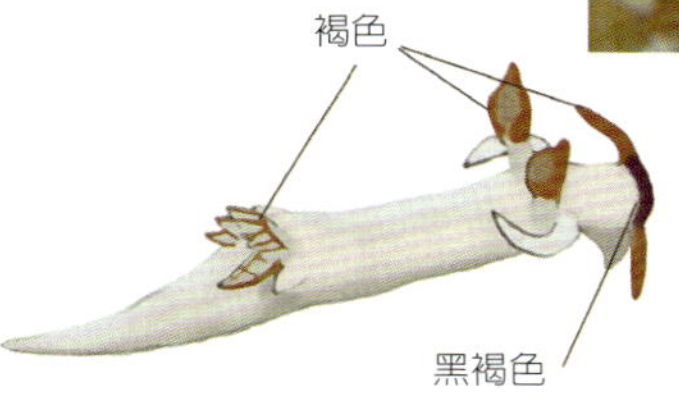
褐色
黑褐色
身體為白色

身體爲不透明的白色，觸角、鰓軸、口觸手爲褐色。頭部前緣的口觸手之間呈黑褐色。外觀看似圈頸海蛞蝓之一種 4 斑紋較淺的個體，但本種體表沒有斑紋。長度達 12mm。

---

隅海蛞蝓科 Goniodorididae
圈頸海蛞蝓屬 Trapania

# 娜伊娃圈頸海蛞蝓

*Trapania naeva*
Gosliner & Fahey, 2008

西太平洋

|八丈島 水深 16m 大小 30mm 加藤昌一|

突起為黑褐色

7 個黑褐色圓斑

身體爲白色，有 7 個黑褐色圓斑。口觸手與觸角、觸角外側和鰓外側的突起爲黑褐色。與身體尺寸相比，鰓的比例很大。長度達 30mm。

|八丈島 水深 5m 大小 10mm 加藤昌一|

隅海蛞蝓科 Goniodorididae
圈頸海蛞蝓屬 Trapania

# 廣布圈頸海蛞蝓

*Trapania euryeia*
Gosliner & Fahey, 2008

印度－
太平洋

身體爲乳白色，遍布點綴乳白色細點的深褐色斑點，可從斑點縫隙看見底色。有些個體沒有乳白色細點。長度達 10mm。

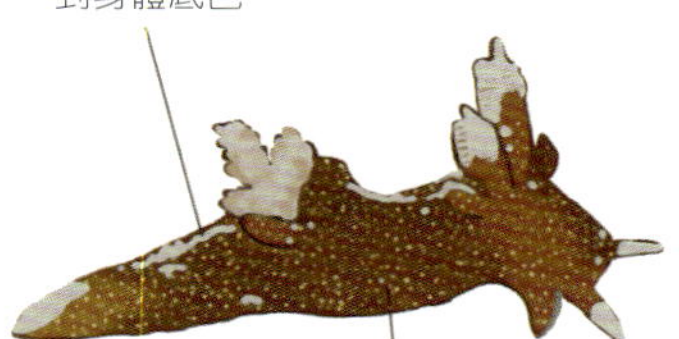
從縫隙中可看
到身體底色
全身遍布點綴乳白色
細點的深褐色斑點

隅海蛞蝓科 Goniodorididae
圈頸海蛞蝓屬 Trapania

# 紅鰓圈頸海蛞蝓

*Trapania miltabrancha*
Gosliner & Fahey, 2008

西太平洋

|一切 水深 18m 大小 8mm 山田久子|

身體爲土黃色到黑褐色，顏色變異性大，有些個體還有這兩色斑點。白色細點與帶紅色的細點都有黑邊，遍布全身。日本人根據種小名 *miltabrancha*，取暱稱爲「ミルタブランカ」。長度達 10mm。

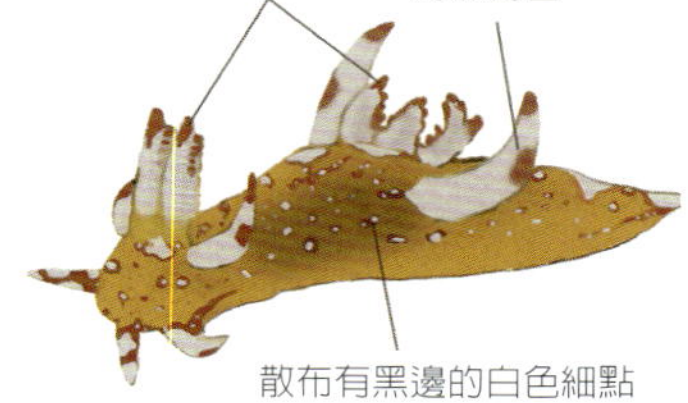
觸角與鰓的
前端為褐色
中間與前端
為黑褐色
散布有黑邊的白色細點

隅海蛞蝓科 Goniodorididae
圈頸海蛞蝓屬 Trapania

# 小丑圈頸海蛞蝓

*Trapania scurra*
Gosliner & Fahey, 2008

西太平洋

| 一切 水深 10m 大小 10mm 山田久子 |

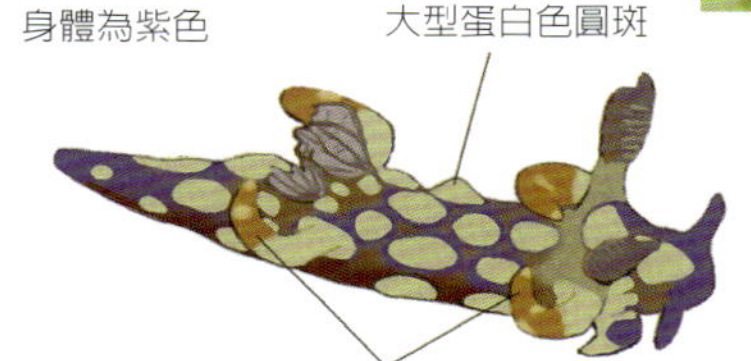
身體為紫色
大型蛋白色圓斑
上半部為深黃褐色

身體爲紫色，背部帶淺褐色，屬於日本傳統顏色「二人静」的色調。全身有蛋白色圓斑。鰓與觸角也是暗紫紅色。突起的上半部爲深黃褐色。長度達 10mm。

隅海蛞蝓科 Goniodorididae
圈頸海蛞蝓屬 Trapania

# 環羽圈頸海蛞蝓

*Trapania armilla*
Gosliner & Fahey, 2008

西太平洋

| 沖繩島 水深 12m 大小 5mm 今川郁 |

口觸手中段有一
圈黑褐色環紋
全身為白色
背部和尾部有小突起

全身爲白色，口觸手中段有一圈黑褐色環紋。觸角的褶葉較少。背部和尾部有小突起。長度達 7mm。

| 沖繩島 水深 10m 大小 5mm 今川郁 |

隅海蛞蝓科 Goniodorididae
圈頸海蛞蝓屬 Trapania

西太平洋

## 金帶圈頸海蛞蝓

*Trapania aurata* Rudman, 1987

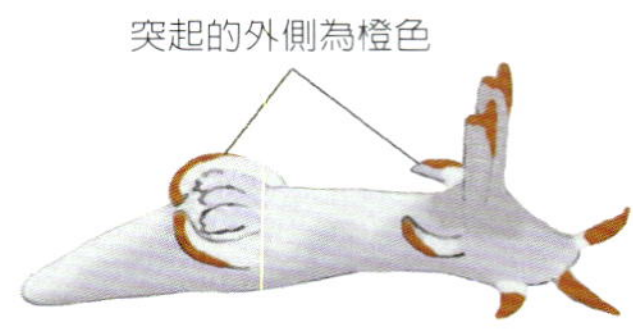
突起的外側為橙色
身體為白色

身體爲白色，鰓軸、觸角前端、口觸手、前足隅、尾部正中隆起部位皆爲橙色。兩觸角外側與鰓兩側的突起外緣也是橙色。長度達 10mm。

| 八丈島 水深 30m 大小 12mm 加藤昌一 |

隅海蛞蝓科 Goniodorididae
圈頸海蛞蝓屬 Trapania

西太平洋

## 圈頸海蛞蝓之一種 1

*Trapania* sp. 1

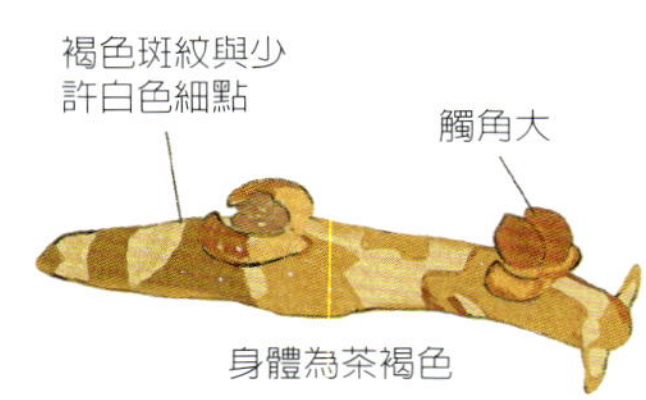
褐色斑紋與少
許白色細點
觸角大
身體為茶褐色

身體爲茶褐色，全身有褐色斑紋與少許白色細點。觸角大。觸角與鰓兩側的突起和身體同色。與 Gosliner et al., 2018 的 *Trapania* sp. 8 爲同種。長度達 12mm。

| 慶良間群島 水深 7m 大小 5mm 小野篤司 |

隅海蛞蝓科 Goniodorididae
圈頸海蛞蝓屬 Trapania

西太平洋

## 圈頸海蛞蝓之一種 2

*Trapania* sp. 2

鰓為黃色到褐色
遍布白色細點
口觸手之間沒有褐色

身體爲淡紫色到灰色，散布白色細點。鰓爲黃色到褐色。觸角上方爲褐色到黃色，口觸手爲褐色，有白點。口觸手之間沒有褐色。長度達 10mm。

隅海蛞蝓科 Goniodorididae
圈頸海蛞蝓屬 Trapania

# 圈頸海蛞蝓之一種 3

西太平洋

*Trapania* sp. 3

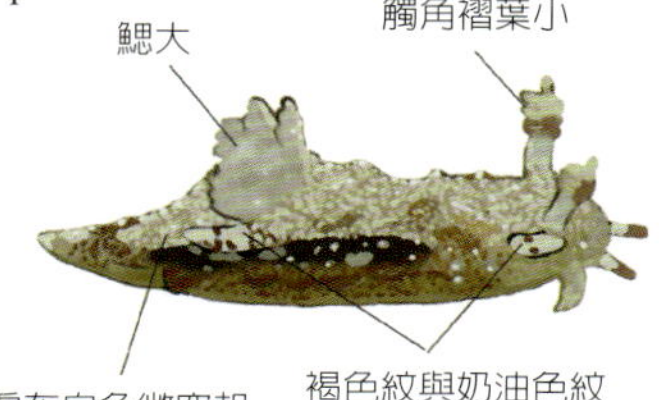
鰓大
觸角褶葉小
遍布白色微突起
褐色紋與奶油色紋

| 慶良間群島 水深 14m 大小 13mm 小野篤司 |

身體爲白色半透明狀，全身密布褐色細點。體表覆蓋白色微突起。鰓大，觸角褶葉小。觸角褶葉的下半部帶褐色，2 對突起與口觸手有褐色紋和奶油色紋。根據千葉大學的標本，依採集熱區安室島，提議新名稱「アムロツガルウミウシ」。長度達 13mm。

隅海蛞蝓科 Goniodorididae
圈頸海蛞蝓屬 Trapania

# 圈頸海蛞蝓之一種 4

西太平洋

*Trapania* sp. 4

白斑
遍布淡褐色～褐色斑紋
白斑

| 慶良間群島 水深 7m 大小 9mm 小野篤司 |

身體爲白色，全身幾乎遍布淡褐色～褐色斑紋。觸角爲褐色，褶葉前緣有白斑。口觸手爲褐色，表面有白斑。頭部前緣有深褐色線條。鰓葉帶白色，邊緣爲褐色。長度達 9mm。

隅海蛞蝓科 Goniodorididae
圈頸海蛞蝓屬 Trapania

# 圈頸海蛞蝓之一種 5

西太平洋

*Trapania* sp. 5

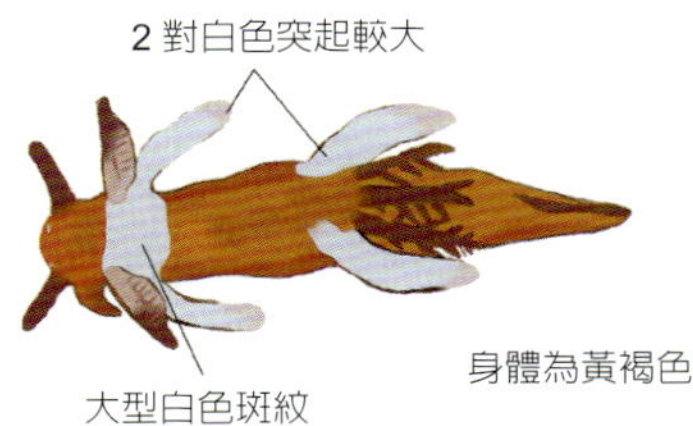
2 對白色突起較大
大型白色斑紋
身體為黃褐色

| 沖繩島 水深 11m 大小 5mm 今川郁 |

身體爲黃褐色，鰓、觸角前端、口觸手、尾部上緣爲深褐色。2 對突起爲白色。長度達 12mm。

| 大瀨崎 水深 8m 大小 4mm 山田久子 |

隅海蛞蝓科 Goniodorididae
圈頸海蛞蝓屬 Trapania

## 圈頸海蛞蝓之一種 6

西太平洋

*Trapania* sp. 6

大型淡褐色不規則斑紋
黃色到橙色的 2 對突起

身體為白色，頭部和背部有大型淡褐色不規則斑紋。觸角上方與鰓一般為淡褐色，但有些個體的鰓沒有顏色。觸角與鰓的側邊有 2 對突起，顏色為黃色到橙色。長度達 8mm。

| 大瀨崎 水深 56m 大小 10mm 山田久子 |

隅海蛞蝓科 Goniodorididae
圈頸海蛞蝓屬 Trapania

## 圈頸海蛞蝓之一種 7

伊豆半島

*Trapania* sp. 7

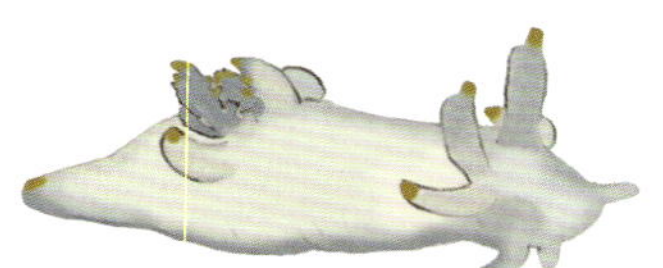
觸角、鰓、口觸手、2 對突起、尾部等處的前端為橙色

身體帶著淺黃白色的半透明狀，觸角、鰓、口觸手、2 對突起的前端皆為橙色。長度達 10mm。

| 奄美大島 水深 3m 大小 10mm 山田久子 |

隅海蛞蝓科 Goniodorididae
圈頸海蛞蝓屬 Trapania

## 圈頸海蛞蝓之一種 8

伊豆群島、琉球群島

*Trapania* sp. 8

觸角前端為深褐色
2 對突起的中段有一圈黃色環紋

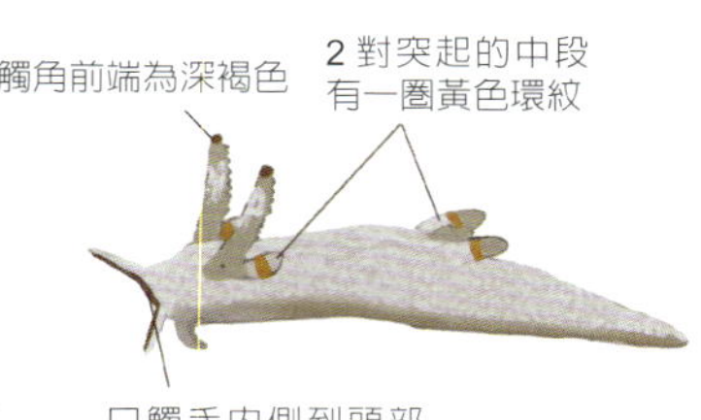
口觸手內側到頭部前緣為深褐色

身體為白色，2 對突起的中段有一圈黃色環紋。觸角前端與口觸手內側為暗褐色。長度達 10mm。

隅海蛞蝓科 Goniodorididae
Ancula 屬

# 卡莉亞娜隅海蛞蝓

*Ancula kariyana* Baba, 1990

伊豆半島以北、北海道

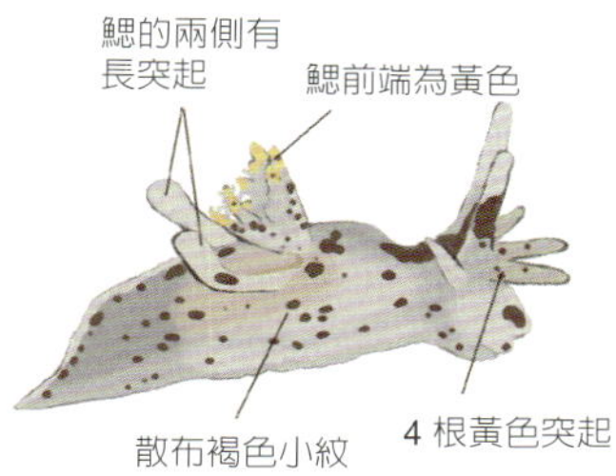
鰓的兩側有
長突起
鰓前端為黃色
散布褐色小紋
4 根黃色突起

| 八丈島 水深 8m 大小 8mm 余吾涉 |

身體爲帶白色的半透明狀，散布褐色小紋。頭部前緣有 4 根黃色突起。鰓的兩側有長突起。鰓前端爲黃色。觸角平滑，呈褐色，前端爲黃色或白色。長度達 30mm。

隅海蛞蝓科 Goniodorididae
Ancula 屬

# 腫凸隅海蛞蝓

*Ancula gibbosa*（Risso, 1818）

北部太平洋、北部大西洋

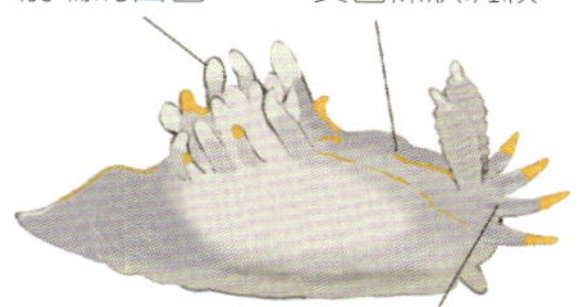
鰓周圍的突起
前端為白色
黃色條狀斑紋
頭部前緣的 4 根突起為黃色

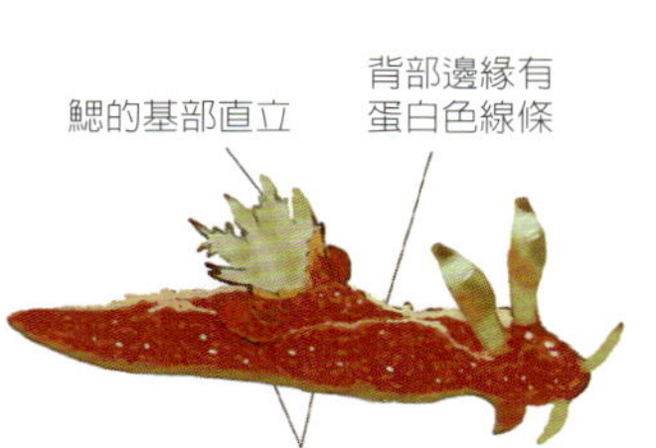

| 龍飛 水深 10m 大小 20mm 吉川一志 |

身體爲白色半透明狀，背部的正中線上方和邊緣有黃色條狀斑紋。尾部上緣爲黃色。頭部前緣有 4 根黃色突起，鰓前端爲黃色，鰓周圍的突起前端爲白色。產於海外的同種個體，有些完全沒有黃色，有些散布白色細點。長度達 40mm。

隅海蛞蝓科 Goniodorididae

# 隅海蛞蝓科之一種

Goniodorididae sp.

琉球群島

鰓的基部直立
背部邊緣有
蛋白色線條
鰓的兩側有指狀突起

| 慶良間群島 水深 5m 大小 12mm 小野篤司 |

身體爲暗紅色，背部邊緣有蛋白色線條與體側區隔。口觸手爲白色，前足隅爲橙色。鰓的兩側有指狀突起，觸角兩側沒有。鰓的基部立起，體表密布小突起。長度達 20mm。

Calycidorididae 科
Diaphodoris 屬

## 三井汗海蛞蝓

*Diaphorodoris mitsuii*
(Baba, 1938)

印度－
西太平洋

| 八丈島 水深 10m 大小 10mm 加藤昌一 |

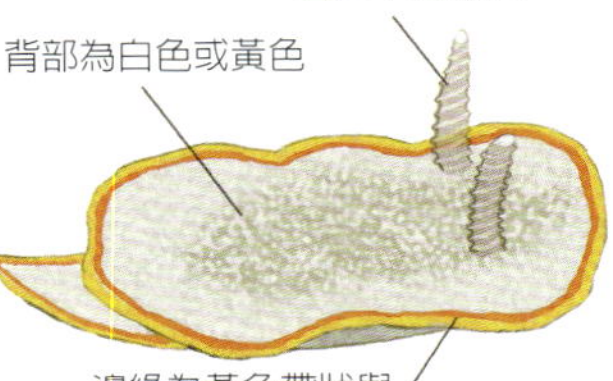
白色半透明狀
背部為白色或黃色
邊緣為黃色帶狀與
紅線或紅色帶狀

| 慶良間群島 水深 3m 大小 10mm 小野篤司 |

身體底色爲白色半透明狀，背部顏色有黃色與白色兩種，背緣也有黃色帶狀與紅線，或紅色帶狀兩種。觸角與鰓爲白色半透明，背部覆蓋圓錐狀無色小突起。尾部的正中間隆起。長度達 12mm。

Calycidorididae 科
汗海蛞蝓屬 Diaphorodoris

## 汗海蛞蝓之一種 1

*Diaphorodoris* sp. 1

印度－
太平洋

| 慶良間群島 水深 3m 大小 10mm 小野篤司 |

身體底色爲白色，背面也是白色。背部散布白色小突起，有紅色邊線。觸角前端爲紅色，尖端爲白色。鰓部前端帶些許紅色。尾部正中線上方爲紅色。長度達 12mm。

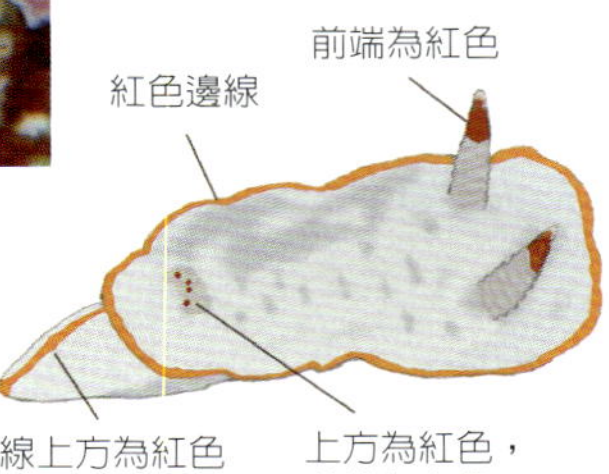
前端為紅色
紅色邊線
正中線上方為紅色
上方為紅色，
前端為白色

Calycidorididae 科
汗海蛞蝓屬 Diaphorodoris

# 汗海蛞蝓之一種 2

*Diaphorodoris* sp. 2

日本

略帶褐色
正中線上方無隆起
背部周圍有一圈黃線
觸角上方較細

| 慶良間群島 水深 3m 大小 10mm 小野篤司 |

身體爲白色，帶著淡淡的褐色。觸角與鰓爲白色半透明狀，略帶褐色。觸角上方較細，背部周圍有一圈黃線。尾部的正中線上方無隆起。長度達 10mm。

---

Calycidorididae 科
笞齒海蛞蝓屬 Knoutsodonta

# 扁笞齒海蛞蝓

*Knoutsodonta depressa*（Alder & Hancock, 1842）

太平洋

觸角大
背面密布半透明細小突起
遍布橘色細點

| 八丈島 水深 5m 大小 12mm 余吾涉 |

身體爲白色或帶黃色的半透明狀，散布橘色細點。背面密布半透明細小突起，可從外面看到體內布滿針狀骨片。觸角大。長度達 40mm。

---

Calycidorididae 科
笞齒海蛞蝓屬 Knoutsodonta

# 笞齒海蛞蝓之一種 1

*Knoutsodonta* sp. 1

慶良間諸島

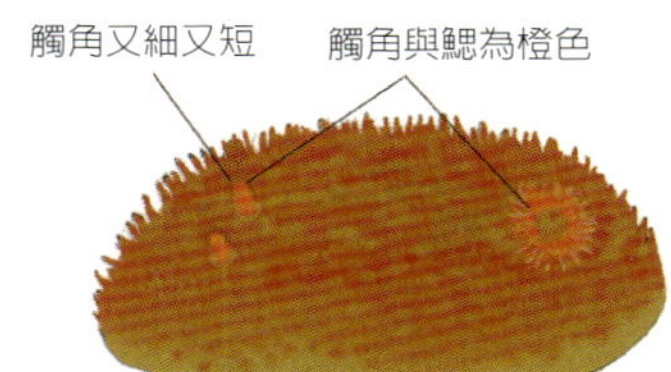
觸角又細又短
觸角與鰓為橙色
橙色半透明狀，外表平坦

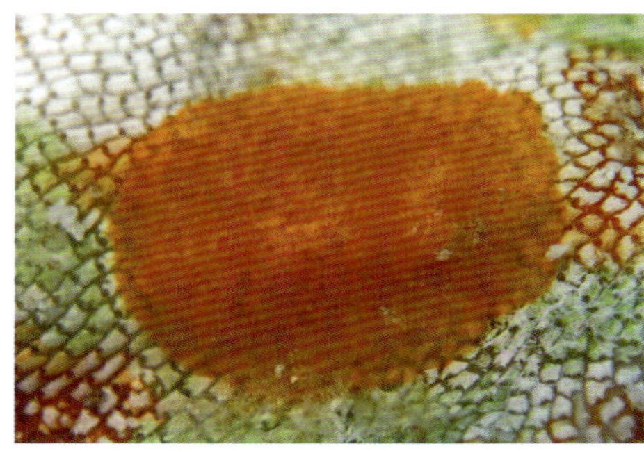

| 慶良間群島 水深 12m 大小 15mm 小野篤司 |

身體爲橘色半透明狀，外表平坦。體表如梳過的刷毛，可看到體內的針狀骨片。觸角與鰓爲橘色。觸角又細又短。棲息在苔蘚蟲上，被吃過的苔蘚蟲會變白。長度達 15mm。

|慶良間群島 水深 16m 大小 3mm 小野篤司|

瓣海蛞蝓科 Onchidorididae

## 瓣海蛞蝓科之一種

慶良間群島

Onchidorididae sp.

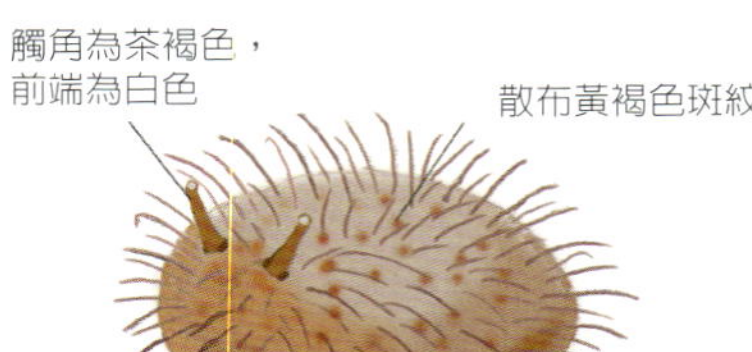
觸角為茶褐色，
前端為白色
散布黃褐色斑紋
密布紫色毛狀突起

身體為乳白色橢圓形，散布黃褐色斑紋。全身長滿長長的紫色毛狀突起。觸角為茶褐色，前端是白色，鞘緣染黑。以苔蘚蟲為食。這是在附著於下沉漂流木的苔蘚蟲上找到的。長度達 3mm。

|八丈島 水深 10m 大小 15mm 市山 MEGUMI|

三鰓海蛞蝓科 Aegiridae
三鰓海蛞蝓屬 Aegires

## 端紫三鰓海蛞蝓

印度－西太平洋

*Aegires villosus* Farran, 1905

有許多前端略膨的突起
紅紫色與橙色斑紋和直條紋

身體底色為乳白色，帶紅紫色與橙色斑紋和直條紋。有些個體背面布滿橙色斑點。背部有前端略膨的突起，長度和數量因個體而異。長度達 17mm。

|八丈島 水深 5m 大小 8mm 加藤昌一|

三鰓海蛞蝓科 Aegiridae
三鰓海蛞蝓屬 Aegires

## 粒突三鰓海蛞蝓

西太平洋、中太平洋

*Aegires exeches* Fahey & Gosliner, 2004

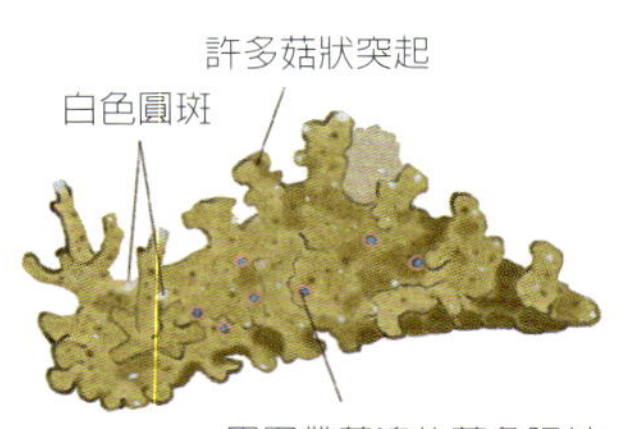
許多菇狀突起
白色圓斑
周圍帶黃邊的藍色眼紋

身體為灰褐色，體表布滿菇狀突起。突起之間有幾個周圍帶黃邊的藍色眼紋。多數個體的頭部後方有明顯圓斑。長度達 7mm。

三鰓海蛞蝓科 Aegiridae
三鰓海蛞蝓屬 Aegires

# 普魯沃佛三鰓海蛞蝓

*Aegires pruvotfolae*
Fahey & Gosliner, 2004

印度－
太平洋

| 慶良間群島 水深 8m 大小 15mm 小野篤司 |

幾根菇狀短突起

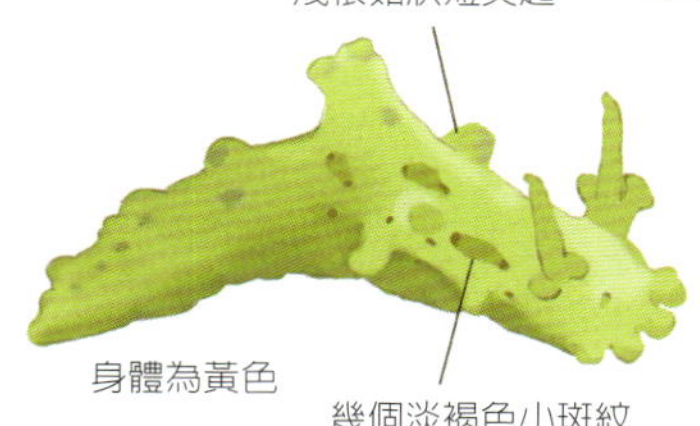
身體為黃色
幾個淡褐色小斑紋

身體爲黃色，體表有幾根菇狀短突起。突起之間有幾個淡褐色小斑紋。有些研究學者認爲本種是 *A. citrinus* Pruvot-Fol, 1930，但本書參照 Gosliner et al., 2018 的內容。長度達 12mm。

---

三鰓海蛞蝓科 Aegiridae
三鰓海蛞蝓屬 Aegires

# 白三鰓海蛞蝓

*Aegires incusus*
Fahey & Gosliner, 2004

印度－
西太平洋

| 慶良間群島 水深 7m 大小 5mm 小野篤司 |

許多菇狀突起
突起大小較均一
幾個有白邊的灰褐色斑點

身體爲黃白色，全身遍布略大的菇狀突起。背部突起間有幾個帶白邊的灰褐色斑點。外觀近似普魯沃佛三鰓海蛞蝓，但本種的菇狀突起較多，大小也較均一。此外，鰓部沒有明顯隆起。經常被誤認爲別種。長度達 10mm。

| 八丈島 水深 8m 大小 12mm 加藤昌一 |

三鰓海蛞蝓科 Aegiridae
三鰓海蛞蝓屬 Aegires

## 花環三鰓海蛞蝓

*Aegires flores*
Fahey & Gosliner, 2004

西太平洋

體色爲白色、黃色、酒紅色，變異性較大。體表遍布許多菇狀小突起。小突起的菇傘部分有褐邊。觸角與鰓爲白色半透明狀，有大型菇狀突起圍繞。長度達 15mm。

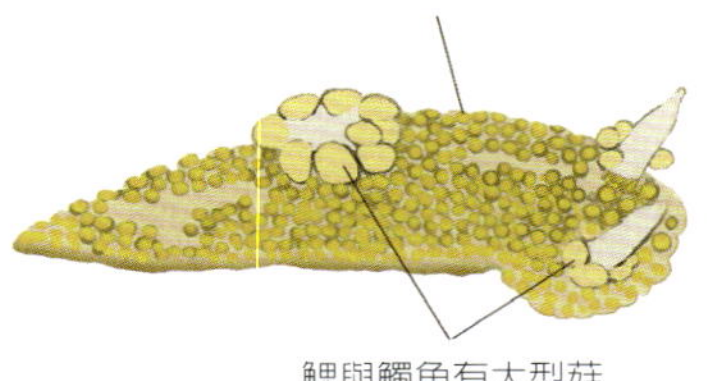
體表遍布許多菇狀小突起
鰓與觸角有大型菇
狀突起圍繞

| 慶良間群島 水深 10m 大小 8mm 小野篤司 |

三鰓海蛞蝓科 Aegiridae
三鰓海蛞蝓屬 Aegires

## 檸檬酒三鰓海蛞蝓

*Aegires lemoncello*
Fahey & Gosliner, 2004

印度－
太平洋

身體爲白色，背部略帶黃色。身體有較大的突起，前端爲平緩的圓弧形，顏色偏黃。此外，有些個體的前端下方沒有黃色環紋。頭部前緣排列著短突起。長度達 10mm。

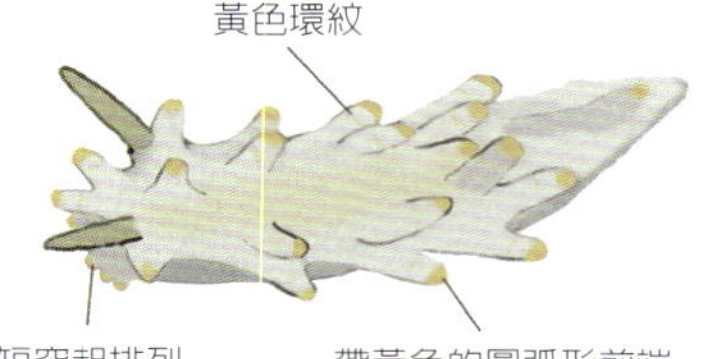
黃色環紋
短突起排列
帶黃色的圓弧形前端

三鰓海蛞蝓科 Aegiridae
三鰓海蛞蝓屬 Aegires

# 馬林三鰓海蛞蝓

*Aegires malinus*
Fahey & Gosliner, 2004

西太平洋

| 慶良間群島 水深 5m 大小 8mm 小野篤司 |

前端膨潤的長突起

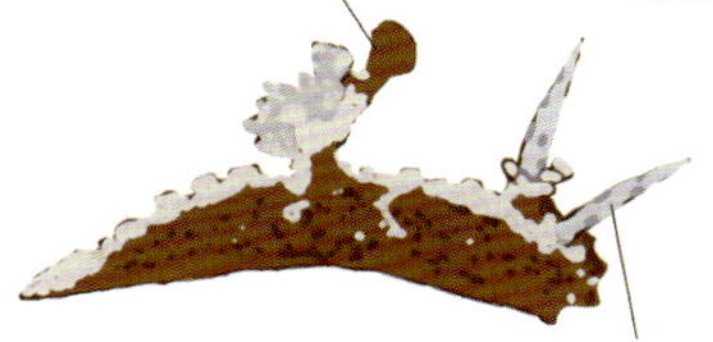
整根觸角都有褐
色細線與斑紋

身體顏色包括茶褐色、深褐色與綠褐色。通常整根觸角有褐色細線，但有些個體是斑紋，或是斑紋全身。鰓前有根先端膨潤的長突起。長度達 15mm。

三鰓海蛞蝓科 Aegiridae
三鰓海蛞蝓屬 Aegires

# 拱頂三鰓海蛞蝓

*Aegires hapsis*
Fahey & Gosliner, 2004

琉球群島、
八丈島

| 慶良間群島 水深 5m 大小 6mm 小野篤司 |

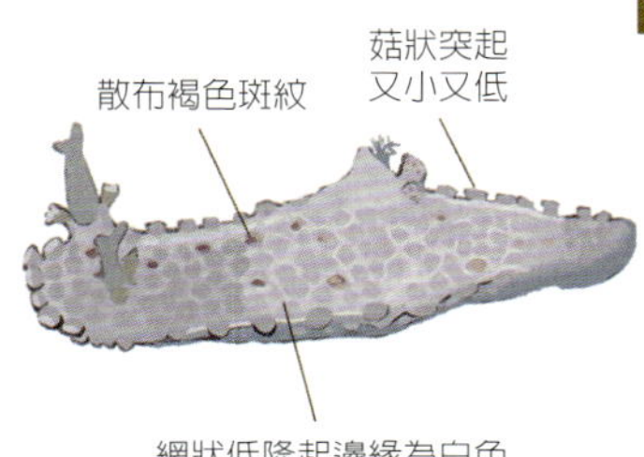
菇狀突起
又小又低
散布褐色斑紋
網狀低隆起邊緣為白色

身體呈暗白色，體表散布褐色斑紋，但數量不多。背部有網狀低隆起，邊緣爲白色。菇狀突起較低，體積又小。觸角爲褐色，但通常顏色較淺。長度達 6mm。

三鰓海蛞蝓科 Aegiridae
三鰓海蛞蝓屬 Aegires

# 黃三鰓海蛞蝓

*Aegires citrina* Bergh, 1875

西太平洋

| 慶良間群島 水深 12m 大小 45mm 法月麻紀 |

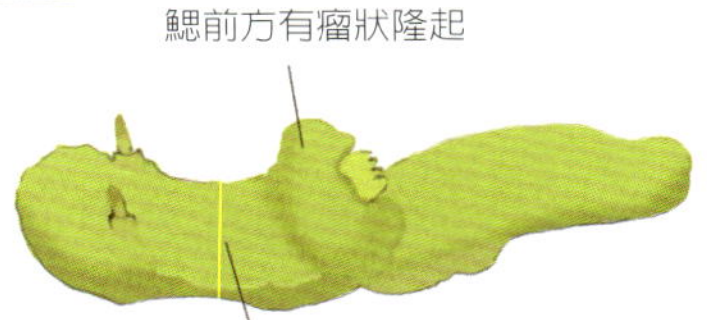
鰓前方有瘤狀隆起
身體為黃色密布
細微的深色點

身體為黃色，密布細微的深色點。鰓前方有瘤狀隆起。身體較硬，動作緩慢。小型個體的觸角為黑色，長度達 60mm。有些研究學者將大型的本種屬列為 *Notodoris*，但本書參照 Gosliner et al., 2018 的內容。

三鰓海蛞蝓科 Aegiridae
三鰓海蛞蝓屬 Aegires

# 瑟琳娜三鰓海蛞蝓

*Aegires serenae*
(Gosliner & Behrens, 1997)

西太平洋

| 慶良間群島 水深 25m 大小 50mm 小野篤司 |

| 慶良間群島 水深 15m 大小 6mm 小野篤司 |

身體底色為黃色，除了觸角和腹足緣之外，全身覆蓋灰色色素。鰓前方有 3 根前端暗沉的大突起。小型個體的觸角為黑色。長度達 100mm。

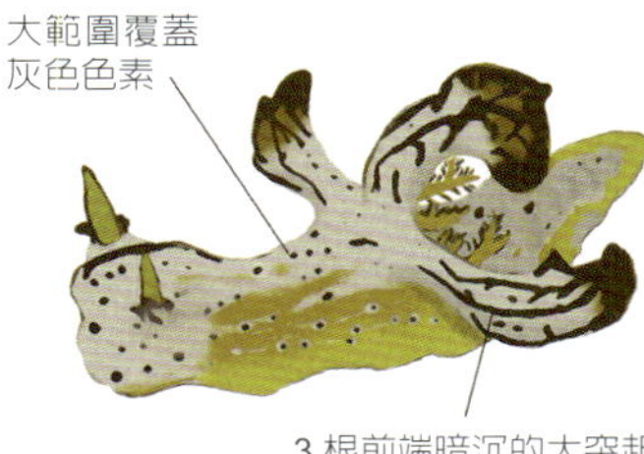
大範圍覆蓋
灰色色素
3 根前端暗沉的大突起

三鰓海蛞蝓科 Aegiridae
三鰓海蛞蝓屬 Aegires

# 加德納三鰓海蛞蝓

*Aegires gardineri*（Eliot, 1906）

印度－西太平洋

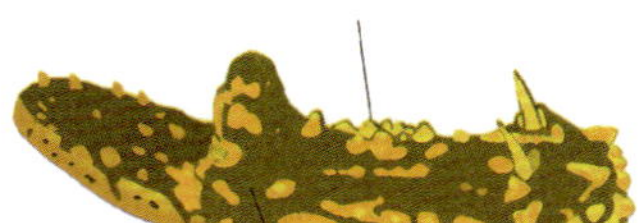
散布許多小突起
全身遍布褐色不規則斑紋

| 沖繩島 水深 6m 大小 60mm 木元伸彥 |

身體為深黃色，全身遍布褐色不規則斑紋。體表散布許多小突起，沒有小突起的地方則有褐色斑點。偶爾會遇到沒有褐色斑點的個體。過去有些書將其列為微小三鰓海蛞蝓，目前使用的和名「フイリレモンウミウシ」是由中野（2019）取名。長度達 100mm。

三鰓海蛞蝓科 Aegiridae
三鰓海蛞蝓屬 Aegires

# 微小三鰓海蛞蝓

*Aegires minor* Eliot, 1904

印度－西太平洋

鰓前方有大突起
身體為黃色，不規則散布黑線與黑斑

| 西表島 水深 5m 大小 40mm 笠井雅夫 |

身體為黃色，不規則散布黑線與黑斑，形成虎斑圖樣。背面遍布小突起，鰓前方的突起特別大。身體較硬。和名又稱「クロスジレモンウミウシ」。以黃色的海綿 *Leucetta primigenia* 與褐色海綿 *Pericharax heterographis* 為食。長度達 100mm。

三鰓海蛞蝓科 Aegiridae
三鰓海蛞蝓屬 Aegires

# 三鰓海蛞蝓之一種

*Aegires* sp.

西太平洋

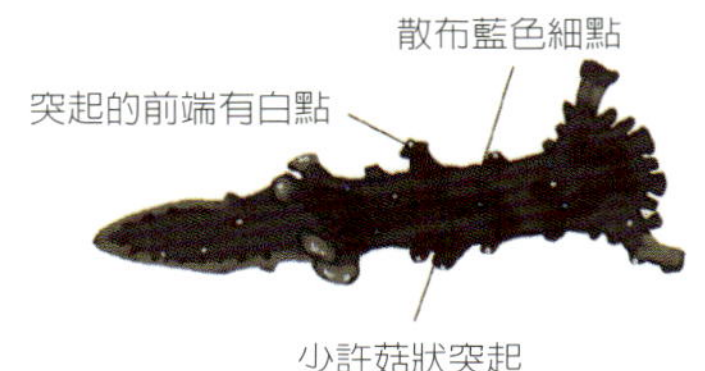
散布藍色細點
突起的前端有白點
少許菇狀突起

| 慶良間群島 水深 5m 大小 5mm 小野篤司 |

身體幾乎為黑色，散布藍色細點。體表有少許菇狀突起，呈不規則排列。突起前端有白點。長度達 10mm。

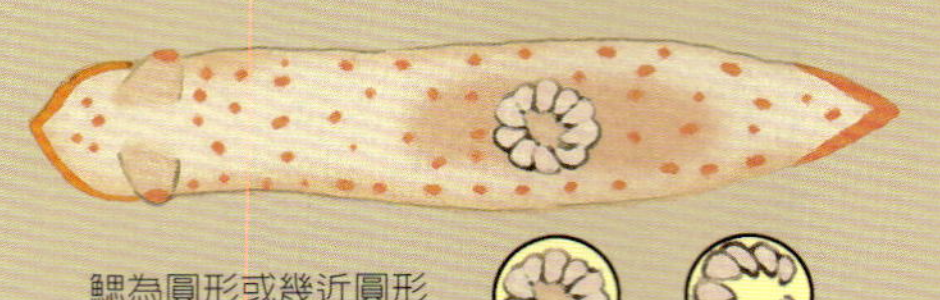
鰓為圓形或幾近圓形

裸海蛞蝓屬依照鰓的形狀，大致分成兩種。
以下到 P.120 爲止是「鰓爲圓形或幾近圓形」的類型。

| 八丈島　水深 7m　大小 20mm　加藤昌一 |

裸海蛞蝓科 Gymnodoridae
裸海蛞蝓屬 Gymnodoris

印度－西太平洋

## 白裸海蛞蝓

*Gymnodoris alba*（Bergh, 1877）

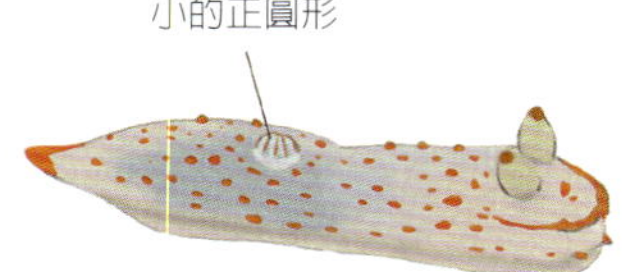
小的正圓形
鰓軸、頭幕緣、觸角前緣、
尾端皆為橙紅色

身體爲白色，散布紅色小斑紋。鰓軸、頭幕緣、觸角前緣、尾端皆爲橙紅色。鰓是正圓形，體積較小，位於接近身體中央的部位。長度達 20mm。

| 慶良間群島　水深 12m　大小 50mm　小野篤司 |

裸海蛞蝓科 Gymnodoridae
裸海蛞蝓屬 Gymnodoris

印度－西太平洋

## 錫蘭裸海蛞蝓

*Gymnodoris ceylonica*（Kelaart, 1858）

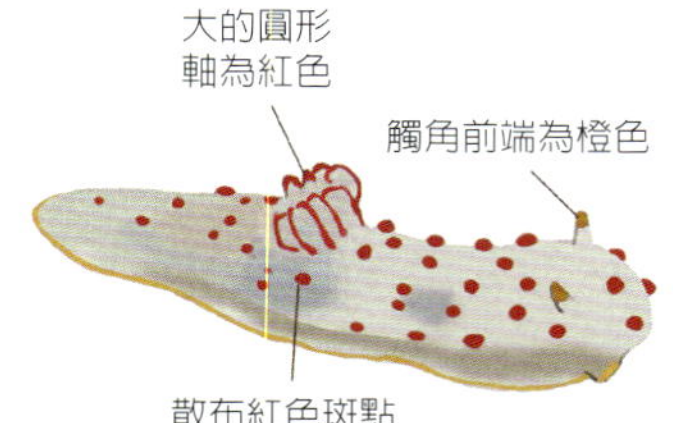
大的圓形
軸為紅色
觸角前端為橙色
散布紅色斑點

身體爲白色或黃色半透明狀，體表散布紅色斑點。鰓較大，軸爲紅色。觸角前端爲橙色。外套膜緣爲橙色。長度達 120mm。

裸海蛞蝓科 Gymnodoridae
裸海蛞蝓屬 Gymnodoris

# 花斑裸海蛞蝓

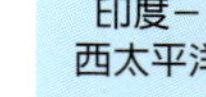

*Gymnodoris impudica*（Rüppell & Leuckart, 1828）

印度－西太平洋

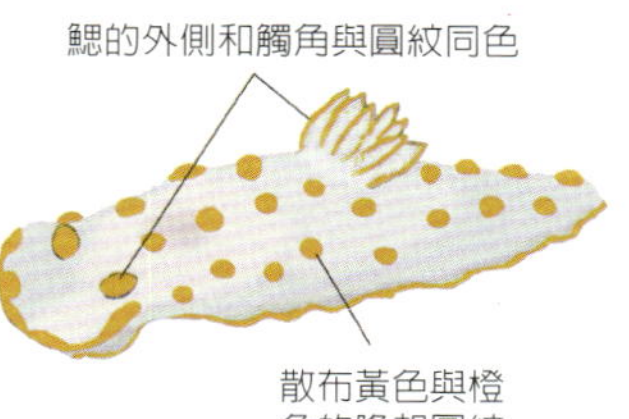
鰓的外側和觸角與圓紋同色
散布黃色與橙色的隆起圓紋

| 八丈島　水深 10m　大小 35mm　加藤昌一 |

身體爲白色，微微隆起的圓紋爲黃色與橙色，散布全身。鰓的外側有其他顏色，和觸角皆與圓紋同色。腹足緣爲橙色。以多彩海蛞蝓科的物種爲食。長度達 60mm。

---

裸海蛞蝓科 Gymnodoridae
裸海蛞蝓屬 Gymnodoris

# 無飾裸海蛞蝓

*Gymnodoris inornata*（Bergh, 1880）

西太平洋

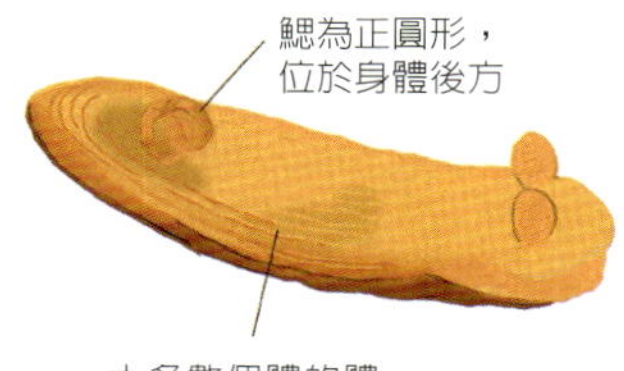
鰓為正圓形，位於身體後方
大多數個體的體表看起來皺皺的

| 明鐘岬　水深 6m　大小 15mm　德家寬之 |

身體爲白色、黃色或橙色，變異性較大。大多數個體的體表看起來皺皺的。鰓略大，呈正圓形，位於身體後方。長度達 60mm。

---

裸海蛞蝓科 Gymnodoridae
裸海蛞蝓屬 Gymnodoris

# 瘤狀裸海蛞蝓

*Gymnodoris tuberculosa*
Knutson & Gosliner, 2014

西太平洋

散布許多小型半球狀突起
身體的透明感很明顯
略小的圓形

| 慶良間群島　水深 5m　大小 12mm　小野篤司 |

身體爲略帶白色的半透明狀，體表散布許多小型半球狀突起。鰓位於身體中央後方的位置，呈略小的圓形。長度達 55mm。

| 慶良間群島 水深 5m 大小 17mm 小野篤司 |

裸海蛞蝓 Gymnodoridae
裸海蛞蝓屬 Gymnodoris

# 桔黃裸海蛞蝓

*Gymnodoris citrina*
(Bergh, 1877)

印度－
太平洋

身體爲白色，帶有黃色或橙色的半透明狀。體表散布著比體色深或黃色的尖銳小突起。頭緣有一排突起。鰓爲略小的正圓形，位於接近身體中間的位置。前足隅彎曲。長度達 30mm。

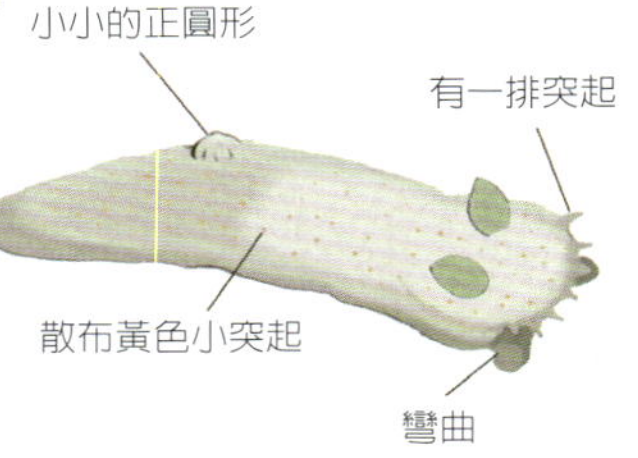
小小的正圓形
有一排突起
散布黃色小突起
彎曲

| 八丈島 水深 12m 大小 12mm 加藤昌一 |

裸海蛞蝓 Gymnodoridae
裸海蛞蝓屬 Gymnodoris

# 沖繩裸海蛞蝓

*Gymnodoris okinawae* Baba, 1936

印度－
太平洋

身體爲帶白色或黃色的半透明狀，密布橙色細點。橙色細點通常形成短線條。體表還有突起的白色紋路。鰓爲正圓形，位於身體中央，顏色是白色。觸角爲淺黃褐色，前端爲白色。以平鰓科的海蛞蝓爲食。長度達 25mm。

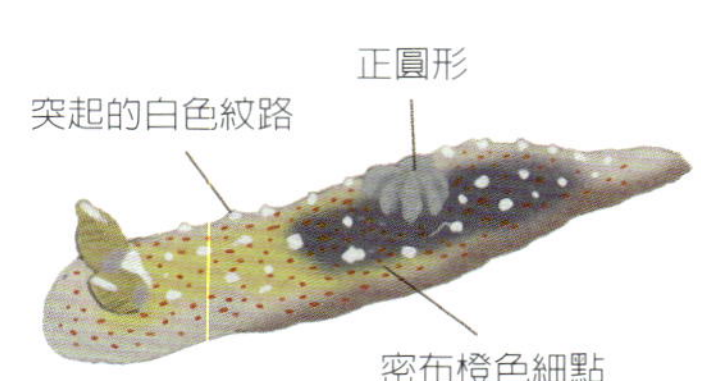
正圓形
突起的白色紋路
密布橙色細點

裸海蛞蝓 Gymnodoridae
裸海蛞蝓屬 Gymnodoris

# 黑色裸海蛞蝓

*Gymnodoris nigricolor* Baba, 1960

西太平洋

| 慶良間群島 水深 10m 大小 10mm 小野篤司 |

鰓為正圓形

全身為黑色

全身爲黑色，鰓是正圓形，位於接近身體中央的位置。帶有沙地共生的習性，附著在鰕虎（鈍塘鱧屬）的鰭上，以鰕虎的組織爲食。長度達 10mm。

| 奄美大島 附著在共生鰕虎上的模樣 金原廣幸 |

---

裸海蛞蝓科 Gymnodoridae
裸海蛞蝓屬 Gymnodoris

# 金斑裸海蛞蝓

*Gymnodoris aurita*
（Gould, 1852）

印度－
西太平洋

| 沖繩島 水深 3m 大小 90mm 橫井謙典 |

鰓很大，軸為淺色

全身為朱紅色，有
黃白色小突起

身體爲朱紅色，全身散布黃白色小突起。觸角與小突起同色。腹足到口觸手有黃白色邊線。鰓有 12 葉，很大，軸爲淺色。兩性生殖門在前方，位於觸角後面的身體右側。長度超過 100mm，屬於大型種。

| 慶良間群島 水深 7m 大小 12mm 小野篤司 |

裸海蛞蝓科 Gymnodoridae
裸海蛞蝓屬 Gymnodoris

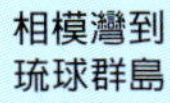
相模灣到
琉球群島

## 金黃裸海蛞蝓

*Gymnodoris subflava* Baba,1949

鰓前方的軸很長

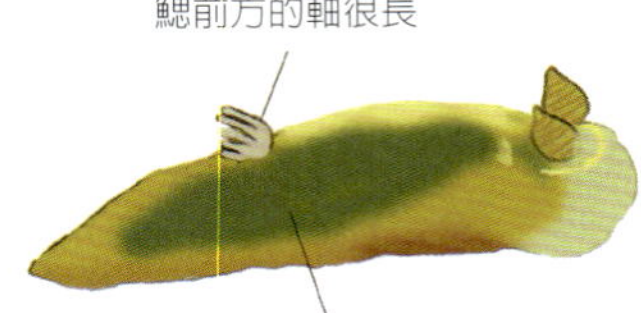

身體為淺黃色，可看見
顏色較深的體內器官

身體爲淺黃色，從外面可看見顏色較深的體內器官。鰓較小，前方的軸較長。長度達 20mm。

| 八丈島 水深 8m 大小 12mm 加藤昌一 |

裸海蛞蝓科 Gymnodoridae
裸海蛞蝓屬 Gymnodoris

印度－
西太平洋

## 雙色裸海蛞蝓

*Gymnodoris bicolor*（Alder and Hancock, 1864）

外形像火柴棒，褶葉為
黃褐色，前端為紅色

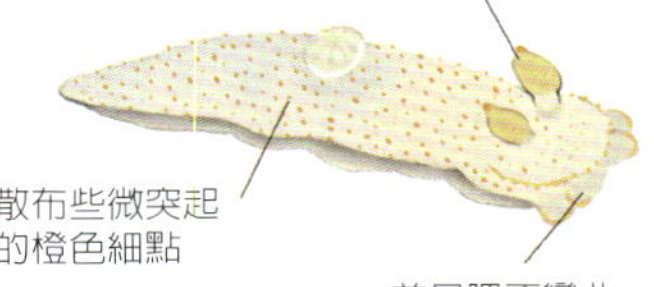

散布些微突起
的橙色細點

前足隅不彎曲

身體爲黃白色到橙色，變異性大，不透明。體表散布些微突起的橙色細點，鰓幾近圓形。觸角呈火柴棒，褶葉爲黃褐色，前端爲紅色。外形近似桔黃裸海蛞蝓，但前足隅不彎曲。長度達 22mm。

| 慶良間群島 水深 17m 大小 60mm 小野篤司 |

裸海蛞蝓科 Gymnodoridae
裸海蛞蝓屬 Gymnodoris

印度－
西太平洋

## 裸海蛞蝓之一種 1

*Gymnodoris* sp. 1

鰓較大，呈圓形，位於
身體中央略後的位置

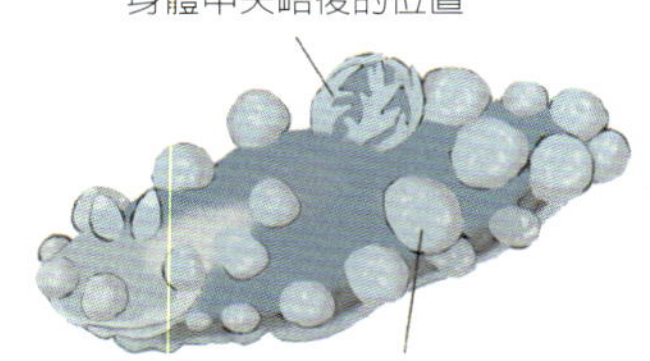

大型球狀突起

身體通常爲白色，超過 70mm 的老成個體，呈現略微偏黃的乳白色。體表有大型球狀突起。鰓較大，呈圓形，位於身體中央略後的位置。長度達 100mm。

裸海蛞蝓科 Gymnodoridae
裸海蛞蝓屬 Gymnodoris

# 裸海蛞蝓之一種 2

*Gymnodoris* sp. 2

印度－太平洋

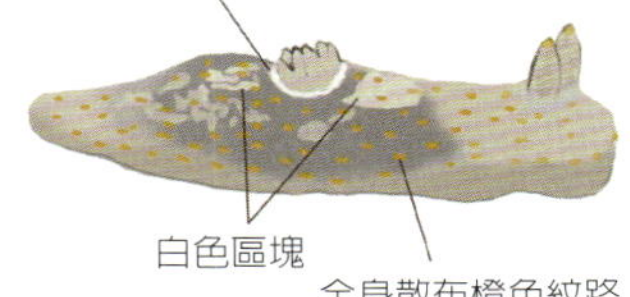
鰓的基部為圓形，呈白色
白色區塊
全身散布橙色紋路

| 慶良間群島 水深 7m 大小 15mm 小野篤司 |

身體爲白色半透明狀，全身散布橙色紋路。從背部可隱約看見體內器官。鰓的前後有白色區塊，帶有透明感。鰓的基部爲白色。鰓與觸角的前端、尾端爲橙色。長度達 15mm。

---

裸海蛞蝓科 Gymnodoridae
裸海蛞蝓屬 Gymnodoris

# 裸海蛞蝓之一種 3

*Gymnodoris* sp. 3

西太平洋

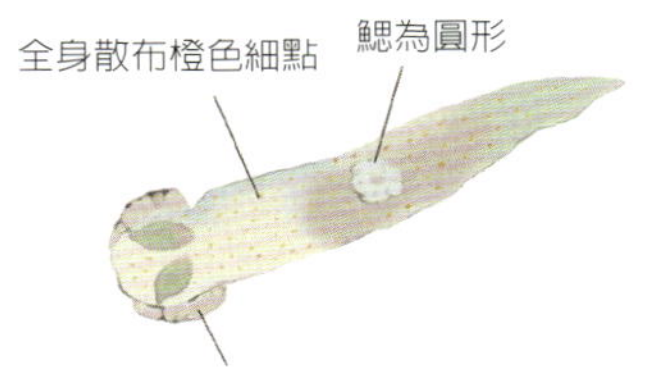
全身散布橙色細點
鰓為圓形
頭側部帶有
皺褶狀感覺器官

| 慶良間群島 水深 6m 大小 12mm 小野篤司 |

身體爲白色半透明狀，全身散布橙色細點。鰓爲圓形，鰓葉後半圓略短。頭側部帶有皺褶狀感覺器官。長度達 20mm。

---

裸海蛞蝓科 Gymnodoridae
裸海蛞蝓屬 Gymnodoris

# 裸海蛞蝓之一種 4

*Gymnodoris* sp. 4

西太平洋

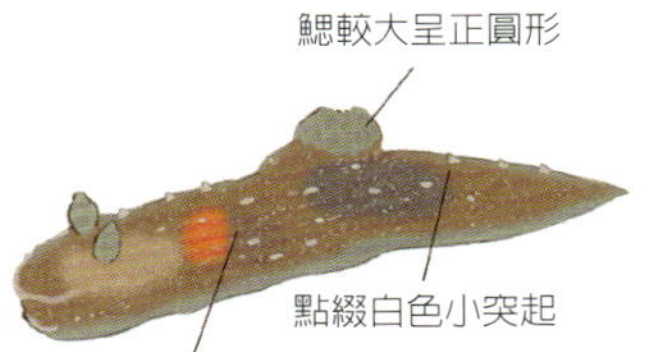
鰓較大呈正圓形
點綴白色小突起
密布細微白點

| 慶良間群島 水深 3m 大小 15mm 小野篤司 |

身體爲白色到淡紫色半透明狀，體表密布細微白點，或散布白色小突起。鰓較大，模擬棲息環境中膨脹羽珊瑚的珊瑚蟲外形。以捕食膨脹羽珊瑚的對角皮鰓海蛞蝓爲食。長度達 25mm。

| 慶良間群島 水深 7m 大小 12mm 小野篤司 |

裸海蛞蝓科 Gymnodoridae
裸海蛞蝓屬 Gymnodoris

## 裸海蛞蝓之一種 5

琉球群島

*Gymnodoris* sp. 5

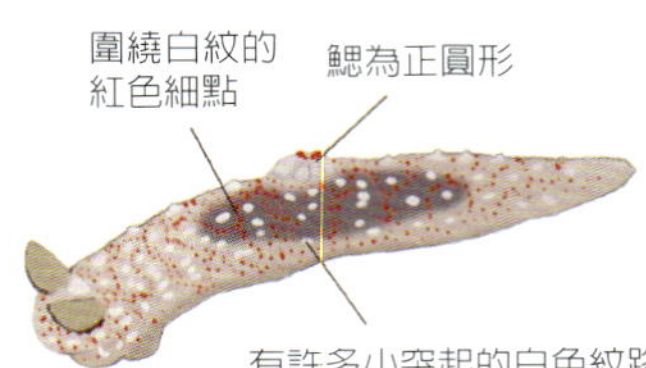
圍繞白紋的
紅色細點
鰓為正圓形
有許多小突起的白色紋路

身體爲白色半透明狀，體表有許多小突起白色紋路，紅色細點密布在白色紋路四周。觸角與身體同色。鰓爲圓形，前端爲橙色。長度達 15mm。

| 沖繩島 水深 1m 大小 8mm 今川郁 |

裸海蛞蝓科 Gymnodoridae
裸海蛞蝓屬 Gymnodoris

## 裸海蛞蝓之一種 6

西太平洋

*Gymnodoris* sp. 6

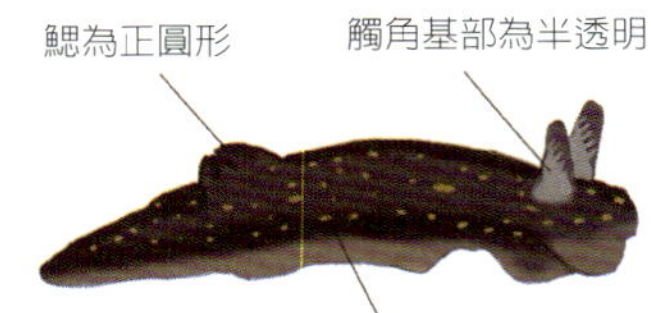
鰓為正圓形
觸角基部為半透明
散布黃色細點

身體底色爲淺黑色，體表散布黃色細點。觸角基部沒有黑色色素，呈半透明狀。前足隅往左右略微擴張。目前已知有些個體的鰓軸與頭部前緣爲黃色。長度達 30mm。

| 慶良間群島 水深 7m 大小 10mm 小野篤司 |

裸海蛞蝓科 Gymnodoridae
裸海蛞蝓屬 Gymnodoris

## 裸海蛞蝓之一種 7

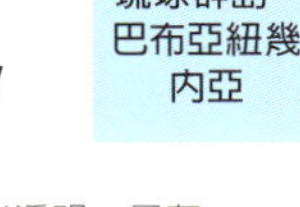
琉球群島、
巴布亞紐幾
內亞

*Gymnodoris* sp. 7

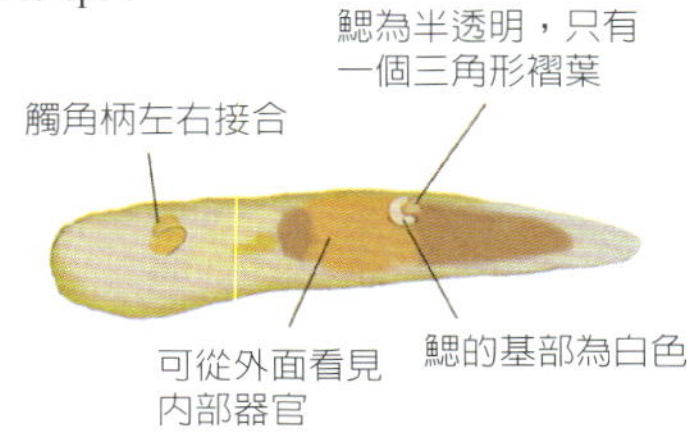
鰓為半透明，只有
一個三角形褶葉
觸角柄左右接合
可從外面看見
內部器官
鰓的基部為白色

身體爲帶黃白色和橙黃色的半透明狀，背部邊緣有一排橙色小點。觸角柄左右接合。鰓爲半透明狀，只有一個三角形褶葉，不分支，基部爲白色。棲息於沙裡。根據千葉大學的標本，基於棲息於沙裡的習性，提議新名稱「モグラキヌハダウミウシ」。長度達 10mm。

裸海蛞蝓科 Gymnodoridae
裸海蛞蝓屬 Gymnodoris

# 裸海蛞蝓之一種 8

*Gymnodoris* sp. 8

琉球群島、菲律賓

正圓形
可從外面看見內部器官
看似白色根狀物的器官
散布細微的橙色突起

| 慶良間群島 水深 12m 大小 12mm 小野篤司 |

身體爲白色半透明狀，可從外面看見內部器官。體側有明顯的、看似白色根狀物的器官。體表散布著微細的橙色突起。鰓爲正圓形，有些微分支。Gosliner et al., 2018 的 *Gymnodoris* sp. 37 爲本種。長度達 25mm。

---

裸海蛞蝓科 Gymnodoridae
裸海蛞蝓屬 Gymnodoris

# 裸海蛞蝓之一種 9

*Gymnodoris* sp. 9

慶良間群島

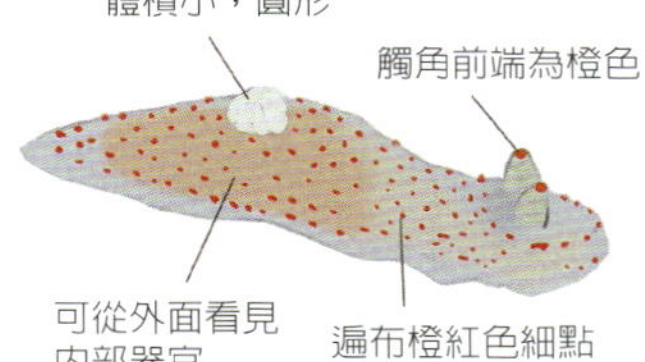
鰓為半透明，
體積小，圓形
觸角前端為橙色
可從外面看見
內部器官
遍布橙紅色細點

| 慶良間群島 水深 6m 大小 7mm 小野篤司 |

身體幾乎爲透明，可看見內部器官。體表散布橙紅色細點。觸角前端爲橙色。半透明的鰓較小，呈圓形。外觀近似白裸海蛞蝓，但身體的透明感較強，鰓沒有紅色，頭部前緣的紅斑不連續。一般認爲與 Gosliner et al., 2018 的 *Gymnodoris* sp. 23 是同種。長度達 7mm。

---

裸海蛞蝓科 Gymnodoridae
裸海蛞蝓屬 Gymnodoris

# 裸海蛞蝓之一種 10

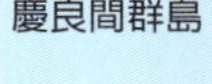
慶良間群島

*Gymnodoris* sp. 10

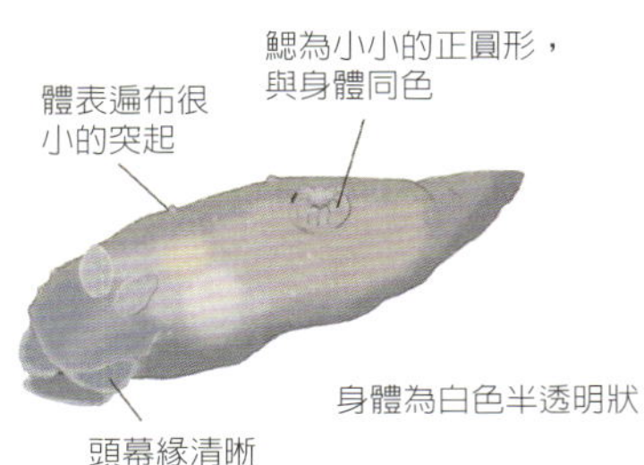
鰓為小小的正圓形，
與身體同色
體表遍布很
小的突起
身體為白色半透明狀
頭幕緣清晰

| 慶良間群島 水深 7m 大小 10mm 小野篤司 |

身體爲白色，有透明感。體表遍布很小的突起。鰓爲小小的正圓形，與身體同色。頭幕緣清晰。長度達 10mm。

|慶良間群島 水深 12m 大小 15mm 小野篤司|

裸海蛞蝓科 Gymnodoridae
裸海蛞蝓屬 Gymnodoris

西太平洋、中太平洋

## 裸海蛞蝓之一種 11

*Gymnodoris* sp. 11

較大的正圓形基部為白色

頭幕緣為橙色，有細邊

黑色內部器官的前後有黃白色內臟器官

身體爲黃色半透明狀，遍布橙色斑點。從外面可看見背部到鰓下的黑色內部器官，前後還有白色內臟器官。鰓爲較大的正圓形，基部爲白色。頭幕緣爲橙色，有細邊。Gosliner et al., 2018 的 *Gymnodoris* sp. 22 爲本種。長度達 15mm。

|慶良間群島 水深 15m 大小 12mm 小野篤司|

裸海蛞蝓科 Gymnodoridae
裸海蛞蝓屬 Gymnodoris

印度－太平洋

## 裸海蛞蝓之一種 12

*Gymnodoris* sp. 12

觸角後方有菱形斑紋，與連接其後的白色線條

鰓的後半較小

可從外面看見白色的內部器官

身體爲白色半透明狀，背面遍布橙色細點。可透過背部看見白色的內部器官，觸角後方有菱形斑紋，以及連接其後的白色線條，是其特色所在。鰓不是正圓形，後半較小。與 Gosliner et al., 2018 的 *Gymnodoris* sp. 20 是同種。長度達 15mm。

|慶良間群島 水深 18m 大小 12mm 小野篤司|

裸海蛞蝓科 Gymnodoridae
裸海蛞蝓屬 Gymnodoris

慶良間群島

## 裸海蛞蝓之一種 13

*Gymnodoris* sp. 13

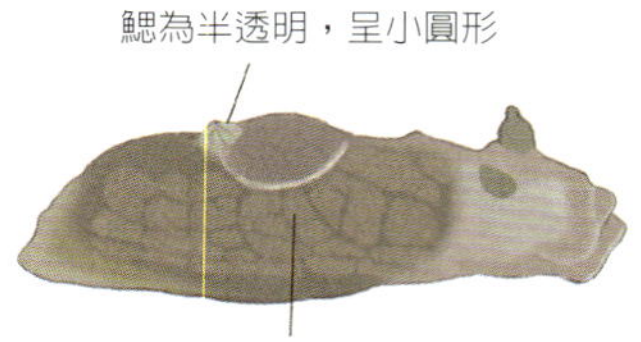
鰓為半透明，呈小圓形
外觀似腦的灰褐色內部器官與白色環紋

身體爲灰色半透明狀，體表散布小突起。可透過背部看見外觀似腦的灰褐色內部器官，與白色環紋。鰓爲半透明，呈小圓形。長度達 12mm。

裸海蛞蝓科 Gymnodoridae
裸海蛞蝓屬 Gymnodoris

# 裸海蛞蝓之一種 14

*Gymnodoris* sp. 14

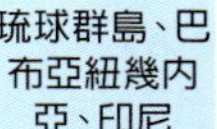
琉球群島、巴布亞紐幾內亞、印尼

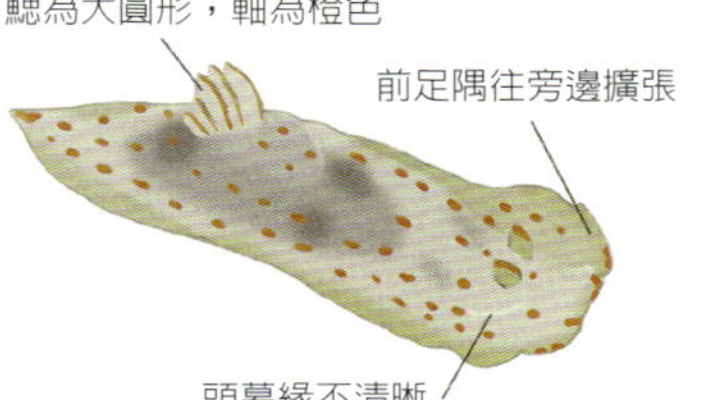
鰓為大圓形，軸為橙色
前足隅往旁邊擴張
頭幕緣不清晰

| 慶良間群島 水深 7m 大小 18mm 小野篤司 |

身體爲白色，散布橙點。前足隅往旁邊擴張。鰓爲大圓形，軸爲橙色。與近似種可從頭幕緣不清晰區別，可在沙地上觀察其身影。與 Gosliner et al., 2018 的 *Gymnodoris* sp. 11 是同種。長度達 20mm。

裸海蛞蝓科 Gymnodoridae
裸海蛞蝓屬 Gymnodoris

# 裸海蛞蝓之一種 15

*Gymnodoris* sp. 15

琉球群島

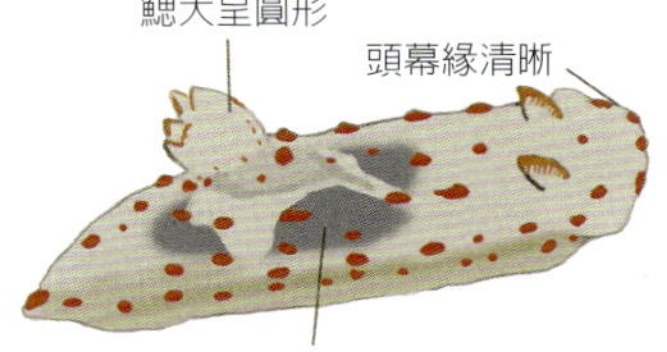
鰓大呈圓形
頭幕緣清晰
白色與黑色的內部器官

| 慶良間群島 水深 7m 大小 15mm 小野篤司 |

身體爲白色半透明狀，可透過背部看見白色與黑色的內部器官。體表散布些微突起的橙紅色大斑紋。鰓大呈圓形。與前一個介紹的種近似，但頭幕緣清晰，前足隅擴張不明顯。棲息於沙地上。長度達 15mm。

裸海蛞蝓科 Gymnodoridae
裸海蛞蝓屬 Gymnodoris

# 裸海蛞蝓之一種 16

*Gymnodoris* sp. 16

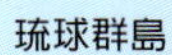
琉球群島

觸角上方的 2 / 3 為紅色
散布紅色細點
白色後半部不完整

| 慶良間群島 水深 5m 大小 13mm 小野篤司 |

身體爲白色半透明狀，透明感不強，無法清楚看見內部器官。體表散布略微隆起的紅色細點，背部邊緣較大，呈一列。鰓爲白色，圓形的後半部不完整。觸角上方的 2 / 3 爲紅色。長度達 13mm。

| 沖繩島 水深 20m 大小 30mm 今川郁 |

裸海蛞蝓科 Gymnodoridae
裸海蛞蝓屬 Gymnodoris

西太平洋

## 裸海蛞蝓之一種 17

*Gymnodoris* sp. 17

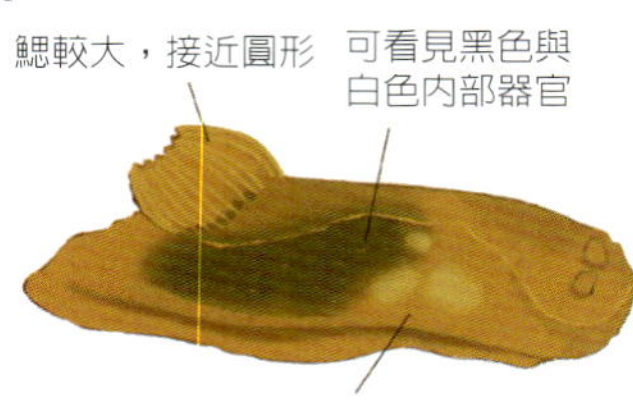
鰓較大，接近圓形
可看見黑色與
白色內部器官
具透明感的金黃色，沒有斑紋

身體爲略帶透明感的金黃色，沒有斑紋。可從背部隱約看見黑色與白色的內部器官。鰓較大，接近圓形。棲息於沙地上。與 Gosliner et al., 2018 的 *Gymnodoris* sp. 45 是同種。長度達 30mm。

| 沖繩島 水深 3m 大小 10mm 今川郁 |

裸海蛞蝓科 Gymnodoridae
裸海蛞蝓屬 Gymnodoris

日本

## 稻荷裸海蛞蝓

*Gymnodoris inariensis* Hamatani & Osumi, 2004

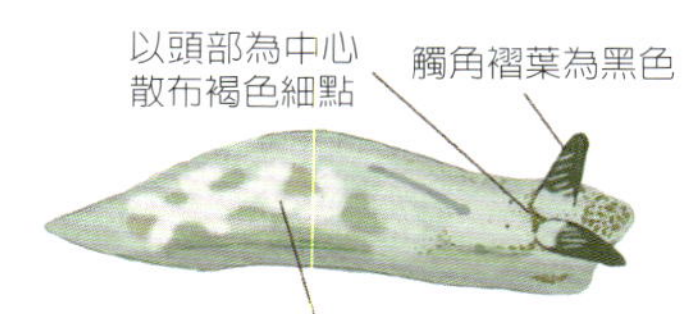
以頭部為中心
散布褐色細點
觸角褶葉為黑色
可看見白色與褐色內部器官

身體爲白色半透明狀，透明感較強。體表有褐色細點，集中於頭部附近。可從背部看見內部器官，無鰓。觸角爲白色到黑色。棲息於淺處的泥沙中。長度達 12mm。

| 慶良間群島 水深 20m 大小 30mm 小野篤司 |

裸海蛞蝓科 Gymnodoridae
裸海蛞蝓屬 Gymnodoris

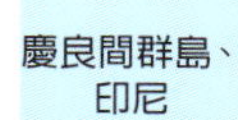
慶良間群島、印尼

## 裸海蛞蝓之一種 18

*Gymnodoris* sp. 18

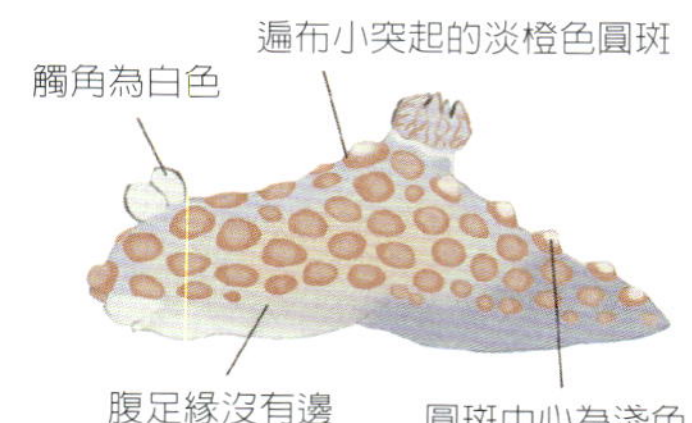
遍布小突起的淡橙色圓斑
觸角為白色
腹足緣沒有邊
圓斑中心為淺色

身體爲偏白或偏紅的半透明狀，體表遍布小突起的淡橙色圓斑。圓斑中心爲淺色。外觀近似花斑裸海蛞蝓，可從觸角大致爲白色、腹足緣爲橙色且無邊來區別。長度達 50mm。

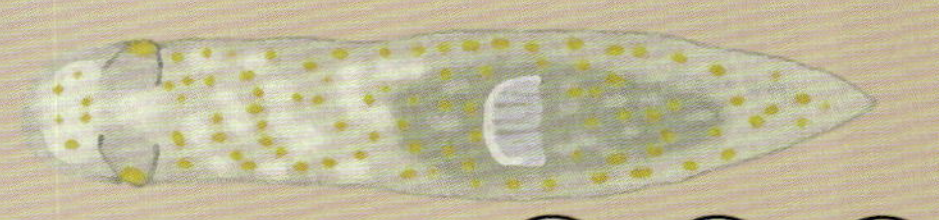

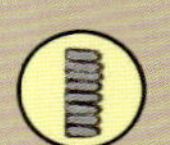
鰓呈馬蹄形、
弓狀或幾近直線

裸海蛞蝓屬依照鰓的形狀，大致分成兩種。
以下到 P.126 爲止是「鰓呈馬蹄形、弓狀或幾近直線」的類型。

裸海蛞蝓科 Gymnodoridae
裸海蛞蝓屬 Gymnodoris

印度－西太平洋

## 條紋裸海蛞蝓

*Gymnodoris striata*（Eliot,1908）

身體爲白色較強的半透明狀，頭緣、背部邊緣、腹足緣有橙色邊。背部與體側都有幾條橙色直線。鰓的基部呈弓形。鰓軸、觸角皆爲橙色。長度達 55mm。

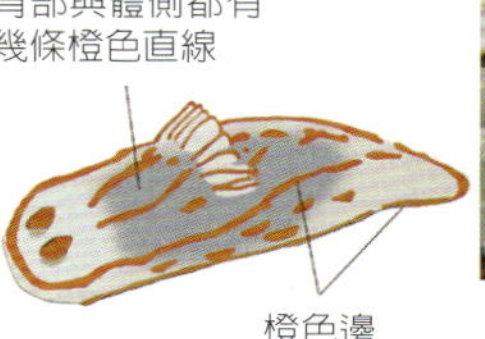
背部與體側都有
幾條橙色直線
橙色邊

| 慶良間群島 水深 5m 大小 20mm 小野篤司 |

裸海蛞蝓科 Gymnodoridae
裸海蛞蝓屬 Gymnodoris

西太平洋

## 天草裸海蛞蝓

*Gymnodoris amakusana*（Baba, 1996）

身體爲白色較強的半透明狀，頭緣到背部邊緣、腹足緣有橙色邊線。鰓前有橙色橫線。外形近似條紋裸海蛞蝓，可從背面沒有橙色直線區分。不過還需進一步討論。長度達 25mm。

橙色邊線
鰓前有橙色橫線

| 大瀨崎 水深 10m 大小 8mm 山田久子 |

裸海蛞蝓科 Gymnodoridae
裸海蛞蝓屬 Gymnodoris

日本

## 略飾裸海蛞蝓

*Gymnodoris subornata* Baba, 1960

身體顏色從橙色變至紅色。體表大致平滑，有一些小突起，背部邊緣排成一列。鰓較小，呈半圓形，位於接近身體中央的位置。長度達 10mm。

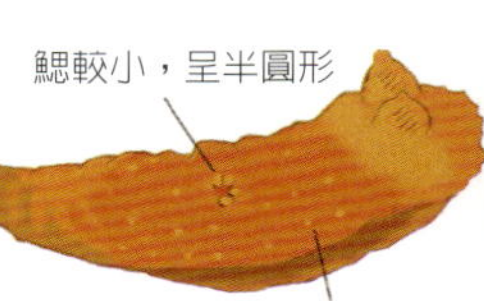
鰓較小，呈半圓形
極小的突起排列

| 大瀨崎 水深 3m 大小 3mm 山本敏 |

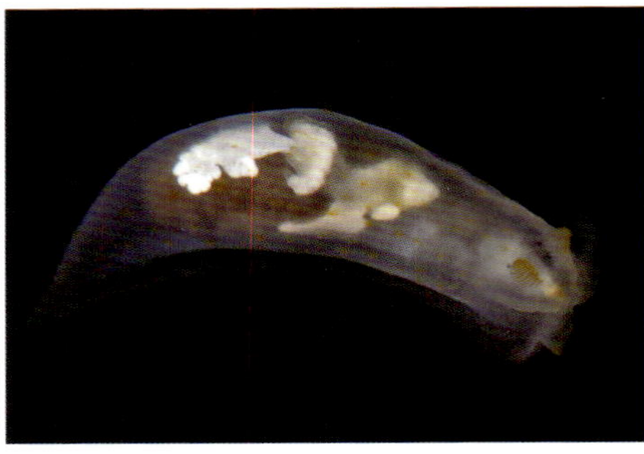

裸海蛞蝓科 Gymnodoridae
裸海蛞蝓屬 Gymnodoris

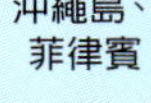

沖繩島、
菲律賓

## 僞褐裸海蛞蝓

*Gymnodoris pseudobrunnea*
Knudson & Gosliner, 2014

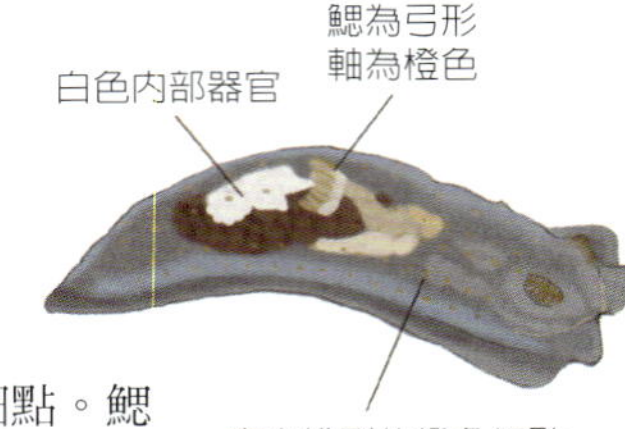
鰓為弓形
軸為橙色
白色內部器官
直向排列的橙色細點

| 沖繩島 水深 5m 大小 7mm 今川郁 |

身體是帶著些微白色的半透明狀，體表有直向排列的橙色細點。鰓爲弓形，軸是橙色。觸角前端爲橙色。鰓後方的皮下可看見白色內部器官。白天可在泥質海域觀察到。長度達 11mm。

裸海蛞蝓科 Gymnodoridae
裸海蛞蝓屬 Gymnodoris

西太平洋

## 裸海蛞蝓之一種 19

*Gymnodoris* sp. 19

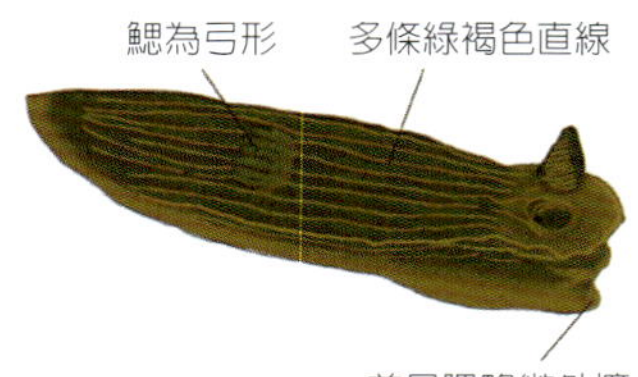
鰓為弓形
多條綠褐色直線
前足隅略微外擴

| 慶良間群島 水深 7m 大小 23mm 小野篤司 |

身體爲黃褐色到綠褐色，背部和體側有多條顏色較亮的直線。鰓爲弓形。前足隅略微外擴。以沙地上的頭盾類爲食。長度達 25mm。

裸海蛞蝓科 Gymnodoridae
裸海蛞蝓屬 Gymnodoris

印度－
太平洋

## 裸海蛞蝓之一種 20

*Gymnodoris* sp. 20

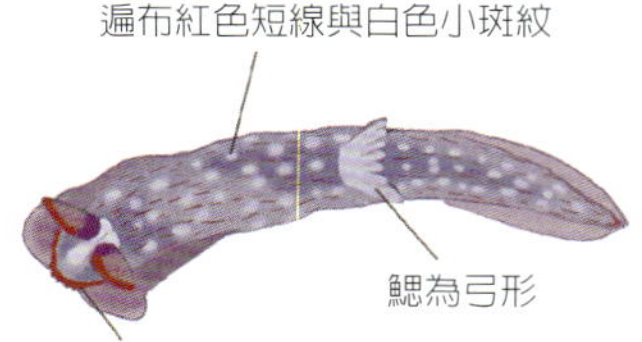
遍布紅色短線與白色小斑紋
鰓為弓形
頭幕緣為紅色

| 慶良間群島 水深 6m 大小 13mm 小野篤司 |

身體顏色從白色到紅紫色，變異性大。體表遍布紅色短線與白色小斑紋。外觀近似裸海蛞蝓之一種 5，但本種沒有紅色細點，也沒有圓形紋路。鰓呈弓形，軸爲紅色。頭幕緣爲紅色。根據千葉大學的標本，以日本第一次提報的產地座間味村爲靈感，提議新名稱「ザマミキヌハダウミウシ」。長度達 20mm。

裸海蛞蝓科 Gymnodoridae
裸海蛞蝓屬 Gymnodoris

# 裸海蛞蝓之一種 21

*Gymnodoris* sp. 21

慶良間群島

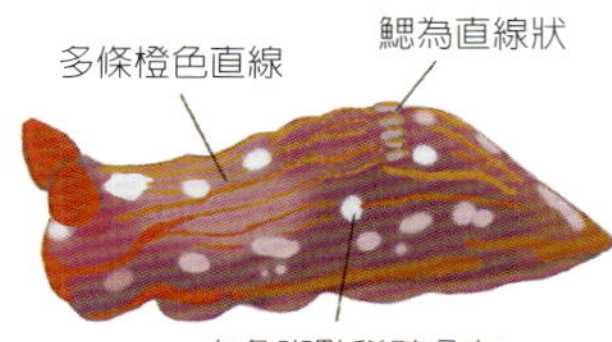
多條橙色直線
鰓為直線狀
白色斑點稀疏分布

| 慶良間群島 水深 8m 大小 10mm 小野篤司 |

身體爲紅紫色，有多條橙色直線，略大的白斑稀疏散布。觸角褶葉爲紅色。鰓呈直線狀，軸短且爲橙色。屬於極稀少種。長度達 10mm。

---

裸海蛞蝓科 Gymnodoridae
裸海蛞蝓屬 Gymnodoris

# 裸海蛞蝓之一種 22

*Gymnodoris* sp. 22

琉球群島、菲律賓

鱗為白色，呈直線狀

散布直向串聯的黃褐色細點

| 慶良間群島 水深 7m 大小 18mm 小野篤司 |

身體爲帶白色或黃色的半透明狀，全身散布直向串聯的黃褐色細點。黃褐色細點略微突起，從頭幕緣到尾部突起列，明顯區分了背部和體側。鰓爲白色，呈直線狀。觸角的整體或前端爲黃褐色，有個體變異性。長度達 30mm。

---

裸海蛞蝓科 Gymnodoridae
裸海蛞蝓屬 Gymnodoris

# 裸海蛞蝓之一種 23

*Gymnodoris* sp. 23

慶良間群島

白色鰓較大，呈ㄈ字形
散布直向串聯
的橙色細點
腹足長及全身

| 慶良間群島 水深 7m 大小 22mm 小野篤司 |

身體爲白色半透明狀，全身散布直向串聯的橙色細點。橙色細點略微突起，從頭幕緣延伸到尾部，沿背部和體側排列，雖可區分但並不明顯。鰓爲白色，呈ㄈ字形，既大且長，位於身體偏後的地方。觸角爲橙色，腹足長及全身。長度達 22mm。

| 慶良間群島 水深 6m 大小 10mm 小野篤司 |

裸海蛞蝓科 Gymnodoridae
裸海蛞蝓屬 Gymnodoris

慶良間群島

## 裸海蛞蝓之一種 24

*Gymnodoris* sp. 24

鰓為弓形，前端為橙紅色
觸角前端的 2 / 3
為紅褐色
橙紅色小圓斑分布得較稀疏

身體爲白色，體表有分布得較稀疏的橙紅色小圓斑。鰓呈弓形，前端爲橙紅色。觸角前端的 2 / 3 爲紅褐色。棲息於沙地上。長度達 10mm。

| 慶良間群島 水深 6m 大小 7mm 小野篤司 |

裸海蛞蝓科 Gymnodoridae
裸海蛞蝓屬 Gymnodoris

慶良間群島

## 裸海蛞蝓之一種 25

*Gymnodoris* sp. 25

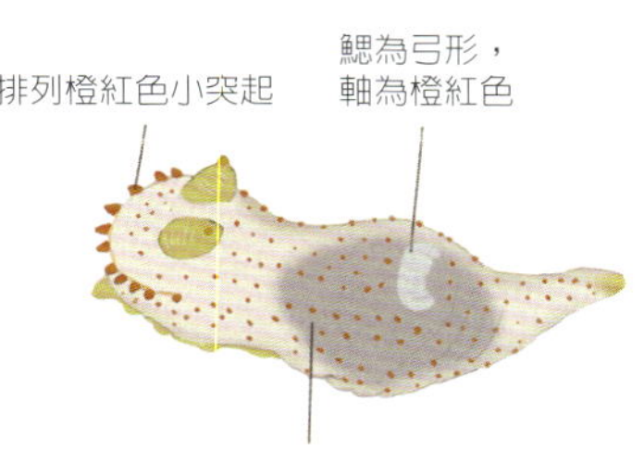
排列橙紅色小突起
鰓為弓形，
軸為橙紅色
散布橙紅色細點

身體爲白色，全身遍布微微突起的橙紅色細點。頭幕較大，邊緣排列橙紅色小突起。鰓爲弓形，軸爲橙紅色。觸角前端爲橙紅色。長度達 7mm。

| 慶良間群島 水深 12m 大小 14mm 小野篤司 |

裸海蛞蝓科 Gymnodoridae
裸海蛞蝓屬 Gymnodoris

慶良間群島

## 裸海蛞蝓之一種 26

*Gymnodoris* sp. 26

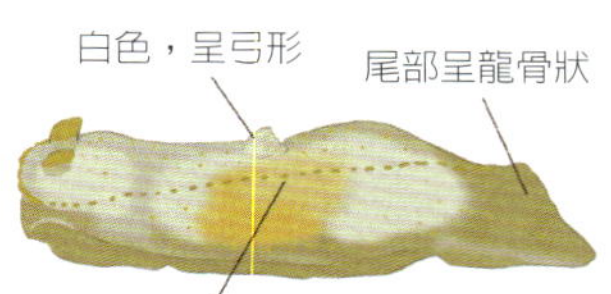
白色，呈弓形
尾部呈龍骨狀
黃色細點列區分背部與體側

身體爲白色半透明狀，內部器官呈白色與黃色，可從體外隱約看見其形狀和配置。體表分布略微突起的黃色細點，從頭幕排列至後方，區分出背部和體側。鰓爲白色，呈弓形。尾部爲朝上突起的龍骨狀。觸角爲黃色。長度達 14mm。

裸海蛞蝓科 Gymnodoridae
裸海蛞蝓屬 Gymnodoris

## 裸海蛞蝓之一種 27

*Gymnodoris* sp. 27

慶良間群島

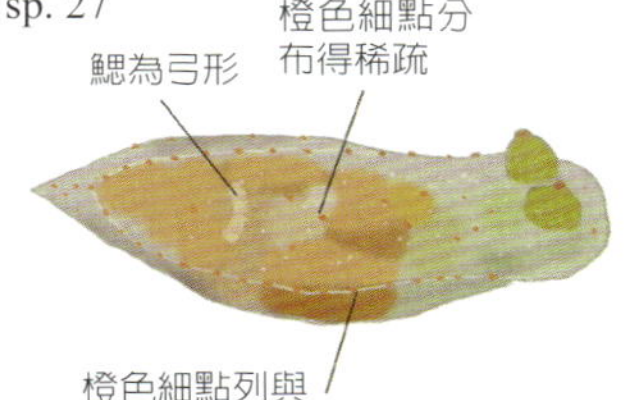
鰓為弓形
橙色細點分
布得稀疏
橙色細點列與
角形成清晰的背部邊緣

| 慶良間群島 水深 18m 大小 10mm 小野篤司 |

身體爲白色半透明狀，些微突起的橙色細點稀疏地分布在體表。不只是從頭幕緣延續下來的橙色細點，也可從角的形狀區分出背部與側面。可自表皮看到內部器官的模樣。鰓爲弓形，位於身體中央偏後的位置。觸角爲黃色，前端爲橙色。長度達 10mm。

裸海蛞蝓科 Gymnodoridae
裸海蛞蝓屬 Gymnodoris

## 裸海蛞蝓之一種 28

*Gymnodoris* sp. 28

慶良間群島

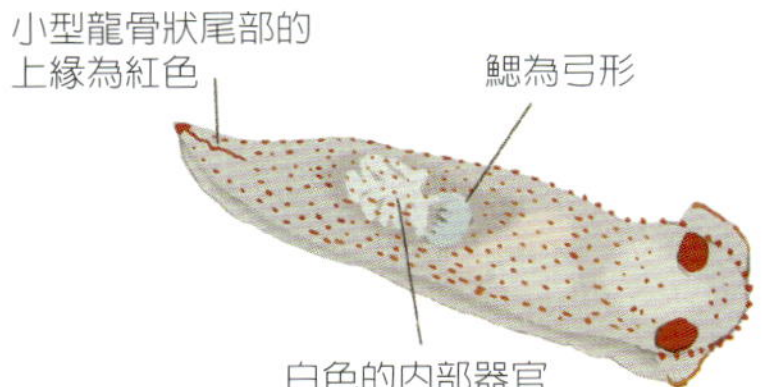
小型龍骨狀尾部的
上緣為紅色
鰓為弓形
白色的內部器官

| 慶良間群島 水深 8m 大小 18mm 小野篤司 |

身體爲白色半透明，體表密布些微突起的橙紅色細點。鰓爲弓形，後方可看到白色的內部器官。觸角褶葉爲橙紅色。尾部有一個小龍骨，上緣爲紅色。前足隅往橫向擴張。長度達 18mm。

裸海蛞蝓科 Gymnodoridae
裸海蛞蝓屬 Gymnodoris

## 裸海蛞蝓之一種 29

*Gymnodoris* sp. 29

琉球群島

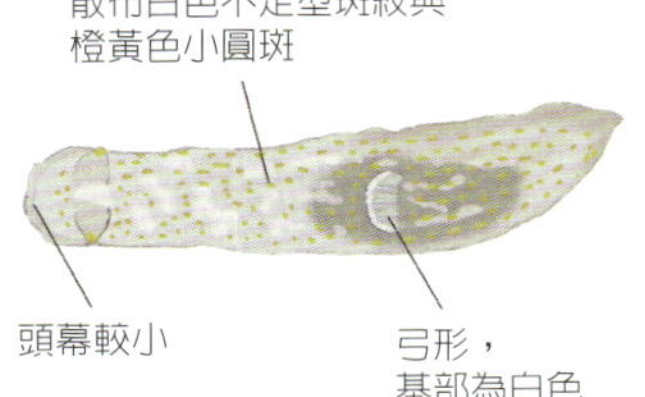
散布白色不定型斑紋與
橙黃色小圓斑
頭幕較小
弓形，
基部為白色

| 慶良間群島 水深 16m 大小 20mm 小野篤司 |

身體爲白色半透明，體表散布白色不定型斑紋與橙黃色小圓斑。個體間白色斑紋數量不一，但基本上除了橙黃色斑紋之外，其他部位皆布滿白色斑紋。鰓爲弓形，基部爲白色。觸角前端爲橙黃色。頭幕較小。長度達 20mm。

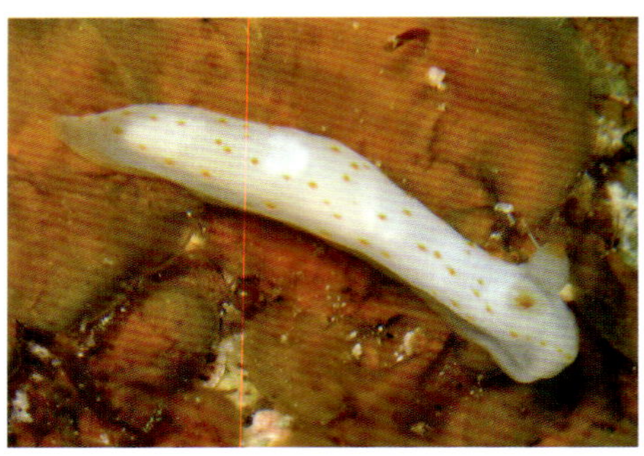

裸海蛞蝓科 Gymnodoridae
裸海蛞蝓屬 Gymnodoris

琉球群島、菲律賓

## 裸海蛞蝓之一種 30

*Gymnodoris* sp. 30

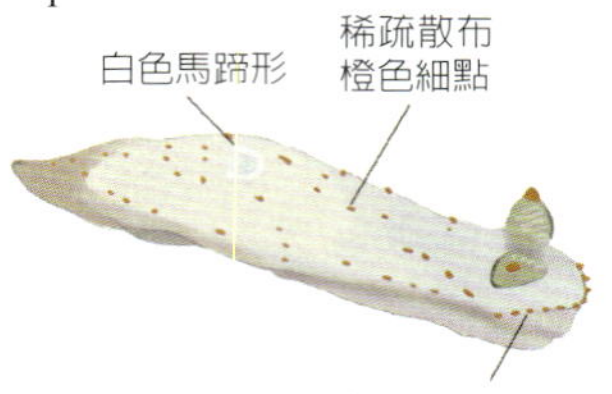
白色馬蹄形
稀疏散布
橙色細點
密集排列橙色細點

| 慶良間群島 水深 15m 大小 10mm 小野篤司 |

白色身體細長，些微隆起的橙色細點在體表稀疏分布。頭幕緣有密集排列的橙色細點，延伸至頭部後方，與體側部位區分開來，但不是很清楚。鰓爲白色，呈馬蹄形。觸角前端爲橙色。長度達 30mm。

裸海蛞蝓科 Gymnodoridae
裸海蛞蝓屬 Gymnodoris

印度－太平洋

## 裸海蛞蝓之一種 31

*Gymnodoris* sp. 31

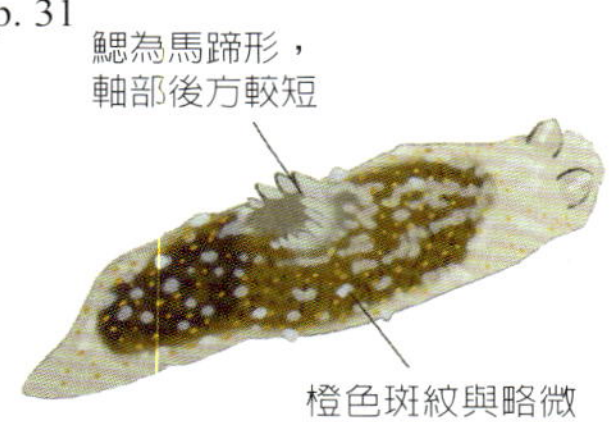
鰓為馬蹄形，
軸部後方較短
橙色斑紋與略微
突起的白色斑紋

| 慶良間群島 水深 5m 大小 13mm 小野篤司 |

身體爲白色半透明狀，全身有橙色細點與略微突起的白色斑紋。外觀近似沖繩裸海蛞蝓，但鰓爲馬蹄形，非正圓形。此外，軸朝後方生長，長度較短。一般認爲個體數比沖繩裸海蛞蝓多。長度達 20mm。

裸海蛞蝓科 Gymnodoridae
裸海蛞蝓屬 Gymnodoris

八丈島

## 裸海蛞蝓之一種 32

*Gymnodoris* sp. 32

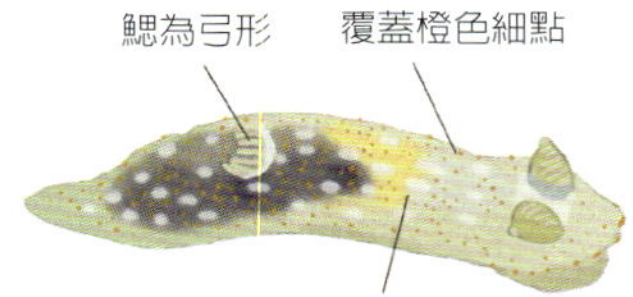
鰓為弓形
覆蓋橙色細點
均勻分布白色小斑紋

| 八丈島 水深 5m 大小 8mm 加藤昌一 |

身體爲白色半透明，覆蓋橙色細點。此外，全身均勻分布大小一致的白色小斑紋。白色小斑紋未突起。鰓爲弓形，基部爲白色。無法清楚辨識鰓葉。巴布亞紐幾內亞出現過觸角爲橙色，外觀十分相似的種。長度達 8mm。

# 裸鰓目
## Nudibranchia
# 海牛下目
## Doridacea
# 隱鰓類
## Cryptobranchia

身體為橢圓形，次生鰓在身體後方繞肛門一圈，
鰓能收縮在肛門周圍的囊中。
觸角可收進體內。以海綿動物為食。

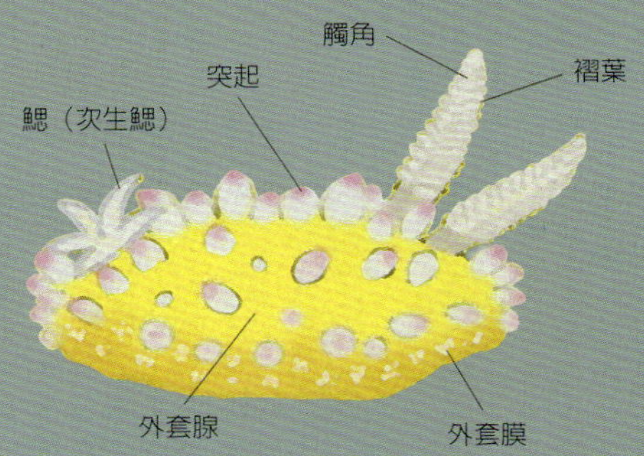
觸角
褶葉
突起
鰓（次生鰓）
外套腺
外套膜

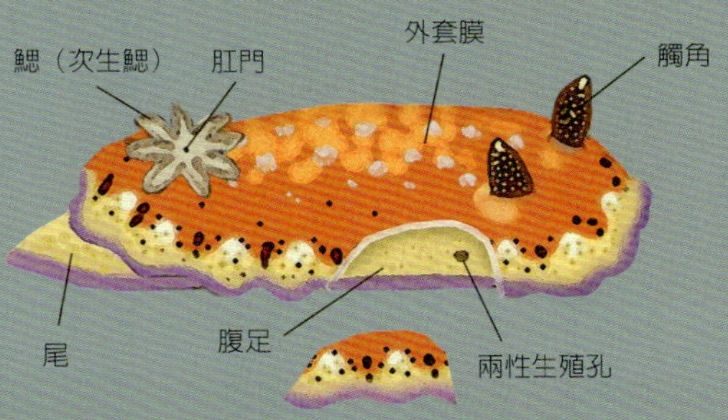
外套膜
觸角
鰓（次生鰓）
肛門
尾
腹足
兩性生殖孔

| 八丈島 水深 8m 大小 30mm 加藤昌一 |

海牛海蛞蝓科 Dorididae
海牛海蛞蝓屬 Doris

# 梳鰓海牛海蛞蝓

*Doris pecten* Collingwood, 1881

印度－太平洋

| 八丈島 水深 8m 大小 20mm 加藤昌一 |

包括觸角與鰓在內，全身爲藍色，背面散布小小的顆粒狀突起。鰓爲櫛狀，朝後方呈彎月形擴張。曾發現過藍綠色個體，應與青綠海牛海蛞蝓做進一步調查。

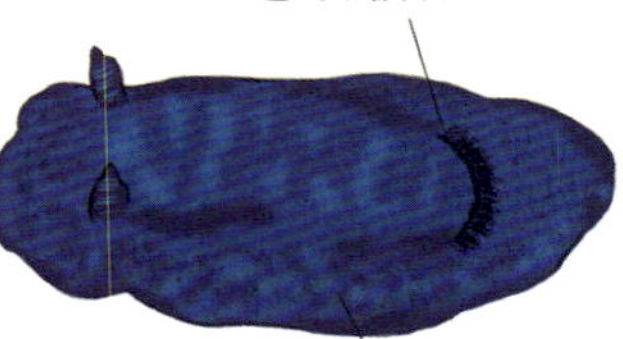
櫛狀，朝後方呈
彎月形擴張
散布小小的顆
粒狀突起
包括觸角與鰓在內，
全身為藍色

| 慶良間群島 水深 5m 大小 3mm 小野篤司 |

海牛海蛞蝓科 Dorididae
海牛海蛞蝓屬 Doris

# 青綠海牛海蛞蝓

*Doris viridis*（Pease, 1861）

印度－西太平洋、東太平洋

包括觸角與鰓在內，全身爲綠色，背面散布小突起。鰓朝後方呈彎月形擴張。長度達20mm。

朝後方呈彎月形擴張
背面散布小突起
包括觸角與鰓在內，
全身為綠色

海牛海蛞蝓科 Dorididae
海牛海蛞蝓屬 Doris

# 細粒海牛海蛞蝓

*Doris granulosa*（Pease, 1860）

印度－
西太平洋

｜慶良間群島 水深 3m 大小 12mm 小野篤司｜

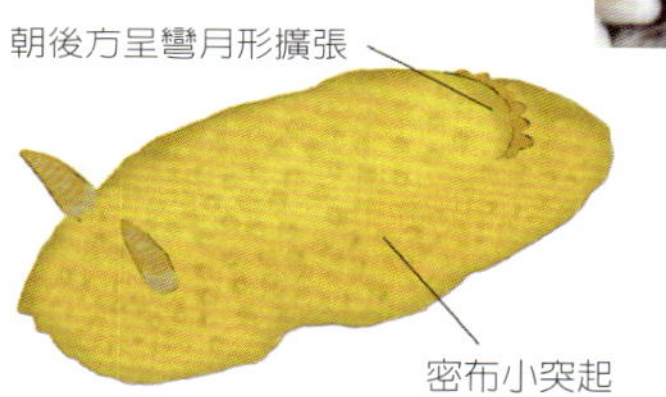
朝後方呈彎月形擴張
密布小突起
身體為黃色

身體爲黃色，背面密布小突起。小突起上還有極微小的褐色小點。鰓位於背部後方附近，朝後方呈彎月形擴張。長度達 20mm。

---

海牛海蛞蝓科 Dorididae
海牛海蛞蝓屬 Doris

# 不潔海牛海蛞蝓

*Doris immonda*（Risbec, 1928）

印度－
西太平洋

｜八丈島 水深 7m 大小 30mm 加藤昌一｜

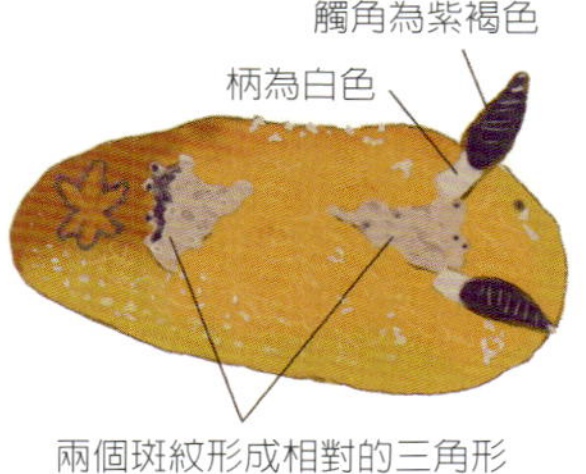
觸角為紫褐色
柄為白色
兩個斑紋形成相對的三角形

身體爲橙色到藍綠色。背部的觸角間與鰓之間有兩個斑紋，形成相對的三角形。觸角爲紫褐色，柄爲白色。背面密布細微突起。長度達 30mm。

｜沖繩島　水深 1m　大小 25mm　今川郁｜

海牛海蛞蝓科 Dorididae
海牛海蛞蝓屬 Doris

西太平洋

## 核粒海牛海蛞蝓

*Doris nucleola* Pease, 1860

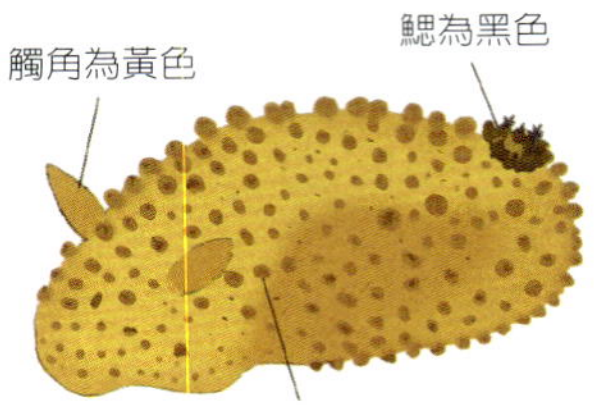
觸角為黃色
鰓為黑色
散布帶褐色的球狀突起

身體爲黃褐色，背面散布帶褐色的球狀突起。觸角爲黃色，鰓帶黑色。本種與 Bergh（1881）的圖片幾乎一樣。長度達 30mm。

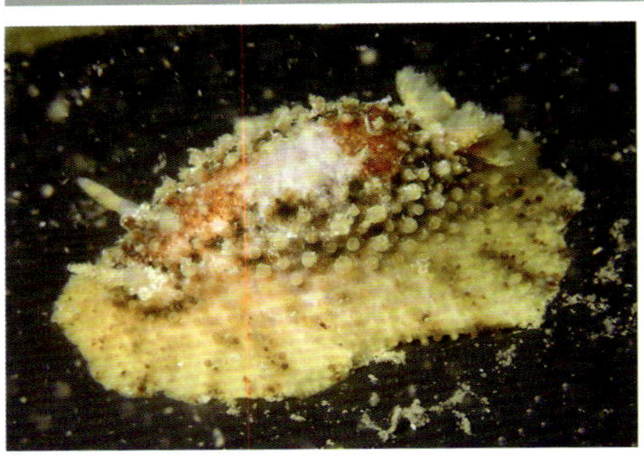

｜城之島　水深 2m　大小 25mm　池田雄吾｜

海牛海蛞蝓科 Dorididae
海牛海蛞蝓屬 Doris

日本

## 三色海牛海蛞蝓

*Doris tricolor*（Baba, 1938）

三色色帶
深褐色虛線
遍布瘤狀突起

背部底色爲灰黃色，觸角與鰓之間有三色色帶，分別是淺褐色、白色與褐色，顏色深淺因個體而異。還有深褐色虛線圍繞色帶。背部遍布瘤狀突起。觸角褶葉與鰓爲灰黃色。長度達 40mm。

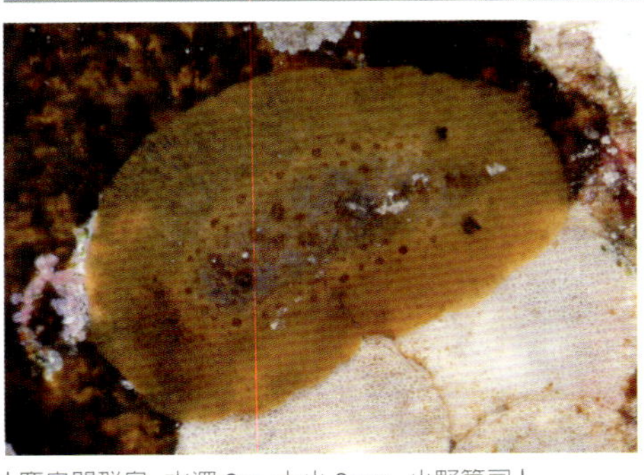

｜慶良間群島　水深 6m　大小 8mm　小野篤司｜

海牛海蛞蝓科 Dorididae
海牛海蛞蝓屬 Doris

慶良間群島

## 海牛海蛞蝓之一種 1

*Doris* sp. 1

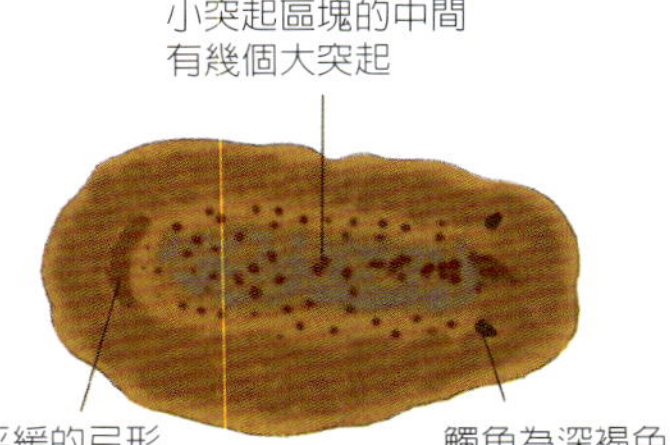
小突起區塊的中間
有幾個大突起
鰓孔呈平緩的弓形
觸角為深褐色

身體爲淺褐色，背面遍布小突起，中間幾個較大，數量也較少。觸角爲深褐色，比同尺寸的細粒海牛海蛞蝓小。鰓的位置接近背部後方，基部呈平緩的弓形。長度達 8mm。

海牛海蛞蝓科 Dorididae
海牛海蛞蝓屬 Doris

# 海牛海蛞蝓之一種 2

*Doris* sp. 2

西太平洋

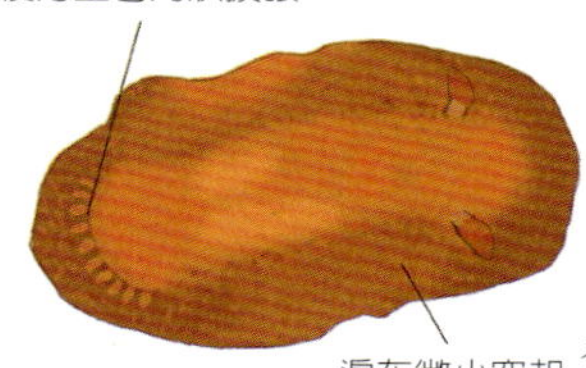
鰓接近身體後方，朝
後方呈彎月狀擴張
遍布微小突起
全身為橙色

| 慶良間群島 水深 7m 大小 20mm 小野篤司 |

全身爲橙色，鰓接近身體後方，呈彎月狀朝後擴張。背部披覆微小突起，中央緣較大。鰓與觸角褶葉和身體同色。與 Gosliner et al., 2018 的 *Doris* sp. 11 同種。長度達 25mm。

海牛海蛞蝓科 Dorididae
海牛海蛞蝓屬 Doris

# 海牛海蛞蝓之一種 3

*Doris* sp. 3

八丈島

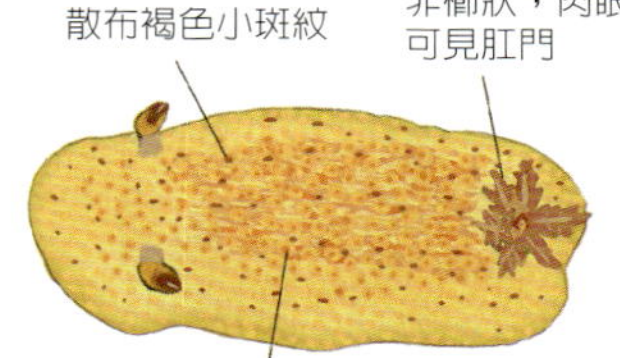
散布褐色小斑紋
非櫛狀，肉眼
可見肛門
粒狀突起略大，前端為褐色

| 八丈島 水深 10m 大小 30mm 加藤昌一 |

身體爲黃色，背面遍布褐色小斑紋。外觀近似細粒海牛海蛞蝓，但背部的粒狀突起較大，突起前端呈褐色。鰓不是櫛狀，肉眼可見肛門。觸角前端爲深色。大型種，長度達 30mm。

海牛海蛞蝓科 Dorididae
似海牛海蛞蝓屬 Homoiodoris

# 日本似海牛海蛞蝓

*Homoiodoris japonica* Bergh, 1881

本州、九州、四國

| 伊豆海洋公園 水深 12m 大小 30mm 小野篤司 |

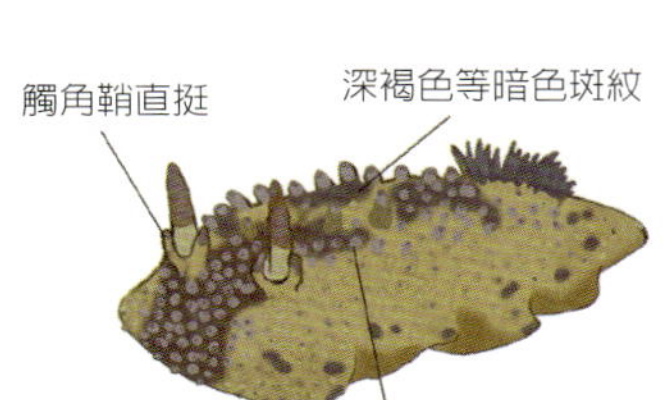
觸角鞘直挺
深褐色等暗色斑紋
密布大小不一的突起

身體爲淺黃色到黃褐色，變異性大。背部有深褐色等暗色斑紋，密布大小不一的突起。觸角鞘直挺。長度達 100mm。

卡德琳海蛞蝓科 Cadlinidae
卡德琳海蛞蝓屬 Cadlina

本州、北海道

## 日本卡德琳海蛞蝓

*Cadlina japonica* Baba, 1937

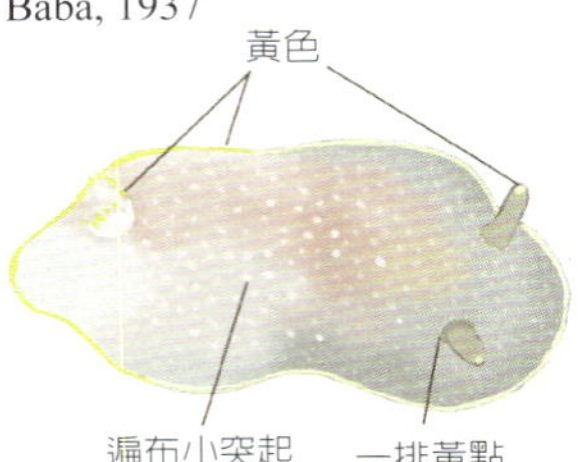
黃色
遍布小突起
一排黃點

| 大瀨崎　水深 33m　大小 20mm　山田久子 |

身體爲白色半透明狀到白色，通常背部有許多不規則的淡褐色斑紋。背部披覆小突起，有些前端爲黃色。背部邊緣、觸角前端、鰓的前端爲黃色。大型個體的觸角鞘緣也有一排黃點。長度達 70mm。

卡德琳海蛞蝓科 Cadlinidae
艾爾德海蛞蝓屬 Aldisa

本州以北、東太平洋

## 庫氏艾爾德海蛞蝓

*Aldisa cooperi* Robilliard & Baba, 1972

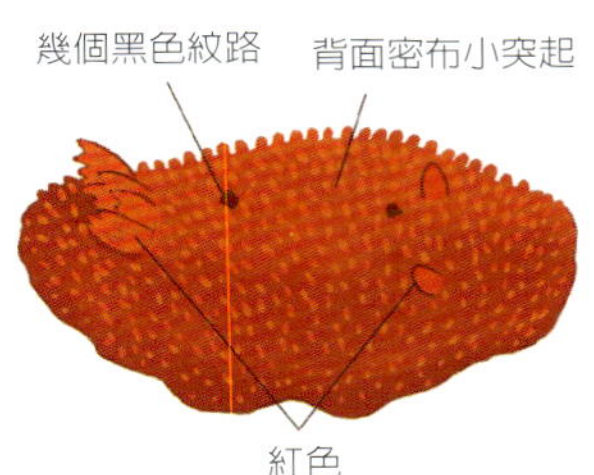
幾個黑色紋路
背面密布小突起
紅色

| 大瀨崎　水深 24m　大小 25mm　山田久子 |

身體爲紅色，背面密布小突起。通常背面正中線上方有數個黑色紋路。鰓與觸角也是紅色。長度達 25mm。

卡德琳海蛞蝓科 Cadlinidae
艾爾德海蛞蝓屬 Aldisa

西太平洋

## 草莓艾爾德海蛞蝓

*Aldisa fragaria* Tibiriçá, Pola & Cervera, 2017

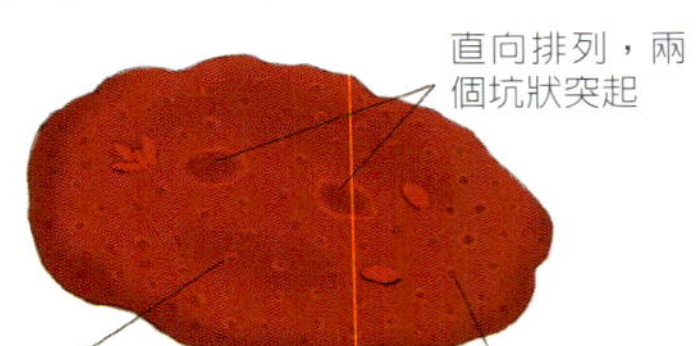
直向排列，兩個坑狀突起
遍布多個小型坑狀突起
小突起的中間是黑色

| 慶良間群島　水深 15m　大小 20mm　小野篤司 |

身體爲紅色，背面分布多個小型坑狀突起，鰓與觸角之間有兩個直向排列的坑狀突起。小突起的中心通常是黑色的。亮色小突起環紋之有無，以及放射狀黃褐色斑的數量多寡，皆有個體差異。中野（2018）也認同草莓艾爾德海蛞蝓的背面有坑狀突起。長度達 40mm。

卡德琳海蛞蝓科 Cadlinidae
艾爾德海蛞蝓屬 Aldisa

# 皮氏艾爾德海蛞蝓

*Aldisa pikokai*
Bertsch & Johnson, 1982

西太平洋、
中太平洋

| 慶良間群島 水深 7m 大小 8mm 小野篤司 |

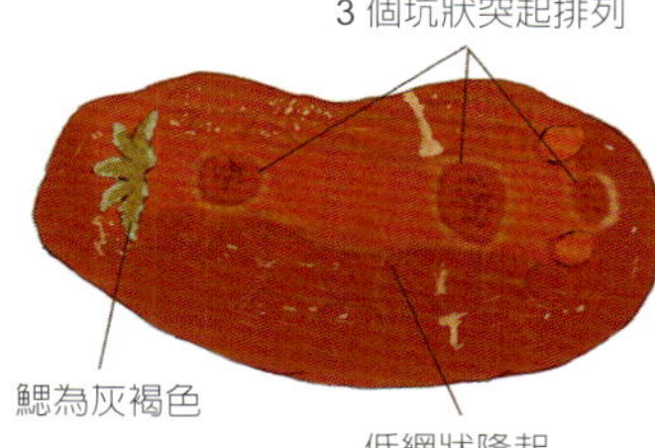
3 個坑狀突起排列
鰓為灰褐色
低網狀隆起

身體顏色從黃色到紅色，背面正中線上方排列 3 個坑狀突起，外側有低網狀隆起。觸角與身體爲同色，鰓爲灰褐色。長度達 20mm。

---

卡德琳海蛞蝓科 Cadlinidae
艾爾德海蛞蝓屬 Aldisa

# 查佛艾爾德海蛞蝓

*Aldisa zavorensis*
Tibiraça, Pola, Caevera, 2017

西太平洋

| 慶良間群島 水深 8m 大小 8mm 小野篤司 |

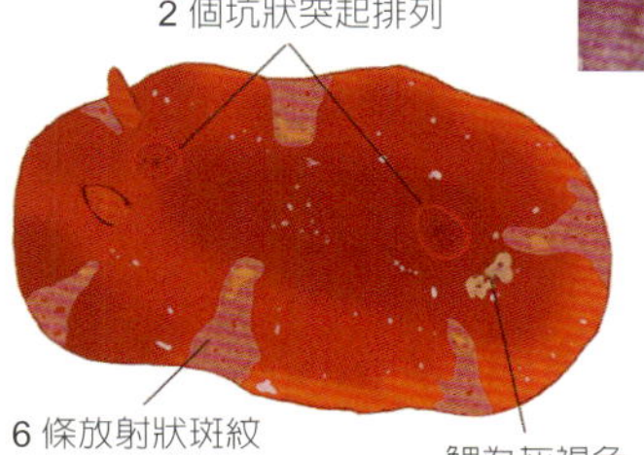
2 個坑狀突起排列
6 條放射狀斑紋
鰓為灰褐色

身體爲橙色到紅色，背面正中線上方排列 2 個坑狀突起。背部有 6 條放射狀斑紋，許多個體的斑紋不清晰。觸角與身體爲同色，鰓爲灰褐色。長度達 15mm。

|八丈島 水深 25m 大小 25mm 加藤昌一|

卡德琳海蛞蝓科 Cadlinidae
艾爾德海蛞蝓屬 Aldisa

# 信天翁艾爾德海蛞蝓

*Aldisa albatrossae*
Elwood, Valdes & Gosliner, 2000

西太平洋

|八丈島 水深 18m 大小 15mm 加藤昌一|

身體爲藍綠色，但在溫帶海域觀察到顏色較淡的個體。遍布背面的小突起上方有白色圓斑。背上的斑紋看似有一隻黑邊黃手足的烏龜在游泳。種小名是信天翁之意。長度達 30mm。

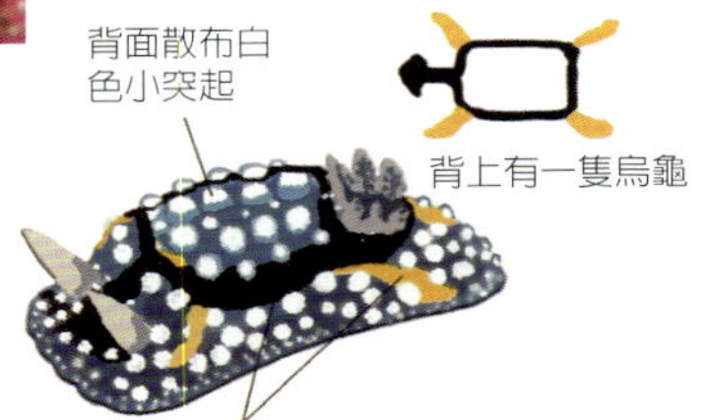
背面散布白
色小突起
背上有一隻烏龜
觸角到鰓有黑線與黃線

卡德琳海蛞蝓科 Cadlinidae
艾爾德海蛞蝓屬 Aldisa

# 艾爾德海蛞蝓之一種 1

*Aldisa* sp. 1

西太平洋、
中太平洋

|八丈島 水深 35m 大小 20mm 加藤昌一|

身體爲紅色，背面正中線上方有 2 個坑狀突起。外側還有 6 個紫環圍繞的黃斑。觸角、鰓、整個背部都有黃色小點。長度達 25mm。

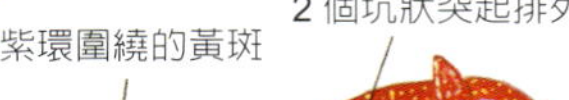
有紫環圍繞的黃斑
2 個坑狀突起排列

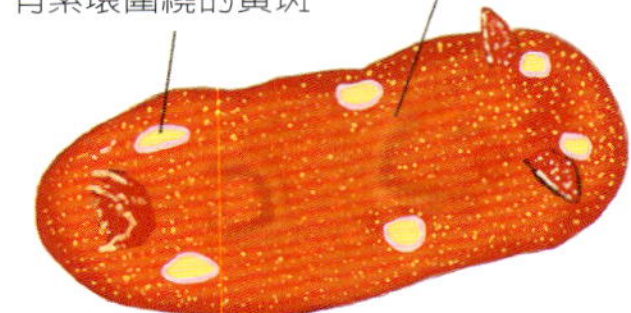
觸角、鰓、整個背部都有黃色小點

卡德琳海蛞蝓科 Cadlinidae
艾爾德海蛞蝓屬 Aldisa

# 艾爾德海蛞蝓之一種 2

*Aldisa* sp. 2

日本

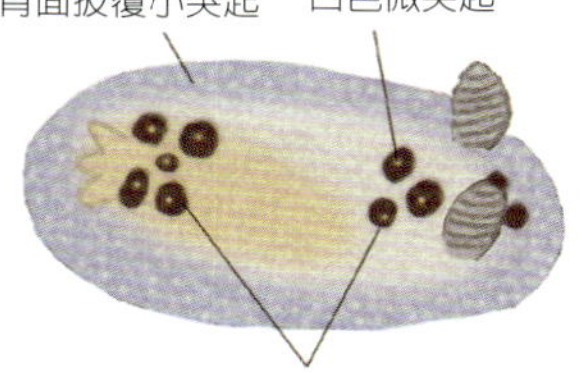
背面披覆小突起
白色微突起
深褐色圓斑區塊

| 八丈島 水深 40m 大小 20mm 加藤昌一 |

身體爲白色，背面披覆小突起。背面正中線上方的觸角前、觸角後方、鰓前方都有深褐色圓斑區塊。圓斑中心爲白色小突起。觸角與鰓爲乳白色。可在埃內韋塔克環礁發現近似種。長度達 10mm。

盤海蛞蝓科 Discodorididae
盤海蛞蝓屬 Discodoris

# 淡紫盤海蛞蝓

*Discodoris lilacina*（Gould, 1852）

沖繩群島

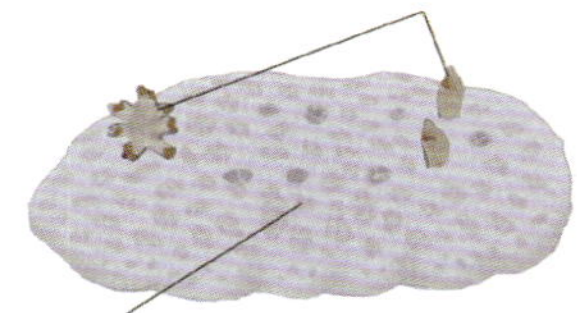
觸角與鰓的前
端為淺褐色
披覆深色斑與
細微突起

| 八丈島 水深 5m 大小 40mm 廣江一弘 |

身體爲淺灰色，背面披覆深色斑與細微突起。觸角與鰓的前端爲淺褐色。本種屬參照 Gosliner et al., 2018 的內容。長度達 60mm。

盤海蛞蝓科 Discodorididae
盤海蛞蝓屬 Discodoris

# 薄荷島盤海蛞蝓

*Discodoris boholiensis* Bergh, 1877

印度－
西太平洋

直向延伸的深褐色隆起
質薄、微彎
茶褐色斑點圖案

| 慶良間群島 水深 12m 大小 23mm 小野篤司 |

全身有茶褐色與黃白色斑點圖案，背部周圍極薄，彎曲，外觀近似渦蟲。背部觸角與鰓之間隆起。長度達 70mm。

| 八丈島　水深 5m　大小 40mm　加藤昌一 |

盤海蛞蝓科 Discodorididae
盤海蛞蝓屬 Discodoris

## 淡藍盤海蛞蝓

*Discodoris coerulescens* (Bergh, 1888)

印度－
西太平洋

身體爲白色，整個背部有褐色紋樣。背面披覆細微突起，周圍有白色小點鑲邊。長度達 30mm。

散布褐色紋樣
披覆細微突起
白色小點鑲邊

---

| 慶良間群島　水深 8m　大小 15mm　小野篤司 |

盤海蛞蝓科 Discodorididae
盤海蛞蝓屬 Discodoris

## 宿霧盤海蛞蝓

*Discodoris cebuensis* Bergh, 1877

印度－
西太平洋

身體爲淺褐色，背部不規則散布褐色斑紋。身上還有淡紫色白邊斑紋。背部披覆顆粒狀突起，周邊顏色略深。長度達 40mm。

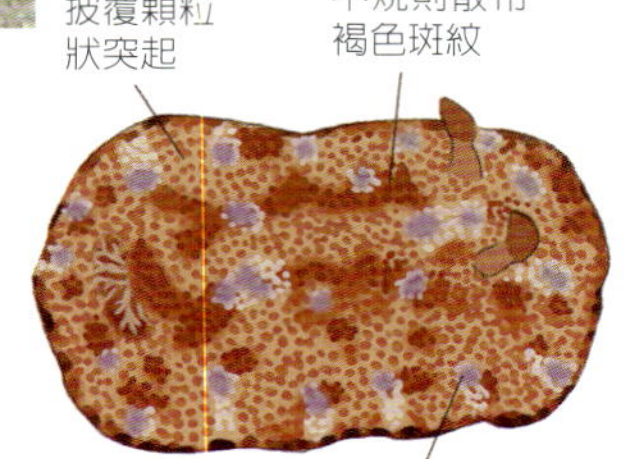
披覆顆粒狀突起
不規則散布褐色斑紋
散布有淺色邊的淡紫色斑紋

盤海蛞蝓科 Discodorididae
蓋托海蛞蝓屬 Geitodoris

# 黃蓋托海蛞蝓

*Geitodoris lutea* Baba, 1937

本州

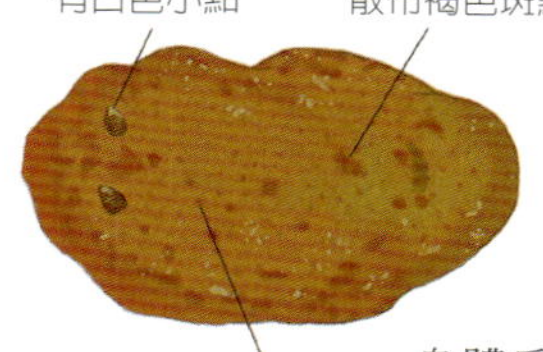
身體為褐色，
有白色小點
散布褐色斑點
密布細微突起

| 黃金崎 水深 5m 大小 30mm 山田久子 |

身體爲淺黃色到黃色，背面密布深色斑點。背面密布細微突起，邊緣散布白色突起。觸角褶葉爲褐色，散布白色小點，柄呈半透明。外觀與 Gosliner et al., 2018 的 *Geitodoris* sp. 2 近似。長度達 100mm。

盤海蛞蝓科 Discodorididae
Sebadoris 屬

# 割裂盤海蛞蝓

*Sebadoris fragilis*（Alder & Hancock, 1864）

印度－西太平洋

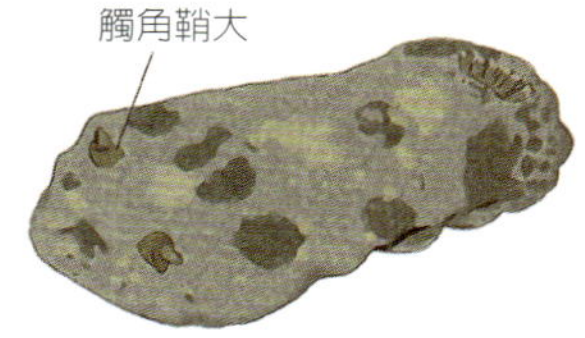
觸角鞘大
散布灰色、灰褐色、黑褐色、茶褐色等斑紋

| 八丈島 水深 5m 大小 60mm 山田久子 |

身體爲蛋白色，散布灰色、灰褐色、黑褐色、茶褐色等斑紋。觸角鞘較大。有些個體近似淡紫盤海蛞蝓，但可從體型較大、腹足披覆茶褐色小點、外套膜內側有許多褐色斑點等特性區分。長度達 120mm。

盤海蛞蝓科 Discodorididae
近海牛海蛞蝓屬 Paradoris

# 敦賀近海牛海蛞蝓

*Paradoris tsurugensis* Baba, 1989

本州、
琉球群島

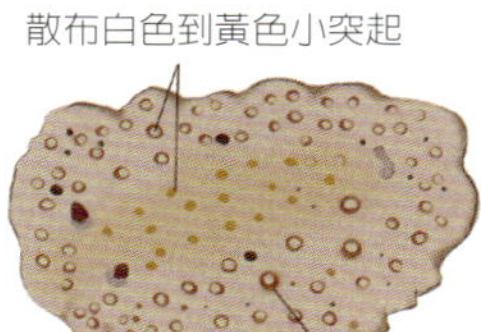
散布白色到黃色小突起
背部周緣有褐邊

| 大瀨崎 水深 23m 大小 45mm 山田久子 |

身體爲帶淺褐色的乳白色，背面散布白色到黃色小突起，背部周緣有褐邊。長度達 50mm。

| 慶良間群島 水深 5m 大小 6mm 小野篤司 |

盤海蛞蝓科 Discodorididae
近海牛海蛞蝓屬 Paradoris

## 近海牛海蛞蝓之一種 1

*Paradoris* sp. 1

西太平洋

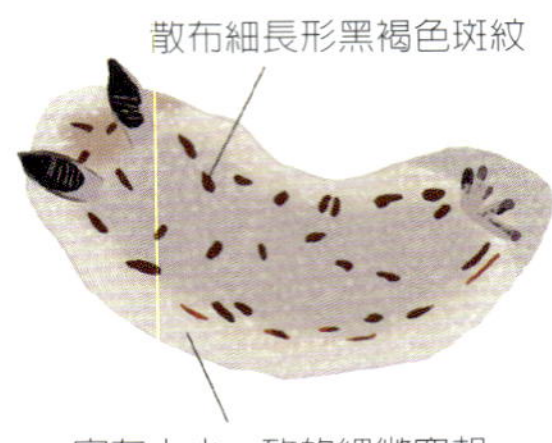
散布細長形黑褐色斑紋
密布大小一致的細微突起

身體為乳白色，整個背面散布細長形黑褐色斑紋。此外，整個背面密布大小一致的細微突起。觸角與鰓的前端為黑褐色。長度達 20mm。

| 慶良間群島 水深 7m 大小 5mm 小野篤司 |

盤海蛞蝓科 Discodorididae
近海牛海蛞蝓屬 Paradoris

## 近海牛海蛞蝓之一種 2

*Paradoris* sp. 2

西太平洋

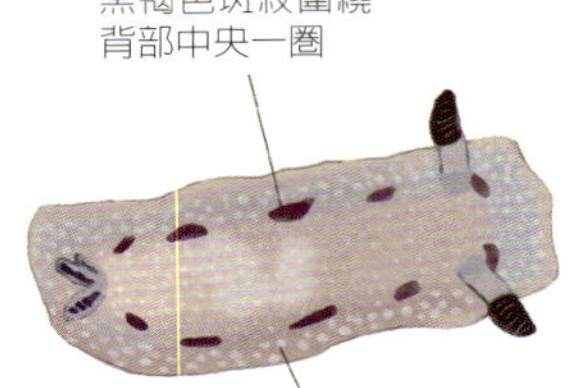
黑褐色斑紋圍繞
背部中央一圈
背部邊緣的細微突起較大

身體為乳白色，黑褐色長橢圓形斑紋圍繞背部中央一圈。背面密布細微突起，邊緣處的細微突起較大。觸角與鰓為黑褐色。長度達 20mm。

| 慶良間群島 水深 18m 大小 12mm 小野篤司 |

盤海蛞蝓科 Discodorididae
近海牛海蛞蝓屬 Paradoris

## 近海牛海蛞蝓之一種 3

*Paradoris* sp. 3

西太平洋

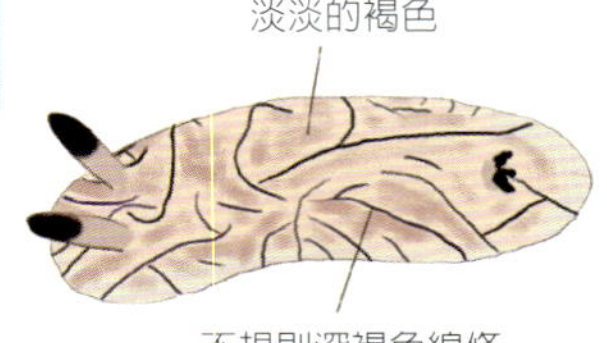
淡淡的褐色
不規則深褐色線條

身體為乳白色，背部帶有淡淡的褐色，以及不規則深褐色線條。遍布全背的細微突起比近似種小。觸角褶葉的上半部與鰓葉為黑褐色。長度達 20mm。

盤海蛞蝓科 Discodorididae
塔林加海蛞蝓屬 Taringa

# 赫爾各答塔林加海蛞蝓

*Taringa halgerda*
Gosliner & Behrens, 1998

西太平洋

| 慶良間群島　水深 20m　大小 5mm　小野篤司 |

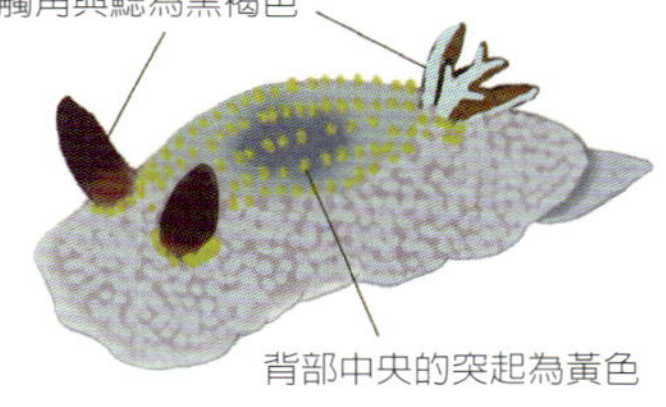
觸角與鰓為黑褐色
背部中央的突起為黃色

身體爲白色，觸角和鰓葉爲黑褐色。背部披覆微小突起，中間的突起爲黃色。此爲日本的極稀有種。長度達 50mm。

---

盤海蛞蝓科 Discodorididae
赭海蛞蝓屬 Carminodoris

# 武裝赭海蛞蝓

*Carminodoris armata* Baba, 1993

本州到
九州

| 八丈島　水深 5m　大小 100mm　加藤昌一 |

散布深褐色斑紋

披覆菇狀突起

身體爲淺褐色，背部不規則分布深褐色斑紋。背面披覆外形近似香菇或晴天娃娃，大小不一的突起，其中幾個從根部就是白色。長度達 150mm。

| 大瀨崎 水深 5m 大小 40mm 山田久子 |

盤海蛞蝓科 Discodorididae
赭海蛞蝓屬 Carminodoris

## 雙叉赭海蛞蝓

*Carminodoris bifurcata* Baba, 1993

西太平洋、中太平洋

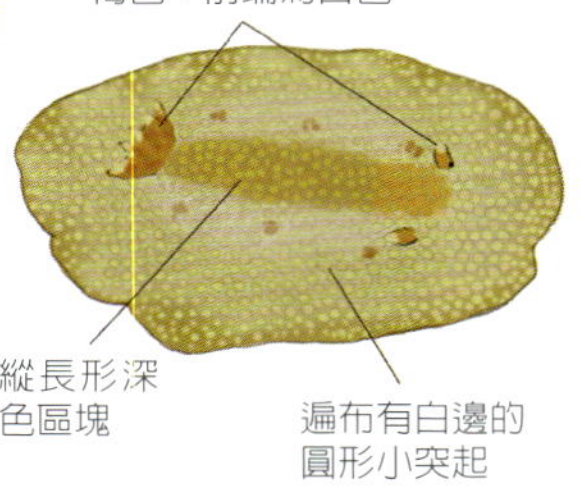
褐色，前端為白色
縱長形深色區塊
遍布有白邊的圓形小突起

身體從灰褐色、黃褐色到深褐色、紅褐色都有，變異性大。背面中央有縱長形深色區塊，但有些個體不明顯。背部遍布有白邊的圓形小突起，但有些個體完全沒有白邊。觸角褶葉與鰓爲褐色，前端爲白色。過去的文獻將其列爲大花赭海蛞蝓。長度達60mm。

| 八丈島 水深 3m 大小 80mm 加藤昌一 |

盤海蛞蝓科 Discodorididae
赭海蛞蝓屬 Carminodoris

## 火焰赭海蛞蝓

*Carminodoris flammea*
(Fahey & Gosliner, 2003)

西太平洋

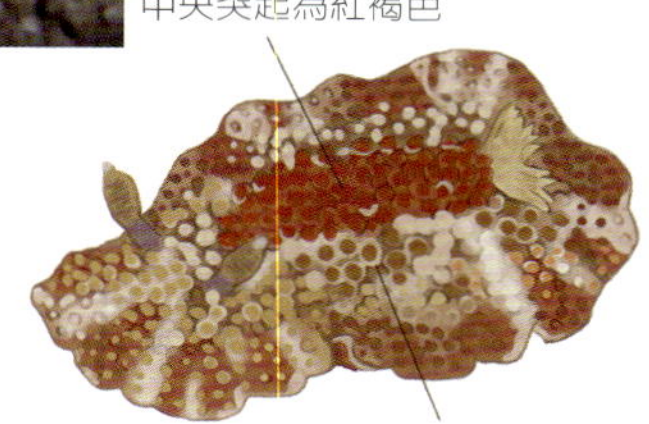
中央突起為紅褐色
遍布突起，基部有白邊

背面遍布突起，中間的突起爲紅褐色。其他的突起大多是灰褐色、褐色，基部有白邊。外觀近似雙叉赭海蛞蝓，但本種的突起比較大，背部中間的突起顏色較紅。長度達30mm。

盤海蛞蝓科 Discodorididae
赭海蛞蝓屬 Carminodoris

# 大花赭海蛞蝓

*Carminodoris grandiflora*
（Pease, 1860）

印度－
太平洋

| 慶良間群島　潮間帶　大小 50mm　小野篤司 |

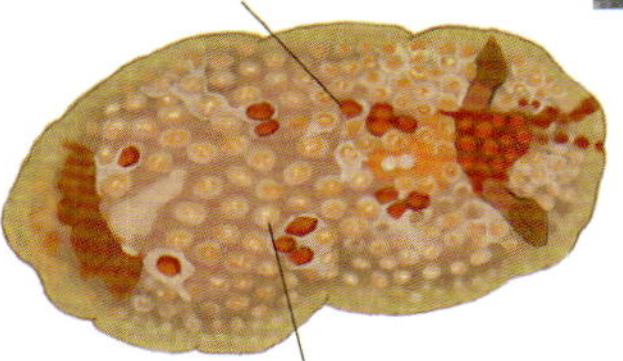
圓形突起較低，分布稀疏
頂部有許多黃白色小點

身體為淺褐色到褐色，散布在背面的突起比雙叉赭海蛞蝓大，前端又圓又低，分布稀疏。此外，突起的頂部有許多黃白色小點。長度達 50mm。

---

盤海蛞蝓科 Discodorididae
赭海蛞蝓屬 Carminodoris

# 群星赭海蛞蝓

*Carminodoris estrelyado*
（Gosliner & Behrens, 1998）

印度－
太平洋

| 慶良間群島　水深 12m　大小 15mm　小野篤司 |

紅褐色細長斑紋

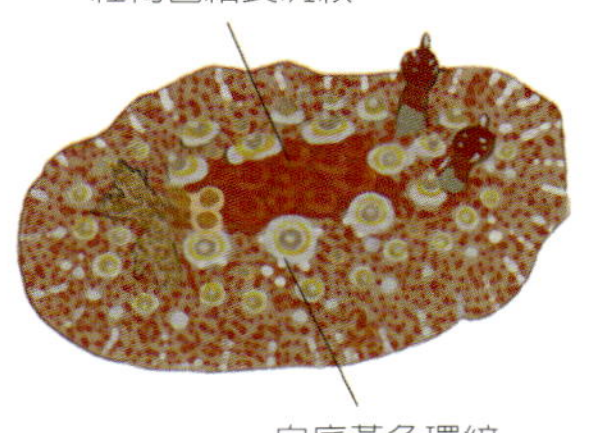
白底黃色環紋

背部中間有紅褐色到褐色細長形斑紋，邊緣的突起為白底有黃色環紋。觸角與背部中間同色，散布白點。長度達 40mm。

| 大瀨崎　水深 10m　大小 25mm　山田久子 |

盤海蛞蝓科 Discodorididae
赭海蛞蝓屬 Carminodoris

日本

## 赭海蛞蝓之一種 1

*Carminodoris* sp. 1

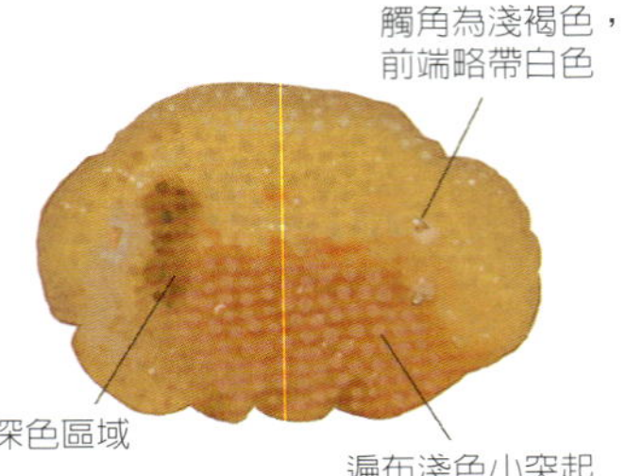
觸角為淺褐色，
前端略帶白色
深色區域
遍布淺色小突起

全身幾乎皆爲奶油黃色，背部遍布淺色小突起，鰓前方有深色區域。觸角爲淺褐色，前端略帶白色。鰓爲淺色。長度達 25mm。

| 八丈島　水深 10m　大小 13mm　山田久子 |

盤海蛞蝓科 Discodorididae
赭海蛞蝓屬 Carminodoris

日本

## 赭海蛞蝓之一種 2

*Carminodoris* sp. 2

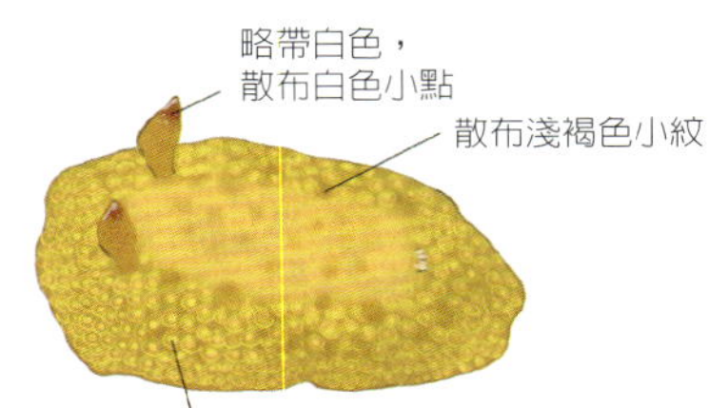
略帶白色，
散布白色小點
散布淺褐色小紋
突起中心偏黃

身體爲黃色，背面遍布模糊的淺褐色小紋，還有圓形小突起，突起中心偏黃。觸角前端爲白色，有些許白色小點。長度達 40mm。

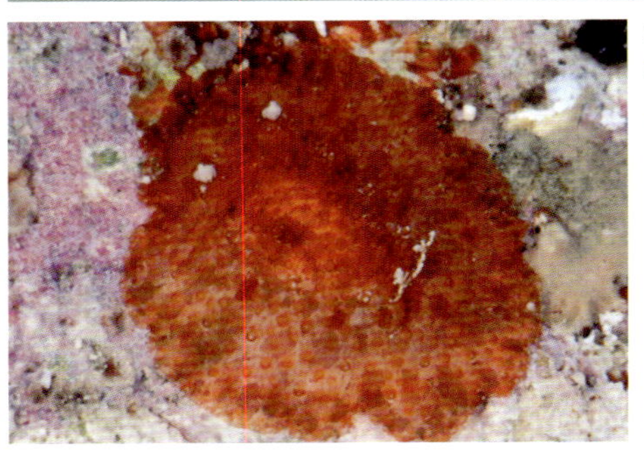

| 慶良間群島　水深 6m　大小 17mm　小野篤司 |

盤海蛞蝓科 Discodorididae
赭海蛞蝓屬 Carminodoris

慶良間群島

## 赭海蛞蝓之一種 3

*Carminodoris* sp. 3

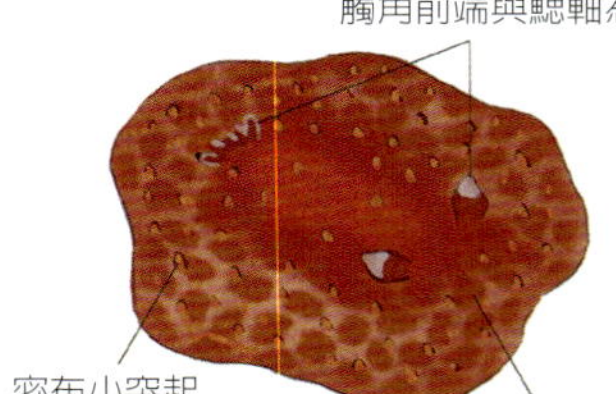
觸角前端與鰓軸為白色
密布小突起
散布茶褐色斑紋

身體爲灰褐色到紅褐色，背面有許多茶褐色不規則斑紋，還有褐色到透明的顆粒狀小突起，其中幾個褐色突起的前端爲白色。突起基部沒有白邊。觸角前端與鰓軸爲白色。長度達 20mm。

盤海蛞蝓科 Discodorididae
Peltodoris 屬

## 莫利亞盤海蛞蝓

*Peltodoris murrea*（Abraham,1877）

印度－西太平洋

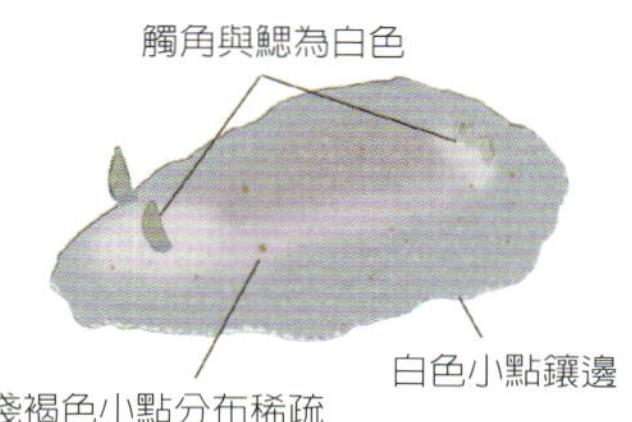
觸角與鰓為白色
白色小點鑲邊
淺褐色小點分布稀疏

| 慶良間群島 水深 7m 大小 15mm 小野篤司 |

身體爲白色，背面遍布極小的突起，稀疏分布褐色小點。此外，背部邊緣有白色小點鑲邊。觸角與鰓爲白色。長度達 45mm。

盤海蛞蝓科 Discodorididae
Peltodoris 屬

## 費羅斯盤海蛞蝓

*Peltodoris fellows* Kay & Young, 1969

西太平洋、中太平洋

觸角褶葉與鰓軸為黑褐色
身體為白色

| 八丈島 水深 15m 大小 60mm 加藤昌一 |

身體爲白色，觸角褶葉與鰓軸爲黑褐色。有些研究學家將本種列入 *Hiatodoris* 屬，但本書參照 Gosliner et al., 2018 的內容。長度達 55mm。

盤海蛞蝓科 Discodorididae
雷神盤海蛞蝓屬 Thordisa

## 白紋雷神盤海蛞蝓

*Thordisa albomacula* Chan & Gosliner, 2006

西太平洋、中太平洋

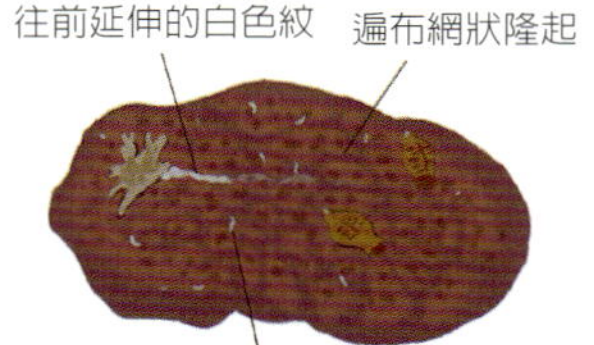
往前延伸的白色紋
遍布網狀隆起
呈線狀生長的白色突起散布各處

| 慶良間群島 水深 7m 大小 15mm 小野篤司 |

身體爲紫褐色，背面有細滑緊密的網狀隆起，正中線上方有低隆起。此外，背部還有呈線狀生長的白色突起。鰓前有往前延伸的白色紋。觸角與鰓爲淺褐色，觸角褶葉的前緣下方有褐色斑紋。長度達 30mm。

|慶良間群島 水深 10m 大小 10mm 小野篤司|

盤海蛞蝓科 Discodorididae
雷神盤海蛞蝓屬 Thordisa

## 塔赫拉雷神盤海蛞蝓

*Thordisa tahala*
Chan & Gosliner, 2006

印度－
西太平洋

|沖繩島 水深 13m 大小 25mm 今川郁|

身體從深褐色到紅紫色，背面有網狀隆起，尾根部分為白色。觸角與鰓為淺褐色，有褐色斑紋。背面有幾根線狀延伸的突起。長度達 25mm。

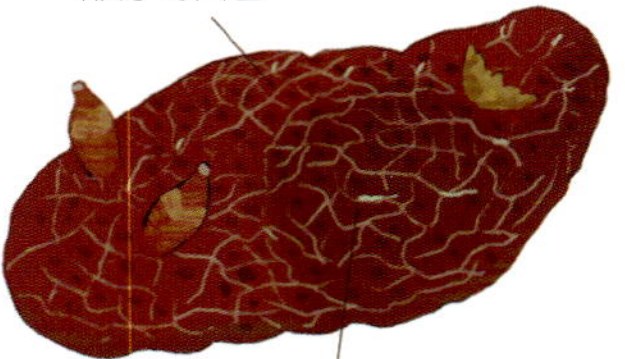
有網狀隆起，尾根
部分為白色
幾根線狀延伸的突起

|慶良間群島 水深 17m 大小 5mm 小野篤司|

盤海蛞蝓科 Discodorididae
雷神盤海蛞蝓屬 Thordisa

## 橄欖雷神盤海蛞蝓

*Thordisa oliva*
Chan & Gosliner, 2006

南非、
慶良間群島

身體底色為橄欖色，從本照片的腹足即可看出。背部為黑褐色，帶有許多偏橄欖色的半透明突起。觸角與鰓為白色。根據千葉大學的標本，從背部皺褶等特性，提議新名稱「セナヒダビロウドウミウシ」。長度達 20mm。

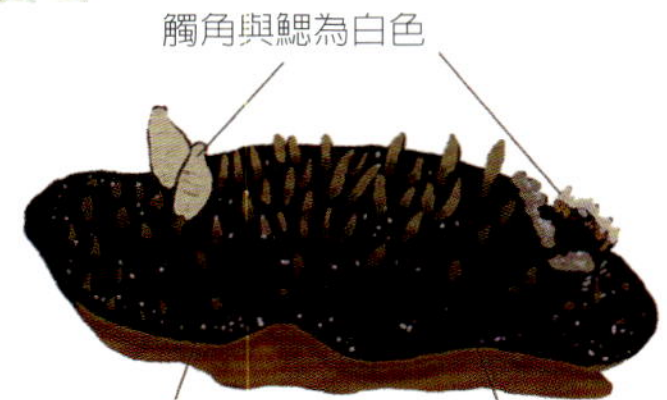
觸角與鰓為白色
許多橄欖色突起
背部為黑褐色

盤海蛞蝓科 Discodorididae
雷神盤海蛞蝓屬 Thordisa

# 粒突雷神盤海蛞蝓

*Thordisa villosa*（Alder & Hancock, 1864）

印度－西太平洋

背部中央帶褐色
喇叭狀突起
許多白色小突起

| 慶良間群島 水深 7m 大小 12mm 小野篤司 |

背部為黃色半透明狀，還有許多喇叭狀白色小突起。觸角為黃色，鰓為深褐色，變異性大。照片個體為若齡，因此背部周緣沒有深褐色斑紋。日本尚未發現成體。過去的文獻曾將其列為雷神盤海蛞蝓之一種。長度達 70mm。

---

盤海蛞蝓科 Discodorididae
雷神盤海蛞蝓屬 Thordisa

# 雷神盤海蛞蝓之一種 1

*Thordisa* sp. 1

沖繩群島

散布深色斑紋
鰓葉為灰褐色
許多蛋白色皺褶狀突起

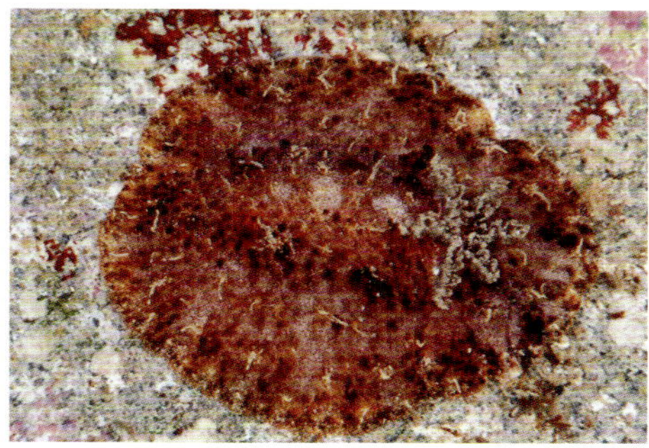

| 慶良間群島 水深 5m 大小 25mm 小野篤司 |

身體為紫褐色，背部有深色斑紋，還有許多蛋白色皺褶狀突起。觸角與身體同色，鰓葉為灰褐色。小野（2004）將本種視為 *T. villosa*，這是錯誤的。長度達 30mm。

---

盤海蛞蝓科 Discodorididae
雷神盤海蛞蝓屬 Thordisa

# 雷神盤海蛞蝓之一種 2

*Thordisa* sp. 2

沖繩群島

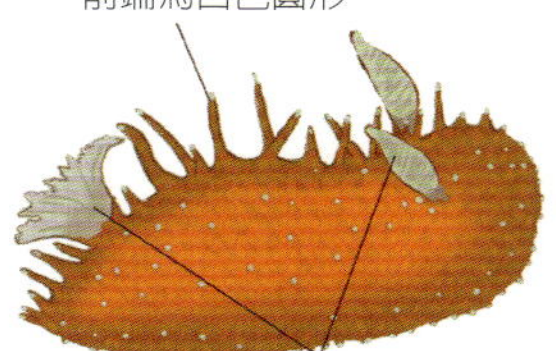
中間的突起特別長，
前端為白色圓形
體色為橙色到紅色
鰓與觸角為白色

| 慶良間群島 水深 18m 大小 10mm 小野篤司 |

體色為橙色到紅色，背部披覆又細又長的突起。背部中央的突起特別長，前端為白色圓形。鰓與觸角為白色。背部中央可以見到些微褐色紋路。長度達 10mm。

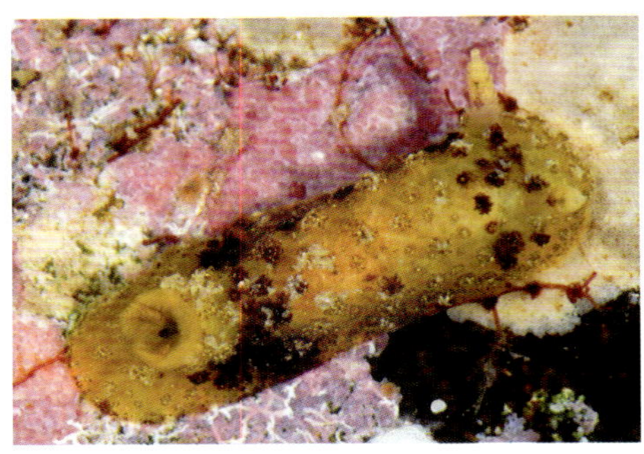

盤海蛞蝓科 Discodorididae
雷神盤海蛞蝓屬 Thordisa

## 雷神盤海蛞蝓之一種 3

*Thordisa* sp. 3

西太平洋

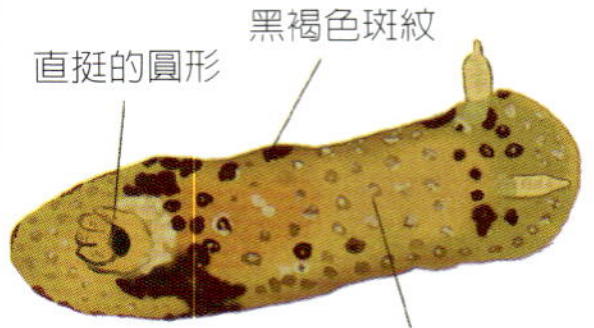
黑褐色斑紋
直挺的圓形
朝上打開的喇叭狀突起

| 慶良間群島　水深 7m　大小 12mm　小野篤司 |

身體爲黃色到黃褐色，背部的黑褐色斑紋散布在觸角之間、鰓前方的兩側，但有些個體沒有。背部有朝上打開的喇叭狀突起，鰓爲直挺的圓形。卵團爲黃色，呈螺旋狀黏附於基質上，不隨水流漂動。長度達 12mm。

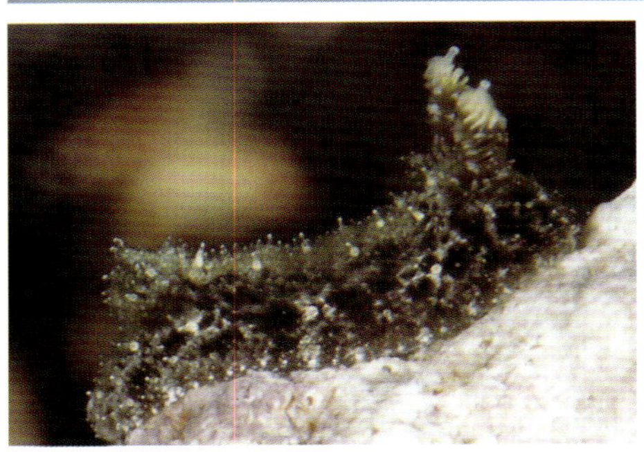

盤海蛞蝓科 Discodorididae
雷神盤海蛞蝓屬 Thordisa

## 雷神盤海蛞蝓之一種 4

*Thordisa* sp. 4

西太平洋

前端為乳白色
背部中央為淺褐色
全身遍布前端為圓形的小突起

| 慶良間群島　水深 6m　大小 8mm　小野篤司 |

身體爲黑褐色，觸角與鰓之間的背部中央爲淺褐色。全身遍布前端爲圓形的小突起，其中有幾個長突起的前端爲白色。觸角爲深褐色，前端爲乳白色，鰓爲淺褐色。與 Gosliner et al., 2018 的 *Thordisa* sp. 7 爲同種。長度達 18mm。

盤海蛞蝓科 Discodorididae
雷神盤海蛞蝓屬 Thordisa

## 雷神盤海蛞蝓之一種 5

*Thordisa* sp. 5

慶良間群島、印尼

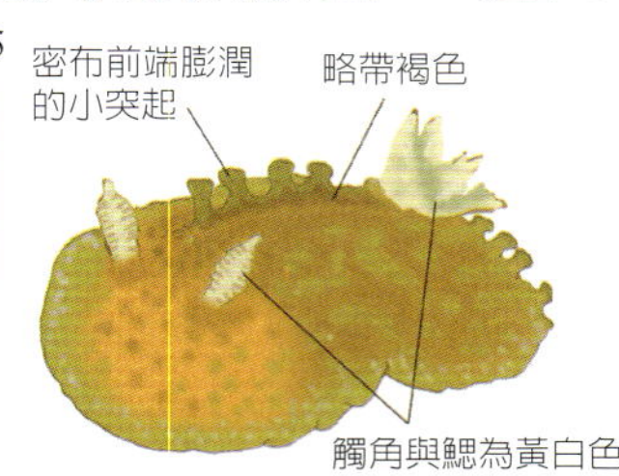
密布前端膨潤
的小突起
略帶褐色
觸角與鰓為黃白色

| 慶良間群島　水深 6m　大小 5mm　小野篤司 |

身體爲黃褐色，背面中央略帶褐色。背部密布前端膨潤的小突起，其中幾個的前端爲白色。觸角與鰓爲黃白色，觸角褶葉有褐色紋。與 Gosliner et al., 2018 的 *Thordisa* sp. 2 爲同種。長度達 17mm。

盤海蛞蝓科 Discodorididae
雷神盤海蛞蝓屬 Thordisa

# 雷神盤海蛞蝓之一種 6

*Thordisa* sp. 6

西太平洋

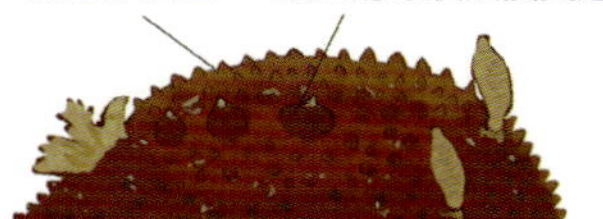
披覆小突起
較大的球狀尖頂突起
排列白色小點

| 慶良間群島 水深 6m 大小 6mm 小野篤司 |

身體爲茶褐色，背部披覆尖頂小突起。背面正中線上方有大型球狀突起，前端也是尖的。背部邊緣排列白色小點。鰓與觸角爲灰褐色。與 Gosliner et al., 2018 的 *Thordisa* sp. 8 爲同種。長度達 6mm。

---

盤海蛞蝓科 Discodorididae
雷神盤海蛞蝓屬 Thordisa

# 雷神盤海蛞蝓之一種 7

*Thordisa* sp. 7

慶良間群島

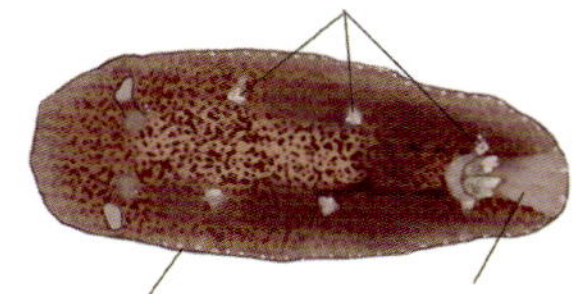
3 對白色紋
白點排列
有不規則的白色～淺色紋

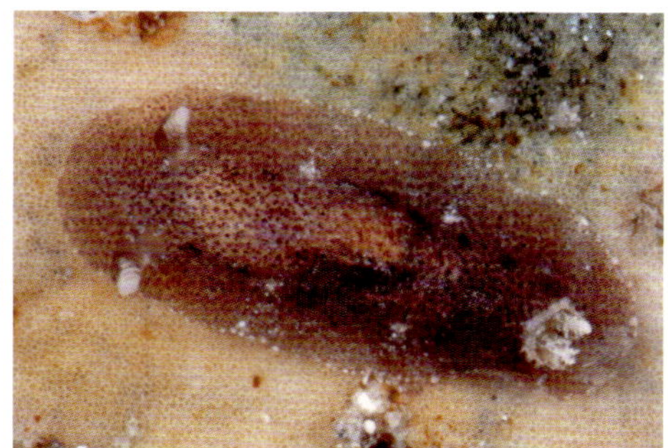

| 慶良間群島 水深 7m 大小 8mm 小野篤司 |

身體爲深褐色，背部遍布小突起。一般從兩個觸角到鰓的兩側有 3 對白色紋，中間突起。背部邊緣排列白點。鰓到背部後方有不規則的白色到淺色斑紋。觸角前端、鰓孔與鰓爲白色。與 Gosliner et al., 2018 的 *Thordisa* sp. 5 爲同種。長度達 8mm。

---

盤海蛞蝓科 Discodorididae
雷神盤海蛞蝓屬 Thordisa

# 雷神盤海蛞蝓之一種 8

*Thordisa* sp. 8

印度－太平洋

密布開花般的大突起
身體為黑褐色

| 沖繩島 水深 11m 大小 10mm 今川郁 |

身體爲黑褐色，背面密布開花般的大突起。國外原生大型個體的大突起也是黑褐色。觸角褶葉爲黑褐色，散布白點。鰓的前端爲白色，國外原生個體的整個鰓爲淺褐色。與 Gosliner et al., 2018 的 *Thordisa* sp. 5 爲同種。長度達 20mm。

盤海蛞蝓科 Discodorididae
雷神盤海蛞蝓屬 Thordisa

## 雷神盤海蛞蝓之一種 9

*Thordisa* sp. 9

西太平洋

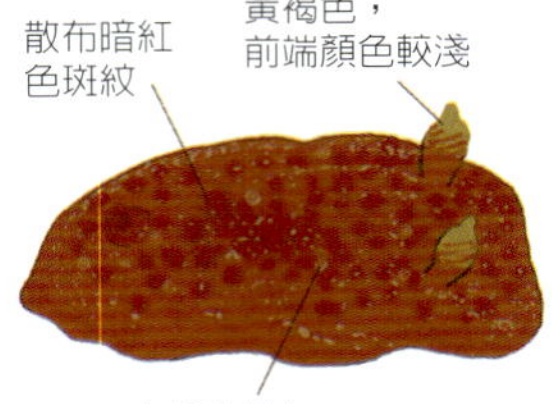
散布暗紅
色斑紋
黃褐色，
前端顏色較淺
突起中散布
基部有白邊的白色突起

| 慶良間群島 水深 12m 大小 10mm 小野篤司 |

身體爲紅褐色，背部有暗紅色斑紋。披覆於背面的細微突起中，散布基部有白邊的白色突起。鰓爲白色，但本書照片中的個體，鰓並未露出。觸角爲黃褐色，前端顏色較淺。與 Gosliner et al., 2018 的 *Thordisa* sp. 9 爲同種。長度達 30mm。

盤海蛞蝓科 Discodorididae
雷神盤海蛞蝓屬 Thordisa

## 雷神盤海蛞蝓之一種 10

*Thordisa* sp. 10

西太平洋

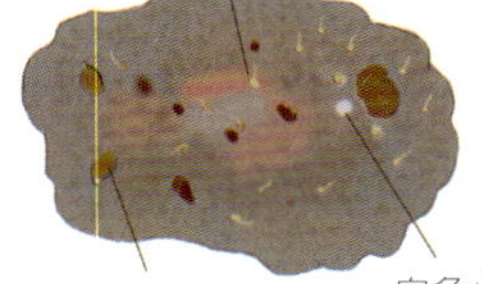
散布基部為櫛狀、
呈線狀生長的白色突起
觸角為淺褐色，
前端略帶白色
白色小斑紋

| 伊豆海洋公園 水深 24m 大小 19mm 山田久子 |

身體爲白色半透明狀，背面散布深褐色斑紋，但有些個體沒有。此外，背面散布基部呈線狀生長的白色突起。鰓前方有白色斑紋。背部周緣有粒狀小突起。過去的文獻曾將其列爲 *Atagema* 屬盤海蛞蝓之一種。長度達 20mm。

盤海蛞蝓科 Discodorididae
星背海蛞蝓屬 Asteronotus

## 草皮星背海蛞蝓

印度－太平洋

*Asteronotus cespitosus*（van Hasselt, 1824）

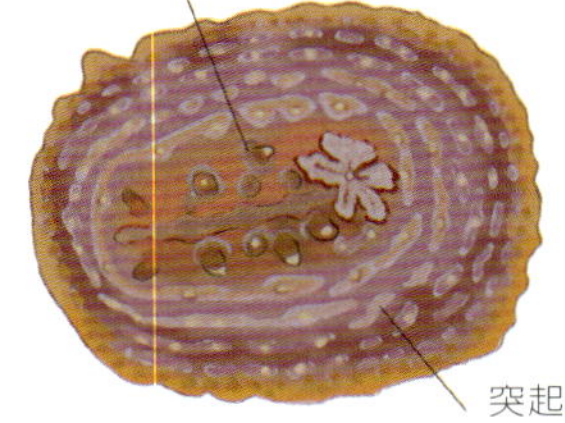
直向排列的突起與較大的突起群
體型為接近圓形的橢圓形
突起呈同心
圓狀配置

| 慶良間群島 水深 8m 大小 120mm 小野篤司 |

身體爲茶褐色到黃白色，變異性大。體型爲接近圓形的橢圓形。背部中央有直向排列的突起，與較大的突起群，還有圍繞中心、呈同心圓狀配置的突起。長度達 250mm。

盤海蛞蝓科 Discodorididae
星背海蛞蝓屬 Asteronotus

印度－西太平洋

# 少毛星背海蛞蝓

*Asteronotus raripilosus*（Abraham, 1877）

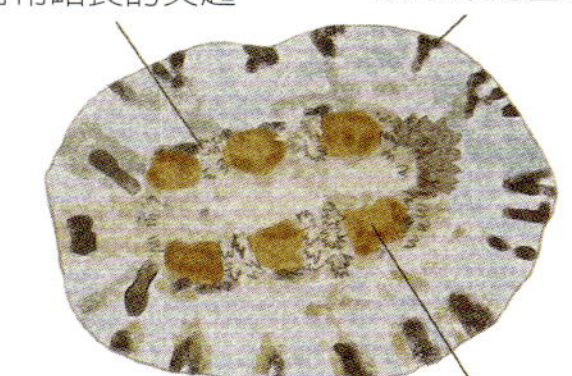
密布略長的突起
散布深褐色斑紋
排列黃褐色或黑褐色斑紋

| 慶良間群島　潮間帶　大小 150mm　小野篤司 |

身體爲白色到灰褐色，背部有深褐色不規則斑紋。觸角到鰓的背部中央，排列黃褐色到黑褐色斑紋，周邊密布略長的突起。棲息在退潮時會出現的淺灘。長度達 150mm。

---

盤海蛞蝓科 Discodorididae
瘤背盤海蛞蝓屬 Halgerda

西太平洋

# 白脊瘤背盤海蛞蝓

*Halgerda albocristata* Gosliner & Fahey, 1998

連接突起尖端的白色線條
看起來像刻度的黑色線條

| 八丈島　水深 8m　大小 15mm　加藤昌一 |

背部中間爲黃色，還有連接突起尖端的白色線條。背部周緣的黑色線條，看起來像刻度。長度達 20mm。

---

盤海蛞蝓科 Discodorididae
瘤背盤海蛞蝓屬 Halgerda

印度－太平洋

# 褐斑瘤背盤海蛞蝓

*Halgerda brunneomaculata* Carlson & Hoff, 1993

| 八丈島　水深 12m　大小 25mm　加藤昌一 |

深褐色線
隆起間有深褐色紋
稜線為黃色

身體爲帶黃色的半透明狀，背部隆起的稜線爲黃色。隆起圍繞的中間區域有深褐色紋。鰓軸與觸角有深褐色線。長度達 25mm。

| 八丈島 水深 14m 大小 60mm 加藤昌一 |

| 八丈島 水深 15m 大小 70mm 加藤昌一 |

| 慶良間群島 水深 17m 大小 4mm 小野篤司 |

盤海蛞蝓科 Discodorididae
瘤背盤海蛞蝓屬 Halgerda

## 卡爾森瘤背盤海蛞蝓

*Halgerda carlsoni* Rudman, 1978

西太平洋

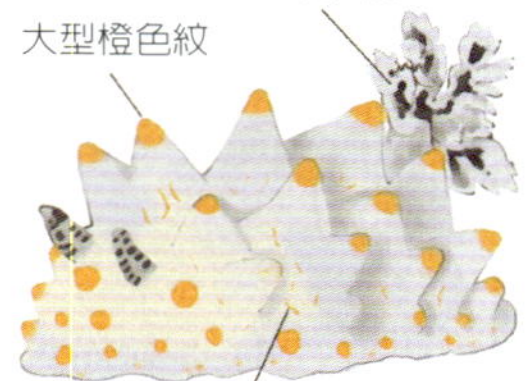
鰓有黑褐色
斑紋圖樣
大型橙色紋
細微橙色點與不規則細線

身體爲白色，背部有大小不一的突起，中間呈直向排列的3排突起較大。大突起之間有細微橙色點與不規則細線。突起前端爲大片橙色區塊。觸角與鰓有褐點或褐色紋。長度達70mm。

| 慶良間群島 水深 10m 大小 30mm 小野篤司 |

盤海蛞蝓科 Discodorididae
瘤背盤海蛞蝓屬 Halgerda

## 綠柑瘤背盤海蛞蝓

*Halgerda dalanghita*
Fahey & Gosliner, 1999

印度－
西太平洋

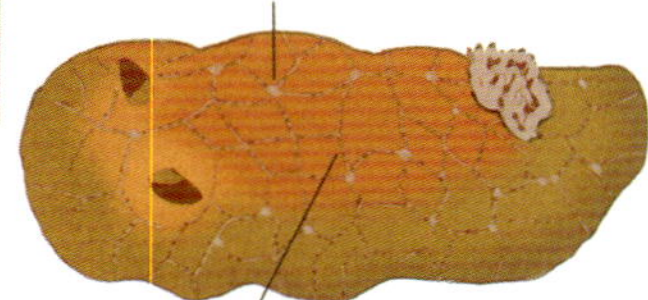
部分突起的頂部顏色較淺
稜線為淺色，
褐色小點如邊線般排列

身體爲淺黃色到橙黃色，背部起的稜線爲淺色，褐色小點如邊線般排列。部分突起的頂部顏色較淺。長度達30mm。

盤海蛞蝓科 Discodorididae
瘤背盤海蛞蝓屬 Halgerda

# 朦朧瘤背盤海蛞蝓

*Halgerda diaphana*
Fahey & Gosliner, 1999

西太平洋

| 八丈島 水深 16m 大小 45mm 加藤昌一 |

突起稜線為橙色

橙色短線

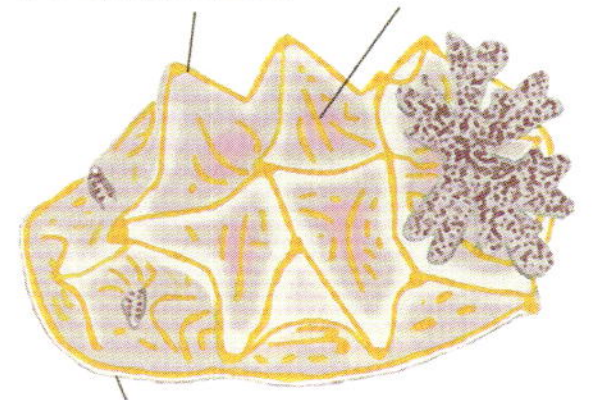
白色細線框邊，白邊內有橙色線條

身體為白色半透明，背部排列大突起，稜線為橙色。突起之間也有橙色短線點綴。背部邊緣有白色細線框邊，白邊內有橙色線條。長度達 40mm。

---

盤海蛞蝓科 Discodorididae
瘤背盤海蛞蝓屬 Halgerda

# 秀麗瘤背盤海蛞蝓

*Halgerda elegans* Bergh, 1905

西太平洋

| 八丈島 水深 16m 大小 8mm 加藤昌一 |

黃色隆起線
周緣有刻度般黑線

身體為帶白色的半透明狀，背部有黃色隆起線。背部周緣有看似刻度的黑線。觸角褶葉的上半部為黑色，鰓的下半部為黑色。長度達 25mm。

|八丈島 水深 45m 大小 100mm 加藤昌一|

盤海蛞蝓科 Discodorididae
瘤背盤海蛞蝓屬 Halgerda

## 沖繩瘤背盤海蛞蝓

*Halgerda okinawa*
Carlson & Hoff, 2000

西太平洋

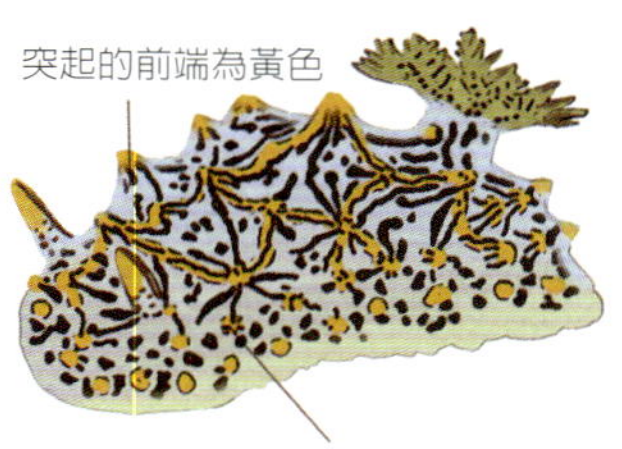
突起的前端為黃色
長突起排列，突起之間有
許多黑線串聯

|八丈島 水深 40m 大小 80mm
加藤昌一|

身體爲白色或帶黃色半透明。背面有突起排列，突起之間有許多黑線串聯。前端爲黃色。背部斑紋與黑線的呈現多有變異。異名爲「沖繩緋緘海蛞蝓」。長度達 120mm。

---

|慶良間群島 水深 8m 大小 7mm 小野篤司|

盤海蛞蝓科 Discodorididae
瘤背盤海蛞蝓屬 Halgerda

## 女瘤背盤海蛞蝓

*Halgerda onna*
Fahey & Gosliner, 2001

西太平洋

中間散布
黃色紋樣

周緣有許多
黑褐色斑紋

有黃色色帶與白色細邊

身體爲白色半透明。背部有一些黑褐色斑紋，但周緣較多，中間散布黃色紋樣。此外，背部邊緣有黃色色帶，外側有白色細邊。長度達 19mm。

盤海蛞蝓科 Discodorididae
瘤背盤海蛞蝓屬 Halgerda

# 鑲嵌瘤背盤海蛞蝓

*Halgerda tessellata*（Bergh, 1880）

西太平洋

| 八丈島 水深 12m 大小 25mm 加藤昌一 |

背面的突起之間有黃褐色線條連結，線條間還有密密麻麻的白點。背部周緣的白點更加密集。長度達40mm。

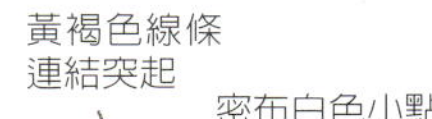
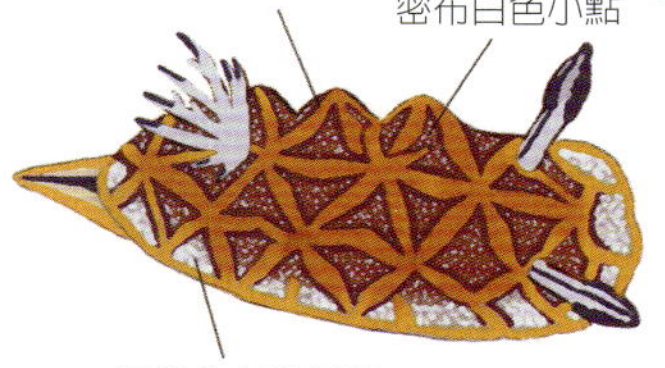
黃褐色線條
連結突起
密布白色小點
周緣的白點很密

盤海蛞蝓科 Discodorididae
瘤背盤海蛞蝓屬 Halgerda

# 威利瘤背盤海蛞蝓

*Halgerda willeyi* Eliot, 1904

西太平洋、
中太平洋

| 八丈島 水深 25m 大小 80mm 加藤昌一 |

| 慶良間群島 水深 25m 大小 50mm 小野篤司 |

身體爲白色半透明。背部有多條黃色稜線，之間還有黃線與黑褐色線條，個體變異明顯。未來很可能從日本原生種發現隱藏種。長度達 80mm。

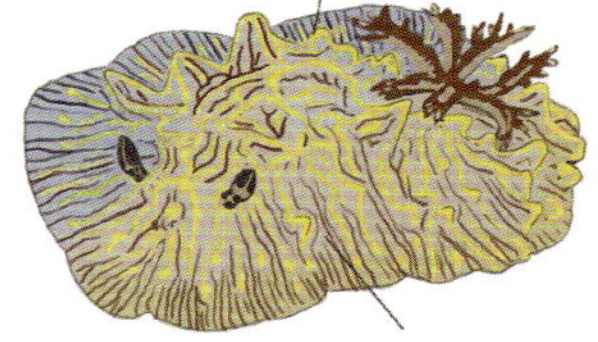
背部有多條黃色稜線
突起和稜線間有黃線
與黑褐色線條

| 慶良間群島 水深 21m 大小 30mm 小野篤司 |

盤海蛞蝓科 Discodorididae
瘤背盤海蛞蝓屬 Halgerda

## 八打雁瘤背盤海蛞蝓

*Halgerda batangas*
Carlson & Hoff, 2000

西太平洋

身體爲白色與帶黃色的半透明狀，背部有大小隆起，稜線部分排列小突起。背面周緣也排列著略微突起的橙色斑紋。這些突起之間披覆著微小網目圖案。長度達 40mm。

突起的前端為橙紅色，周圍為白色
橙色紋排列
遍布細網眼

| 慶良間群島 水深 10m 大小 120mm 小野篤司 |

盤海蛞蝓科 Discodorididae
瘤背盤海蛞蝓屬 Halgerda

## 瘤背盤海蛞蝓之一種 1 疑似巴利瘤背盤海蛞蝓

*Halgerda* sp. 1 cf. *paliensis*
（Bertsch & Johnson, 1982）

慶良間群島

身體爲黃色，背部有許多隆起。外形近似夏威夷固有種 *Halgerda paliensis*，但背部（包括觸角）含有較多褐色色素，體長將近兩倍，背緣沒有白色細邊，可從這些不同之處辨別。發現時，有兩個個體十分接近。長度達 120mm。

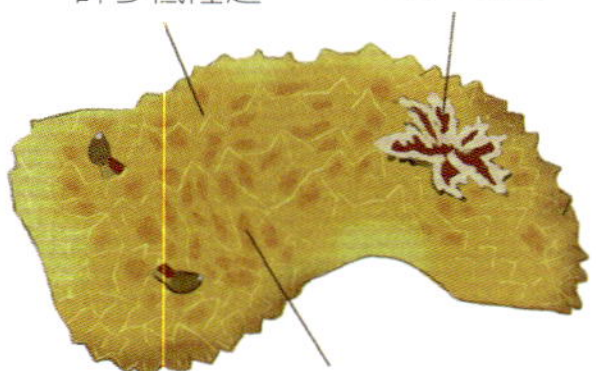
許多低隆起
鰓軸為褐色
整體有許多褐色色素

盤海蛞蝓科 Discodorididae
瘤背盤海蛞蝓屬 Halgerda

慶良間群島

## 瘤背盤海蛞蝓之一種 2

*Halgerda* sp. 2

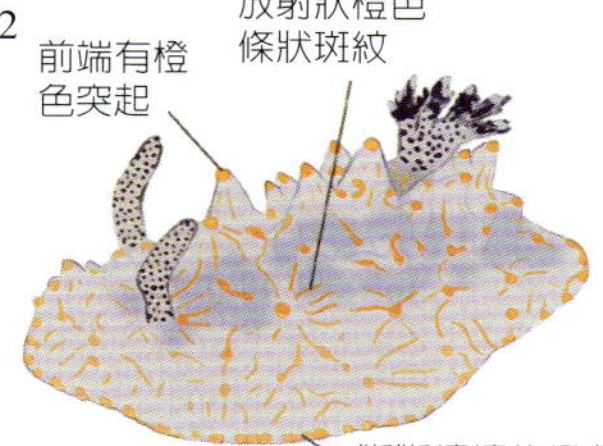
前端有橙色突起
放射狀橙色條狀斑紋
斷斷續續的橙色斑紋

| 慶良間群島 水深 5m 大小 30mm 小野篤司 |

身體呈白色半透明。背部有前端爲橙色的突起，突起之間有放射狀橙色條狀斑紋。背部周緣有略微隆起，斷斷續續的橙色斑紋。外形近似八打雁瘤背盤海蛞蝓，但背部沒有網眼斑紋。過去的文獻曾將其列爲八打雁瘤背盤海蛞蝓。長度達 30mm。

---

盤海蛞蝓科 Discodorididae
瘤背盤海蛞蝓屬 Halgerda

西太平洋

## 瘤背盤海蛞蝓之一種 3

*Halgerda* sp. 3

許多黃色小點
觸角褶葉的褐色部分較大
許多突起和連接突起的淺色稜線狀隆起

| 八丈島 水深 12m 大小 80mm 加藤昌一 |

身體爲黃色。背部有許多突起，還有稜線狀隆起串聯每個突起。外形近似 *Halgerda dalanghita*，可從背面有許多黃白色小點，以及觸角褶葉的褐色部分較大來辨識。由於可能產生種內變異，本書視爲未確定種。長度達 30mm。

---

盤海蛞蝓科 Discodorididae
瘤背盤海蛞蝓屬 Halgerda

慶良間群島

## 瘤背盤海蛞蝓之一種 4

*Halgerda* sp. 4

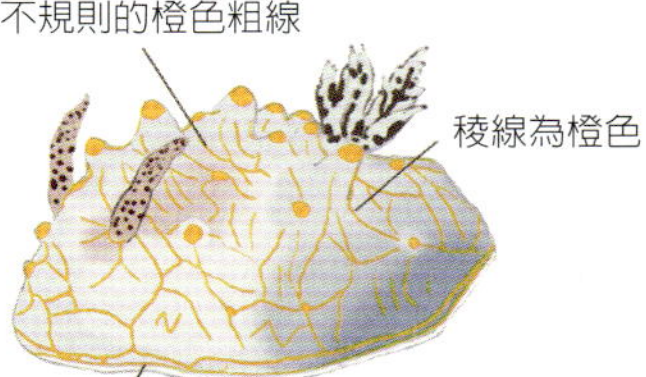
不規則的橙色粗線
稜線為橙色
有白色細邊，內側還有兩條橙色線

| 慶良間群島 水深 25m 大小 30mm 小野篤司 |

身體爲白色半透明，背部排列突起，前端爲橙色。突起之間的稜線爲橙色。突起之間的凹陷處有不規則橙色粗線。背部周緣有白色細邊，內側還有兩條橙線。可能是卡爾森瘤背盤海蛞蝓與朦朧瘤背盤海蛞蝓的混種。長度達 30mm。

卡爾森瘤背盤海蛞蝓與朦朧瘤背盤海蛞蝓交配中

| 慶良間群島 村上 AYUMI |

|慶良間群島 水深 18m 大小 9mm 小野篤司|

盤海蛞蝓科 Discodorididae
瘤背盤海蛞蝓屬 Halgerda

西太平洋

## 瘤背盤海蛞蝓之一種 5

*Halgerda* sp. 5

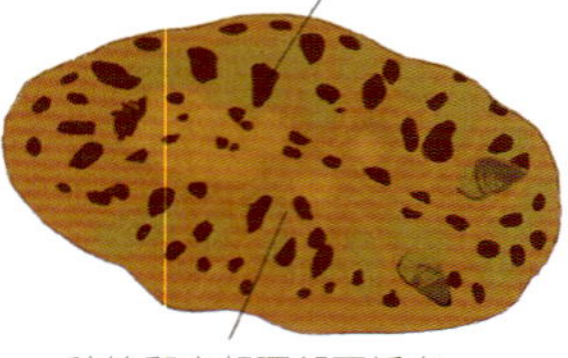
稜線與突起前端都有
黑褐色斑紋
稜線和突起頂部不偏白

身體為橘色，黑色斑紋不只出現在背部隆起之間，稜線上方和突起頂部也有。背部隆起和頂部不偏白。與 Gosliner et al., 2018 的 *Halgerda* sp. 4 為同種。長度達 25mm。

|慶良間群島 水深 15m 大小 8mm 小野篤司|

盤海蛞蝓科 Discodorididae
瘤背盤海蛞蝓屬 Halgerda

西太平洋

## 瘤背盤海蛞蝓之一種 6

*Halgerda* sp. 6

散布黑褐色斑紋
有白色稜線，稜線
交錯的頂部很白

身體為黃色，背面散布黑褐色斑紋。背面隆起之白色稜線交錯的頂部很白。與 Sea Slug Forum（海蛞蝓論壇）的 *Halgerda* sp. 4 為同種，亦為 Gosliner et al., 2018 的 *Halgerda* sp. 3。長度達 30mm。

|慶良間群島 水深 5m 大小 35mm 小野篤司|

盤海蛞蝓科 Discodorididae
Atagema 屬

印度－
太平洋

## 縱斑盤海蛞蝓

*Atagema intecta*（Kelaart, 1858）

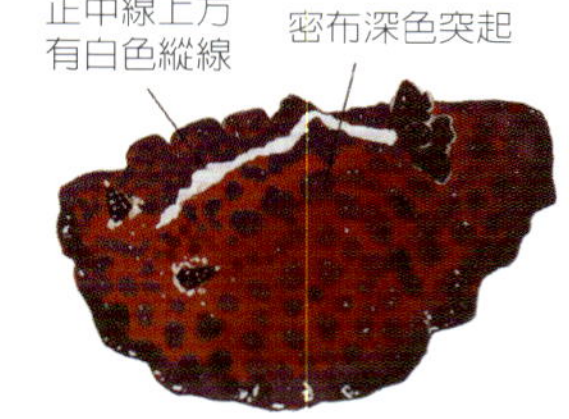
正中線上方
有白色縱線
密布深色突起

身體為黃褐色到黑褐色，背面密布深色突起。突起前端四周有小棘，中間有瘤。背部正中線上有明顯的白色縱線。長度達 80mm。

盤海蛞蝓科 Discodorididae
Atagema 屬

# 海綿盤海蛞蝓

*Atagema spongiosa*（Kelaart, 1858）

印度－西太平洋

海綿狀身體很硬
遍布凹陷處

| 八丈島 水深 10m 大小 25mm 加藤昌一 |

身體爲褐色或灰褐色，變異豐富。背部有很多獨特的深色凹陷處，模擬海綿的模樣。身體很硬。長度達 200mm。

---

盤海蛞蝓科 Discodorididae
Atagema 屬

# *Atagema* 屬盤海蛞蝓之一種 1

*Atagema* sp. 1

八丈島

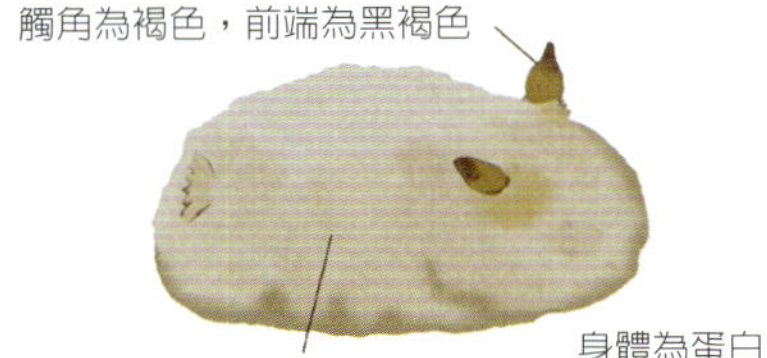
觸角為褐色，前端為黑褐色
體表覆蓋許多骨片束
身體為蛋白色

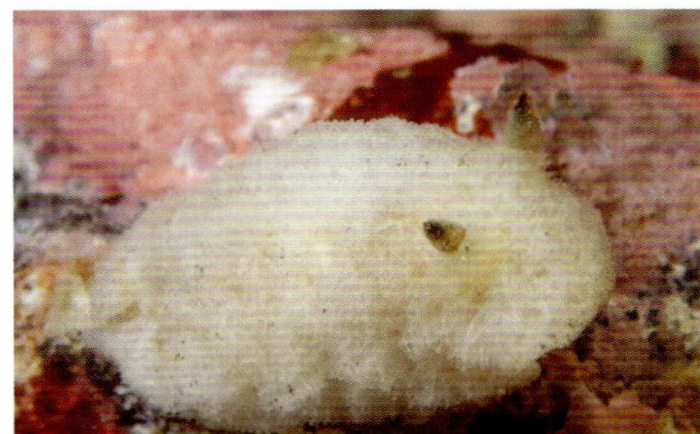

| 八丈島 水深 12m 大小 30mm 加藤昌一 |

身體爲蛋白色，背部覆蓋許多骨片束。觸角爲褐色，前端爲黑褐色。鰓幾乎是透明的。此個體可能是 *A.echinata*（Pease, 1860）。長度達 30mm。

---

盤海蛞蝓科 Discodorididae
Atagema 屬

# *Atagema* 屬盤海蛞蝓之一種 2

*Atagema* sp. 2

慶良間群島

觸角與鰓為黃色
散布許多褐色小斑
許多小突起

| 慶良間群島 水深 6m 大小 8mm 小野篤司 |

身體呈黃色半透明狀，背面散布許多褐色小斑。此外，背部還有許多小突起，部分前端有突出的圓形骨片束。突起的形狀有圓錐形和圓柱形。觸角與鰓爲黃色。長度達 8mm。

| 慶良間群島 水深 7m 大小 30mm 小野篤司 |

盤海蛞蝓科 Discodorididae

Atagema 屬

西太平洋

## *Atagema* 屬盤海蛞蝓之一種 3

*Atagema* sp. 3

瘤狀突起
前端有黑點
深色凹洞排列
全身覆蓋網眼狀小隆起

身體爲灰褐色到白色，背部覆蓋網眼狀小隆起。鰓的前方有大型瘤狀隆起，但移動時隆起會變低。背面周緣排列深色凹洞。觸角鞘很長，觸角前端有黑點。有三片長鰓葉。長度達 30mm。

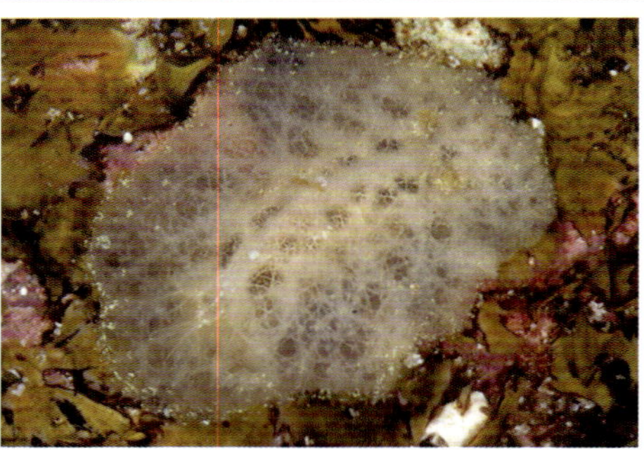

| 慶良間群島 水深 7m 大小 12mm 小野篤司 |

盤海蛞蝓科 Discodorididae

Atagema 屬

西太平洋

## *Atagema* 屬盤海蛞蝓之一種 4

*Atagema* sp. 4

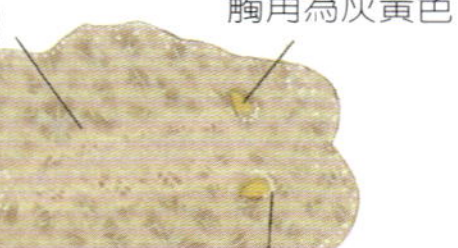
網眼狀隆起
觸角為灰黃色
觸角鞘與背緣密布蛋白色細點

身體爲白色半透明，背部有網眼狀隆起。凹洞處輕薄透明，可看到下方的構造與海底。觸角爲灰黃色，觸角鞘密布蛋白色細點。背緣也有密集的蛋白色細點。有三片長鰓葉。與 Gosliner et al., 2018 的 *Atagema* sp. 13 同種。長度達 30mm。

| 慶良間群島 水深 8m 大小 10mm 小野篤司 |

盤海蛞蝓科 Discodorididae

Atagema 屬

慶良間群島

## *Atagema* 屬盤海蛞蝓之一種 5

*Atagema* sp. 5

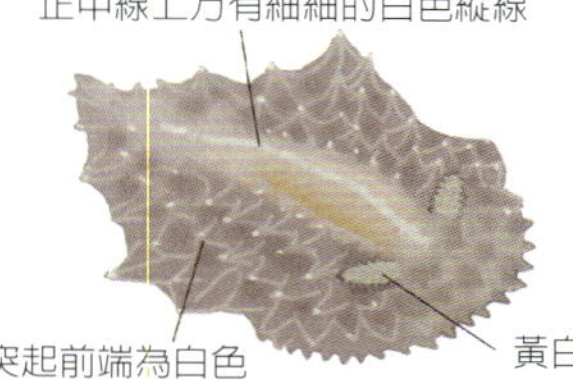
正中線上方有細細的白色縱線
突起前端為白色
黃白色

身體爲白色半透明。背部遍布突起，有幾條稜線，前端爲白色。背部的正中線上方有細細的白色縱線，有些角度難以辨認。觸角爲黃白色。形態與 Gosliner et al., 2018 的西印度洋種 *Atagema* sp. 10 相似。長度達 10mm。

盤海蛞蝓科 Discodorididae
革海蛞蝓屬 Sclerodoris

# 紅斑革海蛞蝓

*Sclerodoris rubicunda*（Baba, 1949）

西太平洋

觸角之間有縱向色帶

鰓前有橫向色帶

| 慶良間群島 水深 5m 大小 18mm 小野篤司 |

身體為橙紅色。觸角之間到頭頂有縱向色帶，鰓前有橫向色帶。色帶顏色與形狀變異較大，包括白色、綠色到紫色，但配置位置相同。觸角為淺紫色，鰓為帶紅色的半透明狀。長度達 30mm。

---

盤海蛞蝓科 Discodorididae
革海蛞蝓屬 Sclerodoris

# 瘤狀革海蛞蝓

*Sclerodoris tuberculata* Eliot, 1904

印度－西太平洋

通常遍布白紋

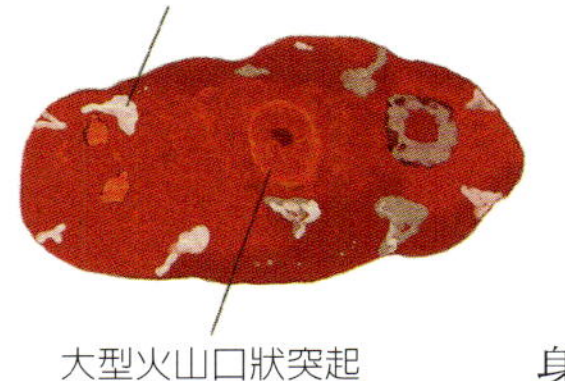

大型火山口狀突起

| 慶良間群島 水深 28m 大小 35mm 小野篤司 |

身體為紅色到橙色、茶色、黃色、黑色等，變異豐富。背部通常有許多略大的白紋。背部中央有大型火山口狀突起。由於外形和海綿極為相似，平時很難發現。長度達 50mm。

---

盤海蛞蝓科 Discodorididae
革海蛞蝓屬 Sclerodoris

# 尖角革海蛞蝓

*Sclerodoris apiculata*
（Alder & Hancock, 1864）

印度－西太平洋

遍布多條稜線相互串聯的突起

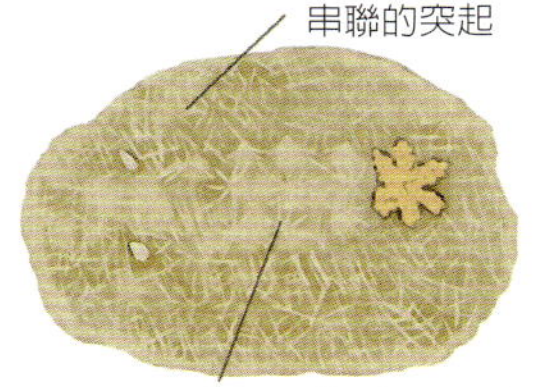

位於中間的突起有幾個很厚且大

| 大瀨崎 水深 4m 大小 20mm 木元伸彥 |

身體為灰黃色到黃綠色。背部遍布多條稜線相互串聯的突起，位於背部中間的突起有幾個很厚且大。鰓與觸角通常與身體同色，或較深的顏色。長度達 50mm。

| 慶良間群島 水深 12m 大小 6mm 小野篤司 |

盤海蛞蝓科 Discodorididae
革海蛞蝓屬 Sclerodoris

西太平洋

## 革海蛞蝓之一種

*Sclerodoris* sp.

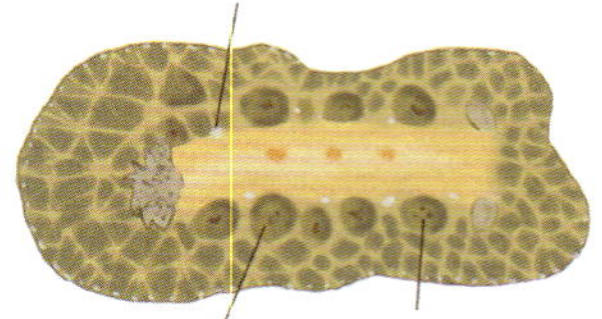
配置幾個白色紋
圓形凹洞成列
凹洞有深褐色小紋

身體為黃色與褐色半透明，背部周緣有圓洞，靠近周緣的圓洞較小，可看見海底。凹洞有深褐色小紋。背部中央點綴幾個白色紋，周緣有白點成列。長度達 40mm。

---

| 八丈島 水深 12m 大小 25mm 加藤昌一 |

盤海蛞蝓科 Discodorididae
壺型海蛞蝓屬 Jorunna

印度－西太平洋

## 微小壺型海蛞蝓

*Jorunna parva*（Baba, 1938）

黑色
部分背面突
起為黑色
大致為黑色
密布絨毛狀突起

身體從白色、黃色到褐色都有，變異豐富。背面密布絨毛狀突起，部分為黑色。通常鰓軸為黑色，鰓葉為白色，但也有全黑的鰓。觸角褶葉為黑色。長度達 25mm。

---

| 八丈島 水深 5m 大小 15mm 加藤昌一 |

盤海蛞蝓科 Discodorididae
壺型海蛞蝓屬 Jorunna

印度－西太平洋

## 煙囪壺型海蛞蝓

*Jorunna funebris*（Kelaart, 1858）

密布細微的絨毛狀突起
身體為白色
散布黑褐色圓斑

身體為白色，背面密布細微的絨毛狀突起，局部排列強烈的黑褐色圓斑。觸角褶葉與鰓為黑色較為強烈的黑褐色。長度達 150mm。

盤海蛞蝓科 Discodorididae
壺型海蛞蝓屬 Jorunna

# 觸角壺型海蛞蝓

*Jorunna ramicola* Miller, 1996

印度－西太平洋

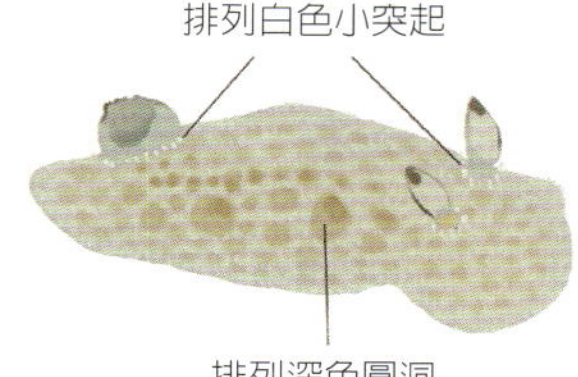
排列白色小突起
排列深色圓洞

| 八丈島 水深 8m 大小 10mm 加藤昌一 |

身體爲白色或偏灰色半透明。背部排列有淺色邊的深色圓洞。觸角鞘、鰓孔周圍與背緣排列著前端爲白色的小突起。觸角帶有淡淡的褐色，但前端爲白色。長度達 20mm。

盤海蛞蝓科 Discodorididae
壺型海蛞蝓屬 Jorunna

# 紅斑刺海蛞蝓

*Jorunna rubescens*（Bergh, 1876）

印度－西太平洋

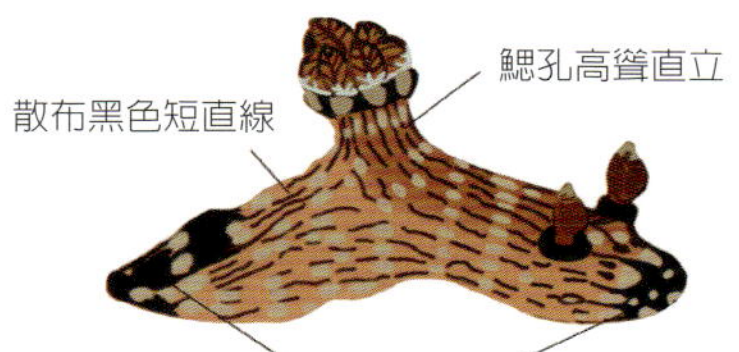
鰓孔高聳直立
散布黑色短直線
身體前端與後端為黑色

| 慶良間群島 水深 3m 大小 70mm 小野篤司 |

身體爲灰黃色，整體散布黑褐色短直線和黃點。有些個體的身體帶白色直線，通常集中在接近腹足的身體下方。鰓孔高聳直立，頭部前端與身體後端爲黑色。極小的幼體只有白色直線。身體柔軟、好動。長度達 200mm。

盤海蛞蝓科 Discodorididae
壺型海蛞蝓屬 Jorunna

# 壺型海蛞蝓之一種 1

*Jorunna* sp. 1

西太平洋

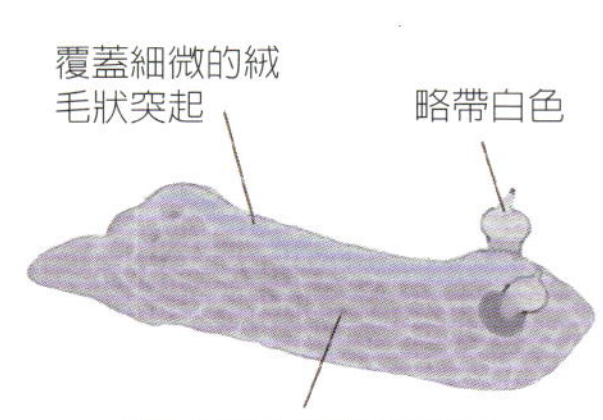
覆蓋細微的絨
毛狀突起
略帶白色
橢圓狀斑紋呈間隔排列

| 八丈島 水深 8m 大小 11mm 廣江一弘 |

身體爲淺藍紫色，背部覆蓋細微的絨毛狀突起，身上有帶白邊的橢圓狀斑紋，斑紋之間有很小的縫隙。通常鰓與身體爲同色，觸角顏色略白。異名爲紫網目海牛。長度達 18mm。

| 八丈島 水深 6m 大小 20mm 加藤昌一 |

盤海蛞蝓科 Discodorididae
壺型海蛞蝓屬 Jorunna

## 壺型海蛞蝓之一種 2

八丈島、小笠原群島

*Jorunna* sp. 2

鰓葉與軸都是茶褐色，
基部為黃白色
全身遍布深色絨毛狀突起

身體爲黃褐色。整個背部覆蓋深色絨毛狀突起，突起爲褐色或黑褐色，前端爲黑褐色。外形近似微小壺型海蛞蝓，但鰓的形態不同。鰓葉與軸皆爲茶褐色，基部爲黃白色。長度達 25mm。

| 大瀨崎 水深 23m 大小 50mm 山田久子 |

盤海蛞蝓科 Discodorididae
壺型海蛞蝓屬 Jorunna

## 壺型海蛞蝓之一種 3

西太平洋

*Jorunna* sp. 3

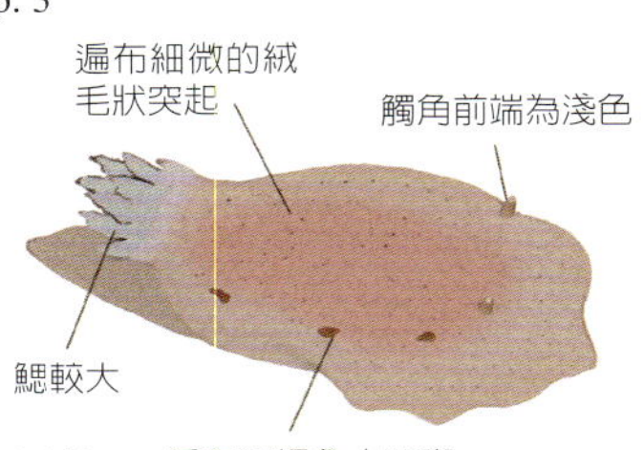
遍布細微的絨
毛狀突起
觸角前端為淺色
鰓較大
遍布深褐色小凹斑

身體爲帶紅或黃的灰色。背部覆蓋細微的絨毛狀突起，周緣散布深褐色的凹陷小斑點。鰓較大，觸角前端爲淺色。與 Gosliner et al., 2018 的 *Jorunna* sp. 6 爲同種。長度達 50mm。

| 慶良間群島 水深 12m 大小 12mm 小野篤司 |

盤海蛞蝓科 Discodorididae
壺型海蛞蝓屬 Jorunna

## 壺型海蛞蝓之一種 4

西太平洋

*Jorunna* sp. 4

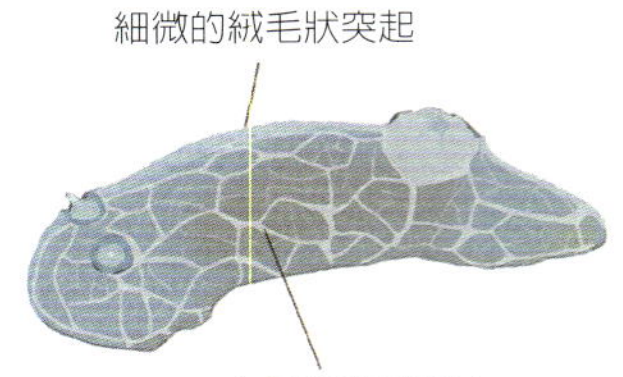
細微的絨毛狀突起
白色蜘蛛狀細紋

身體爲淡紫色。背面遍布細微的絨毛狀突起，以及白色網狀細紋。外形很像壺型海蛞蝓之一種 1，但網狀斑紋呈蜘蛛網細線狀，不是圓形。紫網目海牛是壺型海蛞蝓之一種 1 的異名，與本種不同。長度達 20mm。

盤海蛞蝓科 Discodorididae
壺型海蛞蝓屬 Jorunna

# 壺型海蛞蝓之一種 5

*Jorunna* sp. 5

八丈島、菲律賓

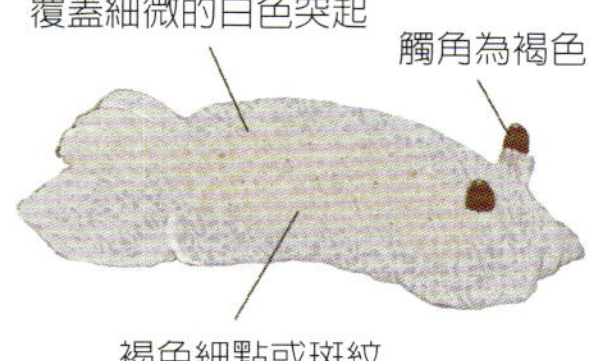
覆蓋細微的白色突起
觸角為褐色
褐色細點或斑紋

| 八丈島 水深 7m 大小 15mm 加藤昌一 |

身體爲白色半透明，背部覆蓋細微的白色突起，有褐色細點或斑紋，部分突起帶褐色斑紋。觸角褶葉爲褐色，顏色比體表褐斑還深。長度達 15mm。

盤海蛞蝓科 Discodorididae
壺型海蛞蝓屬 Jorunna

# 壺型海蛞蝓之一種 6

*Jorunna* sp. 6

慶良間群島

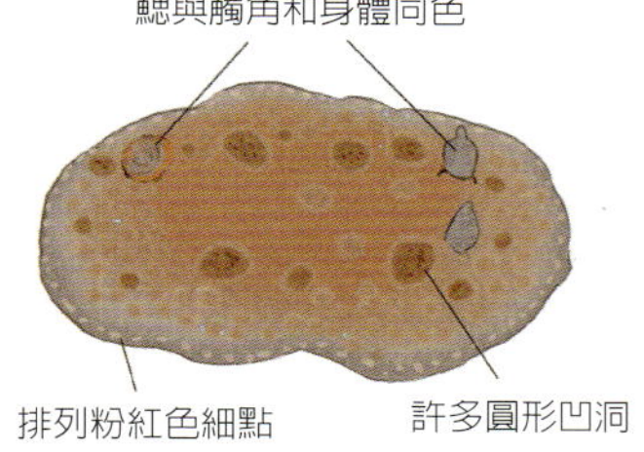
鰓與觸角和身體同色
排列粉紅色細點
許多圓形凹洞

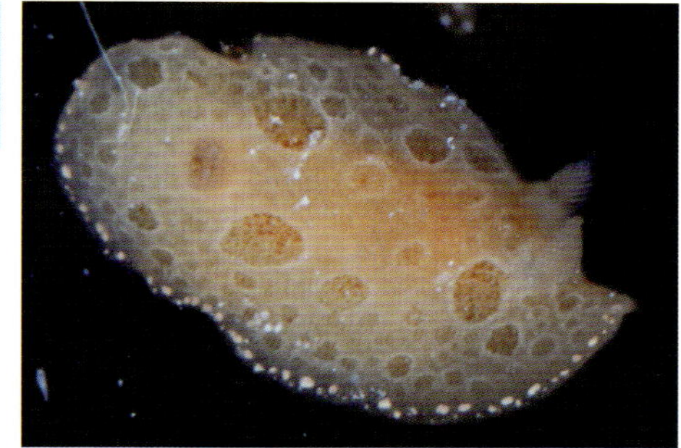

| 慶良間群島 水深 3m 大小 8mm 小野篤司 |

身體爲黃褐色半透明狀，背部有許多顏色較深的圓洞。鰓和觸角皆與身體同色。背部周緣排列粉紅色細點。長度達 8mm。

盤海蛞蝓科 Discodorididae
壺型海蛞蝓屬 Jorunna

# 壺型海蛞蝓之一種 7

*Jorunna* sp. 7

慶良間群島

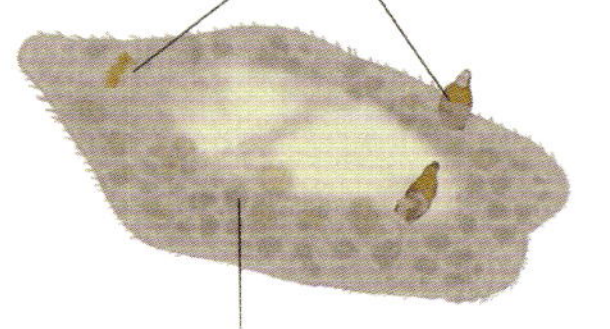
鰓與觸角為半透明，前端為黃褐色
許多小突起和凹洞

| 慶良間群島 水深 5m 大小 6mm 小野篤司 |

身體爲白色半透明，背部覆蓋許多小突起，還有很多凹洞。小突起的前端略帶白色，凹洞呈褐色。鰓與觸角爲半透明，前端皆爲黃褐色。長度達 6mm。

盤海蛞蝓科 Discodorididae
叉棘海蛞蝓屬 Rostanga

## 東方叉棘海蛞蝓

*Rostanga orientalis*
Rudman & Avern, 1989

日本、
香港

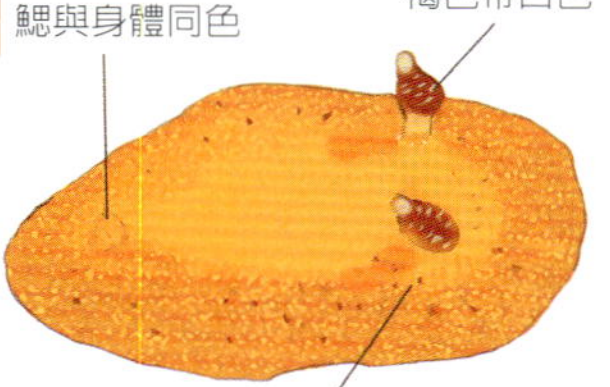
鰓與身體同色
褐色帶白色
有些個體散布深色小斑

| 八丈島 水深 8m 大小 7mm 山田久子 |

身體爲紅色到橙色，背部覆蓋細微的絨毛狀突起，有些個體散布深色小斑。觸角褶葉帶褐色，有白斑，前端爲白色。鰓與身體同色。長度達 40mm。

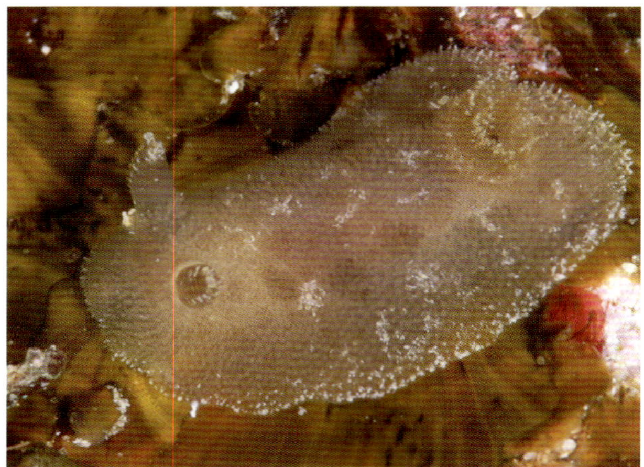

盤海蛞蝓科 Discodorididae
叉棘海蛞蝓屬 Rostanga

## 瑞氏叉棘海蛞蝓

*Rostanga risbeci*（Baba, 1991）

日本、
香港

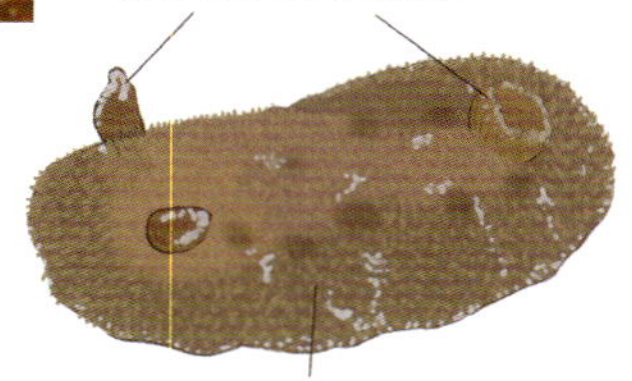
前端有許多白色細點
散布深色斑與白色細
點組成的斑紋

| 慶良間群島 水深 7m 大小 8mm 小野篤司 |

身體爲黑色、灰黑色，琉球群島的個體爲淺褐色。背面散布深色斑與白色細點組成的斑紋。觸角和鰓皆與身體同色，散布白色細點，前端較多。有些個體的背部周緣沒有成列的白色細點。琉球群島原生的個體除了體色較淺之外，其餘特徵都與本州產個體相同。專家認爲牠吃黑色軟海綿以外的物種。長度達 25mm。

盤海蛞蝓科 Discodorididae
叉棘海蛞蝓屬 Rostanga

# 黃叉棘海蛞蝓

*Rostanga lutescens*
（Bergh, 1905）

印度－
西太平洋

| 慶良間群島　水深 8m　大小 10mm　小野篤司 |

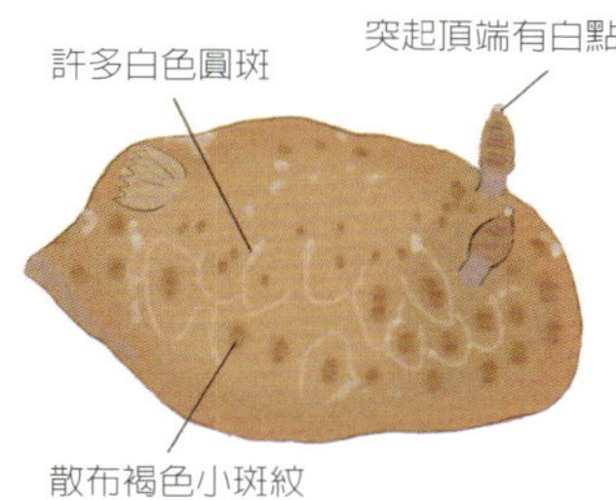
許多白色圓斑
突起頂端有白點
散布褐色小斑紋

身體有奶油色、黃色到橘色等顏色。背面散布褐色小斑紋，細微的白點排列出許多圓形。觸角的顏色比體色略深，身體前端的突起頂部爲白色。長度達 25mm。

盤海蛞蝓科 Discodorididae
叉棘海蛞蝓屬 Rostanga

# 雙歧叉棘海蛞蝓

*Rostanga bifurcata*
Rudman & Avern, 1989

印度－
西太平洋

| 八丈島　水深 5m　大小 20mm　加藤昌一 |

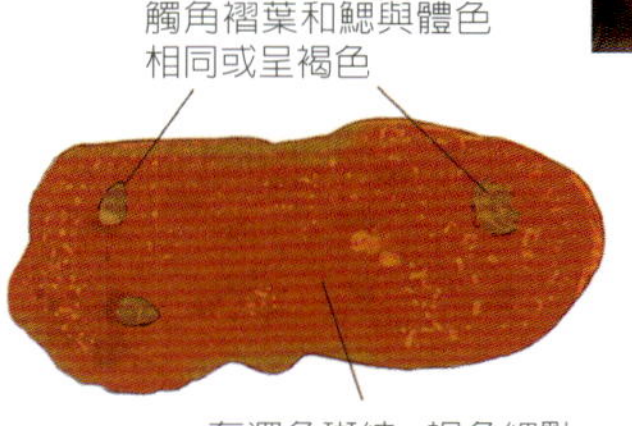
觸角褶葉和鰓與體色
相同或呈褐色
有深色斑紋、褐色細點，
以及更小的白色細點

身體爲紅色到橙色，背部通常有深色斑紋、褐色細點以及更小的白色細點。觸角褶葉和鰓與體色相同或呈褐色。長度達 25mm。

| 八丈島 水深 10m 大小 35mm 加藤昌一 |

盤海蛞蝓科 Discodorididae
叉棘海蛞蝓屬 Rostanga

西太平洋

# 叉棘海蛞蝓之一種 1

*Rostanga* sp. 1

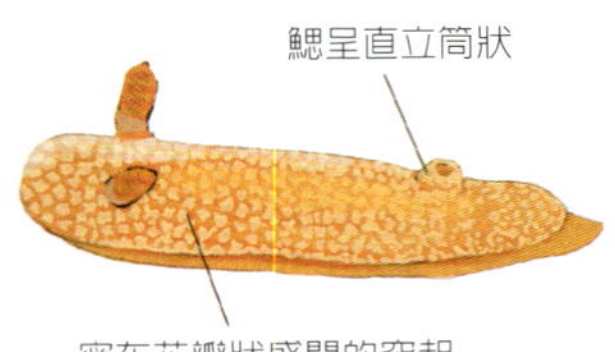
鰓呈直立筒狀
密布花瓣狀盛開的突起

身體爲橙色，觸角與鰓也是相同顏色。背部密布花瓣狀盛開的淺色突起。鰓呈直立筒狀。長度達20mm。

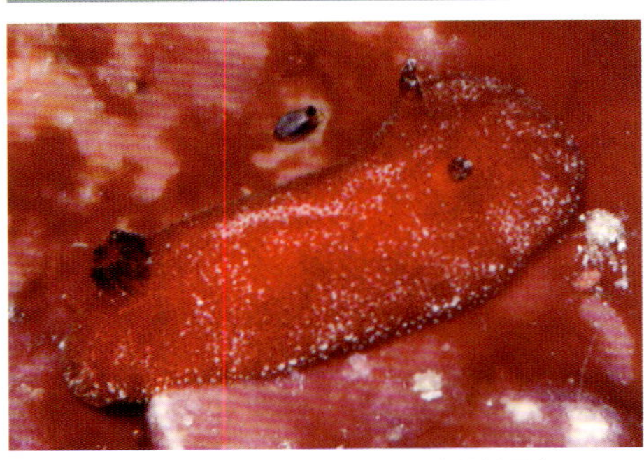

| 慶良間群島 水深 17m 大小 5mm 小野篤司 |

盤海蛞蝓科 Discodorididae
叉棘海蛞蝓屬 Rostanga

琉球群島

# 叉棘海蛞蝓之一種 2

*Rostanga* sp. 2

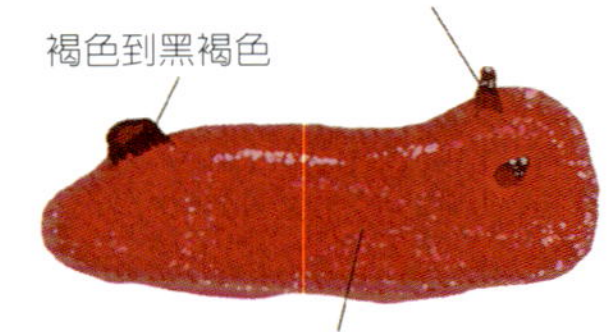
褐色到黑褐色，
散布淺色細點
褐色到黑褐色
密布細微突起，沒有深色斑

身體爲紅色到深紅色。背面密布細微突起，底色爲紅色，散布形狀各異的白色斑紋。由於體表密布的突起也是紅色的，因此看不出身上有突起。觸角爲褐色到黑褐色，散布淺色細點。鰓爲褐色到黑褐色。背緣有白色突起排列，沒有深色斑。寄生於同色的海綿上。長度達 6mm。

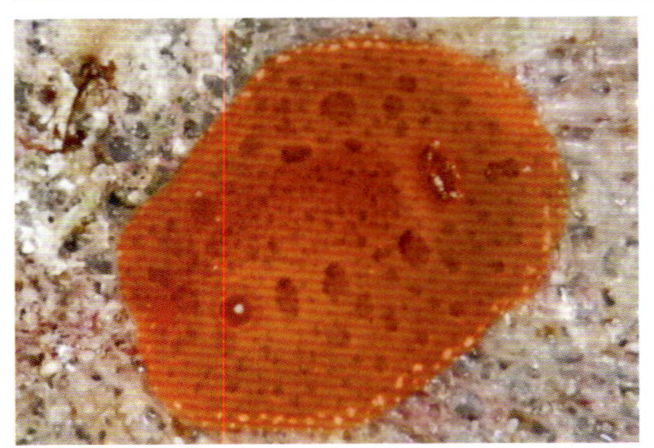

| 慶良間群島 水深 15m 大小 8mm 小野篤司 |

盤海蛞蝓科 Discodorididae
叉棘海蛞蝓屬 Rostanga

慶良間群島

# 叉棘海蛞蝓之一種 3

*Rostanga* sp. 3

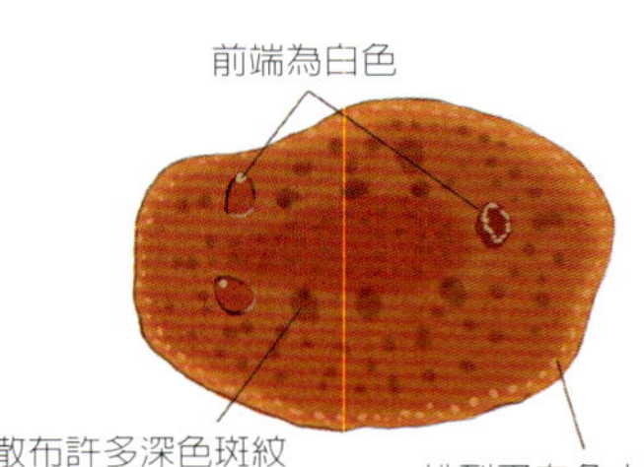
前端為白色
散布許多深色斑紋
排列蛋白色小斑紋

身體爲橙色，背面散布許多深色斑紋。觸角與鰓爲深色，前端爲白色。背部周緣排列蛋白色小斑紋。長度達 8mm。

盤海蛞蝓科 Discodorididae
叉棘海蛞蝓屬 Rostanga

## 叉棘海蛞蝓之一種 4

*Rostanga* sp. 4

日本

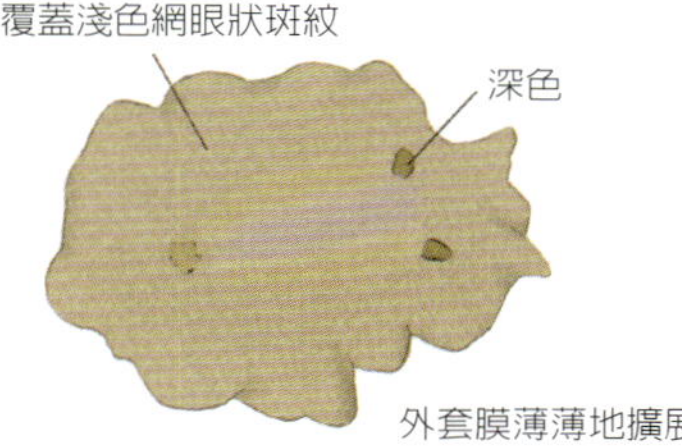
覆蓋淺色網眼狀斑紋
深色
外套膜薄薄地擴展

| 伊豆海洋公園　水深 15m　大小 15mm　山田久子 |

身體為蛋白色到淺褐色，外套膜薄薄地擴展。背面密布細微的絨毛狀突起，覆蓋淺色網眼狀斑紋。觸角與鰓為深色。長度達 25mm。

盤海蛞蝓科 Discodorididae
叉棘海蛞蝓屬 Rostanga

## 叉棘海蛞蝓之一種 5

*Rostanga* sp. 5

慶良間群島

| 慶良間群島　水深 8m　大小 8mm　小野篤司 |

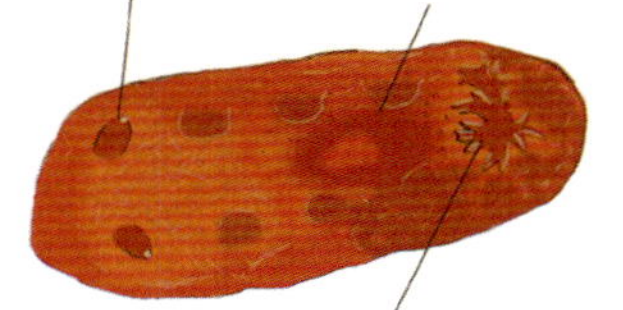
前端略帶白色
散布形狀各異的深色斑紋
前端為白色，呈水平擴展

身體為橙紅色，背部覆蓋細微的絨毛狀突起。此外，背部還散布形狀各異的深色斑紋。觸角前端略帶白色。鰓的前端為白色，非筒狀，呈水平擴展。長度達 10mm。

盤海蛞蝓科 Discodorididae
叉棘海蛞蝓屬 Rostanga

## 叉棘海蛞蝓之一種 6

*Rostanga* sp. 6

西太平洋

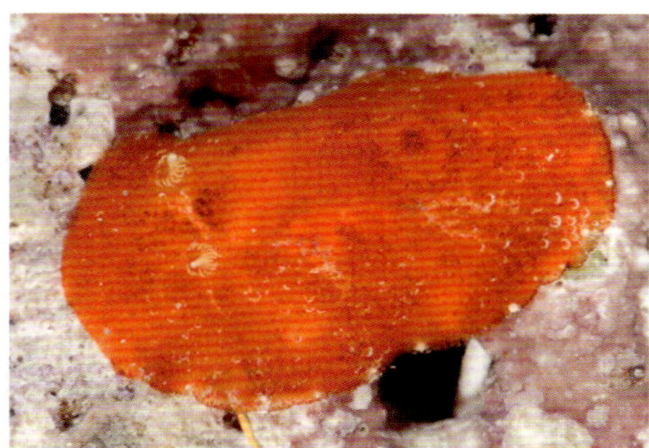

| 慶良間群島　水深 6m　大小 6mm　小野篤司 |

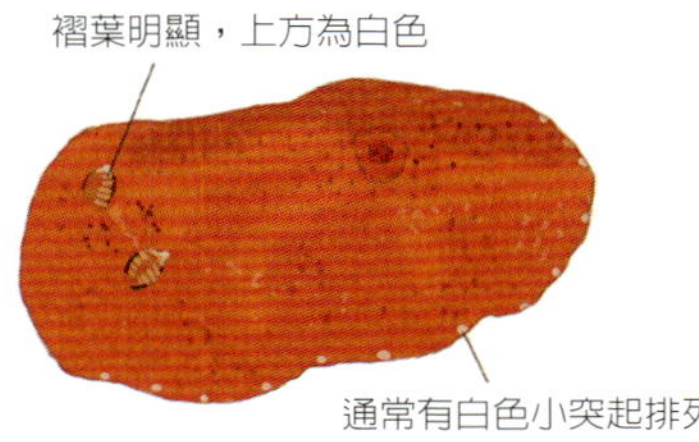
褶葉明顯，上方為白色
通常有白色小突起排列

身體為橙色到黃色，背面遍布絨毛狀突起。鰓的前端很長，觸角褶葉明顯，上方為白色。背面周緣通常有白色小突起排列。長度達 13mm。

| 八丈島 水深 8m 大小 90mm 加藤昌一 |

盤海蛞蝓科 Discodorididae
扁盤海蛞蝓屬 Platydoris

印度－西太平洋

## 艾略特扁盤海蛞蝓

*Platydoris ellioti*（Alder & Hancock, 1864）

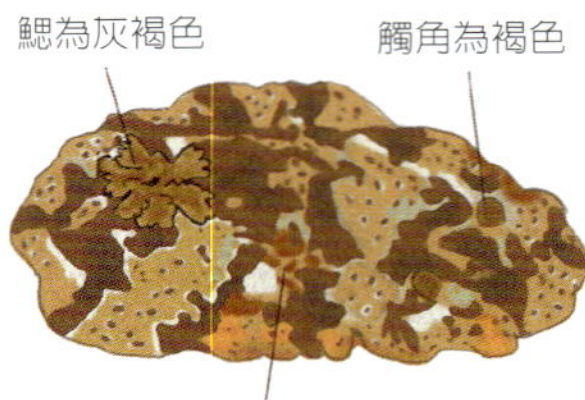
鰓為灰褐色
觸角為褐色
底色為褐色，
遍布黑褐色或白色斑紋

身體底色為橙色，背部裡面排列深褐色斑紋。背面為褐色，遍布黑褐色或白色斑紋，成為複雜的彩色圖案。觸角為褐色，鰓為灰褐色。長度達 150mm。

| 慶良間群島 水深 7m 大小 30mm 小野篤司 |

盤海蛞蝓科 Discodorididae
扁盤海蛞蝓屬 Platydoris

印度－西太平洋

## 無飾扁盤海蛞蝓

*Platydoris inornata* Dorgan, Valdes, & Gosliner, 2002

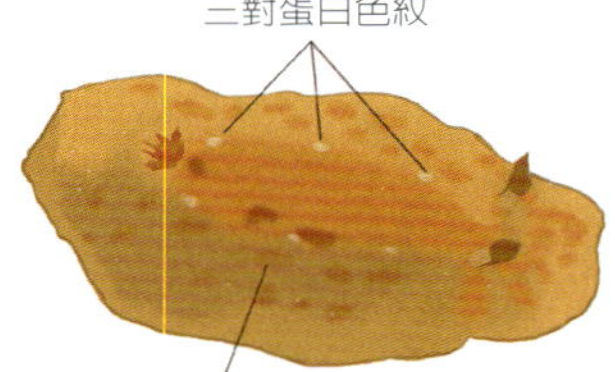
三對蛋白色紋
深色斑的顏色深淺有個體差異

身體為黃褐色，背面覆蓋細微的顆粒狀突起。觸角後方到鰓側邊之間有三對蛋白色紋，但大小有個體差異。觸角與鰓的顏色比背部深，背部深色斑紋的顏色深淺也有個體差異。長度達 40mm。

| 八丈島 水深 3m 大小 100mm 加藤昌一 |

盤海蛞蝓科 Discodorididae
扁盤海蛞蝓屬 Platydoris

西太平洋

## 灰鰓扁盤海蛞蝓

*Platydoris cinereobranchata* Dorgan, Valdés & Gosliner, 2002

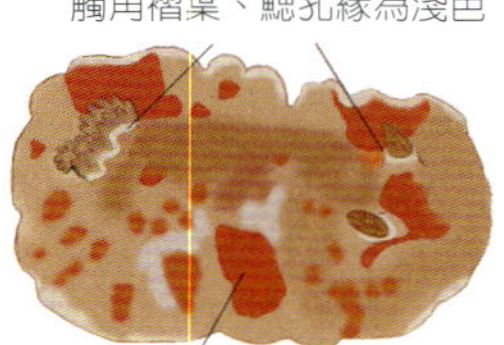
觸角褶葉、鰓孔緣為淺色
遍布紅褐色大斑紋

背部覆蓋褐色或黑褐色細微小點，但有些個體的背部斑點不完整。此外，背面還遍布紅褐色大斑紋。觸角與鰓為淺褐色，觸角鞘緣、鰓孔緣為淺色。長度達 200mm。

盤海蛞蝓科 Discodorididae
扁盤海蛞蝓屬 Platydoris

# 血斑扁盤海蛞蝓

*Platydoris cruenta*（Quoy & Gaimard, 1832）

印度－西太平洋

重疊大型褐斑或紅斑

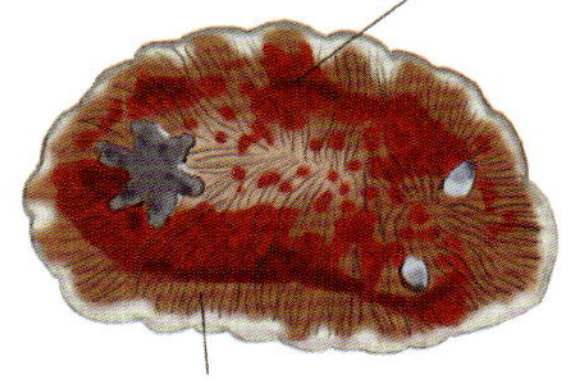
覆蓋凌亂的褐色細線

| 慶良間群島　水深 7m　大小 70mm　小野篤司 |

身體底色爲白色，背部重疊大型褐斑或紅斑。此外，背部覆蓋凌亂的褐色細線。鰓葉爲深灰色，軸爲黑色。長度達 100mm。

---

盤海蛞蝓科 Discodorididae
扁盤海蛞蝓屬 Platydoris

# 血紅扁盤海蛞蝓

*Platydoris sanguinea* Bergh, 1905

西太平洋

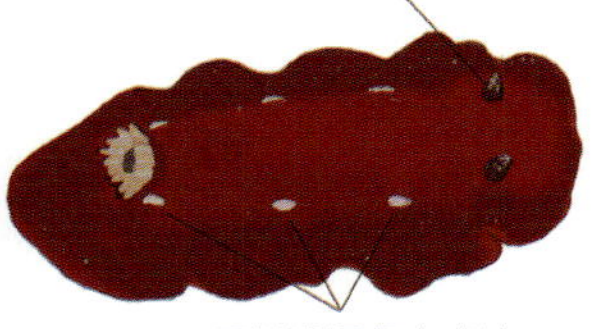
褶葉為深色有許多白點
身體為
深褐色到橙色
三對淺褐色小斑紋

| 八丈島　水深 5m　大小 40mm　加藤昌一 |

身體爲深褐色到橙色，觸角後方到鰓前方之間，有三對白色或淺褐色小斑紋，不過有些個體的斑紋不完整。觸角褶葉爲深色，有許多白點，前端爲白色。鰓爲白色到淺褐色。長度達 40mm。

---

盤海蛞蝓科 Discodorididae
扁盤海蛞蝓屬 Platydoris

# 粗糙扁盤海蛞蝓

*Platydoris scabra*（Cuvier, 1804）

印度－西太平洋

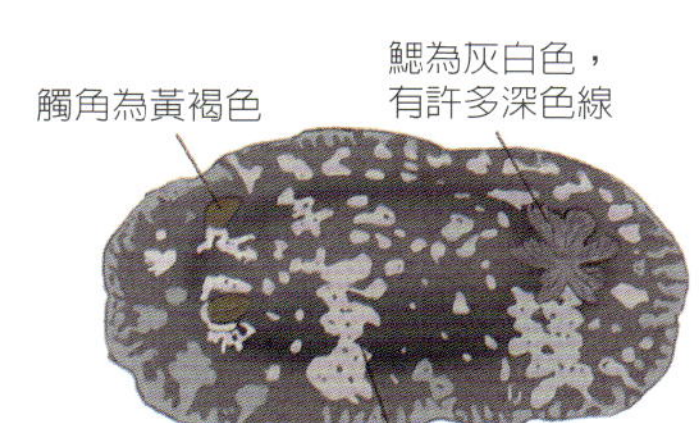
觸角為黃褐色
鰓為灰白色，
有許多深色線
深灰色到灰褐色，
形狀各異的斑紋

| 沖繩島　潮間帶　大小 50mm　Robert F. Bolland |

身體爲灰白色，背部覆蓋深灰色到灰褐色、形狀各異的斑紋。觸角爲黃褐色，鰓爲灰白色，有許多深色線。背部周緣通常有淺橙黃色的邊。夜間到潮間帶有機會觀察到本種。長度達 100mm。

|慶良間群島　水深 8m　大小 70mm　小野篤司|

盤海蛞蝓科 Discodorididae
扁盤海蛞蝓屬 Platydoris

印度－太平洋

# 美麗扁盤海蛞蝓

*Platydoris formosa*（Alder & Hancock, 1864）

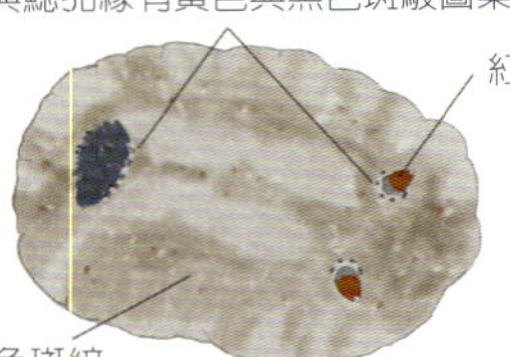
觸角鞘與鰓孔緣有黃色與黑色斑駁圖案
紅褐色
覆蓋褐色、橙色與白色斑紋

背部覆蓋褐色、橙色與白色斑紋，但比例依個體而異。觸角爲紅褐色，觸角鞘與鰓孔緣有黃色與黑色斑駁圖案。鰓軸爲黑色。過去的文獻曾將其列爲灰鰓扁盤海蛞蝓。長度達 120mm。

---

|八丈島　水深 18m　大小 60mm　加藤昌一|

盤海蛞蝓科 Discodorididae
扁盤海蛞蝓屬 Platydoris

日本

# 扁盤海蛞蝓之一種 1

*Platydoris* sp. 1

散布深褐色細點
觸角為黑色，褶葉緣為白色
兩到三對形狀各異的淺色大斑

身體爲黃褐色，整體背部散布深褐色細點。觸角到鰓前方之間，有三對形狀各異的淺色大斑，但有些個體不完整。觸角爲黑色，褶葉緣爲白色，鰓爲灰褐色。日本異名爲薄雲形海蛞蝓。過去使用的 *P. tablata*（Abraham, 1877）正模標本不完整，無法驗證是否爲本種，因此無效。長度達 80mm。

---

|慶良間群島　水深 15m　大小 20mm　小野篤司|

盤海蛞蝓科 Discodorididae
扁盤海蛞蝓屬 Platydoris

慶良間群島

# 扁盤海蛞蝓之一種 2

*Platydoris* sp. 2

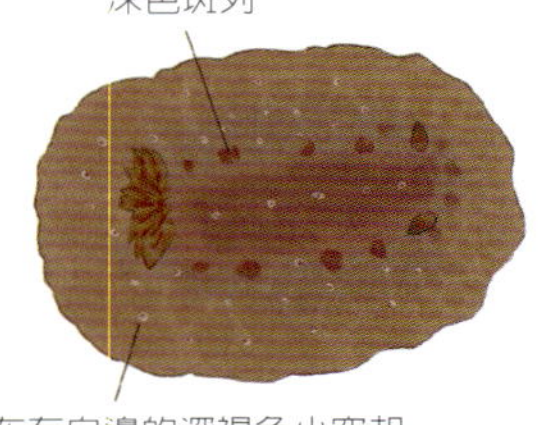
深色斑列
散布有白邊的深褐色小突起

背部爲茶褐色，觸角前方到鰓前方有圍繞中央的深色斑列。此外，背部的正中線上方與周緣，散布有白邊的深褐色小突起。觸角褶葉與鰓葉爲褐色。長度達 20mm。

盤海蛞蝓科 Discodorididae
扁盤海蛞蝓屬 Platydoris

# 扁盤海蛞蝓之一種 3

慶良間群島

*Platydoris* sp. 3

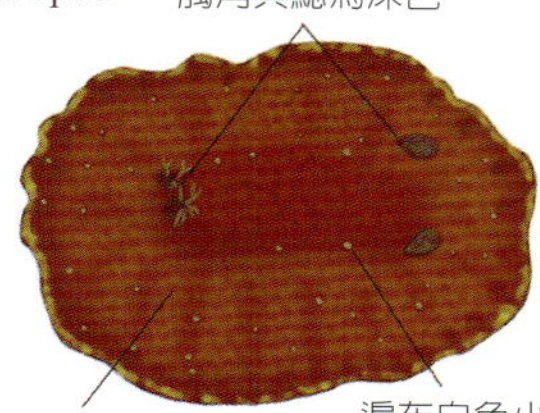
觸角與鰓為深色
披覆顆粒狀
微小突起
遍布白色小突起

| 慶良間群島 水深 7m 大小 25mm 小野篤司 |

背部披覆紅褐色顆粒狀微小突起，散布白色小突起。小突起的周圍呈淺色，觸角與鰓之間的兩對突起很顯眼。觸角與鰓爲深色，背面周緣排列黃色小斑，但內側也有一些黃斑。長度達 25mm。

盤海蛞蝓科 Discodorididae
扁盤海蛞蝓屬 Platydoris

# 扁盤海蛞蝓之一種 4

慶良間群島

*Platydoris* sp. 4

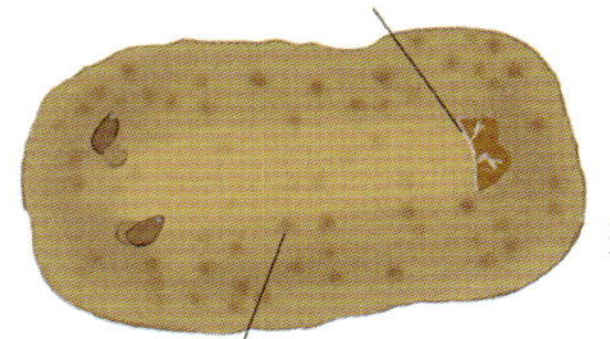
鰓孔前方的邊緣為白色
整體為黃褐色
散布深色小斑

| 慶良間群島 水深 5m 大小 12mm 小野篤司 |

整個背面爲黃褐色，覆蓋細微的顆粒狀小突起，散布深色小斑。背部中央的深色斑較爲稀疏。鰓與背部同色，軸爲白色。鰓孔的前方邊緣爲白色。觸角與背部的深色斑同色，前端爲白色。長度達 12mm。

盤海蛞蝓科 Discodorididae
扁盤海蛞蝓屬 Platydoris

# 扁盤海蛞蝓之一種 5

慶良間群島

*Platydoris* sp. 5

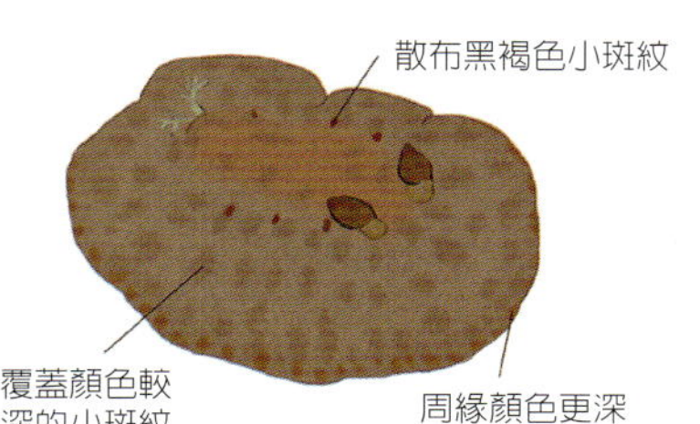
散布黑褐色小斑紋
覆蓋顏色較
深的小斑紋
周緣顏色更深

| 慶良間群島 水深 15m 大小 15mm 小野篤司 |

背部爲褐色，遍布顏色較深的小斑紋。背緣的小斑紋顏色更深，背部中央周緣有黑褐色小斑紋。鰓葉與背部同色，軸爲白色。觸角與背部同色，前端爲深色。長度達 15mm。

| 大瀨崎 水深 10m 大小 31mm 山田久子 |

盤海蛞蝓科 Discodorididae
扁盤海蛞蝓屬 Platydoris

## 扁盤海蛞蝓之一種 6

伊豆半島

*Platydoris* sp. 6

散布黑褐色與白色斑紋
以白色小突起為中心的星形圖案

背部爲茶褐色，遍布細微突起。鰓孔周緣和觸角鞘也有此突起。此外，背部散布形狀各異的黑褐色斑紋與白色斑紋。背部中央周緣有部分白色斑紋，形成以白色小突起爲中心的星形圖案。觸角與鰓爲灰褐色。長度達 31mm。

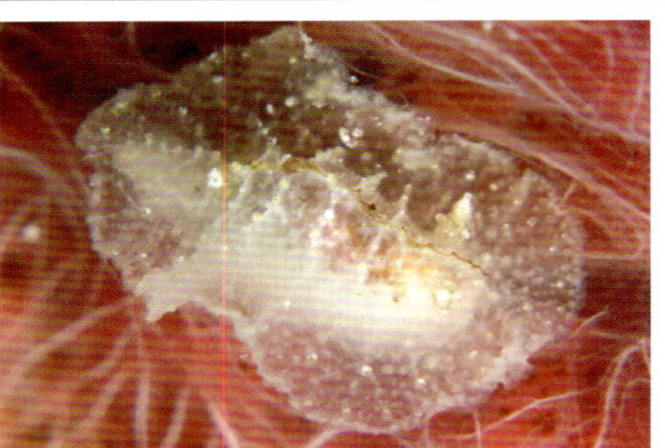

| 慶良間群島 水深 15m 大小 13mm 小野篤司 |

盤海蛞蝓科 Discodorididae

## 盤海蛞蝓科之一種 1

西太平洋

Discodorididae sp. 1

正中線上方有褐色隆起線
幾乎為半透明
呈放射狀的隆起線

帶著些微淡黃色的外套膜呈半透明狀，質地很薄。背部的正中線上方有褐色隆起，從此隆起往外排列著放射狀擴散的黃白色顆粒狀突起。身體很硬。長度達 20mm。

| 浮島 水深 10m 大小 18mm 山田久子 |

盤海蛞蝓科 Discodorididae

## 盤海蛞蝓科之一種 2

西太平洋

Discodorididae sp. 2

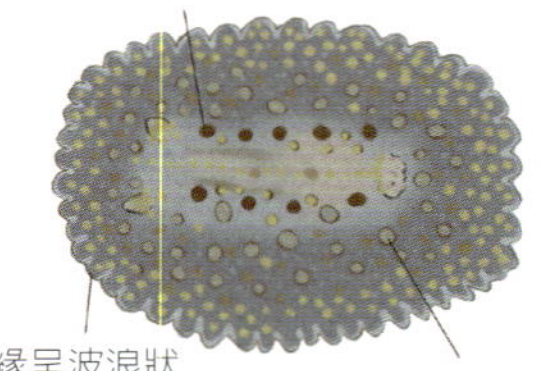
背部中央的褐色紋較深
背緣呈波浪狀
散布有褐邊的黃色突起

身體爲白色半透明，整個背部布滿褐色紋，中央的褐色紋顏色較深。此外，全身遍布有褐邊的黃色圓形突起。背緣呈波浪狀。沒有盤海蛞蝓科之一種 1 的放射狀突起。長度達 30mm。

盤海蛞蝓科 Discodorididae

## 盤海蛞蝓科之一種 3

琉球群島、菲律賓

Discodorididae sp. 3

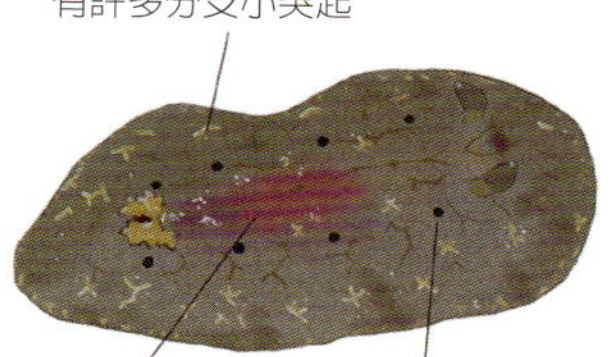
有許多分支小突起
顏色偏紅
黑色小圓紋排列

| 慶良間群島 水深 5m 大小 20mm 小野篤司 |

身體爲灰色半透明狀，覆蓋褐色細微小點。背面散布形狀各異的褐色線狀斑紋，兩觸角後方排列黑色小圓紋與稀疏的白色色素。此外，背部中央的顏色偏紅，周緣有許多小突起。根據千葉大學的標本，從獨特體色和斑紋等特色，提議新名稱「ハイイロコクテンウミウシ」。長度達 70mm。

盤海蛞蝓科 Discodorididae

## 盤海蛞蝓科之一種 4

慶良間群島

Discodorididae sp. 4

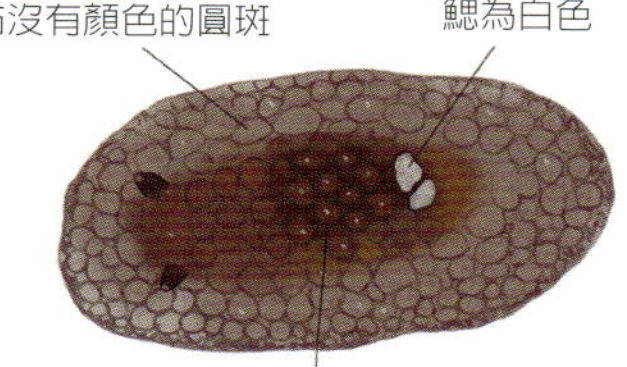
散布沒有顏色的圓斑
鰓為白色
中間有白色細微突起

| 慶良間群島 水深 10m 大小 5mm 小野篤司 |

身體爲紫色到紫褐色半透明，背部有無色圓斑。圓斑中心有小突起，部分染白。觸角爲紫褐色，褶葉緣帶些微的白色色素。鰓爲白色，鰓孔緣散布白色色素。根據千葉大學的標本，從泡狀斑紋等特色，提議新名稱「ウタカタウミウシ」。長度達 5mm。

盤海蛞蝓科 Discodorididae

## 盤海蛞蝓科之一種 5

沖繩群島、八丈島

Discodorididae sp. 5

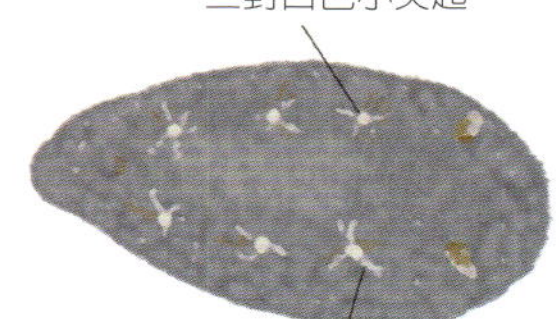
三對白色小突起
白色與褐色色素
呈放射狀延伸

| 慶良間群島 水深 10m 大小 6mm 小野篤司 |

身體爲亮灰色，背面密布細微突起。兩個觸角後方各有三個較大的白色突起排成直列。白色與褐色色素從突起往周邊呈放射狀延伸。觸角與鰓爲褐色，前端爲白色。根據千葉大學的標本，從身體的銀鼠色等特性，提議新名稱「ギンネズウミウシ」。長度達 6mm。

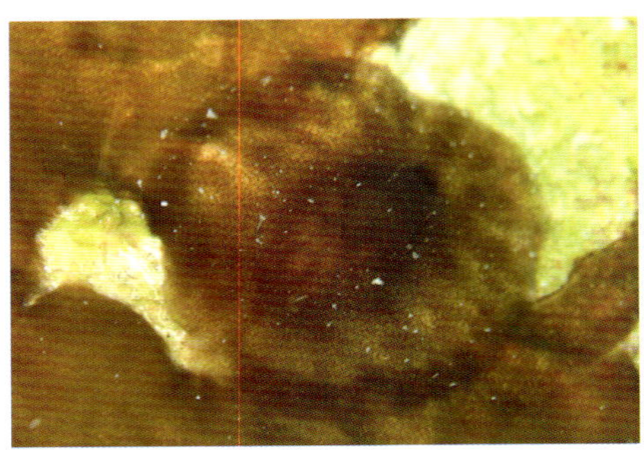

| 慶良間群島　水深 15m　大小 15mm　小野篤司 |

盤海蛞蝓科 Discodorididae

## 盤海蛞蝓科之一種 6

慶良間群島

Discodorididae sp. 6

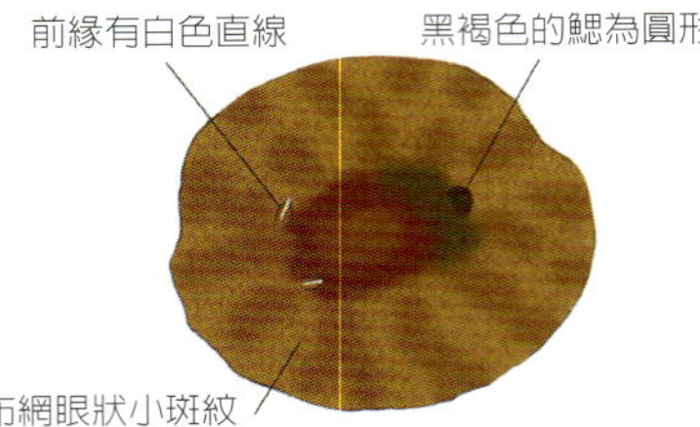
前緣有白色直線
黑褐色的鰓為圓形
密布網眼狀小斑紋

身體平坦，呈淺褐色，密布極小的褐色網眼狀斑紋。觸角較小，前緣有白色直線。黑褐色的鰓爲圓形。外表近似渦蟲，可從鰓輕易辨別。以海綿爲食，由於本種長得像海綿，很難發現。照片右上方爲攝食痕跡，全部吃光光。長度達 15mm。

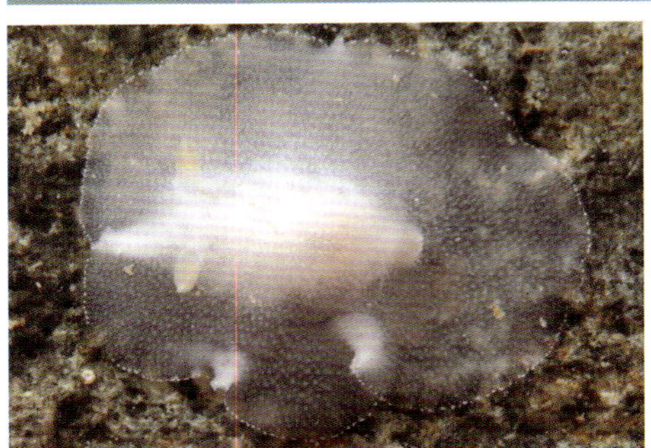

| 雲見　水深 7m　大小 15mm　山田久子 |

盤海蛞蝓科 Discodorididae

## 盤海蛞蝓科之一種 7

日本、巴布亞紐幾內亞

Discodorididae sp. 7

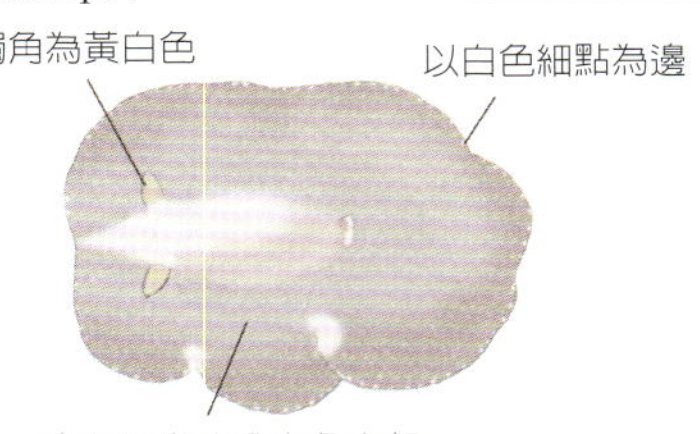
觸角為黃白色
以白色細點為邊
密布細微的乳白色突起

身體爲白色半透明，背面有些微的黑褐色細點。此照片個體可以看出身體左側有彎曲的部分。背部密布細微的乳白色突起，背緣有白色細點爲邊。觸角爲黃白色。與 Gosliner et al., 2018 的 *Caryophyllidia dorid* sp. 6 爲同種。長度達 15mm。

| 八丈島　水深 8m　大小 30mm　加藤昌一 |

盤海蛞蝓科 Discodorididae

## 盤海蛞蝓科之一種 8

日本、菲律賓

Discodorididae sp. 8

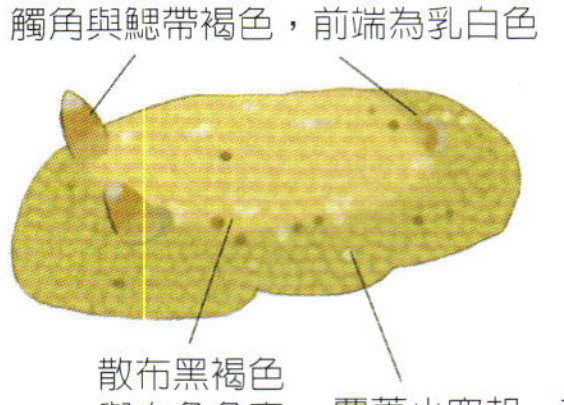
觸角與鰓帶褐色，前端為乳白色
散布黑褐色
與白色色素
覆蓋小突起，其中
幾個前端為白色

身體爲黃色，遍布黑褐色與白色色素。背面覆蓋小突起，其中幾個前端爲白色。觸角與鰓和身體同色，局部帶褐色，前端爲乳白色。與 Gosliner et al., 2018 的 *Discodorid* sp. 4 爲同種。長度達 24mm。

盤海蛞蝓科 Discodorididae

## 盤海蛞蝓科之一種 9

八丈島

Discodorididae sp. 9

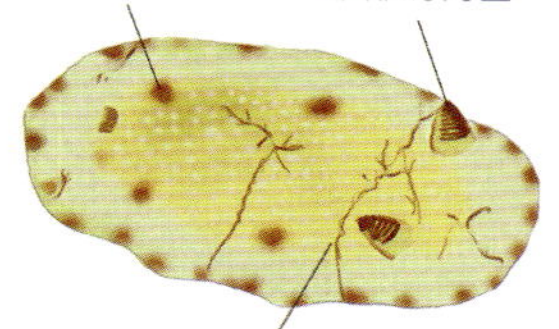
散布褐色圓形斑紋
觸角褶葉的上半部為褐色
散布的線狀斑紋，讓人聯想到植物根部

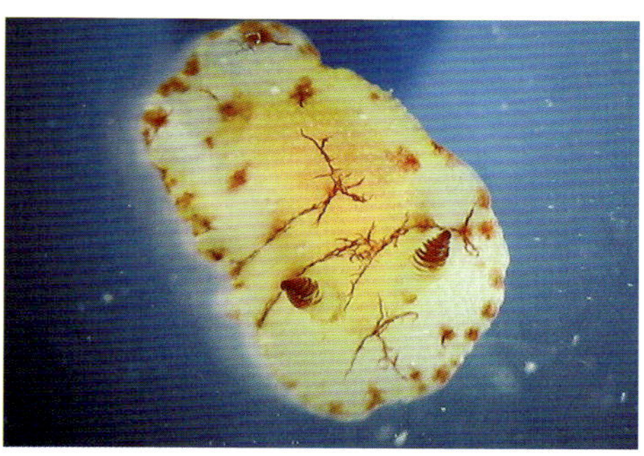

| 八丈島 水深 12m 大小 5mm 廣江一弘 |

身體爲黃白色，背部覆蓋細微突起，還有許多褐色圓形斑紋，以及讓人聯想到植物根部的線狀斑紋。觸角褶葉的上半部爲褐色，照片爲幼體。長度達 5mm。

盤海蛞蝓科 Discodorididae

## 盤海蛞蝓科之一種 10

八丈島

Discodorididae sp. 10

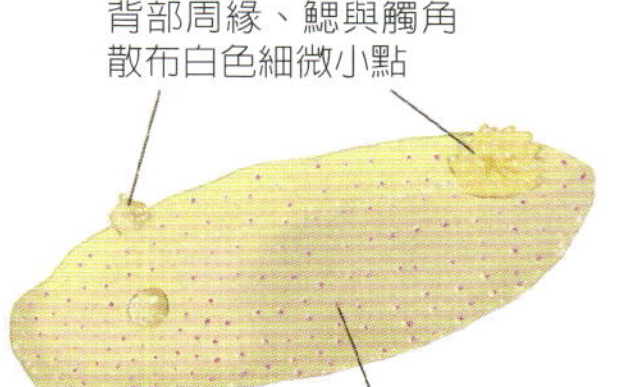
背部周緣、鰓與觸角散布白色細微小點
覆蓋紅紫色細點

| 八丈島 水深 14m 大小 45mm 加藤昌一 |

包括觸角和鰓在內，身體呈黃白色到紫褐色，個體變異大。背面覆蓋紅紫色細微小點。背部周緣、鰓與觸角散布白色細微小點。長度達 20mm。

盤海蛞蝓科 Discodorididae

## 盤海蛞蝓科之一種 11

伊豆半島

Discodorididae sp. 11

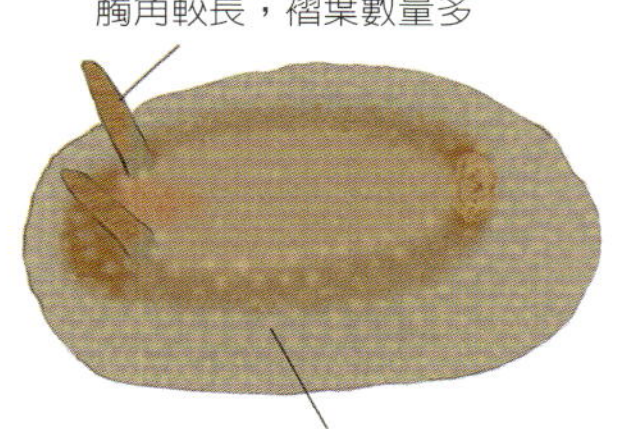
觸角較長，褶葉數量多
覆蓋前端較圓的小突起部分帶褐色

| 大瀬崎 水深 15m 大小 20mm 山田久子 |

包括觸角與鰓在內，全身爲米色。背部覆蓋前端較圓的小突起，部分帶褐色。小突起的大小不一。觸角較長，褶葉數量多。照片中在鰓上的深褐色物體爲糞便。長度達 20mm。

| 慶良間群島 水深 7m 大小 12mm 小野篤司 |

盤海蛞蝓科 Discodorididae

## 盤海蛞蝓科之一種 12

慶良間群島

Discodorididae sp. 12

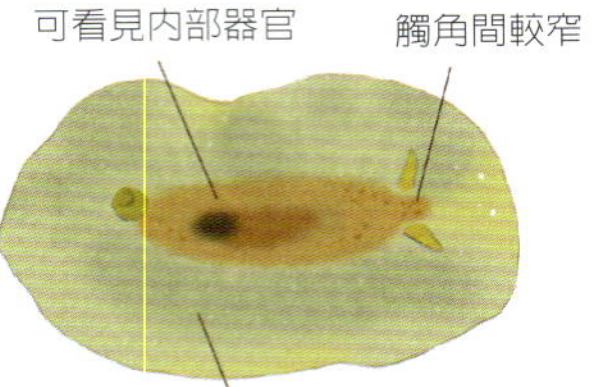
可看見內部器官
觸角間較窄
覆蓋白色細微小點，
周緣部位的小點較密

身體爲黃色半透明，可透過背部看見內部器官位置。背部明顯很寬，整體覆蓋白色細微小點，但周圓部較密。觸角與鰓爲黃色，觸角間較窄。鰓孔略微直立。長度達 12mm。

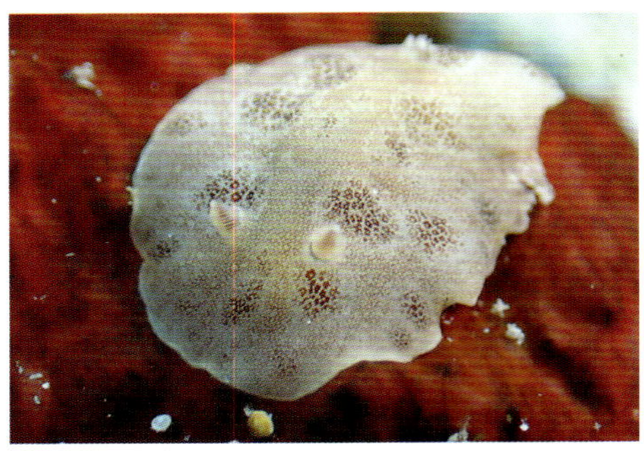

盤海蛞蝓科 Discodorididae

## 盤海蛞蝓科之一種 13

慶良間群島

Discodorididae sp. 13

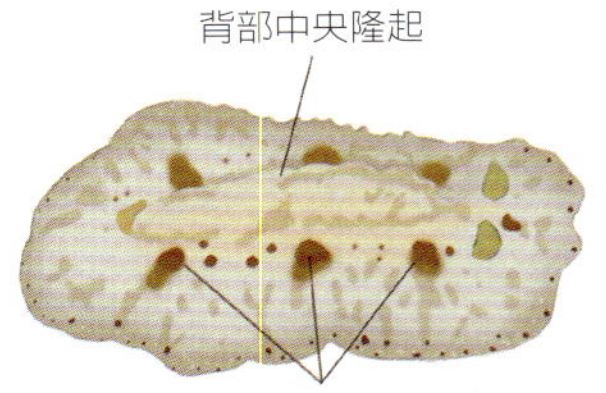
背部中央隆起
三對褐色斑紋呈水滴形

| 慶良間群島 水深 15m 大小 25mm 小野篤司 |

身體爲白色，背面散布淺褐色斑紋。觸角後方的三對褐色斑紋特別大，朝外側呈水滴形。觸角後方的背部中央隆起，覆蓋小突起。背部周緣排列黑褐色細點。觸角爲淡黃白色。外套膜裡面與腹足沒有斑紋。長度達 25mm。

盤海蛞蝓科 Discodorididae

## 盤海蛞蝓科之一種 14

慶良間群島

Discodorididae sp. 14

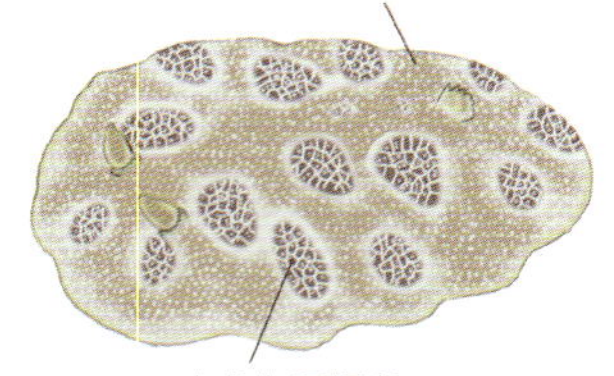
覆蓋細微的網眼狀斑紋
底色為深褐色，
有白色網眼狀圓斑

| 慶良間群島 水深 6m 大小 12mm 小野篤司 |

身體爲乳白色，背部覆蓋淡褐色細微網眼狀斑紋，部分爲深褐色底色加上白色網眼，形成接近圓形的圖案，且近乎左右對稱，非隨機點綴在身上。根據 Gosliner et al., 2018 的 *Caryophyllidia dorid* sp. 9 爲本個體之描述。長度達 12mm。

盤海蛞蝓科 Discodorididae

## 盤海蛞蝓科之一種 15

慶良間群島

Discodorididae sp. 15

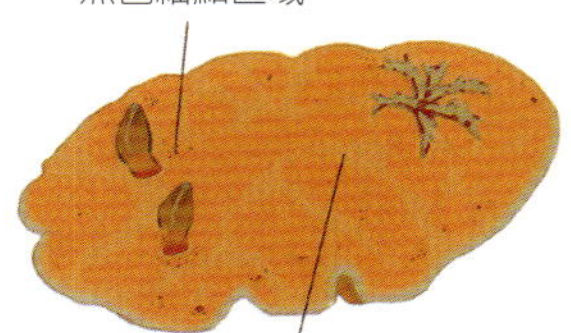
黑色細點區域
看似黴菌的細微突起

| 慶良間群島 水深 8m 大小 15mm 小野篤司 |

身體爲橙黃色，背部有黑褐色細點區域。細點區域以外的地方，密布細微突起。觸角爲淡褐色，上方爲褐色，前端爲白色。鰓爲淡褐色，有褐色邊。本種也屬 *Caryophyllidia dorid*，細微突起周圍有絨毛狀突起作爲支撐。長度達 15mm。

---

盤海蛞蝓科 Discodorididae

## 盤海蛞蝓科之一種 16

伊豆半島、琉球群島

Discodorididae sp. 16

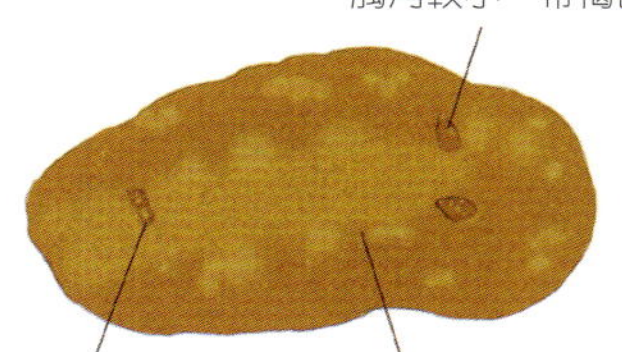
觸角較小，帶褐色
鰓較小，鰓葉為淺褐色
覆蓋細微突起

| 慶良間群島 水深 8m 大小 15mm 小野篤司 |

身體爲深黃色，背部覆蓋細微突起，以放射狀的線串聯所有突起。觸角較小，帶褐色，前端有些微白色。鰓較小，鰓葉爲淺褐色。本種可能是 *Geitodoris* 屬。長度達 20mm。

---

盤海蛞蝓科 Discodorididae

## 盤海蛞蝓科之一種 17

沖繩群島

Discodorididae sp. 17

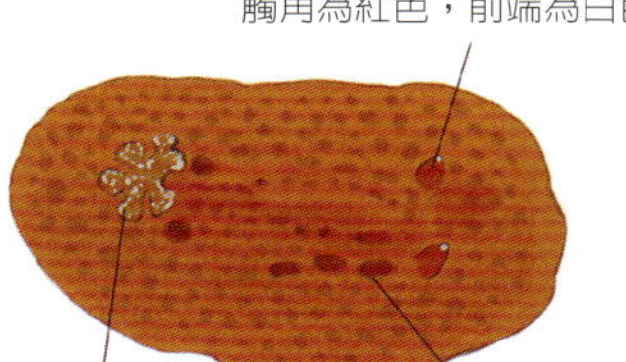
觸角為紅色，前端為白色
鰓為淺褐色，前端為白色
有許多深色斑

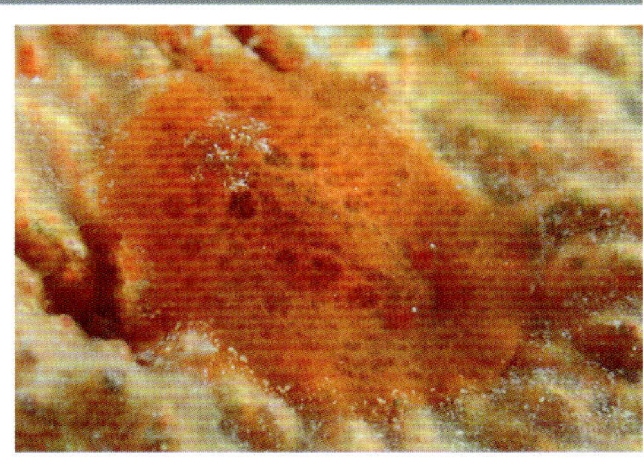

| 慶良間群島 水深 7m 大小 9mm 小野篤司 |

身體爲橙色，背部有許多深色斑。背部中央的深色斑顏色更濃。除了深色斑之外，其他地方遍布細微突起。觸角爲紅色，前端爲白色。鰓爲淺褐色，前端爲白色。本種是屬未定的 Caryophyllidia dorid。長度達 12mm。

| 大瀨崎 水深 3m 大小 30mm 山田久子 |

輻環海蛞蝓科 Actinocyclidae
輻環海蛞蝓屬 Actynocyclus

西太平洋

## 乳突輻環海蛞蝓

*Actinocyclus papillatus*（Bergh, 1878）

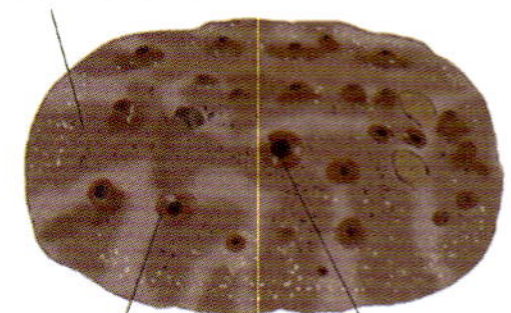
散布深褐色與白色斑紋
許多大突起
中間的深色紋也很大

身體爲茶褐色與黃褐色。背部散布深褐色與白色斑紋，周緣有白色細點，但多寡不一。外觀近似疣狀輻環海蛞蝓，但背部的突起較大，數量也多。突起中心的深色紋也很大，雖有白邊卻不是眼紋。長度達 50mm。

| 一切 水深 11m 大小 40mm 山田久子 |

輻環海蛞蝓科 Actinocyclidae
輻環海蛞蝓屬 Actynocyclus

印度－太平洋

## 疣狀輻環海蛞蝓

*Actinocyclus verrucosus* Ehrenberg, 1831

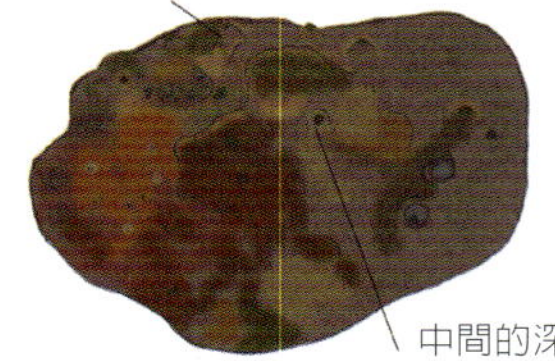
突起小且低，數量也少
中間的深色紋很小，
有些個體是眼紋

身體爲奶油色到褐色、黑色，個體變異大。背部通常有深淺不一的斑紋，外形很像乳突輻環海蛞蝓，但背部突起小且低，數量也少。中間的深色紋很小，有些個體是淺色邊的眼紋。長度達 120mm。

| 八丈島 水深 8m 大小 8mm 加藤昌一 |

輻環海蛞蝓科 Actinocyclidae
Hallaxa 屬

印度－西太平洋

## 無飾輻環海蛞蝓

*Hallaxa indecora*（Bergh, 1905）

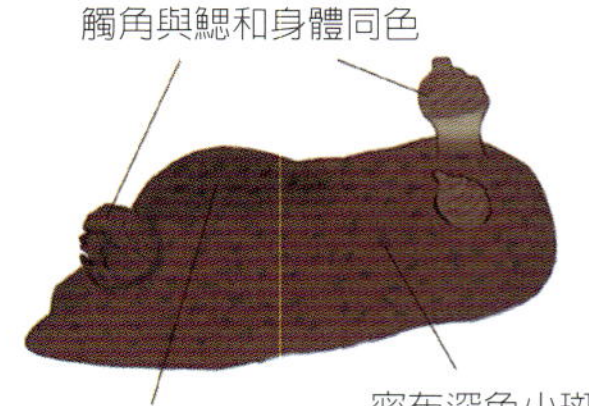
觸角與鰓和身體同色
鰓前方隆起
密布深色小斑點

身體爲紅紫色到紅褐色，背部散布深色小斑點，有些個體有白色細點排列。觸角褶葉與鰓和身體同色，觸角前端有白點。鰓前方略微隆起。長度達 12mm。

輻環海蛞蝓科 Actinocyclidae
Hallaxa 屬

# 星芒輻環海蛞蝓

*Hallaxa iju*
Gosliner & Johnson, 1994

西太平洋、
中太平洋

| 慶良間群島 水深 10m 大小 10mm 小野篤司 |

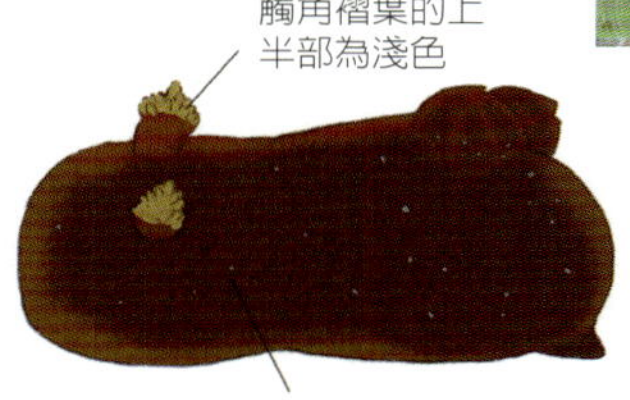
觸角褶葉的上
半部為淺色
零星散布白色細點

身體爲紅褐色。背面零星散布白色細點，鰓與觸角和身體同色，觸角褶葉的上半部爲淺色。此外，觸角褶葉近似無飾輻環海蛞蝓，但比較大。長度達 10mm。

---

輻環海蛞蝓科 Actinocyclidae
Hallaxa 屬

# 海琳輻環海蛞蝓

*Hallaxa hileenae*
Gosliner & Johnson, 1994

西太平洋

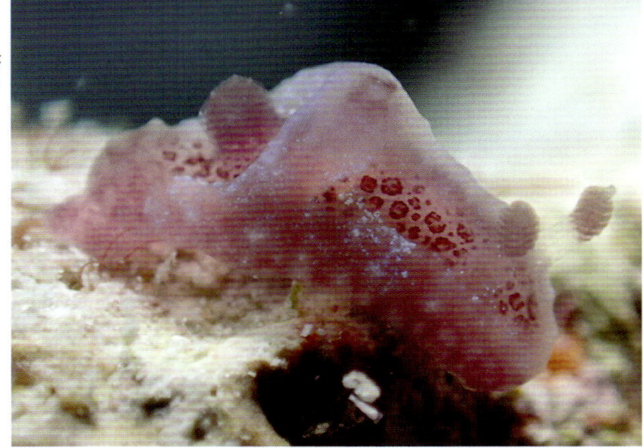

| 慶良間群島 水深 8m 大小 12mm 小野篤司 |

較大的堤防形突起
散布白色細點
散布深色小紋

身體爲淡紫色到帶紫色的褐色，背部體表密布深色小紋。背部周緣與觸角間，有圍繞鰓的 Y 字形突起，突起上方點綴白色細點。觸角與鰓和身體同色。長度達 13mm。

輻環海蛞蝓科 Actinocyclidae
Hallaxa 屬

## 隱匿輻環海蛞蝓

*Hallaxa cryptica*
Gosliner & Johnson, 1994

印度－
西太平洋

|慶良間群島 水深 12m 大小 15mm 小野篤司|

身體爲白色或褐色半透明，背面散布略微突起且輪廓模糊的白紋。觸角與鰓和身體同色，觸角前端爲白色。長度達 25mm。

觸角前端為白色

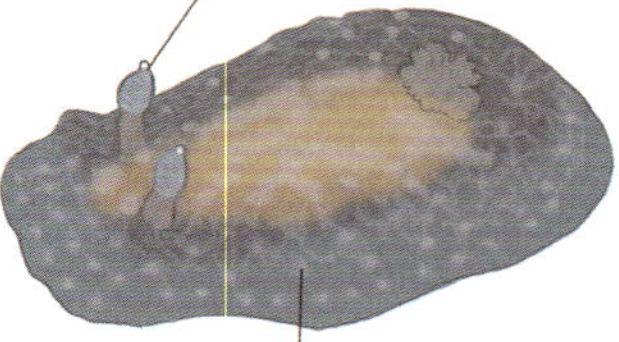
散布輪廓模糊的白紋

輻環海蛞蝓科 Actinocyclidae
Hallaxa 屬

## 寶琳輻環海蛞蝓

*Hallaxa paulinae*
Gosliner & Johnson, 1994

琉球群島、
印尼、帛琉

|慶良間群島 水深 10m 大小 13mm 小野篤司|

身體爲白色半透明，整個背部都是白色，局部有長橢圓形無色區域。觸角與鰓和身體同色，觸角前端有小黑點。本種背部皆爲灰色，沒有此紫色斑紋。長度達 18mm。

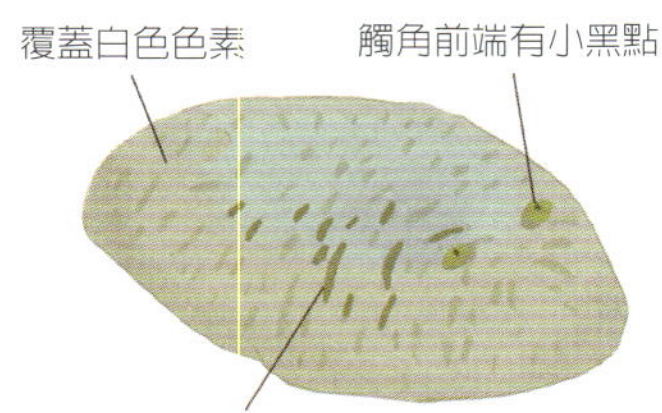
覆蓋白色色素
觸角前端有小黑點
局部有長橢圓形無色區域

輻環海蛞蝓科 Actinocyclidae
Hallaxa 屬

## 暗色輻環海蛞蝓

*Hallaxa fuscescens*（Pease, 1871）

印度－西太平洋

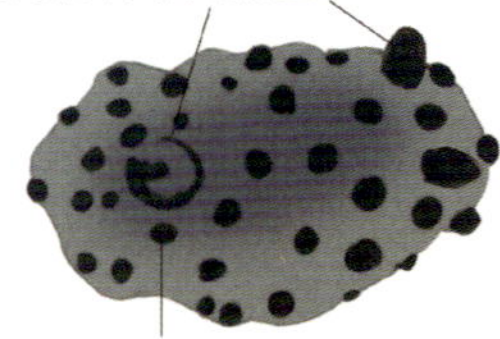
觸角褶葉與鰓為黑色
許多黑色圓形低突起

| 慶良間群島 水深 5m 大小 12mm 細田智惠子 |

身體爲深灰色，背部有許多黑色圓形低突起。觸角褶葉與鰓爲黑色。長度達 20mm。

輻環海蛞蝓科 Actinocyclidae
Hallaxa 屬

## 朦朧輻環海蛞蝓

*Hallaxa translucens*
Gosliner & Johnson, 1994

日本、菲律賓

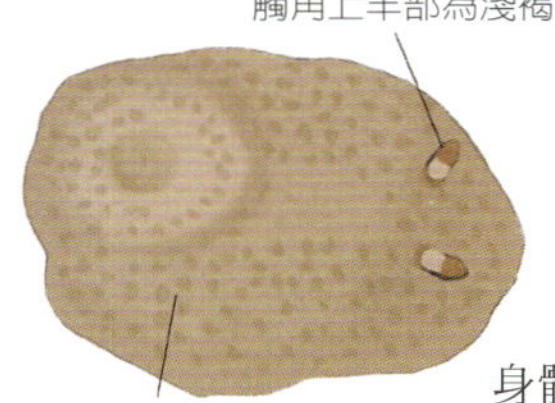
觸角上半部為淺褐色
覆蓋白色網眼狀斑紋

| 一切 水深 8m 大小 20mm 山田久子 |

身體爲白色半透明，背部覆蓋白色網眼狀斑紋。網眼較小，接近圓形或正方形。鰓與觸角和身體同色，觸角上半部爲淺褐色。過去的文獻曾將其列爲寶琳輻環海蛞蝓。長度達 42mm。

輻環海蛞蝓科 Actinocyclidae
Hallaxa 屬

## *Hallaxa* 屬輻環海蛞蝓之一種

*Hallaxa* sp.

沖繩群島

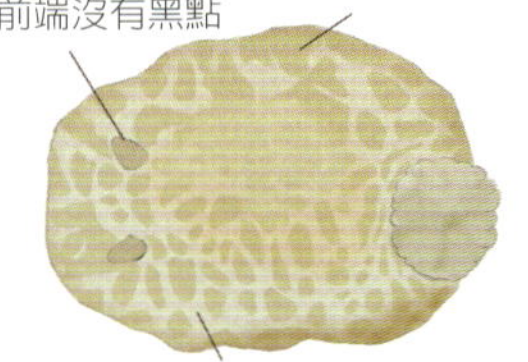
網眼的半透
明部分較大
觸角前端沒有黑點
覆蓋白色網眼狀斑紋

| 慶良間群島 水深 7m 大小 10mm 小野篤司 |

身體爲白色半透明，整體背部覆蓋白色網眼狀斑紋。網眼較粗，形狀不一，接近橢圓形。觸角與鰓的顏色和身體相同。外觀近似寶琳輻環海蛞蝓，可從網眼的半透明部分較大，觸角前端沒有黑點來辨別。長度達 30mm。

|八丈島 水深 13m 大小 20mm 加藤昌一|

多彩海蛞蝓科 Chromodorididae
嘉德林海蛞蝓屬 Cadlinella

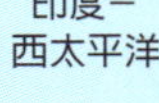
印度－
西太平洋

## 裝飾嘉德林海蛞蝓

*Cadlinella ornatissima*（Risbec, 1928）

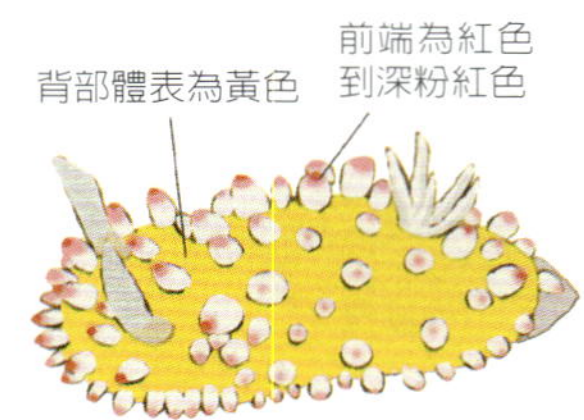
背部體表為黃色
前端為紅色
到深粉紅色

身體為白色半透明，背部體表為黃色。背部周緣排列白色外套腺。背部覆蓋紡錘形突起，突起前端從紅色到深粉紅色。白色觸角較長。長度達 35mm。

|慶良間群島 水深 12m 大小 8mm 小野篤司|

多彩海蛞蝓科 Chromodorididae
嘉德林海蛞蝓屬 Cadlinella

西太平洋

## 類裝飾嘉德林海蛞蝓

*Cadlinella subornatissima* Baba, 1996

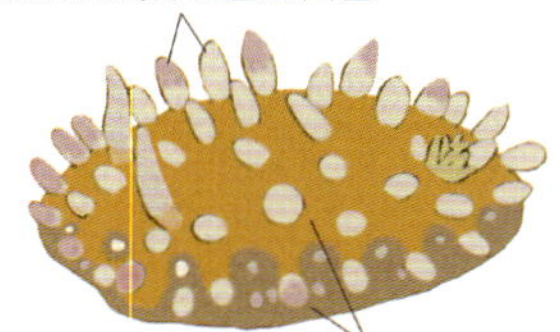
前端為淺粉紅色到白色
中間為黃色，周緣無色

身體為白色半透明，背部中央為黃色，周緣無色。有些個體完全沒有黃色區域。背部覆蓋紡錘形突起，突起前端為淺粉紅色到白色或無色。外觀很像裝飾嘉德林海蛞蝓，但本種的背部周緣不是黃色，背部突起前端為淺色。長度達 17mm。

|伊豆海洋公園 水深 45m 大小 50mm 高瀨步|

多彩海蛞蝓科 Chromodorididae
嘉德林海蛞蝓屬 Cadlinella

日本

## 相模嘉德林海蛞蝓

*Cadlinella sagamiensis*（Baba, 1937）

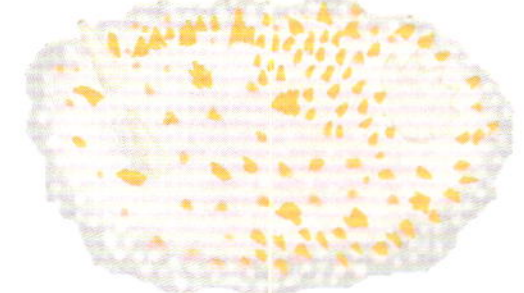
散布黃色圓錐狀小突起
周緣有許多白色外套腺。

身體呈白色或淡黃色，半透明。背部散布黃色圓錐狀小突起，周緣有許多白色外套腺。觸角與鰓的顏色和身體底色相同。長度達 50mm。

多彩海蛞蝓科 Chromodorididae
多彩海蛞蝓屬 Chromodoris

# 華麗多彩海蛞蝓

*Chromodoris magnifica*
（Quoy & Gaimard, 1832）

西太平洋

|慶良間群島 水深 12m 大小 40mm 小野篤司|

內側呈白色到藍色
黑線較為紊亂
由外往內為白色、
橙黃色與白色色帶

背部邊緣由外往內爲白色、橙黃色與白色色帶。背部有三條直向的黑色粗線，但通常較爲紊亂。黑線內側呈白色到藍色。外觀很像多彩海蛞蝓之一種 2，但本種的背部周緣有橙黃色色帶。長度達 90mm。

---

多彩海蛞蝓科 Chromodorididae
多彩海蛞蝓屬 Chromodoris

# 安娜多彩海蛞蝓

*Chromodoris annae* Bergh, 1877

印度－太平洋

|八丈島 水深 12m 大小 25mm 加藤昌一|

中間區域為藍色
遍布深色細點

背部黑線內的區域爲藍色，遍布深色細點。觸角間的正中線上方有黑線，斷斷續續地延伸至鰓。本種爲淺色型，背部周緣的橙黃色色帶爲接近白色的淺色調，觸角與鰓的顏色也很淡。與此近似的 *C.elisabethina* 在日本尚未被確認。長度達 40mm。

|八丈島 水深 10m 大小 25mm 加藤昌一|

|八丈島 水深 15m 大小 20mm 加藤昌一|

多彩海蛞蝓科 Chromodorididae
多彩海蛞蝓屬 Chromodoris

## 科爾曼多彩海蛞蝓

*Chromodoris colemani*
Rudman, 1982

**西太平洋、中太平洋**

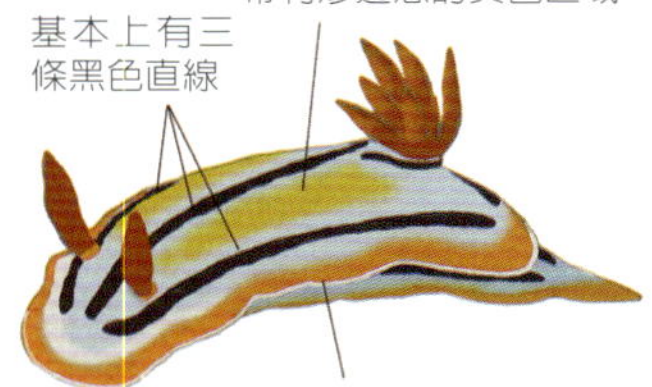
帶有滲透感的黃色區域
基本上有三
條黑色直線
白色細邊內側有橙黃色色帶

背部有白色細邊，內側有橙黃色色帶。基本上中間有3條黑色直線，但有些個體有5條黑色直線，有的是黑色虛線，偶爾還會觀察到沒有正中間黑線的變異。背部中央有一塊像似顏色滲透出來的黃色區域，有時也會看到完全沒有黃色區域的個體。觸角與鰓爲橙紅色。長度達 30mm。

---

|奄美大島 水深 12m 大小 18mm 山田久子|

多彩海蛞蝓科 Chromodorididae
多彩海蛞蝓屬 Chromodoris

## 細線多彩海蛞蝓

*Chromodoris lineolata*
（van Hasselt, 1824）

**西太平洋**

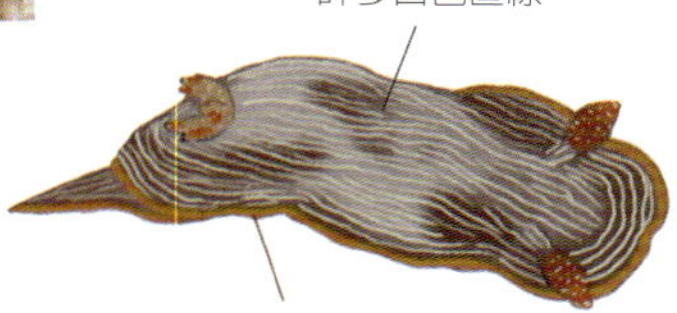
許多白色直線
邊緣為橙色到橙紅色

身體爲黑褐色到黑色，背部有多條白色直線。背部周緣有橙色到橙紅色的邊。觸角褶葉與鰓葉爲橙色到深紅褐色，散布許多白色細點。長度達 45mm。

多彩海蛞蝓科 Chromodorididae
多彩海蛞蝓屬 Chromodoris

# 條紋多彩海蛞蝓

*Chromodoris strigata*
Rudman, 1982

印度－
太平洋

|八丈島 水深 18m 大小 30mm 加藤昌一|

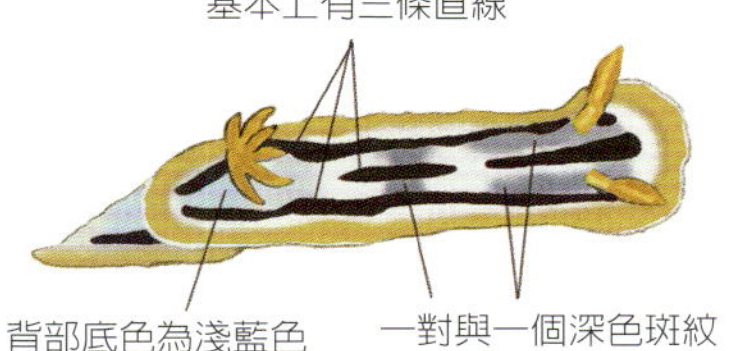
基本上有三條直線
背部底色為淺藍色
一對與一個深色斑紋

基本上背部有 3 條黑色直線，有的斷斷續續、有的彎曲、有的很粗，個體變異大。背部底色爲淺藍色，觸角後方有一對深色斑紋，背部中央有一個深色斑紋，配置位置很整齊。長度達 25mm。

多彩海蛞蝓科 Chromodorididae
多彩海蛞蝓屬 Chromodoris

# 洛氏多彩海蛞蝓

*Chromodoris lochi* Rudman, 1982

印度－
太平洋

|八丈島 水深 8m 大小 25mm 加藤昌一|

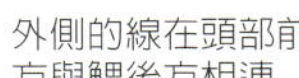
外側的線在頭部前
方與鰓後方相連

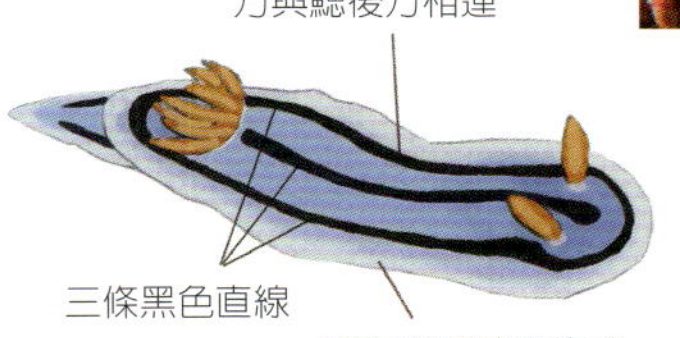
三條黑色直線
帶有滲透感的白邊

背面爲藍色到水藍色，周緣的白邊像是滲出來的一般。背部體表沒有黃色，有 3 條明顯的黑色直線，外側的線在頭部前方與鰓後方相連。觸角與鰓爲黃色到淺紅色。長度達 50mm。

多彩海蛞蝓科 Chromodorididae
多彩海蛞蝓屬 Chromodoris

## 威廉多彩海蛞蝓

*Chromodoris willani* Rudman, 1982

西太平洋

| 八丈島 水深 21m 大小 35mm 加藤昌一 |

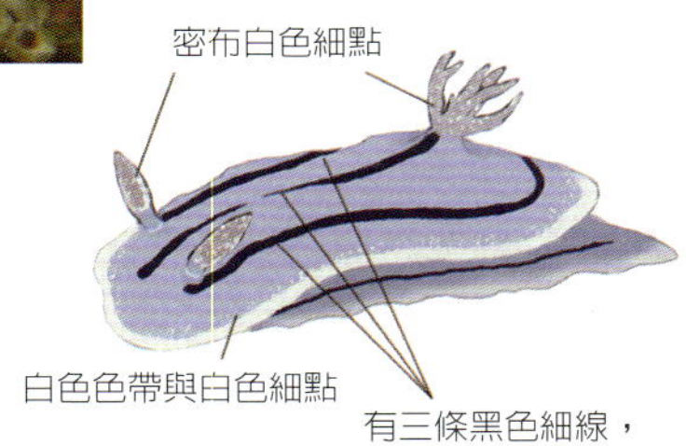
密布白色細點
白色色帶與白色細點
有三條黑色細線，
但斷斷續續

背部呈淡藍色，有 3 條黑色細線，但斷斷續續。正中線上方的黑線通常只存在於觸角間和鰓前。此外，還有許多短直線混在一起。背部有白色色帶圍起的邊。觸角、鰓與背部周緣內側密布白色細點，可從這一點區分近似種。長度達 50mm。

---

多彩海蛞蝓科 Chromodorididae
多彩海蛞蝓屬 Chromodoris

## 埃卡拉多彩海蛞蝓

*Chromodoris alcalai* Gosliner, 2020

西太平洋

| 八丈島 水深 12m 大小 30mm 加藤昌一 |

背面為灰藍色
鰓的上半部為黃色
兩條黑色直線在中間
與觸角側邊中斷
形成笑臉圖案

背部爲灰藍色，密布細微白點。背部周緣爲白色，兩條黑色直線從觸角後方開始延伸。觸角前方的黑線看起來像人的嘴巴，令人聯想到笑臉圖案。正中線上方有黑色短直線與黑色紋路，但彼此不相連，有些個體完全沒有這些線與紋路。整個觸角全長與鰓上方 1 / 2 爲橙黃色。長度達 60mm。

多彩海蛞蝓科 Chromodorididae
多彩海蛞蝓屬 Chromodoris

# 麥可多彩海蛞蝓

*Chromodoris michaeli*
Gosliner & Behrens, 1998

西太平洋

| 沖繩島 水深 40m 大小 45mm 今川郁 |

底色為藍色密
布白色細點
深色區域
外側有白色細邊，
還有較寬的黃色邊框

背部爲藍色，密布細微白點，因此看起來像淡藍色。背部周緣的外側有白色細線，還有黃色邊框。環繞背部周緣的黑色粗直線，在觸角前方和鰓後方中斷。觸角後方與背部中央有深色區域。鰓的上半部與觸角爲橙黃色。長度達 50mm。

---

多彩海蛞蝓科 Chromodorididae
多彩海蛞蝓屬 Chromodoris

# 粗糙多彩海蛞蝓

*Chromodoris aspersa*
(Gould, 1852)

印度－
太平洋

| 八丈島 水深 7m 大小 40mm 加藤昌一 |

觸角與鰓為黃色
散布紫色小紋
黃色細邊

身體爲乳白色，偶爾可見灰黃色個體。背部通常有許多輪廓模糊的紫色小紋，小紋周圍還有圓形無色區。背部周緣有黃色細邊。觸角與鰓從黃色到橙黃色，鰓的顏色較淡。長度達 30mm。

|慶良間群島 水深 10m 大小 20mm 小野篤司|

多彩海蛞蝓科 Chromodorididae
多彩海蛞蝓屬 Chromodoris

## 多彩海蛞蝓之一種 1

*Chromodoris* sp. 1

西太平洋

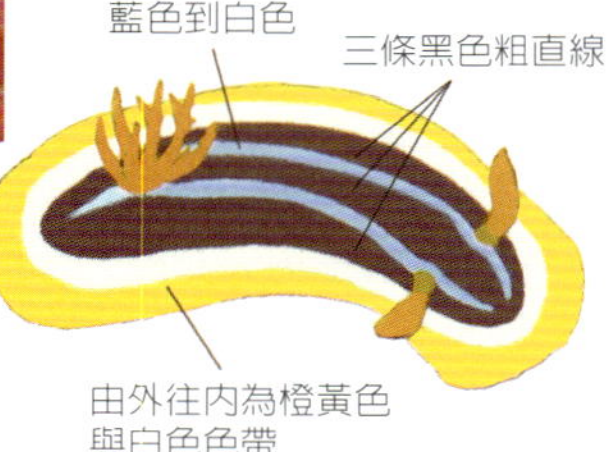
藍色到白色
三條黑色粗直線
由外往內為橙黃色
與白色色帶

背部由外往內爲橙黃色與白色色帶，還有 3 條直向延伸的黑色粗線，黑線內側爲藍色到白色。本種的背部沒有白邊，可藉此與近似種區分。長度達 40mm。

|慶良間群島 水深 10m 大小 35mm 小野篤司|

多彩海蛞蝓科 Chromodorididae
多彩海蛞蝓屬 Chromodoris

## 多彩海蛞蝓之一種 2

*Chromodoris* sp. 2

西太平洋

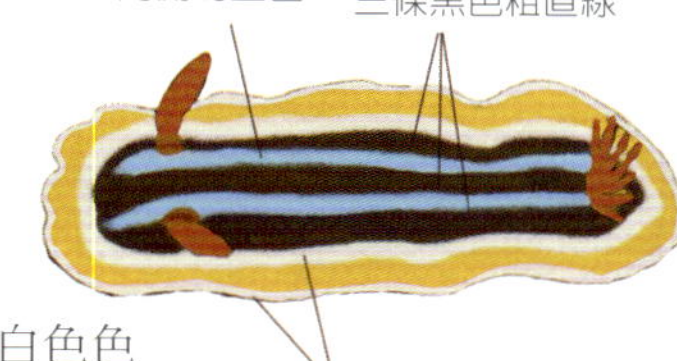
內側為藍色
三條黑色粗直線
由外往內為白色、
橙黃色與白色色帶

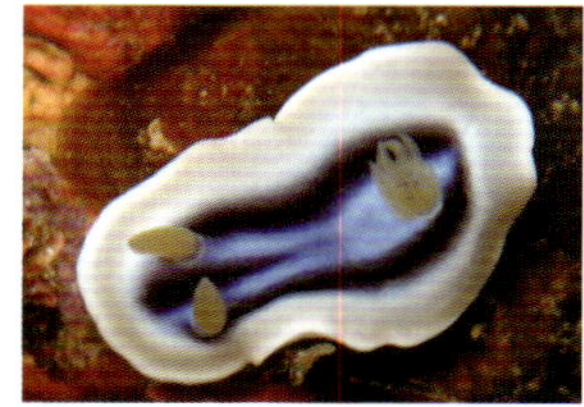

|慶良間群島 水深 8m
大小 12mm 小野篤司|

背部由外往內爲白色、橙黃色與白色色帶，還有三條較爲筆直的黑色粗線，其內側爲藍色。本種淡色型的背部周緣沒有橙黃色色帶，黑線內側有藍色區塊。根據 Gosliner et al., 2018，本種在遺傳上與 *C. joshi* Gosliner & Behrens, 1998 爲同種，但由於沒發現介於中間的個體，因此本書列爲未知種。長度達 35mm。

多彩海蛞蝓科 Chromodorididae
多彩海蛞蝓屬 Chromodoris

# 多彩海蛞蝓之一種 3

日本

*Chromodoris* sp. 3

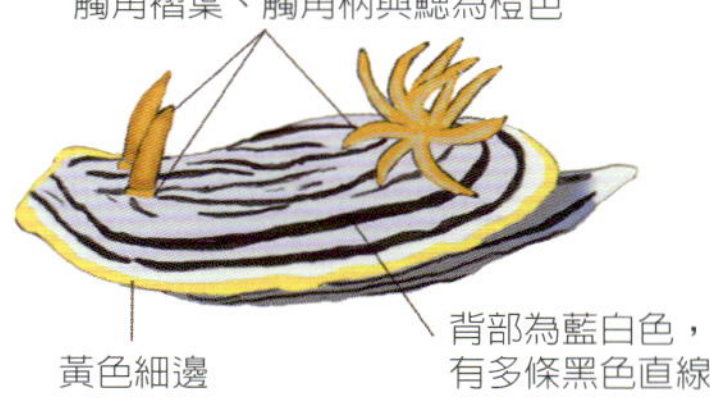
觸角褶葉、觸角柄與鰓為橙色
黃色細邊
背部為藍白色，
有多條黑色直線

| 八丈島 水深 35m 大小 50mm 加藤昌一 |

背部爲藍白色，有多條黑色直線，周緣有黃邊。觸角、觸角柄與鰓爲橙色。至今本種使用的種名爲 *C. burni* Rudman, 1982，但鰓內側的軸基部 1 / 2 各有兩條黑線，觸角柄爲白色，因此本書視爲別種。長度達 40mm。

多彩海蛞蝓科 Chromodorididae
多彩海蛞蝓屬 Chromodoris

# 多彩海蛞蝓之一種 4

三宅島、八丈島、小笠原群島

*Chromodoris* sp. 4

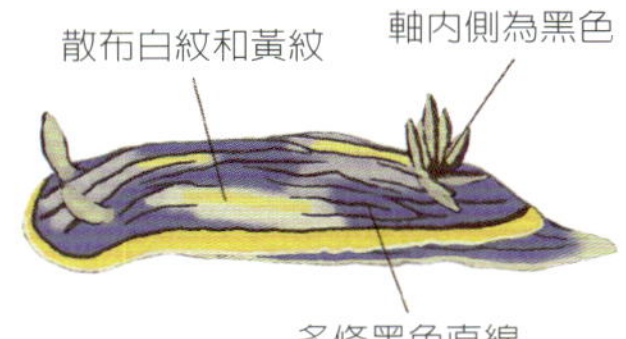
散布白紋和黃紋
軸內側為黑色
多條黑色直線

| 八丈島 水深 12m 大小 30mm 加藤昌一 |

背部爲藍色，有多條黑色直線，大型個體散布白紋和黃紋。背部周緣由外往內有白色細線和黃色色帶的邊。觸角與鰓爲淺黃色，鰓軸內側爲黑色。長度達 30mm。

多彩海蛞蝓科 Chromodorididae
多彩海蛞蝓屬 Chromodoris

# 多彩海蛞蝓之一種 5

*Chromodoris* sp. 5

三宅島、八丈島、小笠原群島

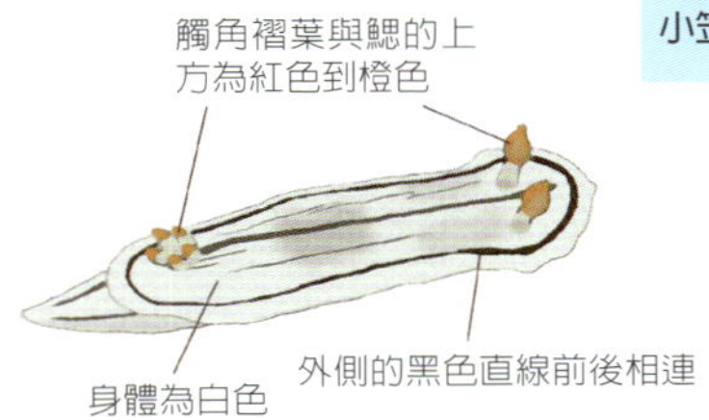
觸角褶葉與鰓的上
方為紅色到橙色
身體為白色
外側的黑色直線前後相連

| 八丈島 水深 8m 大小 20mm 加藤昌一 |

身體爲白色，背面有 3 到 6 條黑色直線，外側直線在頭部前方與鰓後方相連。觸角褶葉與鰓上方 2 / 3 爲紅色到橙色。長度達 25mm。

多彩海蛞蝓科 Chromodorididae
多彩海蛞蝓屬 Chromodoris

西太平洋

# 多彩海蛞蝓之一種 6

*Chromodoris* sp. 6

有三條黑色直線，
中間還有黃色色帶
鰓葉為白色
深色區域

| 慶良間群島 水深 15m 大小 20mm 小野篤司 |

背部有三條黑色直線，中間還有黃色色帶。觸角後方和背部中央有深色區域，背緣有橙紅色細邊。本種的鰓軸爲橙色，鰓葉爲白色。外觀近似條紋多彩海蛞蝓，但可從背部中央沒有黃色，鰓葉爲橙色等特性辨別。根據千葉大學的標本，依採集地嘉比島，提議新名稱「ガヒイロウミウシ」。長度達 30mm。

多彩海蛞蝓科 Chromodorididae
多彩海蛞蝓屬 Chromodoris

八丈島

# 多彩海蛞蝓之一種 7

*Chromodoris* sp. 7

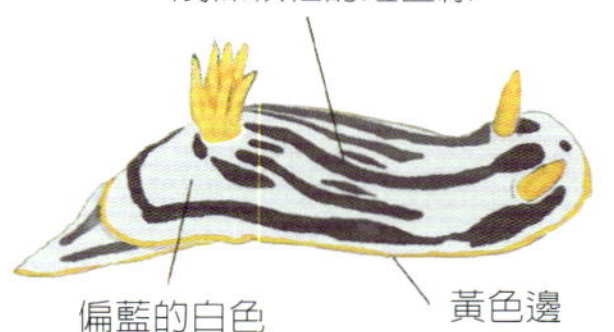
有三條黑色粗直線與
幾條較粗的短直線
偏藍的白色
黃色邊

| 八丈島 水深 10m 大小 20mm 加藤昌一 |

身體爲帶著淺淺藍色的白色，背部有 3 條黑色粗直線，中間還有幾條衍生的短粗直線。背部周緣有黃色邊。觸角和鰓爲橙黃色。外觀近似華麗多彩海蛞蝓，但本種背部周緣的邊爲黃色，寬度也較細。長度紀錄達 20mm。

多彩海蛞蝓科 Chromodorididae
多彩海蛞蝓屬 Chromodoris

西太平洋

# 多彩海蛞蝓之一種 8

*Chromodoris dianae*
Gosliner & Behrens, 1998

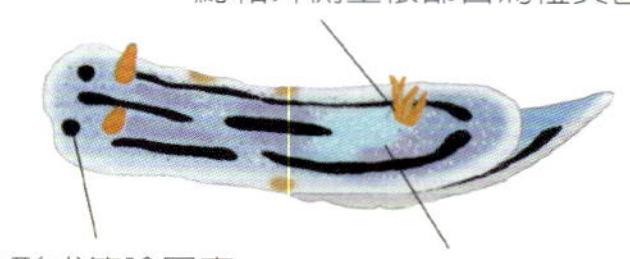
鰓軸外側至根部皆為橙黃色
未形成笑臉圖案
密布細微白點

| 慶良間群島 水深 15m 大小 20mm 小野篤司 |

背部爲灰藍色，密布白色細點。背部周緣爲白色。與埃卡拉多彩海蛞蝓的不同之處在於，鰓軸外側至根部皆爲橙黃色，頭部黑線未形成笑臉圖案。有些個體的背緣沒有黃斑。長度達 60mm。

多彩海蛞蝓科 Chromodorididae
角鰓海蛞蝓屬 Goniobranchus

# 染斑角鰓海蛞蝓

*Goniobranchus* sp. 1

印度－西太平洋

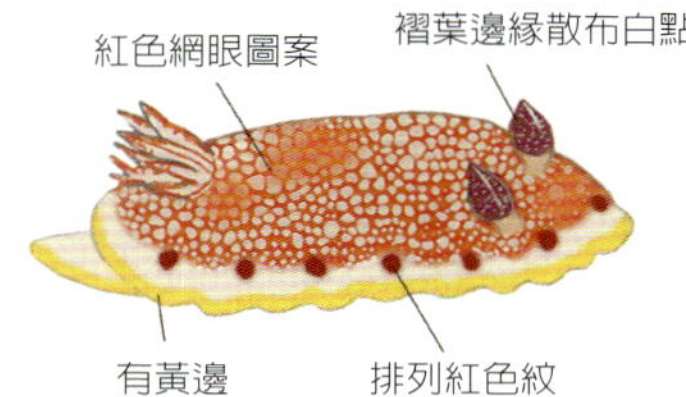
紅色網眼圖案
褶葉邊緣散布白點
有黃邊
排列紅色紋

| 八丈島 水深 14m 大小 40mm 加藤昌一 |

身體爲白色，有紅色網眼圖案，外側排列紅色紋。背部周緣有黃邊。觸角褶葉的邊緣散布白點。此外，*G. tinctorius* 的褶葉邊緣有白邊，因此今後要進一步調查日本原生種。長度達 95mm。

多彩海蛞蝓科 Chromodorididae
角鰓海蛞蝓屬 Goniobranchus

# 網紋角鰓海蛞蝓

*Goniobranchus* sp. 2

西太平洋

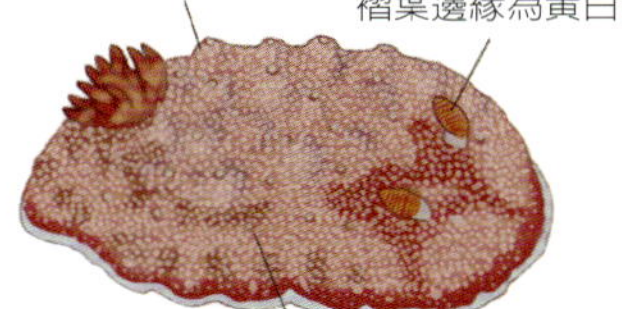
許多平緩突起
褶葉邊緣為黃白色
細網眼圖案周緣有淡淡的白色色帶

| 慶良間群島 水深 7m 大小 40mm 小野篤司 |

身體爲白色。背部覆蓋深紅色細網眼圖案，周緣有淡淡的白色色帶。背面有許多平緩突起。鰓爲紅褐色，軸內側爲白色。觸角爲淺褐色，褶葉邊緣爲黃白色。長度達 60mm。

多彩海蛞蝓科 Chromodorididae
角鰓海蛞蝓屬 Goniobranchus

# 柯林伍德角鰓海蛞蝓

*Goniobranchus collingwoodi*
（Rudman, 1987）

西太平洋

散布深色紋密集的白色細點
密布白色細點
排列藍紫色斑紋，有些個體呈連續狀

| 八丈島 水深 12m 大小 20mm 加藤昌一 |

身體爲白色，背部中央爲紅褐色，散布深色紋，上方有密集的白色細點。背部周緣爲白色，排列黃色與藍紫色斑紋，周緣有斷斷續續的藍紫色斑紋。鰓爲淺褐色，軸有褐色邊。觸角褶葉密布白色細點。長度達 44mm。

| 慶良間群島 水深 20m 大小 20mm 小野篤司 |

多彩海蛞蝓科 Chromodorididae
角鰓海蛞蝓屬 Goniobranchus

# 希圖安角鰓海蛞蝓

*Goniobranchus hintuanensis*
（Gosliner & Behrens, 1998）

西太平洋

背部為帶藍紫色的白色，周緣有藍紫色細邊。背部有密集的白色大圓斑，圓斑輪廓模糊。背部中央有 6 個帶黑紫色邊緣的小圓紋。觸角與鰓為淡紫色，觸角褶葉、鰓軸為紫色。長度達 30mm。

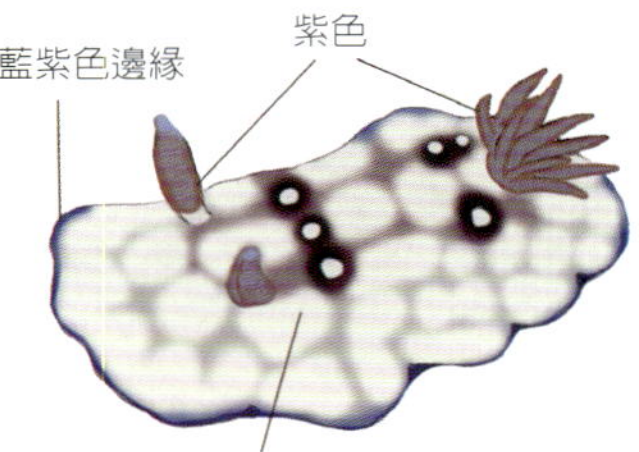
藍紫色邊緣
紫色
白色大圓斑與帶黑紫
色邊緣的小圓紋

| 八丈島 水深 10m 大小 30mm 加藤昌一 |

多彩海蛞蝓科 Chromodorididae
角鰓海蛞蝓屬 Goniobranchus

# 顫動角鰓海蛞蝓

*Goniobranchus vibratus*
（Pease, 1860）

西太平洋、
中太平洋

背部為深黃色，覆蓋略微突起的白色斑紋。背部周緣排列白斑，有藍紫色邊。觸角褶葉與鰓葉為藍紫色，出現規律抖鰓行為。長度達 30mm。

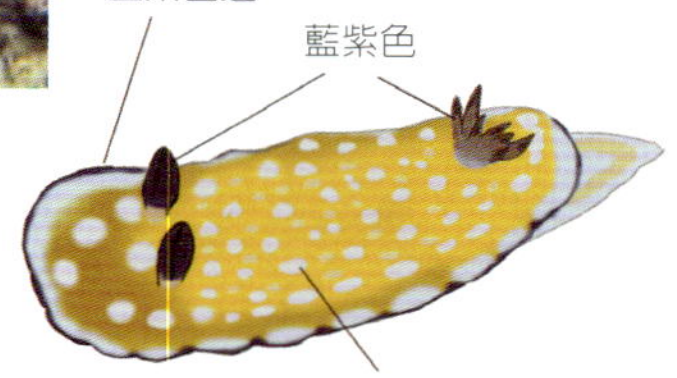
藍紫色邊
藍紫色
覆蓋略微突起的白色斑紋

多彩海蛞蝓科 Chromodorididae
角鰓海蛞蝓屬 Goniobranchus

# 洛博角鰓海蛞蝓

*Goniobranchus roboi*
(Gosliner & Behrens, 1998)

印度－
西太平洋

|井田(本州型) 水深 10m 大小 20mm 片野猛|

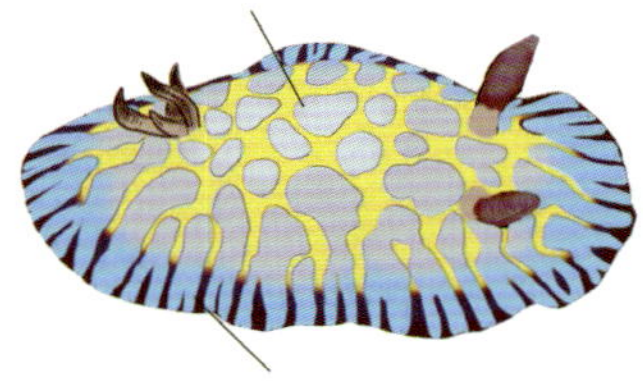
散布灰藍色斑紋
藍紫色色帶上排
列水藍色斑紋

背部中央為黃色，散布灰藍色與淡紫色斑紋。圍繞背部周緣的藍紫色色帶上，排列水藍色斑紋。本種的正模標本原生於沖繩，水藍色斑紋未延伸至黃色區域。目前已知有幾個近似的個體群。長度達 50mm。

|慶良間群島(沖繩型)
水深 6m 大小 15mm 小野篤司|

多彩海蛞蝓科 Chromodorididae
角鰓海蛞蝓屬 Goniobranchus

# 柯氏角鰓海蛞蝓

*Goniobranchus coi*
(Risbec, 1956)

西太平洋、
中太平洋

|八丈島 水深 18m 大小 40mm 加藤昌一|

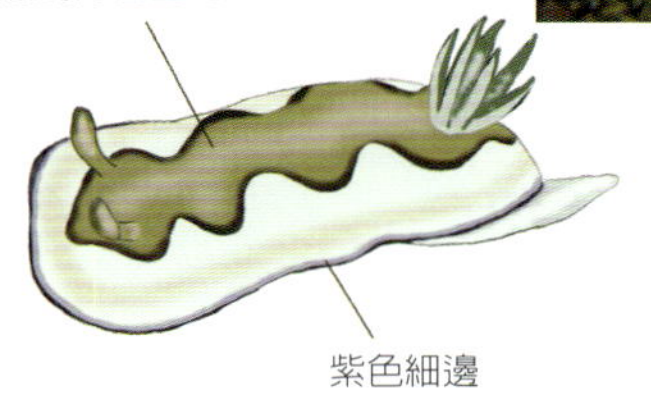
波浪形黑線圍繞
的淺褐色色塊
紫色細邊

背部為黃白色，有些個體帶綠色或褐色。背部中央有波浪形黑線圍繞的淺褐色色塊。色塊外側有黑線點綴的褐色小圓斑或帶有黑色紋路，但有些個體完全沒有。背緣有紫色細邊，內側有輪廓模糊的褐色粗色帶圍繞一圈。長度達 60mm。

| 慶良間群島 水深 10m 大小 30mm 小野篤司 |

多彩海蛞蝓科 Chromodorididae
角鰓海蛞蝓屬 Goniobranchus

印度－太平洋

## 庫尼角鰓海蛞蝓

*Goniobranchus kuniei*
(Pruvot-Fol, 1930)

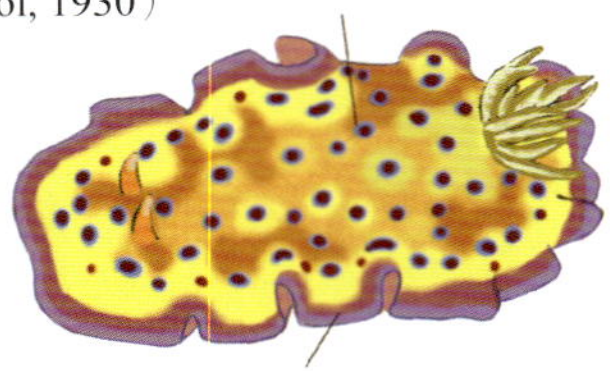
散布藍邊深紫色小圓斑
邊緣為淺紫色到藍紫色

背面爲黃色，散布有藍邊的深紫色小圓斑。還有避開圓斑周圍的褐色大斑紋。背部周緣有淺紫色到藍紫色的邊。經常可以觀察到本種大幅拍動背部周緣，一邊移動的情景。長度達 75mm。

| 慶良間群島 水深 6m 大小 25mm 小野篤司 |

多彩海蛞蝓科 Chromodorididae
角鰓海蛞蝓屬 Goniobranchus

印度－太平洋

## 豹斑角鰓海蛞蝓

*Goniobranchus leopardus*
(Rudman, 1987)

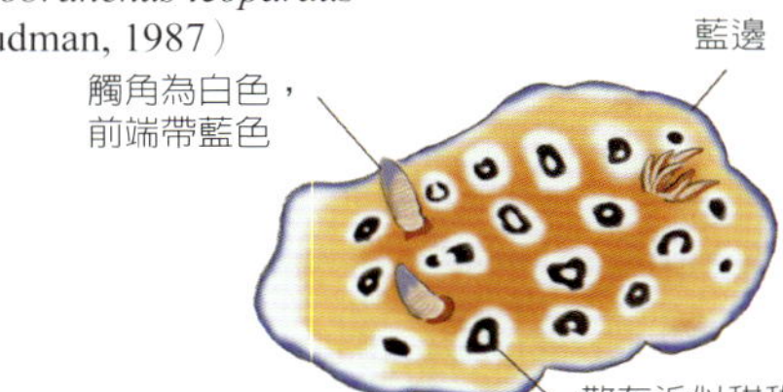
藍邊
觸角為白色，
前端帶藍色
散布近似甜甜圈
的紫褐色斑紋

背面爲白色，散布形狀不一的紫褐色甜甜圈斑紋。還有避開斑紋、輪廓模糊的褐色斑紋，呈大網眼狀排列。背部周緣有藍邊。鰓爲白色，帶紫邊，觸角前端帶藍色。過去的文獻曾將其列爲崔恩高澤海蛞蝓。長度達 60mm。

| 八丈島 水深 10m 大小 5mm 廣江一弘 |

多彩海蛞蝓科 Chromodorididae
角鰓海蛞蝓屬 Goniobranchus

印度－太平洋

## 信實角鰓海蛞蝓

*Goniobranchus fidelis*（Kelaart, 1858）

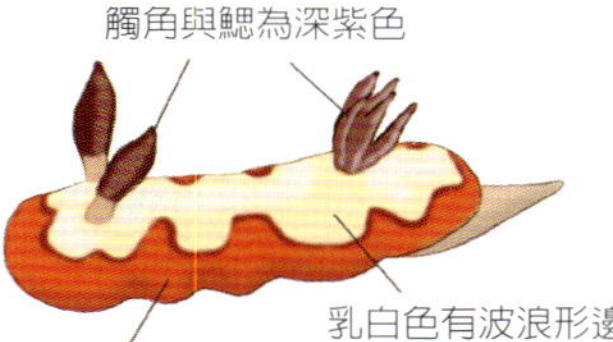
觸角與鰓為深紫色
乳白色有波浪形邊緣
背部周緣為紅色

背部中央爲白色到蛋白色，還有紅紫色的波浪形邊緣，但邊緣形狀的變異性大。最外側爲紅色。觸角與鰓爲深紫色。長度可達 30mm，但通常只有 10mm 左右。

多彩海蛞蝓科 Chromodorididae
角鰓海蛞蝓屬 Goniobranchus

# 珍貴角鰓海蛞蝓

西太平洋、中太平洋

*Goniobranchus preciosus*
(Kelaart, 1858)

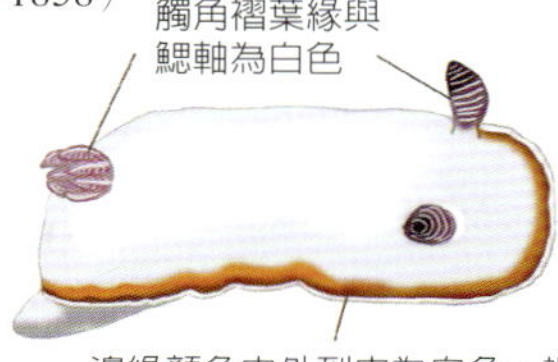
觸角褶葉緣與
鰓軸為白色
邊緣顏色由外到內為白色、褐色與橙色

| 慶良間群島 水深 15m 大小 10mm 小野篤司 |

背部爲白色，偶爾可見遍布淡褐色細點的個體。背面周緣有白色或水藍色細邊，內側爲深紅色或褐色，再往內側則有黃色或橙色色帶圍繞一圈。觸角褶葉緣與鰓軸爲白色。長度達 30mm。

---

多彩海蛞蝓科 Chromodorididae
角鰓海蛞蝓屬 Goniobranchus

# 維氏角鰓海蛞蝓

印度－太平洋

*Goniobranchus verrieri*
(Crosse, 1875)

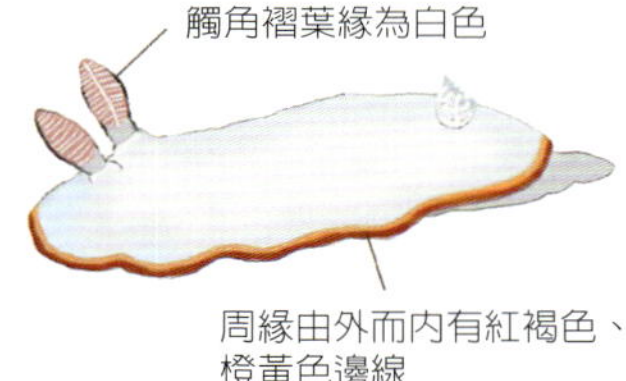
觸角褶葉緣為白色
周緣由外而內有紅褐色、
橙黃色邊線

| 八丈島 水深 7m 大小 10mm 田中惇也 |

背部爲白色，周緣由外而內有紅褐色、橙黃色邊線。觸角與鰓爲紅色到紅褐色，觸角褶葉緣、鰓軸爲白色。長度達 17mm。

---

多彩海蛞蝓科 Chromodorididae
角鰓海蛞蝓屬 Goniobranchus

# 紅角角鰓海蛞蝓

西太平洋、中太平洋

*Goniobranchus rubrocornutus*
(Rudman, 1985)

觸角為淡紫
色，邊緣帶
淺淺的白色
淡紫色，軸為白色
邊緣由外而內為橙色、紅褐色與白色

| 慶良間群島 水深 7m 大小 15mm 小野篤司 |

背部爲蛋白色，周緣由外而內爲橙色、紅褐色與白色邊。背面緣通常呈小波紋。觸角褶葉爲淺紫色，邊緣帶淺淺的白色，但有個體差異。鰓葉爲淺紫色，軸爲白色。長度達 15mm。

|一切 水深 10m 大小 10mm 山田久子|

多彩海蛞蝓科 Chromodorididae
角鰓海蛞蝓屬 Goniobranchus

西太平洋

## 中華角鰓海蛞蝓

*Goniobranchus sinensis*
(Rudman, 1985)

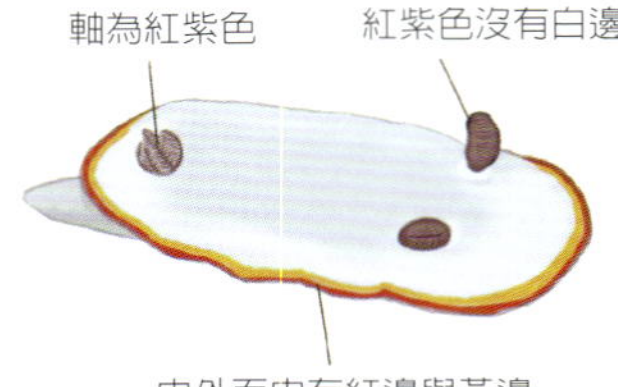
軸為紅紫色
紅紫色沒有白邊
由外而內有紅邊與黃邊

背部爲白色半透明，周緣由外往內有紅邊與黃邊。觸角與鰓爲紅紫色，沒有白邊。有些個體的背部散布紅褐色細點。長度達 14mm。

|八丈島 水深 5m 大小 12mm 加藤昌一|

多彩海蛞蝓科 Chromodorididae
角鰓海蛞蝓屬 Goniobranchus

西太平洋

## 白耳角鰓海蛞蝓

*Goniobranchus albonares*（Rudman, 1990）

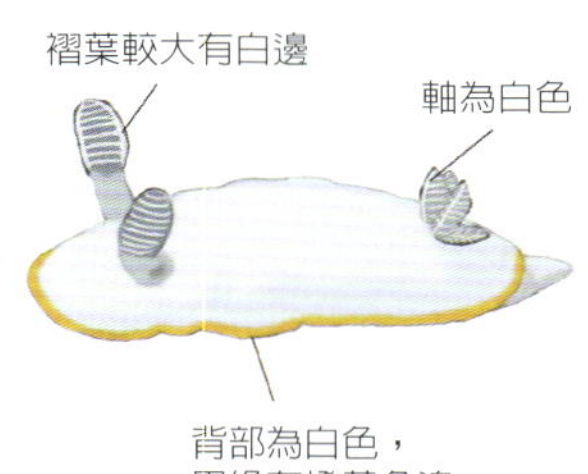
褶葉較大有白邊
軸為白色
背部為白色，
周緣有橙黃色邊

背面爲白色，周緣有橙黃色邊。觸角褶葉大，呈白色半透明狀，有白邊。鰓葉呈白色半透明狀，軸爲白色。長度達 15mm。

|大瀨崎 水深 52m 大小 10mm 山田久子|

多彩海蛞蝓科 Chromodorididae
角鰓海蛞蝓屬 Goniobranchus

日本

## 諾娜角鰓海蛞蝓

*Goniobranchus nona*（Baba, 1953）

觸角與鰓
為淺橙色
有白邊
白色外套腺排列

背面爲白色半透明，有白邊。周緣部位有白色外套腺排列，觸角與鰓爲淺橙色或黃色。根據 WoRMS，本種屬於 *Chromodoris*，但鑑定時間太久遠，需要重新檢討。本書採取中野（2018）的分類。長度達 25mm。

多彩海蛞蝓科 Chromodorididae
角鰓海蛞蝓屬 Goniobranchus

# 金紫角鰓海蛞蝓

*Goniobranchus aureopurpureus*（Collingwood, 1881）

西太平洋、中太平洋

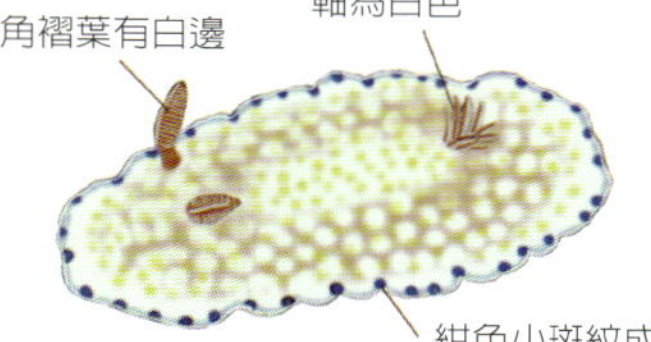
鰓葉為褐色或紫色，
軸為白色
觸角褶葉有白邊
紺色小斑紋成列

| 慶良間群島　水深 15m　大小 25mm　小野篤司 |

背部爲白色，散布同樣的黃色紋，再加上一些形狀不一的褐色斑紋。整個背部周緣排列紺色小斑紋。觸角褶葉爲褐色到紫色，帶白邊。鰓葉爲褐色到紫色，軸爲白色。長度達 30mm。

多彩海蛞蝓科 Chromodorididae
角鰓海蛞蝓屬 Goniobranchus

# 紅點角鰓海蛞蝓

*Goniobranchus rufomaculatus*（Pease, 1871）

西太平洋、中太平洋

| 八丈島　水深 10m　大小 12mm　加藤昌一 |

觸角褶葉為深褐色，
有白邊
鰓全體為白色
紫色小斑紋成列

背面爲白色，散布同樣的黃色紋，再加上一些形狀不一的深色斑紋。背面周緣排列一圈紫色小斑紋。觸角褶葉爲深褐色到紅紫色，有白邊。鰓全體爲白色。長度達 30mm。

多彩海蛞蝓科 Chromodorididae
角鰓海蛞蝓屬 Goniobranchus

# 瀨戶角鰓海蛞蝓

*Goniobranchus setoensis*（Baba, 1938）

印度－
太平洋

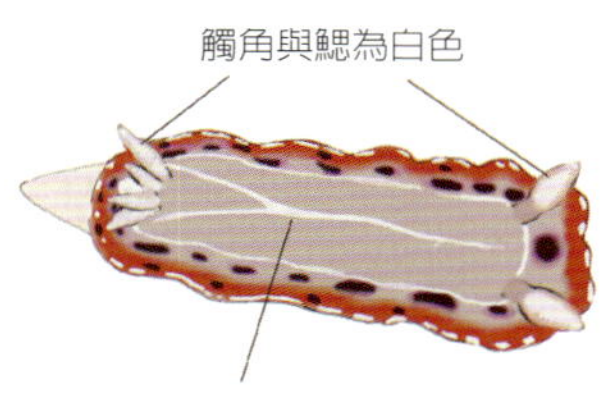
觸角與鰓為白色
白線圍繞的正中線上方有白
線，在鰓前方分成兩支

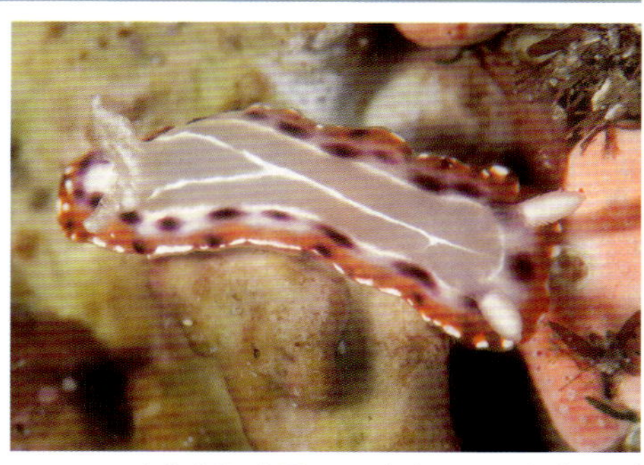

| 八丈島　水深 12m　大小 35mm　加藤昌一 |

背部爲白色半透明，白線圍繞的正中線上方有白線，在鰓前方分成兩支。周緣由外往內爲白色虛線、橙色色帶和點綴紫色紋的淺紫色色帶。觸角與鰓爲白色。長度達 20mm。

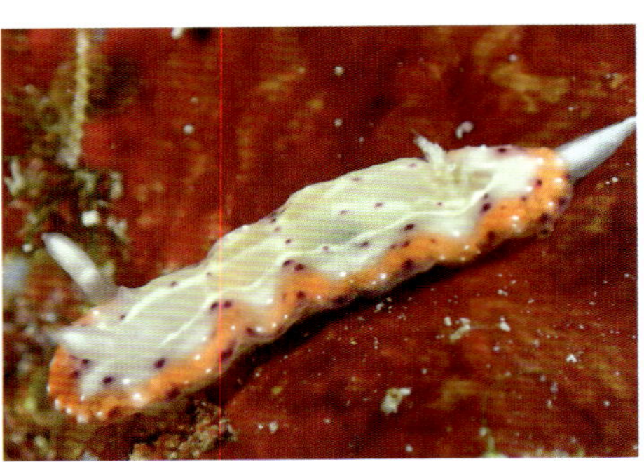

|慶良間群島 水深 8m 大小 10mm 小野篤司|

多彩海蛞蝓科 Chromodorididae
角鰓海蛞蝓屬 Goniobranchus

西太平洋、中太平洋

## 裝飾角鰓海蛞蝓

*Goniobranchus decorus*（Pease, 1860）

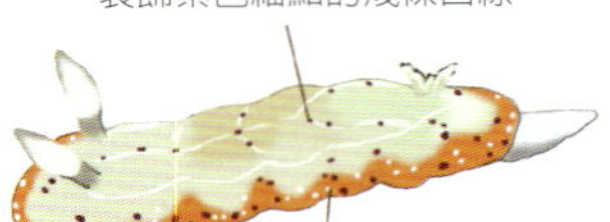
裝飾紫色細點的幾條白線
散布紫色小斑紋與白色細點

背部爲蛋白色半透明，中間有白線圍繞的部分，還有幾條裝飾紫色細點的白線。背部周緣的橙色色帶，散布紫色小斑紋和白色細點。觸角與鰓爲白色。長度達 20mm。

---

|慶良間群島 水深 25m 大小 25mm 小野篤司|

多彩海蛞蝓科 Chromodorididae
角鰓海蛞蝓屬 Goniobranchus

印度－太平洋

## 白點角鰓海蛞蝓

*Goniobranchus albopunctatus* Garrett, 1879

密布白色圍繞的小眼紋
由外往內為藍色、紫色和黃色的邊

身體底色爲黃色，背部爲紅色，小型個體也有黃色。背面密布白色圍繞的小眼紋，背面周緣由外往內爲藍色、紫色和黃色的邊。大型種長度可達 65mm。

---

|大瀨崎 水深 1m 大小 8mm 山田久子|

多彩海蛞蝓科 Chromodorididae
角鰓海蛞蝓屬 Goniobranchus

西太平洋

## 小丘角鰓海蛞蝓

*Goniobranchus tumuliferus*（Collingwood, 1881）

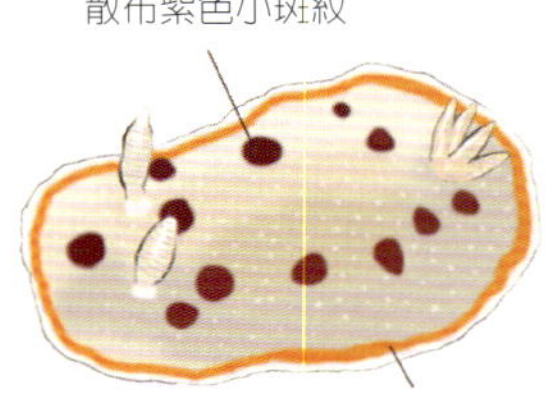
散布紫色小斑紋
由外往內為白色與黃色色帶

背部爲白色半透明，散布紫色小斑紋。背面周緣由外往內爲白色與黃色色帶。鰓與觸角爲白色。長度達 40mm。

多彩海蛞蝓科 Chromodorididae
角鰓海蛞蝓屬 Goniobranchus

西太平洋

# 東方角鰓海蛞蝓

*Goniobranchus orientalis*（Rudman, 1983）

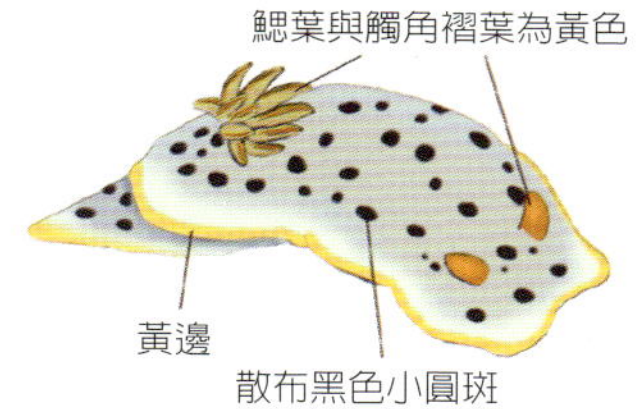
鰓葉與觸角褶葉為黃色
黃邊
散布黑色小圓斑

|八丈島 水深 15m 大小 40mm 加藤昌一|

背部爲白色，散布黑色小圓斑。背部周緣有黃邊，鰓葉與觸角褶葉爲黃色。長度達 40mm。

---

多彩海蛞蝓科 Chromodorididae
角鰓海蛞蝓屬 Goniobranchus

印度－西太平洋

# 幾何角鰓海蛞蝓

*Goniobranchus geometricus*（Risbec, 1928）

觸角與鰓的上半部為綠色
覆蓋前端為
白色的瘤狀突起

|八丈島 水深 12m 大小 25mm 水谷知世|

背部覆蓋前端爲白色的瘤狀突起，之間有網眼狀黑褐色線。觸角與鰓的上半部爲綠色。移動時會擺動外套膜前緣，其與近似種突丘小葉海蛞蝓，彼此皆爲有毒動物的米勒氏擬態。長度達 40mm。

---

多彩海蛞蝓科 Chromodorididae
角鰓海蛞蝓屬 Goniobranchus

日本

# 加藤角鰓海蛞蝓

*Goniobranchus katoi*（Baba, 1938）

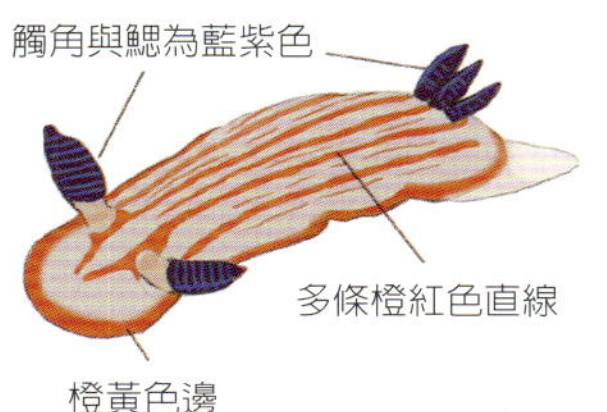
觸角與鰓為藍紫色
多條橙紅色直線
橙黃色邊

|慶良間群島 水深 15m 大小 10mm 小野篤司|

背部爲白色半透明，有多條橙紅色直線。此直線在琉球群島原生種身上幾乎爲平行，但在本州原生種身上略顯紊亂。背部周緣有黃色到橙黃色邊。觸角與鰓爲藍紫色。長度達 10mm。

|慶良間群島 水深 7m 大小 30mm 小野篤司|

多彩海蛞蝓科 Chromodorididae
角鰓海蛞蝓屬 Goniobranchus

# 角鰓海蛞蝓之一種 1

印度－太平洋

*Goniobranchus* sp. 3

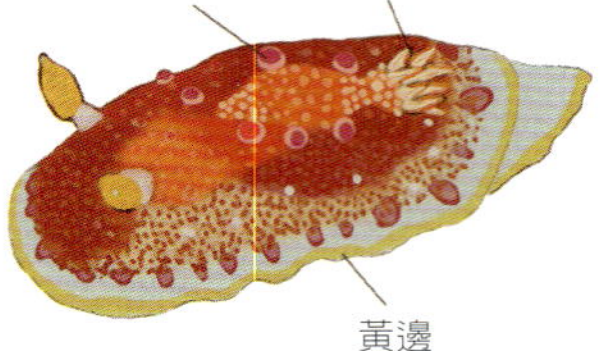
散布紅色眼紋
觸角褶葉為土黃色
黃邊

身體爲白色，背部爲橙紅色，周緣有紅色細點，外側排列紅色紋。背緣有深黃色或黃色邊，背部散布有白色圍繞的紅色眼紋。鰓葉內側下方 1 / 2 爲白色。觸角褶葉爲土黃色，褶葉緣也是同色。長度達 55mm。

|慶良間群島 水深 15m 大小 50mm 小野篤司|

多彩海蛞蝓科 Chromodorididae
角鰓海蛞蝓屬 Goniobranchus

# 角鰓海蛞蝓之一種 2

西太平洋

*Goniobranchus* sp. 4

白點排列
密布白色細點
紫色與黃色小斑紋排列

背面覆蓋紅褐色與淺黃褐色大斑紋，上方密布白色細點。紫色和黃色小斑紋在背部周緣重疊排列，背部表面覆蓋圓錐形突起。鰓爲褐色，外側的軸爲白色。觸角褶葉排列白點。長度達 75mm。

|奄美大島 水深 7m 大小 7mm 山田久子|

多彩海蛞蝓科 Chromodorididae
角鰓海蛞蝓屬 Goniobranchus

# 角鰓海蛞蝓之一種 3

西太平洋、
中太平洋

*Goniobranchus* sp. 5

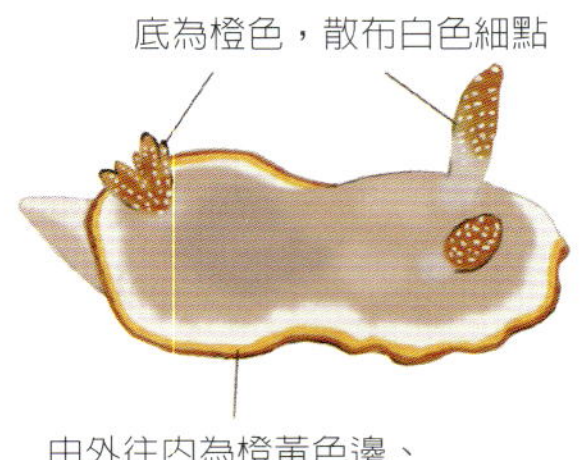
底為橙色，散布白色細點
由外往內為橙黃色邊、
黃色邊與較粗的白色色帶

背部爲粉紅色，深淺有個體差異。背部周緣由外往內爲橙黃色邊、黃色邊與較粗的白色色帶。觸角與鰓爲橙色，散布白色細點。長度達 15mm。

多彩海蛞蝓科 Chromodorididae
角鰓海蛞蝓屬 Goniobranchus

# 角鰓海蛞蝓之一種 4

*Goniobranchus* sp. 6

西太平洋、
中太平洋

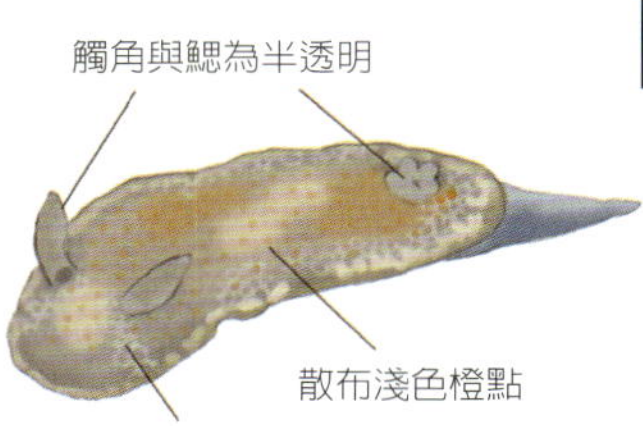
觸角與鰓為半透明
散布淺色橙點
散布白色網眼圖案

| 慶良間群島 水深 8m 大小 10mm 小野篤司 |

背面爲白色或黃色半透明，散布淺色橙點。此外，背部散布白色網眼圖案，背部周緣爲淺黃色。觸角與鰓爲半透明。小型個體沒有橙色與黃色色素。長度達 20mm。

---

多彩海蛞蝓科 Chromodorididae
角鰓海蛞蝓屬 Goniobranchus

# 角鰓海蛞蝓之一種 5

*Goniobranchus* sp. 7

西太平洋

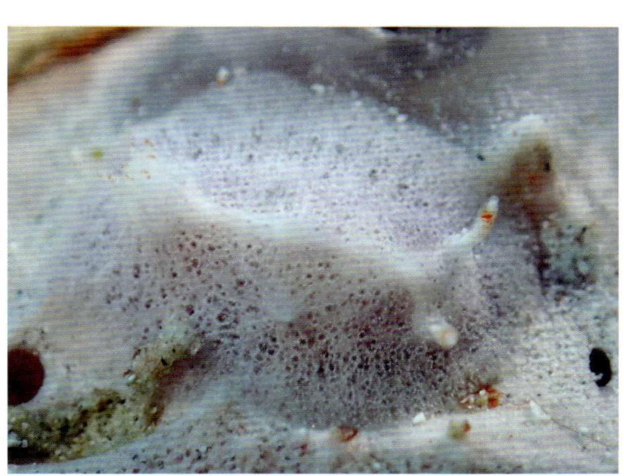

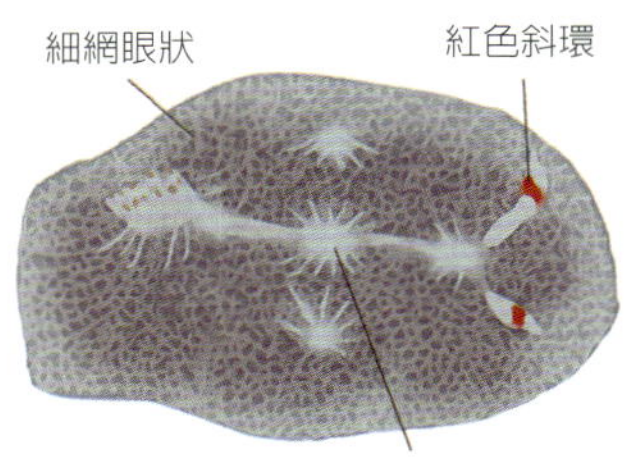
細網眼狀
紅色斜環
有幾條放射狀線條的突起

| 慶良間群島 水深 17m 大小 13mm 小野篤司 |

背部爲帶紫色的灰色，呈細網眼狀。有幾個突起，突起上還有放射狀線條。鰓的前端有淡淡的紅色。本種的背部全爲灰色，沒有紫色斑紋。長度達 20mm。

| 慶良間群島 水深 20m 大小 20mm 山田久子 |

多彩海蛞蝓科 Chromodorididae
角鰓海蛞蝓屬 Goniobranchus

慶良間群島

## 角鰓海蛞蝓之一種 6

*Goniobranchus* sp. 8

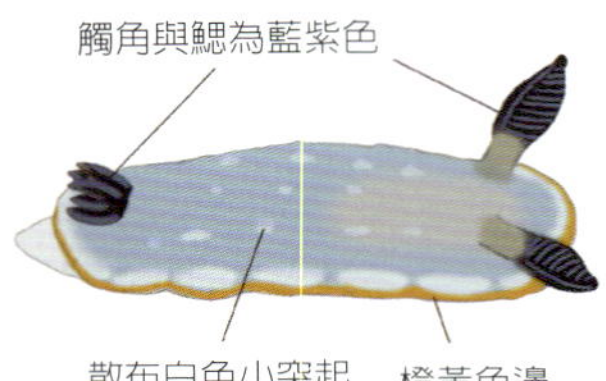
觸角與鰓為藍紫色
散布白色小突起
橙黃色邊

背部爲白色半透明，有幾個極微小的突起。背部周緣有黃色到橙黃色邊，觸角與鰓爲藍紫色，觸角褶葉有水藍色邊。極可能是加藤角鰓海蛞蝓的變異個體。長度達 20mm。

| 沖繩島 水深 3m 大小 25mm 今川郁 |

多彩海蛞蝓科 Chromodorididae
角鰓海蛞蝓屬 Goniobranchus

琉球群島

## 角鰓海蛞蝓之一種 7

*Goniobranchus* sp. 9

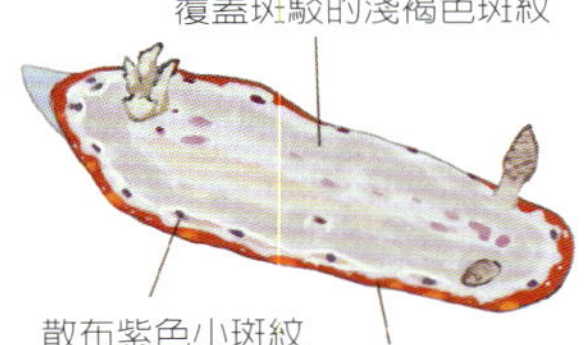
覆蓋斑駁的淺褐色斑紋
散布紫色小斑紋
橙紅色邊

背部覆蓋斑駁的淺褐色斑紋，散布紫色小斑紋。背緣有橙紅色邊，還有白色細點。觸角爲淡茶色，褶葉爲白色，鰓爲白色。紫色小斑紋的配置很像裝飾角鰓海蛞蝓，但沒有背部的白線，個體尺寸較大。與 Gosliner et al., 2018 的 *Goniobranchia* sp. 45、中野（2018）的多彩海蛞蝓科之一種 5 爲同種。長度達 25mm。

| 慶良間群島 水分 17m 大小 22mm 小野篤司 |

多彩海蛞蝓科 Chromodorididae
墨彩海蛞蝓屬 Mexichromis

西太平洋

## 多疣墨彩海蛞蝓

*Mexichromis multituberculata*（Baba, 1953）

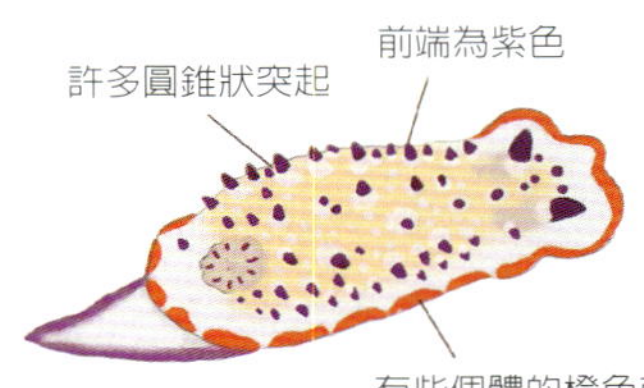
前端為紫色
許多圓錐狀突起
有些個體的橙色或
紫色色帶不連續

背部爲白色到黃白色，有許多圓錐狀突起，前端爲紫色。背部周緣有連續或不連續的橙色色帶，以及斷斷續續的紫色色帶。觸角爲紫色。鰓軸上方爲紫色，色彩變異較大。長度達 30mm。

多彩海蛞蝓科 Chromodorididae
墨彩海蛞蝓屬 Mexichromis

# 瑪莉墨彩海蛞蝓

*Mexichromis mariei*（Crosse, 1872）

印度－
西太平洋

|大瀨崎 水深 21m 大小 20mm 加藤昌一|

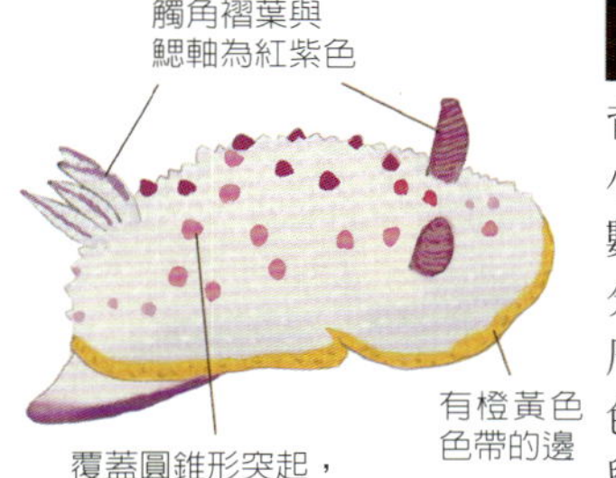
觸角褶葉與
鰓軸為紅紫色
有橙黃色
色帶的邊
覆蓋圓錐形突起，
局部帶紅紫色

背面為白色，遍布小小的圓錐形突起，但數量依個體而異。部分突起為紫色。背面周緣有黃色到橙紅色色帶的邊。觸角褶葉與鰓軸從紫色到紅紫色。長度達 30mm。

|慶良間群島 水深 5m 大小 12mm 小野篤司|

---

多彩海蛞蝓科 Chromodorididae
墨彩海蛞蝓屬 Mexichromis

# 黎明墨彩海蛞蝓

*Mexichromis aurora*
（R. Johnson & Gosliner, 1998）

西太平洋

|慶良間群島 水深 7m 大小 10mm 小野篤司|

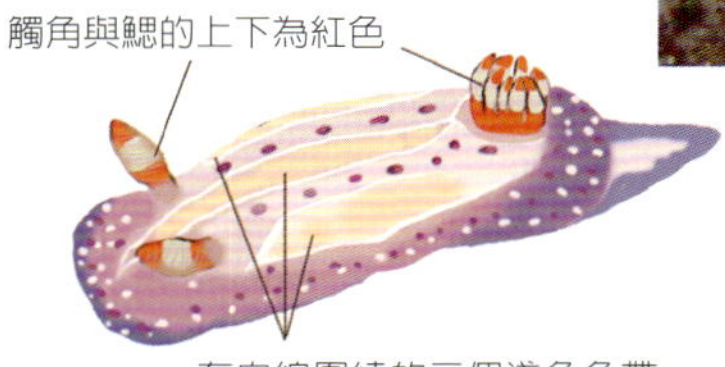
觸角與鰓的上下為紅色
有白線圍繞的三個淺色色帶
內側沒有紫色斑紋

背部為粉紅色，有 3 個白線圍繞的淺色色帶，中間的色帶在後方圍繞鰓。3 條色帶外側排列紫色小斑紋。背部周緣散布白色細點。觸角與鰓的前端與下部為紅色，中間為白色。長度達 20mm。

| 八丈島　水深 2m　大小 5mm　市山 MEGUMI |

多彩海蛞蝓科 Chromodorididae
墨彩海蛞蝓屬 Mexichromis

印度－太平洋

## 紐帶墨彩海蛞蝓

*Mexichromis lemniscata*（Quoy & Gaimard, 1832）

黃白色色帶兩側
還有橙黃色色帶
黃白色邊

背部爲藍紫色，觸角之間到鰓的正中線上方有黃白色色帶，兩側還有細長的橙黃色色帶。背部周緣有黃白色色帶爲邊。觸角與鰓爲紅茶色，前端爲藍紫色。本種和名取自瀧巖（1932），異名爲リボンイロウミウシ。長度達 23mm。

---

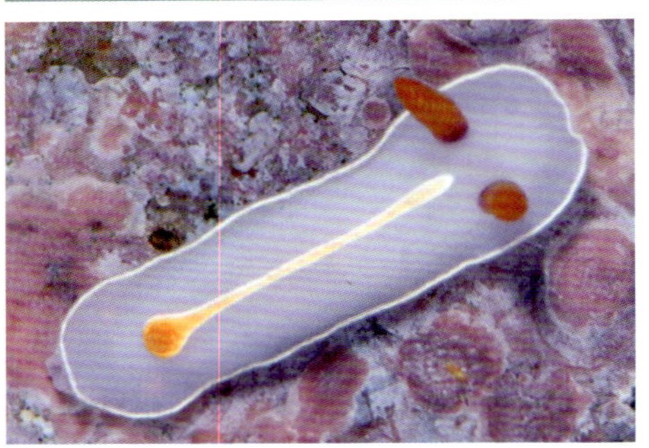

| 慶良間群島　水深 20m　大小 6mm　小野篤司 |

多彩海蛞蝓科 Chromodorididae
墨彩海蛞蝓屬 Mexichromis

西太平洋

## 三線墨彩海蛞蝓

*Mexichromis trilineata*（A. Adams & Reeve, 1850）

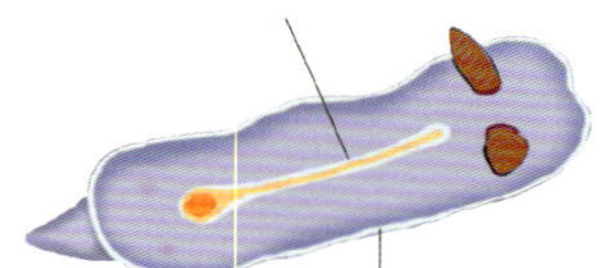
有白邊的細長橙色線繞著鰓
白色細線為邊

背部爲淺紫色，觸角後方到鰓的正中線上方，有白線圍繞的細長橙色線。有些海外原生種的個體帶 3 條橙色線。背部周緣有白色細邊。觸角與鰓爲橙色到橙紅色。長度達 12mm。

---

| 慶良間群島　水深 8m　大小 10mm　小野篤司 |

多彩海蛞蝓科 Chromodorididae
墨彩海蛞蝓屬 Mexichromis

印度－太平洋

## 似墨彩海蛞蝓

*Mexichromis similaris*（Rudman, 1986）

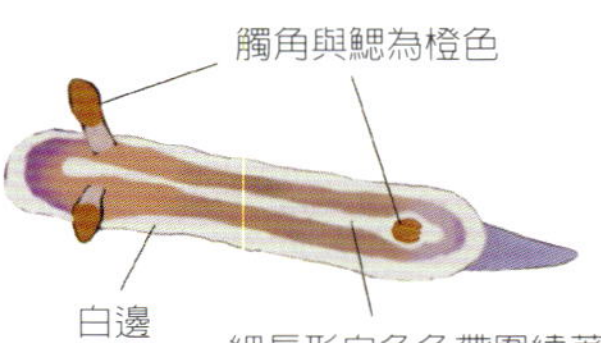
觸角與鰓為橙色
白邊
細長形白色色帶圍繞著鰓

背部爲帶黃色的淺紫色，觸角前方與鰓後方爲紫色。觸角之間有一條細長形白色色帶貫穿背部，圍繞著鰓。背部周緣有白邊。觸角與鰓爲橙色。長度達 10mm。

多彩海蛞蝓科 Chromodorididae
墨彩海蛞蝓屬 Mexichromis

## 袖珍墨彩海蛞蝓

*Mexichromis pusilla*（Bergh, 1874）

印度－太平洋

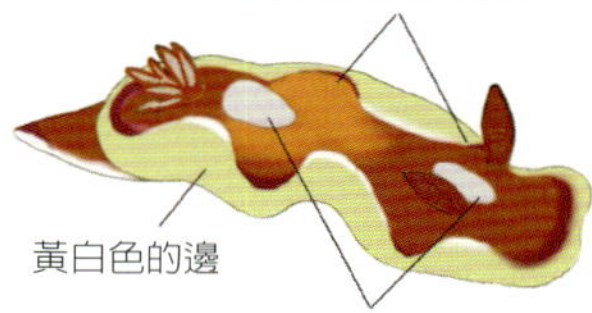
背部中央為橙紅色，
左右兩對往外擴展
黃白色的邊
兩塊白斑

| 慶良間群島　水深 5m　大小 15mm　小野篤司 |

背部中央爲橙紅色，在觸角兩邊、背部中央與鰓後方往外擴展。外凸的部分、觸角前端和鰓後方的顏色較深。正中線上方有兩塊白斑。背部周緣有黃白色色帶爲邊。觸角與鰓爲橙紅色。長度達 20mm。

---

多彩海蛞蝓科 Chromodorididae
墨彩海蛞蝓屬 Mexichromis

## 大腳墨彩海蛞蝓

*Mexichromis macropus* Rudman, 1983

西太平洋

整個鰓都是紫色
突起顏色較深
身體為紫色
排列長形橙黃色斑紋

| 城之島　水深 15m　大小 21mm　池田雄吾 |

身體爲紫色，背部的突起顏色較深。背緣有白色色帶爲邊，排列橙黃色斑紋。觸角與鰓爲紫色。外觀近似多疣墨彩海蛞蝓，但背緣的橙色斑紋比較長，前後不連續。

---

多彩海蛞蝓科 Chromodorididae
舌狀海蛞蝓屬 Glossodoris

## 希吉努舌狀海蛞蝓

*Glossodoris hikuerensis*（Pruvot - Fol, 1954）

印度－太平洋

底色為褐色，密布灰褐色細點
由外到內以褐色、
白色、藍綠色的色帶為邊

| 八丈島　水深 14m　大小 90mm　加藤昌一 |

身體爲褐色，密布灰褐色細點。背緣由外到內以淺褐色、白色、藍綠色的色帶爲邊。觸角與背部的配色相同，前後有白色直線。鰓爲蛋白色，軸有淺褐色的邊。大型種的長度達 140mm。

| 八丈島 水深 10m 大小 40mm 加藤昌一 |

多彩海蛞蝓科 Chromodorididae
舌狀海蛞蝓屬 Glossodoris

印度－太平洋

## 紅邊舌狀海蛞蝓

*Glossodoris rufomarginata*（Bergh, 1890）

密布褐色細點
由外而內有茶色與白色色帶呈平緩波浪狀

背部與身體側面密布茶色細點，背部周緣由外而內有茶色與白色色帶，呈平緩波浪狀。觸角為茶色，前後有白色直線。鰓為茶色，軸為白色。會出現抖鰓行為。長度達 50mm。

---

| 八丈島 水深 8m 大小 30mm 加藤昌一 |

多彩海蛞蝓科 Chromodorididae
舌狀海蛞蝓屬 Glossodoris

西太平洋

## 青椰舌狀海蛞蝓

*Glossodoris buko* Matsuda & Gosliner, 2018

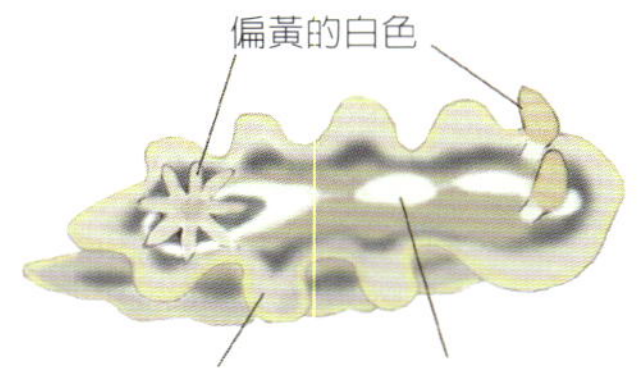
偏黃的白色
邊緣為白色寬帶
三個白色斑紋

背部為白色半透明，觸角前方到鰓後方有三個形狀較為固定的白色斑紋。背部周緣的外側，有一道帶淺黃色的白色寬帶。觸角與鰓為偏黃的白色。過去曾被視為 *G. pallida*（Ruppell & Leuckart, 1828），但內部形態和棲息海域皆不同，可依此辨別。長度達 40mm。

---

| 伊豆海洋公園 水深 30m 大小 30mm 高瀨步 |

多彩海蛞蝓科 Chromodorididae
舌狀海蛞蝓屬 Glossodoris

本州到九州、韓國

## 伊東舌狀海蛞蝓

*Glossodoris misakinosibogae* Baba, 1988

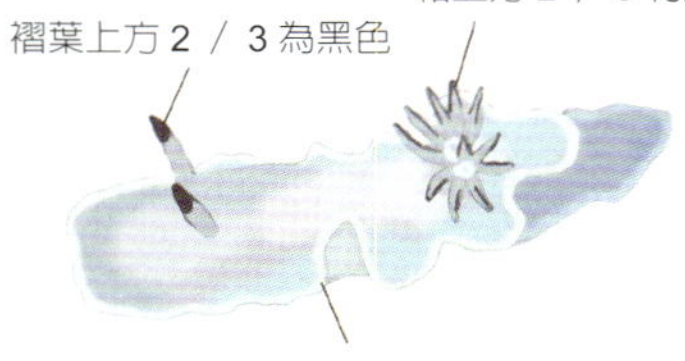
軸上方 2 / 3 有黑邊
褶葉上方 2 / 3 為黑色
周緣有白邊

背部為白色半透明，密布白色細點。背部周緣呈平緩波浪狀，有白邊。觸角褶葉上方 2 / 3 為黑色，鰓為白色，軸上方 2 / 3 有黑邊。將本種 *Glossodoris* 與日本原生舌狀海蛞蝓屬兩種比較研究（Baba 1988），最後認定屬名為舌狀海蛞蝓屬。長度達 50mm。

多彩海蛞蝓科 Chromodorididae
舌狀海蛞蝓屬 Glossodoris

## 舌狀海蛞蝓之一種 1 疑似腰帶舌狀海蛞蝓

*Glossodoris* sp. 1 cf. *cincta*（Bergh, 1888）

底色為紅茶色，
散布白斑和白色細點
由外往內有水藍色、深綠色、黃綠色等三色邊

印度－西太平洋

| 八丈島　水深 8m　大小 25mm　加藤昌一 |

背部爲紅茶色，散布白斑與白色細點。背部周緣由外往內有水藍色、深綠色、黃綠色或土黃色等三色邊。近似種 *G. cincta*（Bergh, 1888）在印度洋被發現，周緣由外而內由藍黑兩色鑲邊。*G. acosti* Matsuda & Gosliner, 2018 有水藍色、深綠色和黃綠色的邊，鰓很大。長度達 50mm。

多彩海蛞蝓科 Chromodorididae
舌狀海蛞蝓屬 Glossodoris

## 舌狀海蛞蝓之一種 2

*Glossodoris* sp. 2

印度－西太平洋

散布白色圓形突起
外側有淺黃色邊，
內側有白色色帶

| 八丈島　水深 20m　大小 30mm　廣江一弘 |

背部爲白色半透明，散布白色圓形突起。背部周緣的外側爲淺黃色邊，內側有斑駁的白色色帶。觸角褶葉爲淺黃色，上方 1 ／ 3 爲褐色。鰓爲白色。長度達 40mm。

多彩海蛞蝓科 Chromodorididae
舌狀海蛞蝓屬 Glossodoris

## 舌狀海蛞蝓之一種 3

*Glossodoris* sp. 3

西太平洋

淺黃綠色
全身遍布白色小圓斑
淡淡的偏綠色黃邊

| 八丈島　水深 25m　大小 35mm　加藤昌一 |

身體爲半透明狀，帶著極細微的白色，全身遍布白色小圓斑。背部周緣有一道淡淡的偏綠色黃邊。觸角很薄，顏色是帶藍綠色的淺黃色，前後還有白色直線。鰓與觸角爲同色。現行和名是由藤田（1893）命名，異名爲ユキドケイロウミウシ。長度達 40mm。

| 大瀨崎 水深 36m 大小 20mm 山田久子 |

多彩海蛞蝓科 Chromodorididae
舌狀海蛞蝓屬 Glossodoris

西太平洋

## 舌狀海蛞蝓之一種 4

*Glossodoris* sp. 4

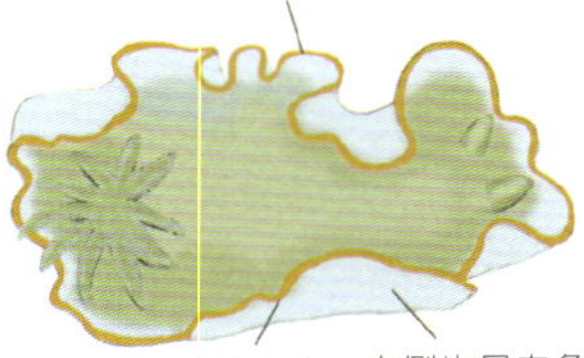
白色寬帶，橙色邊緣
波浪狀
內側也是白色

背部爲淺黃色，周緣有較寬的白色色帶，外側爲橙色細邊。背部周緣的內側也是同色，呈波浪狀。觸角與鰓的顏色和背部一樣。巴布亞紐幾內亞發現一隻個體，十分稀有。長度達 55mm。

| 八丈島 水深 10m 大小 30mm 加藤昌一 |

多彩海蛞蝓科 Chromodorididae
舌狀海蛞蝓屬 Glossodoris

西太平洋

## 舌狀海蛞蝓之一種 5

*Glossodoris* sp. 5

黑墨色不規則斑紋
呈帶狀鑲邊
黑墨色網眼圖案
散布藍白色小斑紋

背部爲茶色，散布藍白色不規則小斑紋。背部周緣有黑墨色不規則斑紋，呈帶狀鑲邊。尾部有黑墨色大型網眼斑紋。觸角褶葉的前後有白色直線，鰓葉散布白點。外觀很像舌狀海蛞蝓之一種 1 疑似腰帶舌狀海蛞蝓，但背部周緣和尾部斑紋十分特別。長度達 30mm。

| 八丈島 水深 10m 大小 40mm 加藤昌一 |

多彩海蛞蝓科 Chromodorididae
菱緣海蛞蝓屬 Doriprismatica

印度－太平洋

## 黑邊菱緣海蛞蝓

*Doriprismatica atromarginata*
（Cuvier, 1804）

觸角與鰓為黑色
細微波浪狀有黑色細邊

背部爲淺黃色，周緣呈細微波浪狀，有黑色細邊。背部正中線上方帶褐色，觸角與鰓爲黑色。長度達 100mm。

多彩海蛞蝓科 Chromodorididae
菱緣海蛞蝓屬 Doriprismatica

## 鑿齒菱緣海蛞蝓

西太平洋

*Doriprismatica paladentata*
（Rudman, 1986）

淺色，有黑褐色邊
密布白色細點
由外而內為黑褐色、
水藍色與黃色邊

|八丈島　水深 12m　大小 30mm　市山 MEGUMI|

背部爲淺褐色，密布白色到淺褐色細點。正中線上方的斑紋看似雀斑。背面周緣由外而內爲黑褐色、水藍色與黃色邊。觸角爲黑褐色，鰓爲淺色，有黑褐色邊。日本根據標本與種小名的「鑿齒」之意，提議新名稱「スキノハイロウミウシ」。長度達 20mm。

---

多彩海蛞蝓科 Chromodorididae
菱緣海蛞蝓屬 Doriprismatica

## 菱緣海蛞蝓之一種

琉球群島

*Doriprismatica* sp.

觸角與鰓為黑色
背部為白色
褐色細邊的內側有黃色色帶

|慶良間群島　水深 5m　大小 15mm　小野篤司|

背部爲白色，沿著正中線有淡淡的褐色區塊。背部周緣呈小波浪狀，有較寬的黃色色帶，外側爲褐色細邊。觸角與鰓爲黑色。長度達 22mm。

---

多彩海蛞蝓科 Chromodorididae
鷺海蛞蝓屬 Ardeadoris

## 白羽鷺海蛞蝓

西太平洋

*Ardeadoris egretta* Rudman, 1984

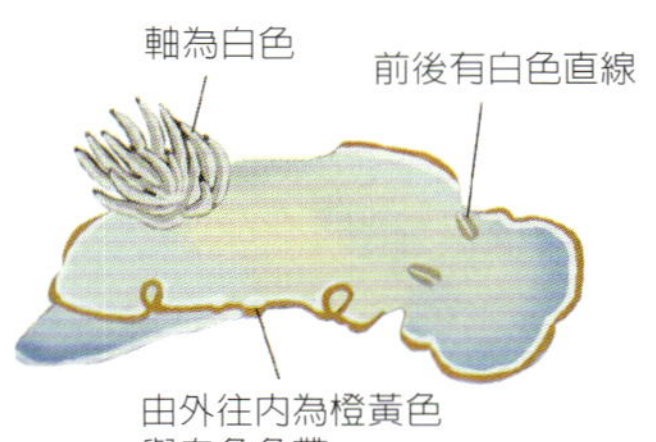
軸為白色
前後有白色直線
由外往內為橙黃色
與白色色帶

|慶良間群島　水深 7m　大小 60mm　小野篤司|

背部爲乳白色，背部周緣由外往內爲橙黃色與白色色帶。觸角與鰓爲白色半透明，觸角前後有白色直線，鰓軸爲白色。身體柔軟，移動速度快。大型種的長度可達 120mm。

| 慶良間群島 水深 18m 大小 25mm 小野篤司 |

多彩海蛞蝓科 Chromodorididae
鷺海蛞蝓屬 Ardeadoris

# 埃孚鷺海蛞蝓

*Ardeadoris averni*
(Rudman, 1985)

西太平洋

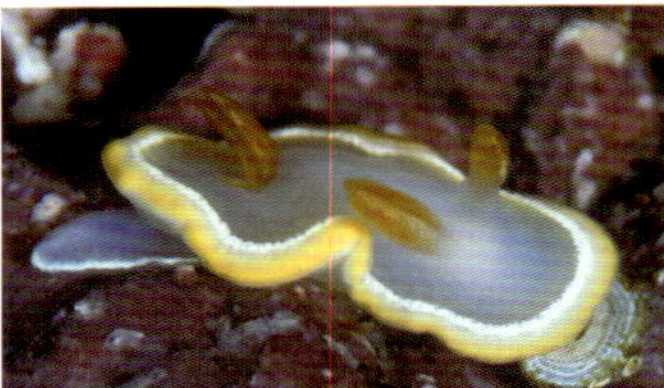

| 八丈島 水深 6m 大小 15mm 加藤昌一 |

背部為乳白色，背部邊緣由外到內為橙紅色與白色色帶。背部周緣呈波浪狀，中間區段有大波浪。觸角與鰓為橙紅色，觸角褶葉的前後有白色直線。長度達 74mm。

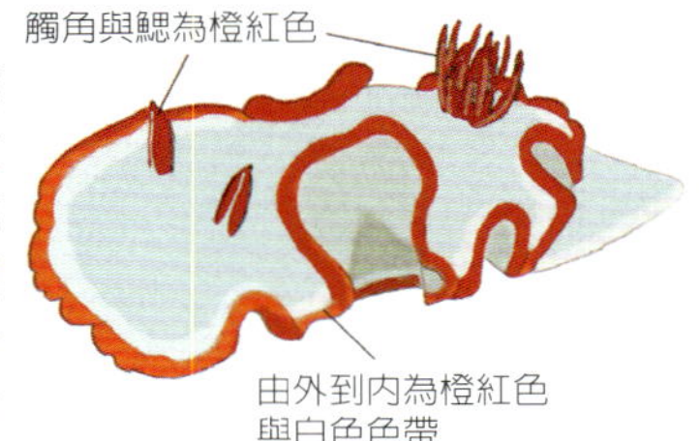
波浪狀，中間區段有大波浪
觸角與鰓為橙紅色
由外到內為橙紅色
與白色色帶

| 慶良間群島 水深 10m 大小 35mm 小野篤司 |

多彩海蛞蝓科 Chromodorididae
鷺海蛞蝓屬 Ardeadoris

# 血斑鷺海蛞蝓

*Ardeadoris cruenta*
(Rudman, 1986)

西太平洋

背部中央從淺黃色到金黃色，外側的白色色帶有一圈紅色斑紋。背部周緣由外到內為白線與橙黃色色帶。觸角為金黃色，前後有白色直線。鰓為金黃色，軸外側為白色。出現抖鰓行為。長度達 50mm。

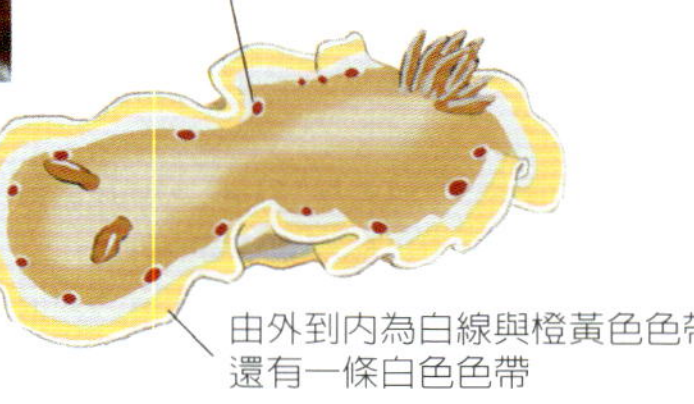
紅色斑紋環繞周緣
由外到內為白線與橙黃色色帶，
還有一條白色色帶

多彩海蛞蝓科 Chromodorididae
鷺海蛞蝓屬 Ardeadoris

# 對稱鷺海蛞蝓

*Ardeadoris symmetrica*（Rudman, 1990）

印度－太平洋

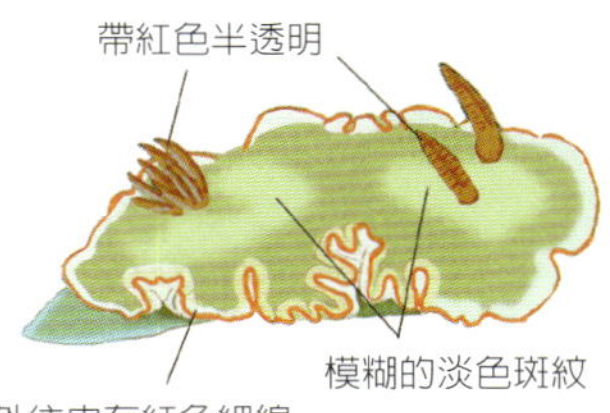
帶紅色半透明
模糊的淡色斑紋
由外往內有紅色細線
和白色色帶

| 慶良間群島　水深 18m　大小 30mm　小野篤司 |

背部爲灰黃色到黃褐色半透明，觸角之間與鰓的前後有模糊的淡色斑紋。背部周緣由外往內有紅色細線和白色色帶。觸角與鰓爲紅色半透明。長度達 45mm。

---

多彩海蛞蝓科 Chromodorididae
鷺海蛞蝓屬 Ardeadoris

# 亮白鷺海蛞蝓

*Ardeadoris electra*（Rudman, 1990）

印度－西太平洋

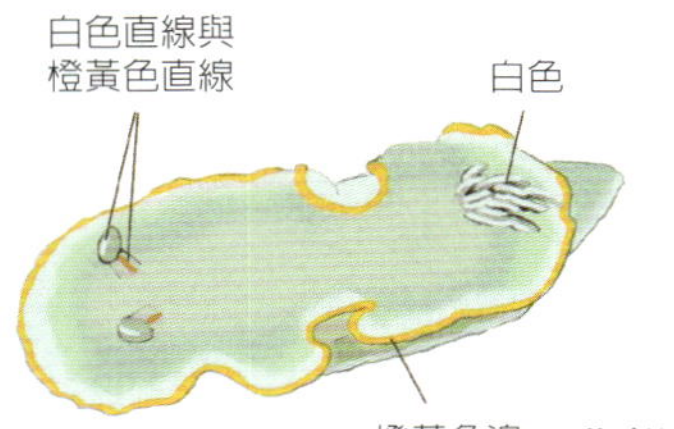
白色直線與
橙黃色直線
白色
橙黃色邊

| 慶良間群島　水深 16m　大小 30mm　小野篤司 |

背部爲乳白色半透明，背部周緣由外往內爲橙黃色與白色色帶。觸角與背部同色，褶葉前方有白色直線，觸角柄後方還有幾條橙黃色短直線。鰓爲白色，但局部爲褐色。長度達 40mm。

---

多彩海蛞蝓科 Chromodorididae
鷺海蛞蝓屬 Ardeadoris

# 狹黃鷺海蛞蝓

*Ardeadoris angustolutea*（Rudman, 1990）

西太平洋、中太平洋

黑褐色褶葉前後有淡色直線
由外往內為淡淡的
橙黃色線與白色色帶

| 慶良間群島　水深 15m　大小 23mm　小野篤司 |

背部爲乳白色半透明，周緣由外往內爲淡淡的橙黃色線與白色色帶。觸角爲深褐色，褶葉前後有白色直線。鰓爲淡褐色，軸爲白色。上述顏色在小型個體身上並不完整。長度超過 25mm。

|慶良間群島 水深 7m 大小 18mm 小野篤司|

多彩海蛞蝓科 Chromodorididae
鷺海蛞蝓屬 Ardeadoris

西太平洋、中太平洋

# 湯氏鷺海蛞蝓

*Ardeadoris tomsmithi*（Bertsh & Gosliner, 1989）

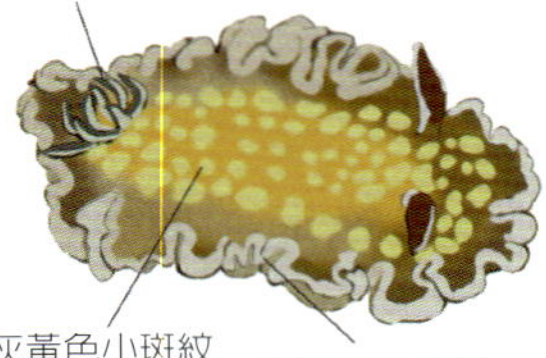
深藍色，軸為白色
密布灰黃色小斑紋
有許多小波浪

背部爲深褐色半透明，中央區域密布灰黃色小斑紋。背部周緣呈小波浪狀，由外往內爲黃線與白色色帶。觸角爲黑褐色，前後有白色直線。鰓爲深藍色，軸爲白色。長度達 35mm。

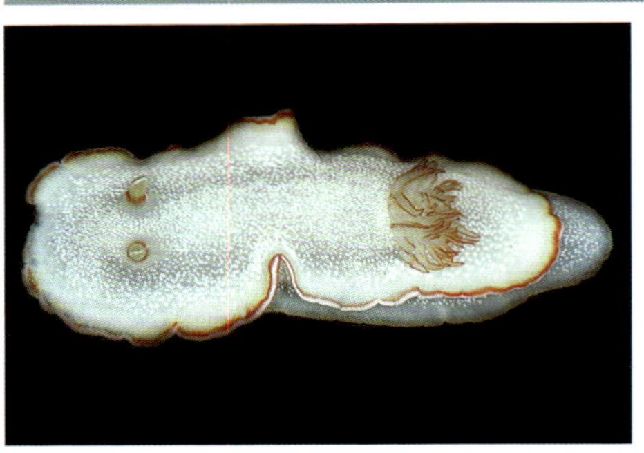

|沖繩島 水深 55m 大小 83mm Robert F. Bolland|

多彩海蛞蝓科 Chromodorididae
鷺海蛞蝓屬 Ardeadoris

印度－西太平洋

# 雪神鷺海蛞蝓

*Ardeadoris poliahu*（Bertsch & Gosliner, 1989）

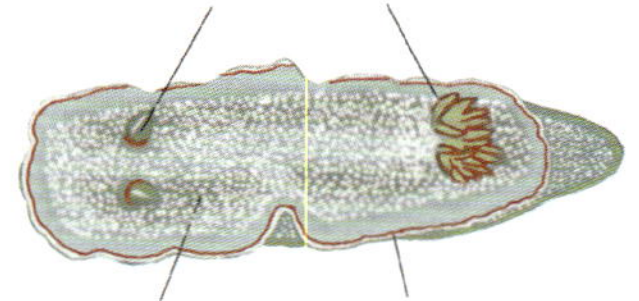
觸角鞘與鰓緣為紅色
散布白色細點
由外往內為白色與紅色細邊

身體爲灰白色，背部散布白色細點。背部周緣由外往內爲白色與紅色細邊，內側帶些微黃色。觸角鞘爲紅色。鰓緣爲紅色。在沖繩發現的三隻個體，都來自水深超過 50m 處。長度達 83mm。

|大瀨崎 水深 30m 大小 33mm 山田久子|

多彩海蛞蝓科 Chromodorididae
鷺海蛞蝓屬 Ardeadoris

日本

# 鷺海蛞蝓之一種

*Ardeadoris* sp.

橙黃色，
前後有白色直線
淡淡的橙黃色
由外往內為橙黃色線、
白色線與淺黃綠色色帶

背部爲白色，背部周緣由外往內爲橙黃色線、白色線與淺黃綠色色帶。觸角爲橙黃色，前後有白色直線。鰓爲淡淡的橙黃色，鰓葉爲白色。近似種亮白鷺海蛞蝓的觸角爲白色半透明，鰓爲白色；本種的觸角柄沒有橙色直線，可由此辨別。長度達 50mm。

多彩海蛞蝓科 Chromodorididae
維洛海蛞蝓屬 Verconia

印度－太平洋

# 簡單維洛海蛞蝓

*Verconia simplex*（Pease, 1871）

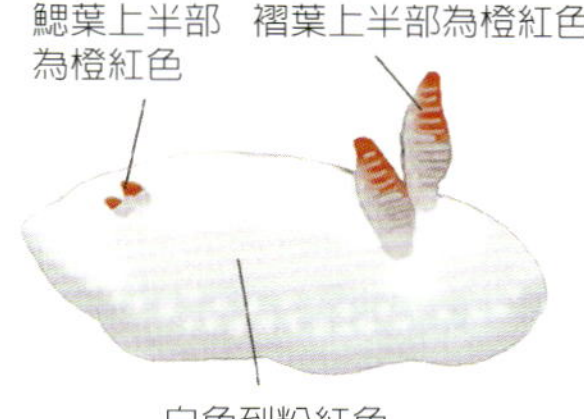
鰓葉上半部
為橙紅色
褶葉上半部為橙紅色
白色到粉紅色

| 八丈島 水深 5m 大小 4mm 廣江一弘 |

背部爲白色到粉紅色，有些個體的背部周緣有橙紅色虛線。觸角褶葉的上半部爲橙紅色，鰓葉上半部也是橙紅色。長度達 12mm。

---

多彩海蛞蝓科 Chromodorididae
維洛海蛞蝓屬 Verconia

印度－西太平洋

# 十字維洛海蛞蝓

*Verconia decussata*（Risbec, 1928）

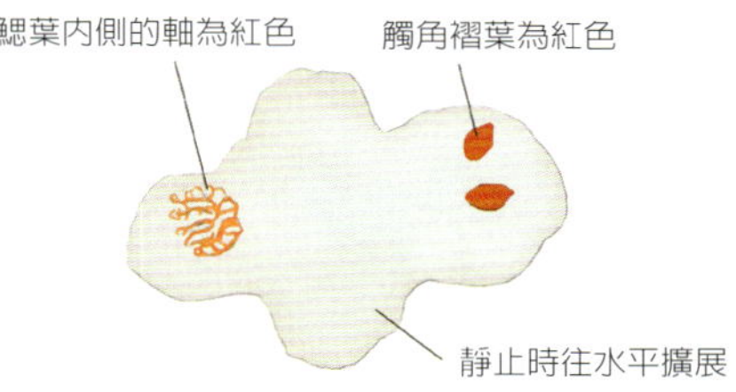
鰓葉內側的軸為紅色
觸角褶葉為紅色
靜止時往水平擴展

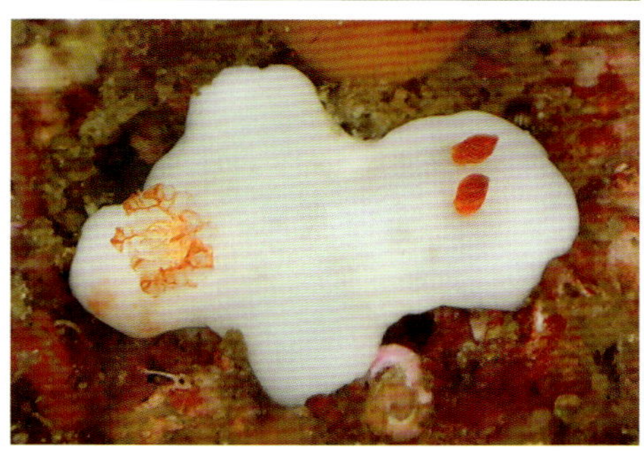

| 生湯 水深 14m 大小 15mm 篠田飛香里 |

背部爲白色到粉紅色，靜止時往水平擴展。觸角褶葉爲紅色，褶葉緣帶淡淡的白色。鰓葉內側的軸爲紅色。長度達 12mm。

---

多彩海蛞蝓科 Chromodorididae
維洛海蛞蝓屬 Verconia

日本、香港

# 香港維洛海蛞蝓

*Verconia hongkongiensis*（Rudman, 1990）

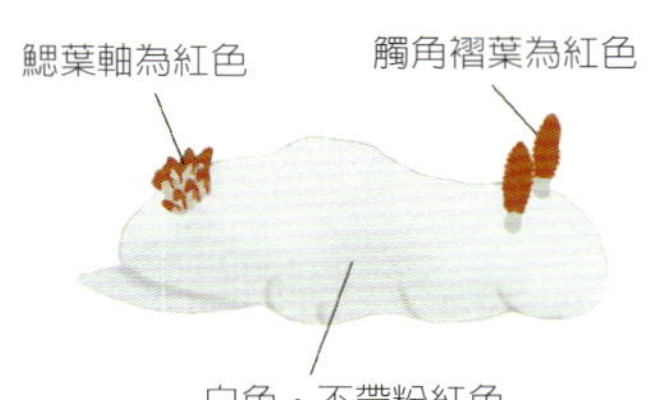
鰓葉軸為紅色
觸角褶葉為紅色
白色，不帶粉紅色

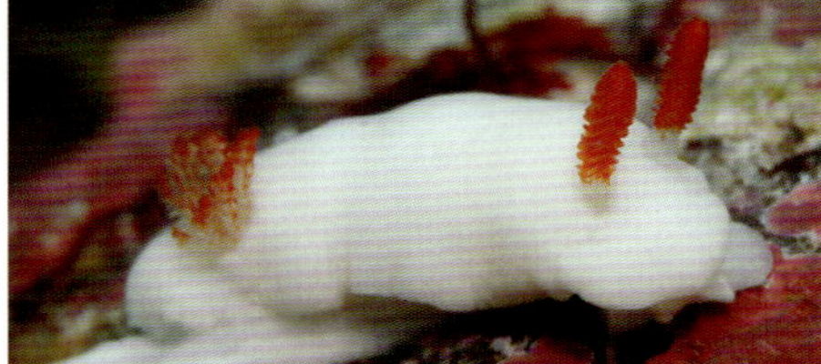

| 大瀨崎 水深 27m 大小 20mm 山田久子 |

背部爲白色，觸角褶葉爲紅色，鰓葉軸爲紅色。外形近似十字維洛海蛞蝓，本種觸角褶葉緣不帶白色，身體也不會往水平擴展。身體不帶粉紅色，鰓有明顯的紅色。長度達 20mm。

多彩海蛞蝓科 Chromodorididae
維洛海蛞蝓屬 Verconia

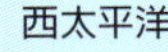

西太平洋

## 羅門維洛海蛞蝓

*Verconia romeri*（Risbec, 1928）

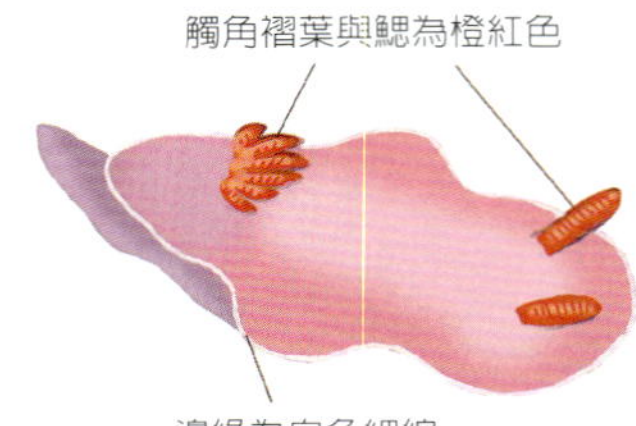
觸角褶葉與鰓為橙紅色
邊緣為白色細線

| 慶良間群島　水深 8m　大小 8mm　小野篤司 |

背部爲粉紅色，周緣有白色細邊。觸角褶葉與鰓爲橙紅色。長度達 20mm。

多彩海蛞蝓科 Chromodorididae
維洛海蛞蝓屬 Verconia

日本、韓國、香港

## 雪花維洛海蛞蝓

*Verconia nivalis*（Baba, 1937）

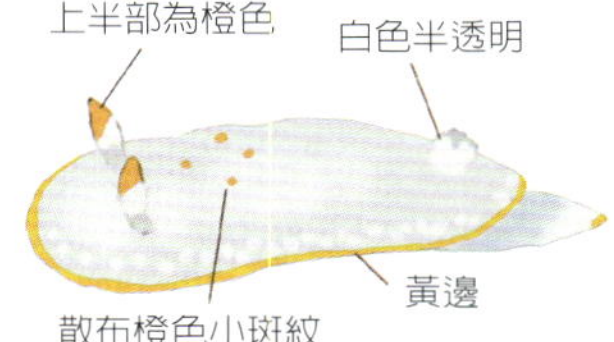
上半部為橙色
白色半透明
黃邊
散布橙色小斑紋

| 八丈島　水深 8m　大小 12mm　加藤昌一 |

背部爲白色半透明，有一些橙色小斑紋。背部周緣有黃邊。觸角褶葉爲白色半透明，上半部是橙色。鰓也是白色半透明。長度達 20mm。

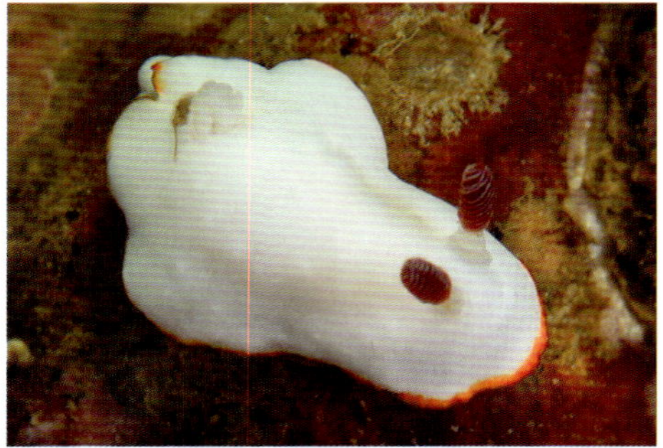

多彩海蛞蝓科 Chromodorididae
維洛海蛞蝓屬 Verconia

日本

## 副雪花維洛海蛞蝓

*Verconia subnivalis*（Baba, 1987）

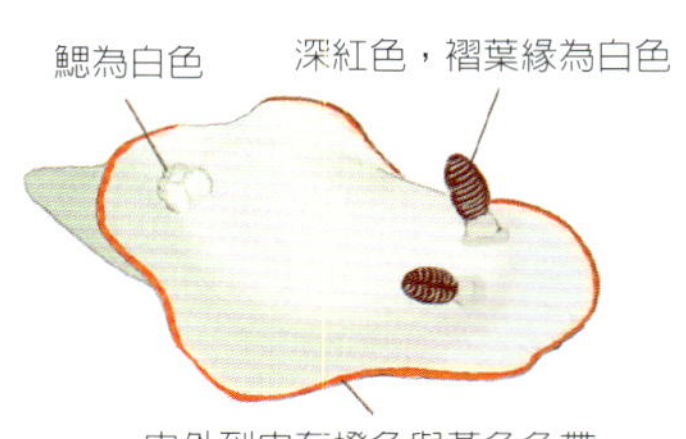
鰓為白色
深紅色，褶葉緣為白色
由外到內有橙色與黃色色帶

| 伊勢志摩　水深 5m　大小 20mm　大矢和仁 |

背部爲白色，沒有斑紋。背部周緣由外到內有橙色與黃色色帶。觸角爲紅色，褶葉緣爲白色。鰓爲白色。長度達 30mm。

多彩海蛞蝓科 Chromodorididae
維洛海蛞蝓屬 Verconia

# 紫維洛海蛞蝓

*Verconia purpurea*（Baba, 1949）

日本

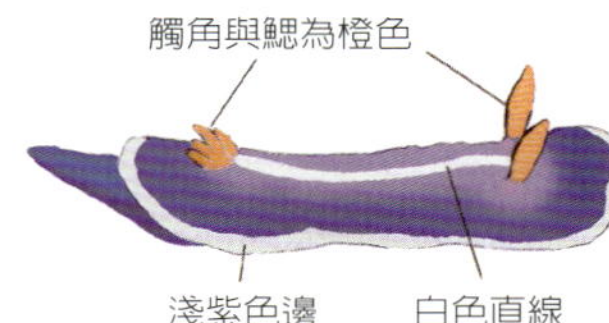
觸角與鰓為橙色
淺紫色邊
白色直線

| 八丈島　水深 12m　大小 15mm　加藤昌一 |

背部爲藍紫色到紅紫色，觸角之間到鰓前的正中線上方有白色直線。背部周緣有淺紫色邊，內側排列紫色斑紋。觸角與鰓爲橙色。長度達 15mm。

---

多彩海蛞蝓科 Chromodorididae
維洛海蛞蝓屬 Verconia

# 寬帶維洛海蛞蝓

*Verconia norba*（Er. Marcus & Ev. Marcus, 1970）

印度－太平洋

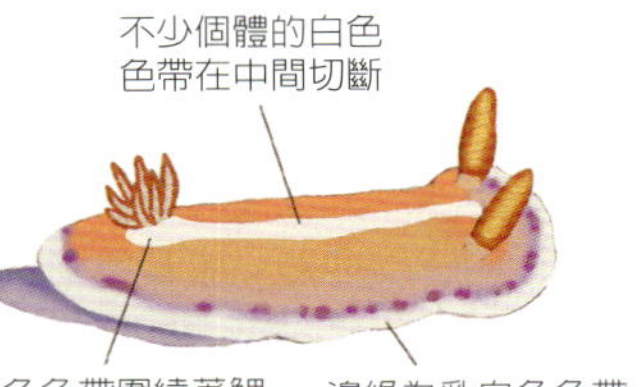
不少個體的白色
色帶在中間切斷
白色色帶圍繞著鰓
邊緣為乳白色色帶

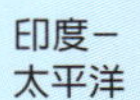

| 八丈島　水深 12m　大小 20mm　加藤昌一 |

背部爲橙黃色到紅紫色，正中線上方從觸角之間到鰓後方有白色色帶。有些個體的色帶不連續。背部周緣有乳白色色帶的邊，內側還有斷斷續續的紫色色帶。長度達 25mm。

---

多彩海蛞蝓科 Chromodorididae
維洛海蛞蝓屬 Verconia

# 多變維洛海蛞蝓

*Verconia varians*（Pease, 1871）

印度－太平洋

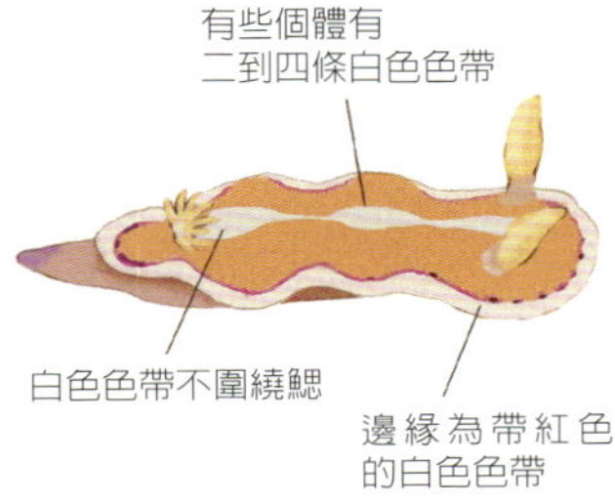
有些個體有
二到四條白色色帶
白色色帶不圍繞鰓
邊緣為帶紅色
的白色色帶

| 八丈島　水深 10m　大小 10mm　加藤昌一 |

背部爲橙紅色，觸角之間到鰓前的正中線上方，有 2～4 條白色色帶。這些色帶不圍繞鰓。背部周緣的邊是帶紅色的白色色帶。觸角褶葉與鰓軸爲橙紅色。長度達 15mm。

多彩海蛞蝓科 Chromodorididae
維洛海蛞蝓屬 Verconia

## 白環維洛海蛞蝓

*Verconia alboannulata*
（Rudman, 1986）

印度－
西太平洋

| 慶良間群島　水深 8m　大小 15mm　小野篤司 |

背部爲橙紅色，背部周緣有白色到淡紅紫色的邊。有一條白色直線從觸角之間往後延伸，在觸角後方分成兩條，圍繞鰓。長度達25mm。

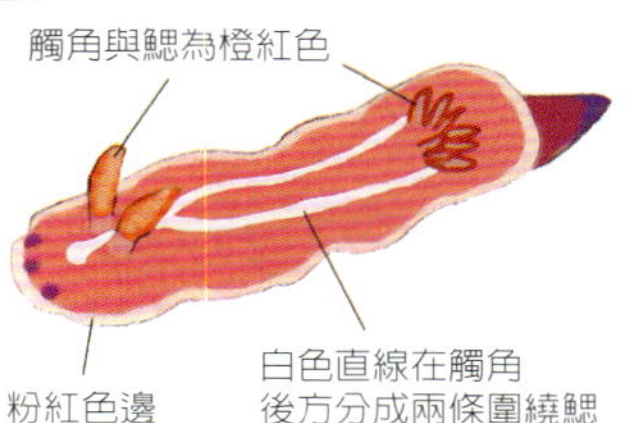
觸角與鰓為橙紅色
粉紅色邊
白色直線在觸角
後方分成兩條圍繞鰓

多彩海蛞蝓科 Chromodorididae
維洛海蛞蝓屬 Verconia

## 拉氏維洛海蛞蝓

*Verconia laboutei*
（Rudman, 1986）

琉球群島、
法屬新喀里多尼
亞、萬那杜

| 慶良間群島　水深 8m　大小 15mm　小野篤司 |

背部爲帶著些微綠色的黃色。背部周緣通常看似有白色外套腺排列。觸角褶葉爲紅色，鰓軸爲紅色，鰓葉呈半透明。從正模標本圖像看不見背面的網眼圖案，觸角與鰓的顏色和本種相同。長度達 15mm。

觸角褶葉
皆為紅色
鰓軸為紅色
鰓葉呈半透明
帶些微綠色的黃色

多彩海蛞蝓科 Chromodorididae
維洛海蛞蝓屬 Verconia

## 維洛海蛞蝓之一種 1

*Verconia* sp. 1

慶良間群島、巴布亞紐幾內亞

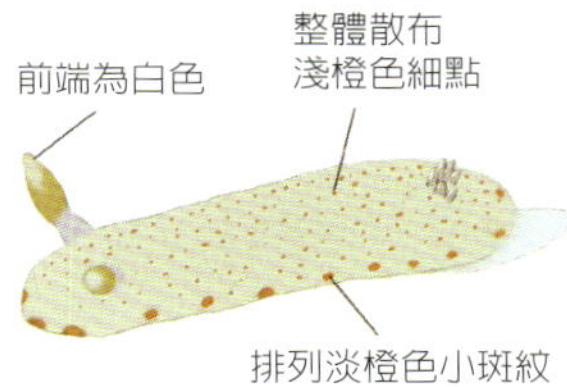
前端為白色
整體散布
淺橙色細點
排列淡橙色小斑紋

| 慶良間群島 水深 12m 大小 12mm 小野篤司 |

背部爲帶黃色的白色，整體散布淺橙色細點。背部周緣排列淡橙色小斑紋。觸角褶葉爲淺橙色，前端爲白色。鰓比較小，呈灰色半透明狀。長度達 12mm。

---

多彩海蛞蝓科 Chromodorididae
維洛海蛞蝓屬 Verconia

## 維洛海蛞蝓之一種 2

*Verconia* sp. 2

西太平洋

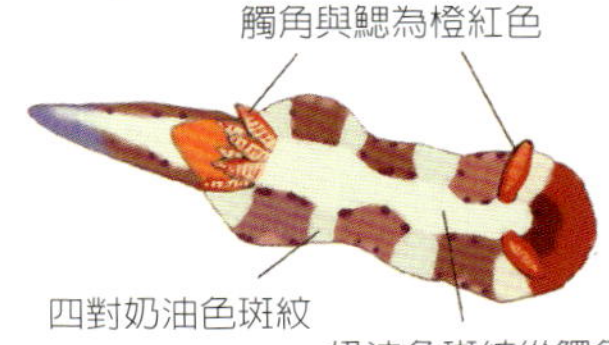
觸角與鰓為橙紅色
四對奶油色斑紋
奶油色斑紋從觸角之間
往後延伸並圍繞著鰓

| 沖繩島 水深 7m 大小 15mm 德家寬之 |

背部爲紅紫色，奶油色斑紋從觸角之間往後延伸並圍繞著鰓。背部周緣有四對奶油色斑紋，與中間的斑紋相連，但有些個體是分開的。此外，背部有紫褐色小斑紋，但數量不一，有些個體完全沒有。觸角與鰓爲橙紅色。長度達 18mm。

---

多彩海蛞蝓科 Chromodorididae
維洛海蛞蝓屬 Verconia

## 維洛海蛞蝓之一種 3

*Verconia* sp. 3

西太平洋

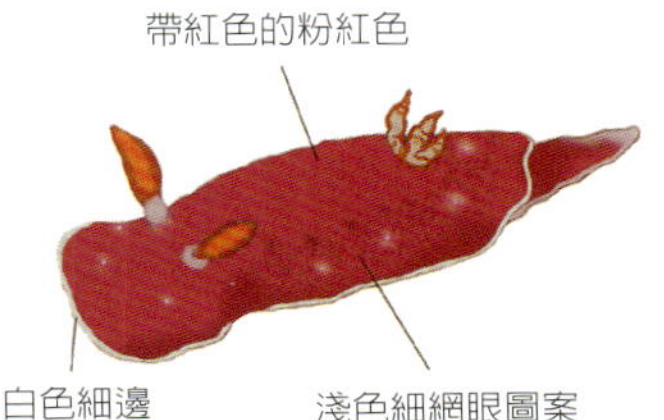
帶紅色的粉紅色
白色細邊
淺色細網眼圖案

| 慶良間群島 水深 8m 大小 12mm 小野篤司 |

背部爲帶紅色的粉紅色，背部周緣有淺色細網眼圖案，排列白色外套腺。背緣有白色細邊，觸角褶葉爲紅色，鰓軸爲紅色。本屬有幾個未知種，背面點綴網眼圖案，有必要將其與記錄種重新整理。長度達 15mm。

| 慶良間群島 水深 12m 大小 12mm 小野篤司 |

多彩海蛞蝓科 Chromodorididae
維洛海蛞蝓屬 Verconia

西太平洋

## 維洛海蛞蝓之一種 4

*Verconia* sp. 4

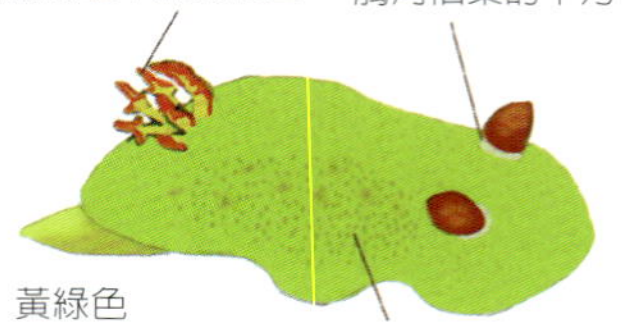
鰓的上半部為紅色
觸角褶葉的下方帶些微白色
黃綠色
覆蓋淺色網眼圖案

背部爲黃綠色到黃色，廣泛覆蓋淺色網眼圖案。背部周緣有黃色細邊。觸角褶葉爲紅色，下方帶些微白色或無色。鰓軸爲白色較明顯的半透明狀，上半部爲紅色。長度達 20mm。

| 沖繩島 水深 6m 大小 12mm 今川郁 |

多彩海蛞蝓科 Chromodorididae
多變海蛞蝓屬 Diversidoris

印度－西太平洋

## 橘疣多變海蛞蝓

*Diversidoris aurantionodulosa* Rudman, 1987

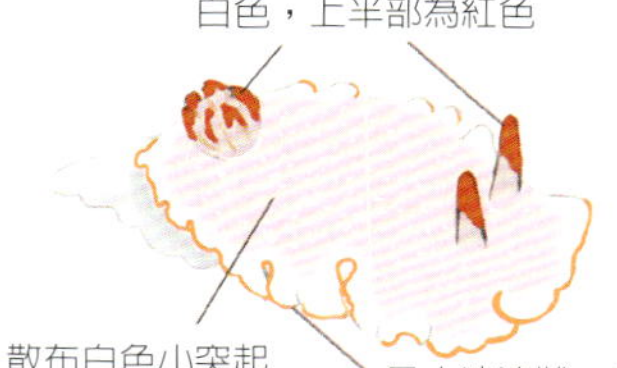
白色，上半部為紅色
散布白色小突起
呈小波浪狀，有橙色邊

背部爲白色半透明，散布白色小突起。小突起的前端爲橙色。此外，背部通常帶粉紅色。背部周緣呈小波浪狀，有橙色邊。觸角與鰓爲白色，上半部爲紅色。以粉紅色海綿爲食。長度達 20mm。

| 八丈島 水深 18m 大小 20mm 廣江一弘 |

多彩海蛞蝓科 Chromodorididae
多變海蛞蝓屬 Diversidoris

西太平洋、中太平洋

## 鮮黃多變海蛞蝓

*Diversidoris crocea*（Rudman, 1986）

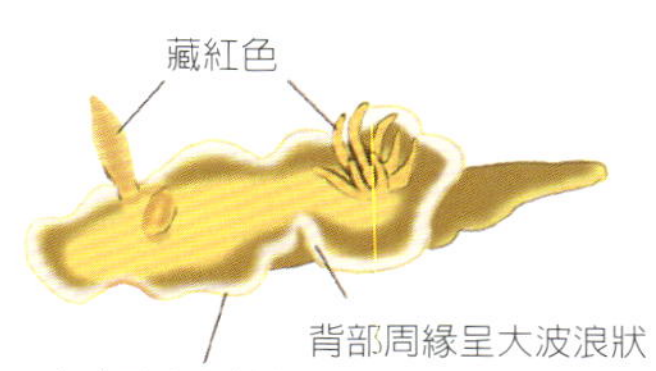
藏紅色
背部周緣呈大波浪狀
由外到內有黃色細線
與白色色帶

背部爲藏紅色，背部周緣呈大波浪狀，由外到內有黃色細線與白色色帶。觸角與鰓爲藏紅色。長度達 25mm。

多彩海蛞蝓科 Chromodorididae
多變海蛞蝓屬 Diversidoris

## 黃多變海蛞蝓

*Diversidoris flava*（Eliot, 1904）

印度－
太平洋

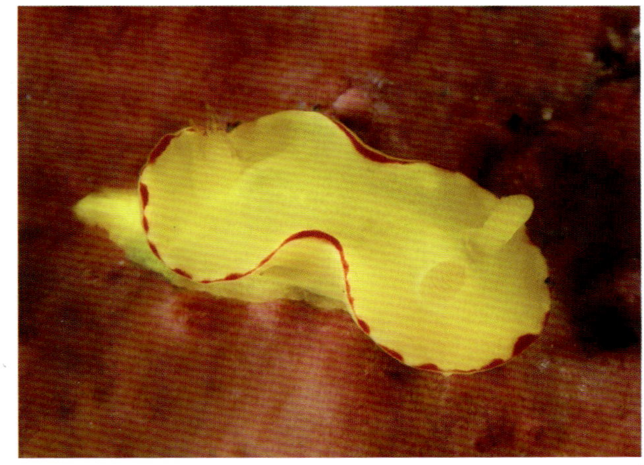

丨八丈島　水深 10m　大小 12mm　加藤昌一丨

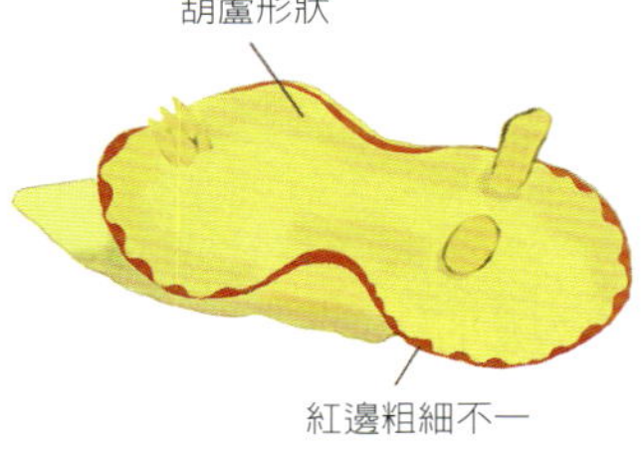
葫蘆形狀
紅邊粗細不一

背部是深黃色葫蘆形狀，背部周緣有粗細不一的紅邊。觸角與鰓爲深黃色。身體是硬的。長度達 15mm。

---

多彩海蛞蝓科 Chromodorididae
結海蛞蝓屬 Thorunna

## 美妙結海蛞蝓

*Thorunna furtiva* Bergh, 1878

西太平洋

丨慶良間群島　水深 6m　大小 10mm　小野篤司丨

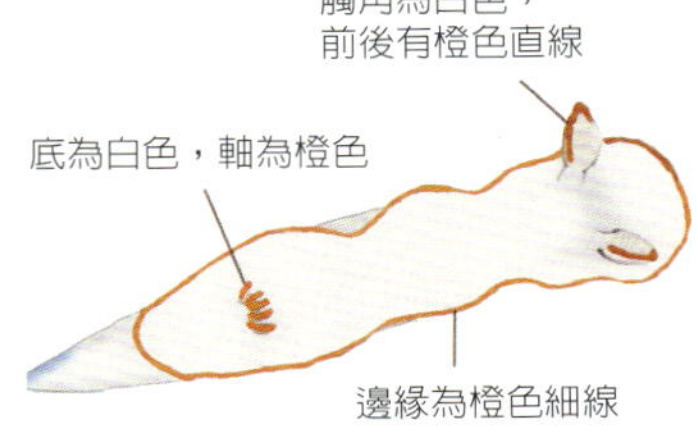
觸角為白色，
前後有橙色直線
底為白色，軸為橙色
邊緣為橙色細線

背面爲白色，周緣有橙色細邊。觸角爲白色，前後有橙色直線。鰓爲白色，軸爲橙色。長度達 20mm。

多彩海蛞蝓科 Chromodorididae
結海蛞蝓屬 Thorunna

印度－
太平洋

# 澳洲結海蛞蝓

*Thorunna australis*（Risbec, 1928）

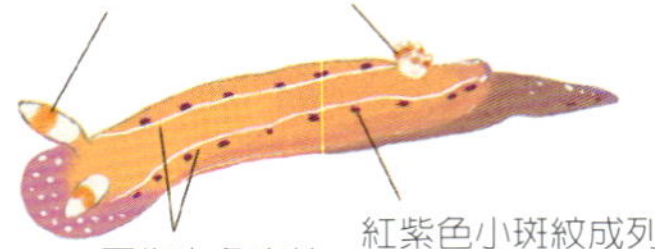
觸角為白色，中間有紅色環
兩條白色直線
紅紫色小斑紋成列

| 八丈島 水深 15m 大小 10mm 加藤昌一 |

背面爲玫瑰粉紅色，兩條白色直線從觸角外側延伸至鰓後方，外側排列紅紫色小斑紋。觸角褶葉與鰓爲白色，中間有紅色環。頭部前緣、背部後端與尾端帶紫色，散布白色細點。長度達 15mm。

多彩海蛞蝓科 Chromodorididae
結海蛞蝓屬 Thorunna

印度－
太平洋

# 丹尼爾結海蛞蝓

*Thorunna daniellae*（Key & Young, 1969）

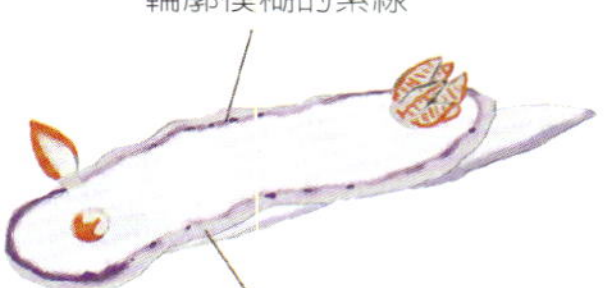
輪廓模糊的紫線
周緣外側有半透明色帶

| 慶良間群島 水深 7m 大小 12mm 小野篤司 |

背部爲白色，周緣有無色半透明色帶圍邊。色帶內側有輪廓模糊的紫線。觸角爲白色，褶葉前面爲橙色，後面有橙色直線。鰓軸爲橙色。長度達 15mm。

多彩海蛞蝓科 Chromodorididae
結海蛞蝓屬 Thorunna

日本、
馬紹爾群島

# 紫足結海蛞蝓

*Thorunna purpuropedis*
Rudman & S. Johnson in Rudman, 1985

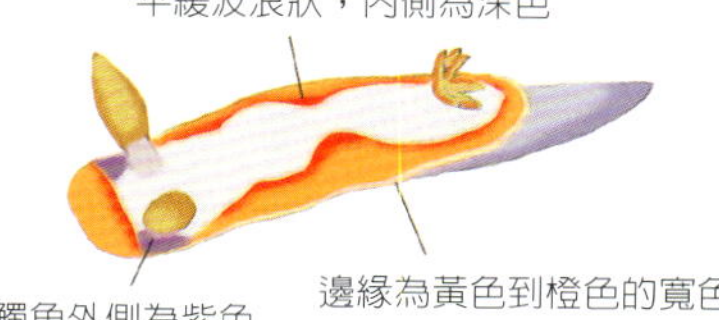
平緩波浪狀，內側為深色
觸角外側為紫色
邊緣為黃色到橙色的寬色帶

| 慶良間群島 水深 15m 大小 10mm 小野篤司 |

背部爲紫色到白色，周緣有黃色到橙色的寬色帶圍邊。色帶內側呈平緩波浪狀，顏色較深。色帶在觸角外側中斷，帶紫色。觸角與鰓的顏色，和背緣色帶相同。長度達 13mm。

多彩海蛞蝓科 Chromodorididae
結海蛞蝓屬 Thorunna

西太平洋

# 寬帶結海蛞蝓

*Thorunna halourga* Johnson & Gosliner, 2001

|慶良間群島 水深 15m 大小 10mm 小野篤司|

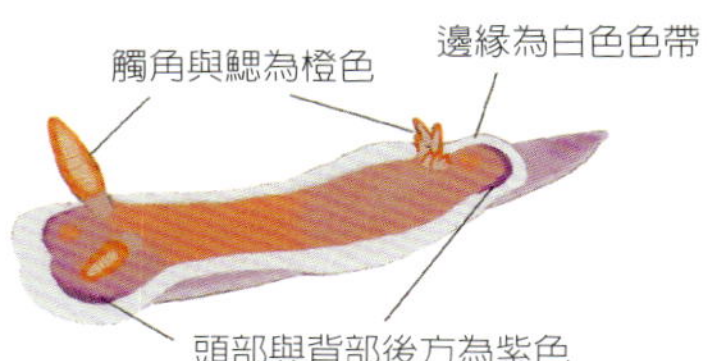
觸角與鰓為橙色
邊緣為白色色帶
頭部與背部後方為紫色

背部有粉紅色、玫瑰粉紅色、淡紫色，有個體變異，頭部與背部後方爲紫色。背部周緣有白色色帶圍邊，觸角與鰓爲橙色。長度達 20mm。

---

多彩海蛞蝓科 Chromodorididae
結海蛞蝓屬 Thorunna

西太平洋

# 盛開結海蛞蝓

*Thorunna florens*（Baba, 1949）

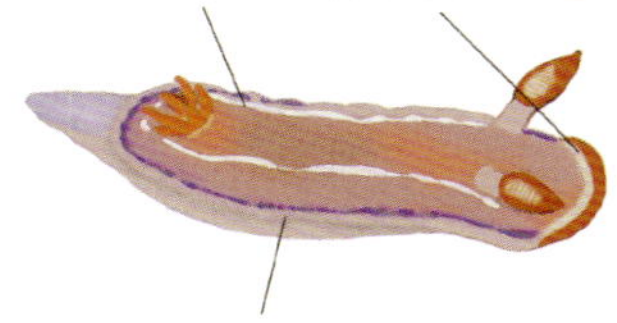
兩條白色直線
頭部前緣有橙色斑紋和白線
半透明色帶、紫邊

|慶良間群島 水深 7m 大小 10mm 小野篤司|

背部爲紅紫色半透明，觸角前方到鰓後方有兩條白色直線。偶爾會發現白色直線與黃色直線重疊的個體，背部周緣由外到內爲白色半透明色帶以及紫邊。本種最大的特色在於頭部前緣的橙色，以及與其相連的白線。觸角與鰓爲橙色。長度達 15mm。

---

多彩海蛞蝓科 Chromodorididae
結海蛞蝓屬 Thorunna

印度－西太平洋

# 紅紫結海蛞蝓

*Thorunna punicea* Rudman, 1995

|沖繩島 水深 13m 大小 12mm 今川郁|

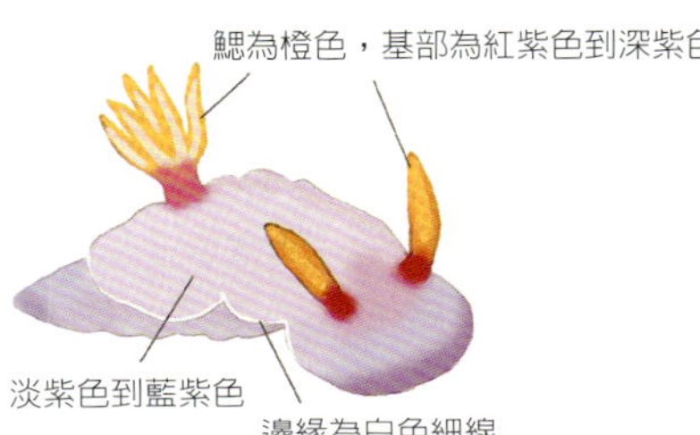
鰓為橙色，基部為紅紫色到深紫色
淡紫色到藍紫色
邊緣為白色細線

背部爲淡紫色到藍紫色，周緣有白色細邊。觸角與鰓爲橙色，基部爲紅紫色到深紫色。出現抖鰓行爲。長度達 12mm。

多彩海蛞蝓科 Chromodorididae
高澤海蛞蝓屬 Hypselodoris

# 節慶高澤海蛞蝓

*Hypselodoris festiva*
（A. Adams, 1861）

日本、香港

| 八丈島 水深 4m 大小 40mm 加藤昌一 |

背部爲藍色，正中線上有黃色直線，周圍散布黃色斑紋。背部周緣有黃邊。有些個體身上散布幾個黑紋。觸角與鰓軸爲橙色。長度達 30mm。

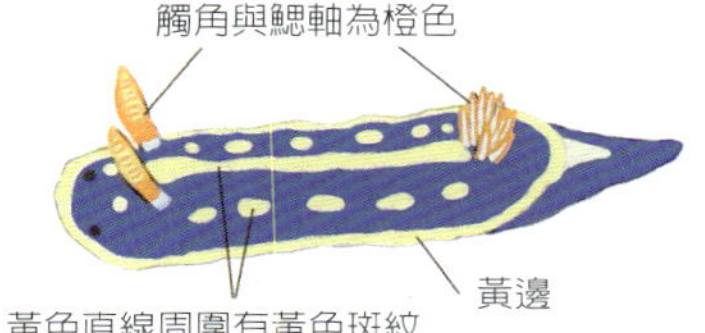
觸角與鰓軸為橙色
黃邊
黃色直線周圍有黃色斑紋

---

多彩海蛞蝓科 Chromodorididae
高澤海蛞蝓屬 Hypselodoris

# 紫斑高澤海蛞蝓

*Hypselodoris purpureomaculosa*
Hamatani, 1995

西太平洋

| 八丈島 水深 18m 大小 50mm 加藤昌一 |

背部底色爲白色，正中線旁排列著紅紫色到紅褐色大斑紋。背面周緣有橙黃色色帶圍邊。觸角與鰓爲橙黃色。以粉紅色海綿爲食。照片爲攝食中。長度達 50mm。

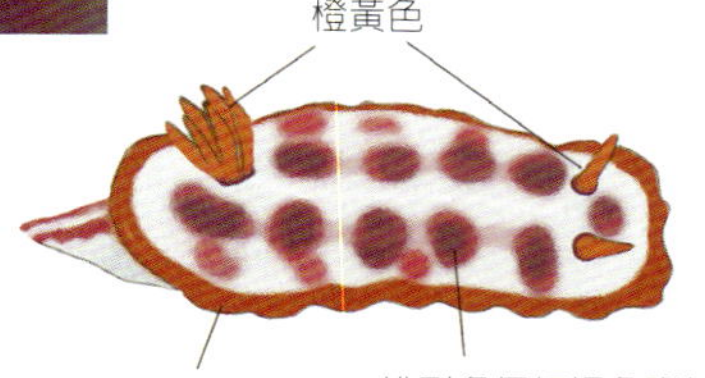
橙黃色
邊緣為橙黃色色帶
排列多個紅褐色斑紋

多彩海蛞蝓科 Chromodorididae
高澤海蛞蝓屬 Hypselodoris

# 網紋高澤海蛞蝓

*Hypselodoris iacula*
Gosliner & Johnson, 1999

印度－
西太平洋

左右分支的白色直線
邊緣為小波浪狀
邊緣為橙黃色色帶

| 沖繩島　水深 18m　大小 40mm　今川郁 |

背部爲淺紫色，正中線上方有白色直線往兩側分支。背部周緣有橙黃色色帶圍邊，外形呈小波浪狀。觸角與鰓爲橙黃色。長度達 50mm。

---

多彩海蛞蝓科 Chromodorididae
高澤海蛞蝓屬 Hypselodoris

# 懷特高澤海蛞蝓

*Hypselodoris whitei*
（Adams & Reeve, 1850）

印度－
西太平洋

紅褐色
五條平行的紫色直線
紫色細邊

| 八丈島　水深 6m　大小 30mm　水谷知世 |

背部爲奶油色，還有 5 條平行的紫色直線。背部的直線間大多有明顯的深色斑點。背面周緣有紫色細線圍邊。觸角與鰓爲紅褐色。長度達 35mm。

|八丈島 水深 12m 大小 10mm 加藤昌一|

多彩海蛞蝓科 Chromodorididae
高澤海蛞蝓屬 Hypselodoris

## 斑紋高澤海蛞蝓

*Hypselodoris maculosa*
（Pease, 1871）

印度－
太平洋

背部爲奶油色，有幾條白色直線，中間還散布紫色細點。背部周緣有深橙黃色與紫色邊。觸角褶葉爲白色，有兩個橙色環。根據馬場（1994）的記載，飾紋高澤海蛞蝓的和名（センテンイロウミウシ）來自於外套緣爲紅褐色、觸角上半部有三個紅環，十分符合 *H. decorata* 之意。長度達 40mm。

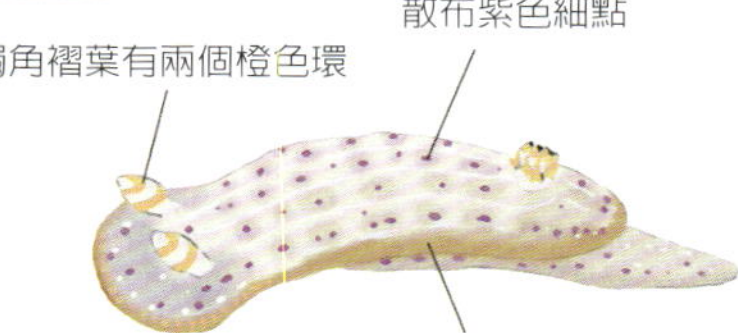
白色直線之間
散布紫色細點
觸角褶葉有兩個橙色環
深橙黃色與紫色邊

多彩海蛞蝓科 Chromodorididae
高澤海蛞蝓屬 Hypselodoris

## 飾紋高澤海蛞蝓

*Hypselodoris decorata*
（Risbec, 1928）

西太平洋

|八丈島 水深 10m 大小 35mm 加藤昌一|

背部爲奶油色，有幾條白色直線，中間散布紫色細點。背部周緣有淺橙紅色的邊，內側爲波浪狀。觸角褶葉爲白色，有三條紅環。近似種 *H. yarae* 的頭部前端、背部後端和尾部沒有白色細點。過去的文獻曾將其列爲高澤海蛞蝓屬之一種（シロウネイロウミウシ / *Hypselodoris* sp.）。長度達 30mm。

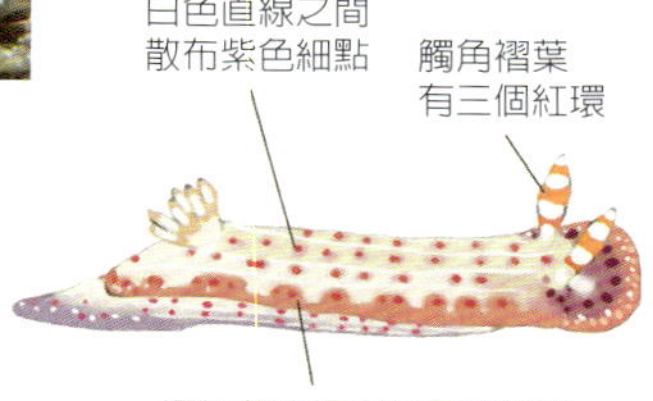
白色直線之間
散布紫色細點
觸角褶葉
有三個紅環
橙紅色邊緣內側為波浪狀

多彩海蛞蝓科 Chromodorididae
高澤海蛞蝓屬 Hypselodoris

# 柏區高澤海蛞蝓

日本、
夏威夷

*Hypselodoris bertschi* Gosliner & Johnson, 1999

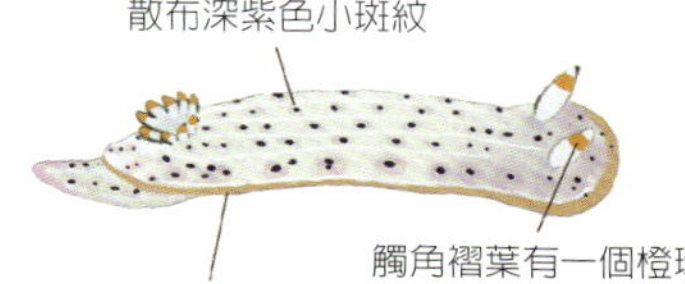
白色直線之間
散布深紫色小斑紋
觸角褶葉有一個橙環
邊緣為細細的橙黃色色帶

|八丈島 水深 12m 大小 10mm 加藤昌一|

背面爲帶奶油色的白色，有幾條白色直線，之間散布許多深紫色小斑紋。背部周緣有橙黃色細色帶圍邊，有些個體帶略粗的粉紅色色帶。觸角褶葉爲白色，有一個橙色環。長度達 25mm。

多彩海蛞蝓科 Chromodorididae
高澤海蛞蝓屬 Hypselodoris

# 克拉托瓦高澤海蛞蝓

西太平洋

*Hypselodoris krakatoa* Gosliner & Johnson, 1999

鰓為褐色，呈現
深淺不一的斑駁狀
白色細點沿著
黑褐色直線點綴
散布紅褐色斑紋

|沖繩島 水深 5m 大小 30mm 今川郁|

背面爲奶油色，點綴紅褐色斑紋。頭部前緣與腹足緣呈紫色。背面有黑褐色直線，白色細點沿著線條排列。觸角爲褐色。鰓爲褐色，呈現深淺不一的斑駁狀。長度達 55mm。

多彩海蛞蝓科 Chromodorididae
高澤海蛞蝓屬 Hypselodoris

# 賽莉絲高澤海蛞蝓

日本、
臺灣、
馬來西亞

*Hypselodoris cerisae* Gosliner & Johnson, 2018

褐色，有時為顏色較淺的斑駁狀

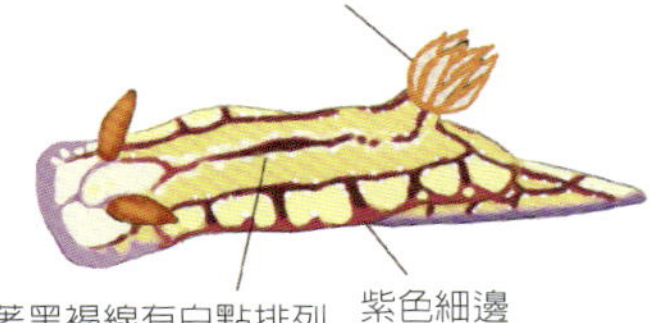
沿著黑褐線有白點排列
紫色細邊

|八丈島 水深 10m 大小 45mm 加藤昌一|

背部爲白色，沿著黑褐線有白點排列。背部中央爲粉紅色到黃色，周緣框紫色細邊。觸角爲紅褐色，鰓爲褐色，有時爲顏色較淺的斑駁狀。長度達 45mm。

|八丈島 水深 45m 大小 50mm 加藤昌一|

多彩海蛞蝓科 Chromodorididae
高澤海蛞蝓屬 Hypselodoris

# 金澤高澤海蛞蝓

*Hypselodoris kaname* Baba, 1994

西太平洋

背部爲白色，沿著正中線有兩條橙色直線，外側排列橙色小斑紋。背面周緣由外而內爲黃色與紫色細色帶。觸角與鰓爲橙色。長度達 45mm。

沿著正中線有
兩條橙色直線
橙色小斑紋排列
由外而內為黃色與紫色邊

---

|慶良間群島 水深 7m 大小 40mm 小野篤司|

多彩海蛞蝓科 Chromodorididae
高澤海蛞蝓屬 Hypselodoris

# 波蘭德高澤海蛞蝓

*Hypselodoris bollandi*
（Gosliner & Johnson, 1999）

西太平洋

|慶良間群島 水深 7m 大小 15mm 小野篤司|

背部爲白色，有斑駁狀深色斑紋，但小型個體爲藍色斑紋。除了周緣之外，背部密布黃點。觸角與鰓爲紅色。長度達 50mm。

觸角褶葉與鰓軸為紅色

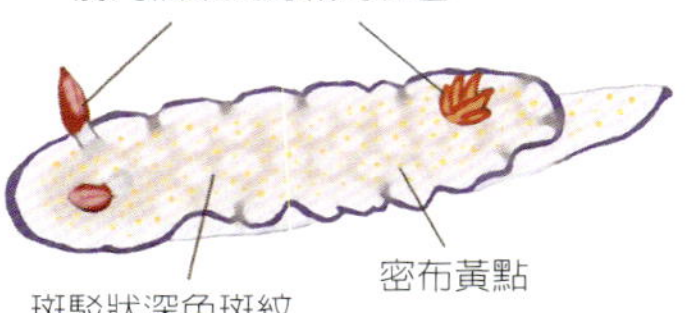

密布黃點
斑駁狀深色斑紋

多彩海蛞蝓科 Chromodorididae
高澤海蛞蝓屬 Hypselodoris

# 彩斑高澤海蛞蝓

*Hypselodoris infucata*
（Rüppell & Leuckart, 1830）

印度－
太平洋

|八丈島 水深 3m 大小 40mm 加藤昌一|

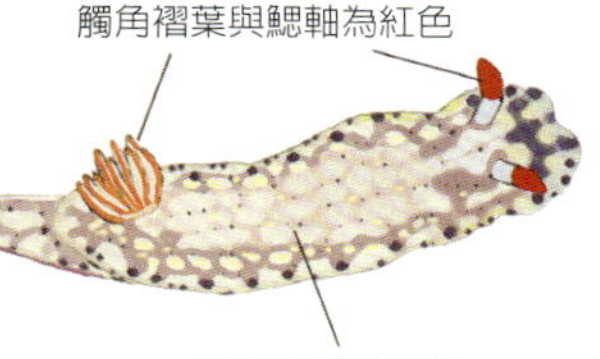
觸角褶葉與鰓軸為紅色
散布黃斑與黑點

背面底色變異性大，包括藍色、黃灰色與白色等。體表散布黃斑、藍點或黑點。觸角褶葉與鰓軸爲紅色，近似種波蘭德高澤海蛞蝓的體表，沒有藍點與黑點。長度達 50mm。

|八丈島 水深 7m 大小 25mm 加藤昌一|

---

多彩海蛞蝓科 Chromodorididae
高澤海蛞蝓屬 Hypselodoris

# 相模高澤海蛞蝓

*Hypselodoris sagamiensis*
（Baba, 1949）

西太平洋

|八丈島 水深 15m 大小 20mm 加藤昌一|

覆蓋微凸的白色突起
排列藍紋

背面爲白色半透明，覆蓋微凸的白色突起。背部周緣排列藍紋。背部周緣和中央散布黃色小斑紋，但小型個體沒有。觸角褶葉與鰓軸爲紅色。長度達 25mm。

多彩海蛞蝓科 Chromodorididae
高澤海蛞蝓屬 Hypselodoris

## 史凱勒高澤海蛞蝓

*Hypselodoris skyleri*
Gosliner & Johnson, 2018

西太平洋

| 奄美大島 水深 15m 大小 9mm 山田久子 |

背部底色爲淺綠灰色到粉紅色，背部還有多條顏色比底色深的細直線，中間散布許多白色細點。背部周緣排列紫色斑紋。鰓爲白色，外側前端爲紅色，觸角有 2 ～ 3 個紅環。長度達 12mm。

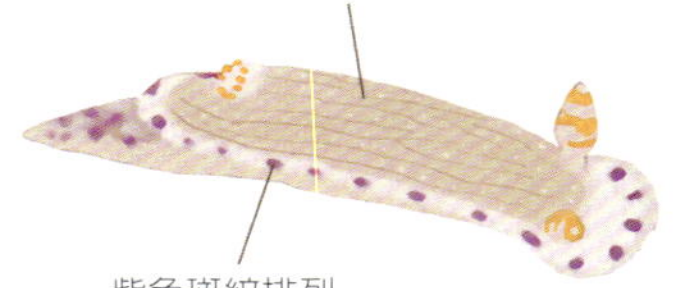
細直線之間
散布許多白色細點
紫色斑紋排列

多彩海蛞蝓科 Chromodorididae
高澤海蛞蝓屬 Hypselodoris

## 海洋高澤海蛞蝓

*Hypselodoris maritima*
（Baba, 1949）

西太平洋

| 八丈島 水深 14m 大小 40mm 加藤昌一 |

背部爲白色，有凌亂的黑色直線。背部周緣由外到內爲藍色與黃色色帶。觸角褶葉爲紅色，鰓軸爲紅色。長度達 40mm。

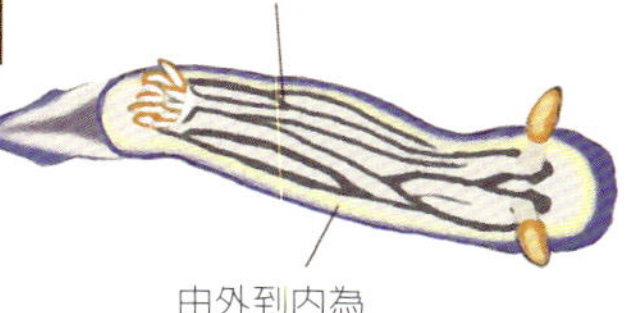
凌亂的黑色直線
由外到內為
藍色與黃色色帶

多彩海蛞蝓科 Chromodorididae
高澤海蛞蝓屬 Hypselodoris

# 西風高澤海蛞蝓

印度－西太平洋

*Hypselodoris zephyra* Gosliner & Johnson, 1999

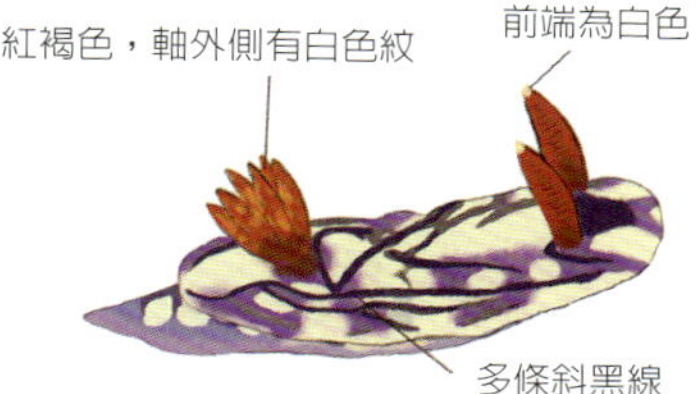
紅褐色，軸外側有白色紋
前端為白色
多條斜黑線

|八丈島 水深 9m 大小 35mm 加藤昌一|

背面爲奶油色到黃色，有多條斜黑線。觸角爲紅褐色，前端爲白色。鰓爲紅褐色，軸外側有白色紋，但通常難以辨認。過去的文獻曾將其稱爲春風高澤海蛞蝓（ハルカゼイロウミウシ）。長度達 20mm。

---

多彩海蛞蝓科 Chromodorididae
高澤海蛞蝓屬 Hypselodoris

# 鑲邊高澤海蛞蝓

西太平洋

*Hypselodoris apolegma*（Yonow, 2001）

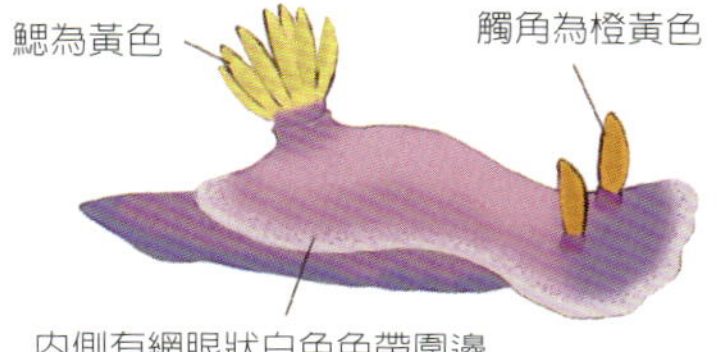
鰓為黃色
觸角為橙黃色
內側有網眼狀白色色帶圍邊

|八丈島 水深 13m 大小 60mm 加藤昌一|

背面爲紅紫色，周緣有白色色帶圍邊。此白色色帶的內側呈網眼狀，並與紅紫色融合。觸角爲橙黃色，鰓爲黃色。長度達 100mm。

---

多彩海蛞蝓科 Chromodorididae
高澤海蛞蝓屬 Hypselodoris

# 布洛克高澤海蛞蝓

西太平洋、中太平洋

*Hypselodoris bullockii*（Collingwood, 1881）

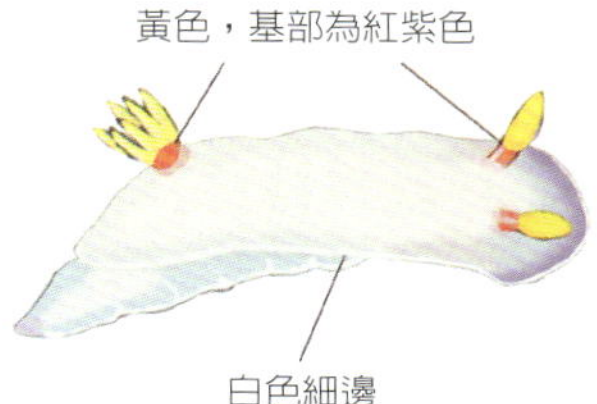
黃色，基部為紅紫色
白色細邊

|八丈島 水深 16m 大小 31mm 加藤昌一|

背部爲白色到淡粉紅色，或淡橘色，有個體變異。背部周緣爲白色細邊。觸角與鰓爲黃色，基部爲紅紫色。長度達 45mm。

|八丈島 水深 27m 大小 60mm 加藤昌一|

多彩海蛞蝓科 Chromodorididae
高澤海蛞蝓屬 Hypselodoris

## 變鰓高澤海蛞蝓

西太平洋

*Hypselodoris variobranchia*
Gosliner & R. Johnson in Epstein et al., 2018

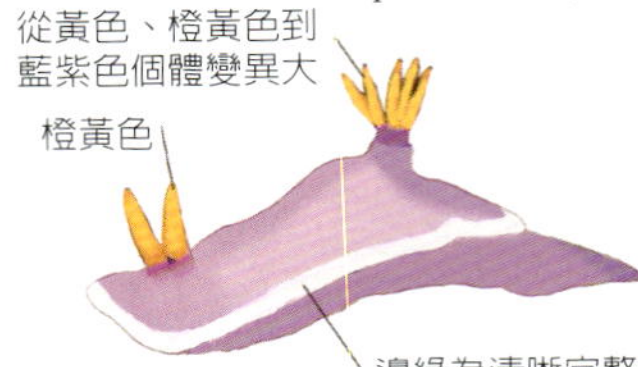
從黃色、橙黃色到
藍紫色個體變異大
橙黃色
邊緣為清晰完整的白色色帶

背部爲紅紫色到藍紫色，背部周緣爲清晰完整的白色色帶。此白色色帶的內側非網眼狀。觸角爲橙黃色，鰓爲黃色、橙黃色到藍紫色，個體變異大。外觀近似 *H. iba*，但本種的白色色帶較寬，內側不模糊。長度達 50mm。

|沖繩島 水深 30m 大小 25mm 今川郁|

多彩海蛞蝓科 Chromodorididae
高澤海蛞蝓屬 Hypselodoris

## 洛氏高澤海蛞蝓

琉球群島、菲律賓

*Hypselodoris rositoi*
Gosliner & Johnson in Epstein et al., 2018

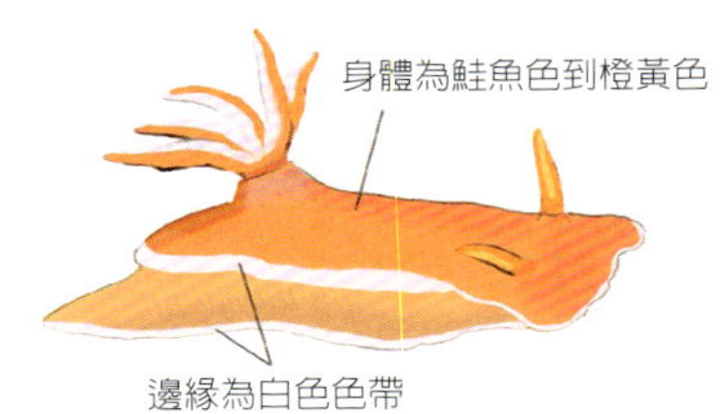
身體為鮭魚色到橙黃色
邊緣為白色色帶

身體爲鮭魚色到橙黃色，背部周緣與腹足緣都有白色色帶框邊。觸角與鰓的顏色和身體相同。長度達 40mm。

|沖繩島 水深 17m 大小 40mm 今川郁|

多彩海蛞蝓科 Chromodorididae
高澤海蛞蝓屬 Hypselodoris

## 馬場高澤海蛞蝓

西太平洋

*Hypselodoris babai* Gosliner & Behrens, 2000

橙黃色

邊緣為白色色帶
散布白色橢圓形斑紋

背部爲橙黃色到紅褐色，散布白色橢圓形斑紋。背部周緣與腹足緣皆有較寬的白色色帶框邊。觸角與鰓爲橙黃色。過去曾在超過 50m 的深度創下觀測紀錄，但近年只要水深 5m 就能看到。長度達 40mm。

多彩海蛞蝓科 Chromodorididae
高澤海蛞蝓屬 Hypselodoris

# 空白高澤海蛞蝓

*Hypselodoris lacuna* Gosliner & Johnson, 2018

印度－西太平洋

前端為紅色
周緣排列藍紫色細點
散布無色圓斑

| 慶良間群島 水深 15m 大小 10mm 小野篤司 |

背部爲白色，周緣配置漸層輪廓的藍紫色細點。此外，背部散布無色圓斑，觸角後方有一對特別大的無色圓斑。觸角與鰓的前端爲紅色。長度達 12mm。

多彩海蛞蝓科 Chromodorididae
高澤海蛞蝓屬 Hypselodoris

# 崔恩高澤海蛞蝓

*Hypselodoris tryoni*（Garrett, 1873）

西太平洋、中太平洋

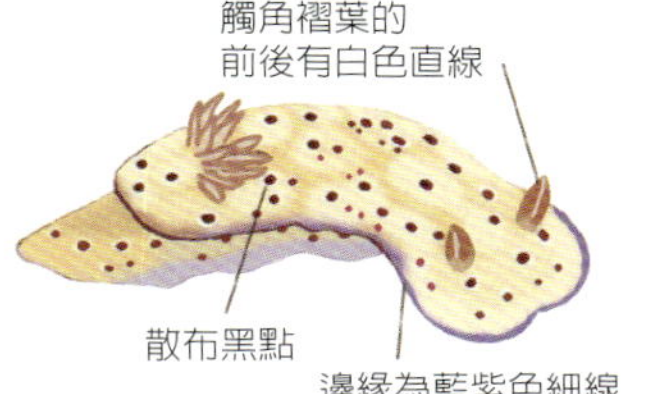
觸角褶葉的
前後有白色直線
散布黑點
邊緣為藍紫色細線

| 八丈島 水深 14m 大小 40mm 加藤昌一 |

背部有斑駁的深褐色與淺褐色斑紋，中間的白色區域有黑點。背部周緣有藍紫色細邊，觸角褶葉的前後有白色直線。本體的身體細長，高度也較高。對其他種的海蛞蝓採取追尾行爲。長度達 70mm。

多彩海蛞蝓科 Chromodorididae
高澤海蛞蝓屬 Hypselodoris

# 蒼白高澤海蛞蝓

*Hypselodoris placida*（Baba, 1949）

日本、香港

| 浮島 水深 3m 大小 12mm 山田久子 |

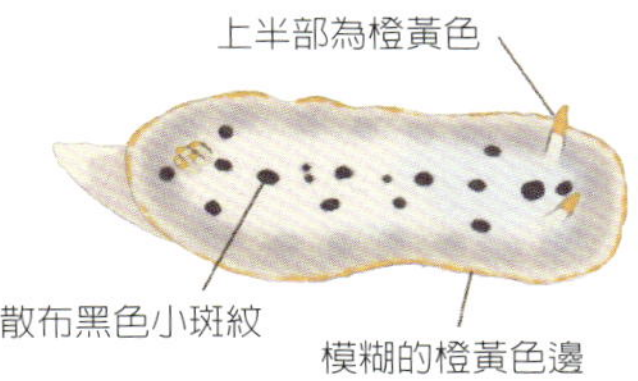
上半部為橙黃色
散布黑色小斑紋
模糊的橙黃色邊

背部爲帶著淡藍色的半透明狀，散布黑色小斑紋。背部周緣排列淺藍色斑紋，但有些個體難以辨認。背緣有模糊的橙黃色邊。觸角褶葉與鰓軸上半部爲橙黃色。長度達 20mm。

|伊豆大島　水深 25m　大小 20mm　水谷知世|

多彩海蛞蝓科 Chromodorididae
高澤海蛞蝓屬 Hypselodoris

日本

## 下田高澤海蛞蝓

*Hypselodoris shimodaensis*
Baba, 1994

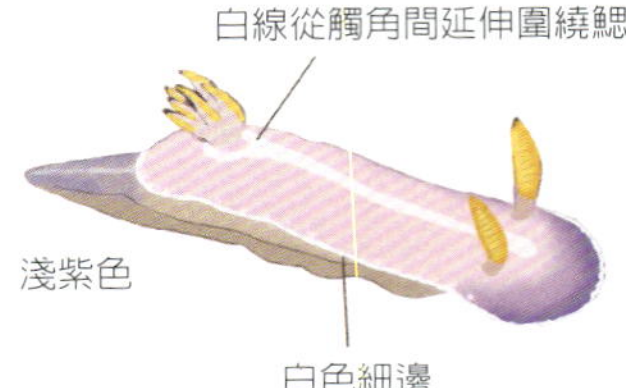
白線從觸角間延伸圍繞鰓
淺紫色
白色細邊

背部為淺紫色，白線從觸角間延伸，通過正中線上方並圍繞鰓。背部周緣有白色細邊，觸角與鰓為橙黃色。長度達 40mm。

---

|慶良間群島　水深 25m　大小 10mm　小野篤司|

多彩海蛞蝓科 Chromodorididae
高澤海蛞蝓屬 Hypselodoris

西太平洋

## 樹果高澤海蛞蝓

*Hypselodoris iba* Gosliner & Johnson, 2018

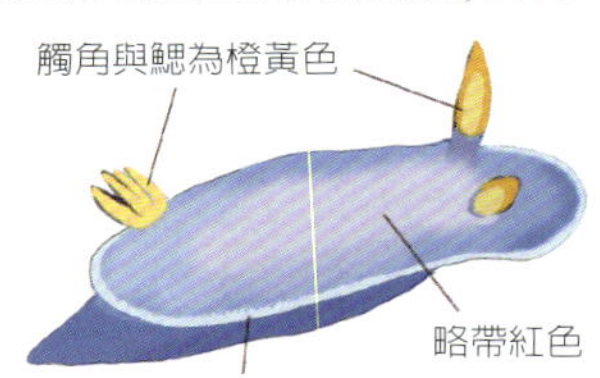
觸角與鰓為橙黃色
略帶紅色
白色色帶的
內側邊界有漸層感

背部為藍色、藍紫色與奶油色，變異性相當豐富。外觀近似 *H. variobranchia*，背緣的白色色帶內側有漸層感，感覺模糊。背部中央略帶紅色。觸角與鰓為黃色到橙黃色。長度達 40mm。

---

|八丈島　水深 6m　大小 40mm　加藤昌一|

多彩海蛞蝓科 Chromodorididae
高澤海蛞蝓屬 Hypselodoris

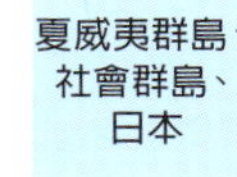
夏威夷群島、
社會群島、
日本

## 帝王高澤海蛞蝓

*Hypselodoris imperialis*（Pease, 1860）

密布黃色細點
波浪狀配置的
黃色小斑紋
暗紫色斑紋如波浪狀排列

背部為白色，周緣的暗紫色斑紋如波浪狀排列。此暗紫色斑紋中，還有波浪狀配置的黃色小斑紋。背部中央密布黃色細點，鰓為白色，軸為深紫色。觸角褶葉為深紫色，前後有白色直線，邊緣點綴白點。長度達 50mm。

多彩海蛞蝓科 Chromodorididae
高澤海蛞蝓屬 Hypselodoris

# 美拉尼西亞高澤海蛞蝓

*Hypselodoris melanesica*
Gosliner & Johnson, 2018

西太平洋

｜沖繩島 水深 5m 大小 20mm 今川郁｜

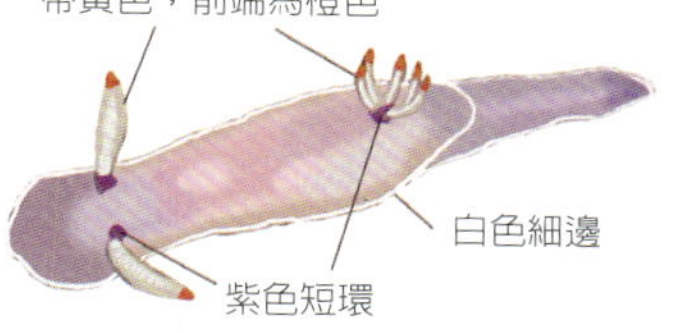
帶黃色，前端為橙色
白色細邊
紫色短環

身體爲淺紫色到藍色，背緣有白色細邊。觸角與鰓帶黃色，前端爲橙色。觸角與鰓的基部有紫色短環。長度達 25mm。

---

多彩海蛞蝓科 Chromodorididae
高澤海蛞蝓屬 Hypselodoris

# 高澤海蛞蝓之一種 1

*Hypselodoris* sp. 1

伊豆半島

｜伊豆海洋公園 水深 42m 大小 15mm 山田久子｜

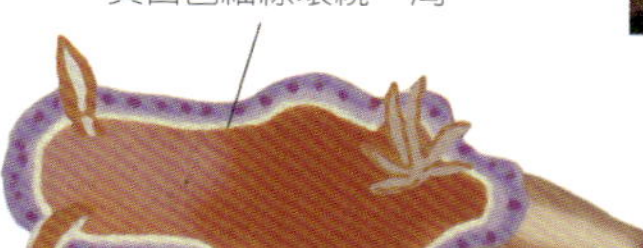
黃白色細線環繞一周
底色為淺紫色，
上方配置紅紫色小斑紋

背面爲紅色，周緣最外側是斷斷續續的黃色細線，往內還有較寬的淺紫色色帶，以及黃白色細邊。此淺紫色色帶裡有紅紫色小斑紋排列。觸角爲紅色，前後有白色直線。身體柔軟。長度達 15mm。

|慶良間群島 水深 12m 大小 15mm 小野篤司|

多彩海蛞蝓科 Chromodorididae
高澤海蛞蝓屬 Hypselodoris

# 高澤海蛞蝓之一種 2

*Hypselodoris* sp. 2

琉球群島

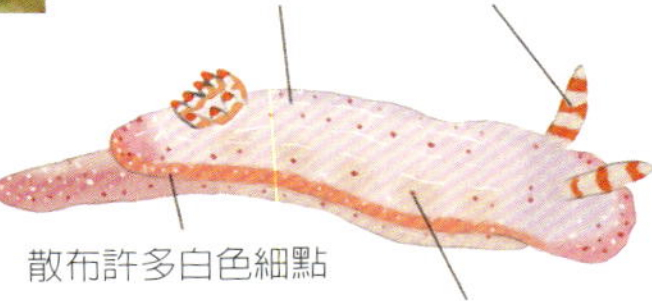
幾條斷斷續續
的白色直線
三個紅環
散布許多白色細點
紅色細點直向排列

背部爲淡粉紅色，還有幾條斷斷續續的白色直線。此外，背部的正中線上方和周緣排列紅色細點。背部周緣有深粉紅色色帶框邊，散布許多白色細點。觸角爲白色，有三個紅環。鰓爲白色，前端與中段爲紅色。出沒範圍不大，但個體數多。長度達 25mm。

---

|大瀨崎 水深 25m 大小 10mm 山田久子|

多彩海蛞蝓科 Chromodorididae
高澤海蛞蝓屬 Hypselodoris

# 高澤海蛞蝓之一種 3

*Hypselodoris* sp. 3

伊豆半島、
八丈島

觸角與鰓為紅褐色
白邊
具有滲透感的
藍色斑紋成列

背部爲帶藍色的白色，有藍色斑紋排列，斑紋邊緣帶有漸層感。背緣有白邊。觸角與鰓爲紅褐色。外觀近似相模高澤海蛞蝓，但本種背部平滑，沒有白色小斑紋。長度達 10mm。

多彩海蛞蝓科 Chromodorididae
角質海蛞蝓屬 Ceratosoma

# 三葉角質海蛞蝓

*Ceratosoma trilobatum*
（J. E. Gray, 1827）

印度－
西太平洋

|八丈島 本州型 水深 16m 大小 120mm 加藤昌一|

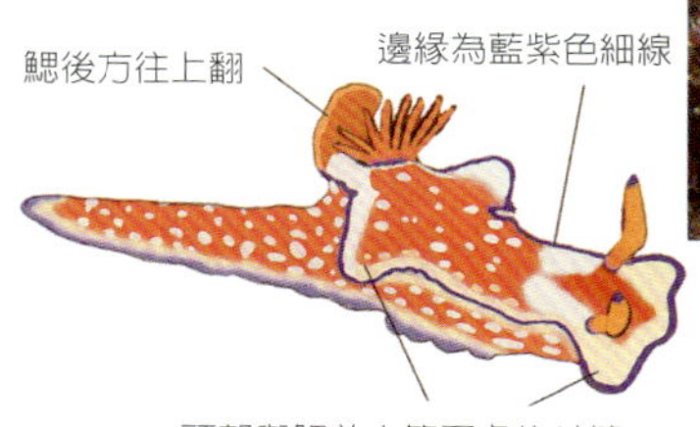
鰓後方往上翻
邊緣為藍紫色細線
頭部與鰓前方等兩處往外擴

身體為紅色，散布白色圓斑、紅色小圓斑、黃斑等，變異性大。外套膜在頭部與鰓前方等兩處往外擴，在鰓後方往上翻。外套膜有藍紫色細邊，觸角與鰓的顏色和身體相同。溫帶海域和熱帶海域發現的色型有差異。長度達 120mm。

|慶良間群島 沖繩型 水深 25m 大小 80mm 小野篤司|

|八丈島 水深 14m 大小 20mm 加藤昌一|

多彩海蛞蝓科 Chromodorididae
角質海蛞蝓屬 Ceratosoma

# 細長角質海蛞蝓

*Ceratosoma gracillimum*
Semper in Bergh, 1876

西太平洋

|慶良間群島 水深 15m 大小 100mm 小野篤司|

斑駁的紅色和紫色斑紋
頭部與鰓前方的外擴處之間
沒有外套膜緣

身體為奶油色，還有斑駁的紅色和紫色斑紋，全身覆蓋顏色比斑紋深的細點。外觀近似三葉角質海蛞蝓，但本種頭部與鰓前方的外擴處之間沒有外套膜緣。長度達 120mm。

多彩海蛞蝓科 Chromodorididae
角質海蛞蝓屬 Ceratosoma

## 波翼角質海蛞蝓

*Ceratosoma tenue* Abraham, 1876

印度－
太平洋

|八丈島 水深 16m 大小 150mm 加藤昌一|

|慶良間群島 水深 28m
大小 100mm 小野篤司|

身體為奶油色，全身覆蓋紅色、褐色或橙黃色等斑紋，以及顏色較深的細點。外觀近似三葉角質海蛞蝓、細長角質海蛞蝓，但本種的外套膜包括頭部在內，共有三對外突處，可由此辨別。長度達 120mm。

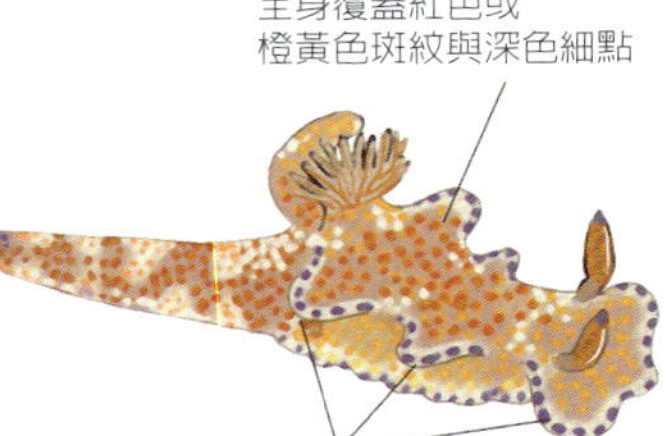
全身覆蓋紅色或
橙黃色斑紋與深色細點
三對外突處

|慶良間群島 水深 7m 大小 30mm 小野篤司|

多彩海蛞蝓科 Chromodorididae
角質海蛞蝓屬 Ceratosoma

## 披風角質海蛞蝓

*Ceratosoma palliolatum*
Rudman, 1988

西太平洋

背部為帶黃色的半透明狀，周緣有淺色色帶，排列紫色小斑紋。有些個體的背面散布白色小斑紋。觸角為橙色，鰓幾乎為透明。長度達 75mm。

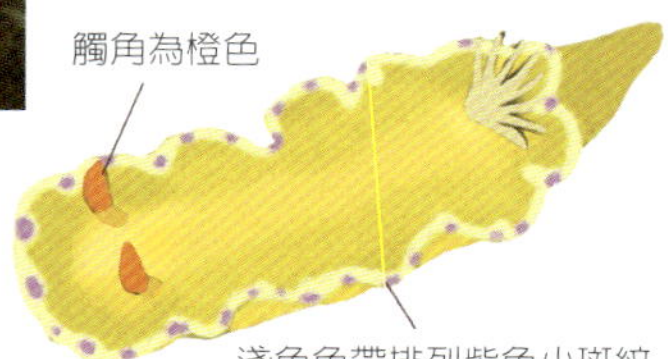
觸角為橙色
淺色色帶排列紫色小斑紋

多彩海蛞蝓科 Chromodorididae
角質海蛞蝓屬 Ceratosoma

# 角質海蛞蝓之一種 1

*Ceratosoma* sp. 1

小笠原群島

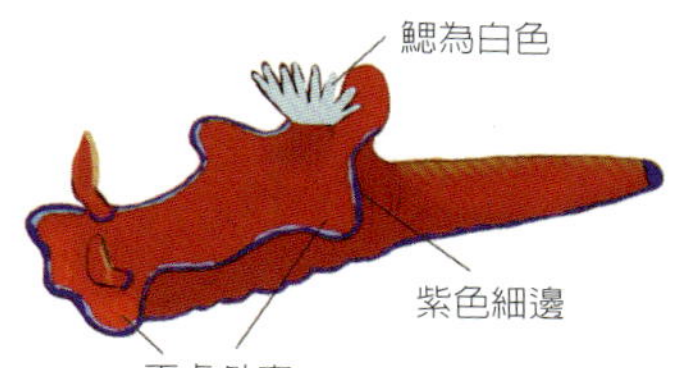
鰓為白色
紫色細邊
兩處外突

| 小笠原 水深 15m 大小 140mm 松田望實 |

身體爲紅色，外套膜周緣與腹足緣有紫色細邊。體表散布些微白點。外觀很像三葉角質海蛞蝓，本種的鰓爲白色。有待今後研究是否爲獨立種。長度達 100mm。

---

多彩海蛞蝓科 Chromodorididae
角質海蛞蝓屬 Ceratosoma

# 角質海蛞蝓之一種 2

*Ceratosoma* sp. 2

印度－太平洋

| 八丈島 水深 12m 大小 4mm 廣江一弘 |

兩條淺黃色直線，
有時是虛線，顯得凌亂
邊緣為較寬的
乳白色色帶

背部爲半透明，帶淺紫色和紅紫色，中央有兩條淺黃色直線，但有些個體是虛線、分支或顯得凌亂。背部周緣有較寬的乳白色色帶圍邊。觸角與鰓的顏色和身體底色相同。長度達 12mm。

---

多彩海蛞蝓科 Chromodorididae
角質海蛞蝓屬 Ceratosoma

# 角質海蛞蝓之一種 3

*Ceratosoma* sp. 3

日本

| 慶良間群島 水深 15m 大小 10mm 小野篤司 |

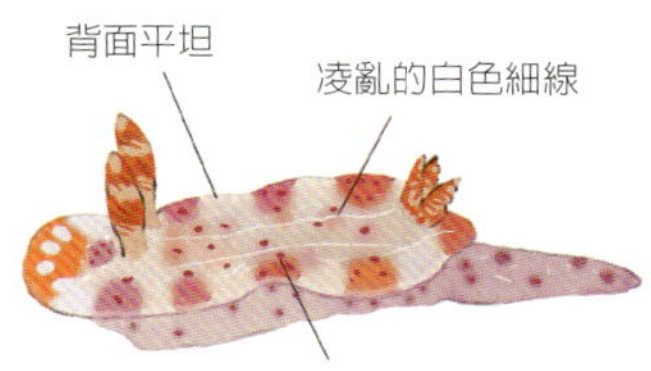
背面平坦
凌亂的白色細線
散布許多紅紫色斑紋

背部爲奶油色，散布許多漸層的紅紫色斑紋。背部中央有凌亂的白色細線。基於背部平坦、鰓後方外套膜末端的形狀、尾部較長、身體較硬等特性，本書將其列入 *Ceratosoma* 屬。長度達 10mm。

| 井田　水深 14m　大小 40mm　片野猛 |

多彩海蛞蝓科 Chromodorididae
瑰麗海蛞蝓屬 Miamira

## 巨大瑰麗海蛞蝓

*Miamira magnifica* Eliot, 1910

印度－
西太平洋

背部爲橙色或綠褐色，周緣排列近乎白色的半圓形淺色斑紋。背部正中線上有幾個突起，鰓前方的突起特別明顯。鰓軸爲白色，鰓葉沒有白點。觸角爲橙色，沒有白色直線。本種的原紀錄有問題，本書參照 Gosliner et al., 2018 的內容。長度達 70mm。

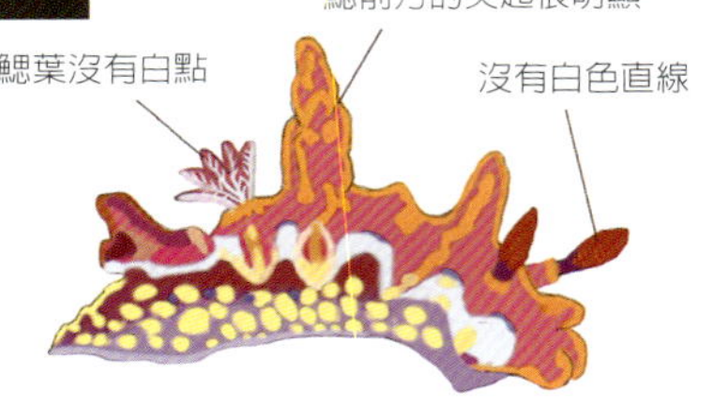
有幾個突起，
鰓前方的突起很明顯
鰓葉沒有白點
沒有白色直線

| 慶良間群島　水深 8m　大小 150mm　小野篤司 |

多彩海蛞蝓科 Chromodorididae
瑰麗海蛞蝓屬 Miamira

## 魔神瑰麗海蛞蝓

*Miamira moloch*（Rudman, 1988）

西太平洋

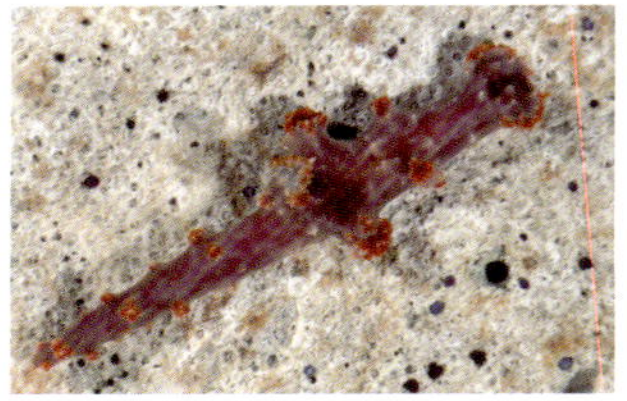

| 慶良間群島　水深 12m　大小 25mm　小野篤司 |

身體爲紅褐色、黃色、紫色，變異性大。鰓前方的背緣有兩對大突起，前端有密集的瘤狀或棘。沒有明顯區分背面與身體側邊的邊界。小型個體的背部有網眼狀斑紋，但長大就會消失。長度超過 150mm 的大型種。

前端有兩對瘤狀大突起

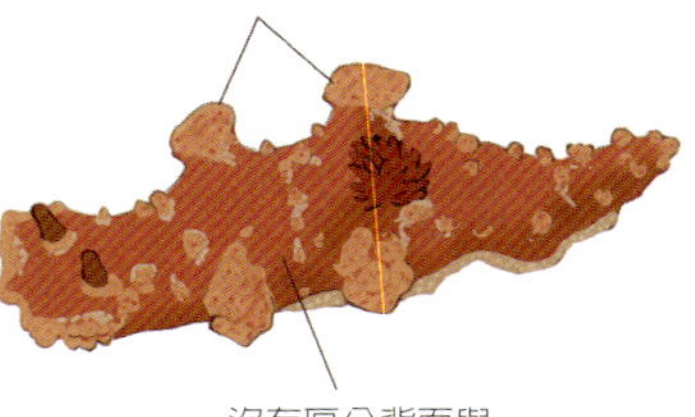
沒有區分背面與
身體側邊的邊界

多彩海蛞蝓科 Chromodorididae
瑰麗海蛞蝓屬 Miamira

# 邁阿密瑰麗海蛞蝓

*Miamira miamirana*
(Bergh, 1875)

印度－
太平洋

|慶良間群島 水深 7m 大小 70mm 小野篤司|

覆蓋許多奶油色小突起
凹處有紫色小眼紋
小波紋

背面爲紫色、褐色、綠色等，變異性大。全身覆蓋許多奶油色小突起，背面周緣排列大凹處，有紅邊的紫色小眼紋十分明顯。背緣呈小波紋。以本屬物種而言，本種身體最寬。長度達 75mm。

---

多彩海蛞蝓科 Chromodorididae
瑰麗海蛞蝓屬 Miamira

# 黃緣瑰麗海蛞蝓

*Miamira sinuata*
(van Hasselt, 1824)

印度－
太平洋

|慶良間群島 水深 12m 大小 45mm 小野篤司|

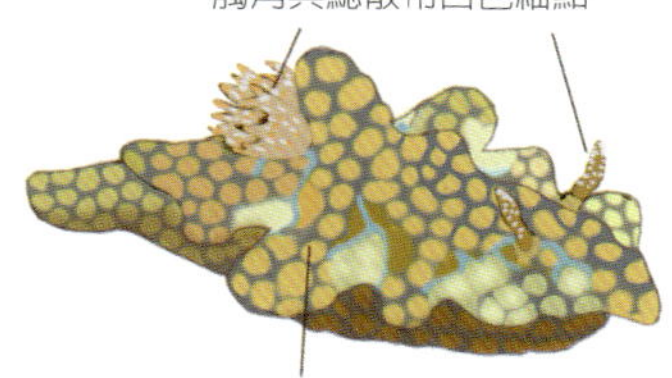
觸角與鰓散布白色細點
全身覆蓋網眼狀斑紋

背部呈綠色、黃綠色、紅褐色、白色等，變異性大，全身覆蓋網眼狀斑紋。有些個體的網眼較大，或是眼的部分看似細點。觸角與鰓散布白色細點。長度達 45mm。

| 伊豆海洋公園 水深 56m 大小 7mm 山田久子 |

多彩海蛞蝓科 Chromodorididae

## 多彩海蛞蝓科之一種 1

Chromodorididae sp. 1

伊豆半島

背部中央呈淺粉紅色，愈往外顏色愈淡。背部周緣交互排列白色紋與藍紫色紋，外側有藍色細邊。觸角褶葉與鰓軸爲淺橙黃色。長度達 7mm。

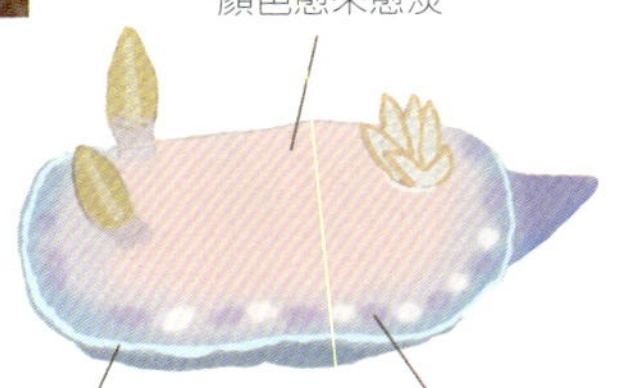
淺粉紅色周緣的
顏色愈來愈淡
藍色邊
白色紋與藍紫色紋

| 慶良間群島 水深 18m 大小 7mm 小野篤司 |

多彩海蛞蝓科 Chromodorididae

## 多彩海蛞蝓科之一種 2

Chromodorididae sp. 2

慶良間群島

背部爲白色半透明，有許多白色條狀斑紋。此外，背部覆蓋細微突起。背部周緣有厚度，呈平緩波浪狀。此外，背部周緣有較寬的淡黃色色帶框邊，觸角與鰓爲白色。長度達 7mm。

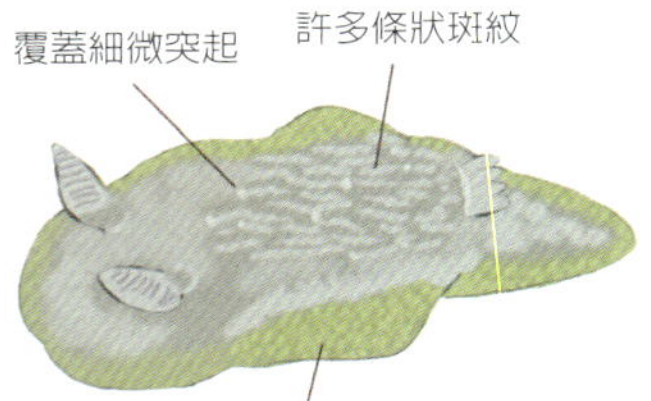
覆蓋細微突起
許多條狀斑紋
邊緣為淡黃色色帶

# 裸鰓目
Nudibranchia

# 海牛下目
Doridacea

# 孔口類
Porostomata

身體為橢圓形。沒有齒舌，利用消化酵素吸收海綿（食物）組織。
枝鰓海蛞蝓科擁有可收在背部的次生鰓，目視無法辨認口觸手。
葉海蛞蝓科的次生鰓在背部裡的腹足旁。

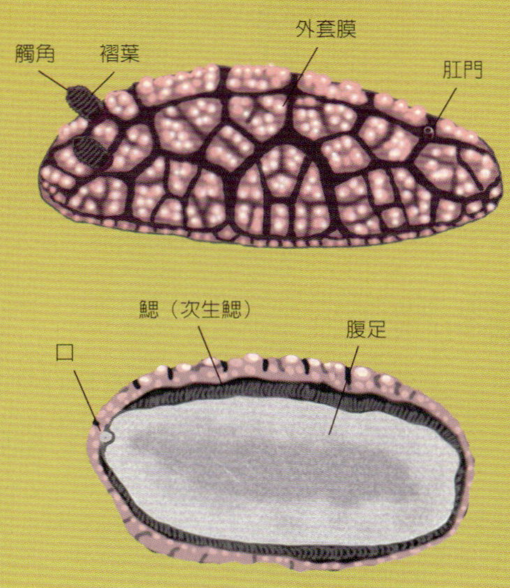
觸角
褶葉
外套膜
肛門
鰓（次生鰓）
口
腹足

｜八丈島 水深 4m 大小 20mm 加藤昌一｜

枝鰓海蛞蝓科 Dendrodorididae

Doriopsilla 屬

印度－西太平洋

## 小枝鰓海蛞蝓

*Doriopsilla miniata*（Alder & Hancock, 1864）

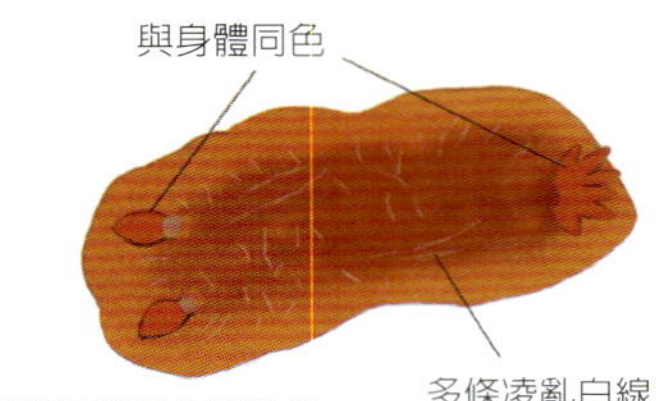
與身體同色
多條凌亂白線
身體為橙黃色到紅色

身體爲橙黃色到紅色，背部有多條凌亂白線，有些個體只有痕跡。鰓與觸角的顏色與身體一樣。長度達 30mm。

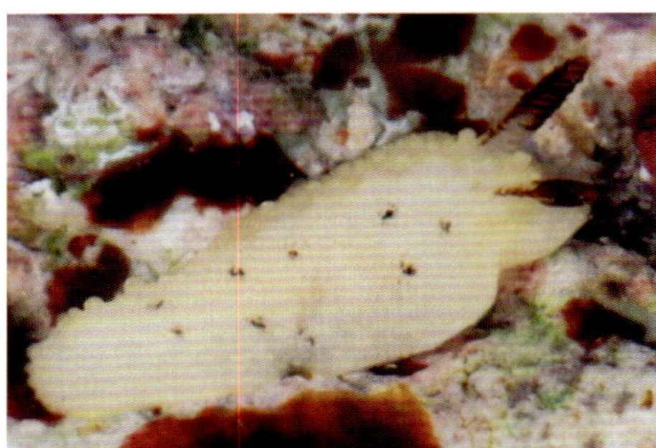

｜慶良間群島 水深 18m 大小 10mm 小野篤司｜

枝鰓海蛞蝓科 Dendrodorididae

Doriopsilla 屬

日本

## *Doriopsilla* 屬枝鰓海蛞蝓之一種 1

*Doriopsilla* sp. 1

上半部為褐色或橙色
遍布粒狀小突起
散布黑褐色斑

身體爲白色到黃白色，背部有黑褐色斑，散布在觸角後方到鰓之間。背面遍布粒狀小突起，其中幾個突起前端有黑色細點。觸角褶葉的上半部爲褐色或橙色。鰓的位置接近背部後端。長度達 20mm。

｜慶良間群島 水深 15m 大小 8mm 小野篤司｜

枝鰓海蛞蝓科 Dendrodorididae

Doriopsilla 屬

西太平洋

## *Doriopsilla* 屬枝鰓海蛞蝓之一種 2

*Doriopsilla* sp. 2

上半部為黑褐色散布白點
紅褐色斑紋
綠褐色斑紋排列

身體爲白色，背部觸角到鰓之間有紅褐色斑紋，但有時只有淺橙色細點，有些個體則完全沒有。頭部前緣與背部周緣排列綠褐色斑點，觸角褶葉的下半部爲無色，中央處爲褐色，上半部爲黑褐色，散布白點。鰓的位置接近背部後端，顏色爲綠褐色到黑褐色。根據千葉大學的標本，從近似煎餃的外形，提議新名稱「ギョウザウミウシ」。長度達 15mm。

枝鰓海蛞蝓科 Dendrodorididae
Doriopsilla 屬

琉球群島、夏威夷

# *Doriopsilla* 屬 枝鰓海蛞蝓之一種 3

*Doriopsilla* sp. 3

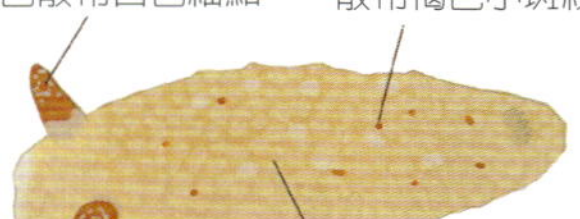
底為褐色散布白色細點
散布褐色小斑紋
覆蓋粒狀突起

| 慶良間群島 水深 5m 大小 7mm 小野篤司 |

身體爲淺橙黃色，背部散布褐色小斑紋，覆蓋粒狀突起，其中幾個突起前端有褐色細點，但有些個體沒有。整個觸角褶葉幾乎爲褐色，遍布白色細點。鰓爲褐色，位置接近背部後端。與 Gosliner et al., 2018 的 *Doriopsilla* sp. 2 爲同種。長度達 20mm。

---

枝鰓海蛞蝓科 Dendrodorididae
枝鰓海蛞蝓屬 Dendrodoris

印度－太平洋、東太平洋

# 長枝鰓海蛞蝓

*Dendrodoris elongata* Baba, 1936

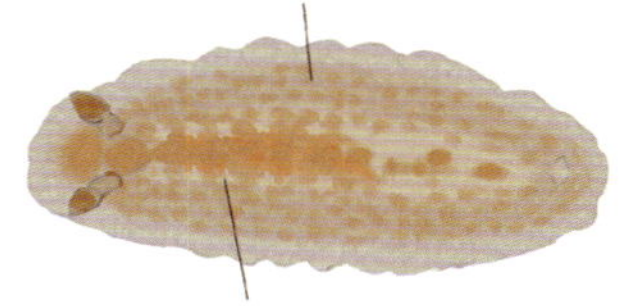
密布褐色與深褐色斑紋
散布星形白色斑紋

| 八丈島 水深 8m 大小 40mm 加藤昌一 |

身體爲灰褐色半透明。背面密布褐色與深褐色斑紋，還有一些星形白色斑紋。過去的文獻曾將其列爲ホシモンナマコウミウシ。*D. albobrunnea* Allan, 1933 的背面沒有白色紋。長度達 60mm。

---

枝鰓海蛞蝓科 Dendrodorididae
枝鰓海蛞蝓屬 Dendrodoris

印度－太平洋

# 白紫枝鰓海蛞蝓

*Dendrodoris albopurpura* Burn, 1957

散布淡褐色與黑褐色斑紋
密布眼紋狀突起

| 慶良間群島 水深 10m 大小 150mm 小野篤司 |

身體爲灰白色半透明。背面散布淡褐色與黑褐色斑紋，還密布前端爲黑褐色的眼紋狀突起。觸角爲黑褐色，鰓爲深灰色。長度達 150mm。

| 八丈島 水深 6m 大小 200mm 加藤昌一 |

枝鰓海蛞蝓科 Dendrodorididae
枝鰓海蛞蝓屬 Dendrodoris

## 黑斑枝鰓海蛞蝓

*Dendrodoris carbunculosa*
（Kelaart, 1858）

印度－
太平洋、
東太平洋

| 八丈島 水深 9m 大小 7mm 廣江一弘 |

背面有幾個突起集結而成的大突起群，突起群之間爲深色。小型個體的背部突起不是突起群，而是單體突起。有些個體近似結節枝鰓海蛞蝓，但背部裡沒有結節枝鰓海蛞蝓的白色紋。過去的文獻曾經刊載突起未完全成熟的幼齡個體。長度達750mm。

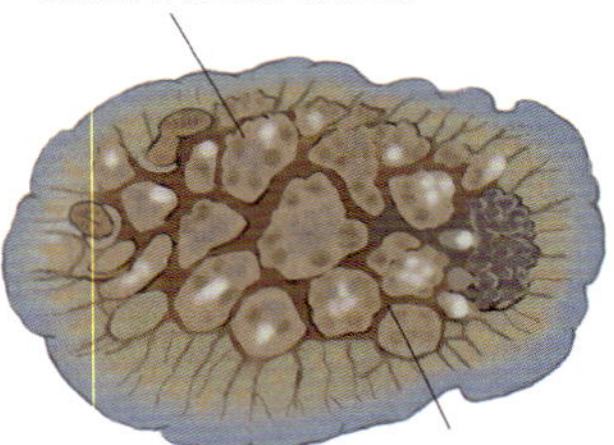
集結小突起的大突起群
突起群之間為深色

枝鰓海蛞蝓科 Dendrodorididae
枝鰓海蛞蝓屬 Dendrodoris

## 結節枝鰓海蛞蝓

*Dendrodoris tuberculosa*
（Quoy & Gaimard, 1832）

印度－
太平洋

| 八丈島 水深 11m 大小 60mm 加藤昌一 |

背面密布大突起，突起前端分出小突起，根部也衍生出小突起。大型個體有皺紋覆蓋突起和基底周緣。背部裡散布白色紋。長度達200mm。

密布大突起
根部也衍生出小突起

枝鰓海蛞蝓科 Dendrodorididae
枝鰓海蛞蝓屬 Dendrodoris

# 花冠枝鰓海蛞蝓

*Dendrodoris coronata*
Kay & Young, 1969

西太平洋、
中太平洋

| 慶良間群島　水深 3m　大小 25mm　小野篤司 |

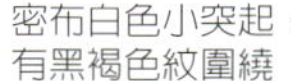
密布白色小突起，
有黑褐色紋圍繞

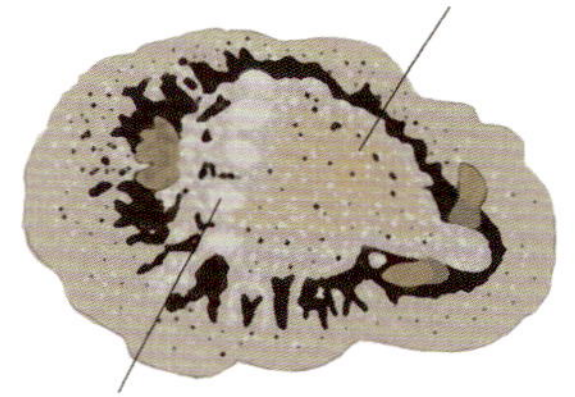
橫切身體的白色突起帶

身體爲黃白色半透明。背面散布黑褐色細點，中央還有密集的白色小突起，受到許多黑褐色紋圍繞。背部的鰓前方有橫切身體的白色突起帶。和名「カッパウミウシ」取自於背部斑紋近似河童頭部的外形。長度達 45mm。

---

枝鰓海蛞蝓科 Dendrodorididae
枝鰓海蛞蝓屬 Dendrodoris

# 眼點枝鰓海蛞蝓

*Dendrodoris denisoni*
（Angas, 1864）

印度－
太平洋

| 八丈島　水深 10m　大小 50mm　加藤昌一 |

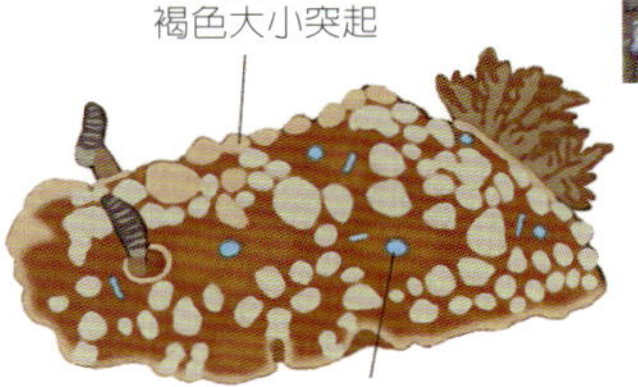
排列黃白色到
褐色大小突起
深褐色底色加上藍色斑紋

背面排列黃白色到褐色大小突起，中間的凹處爲褐色，有藍色斑紋。突起大小與色彩的變異性大。長度達 60mm。

|大瀨崎 水深 1m 大小 17mm 山田久子|

枝鰓海蛞蝓科 Dendrodorididae
枝鰓海蛞蝓屬 Dendrodoris

## 樹狀枝鰓海蛞蝓

*Dendrodoris arborescens*
(Collingwood, 1881)

印度－
太平洋

背面爲黑色，沒有白色細點。背部周緣有橙色邊，內側偏紅。鰓呈樹狀擴展。長度達80mm。

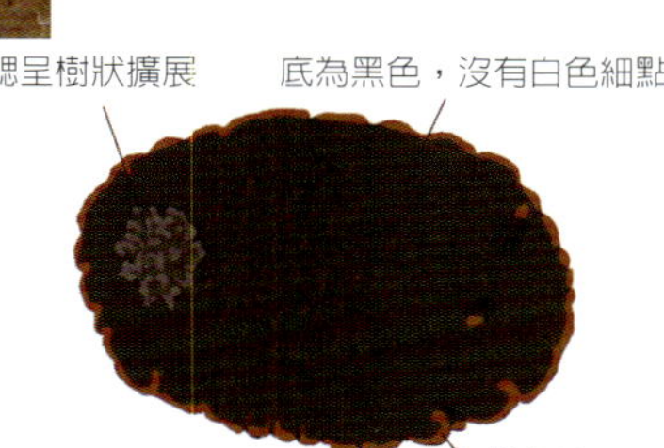
鰓呈樹狀擴展
底為黑色，沒有白色細點
橙色邊

|慶良間群島 潮間帶 大小 20mm 小野篤司|

枝鰓海蛞蝓科 Dendrodorididae
枝鰓海蛞蝓屬 Dendrodoris

## 黑枝鰓海蛞蝓

*Dendrodoris nigra*
(Stimpson, 1855)

印度－
太平洋

成體背面爲黑色，散布白色細點。背緣的黑色色帶內側圍繞橙色線，但有些個體是橙色色帶框邊，有些個體完全沒有橙色部分。鰓爲杯狀。幼體的背部爲橘色。長度達80mm。

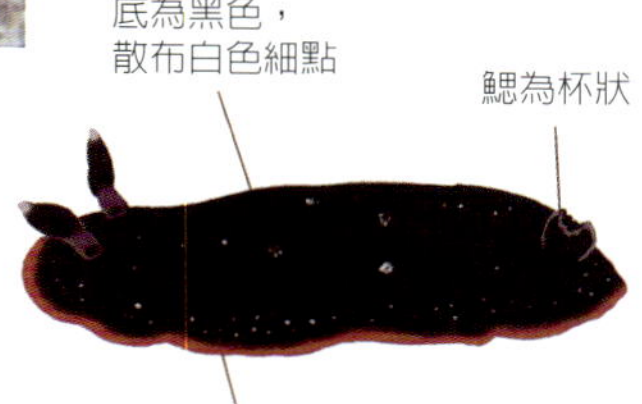
底為黑色，
散布白色細點
鰓為杯狀
背緣有橙色線但變異大

枝鰓海蛞蝓科 Dendrodorididae
枝鰓海蛞蝓屬 Dendrodoris

# 煙色枝鰓海蛞蝓

*Dendrodoris fumata*
(Ruppell & Leuckart, 1830)

印度－
太平洋

|大瀨崎 水深 10m 大小 20mm 山田久子|

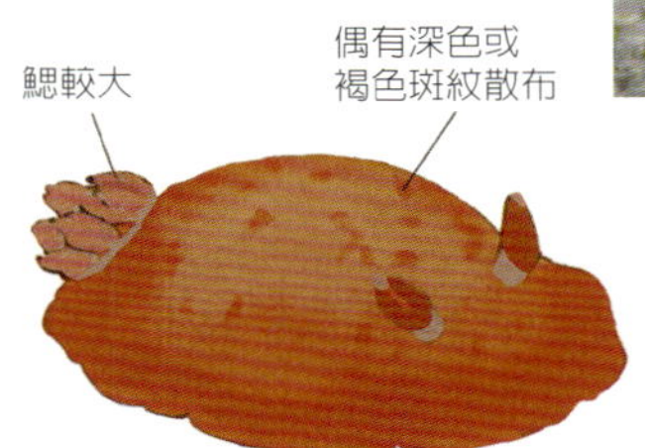
鰓較大
偶有深色或
褐色斑紋散布
變異性大，包括黃褐色、
蛋白色與紅褐色等

背部底色變異性大，包括黃褐色、蛋白色與紅褐色等，有些個體散布深色或褐色斑紋。鰓較大。根據 Gosliner et al., 2018 的內容，上述色型長大後會變成黑色。長度達 100mm。

---

枝鰓海蛞蝓科 Dendrodorididae
枝鰓海蛞蝓屬 Dendrodoris

# 滴狀枝鰓海蛞蝓

*Dendrodoris guttata*
(Odhner, 1917)

西太平洋

|八丈島 水深 3m 大小 30mm 加藤昌一|

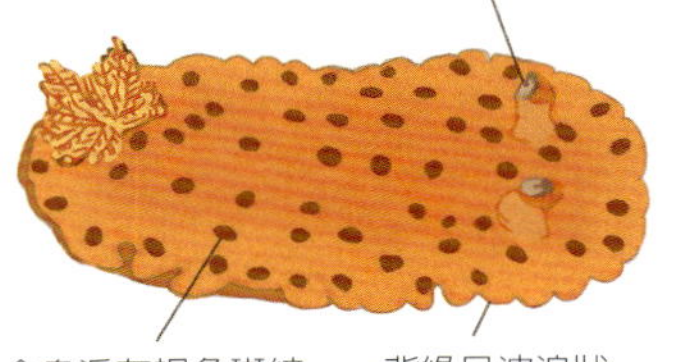
黑色，前端為白色
全身遍布褐色斑紋
背緣呈波浪狀

背部爲橙色，全身遍布褐色斑紋，背緣呈波浪狀。有些背部褐斑有白邊，不少個體的背緣帶藍色。觸角褶葉爲黑色，前端後部爲白色。長度達 60mm。

| 八丈島　水深 1m　大小 12mm　廣江一弘 |

枝鰓海蛞蝓科 Dendrodorididae
枝鰓海蛞蝓屬 Dendrodoris

日本

## 枝鰓海蛞蝓之一種 1

*Dendrodoris* sp. 1

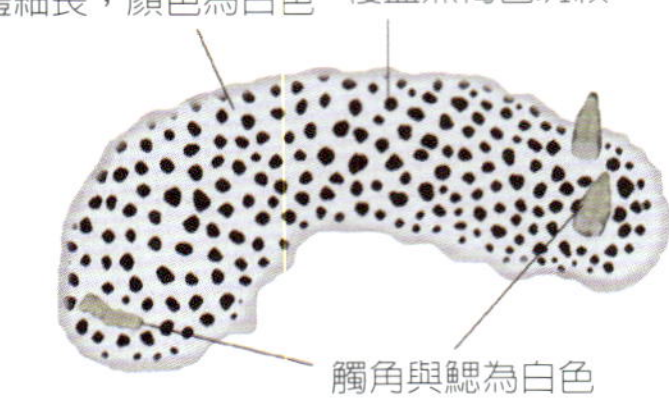
身體細長，顏色為白色
覆蓋黑褐色斑紋
觸角與鰓為白色

白色身體細長，背部覆蓋黑褐色斑紋。觸角與鰓爲白色。目前已知最長的個體達 40mm。

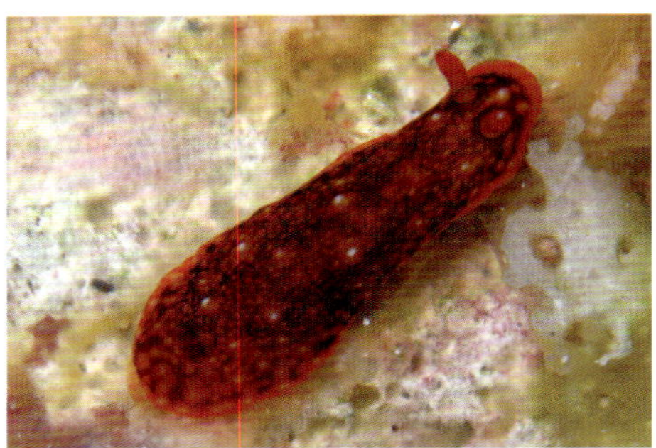

| 慶良間群島　水深 8m　大小 12mm　小野篤司 |

枝鰓海蛞蝓科 Dendrodorididae
枝鰓海蛞蝓屬 Dendrodoris

印度－太平洋

## 枝鰓海蛞蝓之一種 2

*Dendrodoris* sp. 2

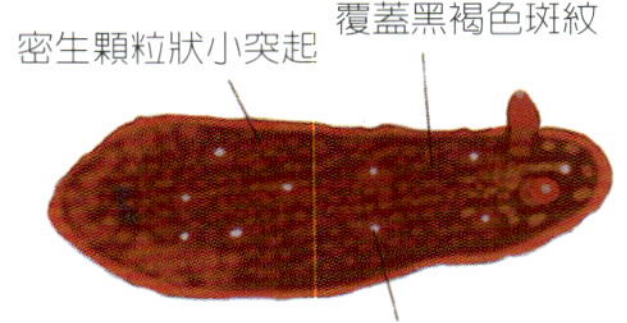
密生顆粒狀小突起
覆蓋黑褐色斑紋
幾個白色突起略大

身體爲黃褐色到紅褐色，背部覆蓋褐色到黑褐色斑紋，背緣爲底色。背面密生顆粒狀小突起。其中幾個突起前端爲白色，體積較大。與 Gosliner et al., 2018 的 *Dendrodoris* sp.6 爲同種。長度達 30mm。

| 慶良間群島　水深 12m　大小 40mm　小野篤司 |

葉海蛞蝓科 Phyllidiidae
葉海蛞蝓屬 Phyllidia

印度－西太平洋

## 華美葉海蛞蝓

*Phyllidia elegans* Bergh, 1869

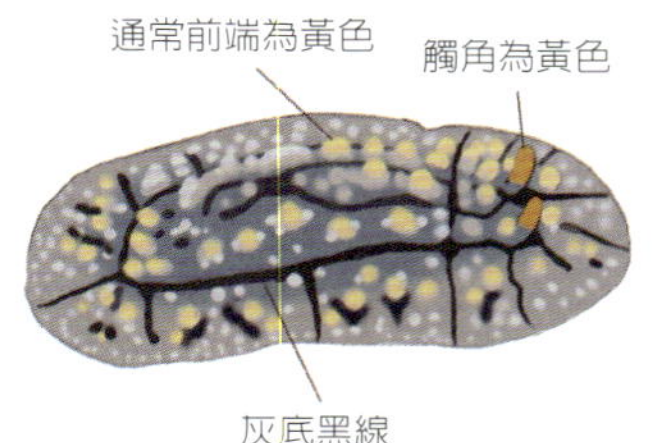
通常前端為黃色
觸角為黃色
灰底黑線

背部底色爲黑色，但看起來像是灰底黑線。瘤狀突起的前端通常是黃色，但有些個體不是。觸角爲黃色，腹足底部有一條黑線。長度達 63mm。

葉海蛞蝓科 Phyllidiidae
葉海蛞蝓屬 Phyllidia

# 腫紋葉海蛞蝓

*Phyllidia varicosa* Lamarck, 1801

印度－
西太平洋

| 八丈島 水深 21m 大小 80mm 加藤昌一 |

藍灰色加黑線

觸角為黃色

背部正中線上沒有黑色直線

背部底色爲藍灰色，瘤狀突起間有黑色直線。觸角爲黃色。10mm 左右的小個體，瘤狀突起前端的黃色不明顯。外觀近似天空葉海蛞蝓，但背部正中線上沒有黑色直線。大型種長度可達 115mm。

---

葉海蛞蝓科 Phyllidiidae
葉海蛞蝓屬 Phyllidia

# 天空葉海蛞蝓

*Phyllidia coelestis* Bergh, 1905

印度－
西太平洋

| 慶良間群島 水深 12m 大小 35mm 小野篤司 |

三條黑色直線

中間的線條斷斷續續，
通過正中線上方

身體底色爲藍灰色，背部有三條黑色直線，中間的線條斷斷續續，通過正中線上方。觸角爲黃色。瘤狀突起的前端爲黃色，10mm 左右的小個體不明顯。長度達 60mm。

|慶良間群島 水深 8m 大小 40mm 小野篤司|

葉海蛞蝓科 Phyllidiidae
葉海蛞蝓屬 Phyllidia

## 卡氏葉海蛞蝓

*Phyllidia carlsonhoffi*
Brunckhorst, 1993

西太平洋、
中太平洋

背面底色爲黑色。瘤狀突起爲白色，前端爲橙色。突起各自獨立，不形成脊狀隆起，大小交互排列。觸角爲橙色。長度達 70mm。

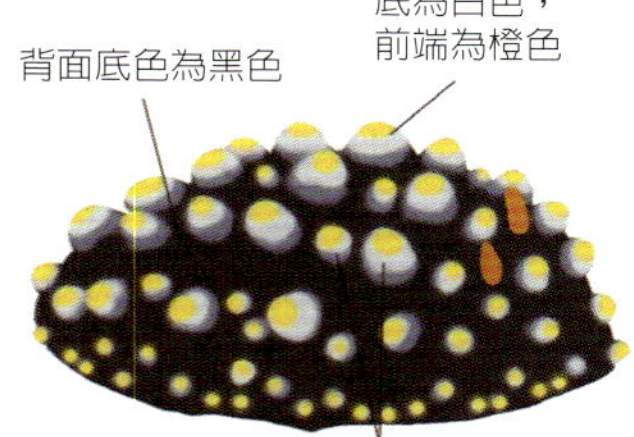
底為白色，
前端為橙色
背面底色為黑色
大小瘤狀突起交互直向排列

|八丈島 水深 16m 大小 40mm 加藤昌一|

葉海蛞蝓科 Phyllidiidae
葉海蛞蝓屬 Phyllidia

## 馬場葉海蛞蝓

*Phyllidia babai* Brunckhorst, 1993

印度－
西太平洋

背部散布以白色瘤爲中心的黑色紋，黑色紋還有白邊。背部中央排列大型橙色瘤狀突起，正中線上的四到五個特別大。觸角爲黃色。長度達 65mm。

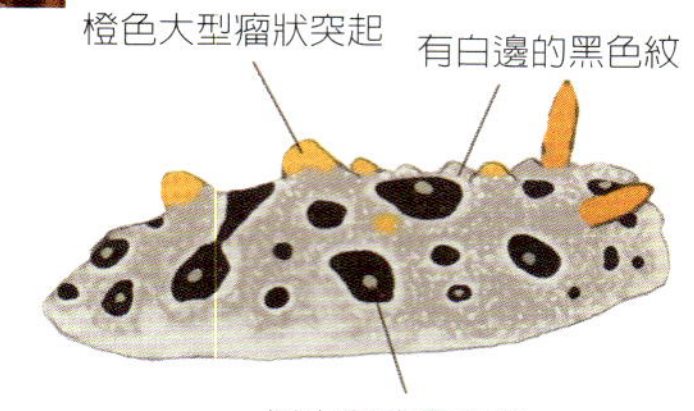
橙色大型瘤狀突起
有白邊的黑色紋
以白色瘤為中心，
四周有黑色紋

葉海蛞蝓科 Phyllidiidae
葉海蛞蝓屬 Phyllidia

# 威廉葉海蛞蝓

*Phyllidia willani* Brunckhorst, 1993

西太平洋

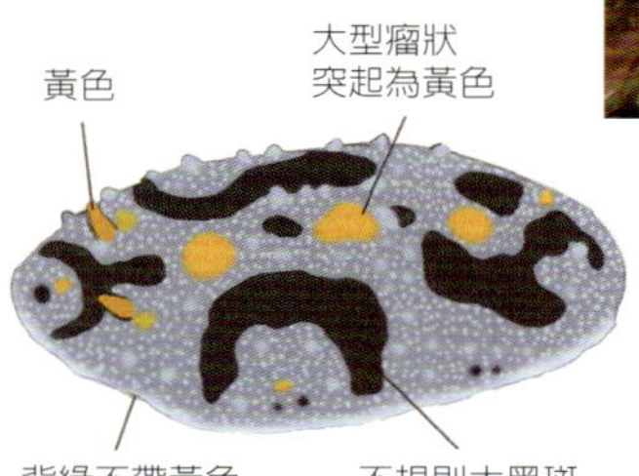
黃色
大型瘤狀
突起為黃色
背緣不帶黃色
不規則大黑斑

| 八丈島 水深 25m 大小 40mm 加藤昌一 |

背部底色爲灰藍色，散布白色小突起，圍繞黑色斑紋。背部的大型瘤狀突起爲黃色，背部周緣有不規則大黑斑，有時個體的大黑斑是連在一起的。外觀近似葉海蛞蝓之一種 2，背緣沒有黃色。觸角爲黃色。長度達 50mm。

葉海蛞蝓科 Phyllidiidae
葉海蛞蝓屬 Phyllidia

# 媚眼葉海蛞蝓

*Phyllidia ocellata* Cuvier, 1804

印度－
太平洋

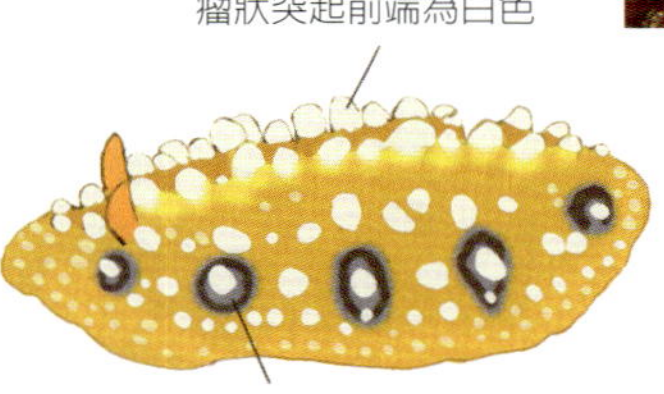
背部為黃色，
瘤狀突起前端為白色
排列圍繞突起的黑色圈圈

| 八丈島 水深 18m 大小 35mm 水谷知世 |

通常體色變異較多，背部爲黃色，瘤狀突起的前端爲白色。背部周緣排列圍繞突起的黑色圈圈。溫帶海域常見的淺色型近似馬場葉海蛞蝓，可從觸角與黑色圈圈的顏色深淺辨別。長度達 70mm。

| 八丈島 水深 14m
大小 12mm 加藤昌一 |

|慶良間群島 水深 8m 大小 10mm 小野篤司|

葉海蛞蝓科 Phyllidiidae
葉海蛞蝓屬 Phyllidia

## 波點葉海蛞蝓

*Phyllidia polkadotsa*
Brunckhorst, 1993

印度－
西太平洋

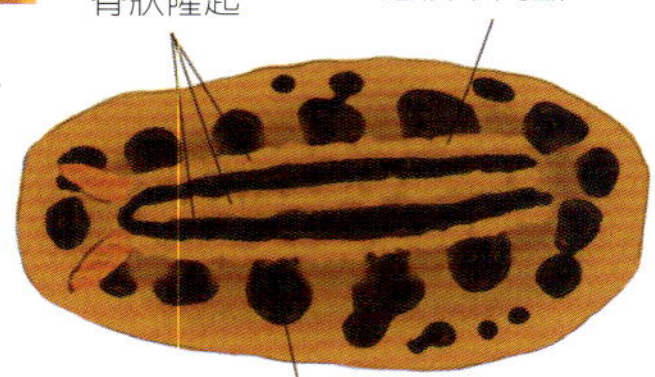
清晰的三條
脊狀隆起
脊狀隆起維持一定高度，
連續不間斷
排列黑色圓斑

背面為黃色，有三條清晰的脊狀隆起，維持一定高度，連續不間斷。背面中間的脊狀隆起之間有黑斑，正中線上的脊狀隆起也有黑化現象。背面周緣排列黑色圓斑，有些個體的黑色圓斑有白邊。外形近似部分媚眼葉海蛞蝓，但背面脊狀隆起不中斷，呈連續狀，可藉此辨別。長度達 35mm。

|八丈島 水深 25m 大小 13mm 加藤昌一|

葉海蛞蝓科 Phyllidiidae
葉海蛞蝓屬 Phyllidia

## 史考特強森葉海蛞蝓

*Phyllidia scottjohnsoni*
Brunckhorst, 1993

西太平洋、
中太平洋

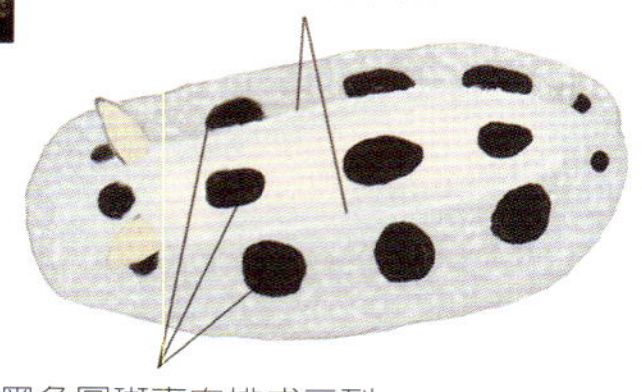
兩條低矮脊狀隆起
黑色圓斑直向排成三列

背部為白色半透明，散布許多極小的瘤狀突起。此外，從觸角基部往後方有兩條低矮脊狀隆起，背面的黑色圓斑直向排成三列，有些個體的外側散布幾個黑色小紋。長度達 25mm。

葉海蛞蝓科 Phyllidiidae
葉海蛞蝓屬 Phyllidia

# 月藍葉海蛞蝓

*Phyllidia picta*
(Pruvot - Fol, 1957)

西太平洋

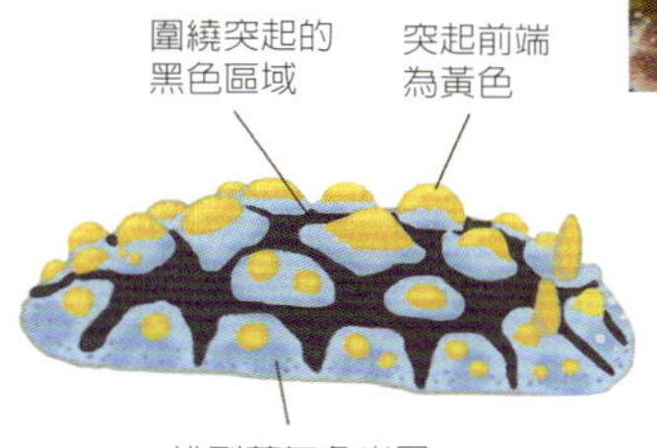
圍繞突起的
黑色區域
突起前端
為黃色
排列藍灰色半圓

| 八丈島 水深 28m 大小 50mm 加藤昌一 |

身體底色爲黑色，背部爲藍灰色，瘤狀突起前端爲黃色。乍看之下，背部很像戴著黑色面罩，周緣排列著藍灰色半圓。觸角爲黃色，肛門在背部裡。長度達 45mm。

葉海蛞蝓科 Phyllidiidae
葉海蛞蝓屬 Phyllidia

# 關島葉海蛞蝓

*Phyllidia guamensis*
(Brunckhorst, 1993)

慶良間群島、
小笠原群島、
密克羅尼西亞

| 慶良間群島 水深 15m 大小 25mm 小野篤司 |

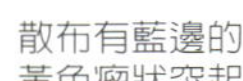
散布有藍邊的
黃色瘤狀突起

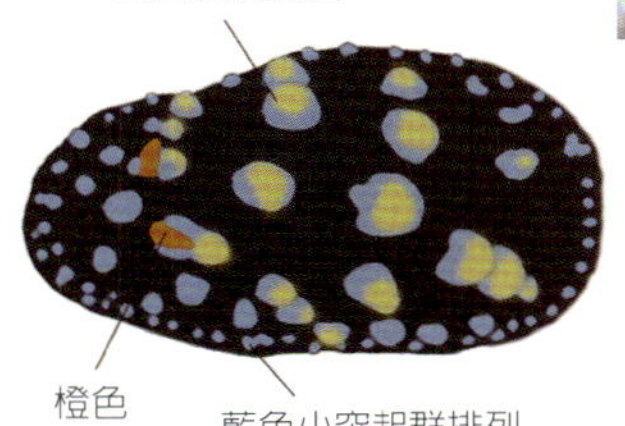
橙色
藍色小突起群排列

背部爲黑色，散布有藍邊的黃色瘤狀突起。背部周緣有一圈藍色小突起群。外觀很像 *Phyllidia tula*，但本種的肛門位於外套膜裡，腹足沒有黑色直線，可藉此辨別。觸角爲橙色。長度達 35mm。

|慶良間群島 水深 12m 大小 35mm 小野篤司|

葉海蛞蝓科 Phyllidiidae
葉海蛞蝓屬 Phyllidia

# 馬林葉海蛞蝓

*Phyllidia marindica*
(Yonow & Hayward, 1991)

**慶良間群島、印度洋**

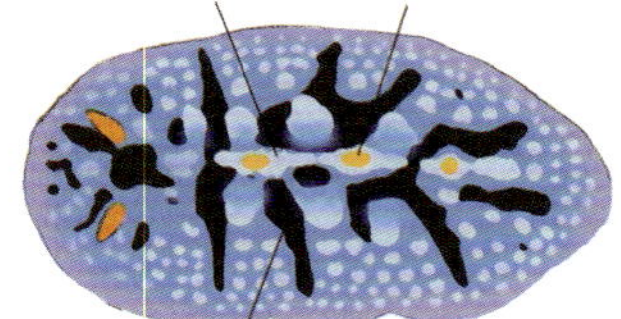
突起連接成的脊狀隆起
脊狀隆起的突起前端為黃色
黑線從脊狀隆起周圍往外擴散

背部爲淡藍色，有黑線。背部正中線上有突起連接成的脊狀隆起，突起前端爲黃色。基本上黑線是從觸角往後延伸的兩條主線，以及由此往外放射的細線。觸角爲黃色。長度達 40mm。

---

|慶良間群島 水深 6m 大小 4mm 小野篤司|

葉海蛞蝓科 Phyllidiidae
葉海蛞蝓屬 Phyllidia

# 賴瑞葉海蛞蝓

*Phyllidia larryi*
(Brunckhorst, 1993)

**西太平洋、中太平洋**

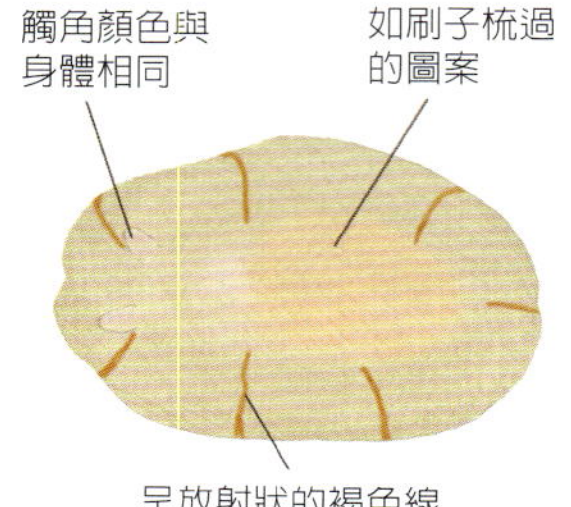
觸角顏色與身體相同
如刷子梳過的圖案
呈放射狀的褐色線

身體爲黃白色到白色，背部散布細微突起。此外，背面還有如刷子梳過的圖案，與放射狀褐線。觸角與身體爲同色。外形近似ヨコジマウミウシ，但本種的肛門在外套膜裡，橫紋爲褐色，可由此辨別。過去的文獻曾將其列爲 *Phyllidia zebrina* Baba, 1976。長度達 6mm。

葉海蛞蝓科 Phyllidiidae
葉海蛞蝓屬 Phyllidia

# 優美葉海蛞蝓

*Phyllidia exquisita* Brunckhorst, 1993

印度－太平洋

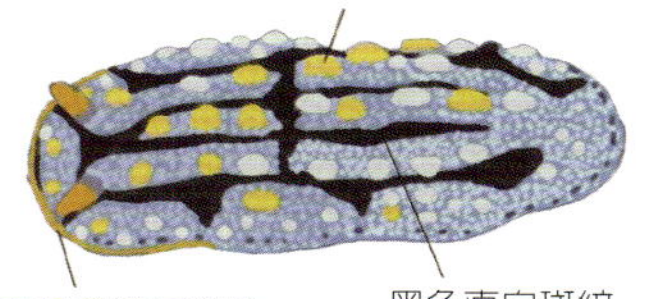
突起獨立，不形成脊狀
隆起，分布十分密集
頭部前緣有黃線
黑色直向斑紋

| 八丈島 水深 21m 大小 30mm 加藤昌一 |

背部爲藍灰色，瘤狀突起不連續，未形成脊狀隆起。大型瘤狀突起的前端爲黃色。背部有直向斑紋，呈黑色波浪，圍繞突起。背緣，特別是頭部前緣有黃線。長度達 40mm。

葉海蛞蝓科 Phyllidiidae
葉海蛞蝓屬 Phyllidia

# 葉海蛞蝓之一種 1

*Phyllidia* sp. 1

琉球群島、八丈島

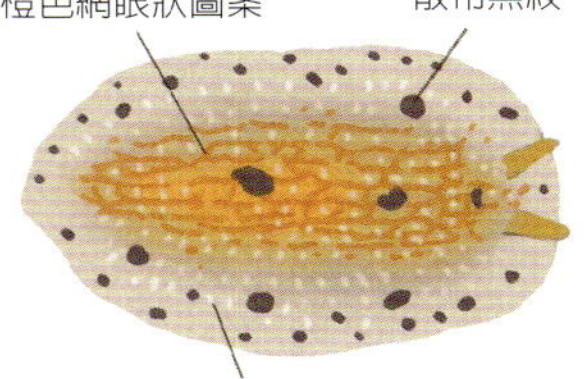
橙色網眼狀圖案
散布黑紋
整體散布細微的白色突起

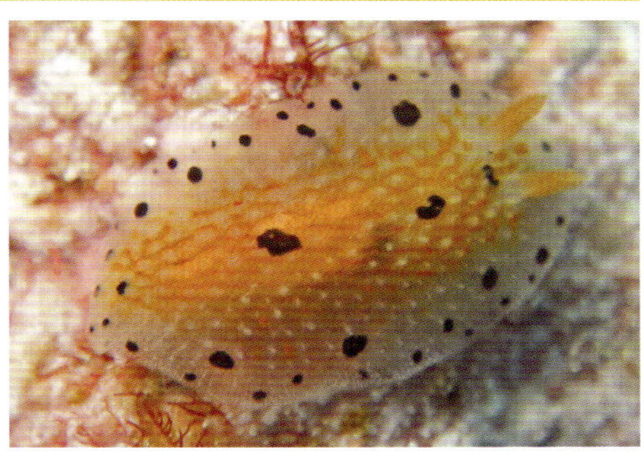

| 慶良間群島 水深 15m 大小 8mm 小野篤司 |

身體爲白色半透明，背部散布黑紋，橙色網眼圖案披覆中間區域。整個背部還有細微的白色突起。觸角爲橙黃色。除了彩色斑紋之外，外觀近似テリーイボウミウシ。長度達 10mm。

葉海蛞蝓科 Phyllidiidae
葉海蛞蝓屬 Phyllidia

# 葉海蛞蝓之一種 2

*Phyllidia* sp. 2

慶良間群島

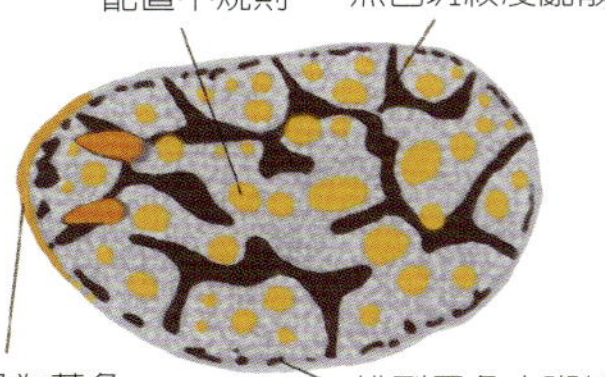
瘤狀突起的
配置不規則
黑色斑紋凌亂散布
頭部前緣為黃色
排列黑色小斑紋

| 慶良間群島 水深 8m 大小 20mm 小野篤司 |

背部爲深灰色，密布灰藍色微點。背面的瘤狀突起爲黃色，呈不規則配置。突起之間的黑色斑紋凌亂散布，令人聯想到梵文。背部周緣排列黑色斑紋，頭部前緣爲黃色。觸角爲黃色。外觀近似 Gosliner et al., 2018 的 *Phyllidia* sp. 1，本種頭部前緣爲黃色。長度達 25mm。

| 慶良間群島 水深 10m 大小 50mm 小野篤司 |

葉海蛞蝓科 Phyllidiidae
葉海蛞蝓屬 Phyllidia

## 葉海蛞蝓之一種 3

西太平洋

*Phyllidia* sp. 3

沒有肛門
大型突起的前端為橙色
黑色區域只在背部中間

體色爲白色到藍色，背部中央爲黑色。背部的大型突起前端爲橙色。本種肛門在外套膜裡。腹足裡有一條黑色直線。觸角爲黃色。長度達 70mm。

| 慶良間群島 水深 18m 大小 30mm 小野篤司 |

葉海蛞蝓科 Phyllidiidae
葉海蛞蝓屬 Phyllidia

## 葉海蛞蝓之一種 4

琉球群島、菲律賓

*Phyllidia* sp. 4

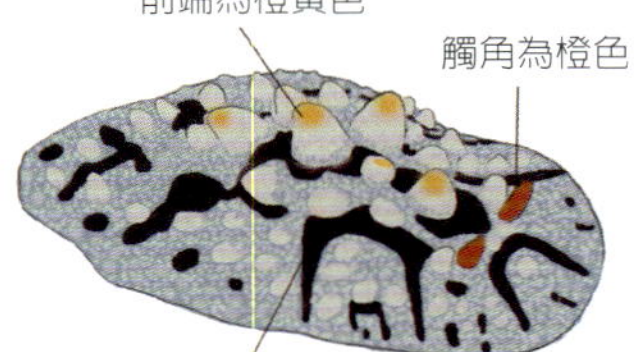
中間的突起較大
前端為橙黃色
觸角為橙色
突起之間有粗黑線、黑色斑紋

身體爲灰藍色，覆蓋白色細點。背面突起的配置不規則，中間突起較大。前端帶淡淡的橙黃色。突起之間環繞粗黑與黑色斑紋。觸角爲橙色。背部周緣沒有黃線。與 Gosliner et al., 2018 的 *Phyllidia* sp. 3 爲同種。長度達 40mm。

| 田邊 水深 31m 大小 50mm 村上千島 |

葉海蛞蝓科 Phyllidiidae
葉海蛞蝓屬 Phyllidia

## 葉海蛞蝓之一種 5

和歌山縣

*Phyllidia* sp. 5

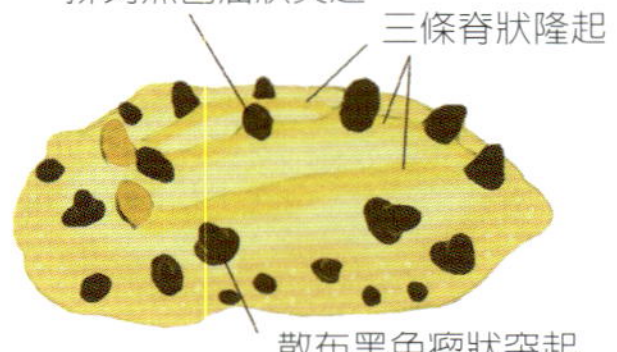
正中線上的脊狀隆起
排列黑色瘤狀突起
三條脊狀隆起
散布黑色瘤狀突起

身體爲黃色，沒觀察到變異性。背面有三條明顯的脊狀隆起，正中線上的脊狀隆起排列黑色瘤狀突起。脊狀隆起的外側散布黑色瘤狀突起。觸角爲黃色。近似波點葉海蛞蝓，可從黑色瘤狀突起區別。長度達 50mm。

葉海蛞蝓科 Phyllidiidae
小葉海蛞蝓屬 Phyllidiella

# 黑小葉海蛞蝓

*Phyllidiella nigra*
(van Hasselt, 1824)

印度－
西太平洋

| 慶良間群島 水深 7m 大小 40mm 小野篤司 |

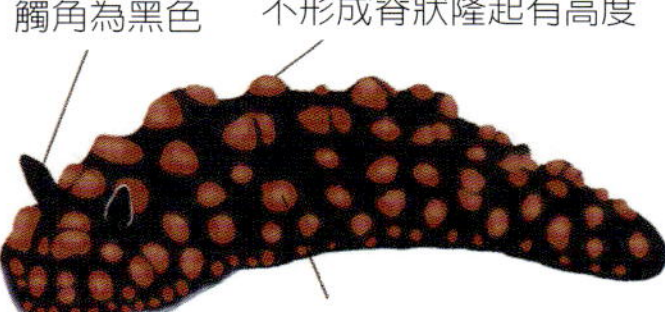
觸角為黑色
不形成脊狀隆起有高度
覆蓋粉紅色突起

身體爲黑色，背部覆蓋粉紅色瘤狀突起。突起有各種形狀大小，不形成脊狀隆起，有高度。觸角爲黑色。常見於內灣和紅樹林。長度達 63mm。

---

葉海蛞蝓科 Phyllidiidae
小葉海蛞蝓屬 Phyllidiella

# 突丘小葉海蛞蝓

*Phyllidiella pustulosa*
(Cuvier, 1804)

印度－
太平洋

| 八丈島 水深 19m 大小 55mm 加藤昌一 |

整個觸角為黑色
突起為粉紅色、白色、綠色
幾個突起聚集成群，相鄰配置

身體底色爲黑色，背部覆蓋許多瘤狀突起。突起的顏色、形狀和配置的變異性很大。通常瘤狀突起爲粉紅色、白色與綠色，幾個突起聚集成群，相鄰配置。有些個體的突起呈直向連結。整個觸角爲黑色。長度達 70mm。

葉海蛞蝓科 Phyllidiidae
小葉海蛞蝓屬 Phyllidiella

## 顆粒小葉海蛞蝓

*Phyllidiella granulata*
Brunckhorst, 1993

西太平洋

| 慶良間群島 水深 18m 大小 40mm 小野篤司 |

身體爲帶粉紅色的白色，背部有兩條黑色直線，觸角後方與肛門前方以黑色橫線相連。中間的瘤狀突起分裂，前端爲白色。觸角上半部爲黑色，可與近似種辨別。長度達 40mm。

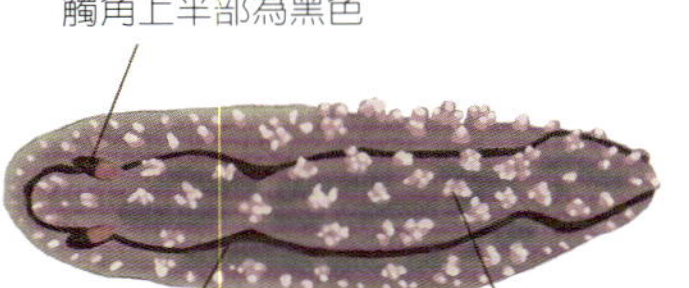
觸角上半部為黑色
兩條黑色直線
突起分裂前端為白色

葉海蛞蝓科 Phyllidiidae
小葉海蛞蝓屬 Phyllidiella

## 環紋小葉海蛞蝓

*Phyllidiella annulata*
（Gray, 1853）

印度－
西太平洋

| 小笠原 水深 20m 大小 50mm 若林健 |

背面爲帶粉紅色的白色，黑色斑紋像是從輪狀突起中穿過。輪狀突起呈環狀排列，中間爲黑色。背部的黑色區域呈線狀連結，輪狀突起的內側有時也會分裂。觸角爲黑色。長度達 31mm。

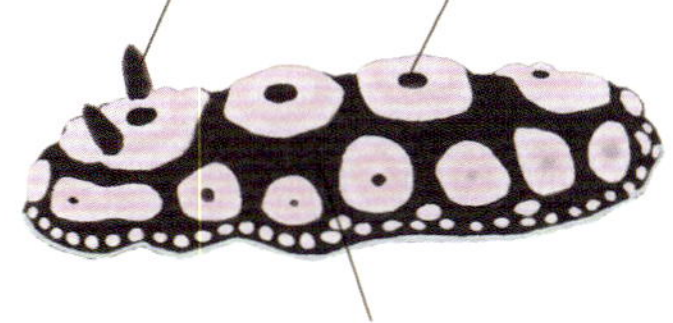
觸角為黑色
突起中心為黑色
黑色斑紋圍繞輪狀突起

葉海蛞蝓科 Phyllidiidae
擬葉海蛞蝓屬 Phyllidiopsis

# 席琳擬葉海蛞蝓

*Phyllidiopsis shireenae*
Brunckhorst, 1993

印度－太平洋

| 八丈島 水深 40m 大小 30mm 加藤昌一 |

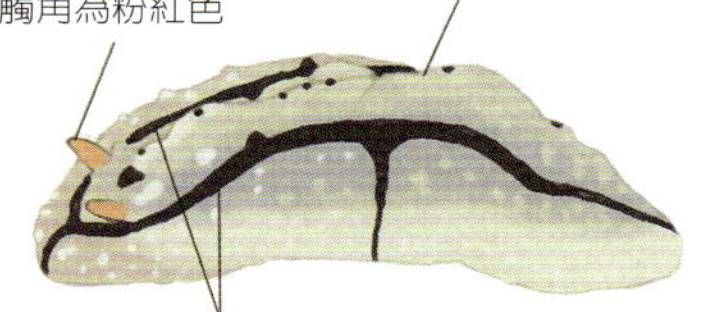
正中線上
有高聳的脊狀隆起
觸角為粉紅色
兩條粗黑線夾著脊狀隆起
往後延伸

身體爲白色，背部散布白色細點。背面正中線上有高聳的脊狀隆起，還有兩條粗黑線夾著脊狀隆起往後延伸。觸角爲粉紅色。長度達 110mm。

葉海蛞蝓科 Phyllidiidae
擬葉海蛞蝓屬 Phyllidiopsis

# 派氏擬葉海蛞蝓

*Phyllidiopsis pipeki*
Brunckhorst, 1993

西太平洋

| 八丈島 水深 45m 大小 35mm 加藤昌一 |

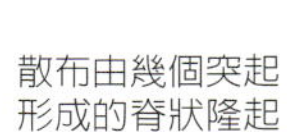
散布由幾個突起
形成的脊狀隆起

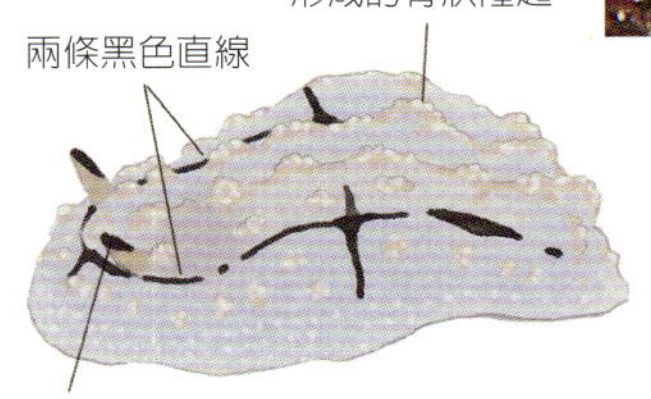
兩條黑色直線
觸角上半部後方為黑色

身體爲白色，有時帶藍色。背面有兩條黑色直線。背部中央有黑色直線圍繞的部分，散布著由幾個瘤融合的脊狀隆起。外形近似席琳擬葉海蛞蝓，本種的觸角前端到後方爲黑色，可藉此辨別。長度達 85mm。

| 慶良間群島 水深 5m 大小 45mm 小野篤司 |

葉海蛞蝓科 Phyllidiidae
擬葉海蛞蝓屬 Phyllidiopsis

## 裂紋擬葉海蛞蝓

*Phyllidiopsis fissurata*
Brunckhorst, 1993

西太平洋

背部底色爲黑色，高聳的瘤狀突起爲粉紅色，前端爲白色。觸角爲粉紅色，上部後方爲黑色。肛門爲粉紅色，略微突出。長度達80mm。

高聳突起為粉紅色，
前端為白色
肛門為粉紅色
略微突出
觸角為粉紅色，
上部後方為黑色

| 八丈島 水深 21m 大小 45mm 加藤昌一 |

葉海蛞蝓科 Phyllidiidae
擬葉海蛞蝓屬 Phyllidiopsis

## 克倫普擬葉海蛞蝓

*Phyllidiopsis krempfi*
Pruvot - Fol, 1957

印度－
西太平洋

背部底色從灰色到帶粉紅色的灰色。觸角前方到肛門後方有兩條黑色直線，從這條線起有幾條黑線，朝周緣呈放射狀擴散。通常黑線會在背部中央，不規則地通過突起之間。觸角上半部後方爲黑色。長度達65mm。

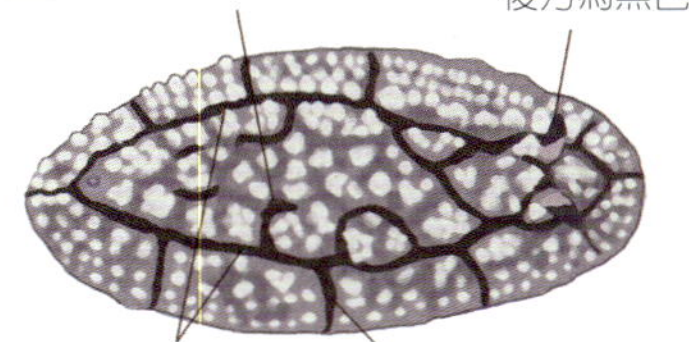
在背部中央不規則地
通過突起之間
觸角上部
後方為黑色
兩條黑色
直線延伸
幾條黑線
往外延伸

葉海蛞蝓科 Phyllidiidae
擬葉海蛞蝓屬 Phyllidiopsis

# 縱紋擬葉海蛞蝓

*Phyllidiopsis striata* Bergh, 1888

西太平洋、
中太平洋

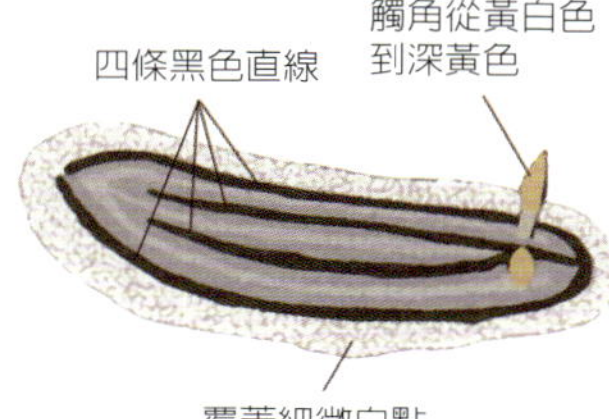
觸角從黃白色
到深黃色
四條黑色直線
覆蓋細微白點

| 慶良間群島 水深 16m 大小 16mm 小野篤司 |

身體爲藍白色到白色。背部有三條低矮脊狀隆起，還有四條圍繞隆起的黑色直線。背部周緣覆蓋細微白點。觸角從黃白色到深黃色。長度達 20mm。

葉海蛞蝓科 Phyllidiidae
擬葉海蛞蝓屬 Phyllidiopsis

# 安娜擬葉海蛞蝓

*Phyllidiopsis annae*
Brunckhorst, 1993

印度－
西太平洋

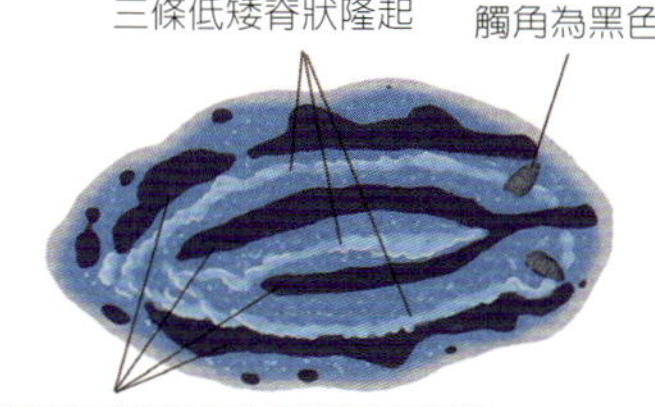
三條低矮脊狀隆起
觸角為黑色
沿著脊狀隆起的四條黑色直線

| 慶良間群島 水深 16m 大小 12mm 小野篤司 |

身體爲藍色，背部有三條低矮脊狀隆起，旁邊還有三條黑色直線圍繞。背部周緣排列黑色斑紋，有時與外側的黑線相連，有些個體完全沒有。觸角爲黑色，褶葉爲黃白色。外觀近似斯芬克斯擬葉海蛞蝓，但本種觸角爲黑色，可藉此辨別。長度達 20mm。

| 慶良間群島 水深 20m 大小 12mm 小野篤司 |

葉海牠蝓科 Phyllidiidae
擬葉海牠蝓屬 Phyllidiopsis

# 斯芬克斯擬葉海牠蝓

*Phyllidiopsis sphingis*
Brunckhorst, 1993

西太平洋、
中太平洋

身體爲黃白色，背部周緣覆蓋藍色細微小點，數量有個體差異。背部有三條脊狀隆起，還有四條黑色直線圍繞。最外側的黑直線，朝背緣延伸出幾條黑線。觸角爲黃白色。長度達 23mm。

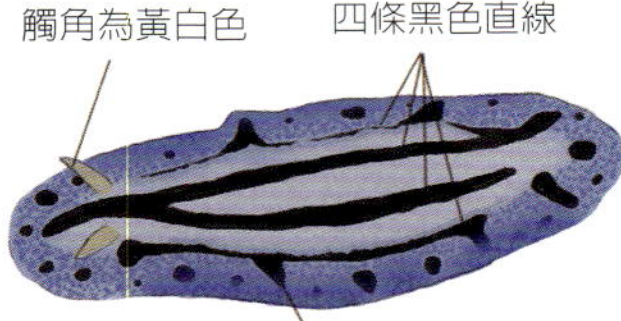
觸角為黃白色
四條黑色直線
覆蓋藍色細微小點
幾條黑線
往背緣延伸

| 八丈島 水深 8m 大小 42mm 加藤昌一 |

葉海牠蝓科 Phyllidiidae
擬葉海牠蝓屬 Phyllidiopsis

# 心狀擬葉海牠蝓

*Phyllidiopsis cardinalis*
Bergh, 1875

印度－
太平洋

| 八丈島 水深 6m 大小 8mm 加藤昌一 |

身體底色爲黃色，背部有橙黃色、褐色與淺黃色斑紋。背部中央的突起較大，前端有瘤狀小突起排列。觸角爲綠色。長度達 65mm。

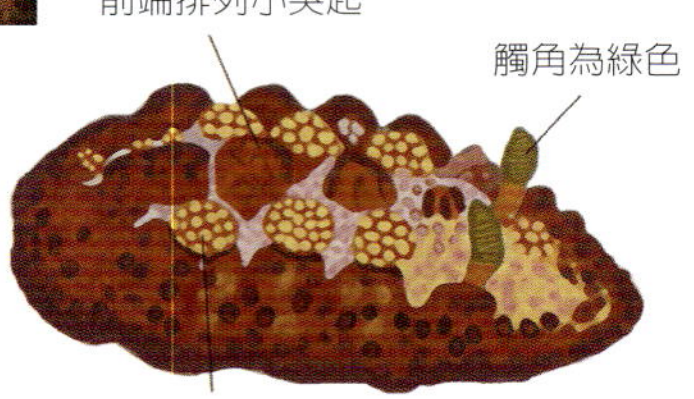
背部中央突起較大，
前端排列小突起
觸角為綠色
橙黃色、褐色與
淺黃色斑紋

葉海蛞蝓科 Phyllidiidae
擬葉海蛞蝓屬 Phyllidiopsis

## 蠕蟲擬葉海蛞蝓

*Phyllidiopsis holothuriana*
Valdes, 2001

八丈島、
法屬新喀里
多尼亞、萬那杜

| 八丈島 水深 23m 大小 25mm 水谷知世 |

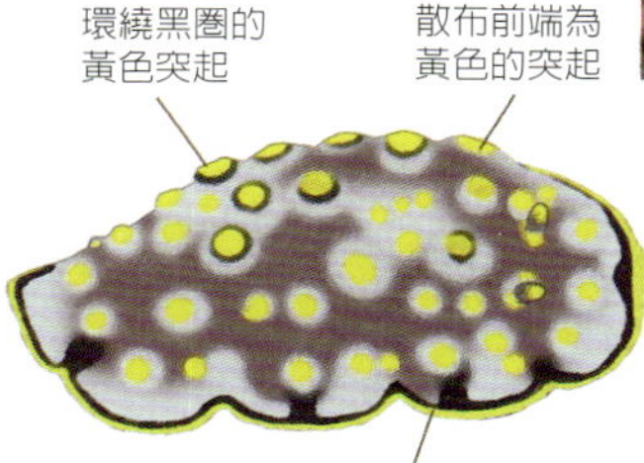
環繞黑圈的
黃色突起
散布前端為
黃色的突起
由外往內為黃邊與黑邊

背部爲灰色到黑色，散布前端爲黃色的瘤狀突起，有幾個突起的黃色前端有黑圈環繞。背部外側爲黃邊，內側有黑邊。觸角爲深黃色。僅見於 100m 到 550m 的深海。長度達 58mm。

---

葉海蛞蝓科 Phyllidiidae
網葉海蛞蝓屬 Reticulidia

## 蕈狀網葉海蛞蝓

*Reticulidia fungia* Brunckhorst & Gosliner in Brunckhorst, 1993

印度－
太平洋

| 慶良間群島 水深 15m 大小 30mm 小野篤司 |

從正中線附近延伸至
周緣的脊狀隆起
脊狀隆起為橙色，
頂緣為白色
不規則黑紋

身體爲白色，背面有多條從正中線附近，延伸至周緣的脊狀隆起。脊狀隆起爲橙色，頂緣爲白色，中間有黑色紋。有些個體沒有橙色區域。觸角從黃色到橙紅色。長度達 42mm。

| 八丈島 水深 10m 大小 35mm 加藤昌一 |

葉海蛞蝓科 Phyllidiidae
角葉海蛞蝓屬 Ceratophyllidia

印度－西太平洋

## 非洲角葉海蛞蝓

*Ceratophyllidia africana* Eliot, 1903

突起為黃白色
散布黑褐色細點
密生球狀突起
背部中央密布黑
褐色色素

背面爲黃褐色，密生許多球狀突起。突起爲黃白色，散布深褐色與黑褐色細點。背部周緣的黑褐色細點較爲稀疏，中間較密。觸角爲黃白色。長度達 40mm。

| 慶良間群島 水深 6m 大小 20mm 小野篤司 |

葉海蛞蝓科 Phyllidiidae
角葉海蛞蝓屬 Ceratophyllidia

西太平洋、中太平洋

## 角葉海蛞蝓之一種 1

*Ceratophyllidia* sp. 1

密布前端為黑色的
球狀突起
觸角為黃白色

背部爲白色，整體有宛如刷子刷過的斑紋。背部有許多前端爲黑色的大型球狀突起。突起很容易剝離，剝離後再重生。觸角爲黃白色。長度達 35mm。

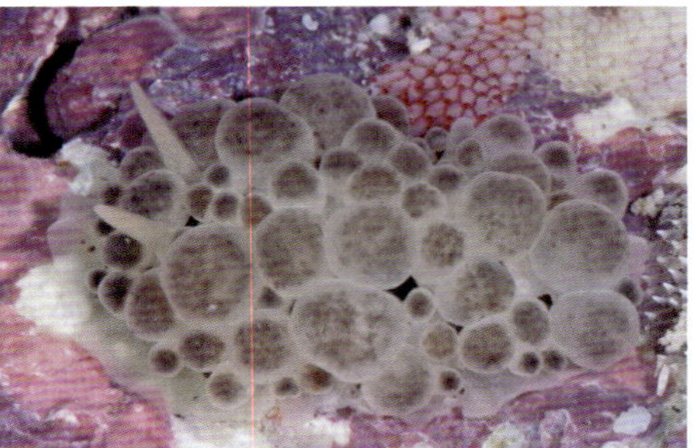

| 慶良間群島 水深 8m 大小 12mm 小野篤司 |

葉海蛞蝓科 Phyllidiidae
角葉海蛞蝓屬 Ceratophyllidia

西太平洋、中太平洋

## 角葉海蛞蝓之一種 2

*Ceratophyllidia* sp. 2

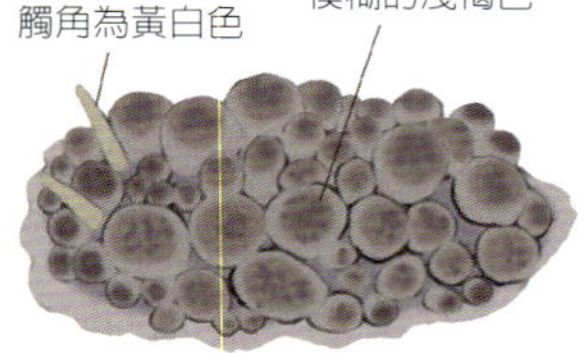
背部突起的前端為
模糊的淺褐色
觸角為黃白色

背部爲白色半透明，全身覆蓋宛如刷子刷過的斑紋。此外，背部有許多深褐色圓斑，但是被大型球狀突起遮住，平時看不見。背部突起的前端有模糊的淺褐色。觸角爲黃白色。長度達 15mm。

# 裸鰓目
# Nudibranchia
# 枝鰓亞目
# Cladobranchia

枝鰓亞目有許多科，形態也相當豐富。
體內有分支的消化腺。
**WoRMS** 將既有的蓑海蛞蝓亞目
分成蓑海蛞蝓總科與菲納鰓總科，包括本亞目。

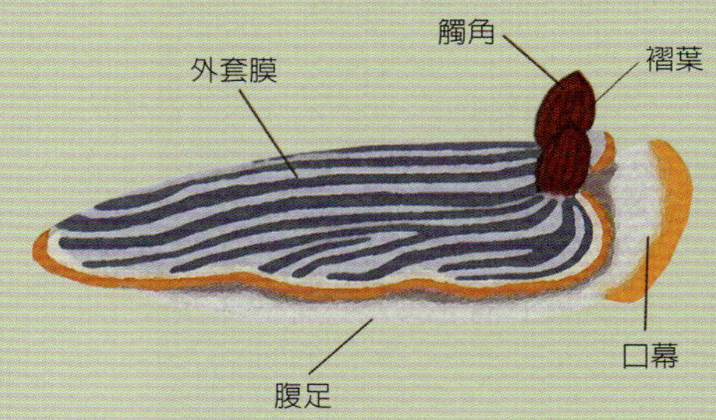
觸角
外套膜
褶葉
口幕
腹足

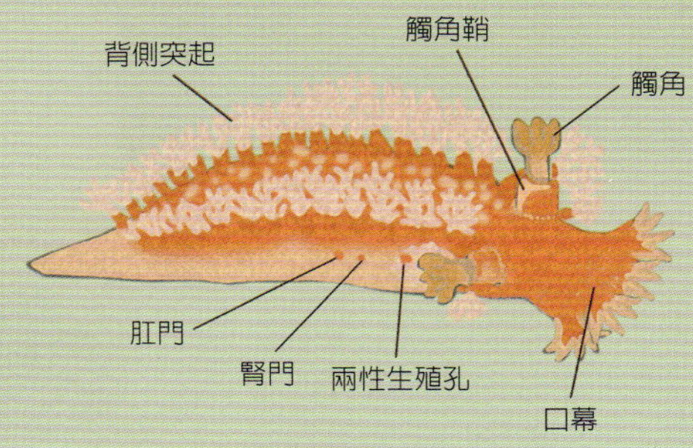
觸角鞘
背側突起
觸角
肛門
腎門
兩性生殖孔
口幕

| 伊豆海洋公園 水深 30m 大小 50mm 山田久子 |

片鰓海蛞蝓科 Arminidae
片鰓海蛞蝓屬 Armina

## 崇高片鰓海蛞蝓

*Armina magna* Baba, 1955

西太平洋

身體底色爲黑色，背部有多條鑲黑邊的黃白色直向皺褶。背部周緣、腹足和口幕緣有黃邊或橙黃色邊。口幕爲黑色，沒有斑紋。長度達 150mm。

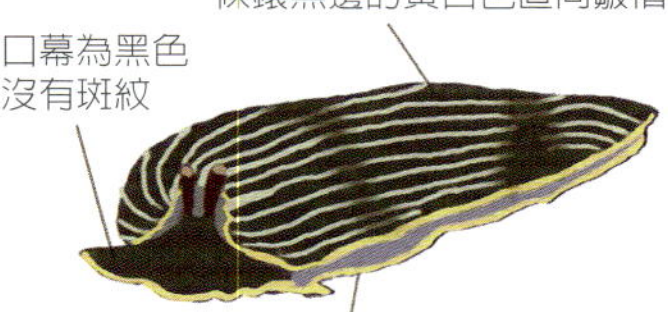
身體底色為黑色，背部有多
條鑲黑邊的黃白色直向皺褶
口幕為黑色
沒有斑紋
背部周緣、腹足和口幕緣
有黃邊或橙黃色邊

| 千本濱 水深 20m 大小 120mm 山田久子 |

片鰓海蛞蝓科 Arminidae
片鰓海蛞蝓屬 Armina

## 肥大片鰓海蛞蝓

*Armina major* Baba, 1949

九州以北

身體底色爲黑色，嶺部有多條黃白色直向皺褶。背面、腹足、口幕有黃邊，觸角爲紅色。口幕有多條凌亂白線。期待與澳洲的 *A. cygnea*（Bergh, 1876）進一步研究調查。長度達 150mm。

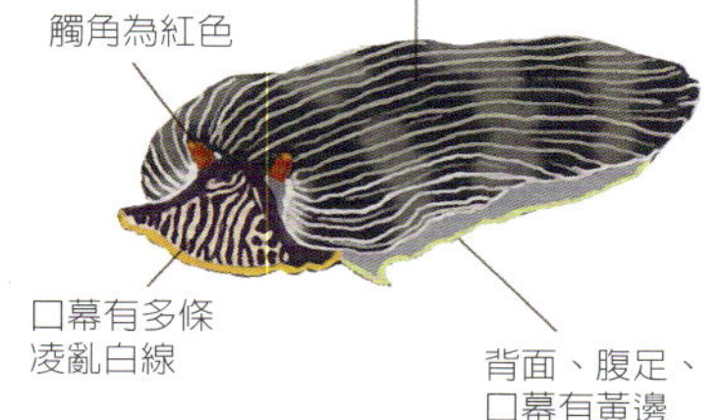
身體底色為黑色，
嶺部有多條黃白色直向皺褶
觸角為紅色
口幕有多條
凌亂白線
背面、腹足、
口幕有黃邊

片鰓海蛞蝓科 Arminidae
片鰓海蛞蝓屬 Armina

# 森普片鰓海蛞蝓

*Armina semperi*（Bergh, 1861）

西太平洋

| 伊豆海洋公園　水深 24m　大小 40mm　山田久子 |

背部的直向皺褶
為黃白色

背部底色為藍色，有黑色、白色和藍色斑紋，但有些個體缺少部分斑紋。

背部底色爲藍色，有黑色、白色和藍色斑紋，但有些個體缺少部分斑紋。背部的直向皺褶爲黃白色，通過斑紋時，粗細和顏色會改變。有必要仔細研究本種與 *A. scotti* Mehrotra, Caballer, & Chavanich, 2017 之間的關係。長度達 60mm。

---

片鰓海蛞蝓科 Arminidae
片鰓海蛞蝓屬 Armina

# 裝飾片鰓海蛞蝓

*Armina comta*（Bergh, 1880）

西太平洋

| 大瀨崎　水深 20m　大小 60mm　山田久子 |

背部有多條黃白色粗直線

背部周緣、腹足與口幕有黃白色邊

口幕處排列許多白色突起

身體底色爲黑色，背部有多條黃白色粗直線。背部周緣、腹足與口幕有黃白色邊，口幕處排列許多白色突起。有必要進一步調查本種與具有超過七十個突起的 *Armina papillata* 之關係。長度達 100mm。

| 千本濱 水深 20m 大小 38mm 山田久子 |

片鰓海蛞蝓科 Arminidae
片鰓海蛞蝓屬 Armina

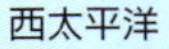
西太平洋

## 斑點片鰓海蛞蝓

*Armina variolosa*（Bergh, 1904）

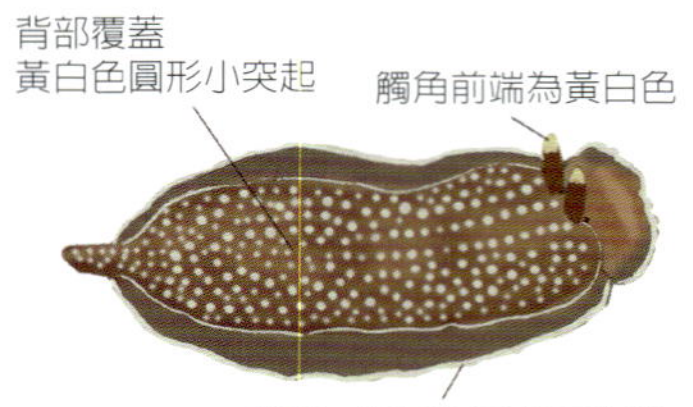
背部覆蓋
黃白色圓形小突起
觸角前端為黃白色
背部、腹足和口幕有白邊

身體底色爲淺褐色，背部覆蓋黃白色圓形小突起。背部、腹足和口幕有白邊。觸角前端爲黃白色。長度達 50mm。

| 大瀨崎 水深 20m 大小 60mm 小野篤司 |

片鰓海蛞蝓科 Arminidae
片鰓海蛞蝓屬 Armina

伊豆半島

## 片鰓海蛞蝓之一種 1

*Armina* sp. 1

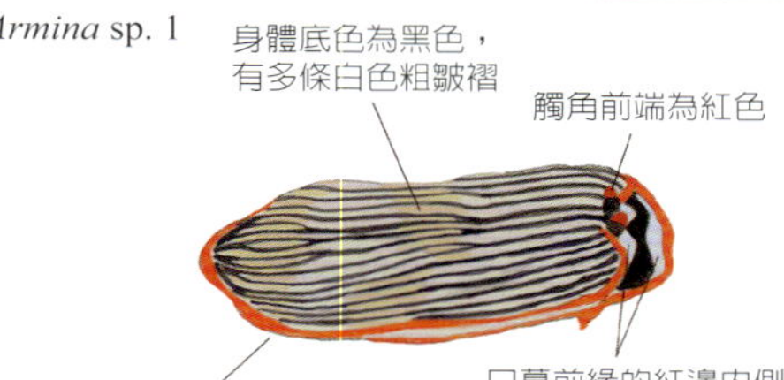
身體底色為黑色，
有多條白色粗皺褶
觸角前端為紅色
背部、腹足和口幕有紅邊
口幕前緣的紅邊內側
與觸角基部為白色

身體底色爲黑色，有多條白色粗皺褶。背部、腹足和口幕有紅邊，觸角前端爲紅色。外觀近似崇高片鰓海蛞蝓，口幕前緣的紅邊內側與觸角基部有白色區域。長度達 60mm。

| 大瀨崎 水深 5m 大小 140mm 山田久子 |

片鰓海蛞蝓科 Arminidae
片鰓海蛞蝓屬 Armina

日本

## 片鰓海蛞蝓之一種 2

*Armina* sp. 2

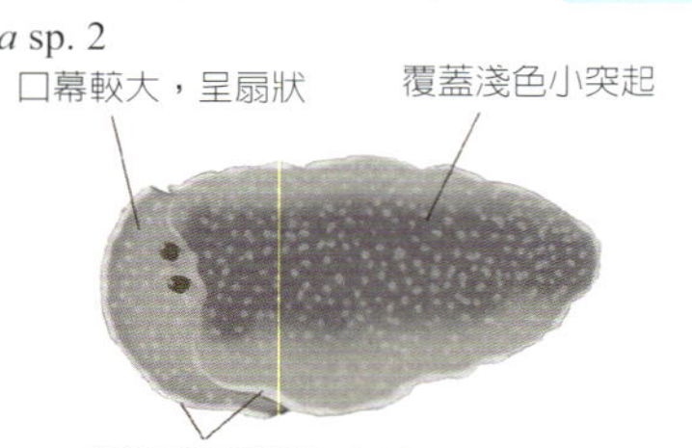
口幕較大，呈扇狀
覆蓋淺色小突起
背緣和口幕緣為白色

身體爲平坦橢圓形，身體底色爲灰色到灰褐色。背部密布淺色小突起。口幕較大，呈扇狀。背緣和口幕緣爲白色。馬場（1949）認爲本種是 *Armina babai*（Tchang, 1934），但 Gosliner et al., 2018 記載的個體是別種。長度達 80mm。

片鰓海蛞蝓科 Arminidae
片鰓海蛞蝓屬 Armina

## 片鰓海蛞蝓之一種 3

*Armina* sp. 3

伊豆半島

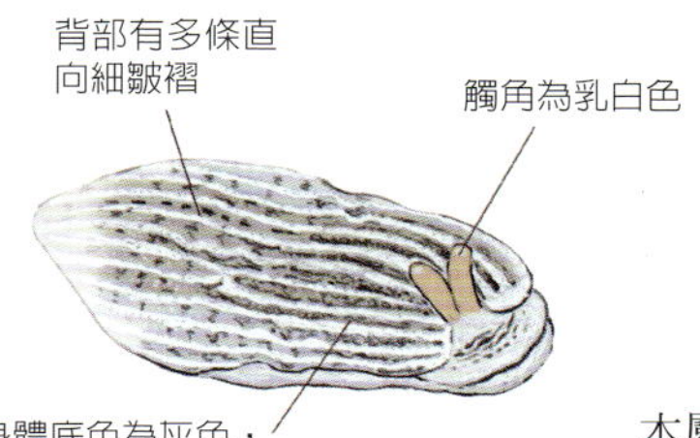
背部有多條直
向細皺褶
觸角為乳白色
身體底色為灰色，
全身覆蓋不規則黑灰色小斑紋

| 大瀨崎 水深 10m 大小 12mm 加藤昌一 |

本屬物種以海筆爲食，但本種攝食六放珊瑚。身體底色爲灰色，全身覆蓋不規則黑灰色小斑紋。背部有多條直向細皺褶。觸角爲乳白色。長度達 12mm。

片鰓海蛞蝓科 Arminidae
皮鰓海蛞蝓屬 Dermatobranchus

## 波瓣皮鰓海蛞蝓

*Dermatobranchus gonatophorus*（van Hasselt, 1824）

印度－西太平洋

細皺褶聳立嶺部為黃色
觸角為黑色
背面散布不規則黑斑
背面和口幕緣
有橙色邊

| 慶良間群島 水深 15m 大小 50mm 小野篤司 |

身體底色爲乳白色，背部有多條直向皺褶。皺褶很細，呈高聳直立狀，嶺部爲黃色。此外，背面散布不規則黑斑，與口幕邊緣皆爲橙色。觸角爲黑色。長度達 120mm。

片鰓海蛞蝓科 Arminidae
皮鰓海蛞蝓屬 Dermatobranchus

## 華麗皮鰓海蛞蝓

*Dermatobranchus ornatus*（Bergh, 1874）

印度－西太平洋

| 八丈島 水深 45m 大小 45mm 加藤昌一 |

身體底色為乳白色，背面
散布許多橙色疣狀突起
觸角柄前方有黑斑，觸角為
黑色、褶葉邊緣為藍色
背部有幾個顏色
發黑的區域
背部與口幕都
有橙色邊

身體底色爲乳白色，背部散布許多橙色疣狀突起，還有幾個顏色發黑的區域。背部與口幕都有橙色邊。觸角柄的前方有黑斑，觸角爲黑色，褶葉緣爲藍色。長度達 80mm。

| 宮古島 水深 12m 大小 20mm 鎌田陽介 |

片鰓海蛞蝓科 Arminidae
皮鰓海蛞蝓屬 Dermatobranchus

## 囊皮鰓海蛞蝓

*Dermatobranchus pustulosus*
(van Hasselt, 1824)

西太平洋

背部散布黑色細點，覆蓋帶褐色的疣狀突起。觸角褶葉呈球狀，下半部顏色較深。長度達 70mm。

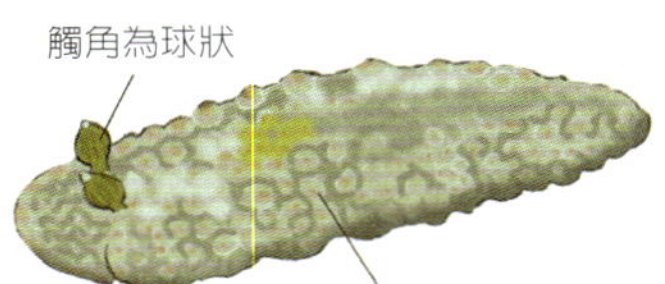
觸角為球狀
背部散布黑色細點，
覆蓋帶褐色的疣狀突起

| 八丈島 水深 12m 大小 10mm 加藤昌一 |

片鰓海蛞蝓科 Arminidae
皮鰓海蛞蝓屬 Dermatobranchus

## 幸運皮鰓海蛞蝓

*Dermatobranchus fortunatus*
(Bergh, 1888)

印度－
西太平洋

身體底色爲乳白色，背部周緣排列大型褐色斑紋。正中線上方有灰藍色色帶。觸角爲茶褐色。口幕的前緣爲三角形褐色斑紋。長度達 12mm。

背部周緣排列
大型褐色斑紋
觸角為茶褐色
正中線上方有
灰藍色色帶
口幕的前緣為
三角形褐色斑紋

片鰓海蛞蝓科 Arminidae
皮鰓海蛞蝓屬 Dermatobranchus

# 橫紋皮鰓海蛞蝓

*Dermatobranchus fasciatus*
Gosliner & Fahey, 2011

印度－
西太平洋

背部有兩個褐色橫帶
背部有許多直向皺褶，嶺緣為乳白色、溝為灰色
口幕緣有粉紅色邊，角略微突出

| 八丈島 水深 8m 大小 15mm 加藤昌一 |

身體底色爲乳白色，背部、口幕緣有粉紅色邊，角略微突出。背部有許多直向皺褶，嶺緣爲乳白色、溝爲灰色。背部有兩個褐色橫帶。長度達 15mm。

---

片鰓海蛞蝓科 Arminidae
皮鰓海蛞蝓屬 Dermatobranchus

# 白皮鰓海蛞蝓

*Dermatobranchus albus*
（Eliot, 1904）

印度－
西太平洋

| 慶良間群島 水深 18m 大小 15mm 小野篤司 |

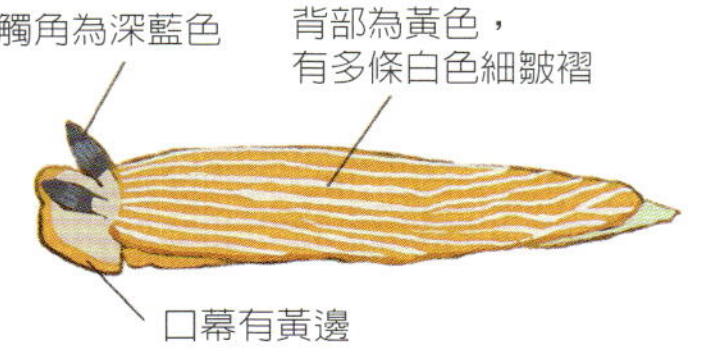
觸角為深藍色
背部為黃色，
有多條白色細皺褶
口幕有黃邊

背部爲黃色，有多條白色細皺褶，與口幕皆有黃邊。觸角爲深藍色。長度達 15mm。

片鰓海蛞蝓科 Arminidae
皮鰓海蛞蝓屬 Dermatobranchus

# 半月皮鰓海蛞蝓

*Dermatobranchus semilunus*
Gosliner & Fahey, 2011

西太平洋
熱帶海域

| 慶良間群島 水深 20m 大小 12mm 小野篤司 |

身體底色爲黃白色，頭部後方有 U 字形褐色斑紋，前方爲白色。黑點沿著背部皺褶排列，觸角顏色較深，褶葉緣爲淺色。口幕緣散布黑點。長度達 12mm。

觸角顏色較深，褶葉緣為淺色
頭部後方有 U 字形褐色斑紋，前方為白色
口幕緣散布黑點
黑點沿著背部皺褶排列

片鰓海蛞蝓科 Arminidae
皮鰓海蛞蝓屬 Dermatobranchus

# 索皮鰓海蛞蝓

*Dermatobranchus funiculus*
Gosliner & Fahey, 2011

西太平洋
熱帶海域

| 慶良間群島 水深 15m 大小 13mm 小野篤司 |

身體底色爲白色，背面密布褐色細點，有多條直向皺褶。粉紅色與藍色斑紋在背緣交互排列，觸角爲紅色，口幕緣有紅邊。長度達 13mm。

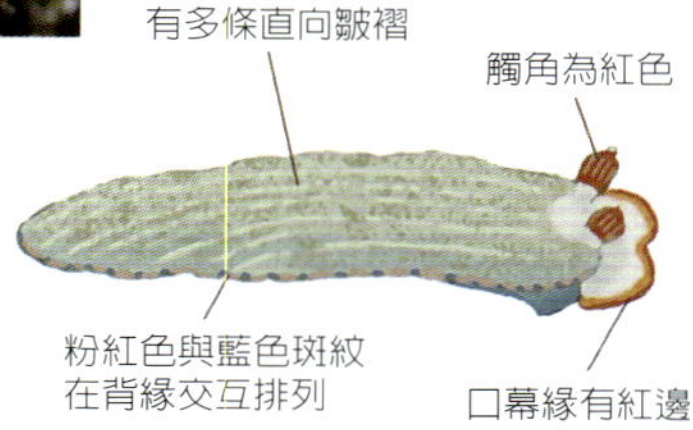
背面密布褐色細點，有多條直向皺褶
觸角為紅色
粉紅色與藍色斑紋在背緣交互排列
口幕緣有紅邊

片鰓海蛞蝓科 Arminidae
皮鰓海蛞蝓屬 Dermatobranchus

# 藍點皮鰓海蛞蝓

*Dermatobranchus caeruleomaculatus*
Gosliner & Fahey, 2011

西太平洋
熱帶海域

| 慶良間群島 水深 12m 大小 18mm 小野篤司 |

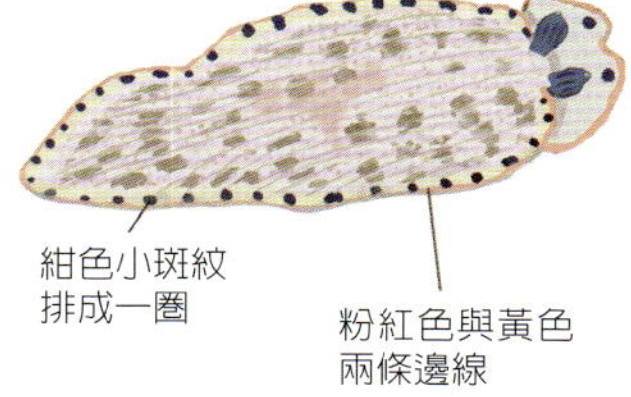
紺色小斑紋
排成一圈
粉紅色與黃色
兩條邊線

背部有多條直向細皺褶，散布不規則褐色斑紋，密布許多褐色細點。背緣有粉紅色與黃色兩條邊線，紺色小斑紋排成一圈。口幕有藍色斑紋，口幕緣爲橙色邊。長度達 20mm。

---

片鰓海蛞蝓科 Arminidae
皮鰓海蛞蝓屬 Dermatobranchus

# 羅德曼皮鰓海蛞蝓

*Dermatobranchus rodmani*
Gosliner & Fahey, 2011

印度－
西太平洋

| 慶良間群島 水深 10m 大小 8mm 小野篤司 |

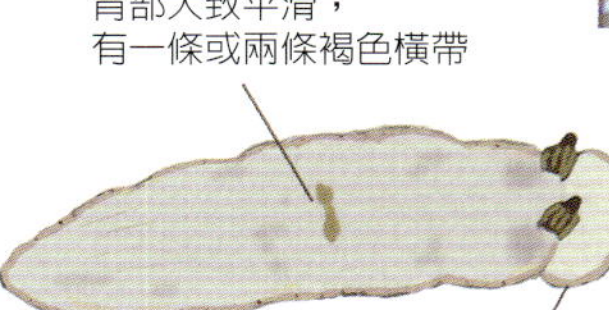
背部大致平滑，
有一條或兩條褐色橫帶
口幕為粉紅色，
邊角呈圓弧形

身體底色爲乳白色，背部、口幕爲粉紅色，邊角呈圓弧形。背部大致平滑，有一條或兩條褐色橫帶。偶會觀察到帶有三條明顯直向皺褶的大型個體。觸角爲褐色帶白色細點。長度達 12mm。

片鰓海蛞蝓科 Arminidae
皮鰓海蛞蝓屬 Dermatobranchus

## 縱紋皮鰓海蛞蝓

*Dermatobranchus striatus*
（van Hasselt, 1824）

八重山群島以南、
西太平洋熱帶海域

| 石垣島 水深 8m 大小 50mm 木元伸彥 |

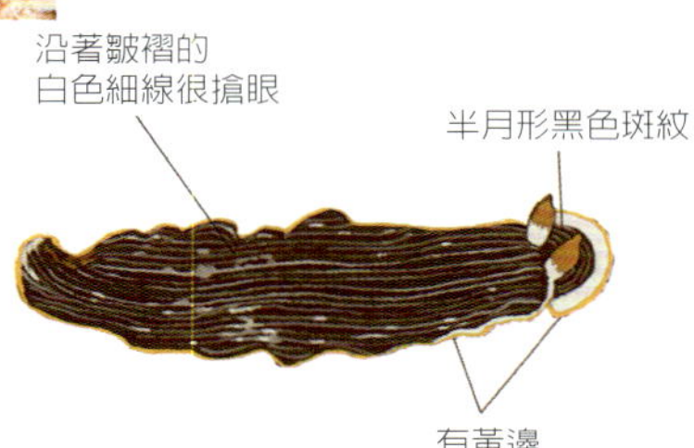
沿著皺褶的
白色細線很搶眼
半月形黑色斑紋
有黃邊

身體底色爲白色，背部有多條直向細皺褶，沿著皺褶的白色細線很搶眼。此外，還有不規則黑色大斑紋，有些個體如照片般，整個背部都是斑紋。背緣、口幕緣有黃邊，口幕上方有半月形黑色斑紋。過去的文獻曾將其列爲對角皮鰓海蛞蝓。長度達 35mm。

片鰓海蛞蝓科 Arminidae
皮鰓海蛞蝓屬 Dermatobranchus

## 暗紅皮鰓海蛞蝓

*Dermatobranchus rubidus*
（Gould, 1852）

西太平洋、
中太平洋

| 沼津獅子濱 水深 25m 大小 40mm 石田充彥 |

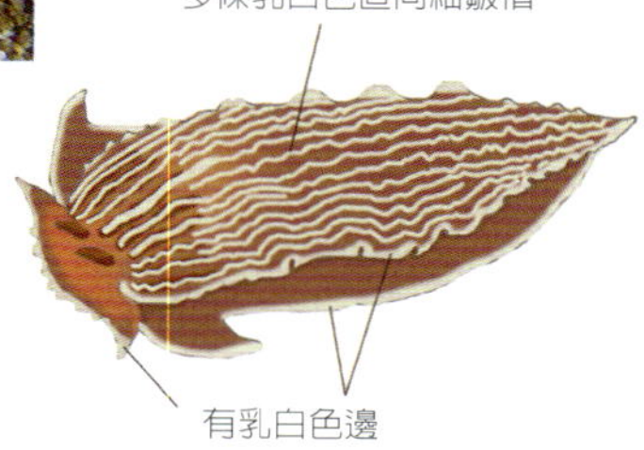
多條乳白色直向細皺褶
有乳白色邊

背部爲紅褐色，有多條乳白色直向細皺褶。背部、口幕、腹足皆有乳白色邊緣。以本屬物種來說，此種的腹足較大。長度達 50mm。

片鰓海蛞蝓科 Arminidae
皮鰓海蛞蝓屬 Dermatobranchus

# 少女皮鰓海蛞蝓

*Dermatobranchus otome*
Baba, 1992

九州、本州

|八丈島 水深 6m 大小 20mm 余吾涉|

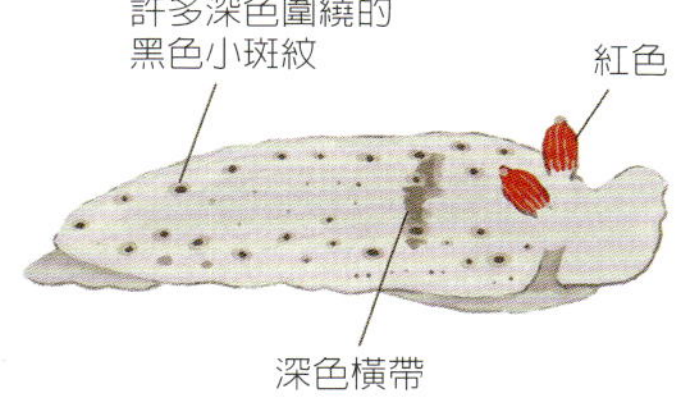
許多深色圍繞的
黑色小斑紋
紅色
深色橫帶

身體底色爲白色，背部有多條直向皺褶。此外，背部有許多深色圍繞的黑色小斑紋，觸角後方有深色橫帶。觸角爲紅色。長度達 30mm。

---

片鰓海蛞蝓科 Arminidae
皮鰓海蛞蝓屬 Dermatobranchus

# 對角皮鰓海蛞蝓

*Dermatobranchus diagonalis*
Gosliner & Fahey, 2011

巴布亞紐幾內亞、琉球群島

|慶良間群島 水深 4m 大小 12mm 小野篤司|

直向皺褶從中央
往斜向延伸至背緣
白色
黃色到綠色邊緣

背部的直向皺褶從灰黃色到灰綠色，皺褶較小，數量較多，從中央往斜向延伸至背緣。背緣有黃色到綠色邊緣。口幕幾乎爲白色，有時帶紅棕色。觸角爲黑色，褶葉緣爲淺色。以膨脹羽珊瑚爲食，會遭到裸海蛞蝓之一種 4 捕食。長度達 35mm。

| 伊豆大島 水深 40m 大小 50mm 水谷知世 |

片鰓海蛞蝓科 Arminidae
皮鰓海蛞蝓屬 Dermatobranchus

## 白點皮鰓海蛞蝓

*Dermatobranchus albopunctulatus*
Baba, 1976

本州

身體底色爲黃白色，背緣偏白，與腹足、口幕皆有紅邊，呈小波浪狀。觸角爲黑色，褶葉緣爲灰色。長度達 60mm。

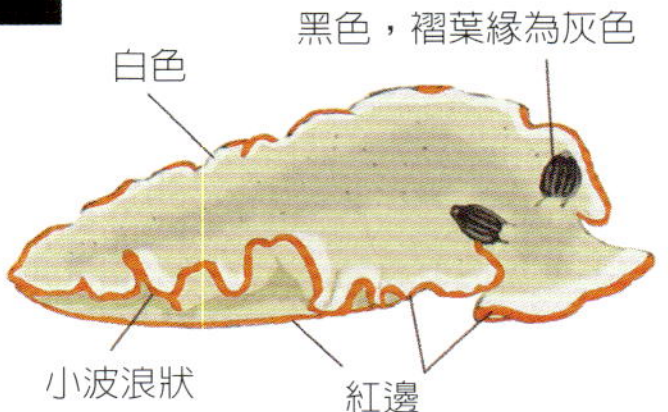
黑色，褶葉緣為灰色
白色
小波浪狀
紅邊

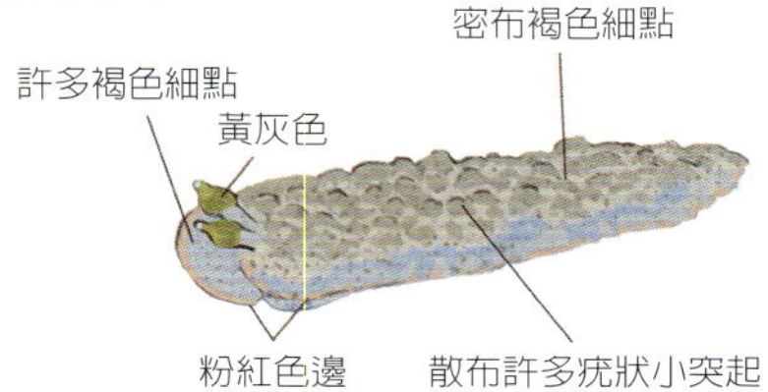
密布褐色細點
許多褐色細點
黃灰色
粉紅色邊
散布許多疣狀小突起

| 慶良間群島 水深 8m 大小 16mm 小野篤司 |

片鰓海蛞蝓科 Arminidae
皮鰓海蛞蝓屬 Dermatobranchus

## 瘤狀皮鰓海蛞蝓

*Dermatobranchus tuberculatus*
Gosliner & Fahey, 2011

西太平洋
熱帶海域

身體細長，底色爲乳白色，背部密布褐色細點，有許多疣狀小突起。有些個體的背面帶紫色。背緣、口幕緣有粉紅色邊，口幕遍布褐色細點。觸角爲黃灰色。長度達 18mm。

片鰓海蛞蝓科 Arminidae
皮鰓海蛞蝓屬 Dermatobranchus

# 半紋皮鰓海蛞蝓

*Dermatobranchus semistriatus*
Baba, 1949

本州、九州

| 大瀨崎 水深 5m 大小 18mm 山田久子 |

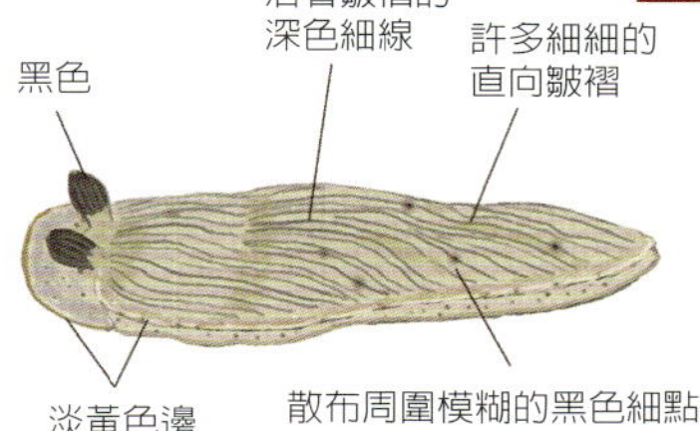
沿著皺褶的
深色細線
許多細細的
直向皺褶
黑色
淡黃色邊
散布周圍模糊的黑色細點

背面爲灰黃色，遍布細細的直向皺褶，還有深色細線沿著皺褶生長。背部散布周圍模糊的黑色細點，背緣和口幕緣有淡黃色邊。觸角爲黑色。長度達 25mm。

---

片鰓海蛞蝓科 Arminidae
皮鰓海蛞蝓屬 Dermatobranchus

# 細紋皮鰓海蛞蝓

*Dermatobranchus striatellus*
Baba, 1949

印度－
西太平洋

| 八丈島 水深 10m 大小 15mm 加藤昌一 |

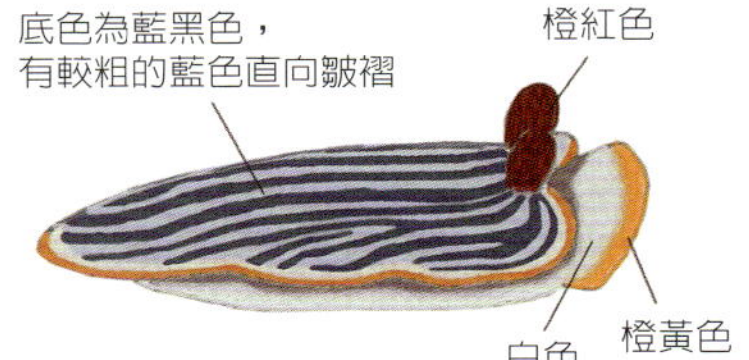
底色為藍黑色，
有較粗的藍色直向皺褶
橙紅色
白色
橙黃色

背部爲藍黑色，遍布較粗的藍色直向皺褶，與白色口幕的周緣皆有橙黃色邊。觸角爲橙紅色。長度達 20mm。

| 大瀨崎 水深 20m 大小 55mm 山田久子 |

片鰓海蛞蝓科 Arminidae
皮鰓海蛞蝓屬 Dermatobranchus

本州、九州

## 黑斑皮鰓海蛞蝓

*Dermatobranchus nigropunctatus* Baba, 1949

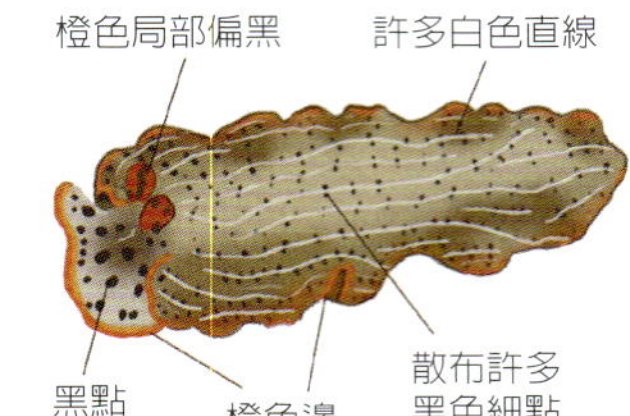
橙色局部偏黑
許多白色直線
黑點
橙色邊
散布許多
黑色細點

身體底色爲白色，背部爲橄欖色，與口幕皆有橙色邊。背面散布許多黑色細點，上方帶著多條細細的白色直線。口幕上方遍布黑點。觸角爲橙色，局部偏黑。長度達 100mm。

| 大瀨崎 水深 5m 大小 7mm 山田久子 |

片鰓海蛞蝓科 Arminidae
皮鰓海蛞蝓屬 Dermatobranchus

本州、九州

## 端點皮鰓海蛞蝓

*Dermatobranchus primus* Baba, 1976

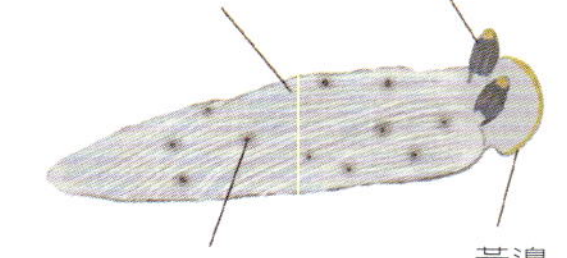
觸角為藍色，
前端為黃色到橙色
直向皺褶間顏色略深
散落帶有漸層感的黑色細點
黃邊

身體底色爲白色，背部爲乳白色，有多條直向皺褶，皺褶間的顏色略深。皺褶上方散落黑色細點，其中較大的細點周圍帶有漸層感。觸角爲藍色，前端爲黃色到橙色。口幕沒有斑紋，有黃邊。長度達 10mm。

| 慶良間群島 水深 12m 大小 10mm 小野篤司 |

片鰓海蛞蝓科 Arminidae
皮鰓海蛞蝓屬 Dermatobranchus

沖繩群島

## 眼點皮鰓海蛞蝓

*Dermatobranchus oculus*
Gosliner & Fahey, 2011

黑色，褶葉緣為白色
直向皺褶有茶色細邊
皺褶間顏色略深
皺褶上方排
列黑色細點
淡橙色邊緣

身體底色爲白色，背部直向皺褶有茶色細邊，皺褶間的顏色略深。皺褶上方排列周圍有深色漸層的黑色細點。觸角爲黑色，褶葉緣爲白色。口幕緣爲淡橙色。長度達 15mm。

片鰓海蛞蝓科 Arminidae
皮鰓海蛞蝓屬 Dermatobranchus

# 海色皮鰓海蛞蝓

西太平洋

*Dermatobranchus cymatilis*
Gosliner & Fahey, 2011

邊緣為白色，排列黑色紋
橙色，排列黑點
排列黑色紋

| 沖繩島　水深 60m　大小 17mm　Robert F. Bolland |

身體爲白色，背部帶褐色，有多條黑色直線。背緣爲橙色，排列黑點。腹足緣爲白色，排列黑色紋。口幕緣的基部爲深色，外側爲橙色，邊緣爲白色，排列黑色紋。長度達 23mm。

片鰓海蛞蝓科 Arminidae
皮鰓海蛞蝓屬 Dermatobranchus

# 食棘穗皮鰓海蛞蝓

沖繩島、菲律賓

*Dermatobranchus dendronephthyphagus*
Gosliner & Fahey, 2011

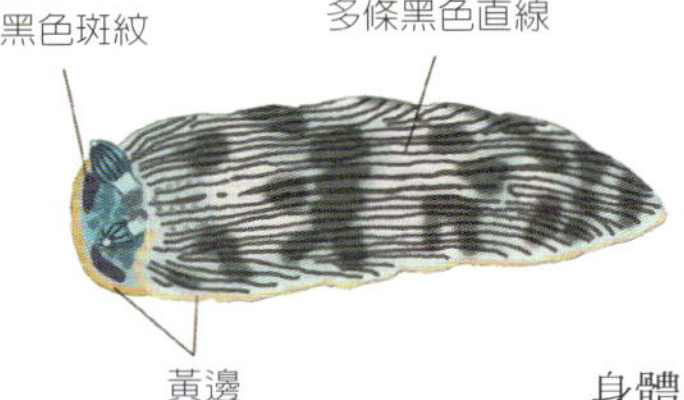
黑色斑紋
多條黑色直線
黃邊

| 沖繩島　水深 43m　大小 40mm　Robert F. Bolland |

身體爲白色，背部有褐色與灰黑色等深色斑紋，有多條黑色直線。背緣、口幕緣有黃邊，口幕有黑色斑紋。觸角爲黑色，有白色直線。常見於 40m 以下的海域。長度達 40mm。

片鰓海蛞蝓科 Arminidae
皮鰓海蛞蝓屬 Dermatobranchus

# 皮鰓海蛞蝓之一種 1

本州、萬那杜

*Dermatobranchus* sp. 1

邊緣附近的
直向皺褶隆起
中間有三條
低矮直向皺褶
橙色細邊
波浪狀邊緣
漸層的黑褐色紋

| 大瀨崎　水深 28m　大小 65mm　山田久子 |

背部底色爲淺紅褐色，中間有三條低矮直向皺褶。邊緣附近的直向皺褶隆起，顏色較淺。背緣呈波浪狀，口幕緣、腹足緣皆有橙色細邊。口幕、腹足側邊有漸層的黑褐色紋。長度達 60mm。

| 慶良間群島　水深 6m　大小 12mm　小野篤司 |

片鰓海蛞蝓科 Arminidae
皮鰓海蛞蝓屬 Dermatobranchus

琉球群島、菲律賓

## 皮鰓海蛞蝓之一種 2

*Dermatobranchus* sp. 2

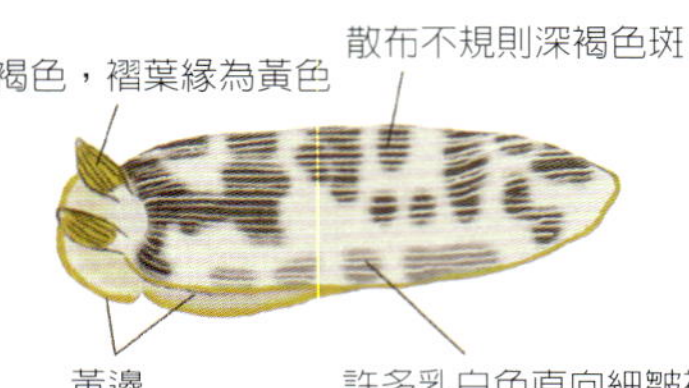
散布不規則深褐色斑
褐色，褶葉緣為黃色
黃邊
許多乳白色直向細皺褶

身體底色爲白色，背部散布不規則深褐色斑，上方還有多條乳白色直向細皺褶。觸角爲褐色，褶葉緣爲黃色。背面與口幕皆有黃邊。外觀近似後方刊載的皮鰓海蛞蝓之一種 4，觸角褶葉較密。長度達 25mm。

| 沖繩島　水深 13m　大小 10mm　今川郁 |

片鰓海蛞蝓科 Arminidae
皮鰓海蛞蝓屬 Dermatobranchus

巴布亞紐幾內亞、沖繩島

## 皮鰓海蛞蝓之一種 3

*Dermatobranchus* sp. 3

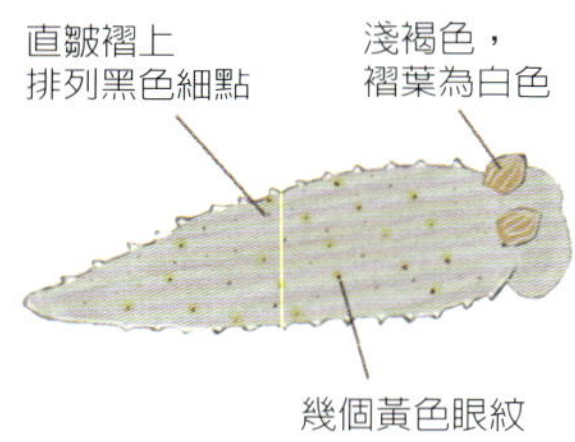
直皺褶上
排列黑色細點
淺褐色，
褶葉為白色
幾個黃色眼紋

身體底色爲淺灰色，背部有許多直向白色皺褶。直皺褶上排列黑色細點，其中幾個爲黃色眼紋。觸角爲淺褐色，褶葉爲白色。長度達 30mm。

| 慶良間群島　水深 4m　大小 15mm　小野篤司 |

片鰓海蛞蝓科 Arminidae
皮鰓海蛞蝓屬 Dermatobranchus

琉球群島、菲律賓

## 皮鰓海蛞蝓之一種 4

*Dermatobranchus* sp. 4

許多直向的白色皺褶

口幕、頭部為白色

皺褶幾乎不斜行

背部爲深綠色，有許多直向的白色皺褶。口幕、頭部爲白色，腹足緣、口幕緣、背緣有橙黃色細邊。外觀近似縱紋皮鰓海蛞蝓，但口幕沒有黑線。長得也像對角皮鰓海蛞蝓，但背部直線沒有明顯的斜行。過去的文獻曾將其列爲縱紋皮鰓海蛞蝓。長度達 25mm。

似海牛海蛞蝓科 Doridomorphidae
似海牛海蛞蝓屬 Doridomorpha

# 嘉氏似海牛海蛞蝓

*Doridomorpha gardineri*
Eliot, 1906

印度－西太平洋熱帶海域

| 慶良間群島 水深 7m 大小 15mm 小野篤司 |

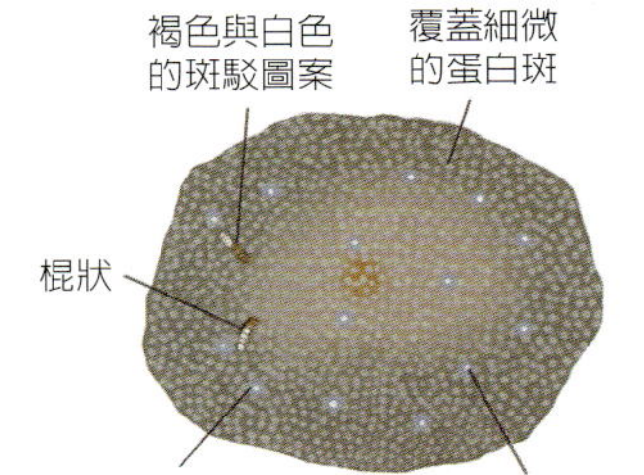
褐色與白色的斑駁圖案
覆蓋細微的蛋白斑
棍狀
散布白色到藍灰色斑紋
斑紋中心有白色突起

身體為橢圓形，淺褐色，明顯地扁平。背部覆蓋細微的蛋白斑，散布白色到藍灰色斑紋，中心有白色小突起。觸角為褐色與白色斑駁圖案，呈長棍狀。寄生於藍珊瑚。長度達 20mm。

---

隱腸海蛞蝓科 Proctonotidae
亞努斯海蛞蝓屬 Janolus

# 奇異亞努斯海蛞蝓

*Janolus mirabilis*
Baba & Abe, 1970

印度－西太平洋

| 慶良間群島 水深 6m 大小 10mm 小野篤司 |

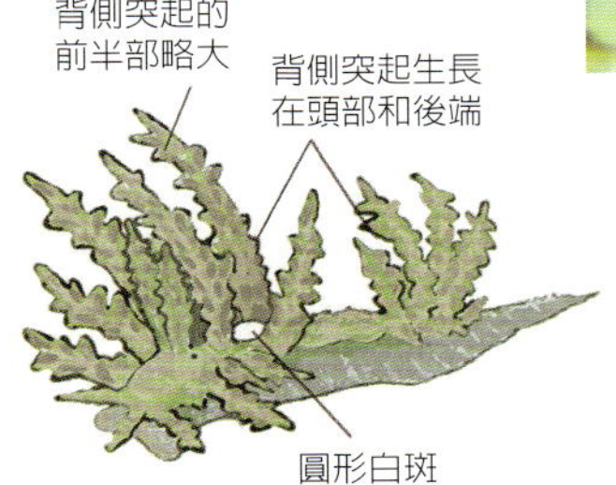
背側突起的前半部略大
背側突起生長在頭部和後端
圓形白斑

身體底色為半透明，頭部到背部的顏色變異性大，包括白色、黃色、深褐色。背側突起生長於觸角周圍的頭部和背部後方，前半部的突起略大。頭部的背側突起後方有圓形白斑。長度達 15mm。

| 八丈島 水深 14m 大小 15mm 加藤昌一 |

隱腸海蛞蝓科 Proctonotidae
亞努斯海蛞蝓屬 Janolus

## 富山亞努斯海蛞蝓

*Janolus toyamensis*
Baba & Abe, 1970

西太平洋、
中太平洋

許多小突起
白色
身體有白色直線

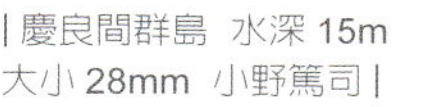
| 慶良間群島 水深 15m 大小 28mm 小野篤司 |

| 慶良間群島 水深 13m 大小 80mm 小野篤司 |

身體為半透明，背部帶黃褐色，全身有白色直線。背側突起大致爲淺褐色，變異性大，有些個體表面平滑、散布顆粒狀突起，或前端下方膨脹。觸角生長著許多小突起，前端下方爲白色。長度達 80mm。

| 大瀨崎 水深 18m 大小 22mm 山田久子 |

隱腸海蛞蝓科 Proctonotidae
亞努斯海蛞蝓屬 Janolus

## 印度亞努斯海蛞蝓

*Janolus indicus*（Eliot, 1909）

本州、
四國、九州

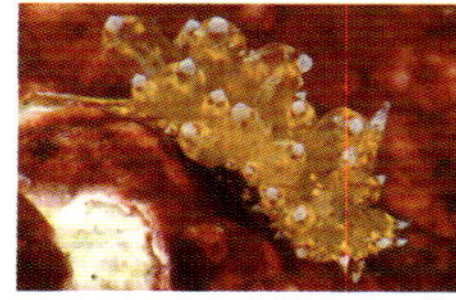

| 浮島 水深 3m 大小 8mm 山田久子 |

身體爲黃色半透明，包括背側突起在內，全身密布褐色細點，黃色斑點數量略少，有許多白色細線。不過，偶爾會發現完全沒有白色細線的個體。背側突起的前端爲黃白色，觸角密生小突起，顏色與背側突起相同。長度達 30mm。

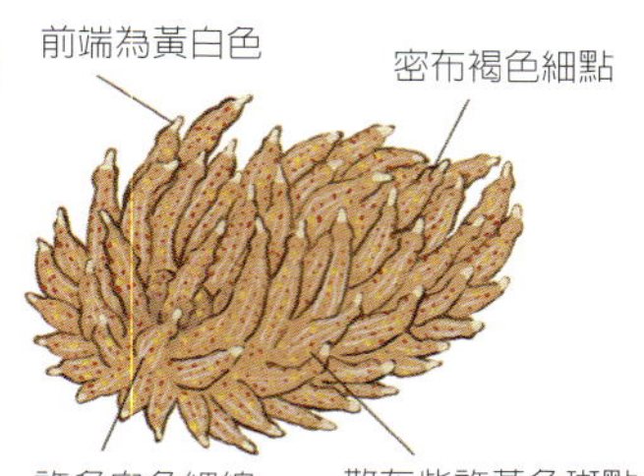
前端為黃白色
密布褐色細點
許多白色細線
散布些許黃色斑點

隱腸海蛞蝓科 Proctonotidae
亞努斯海蛞蝓屬 Janolus

# 殼狀亞努斯海蛞蝓

*Janolus incrustans*
Pola & Gosliner, 2019

西太平洋

| 慶良間群島 水深 20m 大小 12mm 小野篤司 |

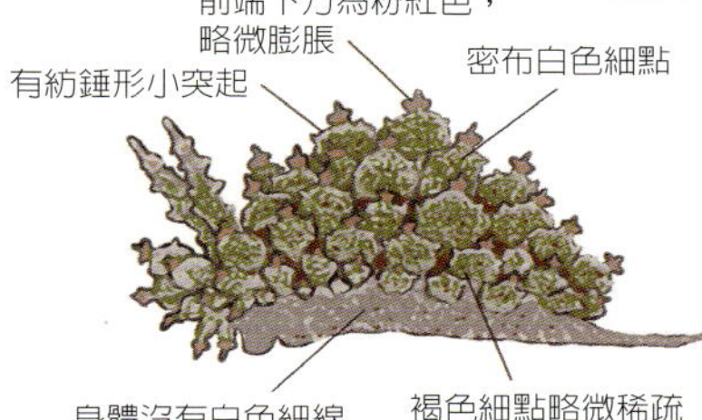
前端下方為粉紅色，
略微膨脹
密布白色細點
有紡錘形小突起
身體沒有白色細線
褐色細點略微稀疏

身體幾乎是半透明，密布白色細點，褐色細點略微稀疏。背側突起隨處生長紡錘形小突起，前端下方有小小的粉紅色膨脹處。觸角有小突起，外觀近似富山亞努斯海蛞蝓的變異型，本種腹足側邊與尾部沒有白色細線，可由此區分。過去的文獻曾將其列爲富山亞努斯海蛞蝓。長度達 18mm。

隱腸海蛞蝓科 Proctonotidae
亞努斯海蛞蝓屬 Janolus

# 金環亞努斯海蛞蝓

*Janolus flavoanulatus*
Pola & Gosliner, 2019

西太平洋

| 沖繩島 水深 12m 大小 30mm 木元伸彥 |

背側突起的前端為紫色
觸角為紫色

身體爲黃白色半透明，背側突起與身體同色，前端爲淡紫色，下方爲深紫色。觸角除了少部分基部之外，皆爲紫色。與 Gosliner（2018）的 *Janolus* sp. 7 爲同種，但 2019 年記載爲新種。過去的文獻曾將其列爲 *J. savinkini*。長度達 70mm。

| 慶良間群島 水深 15m 大小 22mm 小野篤司 |

隱腸海蛞蝓科 Proctonotidae
亞努斯海蛞蝓屬 Janolus

## 三胞亞努斯海蛞蝓

*Janolus tricellariodes*
Pola & Gosliner, 2019

西太平洋

背側突起的前端下方有紫色環，紫色環下方緊接著白色環，散布白點，但數量有個體差異。沒有白色細線的變異個體，外觀近似印度亞努斯海蛞蝓，本種的背側突起前端有明顯的紫色環，可藉此辨別。長度達 30mm。

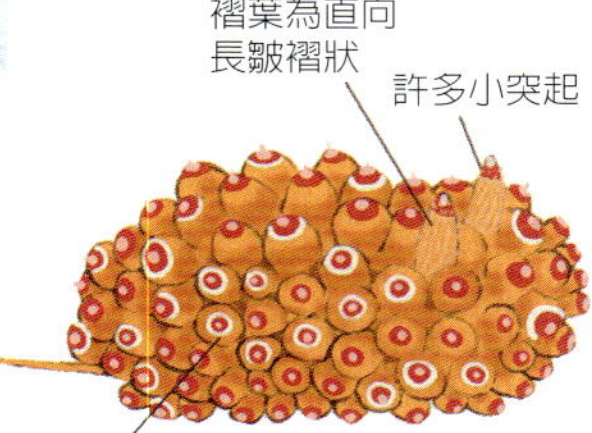
褶葉為直向
長皺褶狀
許多小突起
前端下方有紫色環
和白色環

| 西表島 水深 12m 大小 30mm 笠井雅夫 |

隱腸海蛞蝓科 Proctonotidae
亞努斯海蛞蝓屬 Janolus

## 薩維金亞努斯海蛞蝓

*Janolus savinkini*
Martynov & Korshunova, 2012

西太平洋

身體爲乳白色到褐色半透明，背側突起與身體同色，前端爲紫色，最前端通常顏色較淺。觸角與背部前端一樣，只有前端爲紫色。外觀近似的金環亞努斯海蛞蝓，從觸角基部附近就是紫色。長度達 50mm。

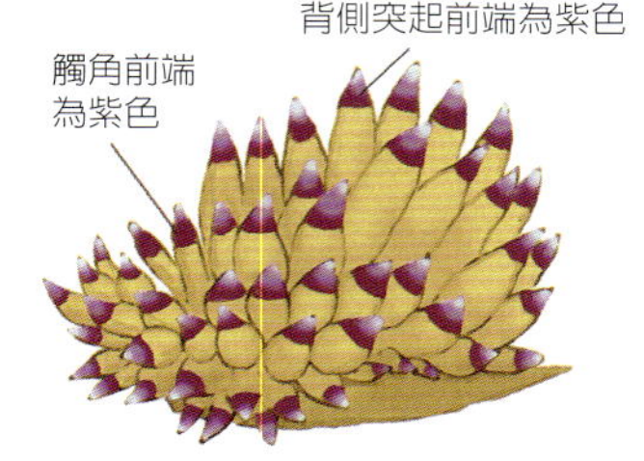
背側突起前端為紫色
觸角前端
為紫色

隱腸海蛞蝓科 Proctonotidae
亞努斯海蛞蝓屬 Janolus

## 亞努斯海蛞蝓之一種 1

印尼、琉球群島

*Janolus* sp. 1

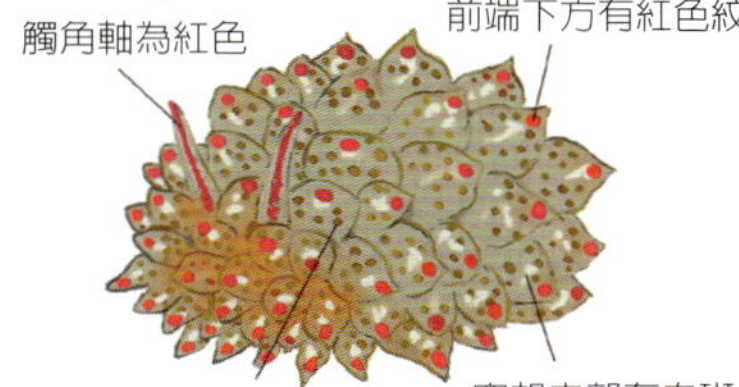
觸角軸為紅色
前端下方有紅色紋
散布黃褐色斑紋
突起內部有白斑

| 慶良間群島 水深 7m 大小 20mm 小野篤司 |

身體爲黃褐色半透明，背側突起爲透明狀，膨脹圓潤的表面散布黃褐色斑紋，基部有短短的深褐色消化腺。此外，背側突起內部有白斑往外延伸，突起的前端下方有紅色紋。觸角軸爲紅色。長度達 30mm。

隱腸海蛞蝓科 Proctonotidae
亞努斯海蛞蝓屬 Janolus

## 亞努斯海蛞蝓之一種 2

伊豆半島以南、琉球群島

*Janolus* sp. 2

前端較白且突出
黃白色小球狀
突起內組織為黃白色

| 慶良間群島 水深 15m 大小 18mm 小野篤司 |

身體爲半透明，通常觸角後方有白色區域。背側突起爲黃色透明狀，突出的前端偏白，根部可見黃白色突起內組織。觸角的前端有黃白色小球狀，下方密布微小突起。長度達 13mm。

隱腸海蛞蝓科 Proctonotidae
亞努斯海蛞蝓屬 Janolus

## 亞努斯海蛞蝓之一種 3

八丈島、琉球群島

*Janolus* sp. 3

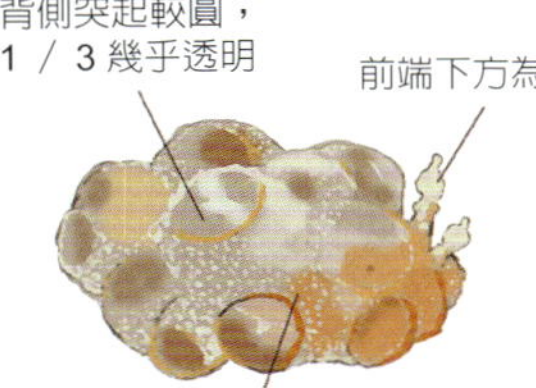
背側突起較圓，
1 / 3 幾乎透明
前端下方為圓形
覆蓋黃褐色與白色細點

| 八丈島 水深 20m 大小 14mm 加藤昌一 |

身體爲黃褐色半透明，背側突起明顯圓潤，上方三分之一幾乎透明，沒有斑紋，下方覆蓋黃褐色或白色細點。突起前端圓潤。觸角前端爲白色，下方形狀圓潤。背側突起的上半部看似有洞，應爲模擬海鞘類的形態。長度達 20mm。

隱腸海蛞蝓科 Proctonotidae
亞努斯海蛞蝓屬 Janolus

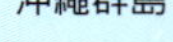
沖繩群島

## 亞努斯海蛞蝓之一種 4

*Janolus* sp. 4

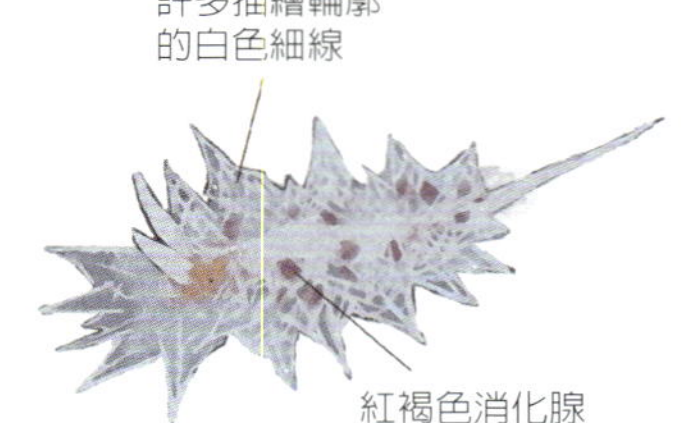
許多描繪輪廓
的白色細線
紅褐色消化腺

| 慶良間群島　水深 6m　大小 6mm　小野篤司 |

身體底色為白色半透明，背側突起為透明狀，有許多描繪輪廓的白色細線，基部可見紅褐色消化腺。觸角為白色，沒有明顯突起。長度達 15mm。

隱腸海蛞蝓科 Proctonotidae
亞努斯海蛞蝓屬 Janolus

琉球群島

## 亞努斯海蛞蝓之一種 5

*Janolus* sp. 5

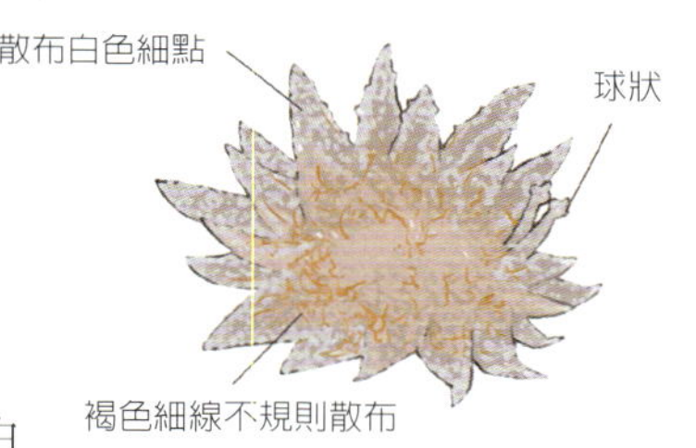
散布白色細點
球狀
褐色細線不規則散布

| 慶良間群島　水深 18m　大小 10mm　小野篤司 |

身體為白色半透明，包括背側突起在內，全身散布白色細點。此外，背側突起不規則散布褐色細線。觸角前端的下方有球狀膨脹。長度達 10mm。

隱腸海蛞蝓科 Proctonotidae
亞努斯海蛞蝓屬 Janolus

伊豆半島

## 亞努斯海蛞蝓之一種 6

*Janolus* sp. 6

密布白色細點
白色球狀突起
可看見內部的深褐色消化腺

| 大瀨崎　水深 24m　大小 5mm　山田久子 |

身體為黃色半透明，透明的背側突起像球狀一樣膨脹，密布白色細點，不過前端數量較少。可從外面看見體內的深褐色消化腺。觸角前端下方有白色球狀突起。需要進一步研究本種與亞努斯海蛞蝓之一種 5 之間的關係。長度達 6mm。

隱腸海蛞蝓科 Proctonotidae
亞努斯海蛞蝓屬 Janolus

# 亞努斯海蛞蝓之一種 7

琉球群島

*Janolus* sp. 7

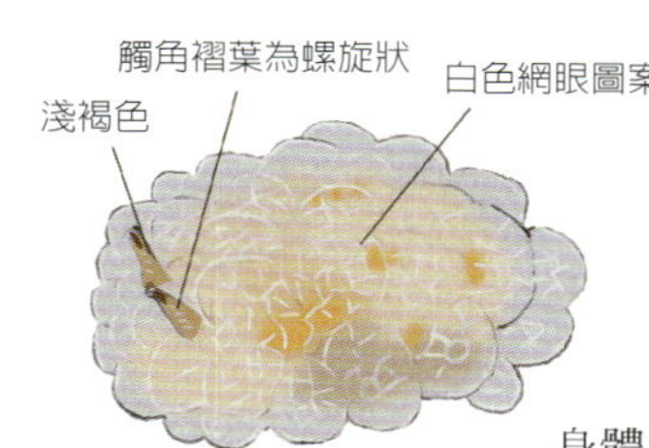
觸角褶葉為螺旋狀
白色網眼圖案
淺褐色

| 大瀨崎 水深 31m 大小 15mm 山田久子 |

身體爲白色半透明，包括背側突起在內，全身遍布白色細點。此外，背側突起有許多不規則散布的褐色細線。觸角前端下方有球狀膨脹。觸角褶葉爲螺旋狀。長度達 10mm。

隱腸海蛞蝓科 Proctonotidae
亞努斯海蛞蝓屬 Janolus

# 亞努斯海蛞蝓之一種 8

伊豆半島

*Janolus* sp. 8

橙色
可看見內部的褐色細長形消化腺

| 伊豆海洋公園 水深 40m 大小 7mm 山田久子 |

身體與背側突起爲白色半透明，背面散布白色斑紋。背側突起的內部有細長形褐色消化腺，從體外就能看見。黃白色色帶與背側突起等長。觸角爲橙色。長度達 7mm。

隱腸海蛞蝓科 Proctonotidae
亞努斯海蛞蝓屬 Janolus

# 亞努斯海蛞蝓之一種 9

伊豆半島

*Janolus* sp. 9

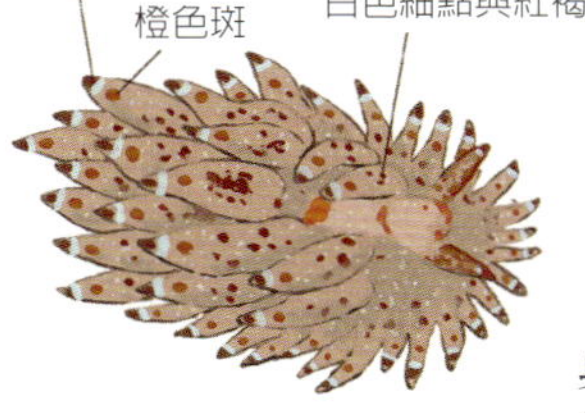
前端為紅褐色與白色
橙色斑
白色細點與紅褐色紋

| 大瀨崎 水深 18m 大小 20mm 山田久子 |

身體與背側突起呈微白色的半透明，背側突起的前端爲紅褐色，下方有白色色帶，隔一段距離處有橙色斑。此外，整個突起有白色細點，散布紅褐色紋。觸角有許多低矮褶葉，沒有明顯突起。外形擬態海葵類。長度達 20mm。

迪龍海蛞蝓科 Dironidae
迪龍海蛞蝓屬 Dirona

## 薄層迪龍海蛞蝓

*Dirona pellucida*
Volodchenko, 1941

西太平洋北部、
東太平洋北部

| 知床羅臼 水深 15m 大小 200mm 黑田貴司 |

身體與背側突起皆爲橙紅色到橙色，體表散布白色細點。背側突起生長於觸角前方，前端爲白色。有些個體的突起略呈半透明，這類個體的體色也較淺。觸角與身體同色。長度達 200mm。

觸角前方有突起，
前端為白色
整體為橙紅色
散布白色細點

枝背海蛞蝓科 Dendronotidae
枝背海蛞蝓屬 Dendronotus

## 布利摩爾枝背海蛞蝓

*Dendronotus primorjensis* Martynov, Sanamyan & Korshunova, 2015

日本北部、
俄羅斯

| 中泊町下前 水深 6m 大小 15mm 吉川一志 |

身體底色爲淺褐色到紅褐色，變異性大。褐色不規則斑紋遍布全身，還密布白色細點。背側突起有 6 ～ 8 對，各自分支成 5 根。口幕較小，有 6 ～ 9 根突起。觸角基部外側有小突起。長度達 100mm。

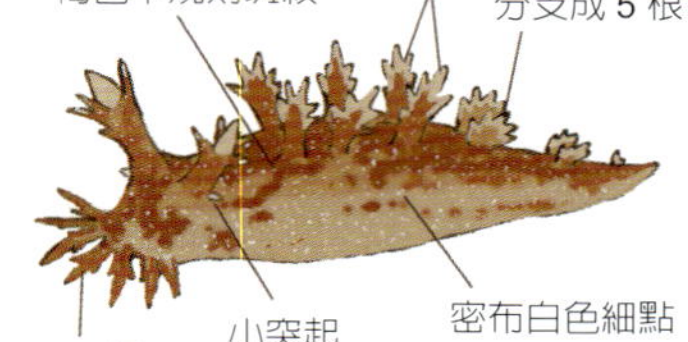
褐色不規則斑紋
背側突起為 6 ～ 8 對，
分支成 5 根
小突起
密布白色細點
口幕的突起有 6 ～ 9 根

枝背海蛞蝓科 Dendronotidae
枝背海蛞蝓屬 Dendronotus

# 細小枝背海蛞蝓

*Dendronotus gracilis* Baba, 1949

北海道~九州

| 古座　水深 22m　大小 35mm　堀部 HIRO 子 |

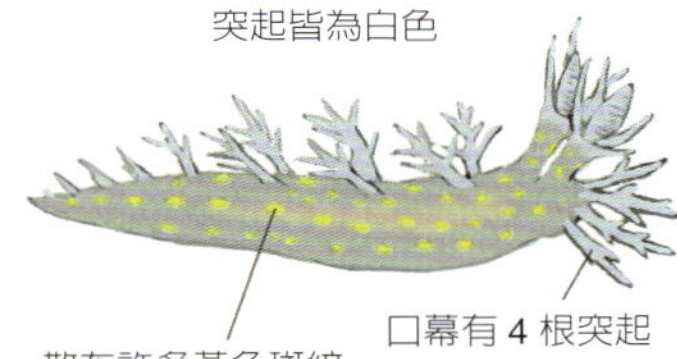
突起皆為白色
口幕有 4 根突起
散布許多黃色斑紋

身體底色爲白色半透明，觸角鞘和口幕突起、背側突起等突起處爲白色。觸角不透明。體表散布許多黃色斑紋，背側突起有 4 對，後方排列 2～4 個單一突起。有 4 根口幕突起，各有小分支。長度達 70mm。

---

枝背海蛞蝓科 Dendronotidae
Cabangus 屬

# 諾亞枝背海蛞蝓

*Cabangus noahi*
（Pola & Stout, 2008）

西太平洋

| 慶良間群島　水深 15m　大小 10mm　小野篤司 |

身體爲白色半透明，黑色消化腺從背部延伸至尾部、背側突起和觸角鞘前端附近。體表有黃色小突起，有些個體沒有。背側突起有 2～3 對，觸角又長又大，鞘的前端爲白色。觸角褶葉爲白黃色到橙色。口幕緣有幾根短突起。長度達 15mm。

背部的黑色消化腺延伸至背側突起和觸角鞘前端
幾根短突起
有黃色小突起

| 親不知 水深 2m 大小 25mm 木元伸彥 |

枝背海蛞蝓科 Dendronotidae
枝背海蛞蝓屬 Dendronotus

## 石榴枝背海蛞蝓

*Dendronotus zakuro*
Martynov et al., 2020

日本、俄羅斯

突起之間
有白色虛線
體表散布白點
6～7 對背側突起
體色為紅褐色到橙色

身體爲紅褐色到橙色，體表散布白點。口幕有 5～7 根分支眾多的突起。背側突起有 6～7 對，各自有許多分支，突起之間有白色虛線。觸角褶葉有 10～11 枚，觸角鞘前端有 5 根突起。根據莫斯科大學的日本原生種正模標本，以種小名之意，提議新名稱爲「ザクロスギノハウミウシ」。長度達 30mm。

枝背海蛞蝓科 Dendronotidae
Pseudobornella 屬

## 東方枝背海蛞蝓

*Pseudobornella orientalis*
Baba, 1932

本州中部

| 大瀨崎 水深 30m 大小 25mm 山田久子 |

部分觸角鞘的
突起明顯較長
4 對背側突起
10 根口幕突起

身體爲黃色半透明，部分觸角鞘的突起明顯較長。背側突起有 4 對，前端分支。口幕突起有 10 根。長度達 30mm。

枝背海蛞蝓科 Dendronotidae
枝背海蛞蝓屬 Dendronotus

伊豆半島

# 枝背海蛞蝓之一種 1

*Dendronotus* sp. 1

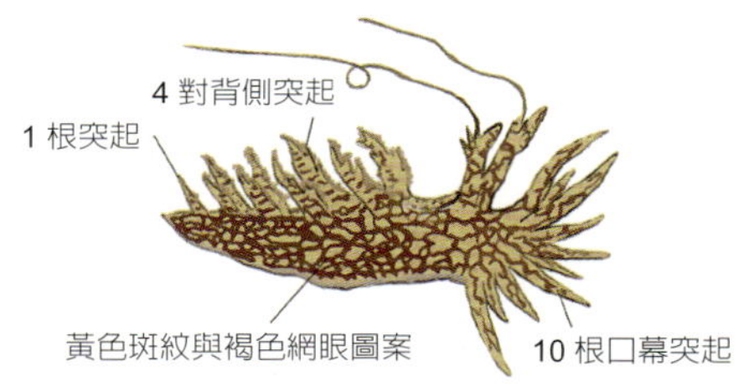
4 對背側突起
1 根突起
黃色斑紋與褐色網眼圖案
10 根口幕突起

| 大瀨崎 水深 5m 大小 35mm 山田久子 |

身體底色爲乳白色，全身覆蓋黃色斑紋與褐色網眼圖案。背側突起有 4 對，後方還有 1 根突起。口幕突起有 10 根。長度達 35mm。

枝背海蛞蝓科 Dendronotidae
枝背海蛞蝓屬 Dendronotus

印度－西太平洋

# 枝背海蛞蝓之一種 2

*Dendronotus* sp. 2

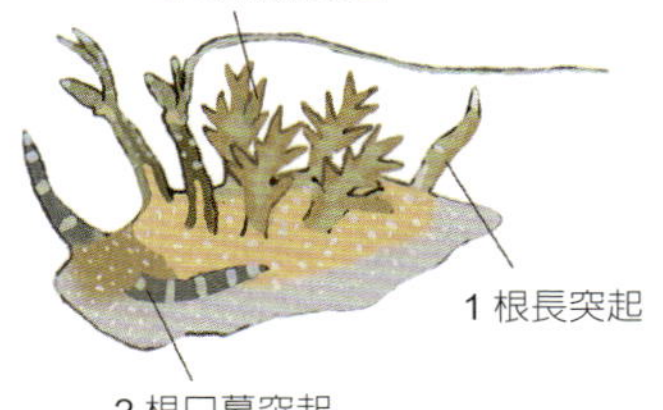
2 對背側突起
1 根長突起
2 根口幕突起

| 慶良間群島 水深 15m 大小 10mm 小野篤司 |

背側突起有 2 對，後方還有 1 根長突起。有些個體的突起上半部還有小突起。口幕突起有 2 根。中野（2018）對於本種的描述沒有後方的 1 根突起，*Dendronotus* sp. 2 的背側突起有 3 對。外界認爲這些與本種爲同種，本書採用最先刊載的枝背海蛞蝓之一種 2。長度達 20mm。

枝背海蛞蝓科 Dendronotidae
枝背海蛞蝓屬 Dendronotus

伊豆半島

# 枝背海蛞蝓之一種 3

*Dendronotus* sp. 3

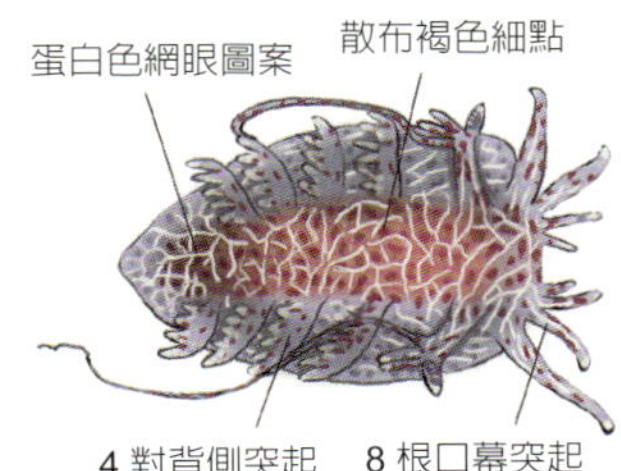
蛋白色網眼圖案
散布褐色細點
4 對背側突起
8 根口幕突起

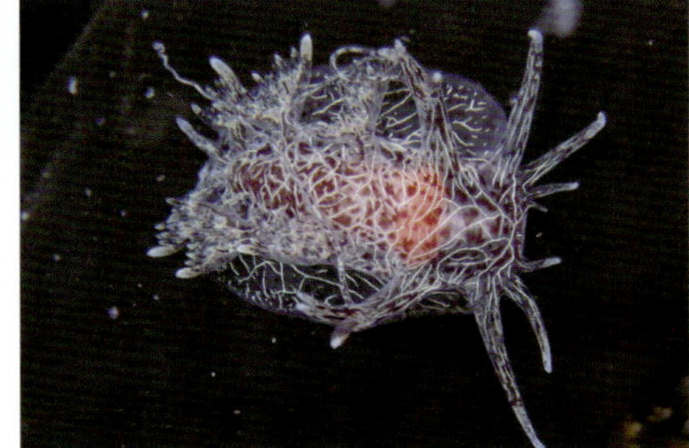

| 大瀨崎 水深 14m 大小 25mm 山田久子 |

體色爲白色半透明，全身遍布凌亂網眼狀蛋白色細線。背面散布褐色細點。背側突起有 4 對，口幕突起有 8 根。長度達 25mm。

枝背海蛞蝓科 Dendronotidae
枝背海蛞蝓屬 Dendronotus

## 枝背海蛞蝓之一種 4

*Dendronotus* sp. 4

伊豆半島

| 大瀨崎 水深 23m 大小 20mm 山田久子 |

身體爲淺褐色，確定有 4 對背側突起，是否有第 5 個突起或是否成對則未確認。背緣有幾個橙色低矮突起直向排列，下方有幾個和身體同色的突起直向排列。觸角鞘後方的突起較長。口幕緣也有樹枝狀突起。

後方鞘的突起較長
4 對背側突起
幾個與身體同色的突起排列
幾個橙色低矮突起排列

枝背海蛞蝓科 Dendronotidae
枝背海蛞蝓屬 Dendronotus

## 枝背海蛞蝓之一種 5

*Dendronotus* sp. 5

沖繩島

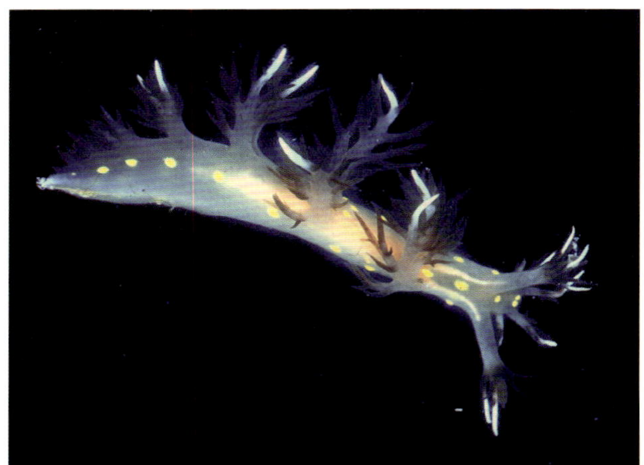

| 沖繩島 水深 69m 大小 30mm Robert F. Bolland|

身體爲帶有褐色透明感的白色。背面與背側排列黃色斑紋，背側突起有 6 對，芯部分的前端爲白色，分支處爲黑色。成對的突起後方排列 2～3 根單突起。口幕緣有 4 根分支的突起。外形近似細小枝背海蛞蝓，但成對的背側突起較多。在水深 69m 以下可觀察到。長度達 30mm。

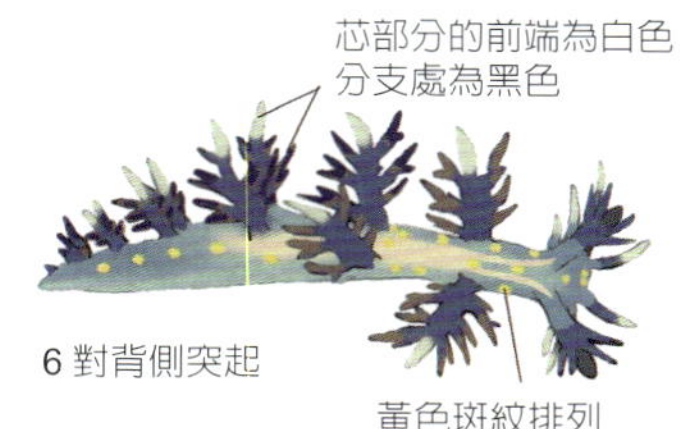
芯部分的前端為白色，分支處為黑色
6 對背側突起
黃色斑紋排列

二列鰓海蛞蝓科 Bornellidae
二列鰓海蛞蝓屬 Bornella

# 星斑二列鰓海蛞蝓

*Bornella stellifer*（A. Adams & Reeve in A. Adams, 1848）

印度－
西太平洋

| 八丈島 水深 12m 大小 50mm 加藤昌一 |

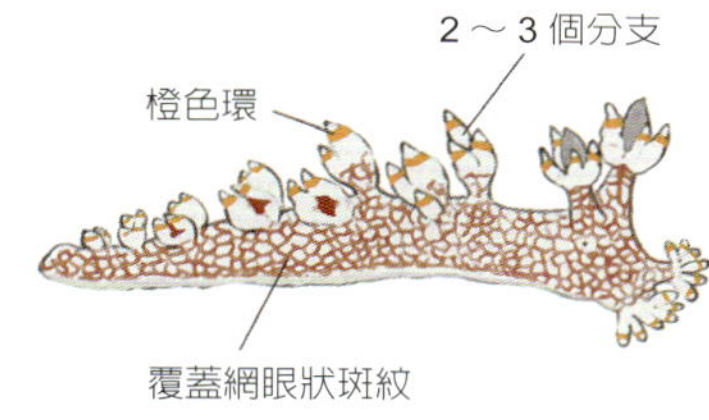
2～3 個分支
橙色環
覆蓋網眼狀斑紋

身體底色為黃灰色，覆蓋橙色網眼狀斑紋。背側突起從 3 對到 6 對不等，分別有 2～3 個分支，前端下方有橙色環。口幕分裂成左右兩邊，前端下方各長著 6 個有橙色環的突起。長度達 40mm。

二列鰓海蛞蝓科 Bornellidae
二列鰓海蛞蝓屬 Bornella

# 日本二列鰓海蛞蝓

*Bornella hermanni* Angas, 1864

印度－
西太平洋

| 八丈島 水深 10m 大小 8mm 加藤昌一 |

3 對背側突起
白色
單突起
覆蓋橙色網眼狀斑紋

身體為黃白色，覆蓋橙色網眼狀斑紋。有 3 對背側突起，後方還有一個單突起。突起為白色，沒有橙色環。觸角鞘細長，分成 4 支。長度達 50mm。

二列鰓海蛞蝓科 Bornellidae
二列鰓海蛞蝓屬 Bornella

# 鰻游二列鰓海蛞蝓

*Bornella anguilla* Johnson, 1984

印度－
西太平洋

| 八丈島 水深 12m 大小 50mm 加藤昌一 |

身體底色爲乳白色，體側遍布獨特的黑褐色網眼圖案。有些網眼較大，呈褐色或淺褐色。背側突起有 6 對，內側有鰓。眼部周圍呈半透明，令人印象深刻。可游泳一段時間。長度達 70mm。

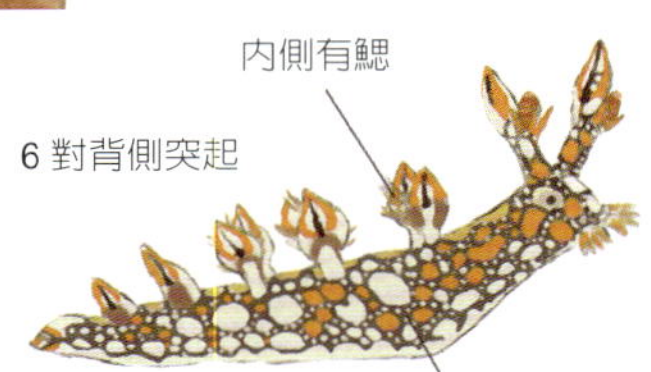
內側有鰓
6 對背側突起
獨特的網眼圖案

二列鰓海蛞蝓科 Bornellidae
二列鰓海蛞蝓屬 Bornella

# 比利二列鰓海蛞蝓

*Bornella pele*
Pola, Rudman & Gosliner, 2008

西太平洋、
中太平洋

| 八丈島 水深 8m 大小 15mm 加藤昌一 |

身體爲白色半透明，體表密布細微白點。尾部上方、觸角鞘、觸角基部到口幕上方、背側突起的分支處皆有紅色斑紋。長度達 30mm。

紅色斑紋

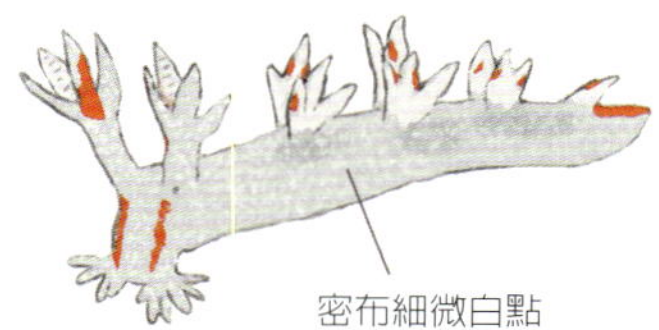
密布細微白點

二列鰓海蛞蝓科 Bornellidae
二列鰓海蛞蝓屬 Bornella

# 強森二列鰓海蛞蝓

*Bornella johnsonorum* Pola, Rudman & Gosliner, 2008

小笠原群島、馬紹爾群島

| 小笠原 水深 20m 大小 10mm 市山 MEGUMI |

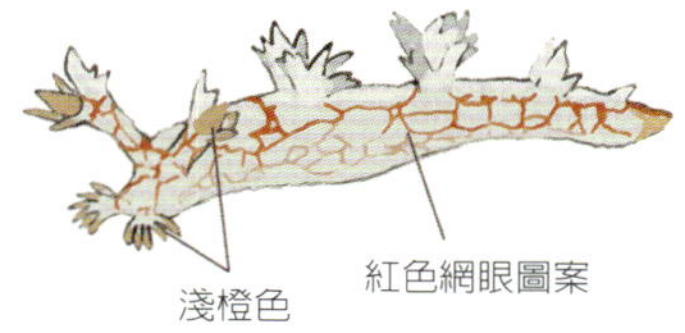
淺橙色
紅色網眼圖案

身體爲白底帶紅色網眼圖案，背側突起與口幕突起沒有橙色環。觸角與口幕突起爲淺橙色。背側突起有許多透明鰓。長度達 25mm。

---

二列鰓海蛞蝓科 Bornellidae
二列鰓海蛞蝓屬 Bornella

# 二列鰓海蛞蝓之一種 1

*Bornella* sp. 1

八丈島

| 八丈島 水深 16m 大小 25mm 加藤昌一 |

觸角後方到尾部
有白色色帶

全身有網眼狀斑紋

包括觸角鞘在內，全身覆蓋網眼狀斑紋。背面從觸角後方到尾部有白色色帶。有 3 對背側突起。形態上與日本二列鰓海蛞蝓沒有兩樣，需要仔細研究。長度達 10mm。

二列鰓海蛞蝓科 Bornellidae
二列鰓海蛞蝓屬 Bornella

八丈島

## 二列鰓海蛞蝓之一種 2

*Bornella* sp. 2

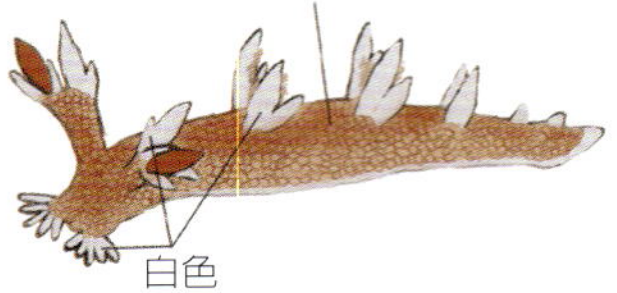
覆蓋細網眼斑紋
白色

| 八丈島 水深 12m 大小 40mm 加藤昌一 |

全身覆蓋細網眼斑紋，背側突起、口幕突起、觸角鞘後方的突起皆爲白色。除了網眼圖案之外，本種近似強森二列鰓海蛞蝓，有必要仔細調查。長度達 40mm。

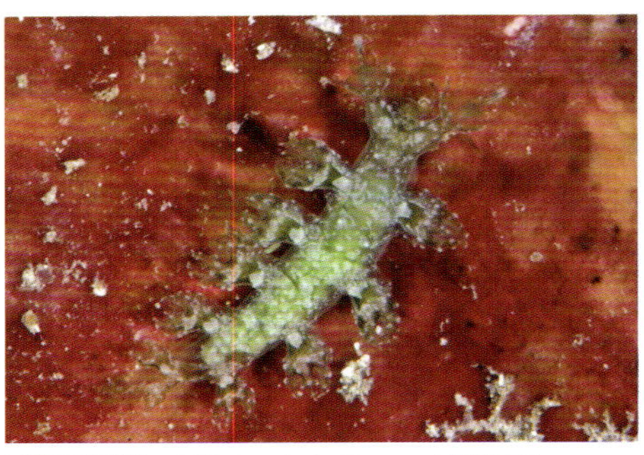

漢考克海蛞蝓科 Hancockiidae
漢考克海蛞蝓屬 Hancockia

琉球群島

## 漢考克海蛞蝓之一種 1

*Hancockia* sp. 1

散布白色斑紋
前端為花瓣狀
5 對背側突起

| 慶良間群島 水深 4m 大小 13mm 小野篤司 |

體色爲淺綠色，背面散布白色斑紋。背側突起有 5 對，前端呈花瓣狀分支。觸角鞘有幾根突起，有刺絲胞的囊袋。長度達 13mm。

漢考克海蛞蝓科 Hancockiidae
漢考克海蛞蝓屬 Hancockia

伊豆半島

## 漢考克海蛞蝓之一種 2

*Hancockia* sp. 2

背面的白色橫線
延伸至背側突起前端
白色球狀

| 伊豆海洋公園 水深 9m 大小 15mm 山田久子 |

身體爲黃色半透明，背面有幾條白色橫線，直達背側突起前端，同時也延伸至頭部的觸角鞘緣、口幕的突起前端。觸角爲白色，前端爲球狀。長度達 15mm。

漢考克海蛞蝓科 Hancockiidae
漢考克海蛞蝓屬 Hancockia

# 漢考克海蛞蝓之一種 3

*Hancockia* sp. 3

沖繩島、
小笠原群島

|沖繩島 水深 3m 大小 3mm 今川郁|

密集的淺色細橫線

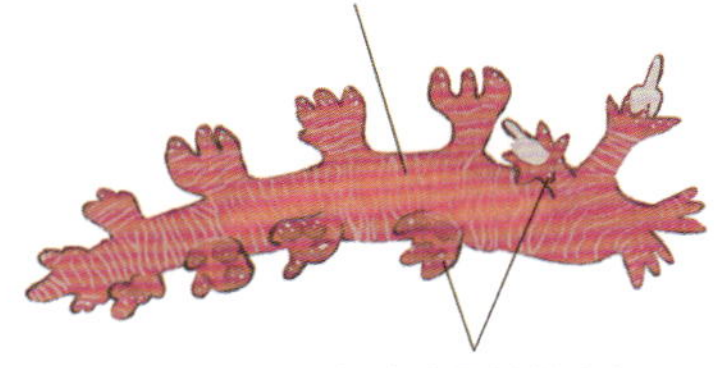
極小的顆粒狀突起

身體爲玫瑰粉紅色，全身密布淺色細橫線。背部突起的前端、觸角鞘有極小的顆粒狀突起。中野（2018）的 *Marionia* sp. 3 爲本種。長度達 10mm。

---

洛馬諾海蛞蝓科 Lomanotidae
洛馬諾海蛞蝓屬 Lomanotus

# 蠕形洛馬諾海蛞蝓

*Lomanotus vermiformis* Eliot, 1908

印度－
西太平洋、
大西洋

|沖繩島 水深 12m 大小 10mm 金川郁|

白色細直線
沿著體側延伸

2 根突起

背側突起偏白

身體細長，呈茶色，遍布淩亂的白色細直線。背側突起帶白色，密布在背緣。口幕緣有 2 根突起。日本異名爲「ナガムシウミウシ」。長度達 30mm。

洛馬諾海蛞蝓科 Lomanotidae
洛馬諾海蛞蝓屬 Lomanotus

# 洛馬諾海蛞蝓之一種 1

*Lomanotus* sp. 1

西太平洋

| 大瀨崎 水深 20m 大小 20mm 山田久子 |

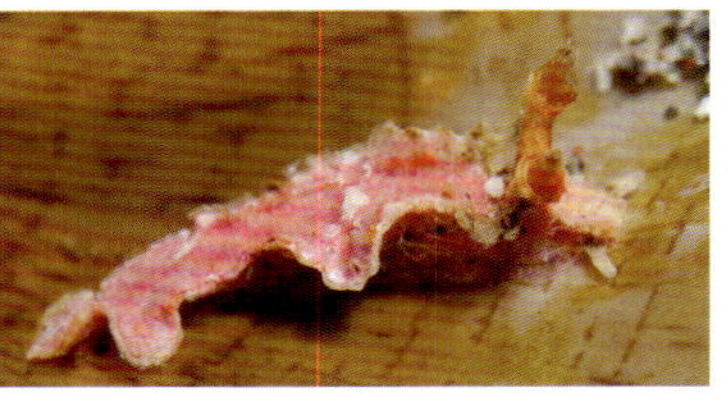

| 八丈島 水深 10m 大小 10mm 山田久子 |

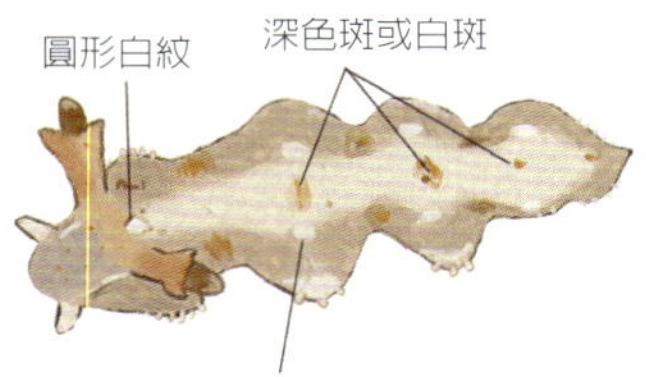
圓形白紋
深色斑或白斑
外擴處的內側有
小小的不規則白斑

身體爲蛋白色到粉紅色、褐色，變異性大。觸角基部後方有圓形白紋，背緣外擴處的內側有小小的不規則白斑。背部正中線與背部左右外擴的 3 個交會處，有深色斑或白斑。長度達 20mm。

---

洛馬諾海蛞蝓科 Lomanotidae
洛馬諾海蛞蝓屬 Lomanotus

# 洛馬諾海蛞蝓之一種 2

*Lomanotus* sp. 2

菲律賓、
沖繩島

| 沖繩島 水深 7m 大小 10mm 今川郁 |

身體爲淡紅色半透明，伸長的波浪形背緣與觸角鞘緣的顏色較深。寄生於羽螅身上。長度達 10mm。

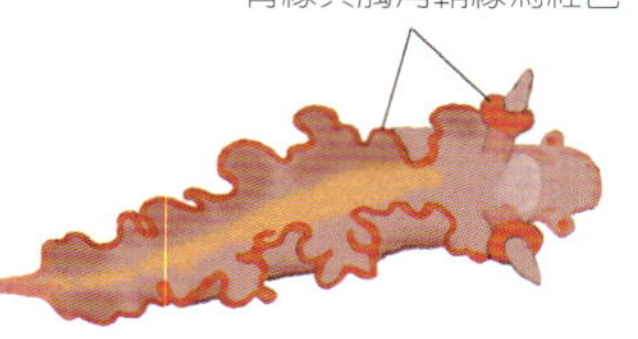
背緣與觸角鞘緣為紅色
身體為淡紅色半透明

四枝鰓海蛞蝓科 Scyllaeidae
叉鰓海蛞蝓屬 Crosslandia

# 青綠叉鰓海蛞蝓

*Crosslandia viridis* Eliot, 1903

印度－
西太平洋

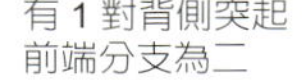

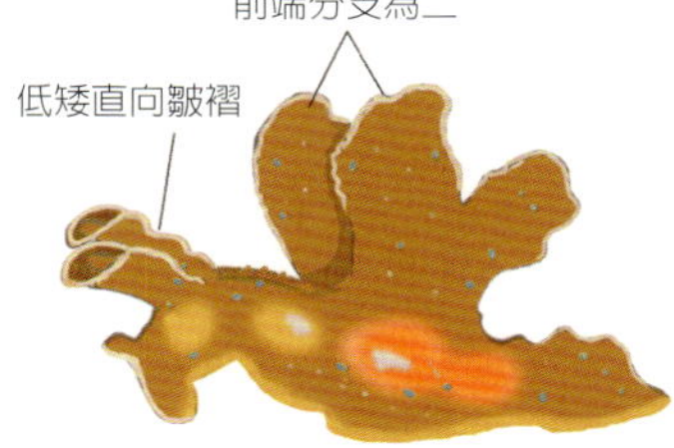
有 1 對背側突起，
前端分支為二
低矮直向皺褶

| 井田 水深 25m 大小 25mm 片野猛 |

身體爲綠色到褐色，有藍色紋和白色紋。有 1 對背側突起，前端分支爲二。觸角鞘後方有低矮直向皺褶。長度達 30mm。

---

四枝鰓海蛞蝓科 Scyllaeidae
叉鰓海蛞蝓屬 Crosslandia

# 叉鰓海蛞蝓之一種

*Crosslandia* sp.

西太平洋、
中太平洋

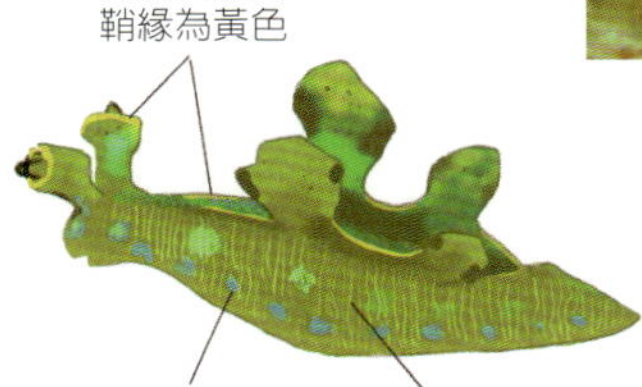
背緣與觸角
鞘緣為黃色
散布藍色斑紋
覆蓋許多白色橫線

| 沖繩島 水深 0.5m 大小 15mm 菅野美保 |

身體爲綠褐色，體表覆蓋許多白色橫線，散布藍色斑紋。體側排列些許藍色小點，背緣與觸角鞘緣爲黃色。背側有 2 對突起，前方那對較大。與 Gosliner et al., 2018 的 *Crosslandia* sp. 2 爲同種。長度達 25mm。

四枝鰓海蛞蝓科 Scyllaeidae
四枝鰓海蛞蝓屬 Scyllaea

## 大洋四枝鰓海蛞蝓

*Scyllaea pelagica*
（Linnaeus, 1758）

西太平洋

| 大瀨崎 水面下 大小 18mm 山田久子 |

身體爲褐色，體側有幾個突起的白色紋和藍色小紋。背側突起有 2 對，內側有鰓。觸角鞘的後緣外擴，中間略尖。會坐在流動的海藻上，吃上面的刺胞動物。長度達 40mm。

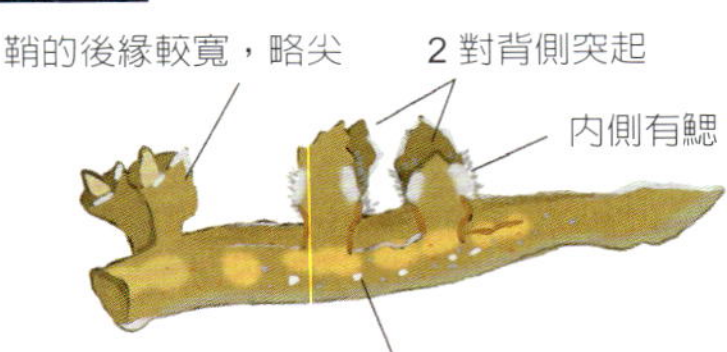
鞘的後緣較寬，略尖
2 對背側突起
內側有鰓
突起的白色紋和藍色小紋

四枝鰓海蛞蝓科 Scyllaeidae
背苔海蛞蝓屬 Notobryon

## 觸鬚背苔海蛞蝓

*Notobryon clavigerum* Baba, 1937

本州、
四國、九州

| 八丈島 水深 15m 大小 35mm 加藤昌一 |

身體底色爲紅褐色，從觸角鞘到尾部，整個背側有黑褐色色帶。體側散布藍色小斑，中心有小尖頭。長度達 80mm。

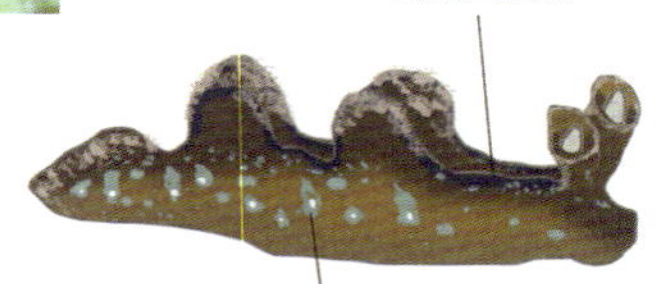
黑褐色色帶
散布藍色小斑，
中心有小尖頭

四枝鰓海蛞蝓科 Scyllaeidae
背苔海蛞蝓屬 Notobryon

# 對生背苔海蛞蝓

*Notobryon bijecurum* Baba, 1937

**房總半島到琉球群島**

| 八丈島 水深 18m 大小 10mm 早梅康廣 |

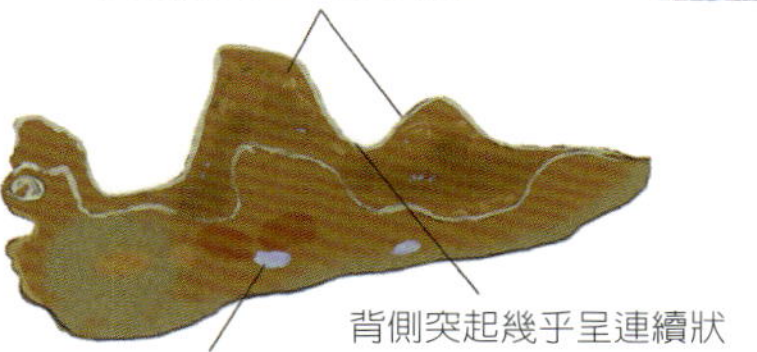
2 對背側突起，後方較小
背側突起幾乎呈連續狀
有些個體帶藍白色斑

身體爲黃褐色半透明，2 對背側突起幾乎呈連續狀，後方突起很小。有些個體的體側帶幾個藍白色斑。長度達 30mm。

四枝鰓海蛞蝓科 Scyllaeidae
背苔海蛞蝓屬 Notobryon

# 瓦德背苔海蛞蝓

*Notobryon wardi* Odhner, 1936

**西太平洋、中太平洋**

| 大瀨崎 水深 5m 大小 10mm 山田久子 |

前方的背側突起較大
觸角鞘後方有皺褶
小突起排成一列

身體爲白色半透明到紅褐色，體側有一排小突起，大多數個體帶藍色或蛋白色斑紋。前方的背側突起較大，內側有透明鰓。觸角鞘後方有較大的皺褶。長度達 100mm。

| 大瀨崎　水深 7m　大小 5mm　山田久子 |

四枝鰓海蛞蝓科 Scyllaeidae

# 四枝鰓科海蛞蝓之一種

Scyllaeidae sp.

房總半島、伊豆半島

身體爲白色半透明，可看見體內的黃色臟器。背側突起、觸角鞘又粗又短。背側突起的前端緣、觸角鞘緣有顆粒狀突起排列。寄生於水螅。長度達 10mm。

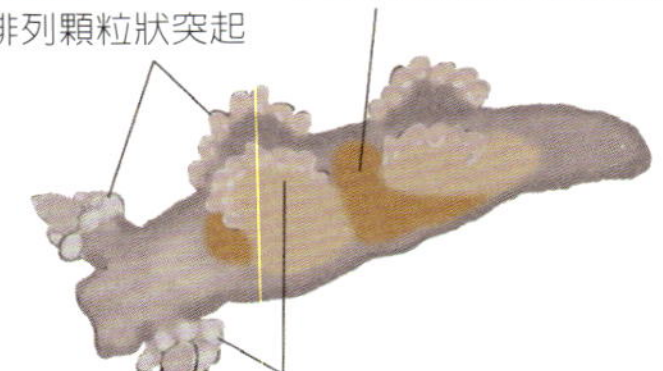
可看見體內的黃色臟器
排列顆粒狀突起
背側突起、觸角鞘又粗又短

| 八丈島　水深 8m　大小 90mm　加藤昌一 |

大嘴海蛞蝓科 Tethydidae
Melibe 屬

# 乳突大嘴海蛞蝓

*Melibe papillosa*
（de Filippi, 1867）

西太平洋

身體底色爲淺黃色到褐色，與背側突起皆遍布顆粒狀突起、白色小突起。背側突起的前端略帶楔形。頭巾狀口周有 1 ～ 3 排觸手。長度達 40mm。

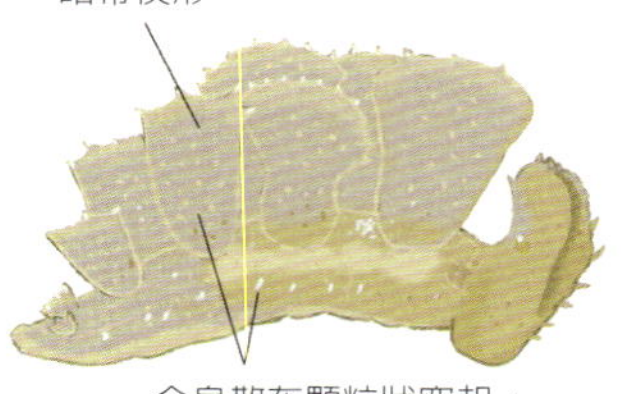
略帶楔形
全身散布顆粒狀突起、
白色小突起

大嘴海蛞蝓科 Tethydidae
Melibe 屬

# 青綠大嘴海蛞蝓

*Melibe viridis*（Kelaart, 1858）

印度－
西太平洋

｜沖繩島 水深 15m 大小 150mm 今川郁｜

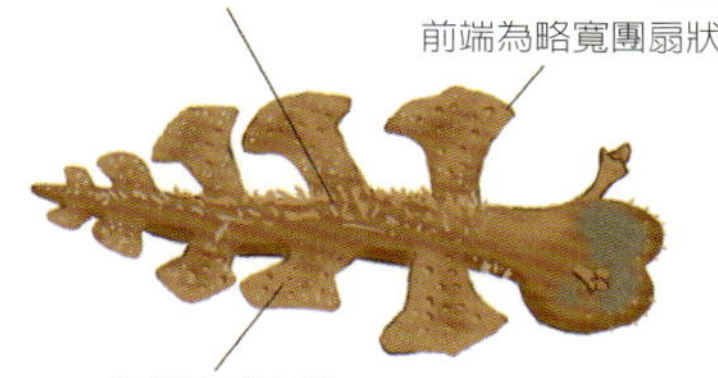
許多樹枝狀小突起
前端為略寬團扇狀
許多疣狀突起

身體底色爲褐色半透明，身體側面、背部中央有許多樹枝狀小突起。背側突起的前端略寬，呈團扇狀。背側突起有許多疣狀突起。頭巾狀口周有 5 ～ 6 列觸手。長度超過 200mm。

---

大嘴海蛞蝓科 Tethydidae
Melibe 屬

# 英氏大嘴海蛞蝓

*Melibe engeli* Risbec, 1937

印度－
西太平洋、
中太平洋

｜慶良間群島 水深 6m 大小 10mm 小野篤司｜

白色突起
3 ～ 6 根白色突起
散布微小白點

身體幾乎透明，散布微小白點，可看見體內臟器。背側突起前方的兩端與中央有白色突起。觸角鞘的後方有 3 ～ 6 根突起。長度達 54mm。

| 慶良間群島 水深 15m 大小 80mm 小野篤司 |

大嘴海蛞蝓科 Tethydidae
Melibe 屬

## 大角大嘴海蛞蝓

*Melibe megaceras* Gosliner, 1987

印度－西太平洋、中太平洋

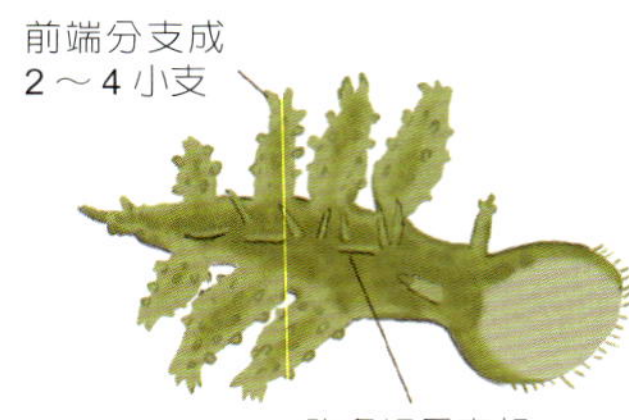
前端分支成
2～4小支
許多細長突起

身體爲黃灰色或褐色半透明，背側突起前端分支成 2～4 小支。背面有許多細長突起，可輕易與他種區分。長度達 100mm。

| 天草 水面 大小 10mm 中野誠志 |

大嘴海蛞蝓科 Tethydidae
Melibe 屬

## 日本大嘴海蛞蝓

*Melibe japonica* Eliot, 1913

印度－西太平洋

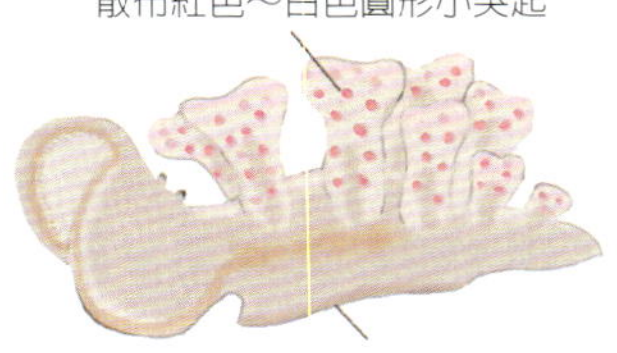
散布紅色～白色圓形小突起
腹足很寬

身體爲淺粉紅色半透明，整個體表散布紅色～白色圓形小突起。頭巾狀口部很大，腹足很寬。頭巾狀口周有一排觸手。長度超過 500mm。

| 沖繩島 水深 3m 大小 15mm Robert F. Bolland |

大嘴海蛞蝓科 Tethydidae
Melibe 屬

## 矮大嘴海蛞蝓

*Melibe minuta* Gosliner & Smith, 2003

沖繩島

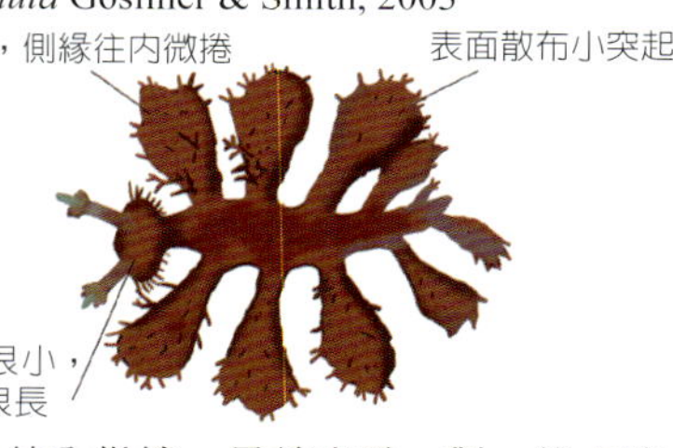
扁平，側緣往內微捲
表面散布小突起
頭巾狀口部很小，
外側觸手列很長

身體爲深褐色，背部與體側平滑。背側突起扁平，側緣往內微捲。最前方爲一對，後方略微交錯，彼此派生。此外，背側突起兩邊各有 4～6 根，表面散布小突起。頭巾狀口部比身體小，外側觸手列長。在水深 1.5m～4.5m 觀察到 14 個個體。長度達 10mm。

結節海蛞蝓科 Dotidae
結節海蛞蝓屬 Doto

# 玫瑰結節海蛞蝓

*Doto rosacea* Baba, 1949

日本、
香港、印尼

| 雲見 水深 10m 大小 10mm 掛川學 |

身體底色為橙色，
背面有紅色色帶

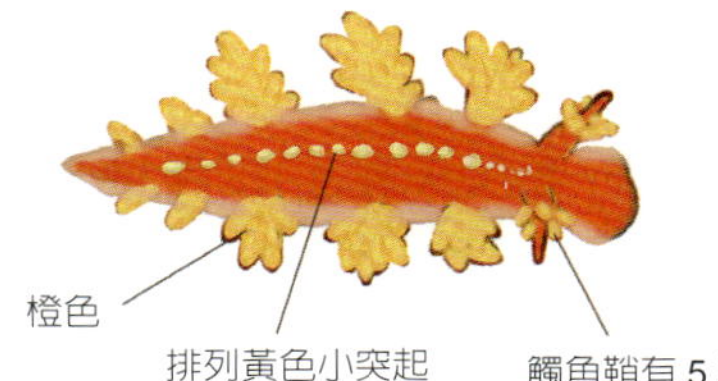
橙色
排列黃色小突起
觸角鞘有 5 葉

身體底色爲橙色，背面有紅色色帶。背面正中央排列黃色小突起，但有些個體難以辨識。背側突起大致爲橙色，前端顏色較深。觸角鞘分成 5 葉。長度達 10mm。

---

結節海蛞蝓科 Dotidae
結節海蛞蝓屬 Doto

# 紫結節海蛞蝓

*Doto purpurea* Baba, 1949

日本

| 大瀨崎 水深 28m 大小 5mm 山田久子 |

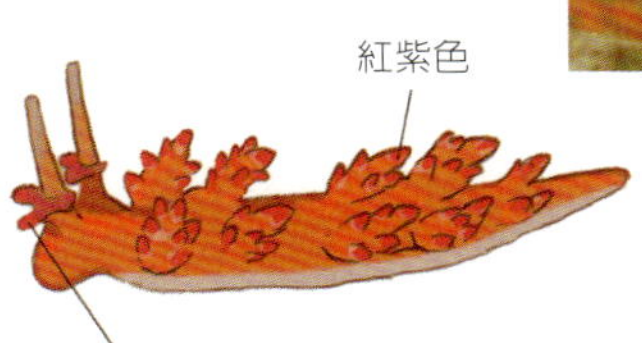
紅紫色
觸角鞘前端有 2
根指狀突起

身體底色爲橙色，背側突起也是同色。突起前端爲深紅紫色。觸角鞘前端有 2 根指狀突起，但在同一地點觀察到分裂成 2 根平緩突起的個體，以及只有一個突起往前擴展的個體，因此是否能作爲分類特徵尚有存疑。長度達 8mm。

結節海蛞蝓科 Dotidae
結節海蛞蝓屬 Doto

## 太平洋結節海蛞蝓

*Doto pacifica* Baba, 1949

日本

| 伊豆海洋公園　水深 5m　大小 7mm　山本敏 |

身體爲白色半透明，背側突起內部的中脈呈淡紅紫色。觸角爲半透明，長度較長。原記載的背側突起有 5 對，屬於小型個體，本照片個體爲 6 對。長度達 7mm。

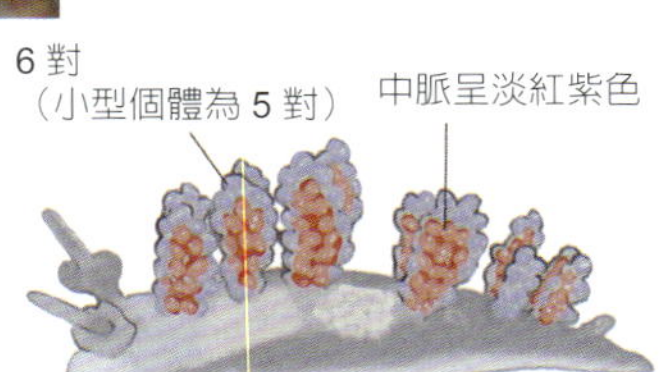
6 對
（小型個體為 5 對）
中脈呈淡紅紫色

結節海蛞蝓科 Dotidae
結節海蛞蝓屬 Doto

## 白結節海蛞蝓

*Doto albida* Baba, 1955

日本

| 越前　水深 5m　大小 5mm　村上 AYUMI |

全身爲白色半透明，背側突起內的中脈爲淺黃色。外觀近似太平洋結節海蛞蝓，可從背側突起的形狀、中脈的顏色辨別。長度達 10mm。

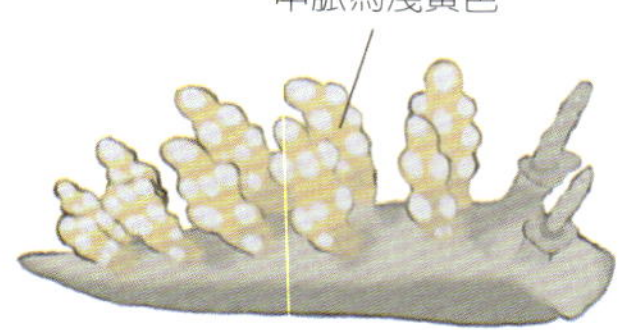
中脈為淺黃色
身體為白色半透明

結節海蛞蝓科 Dotidae
結節海蛞蝓屬 Doto

# 美麗結節海蛞蝓

*Doto bella* Baba, 1938

日本

| 雲見 水深 11m 大小 7mm 山田久子 |

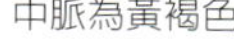

中脈為黃褐色
前端有黑點
不清晰的深色色帶

身體底色爲淺黃白色，背側突起內的中脈爲黃褐色。頭部正中線上方到背部，有不清晰的深色色帶。觸角爲黑褐色，有些個體的上半部是白色。背側突起的每個小突起前端有黑點。背側突起有 7 對。背側突起有 4 層由 4～5 個小突起形成的環列。觸角鞘緣的前方較寬。長度達 10mm。

---

結節海蛞蝓科 Dotidae
結節海蛞蝓屬 Doto

# 小圓結節海蛞蝓

*Doto pita* Marcus, 1955

西太平洋、
中太平洋、
大西洋

| 慶良間群島 水深 3m 大小 8mm 小野篤司 |

白色球狀防禦腺
背側突起形狀不一

身體爲白色半透明到黑褐色，背側突起有許多凌亂的小突起，形狀不一。接近前端表面的部分，有白色球狀防禦腺。觸角下半部爲褐色，上半部爲白色。長度達 10mm。

結節海蛞蝓科 Dotidae
結節海蛞蝓屬 Doto

## 叢狀結節海蛞蝓

*Doto racemosa* Risbec, 1928

西太平洋

| 大瀨崎 水深 18m 大小 22mm 山田久子 |

身體底色爲黃褐色，頭部到整個背部覆蓋淡淡的紫褐色斑紋。背側突起上的圓形小突起爲黃白色，前端顏色較深，密密麻麻，幾乎沒有空隙。觸角爲深褐色。長度達 20mm。

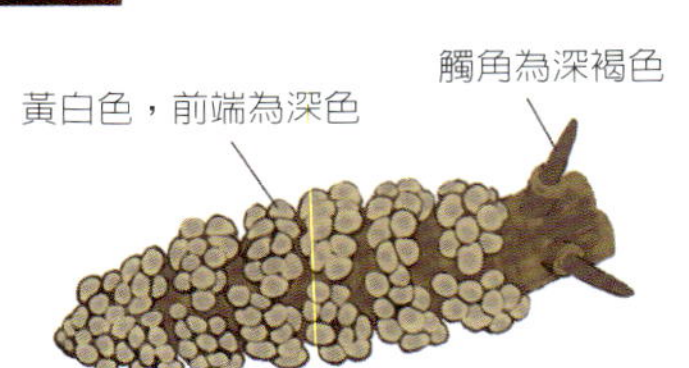
觸角為深褐色
黃白色，前端為深色

---

結節海蛞蝓科 Dotidae
結節海蛞蝓屬 Doto

## 日本結節海蛞蝓

*Doto japonica* Odhner, 1936

日本

| 大瀨崎 水深 15m 大小 6mm 山田久子 |

身體底色爲蛋白色，頭部到整個背部覆蓋深褐色小斑紋。背側突起的中脈爲深紅褐色，每個小突起的前端爲黑色。背側突起的內側有樹枝狀的鰓。觸角鞘的上半部爲深色，鞘緣呈波浪狀。長度達 12mm。

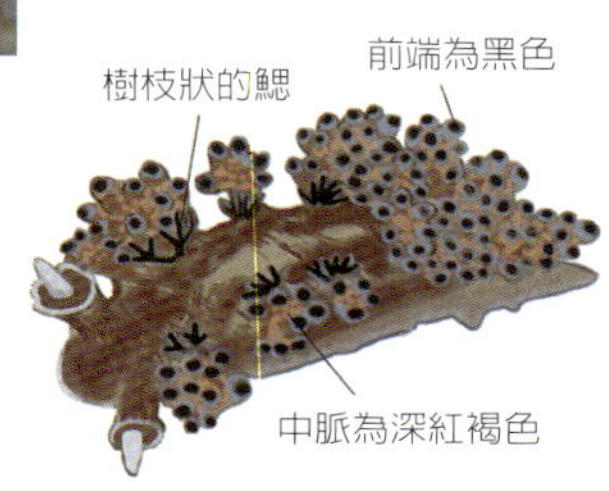
前端為黑色
樹枝狀的鰓
中脈為深紅褐色

結節海蛞蝓科 Dotidae
結節海蛞蝓屬 Doto

## 結節海蛞蝓之一種 1

*Doto* sp. 1

伊豆半島到
琉球群島

| 大瀨崎 水深 12m 大小 11mm 山田久子 |

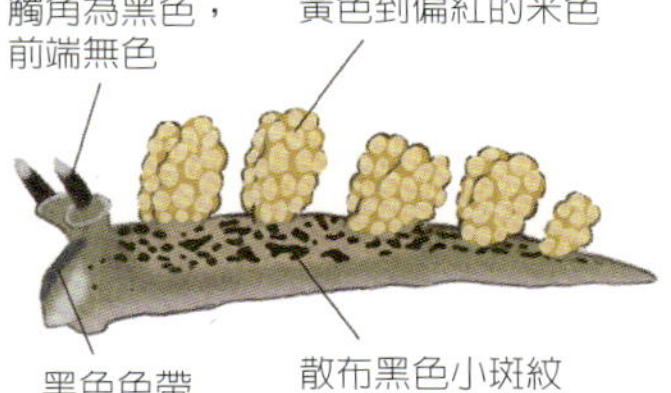
觸角為黑色，
前端無色
黃色到偏紅的米色
黑色色帶
散布黑色小斑紋

身體底色爲白色半透明，頭部到背面散布不規則黑色小斑紋。背側突起爲黃色到偏紅的米色，前端生長小黑點。觸角爲黑色，前端無色。過去的文獻曾將其列爲日本結節海蛞蝓。長度達 11mm。

---

結節海蛞蝓科 Dotidae
結節海蛞蝓屬 Doto

## 結節海蛞蝓之一種 2

*Doto* sp. 2

琉球群島、
印尼

| 慶良間群島 水深 8m 大小 6mm 小野篤司 |

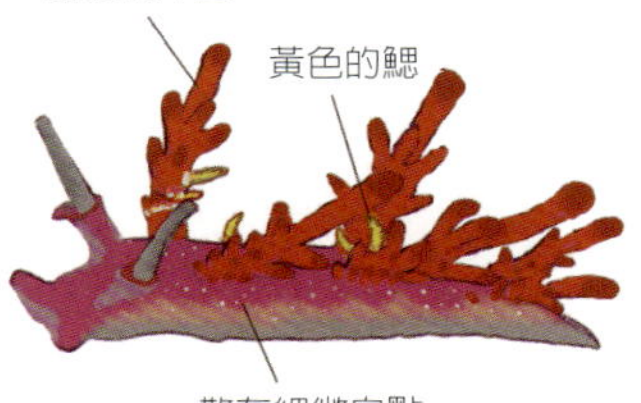
背側突起為橙紅色，
前端為深色
黃色的鰓
散布細微白點

身體爲淺紅紫色，散布細微白點。背側突起爲橙紅色，每個小突起的前端爲深色。背側突起的內側有鮮豔的黃色鰓，可藉此與近似種區分。個體標本來自日本千葉大學。長度達 20mm。

結節海蛞蝓科 Dotidae
卡伯海蛞蝓屬 Kabeiro

# 幽靈卡伯海蛞蝓

*Kabeiro phasmida*
Shipman & Gosliner, 2015

琉球群島、菲律賓

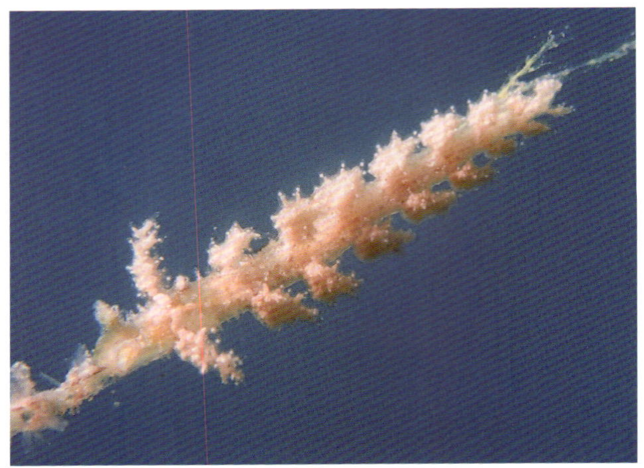

| 沖繩島 水深 8m 大小 12mm 池崎知惠子 |

身體爲蛋白色到褐色，呈細長形，背側突起有 11 對。背側突起的長度因個體變異不同，小突起不規則生長，基本上形狀不一。此外，各個小突起前端有白色小球狀防禦腺。觸角鞘短，觸角長。長度達 20mm。

觸角鞘短，觸角長

白色小球狀的防禦腺
身體細長，背側突起有 11 對

結節海蛞蝓科 Dotidae
卡伯海蛞蝓屬 Kabeiro

# 克莉絲汀卡伯海蛞蝓

*Kabeiro christianae*
Shipman & Gosliner, 2015

西太平洋

| 慶良間群島 水深 20m 大小 8mm 小野篤司 |

身體爲黑褐色，整個左右背緣有無色色帶。觸角與觸角鞘爲半透明。背側突起略長，表面下方有白色球狀防禦腺。背側突起軸呈蛋白色到黑褐色，變異性大。長度達 25mm。

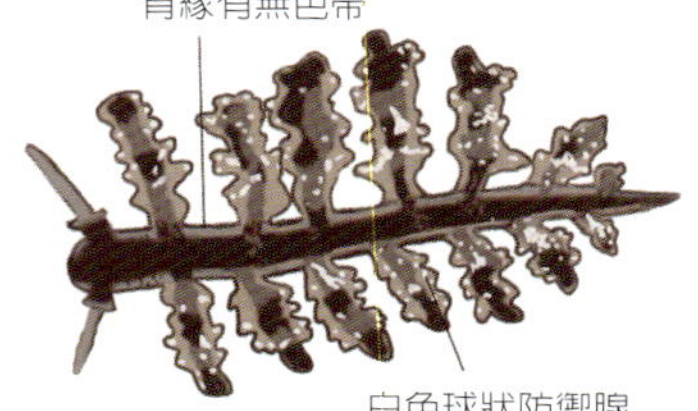
背緣有無色帶
白色球狀防禦腺

結節海蛞蝓科 Dotidae
卡伯海蛞蝓屬 Kabeiro

# 卡伯海蛞蝓之一種 1

*Kabeiro* sp. 1

西太平洋

小突起前端為淺色
背側突起有 17 ～ 18 對

| 慶良間群島 水深 15m 大小 18mm 小野篤司 |

身體爲紅褐色到褐色，十分細長。背側突起有 17 ～ 18 對，顏色一致，但派生的各個小突起前端爲淺色。觸角鞘、觸角皆和身體同色。本照片拍到卵塊。寄生於岩礁區域的水螅蟲群。長度達 20mm。

結節海蛞蝓科 Dotidae
卡伯海蛞蝓屬 Kabeiro

# 卡伯海蛞蝓之一種 2

*Kabeiro* sp. 2

西太平洋

紅紫色大網
眼圖案
背側突起有 6 對
無色帶

| 大瀨崎 水深 28m 大小 7mm 山田久子 |

身體爲褐色，左右背緣有一段無色帶，沒有褐色色素。背側突起有 6 對，顏色爲蛋白色，上面有紅紫色大網眼圖案。觸角鞘爲褐色，觸角爲白色半透明。長度達 15mm。

結節海蛞蝓科 Dotidae
卡伯海蛞蝓屬 Kabeiro

# 卡伯海蛞蝓之一種 3

*Kabeiro* sp. 3

伊豆半島

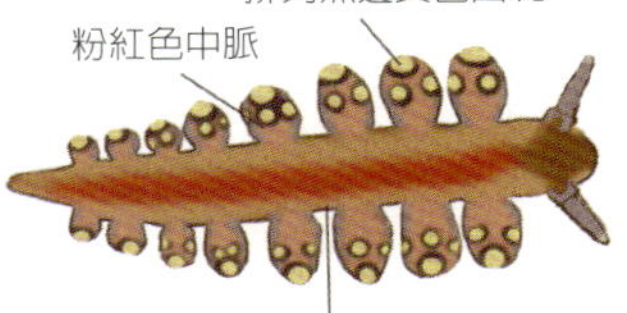
排列黑邊黃色圓斑
粉紅色中脈
沒有褐色色素
的無色帶

| 雲見 水深 16m 大小 5mm 山田久子 |

身體爲褐色，觸角後方到尾端有一段無褐色區域。背側突起爲白色半透明，透出內部的粉紅色中脈，呈紡錘狀。此外，背側突起的上半部排列黑邊黃色圓斑。觸角爲白色半透明，觸角鞘爲褐色，長度較短。長度達 5mm。

| 沖繩島 水深 14m 大小 20mm 今川郁 |

三歧海蛞蝓科 Tritoniidae
三歧海蛞蝓屬 Tritonia

## 博蘭德三歧海蛞蝓

*Tritonia bollandi*
Smith & Gosliner, 2003

西太平洋、
西太平洋熱帶海域

背側突起、背緣、觸角皆為白色

體色為橄欖綠

體色爲橄欖綠，背側突起、背緣、觸角皆爲白色。口幕緣有 12 ～ 14 個小突起，許多分成雙叉，有白邊。背側突起爲 9 ～ 14 對。長度達 88mm。

---

| 三保 水深 21m 大小 40mm 鐵多加志 |

三歧海蛞蝓科 Tritoniidae
三歧海蛞蝓屬 Tritonia

## 島三歧海蛞蝓

*Tritonia insulae*（Baba, 1955）

日本

覆蓋微小
粒狀突起

分支部分為紅色

紅色觸角鞘
緣有裂痕

身體爲白色，背部覆蓋微小粒狀突起。背側突起兩側各 12 個，上方分支處爲紅色，分支較短。觸角鞘緣有裂痕，呈紅色。根據原記載，25mm 的個體口幕緣突起不分支。長度達 40mm。

三歧海蛞蝓科 Tritoniidae
三歧海蛞蝓屬 Tritonia

# 三歧海蛞蝓之一種 1

*Tritonia* sp. 1

日本

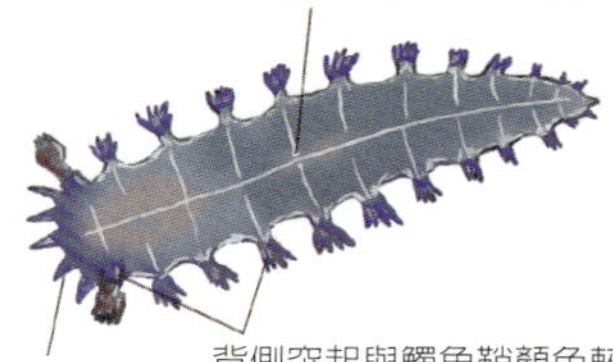
白線朝正中線與背側突起延伸
背側突起與觸角鞘顏色較深
口幕緣突起不分支

| 大瀨崎 水深 56m 大小 18mm 山田久子 |

身體爲白色半透明，帶藍色、紫色或紅色，變異性大。背側突起與觸角鞘顏色較深。背部正中線有白線，朝各背側突起延伸。背面有白線圍起的邊。口幕緣突起不分支。長度達 25mm。

三歧海蛞蝓科 Tritoniidae
三歧海蛞蝓屬 Tritonia

# 三歧海蛞蝓之一種 2

*Tritonia* sp. 2

琉球群島

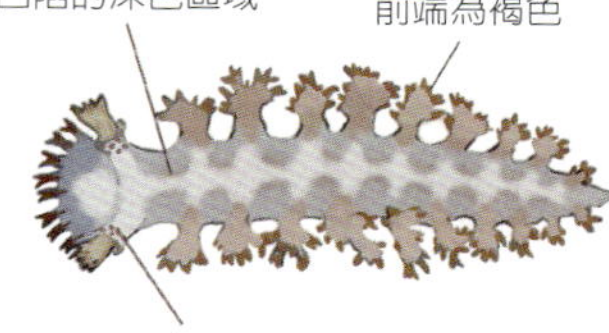
凹陷的深色區域
前端為褐色
觸角鞘有褐色斑

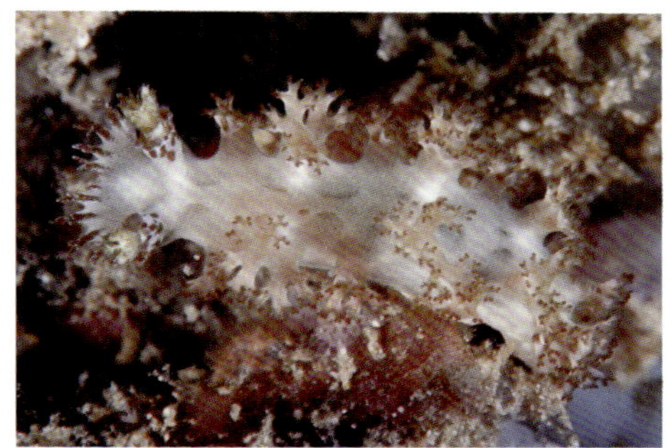

| 慶良間群島 水深 22m 大小 13mm 小野篤司 |

身體爲白色，接近正中線的各背側突起之間，有看似凹陷的深色區域。觸角鞘上方有褐色斑。背側突起前端爲褐色。口幕緣突起前端爲雙叉，顏色是褐色。與 Gosliner et al., 2018 的 *Tritonia* sp. 10 爲同種，過去的文獻曾將其列爲馬利恩海蛞蝓之一種，或認爲未確定是哪一屬。長度達 13mm。

三歧海蛞蝓科 Tritoniidae
三歧海蛞蝓屬 Tritonia

# 三歧海蛞蝓之一種 3

*Tritonia* sp. 3

西太平洋

可從三角形看
見體內的內臟
褶葉如花瓣綻放
背側突起大
小交互排列

| 八丈島 水深 12m 大小 10mm 廣江一弘 |

身體底色爲白色，散布背面的突起基部爲半透明三角形，可由此看見內臟。口幕緣突起有分支。背側突起大小交互排列。觸角褶葉如花瓣綻放。長度達 30mm。

三歧海蛞蝓科 Tritoniidae
三歧海蛞蝓屬 Tritonia

## 三歧海蛞蝓之一種 4

*Tritonia* sp. 4

慶良間群島、巴布亞紐幾內亞

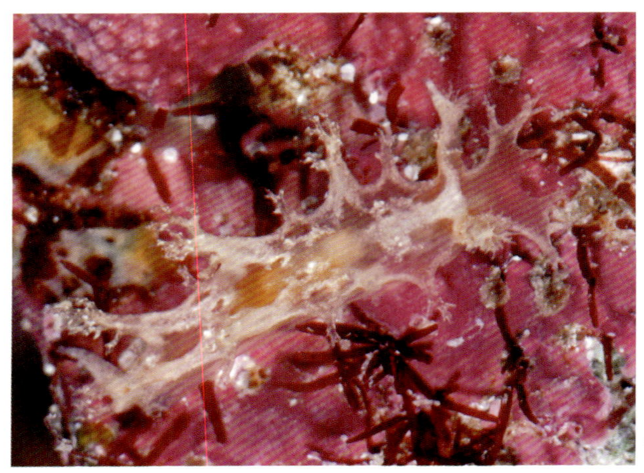

| 慶良間群島 水深 5m 大小 12mm 小野篤司 |

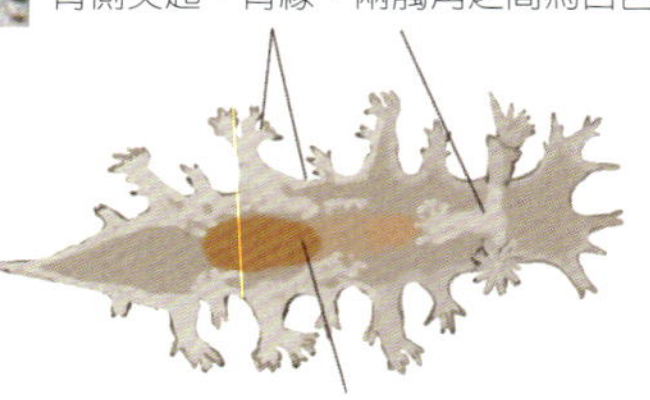
背側突起、背緣、兩觸角之間為白色
可看見體內的黃褐色內臟

身體幾乎爲半透明，背側突起、背緣、兩觸角之間爲白色。可從背面看到黃褐色內臟。口幕緣突起左右各 3 ～ 4 個，前端分支。觸角褶葉打開。與 Gosliner et al., 2018 的 *Tritonia* sp. 8 同種。長度達 18mm。

三歧海蛞蝓科 Tritoniidae
三歧海蛞蝓屬 Tritonia

## 三歧海蛞蝓之一種 5

*Tritonia* sp. 5

日本、菲律賓

| 伊豆海洋公園 水深 50m 大小 13mm 山田久子 |

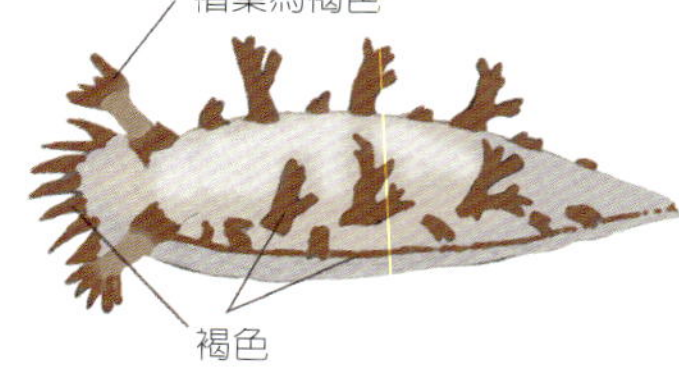
觸角鞘、觸角
褶葉為褐色
褐色

身體爲白色，背緣爲褐色。背側突起從基部到頂部皆爲褐色。背面沒有顆粒狀突起。口幕緣突起爲褐色，沒有分支。觸角鞘、觸角褶葉爲褐色。與 Gosliner et al., 2018 的 *Tritonia* sp. 1 同種。長度達 25mm。

三歧海蛞蝓科 Tritoniidae
擬三歧海蛞蝓屬 Tritoniopsis

# 白擬三歧海蛞蝓

*Tritoniopsis alba* Baba, 1949

印度－
西太平洋

｜慶良間群島 水深 5m 大小 10mm 小野篤司｜

整體披覆極小的顆粒狀突起

背側突起往旁邊擴展

身體通常是灰白色，有時觀察到橙色個體。包括背側突起在內，整體披覆極小的顆粒狀突起。背側突起左右各超過 12 個，前端有許多分支。此外，與秀麗擬三歧海蛞蝓不同，本種的背側突起往旁邊擴展。長度達 27mm。

---

三歧海蛞蝓科 Tritoniidae
擬三歧海蛞蝓屬 Tritoniopsis

# 秀麗擬三歧海蛞蝓

*Tritoniopsis elegans*
（Audouin in Savigny, 1826）

印度－
西太平洋

｜慶良間群島 水深 12m 大小 30mm 小野篤司｜

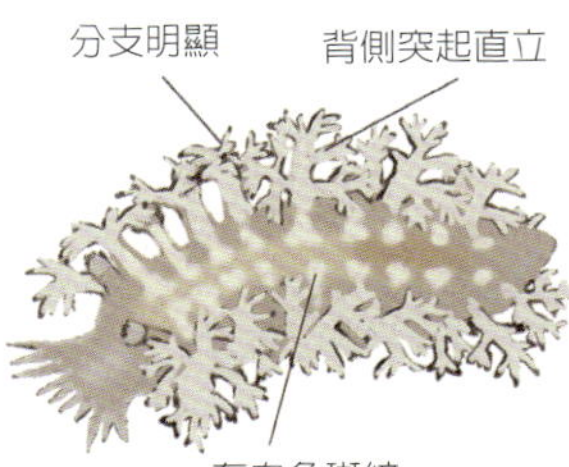
分支明顯
背側突起直立
有白色斑紋

身體底色爲白色、橙色，有個體變異。背面有白色斑紋，體表平滑。背側突起朝上生長，分支明顯。長度達 60mm。

｜八丈島 水深 3m 大小 35mm 加藤昌一｜

|大瀨崎 水深 45m 大小 120mm 山田久子|

三歧海蛞蝓科 Tritoniidae
馬利恩海蛞蝓屬 Marionia

## 卵圓馬利恩海蛞蝓

*Marionia olivacea* Baba, 1937

日本

身體底色為橄欖色到橙色，褐色斑紋從口幕緣到兩觸角之間連結，觸角後方也有一對褐色斑紋，是明顯的身體特徵。經常可觀察到底色不同的個體。背部正中線上有斷斷續續的黃色到橙色斑紋。口幕緣突起短而分支。長度達 130mm。

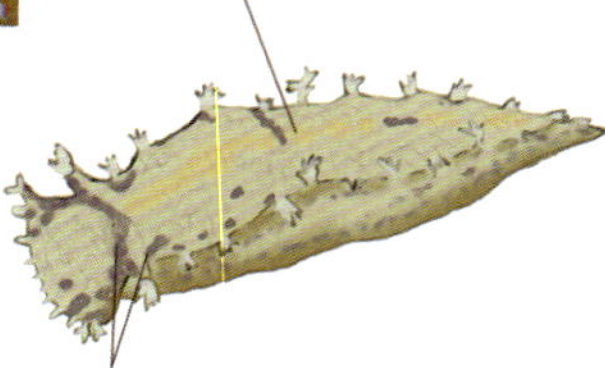
斷斷續續的
黃色到橙色斑紋
觸角間有 V 字形斑紋，觸角
後方有 2 條斑紋

|八丈島 水深 2m 大小 40mm 加藤昌一|

三歧海蛞蝓科 Tritoniidae
馬利恩海蛞蝓屬 Marionia

## 樹狀馬利恩海蛞蝓

*Marionia arborescens* Bergh, 1890

印度－
西太平洋

身體為淺綠色與帶褐色的灰白色。樹枝狀背側突起較大。觸角鞘緣也略大。背部的綠色細線呈網眼狀，圍繞著粒狀突起。指狀口幕緣突起不分支，可藉此與近似種區分。長度達 65mm。

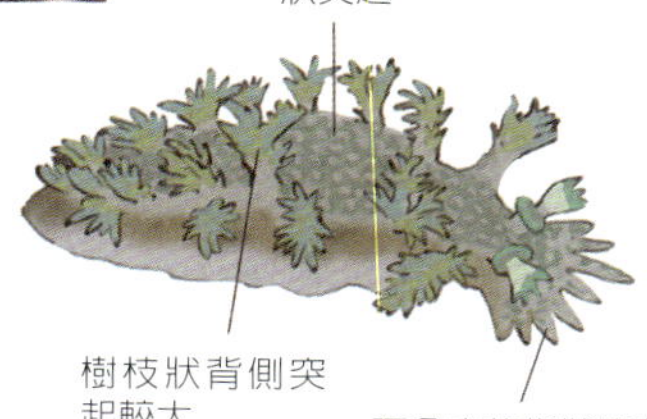
網眼圖案圍繞的粒
狀突起
樹枝狀背側突
起較大
不分支的指狀突起

三歧海蛞蝓科 Tritoniidae
馬利恩海蛞蝓屬 Marionia

# 豔紅馬利恩海蛞蝓

*Marionia rubra*
（Rüppell & Leuckart, 1831）

印度－西太平洋
熱帶海域

| 慶良間群島 水深 4m 大小 280mm 村上三男 |

全身遍布微微隆起的白色斑點

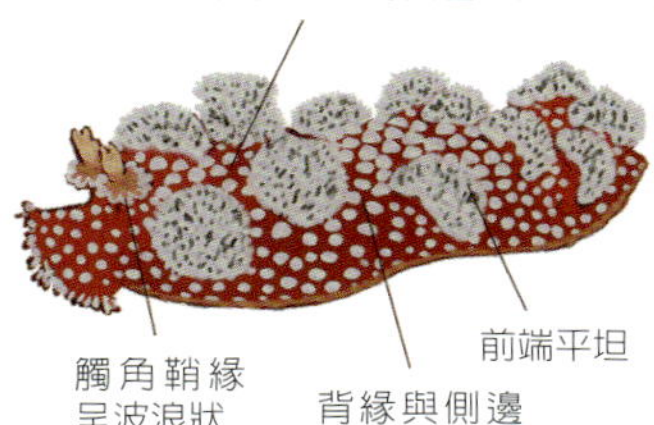
觸角鞘緣
呈波浪狀
背緣與側邊
界線不明
前端平坦

身體底色為紅褐色、綠色到褐色，變異性大。背面與側邊的界線模糊。全身遍布微微隆起的白色斑點。體側突起的前端較圓，或像是被剃平一般。觸角鞘緣呈波浪狀。口幕緣突起分支。長度達 280mm。

---

三歧海蛞蝓科 Tritoniidae
馬利恩海蛞蝓屬 Marionia

# 馬利恩海蛞蝓之一種 1

*Marionia* sp. 1

日本

| 八丈島 水深 8m 大小 80mm 加藤昌一 |

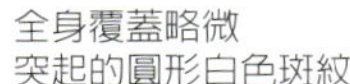
全身覆蓋略微
突起的圓形白色斑紋

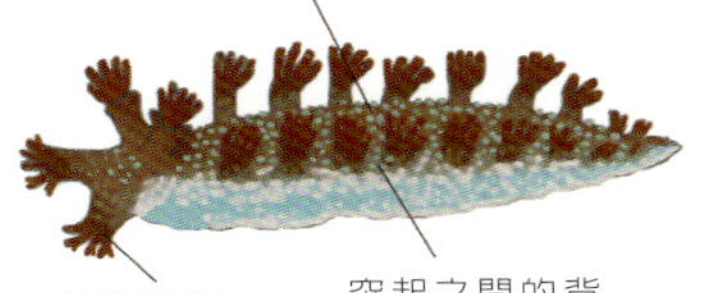
突起會分支
突起之間的背
緣清晰

身體為帶白色或綠色半透明狀，全身覆蓋略微突起的圓形白色斑紋。背部的白色斑點之間，填滿紅褐色或綠色，形成網眼圖案。背側突起之間的背緣清晰。口幕緣突起會分支。長度超過 100mm。

| 慶良間群島 水深 18m 大小 13mm 小野篤司 |

三歧海蛞蝓科 Tritoniidae
馬利恩海蛞蝓屬 Marionia

## 馬利恩海蛞蝓之一種 2

*Marionia* sp. 2

慶良間群島

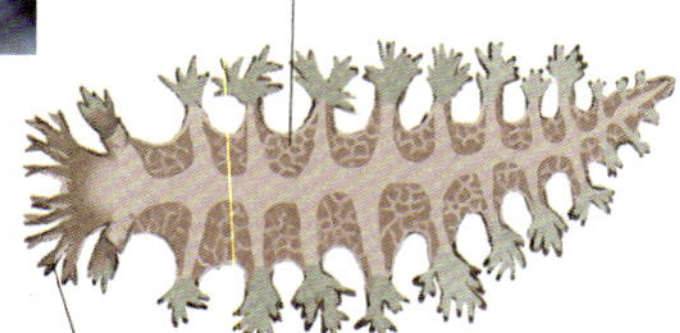
U 字形網眼圖案
突起會分支

身體底色爲綠灰色，各背側突起朝正中線形成 U 字形網眼圖案。背側突起較短，有 11 對，前端較多分支。口幕緣突起會分支。長度達 13mm。

| 八丈島 水深 10m 大小 20mm 加藤昌一 |

三歧海蛞蝓科 Tritoniidae
馬利恩海蛞蝓屬 Marionia

## 馬利恩海蛞蝓之一種 3

*Marionia* sp. 3

西太平洋

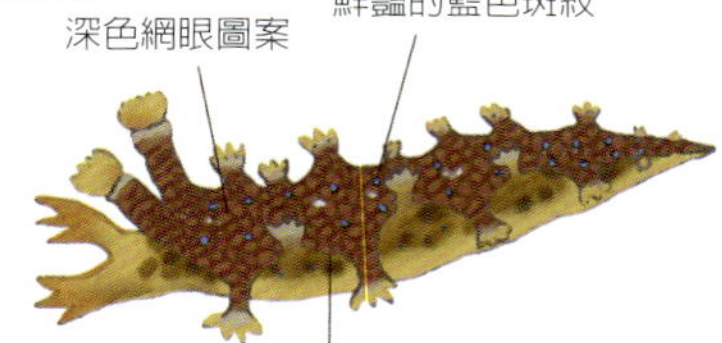
排列左右對稱，
鮮豔的藍色斑紋
深色網眼圖案
背緣在突起處呈波浪狀

身體底色從褐色到紅褐色，背部覆蓋深色細線形成的網眼圖案。身體有一定寬度，背緣在突起處呈波浪狀。背面從正中線排列左右對稱、顏色鮮豔的藍色斑紋。口幕裂成兩端，各突起有分支。與 Gosliner et al., 2018 的 *Marionia* sp. 18 爲同種。過去的文獻曾將其納入三歧海蛞蝓屬。長度達 35mm。

三歧海蛞蝓科 Tritoniidae
馬利恩海蛞蝓屬 Marionia

# 馬利恩海蛞蝓之一種 4

*Marionia* sp. 4

日本

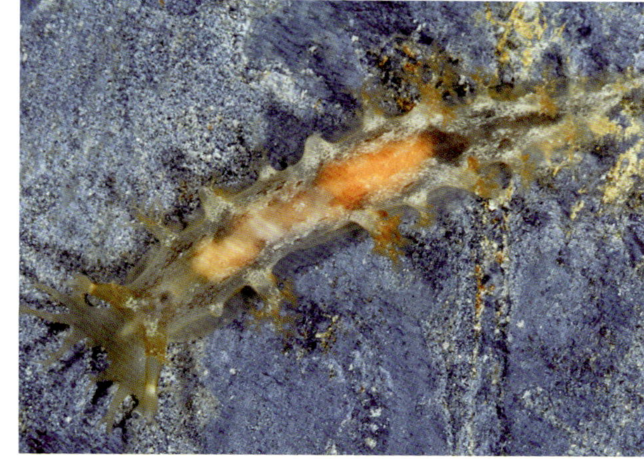

| 慶良間群島 水深 14m 大小 60mm 小野篤司 |

背側突起大小交互排列
褐色網眼圖案
口幕緣突起有分支

身體為白色半透明，散布白色細點。背面有褐色網眼圖案。背面、體側披覆透明小突起。背側突起大小交互排列，有 10 對。口幕緣突起的前端附近分支。生殖孔位於右邊第 2 突起下方。根據千葉大學的標本，從背部的斑駁網眼圖案等特性，提議新名稱「カスレアミメウミウシ」。長度達 80mm。

| 大瀨崎 水深 27m 大小 9mm 山田久子 |

三歧海蛞蝓科 Tritoniidae
馬利恩海蛞蝓屬 Marionia

# 馬利恩海蛞蝓之一種 5

*Marionia* sp. 5

伊豆半島

| 伊豆海洋公園 水深 40m 大小 40mm 高瀨步 |

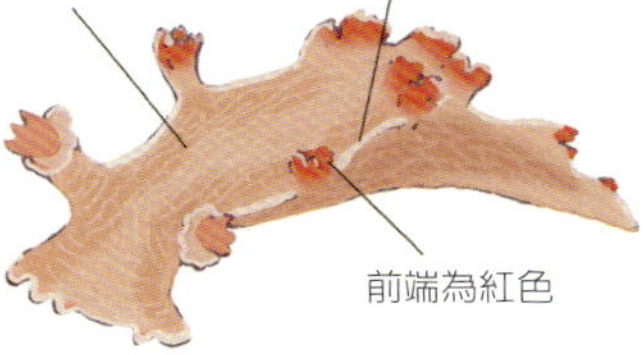

不清晰的
白色網眼狀斑紋
背緣有白邊
前端為紅色

身體為粉紅色半透明，背緣有白邊，背側突起有 6 對，前方 4 對較大，後方 2 對明顯較小。背側突起的前端為紅色。背面有不清晰的白色網眼狀斑紋。口幕緣突起不分支，長度短。長度達 20mm。

| 伊豆海洋公園　水深 50m　大小 15mm　山田久子 |

三歧海蛞蝓科 Tritoniidae
馬利恩海蛞蝓屬 Marionia

## 馬利恩海蛞蝓之一種 6

本州、菲律賓

*Marionia* sp. 6

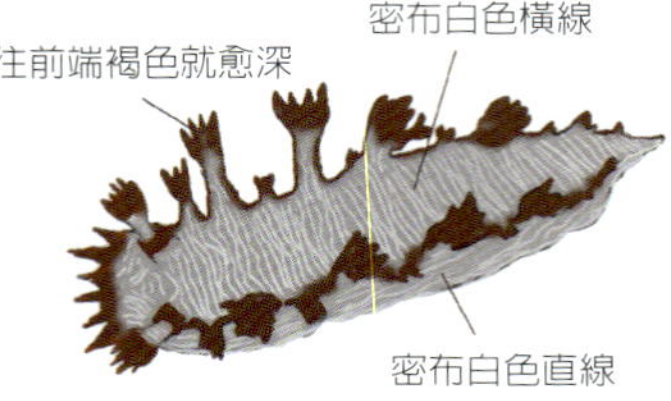
密布白色橫線
愈往前端褐色就愈深
密布白色直線

身體底色爲白色半透明，體側密布白色直線，背面密布白色橫線。背側突起爲褐色。觸角鞘短，愈往前端褐色就愈深。觸角褶葉爲褐色，微開。口幕緣突起爲褐色，不分支。長度達 15mm。

| 慶良間群島　水深 3m　大小 70mm　小野篤司 |

三歧海蛞蝓科 Tritoniidae
馬利恩海蛞蝓屬 Marionia

## 馬利恩海蛞蝓之一種 7

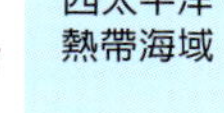
西太平洋
熱帶海域

*Marionia* sp. 7

淺綠色網眼圖案
大片褐色區域
口幕緣突起分支

身體底色爲白色，背部爲淺綠色，許多斑紋圍繞，呈網眼狀。此外，背面有大片褐色區域，延伸至口幕。口幕緣突起分支。過去的文獻曾將其列爲樹狀馬利恩海蛞蝓。長度達 70mm。

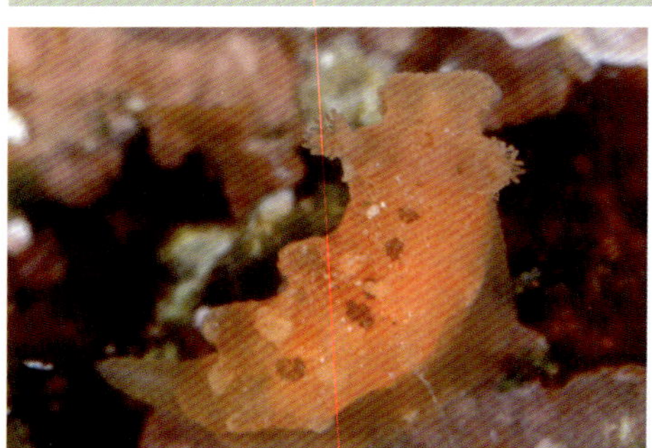

| 八丈島　水深 7m　大小 10mm　山田久子 |

三歧海蛞蝓科 Tritoniidae
馬利恩海蛞蝓屬 Marionia

## 馬利恩海蛞蝓之一種 8

日本

*Marionia* sp. 8

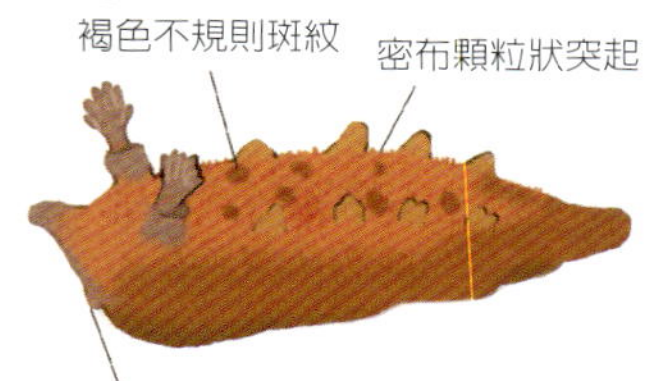
褐色不規則斑紋
密布顆粒狀突起
口幕突起只往左右緣略微伸展

身體爲橙色，有些個體的顏色極淺。背側突起有 4 對，很小，難以辨認。背面密布顆粒狀突起，中間區域有深色不規則斑紋，但有些個體沒有。口幕只往左右緣略微伸展，不突起。長度達 10mm。

三歧海蛞蝓科 Tritoniidae
瑪利亞海蛞蝓屬 Marianina

# 玫瑰瑪莉亞海蛞蝓

*Marianina rosea*
（Pruvot - Fol, 1930）

印度－西太平洋

背側突起有 4 對，
各有 2 個分支
2 / 3 為白色
淺黃色

| 八丈島 水深 17m 大小 25mm 加藤昌一 |

身體爲紅紫色半透明，背側突起爲淺黃色，左右 4 對，各有 2 個分支。觸角爲紅色。口觸手前端 2 / 3 和尾部上緣爲白色。長度達 15mm。

---

三歧海蛞蝓科 Tritoniidae

# 三歧海蛞蝓科之一種 1

Tritoniidae sp. 1

伊豆半島

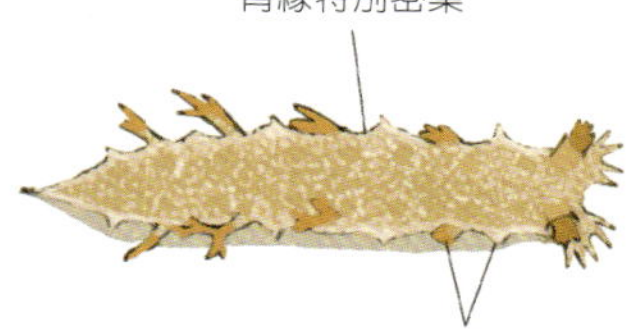
散布白色細點，
背緣特別密集
背側突起大小交
互改變方向

| 大瀨崎 水深 24m 大小 10mm 山田久子 |

身體爲橙黃色半透明，全身散布白色細點，背緣特別密集。背緣排列成對的色塊，色塊沒有白點。背側突起有 8 對，大小突起交互改變生長方向。口幕緣突起分成左右兩邊，不分支。長度達 10mm。

---

三歧海蛞蝓科 Tritoniidae

# 三歧海蛞蝓科之一種 2

Tritoniidae sp. 2

八丈島、
琉球群島

全身遍布白色直線

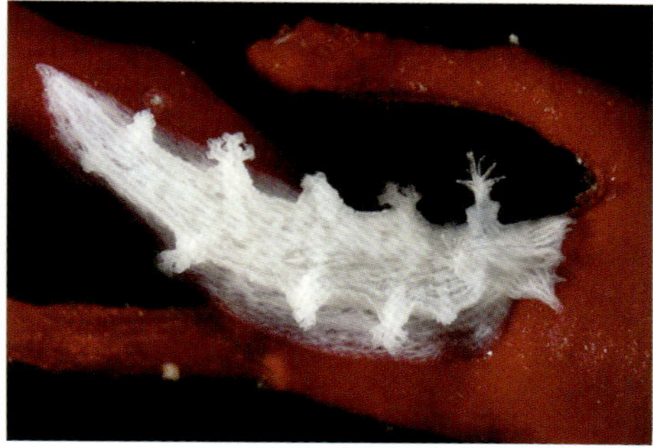

| 八丈島 水深 6m 大小 8mm 早梅康廣 |

身體爲白色半透明，全身遍布白色直線。背側突起極短，有 4 ～ 5 對。口幕緣突起前後有 8 根，長度短，不分支。長度達 7mm。

柳葉海蛞蝓科 Phylliroidae
柳葉海蛞蝓屬 Phylliroe

## 牛頭柳葉海蛞蝓

*Phylliroe bucephala*
Péron & Lesueur, 1810

全世界的溫帶和熱帶海域

| 沖繩島 水深 5m 大小 70mm 石野昇太 |

身體呈樹葉狀，平坦細長，幾乎透明，可看見體內器官。觸角很細，比近似種長角柳葉海蛞蝓還長。後端呈尾鰭形，沒有腹足。以水母為食。有發光器。長度達 40mm。

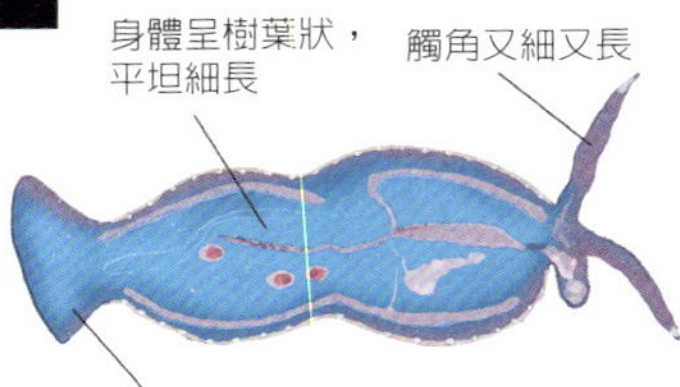
身體呈樹葉狀，
平坦細長
觸角又細又長
後端呈尾鰭形

柳葉海蛞蝓科 Phylliroidae
Cephalopyge 屬

## 長角柳葉海蛞蝓

*Cephalopyge trematoides*
（Chun, 1889）

全世界的溫帶和熱帶海域

| 大瀨崎 水深 8m 大小 10mm 山田久子 |

身體透明，呈細長竹葉狀，可看見體內器官。有發光器，觸角短。與牛頭柳葉海蛞蝓皆浮游於大海海面附近，以水母為食。長度達 25mm。

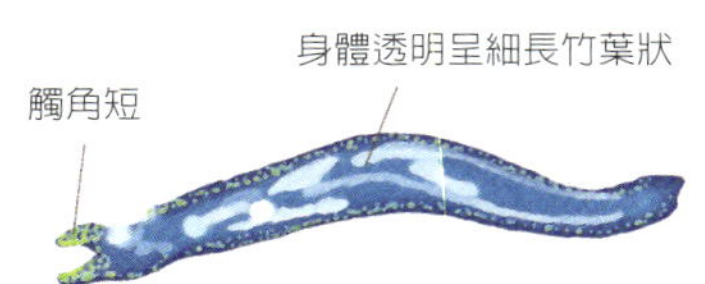
身體透明呈細長竹葉狀
觸角短

瑪綴爾海蛞蝓科 Madrellidae
瑪綴爾海蛞蝓屬 Madrella

# 赭瑪綴爾海蛞蝓

*Madrella ferruginosa*
Alder & Hancock, 1864

印度－
西太平洋

| 慶良間群島　水深 8m　大小 12mm　小野篤司 |

身體底色爲紅褐色，呈細長形。背面散布白色細點，周圍排列許多基部爲深色的背側突起。腹足寬。以苔蘚蟲爲食。會浮游。長度達 45mm。

散布白色細點
基部是深色的背側突起排列

瑪綴爾海蛞蝓科 Madrellidae
瑪綴爾海蛞蝓屬 Madrella

# 輝煌瑪綴爾海蛞蝓

*Madrella gloriosa* Baba, 1949

印度－
西太平洋

| 八丈島　水深 10m　大小 20mm　加藤昌一 |

身體底色爲紅褐色，包括背側突起和觸角在內，全身散布白色細點。背面廣布藍色圓斑，背側突起的根部有黑邊。長度達 40mm。

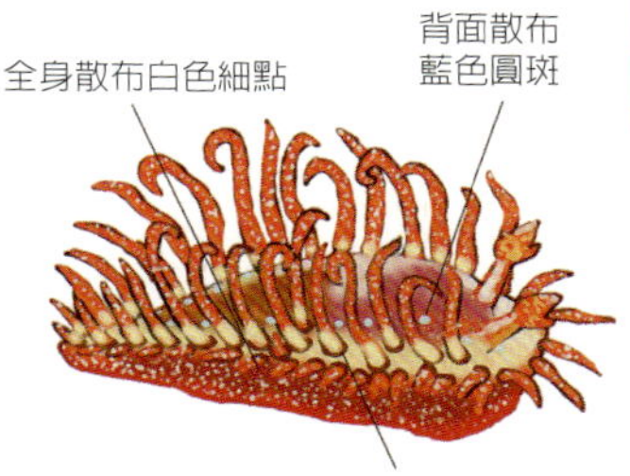
全身散布白色細點
背面散布
藍色圓斑
背側突起的根
部有黑邊

| 慶良間群島 水深 15m 大小 5mm 小野篤司 |

庇奴夫海蛞蝓科 Pinufiidae
庇奴夫海蛞蝓屬 Pinufius

# 畫謎庇奴夫海蛞蝓

*Pinufius rebus*
Marcus & Marcus, 1960

西太平洋
熱帶海域

龜殼圖樣
脊狀隆起之間生長著背側突起

身體爲短橢圓形，呈淡褐色。背面有龜殼圖樣，形成低矮的脊狀隆起。背側突起大致生長在脊狀隆起之間，各有幾個褐色環。背面周緣突起略長。觸角與身體底色相同，觸角鞘爲白色。長度達 10mm。

| 慶良間群島 水深 10m 大小 50mm 川原 YUI |

恩博列頓海蛞蝓科 Embletoniidae
恩博列頓海蛞蝓屬 Embletonia

# 細小恩博列海蛞蝓

*Embletonia gracilis*
（Risbec, 1928）

西太平洋、
中太平洋

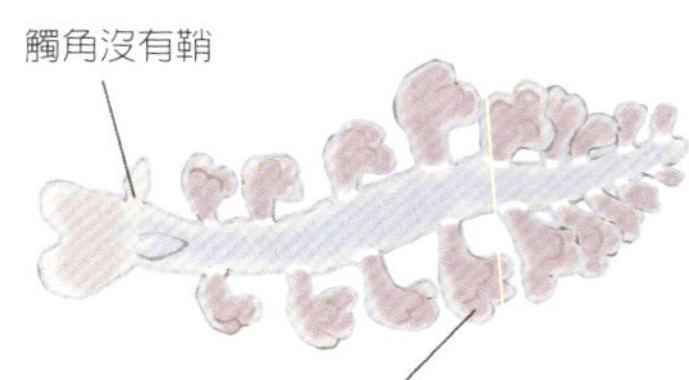
觸角沒有鞘
背側突起的前端重複分支 2 次，
形成 4 股

身體底色爲白色半透明，身體可以伸很長。背側突起幾乎透明，反映消化腺的顏色。背側突起的前端重複分支 2 次，形成 4 股。觸角沒有鞘。過去的文獻曾變更本種和名所屬的分類群，或提議改名。長度達 40mm。

# 裸鰓目
Nudibranchia

# 枝鰓亞目
Cladobranchia

# 菲納鰓總科
Fionidea

# 蓑海蛞蝓總科
Aeolidioidea

身體細長，頭部各有一對觸角和口觸手。沒有觸角鞘。
沒有鰓，利用背側突起增加交換氣體的體表面積。
種的特徵充分表現在突起的行列、顏色、形狀和內部消化腺。
有些種會利用捕食的刺胞動物的刺胞或蟲黃藻。
過去被列入蓑海牛亞目，如今有枝鰓亞目，分成兩個總科。

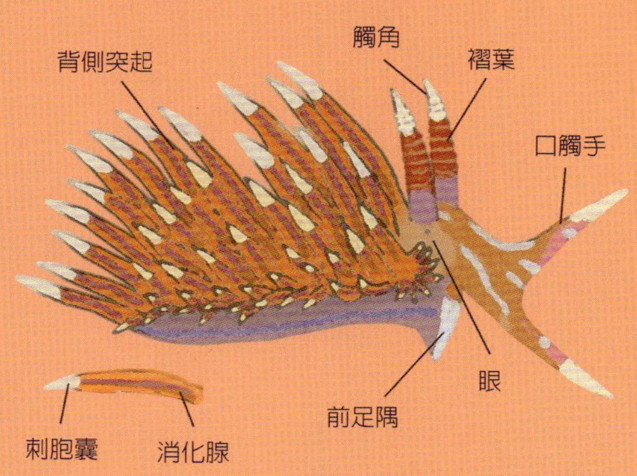

背側突起
觸角
褶葉
口觸手
眼
前足隅
刺胞囊
消化腺

扇羽海蛞蝓科 Flabellinidae
扇羽海蛞蝓屬 Flabellina

## 火焰扇羽海蛞蝓

*Flabellina exoptata*
Gosliner & Willan, 1991

印度－
太平洋

| 八丈島 水深 14m 大小 15mm 加藤昌一 |

身體爲紅紫色半透明，背側突起的中段有紫色環，前端爲奶油色。觸角爲橙紅色，後方有褶葉。口觸手基部 1 / 3 爲紫色，前端爲奶油色。偶爾可觀察到顏色較淡的個體。長度達 20mm。

紫色環與前端為奶油色
橙紅色
紫色前端
為奶油色

扇羽海蛞蝓科 Flabellinidae
扇羽海蛞蝓屬 Flabellina

## 優美扇羽海蛞蝓

*Flabellina delicata*
Gosliner & Willan, 1991

印度－
太平洋

| 慶良間群島 水深 8m 大小 15mm 小野篤司 |

身體爲紫色，背側突起爲乳白色，從前端以下依序爲紫色環、橙紅色環、白色環。觸角爲橙紅色，後方有顆粒狀突起。口觸手爲紫色。長度達 20mm。

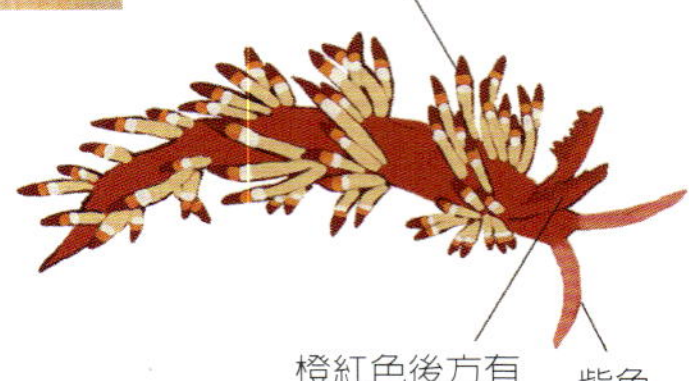
從前端以下依序為紫色環、
橙紅色環、白色環
橙紅色後方有
顆粒狀突起
紫色

扇羽海蛞蝓科 Flabellinidae
扇羽海蛞蝓屬 Flabellina

西太平洋

# 蓮花扇羽海蛞蝓

*Flabellina lotos*（Korshunova et al., 2017）

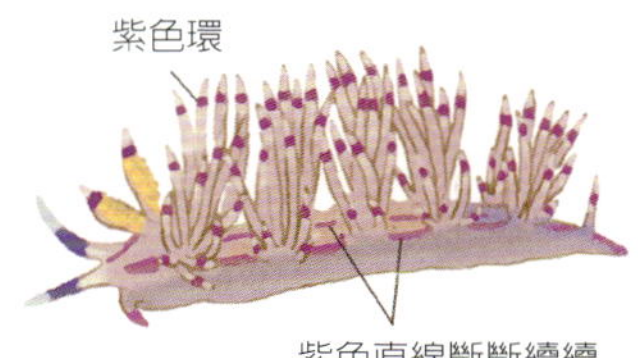
紫色環
紫色直線斷斷續續

| 慶良間群島 水深 8m 大小 25mm 小野篤司 |

身體爲粉紅色半透明，背部正中線上與背緣有斷斷續續的紫色直線。背側突起長，前端下方有紫色環。前足隅呈觸手狀。觸角後面有顆粒狀突起。長度達 25mm。

---

扇羽海蛞蝓科 Flabellinidae
扇羽海蛞蝓屬 Flabellina

日本

# 扇羽海蛞蝓之一種 1

*Flabellina* sp. 1

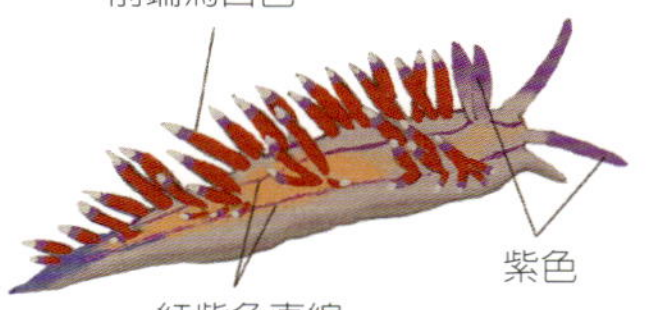
奶油色到紅褐色有紫色環，
前端為白色
紫色
紅紫色直線

| 慶良間群島 水深 12m 大小 12mm 小野篤司 |

身體底色爲白色半透明，背部中央略帶黃色。背面正中線上與背緣有紅紫色直線。背側突起有 7 對，長度略短，顏色爲奶油色到紅褐色，前端爲白色。下方有紫色環。觸角與口觸手爲紫色。觸角後方長著顆粒狀突起。長度達 12mm。

---

扇羽海蛞蝓科 Flabellinidae
扇羽海蛞蝓屬 Flabellina

西太平洋

# 扇羽海蛞蝓之一種 2

*Flabellina* sp. 2

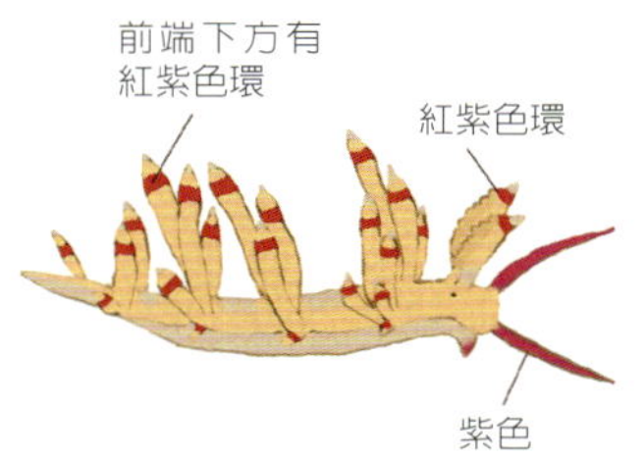
前端下方有
紅紫色環
紅紫色環
紫色

| 慶良間群島 水深 10m 大小 10mm 小野篤司 |

身體爲奶油色到偏白的黃白色。背部不像扇羽海蛞蝓之一種 1 與蓮花扇羽海蛞蝓有紫色直線。背側突起長，與身體同色，前端下方有紅紫色環。觸角後方有顆粒狀突起，前端下方有紅紫色環。口觸手爲紫色。長度達 20mm。

| 大瀨崎 水深 30m 大小 15mm 山田久子 |

扇羽海蛞蝓科 Flabellinidae
扇羽海蛞蝓屬 Flabellina

西太平洋

## 扇羽海蛞蝓之一種 3

*Flabellina* sp. 3

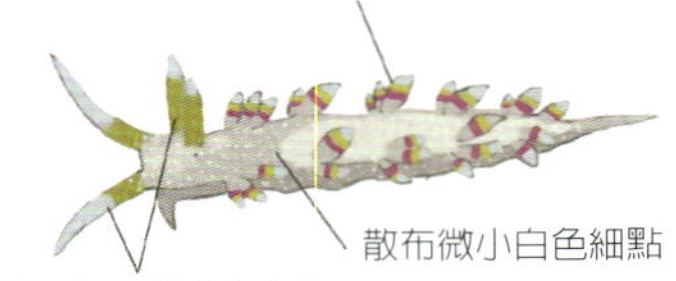
紫色與黃色環，前端為白色
散布微小白色細點
黃褐色，前端為白色

身體為白色半透明，散布微小白色細點。背側突起有紫色與黃色環，前端為白色。觸角與口觸手接近基部的區域為黃褐色，前端為白色。長度達 15mm。

| 慶良間群島 水深 8m 大小 10mm 小野篤司 |

扇羽海蛞蝓科 Flabellinidae
扇羽海蛞蝓屬 Flabellina

西太平洋

## 扇羽海蛞蝓之一種 4

*Flabellina* sp. 4

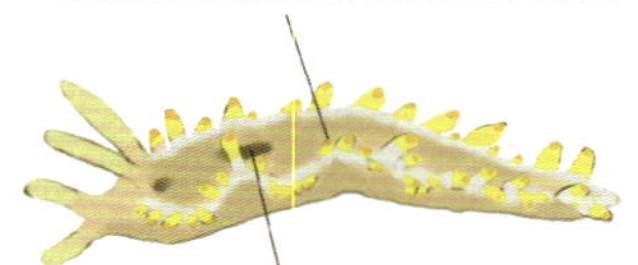
背側突起呈波浪狀地排列在背緣處
可看見體內的黑色器官

身體為白色半透明，可從背部看見體內的黑色器官。背側突起呈波浪狀地排列在背緣處，觸角與口觸手為偏黃的白色。長度達 12mm。

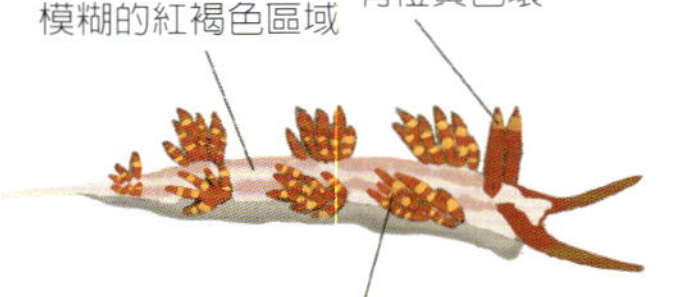
紅褐色，前端下方有橙黃色環
模糊的紅褐色區域
紅褐色，有 1 個或 2 個橙黃色環

| 慶良間群島 水深 7m 大小 15mm 小野篤司 |

扇羽海蛞蝓科 Flabellinidae
扇羽海蛞蝓屬 Flabellina

日本

## 扇羽海蛞蝓之一種 5

*Flabellina* sp. 5

身體為白色半透明，背部有模糊的紅褐色縱向色帶。背側突起為紅褐色，有 1 個或 2 個橙黃色環。觸角為紅褐色，前端下方有橙黃色環，後方有很小的顆粒狀突起。口觸手為紅褐色，不少個體除了基部外，都是白色。長度達 15mm。

扇羽海蛞蝓科 Flabellinidae
扇羽海蛞蝓屬 Flabellina

# 扇羽海蛞蝓之一種 6

琉球群島、印尼

*Flabellina* sp. 6

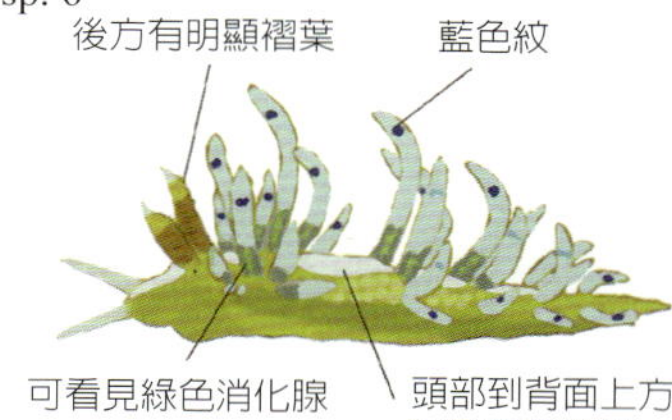
後方有明顯褶葉
藍色紋
可看見綠色消化腺
頭部到背面上方
排列白色斑紋

| 石垣島 水深 15m 大小 15mm 小島和子 |

身體爲綠褐色半透明，頭部到背面上方排列白色斑紋。背側突起長，上方 2 / 3 爲白色，前端下方有藍色紋。下方透明，可看見綠色消化腺。觸角爲褐色，上方帶白色，後緣有明顯褶葉。口觸手上方爲藍色。與 Gosliner et al., 2018 的 *Phyllodesumium* sp. 7 爲同種。長度達 15mm。

扇羽海蛞蝓科 Flabellinidae
扇羽海蛞蝓屬 Flabellina

# 扇羽海蛞蝓之一種 7

西太平洋

*Flabellina* sp. 7

紅褐色帶夾著淺色區域
前端為紅褐色
前端為紫色

| 慶良間群島 水深 8m 大小 15mm 小野篤司 |

身體爲帶白色、橙色或紫色的半透明狀，有時背面爲不透明的白色。背面中央和背緣有紫色直線。背側突起前端的下方有紅褐色帶，色帶上下的顏色較淺。觸角褶葉的前端爲紅褐色。口觸手爲紫色，基部附近有白色環。長度達 20mm。

扇羽海蛞蝓科 Flabellinidae

# 扇羽海蛞蝓科之一種

慶良間群島

Flabellinidae sp.

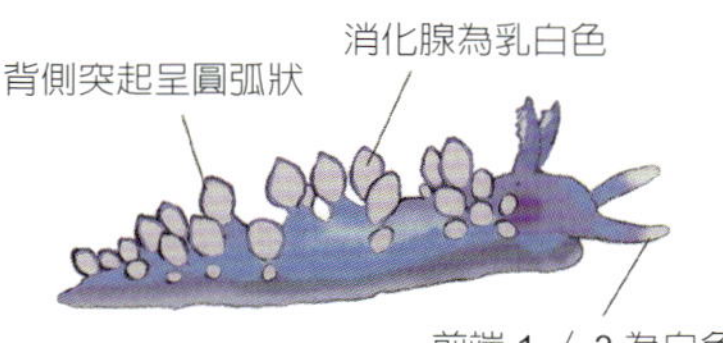
消化腺為乳白色
背側突起呈圓弧狀

前端 1 / 3 為白色

| 慶良間群島 水深 10m 大小 6mm 小野篤司 |

身體爲帶紫色的藍色，背緣清晰。背側突起呈圓弧狀，消化腺爲乳白色。觸角短，後方有顆粒狀突起。口觸手前端 1 / 3 爲白色，前足隅爲短觸手狀。長度達 6mm。

|八丈島 水深 5m 大小 9mm 加藤昌一|

集蓑翼海蛞蝓科 Samlidae
集蓑翼海蛞蝓屬 Samla

## 雙色集蓑翼海蛞蝓

*Samla bicolor*（Kelaart, 1858）

印度－
太平洋

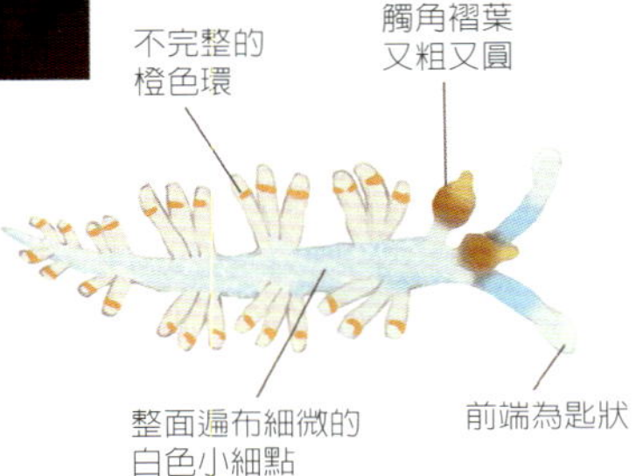
不完整的
橙色環
觸角褶葉
又粗又圓
整面遍布細微的
白色小細點
前端為匙狀

身體爲白色半透明，背面遍布細微的白色小細點。背側突起爲白色，前端下方有橙色環，但內側通常不完整。觸角褶葉從白色到淺褐色，又粗又圓。近似種高重集蓑翼海蛞蝓的觸角下方有橙色環。口觸手較長，前端爲匙狀。長度達 15mm。

|慶良間群島 水深 5m 大小 10mm 小野篤司|

集蓑翼海蛞蝓科 Samlidae
集蓑翼海蛞蝓屬 Samla

## 高重集蓑翼海蛞蝓

*Samla takashigei*
Korshunova et al., 2017

印度－
西太平洋

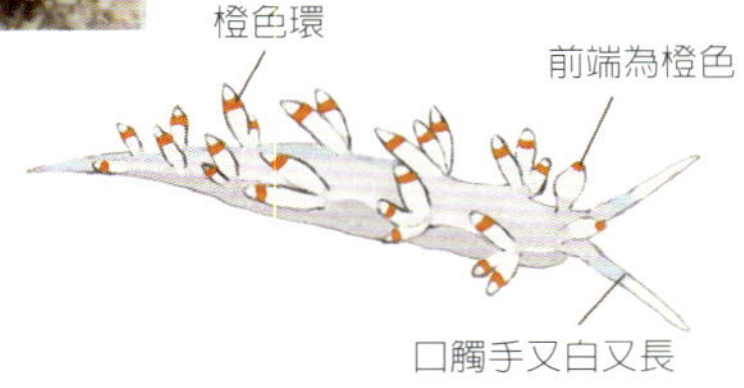
橙色環
前端為橙色
口觸手又白又長

身體爲粉紅色或紫色半透明狀，背面是平滑的白色。背側突起爲白色，前端下方有橙色環。口觸手爲白色，長度較長。觸角爲白色，比近似種雙色集蓑翼海蛞蝓細，前端爲橙色。長度達 30mm。

集蓑翼海蛞蝓科 Samlidae
集蓑翼海蛞蝓屬 Samla

# 里沃集蓑翼海蛞蝓

*Samla riwo*
（Gosliner & Willan, 1991）

印度－西太平洋

| 慶良間群島　水深 5m　大小 12mm　小野篤司 |

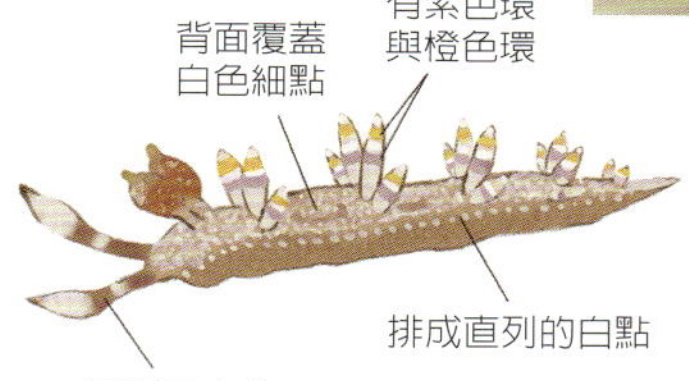
背面覆蓋
白色細點
有紫色環
與橙色環
排成直列的白點
又長又大的
匙狀

背面覆蓋白色細點，體側有排成直列的白點。背側突起爲白色，中段有紫色環，前端有橙色環。觸角爲褐色，散布白點。口觸手爲又長又大的匙狀，顏色是紫色，中段有白色環，前端爲白色。長度達 25mm。

---

集蓑翼海蛞蝓科 Samlidae
集蓑翼海蛞蝓屬 Samla

# 紅紫集蓑翼海蛞蝓

*Samla rubropurpurata*
（Gosliner & Willan, 1991）

印度－太平洋

| 八丈島　水深 16m　大小 10mm　加藤昌一 |

橙紅色
白色，
前端為橙紅色
紫色，前端為白色

身體爲偏紅的紫色，背緣清晰，略帶白色的個體也很多。背側突起爲橙紅色，觸角爲白色，有許多褶葉，前端爲橙紅色。口觸手爲紫色，前端爲白色。長度達 20mm。

Coryphellidae 科
Occidenthella 屬

## 白紋扇羽海蛞蝓

*Occidenthella athadona*
（Bergh, 1875）

北太平洋

| 深浦町岡崎 水深 6m 大小 10mm 吉川一志 |

身體爲白色半透明，從口觸手前端延伸至頭部的白線，在觸角基部前左右匯流後中斷，接著在中間處以直線的形式延伸至尾部後端。觸角上方 1 / 2 爲白色，背側突起散布白色細點，消化腺爲褐色。長度達 16mm。

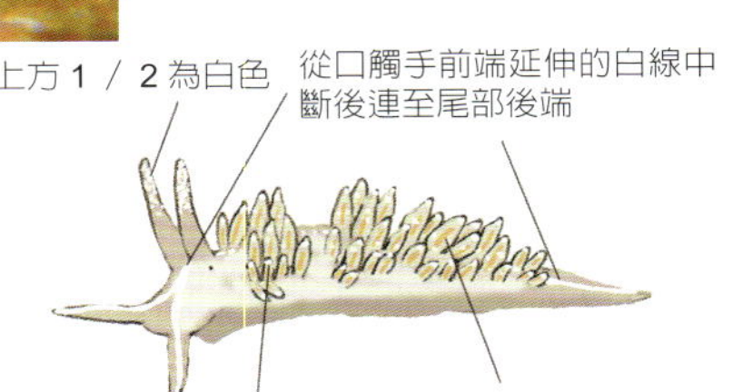
上方 1 / 2 為白色
從口觸手前端延伸的白線中斷後連至尾部後端
散布白色細點
消化腺為褐色

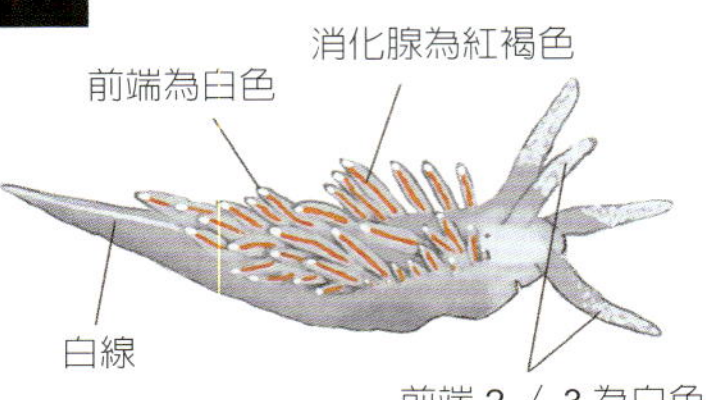

Coryphellidae 科
Microchlamylla 屬

## 美麗扇羽海蛞蝓

*Microchlamylla amabilis*
（Hirano & Kuzirian, 1991）

北太平洋

| 知床羅臼 水深 10m 大小 12mm 黑田貴司 |

身體白色半透明，觸角、口觸手的前端 2 / 3 爲白色。尾部正中線上有白線。背側突起幾乎爲透明，前端爲白色，消化腺爲紅褐色。長度達 26mm。

消化腺為紅褐色
前端為白色
白線
前端 2 / 3 為白色

Coryphellidae 科

# Coryphellidae 科之一種

Coryphellidae sp.

伊豆半島

|大瀨崎 水深 28m 大小 11mm 山田久子|

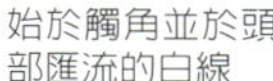
始於觸角並於頭部匯流的白線
尾部有 2 條白線
消化腺為褐色

身體爲白色半透明。從觸角延伸的白線在頭部匯流，一直延伸至背部。白線在背部中間斷斷續續，一路延伸至尾端基部。白色直線與另外兩條白線延伸至末端。背側突起上方的內側有 1 條白色直線，但在全身白色色素較多的個體上，白線並不明顯。背側突起消化腺爲褐色。長度達 11mm。

---

Apataidae 科
Apata 屬

# 普萊斯扇羽海蛞蝓

*Apata pricei komandorica*
Korshunova et al., 2017

北太平洋

|親不知 水深 5m 大小 10mm 木元伸彥|

白色直線
皺褶狀褶葉清晰
白色直線
消化腺為草綠色，前端附近為紅褐色

身體爲白色半透明，觸角的皺褶狀褶葉清晰，後方有白色直線。口觸手和尾部也有白色直線。背側突起幾乎爲透明，消化腺爲草綠色，前端附近爲紅褐色。長度達 15mm。

單齒海蛞蝓科 Unidentiidae
單齒海蛞蝓屬 Unidentia

# 日俄單齒海蛞蝓

*Unidentia nihonrossija*
Korshunova et al., 2017

西太平洋、北太平洋

| 伊豆海洋公園 水深 25m 大小 18mm 山田久子 |

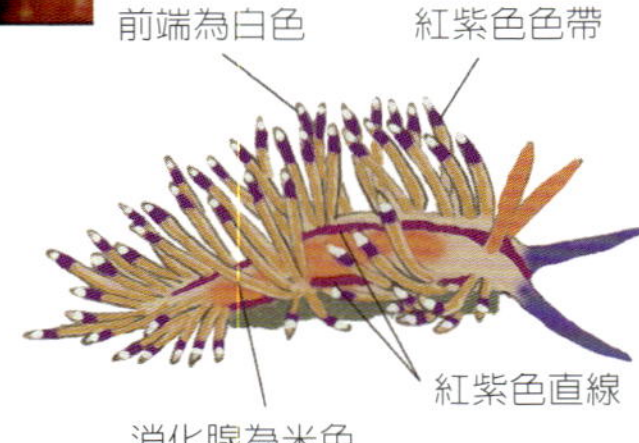
前端為白色
紅紫色色帶
紅紫色直線
消化腺為米色到紅色

身體爲白色半透明，背部正中線上與背側突起基部下方有紅紫色直線。背側突起呈透明狀，長度較長，前端爲白色，下方有紅紫色色帶。突起內的消化腺爲米色到紅色。觸角爲紅色半透明，前端爲白色。口觸手爲紅紫色，前端是白色。長度達 25mm。

---

單齒海蛞蝓科 Unidentiidae
單齒海蛞蝓屬 Unidentia

# 單齒海蛞蝓之一種

*Unidentia* sp.

琉球群島

| 慶良間群島 水深 12m 大小 10mm 小野篤司 |

前端下方有紅紫色色帶
乳白色斑紋
消化腺為米色到紅色
紅紫色直線
白色大斑紋

身體爲白色半透明，頭部到背部的正中線上與背側突起基部下方，有紅紫色直線。背部有白色大斑紋。背側突起爲透明，長度較長，前端下方有紅紫色色帶。此外，整個突起有乳白色斑紋。突起內的消化腺爲米色到紅色，觸角與背側突起相同顏色。口觸手爲紅紫色。有必要詳細調查本種與日俄單齒海蛞蝓之間的關係。長度達 11mm。

菲納鰓科 Fionidae
真鰓海蛞蝓屬 Eubranchus

## 堀氏眞鰓海蛞蝓

*Eubranchus horii* Baba, 1960

日本

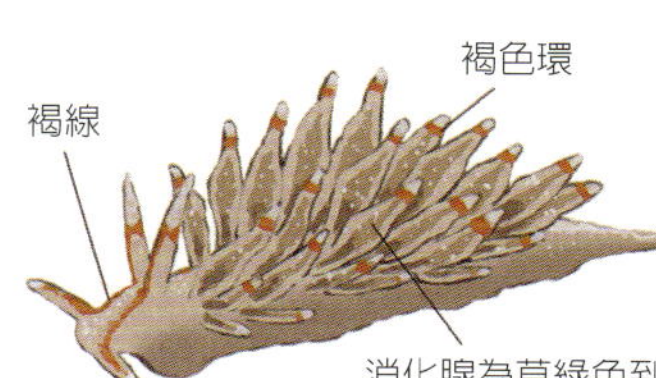
褐色環
褐線
消化腺為草綠色到深褐色

| 親不知 水深 5m 大小 10mm 掛川學 |

身體爲白色或黃色半透明。口觸手到觸角有褐線。背面散布褐色斑紋與白色細點，數量因個體而異。背側突起的顏色和身體一樣，散布白色細點，前端下方有褐色環。背側突起的消化腺爲草綠色到深褐色。長度達 10mm。

| 八丈島 水深 6m 大小 10mm 木元伸彥 |

菲納鰓科 Fionidae
真鰓海蛞蝓屬 Eubranchus

## 稻葉眞鰓海蛞蝓

*Eubranchus inabai* Baba, 1964

西太平洋

| 八丈島 水深 10m 大小 3mm 余吾涉 |

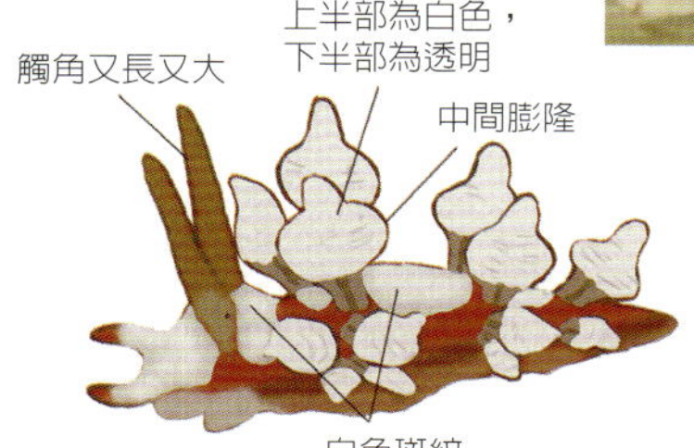
觸角又長又大
上半部為白色，
下半部為透明
中間膨隆
白色斑紋

身體爲紅褐色，頭部和背面各有白色斑紋。背側突起的下半部透明，上半部爲白色，中間膨隆。背側突起的消化腺爲淺褐色。觸角又長又大，與身體同色。長度達 12mm。

| 八丈島 水深 14m 大小 8mm 加藤昌一 |

菲納鰓科 Fionidae
眞鰓海蛞蝓屬 Eubranchus

## 越前眞鰓海蛞蝓

*Eubranchus echizenicus*
Baba, 1975

日本

背側突起彎曲，
前端不透明
整體散布
紅褐色小斑紋

身體爲白色半透明，有時身體的局部或整體帶黃色。體表遍布紅褐色小斑紋。背側突起的顏色與身體相同，形狀彎曲，前端不透明。突起內的消化腺爲淺粉紅色，不粗也不細。觸角與口觸手上半部爲橙色。Gosliner et al., 2018 的 *Eubranchus* sp. 19 可能是本種。長度達 7mm。

---

| 宮川灣 水深 12m 大小 10mm 池田雄吾 |

菲納鰓科 Fionidae
眞鰓海蛞蝓屬 Eubranchus

## 純潔眞鰓海蛞蝓

*Eubranchus virginalis*
（Baba, 1949）

西太平洋

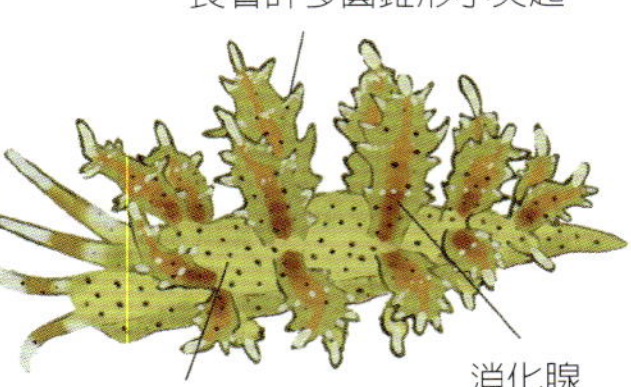
長著許多圓錐形小突起
散布黑點
消化腺
下半部較粗

| 八丈島 水深 5m 大小 5mm 早梅康廣 |

身體爲白色半透明，可觀察到帶橙黃色或綠色的個體。包括背側突起在內，整體散布黑點，但偶爾會發現沒有黑點的個體。背側突起長著許多圓錐形小突起，但有些個體不明顯。突起內的消化腺下半部較粗，觸角前端爲白色，下方有較粗的紅褐色色帶。長度達 12mm。

菲納鰓科 Fionidae
真鰓海蛞蝓屬 Eubranchus

# 模仿眞鰓海蛞蝓

*Eubranchus mimeticus* Baba, 1975

日本

｜大瀨崎 水深 10m 大小 8mm 法月麻紀｜

前端為深藍綠色
側突起為紅色，
有幾條白色直線
頭部到
正中線上有白線

身體爲白色半透明，背面爲紅色，頭部前端到尾端的正中線上有白線。背側突起爲紅色，有幾條白色直線，前端爲深藍綠色。觸角上方、口觸手也是深藍綠色。長度達 10mm。

---

菲納鰓科 Fionidae
真鰓海蛞蝓屬 Eubranchus

# 曼達帕姆眞鰓海蛞蝓

*Eubranchus mandapamensis*
（Rao, 1968）

印度－
西太平洋

｜慶良間群島 水深 15m 大小 12mm 小野篤司｜

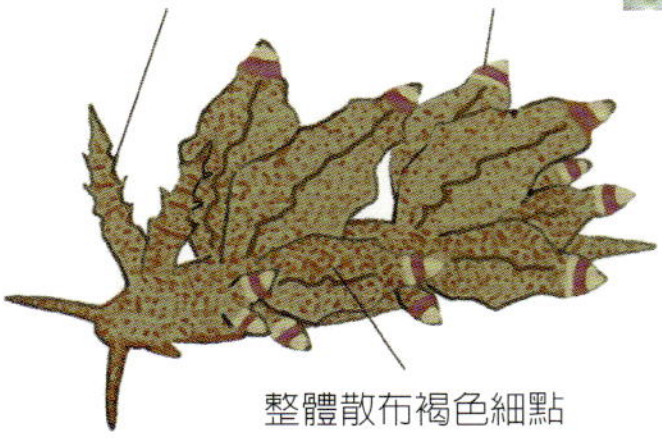

觸角有小突起
粉紅色環
整體散布褐色細點

身體爲褐色半透明，包括背側突起、觸角和口觸手在內，全身散布褐色細點。背側突起較粗，呈大型紡錘狀。前端爲黃白色，下方有粉紅色環。觸角有幾個環或棘狀小突起。異名爲曼達帕瑪眞鰓海蛞蝓、*Eubranchus rubropunctatus*。長度達 20mm。

|慶良間群島 水深 7m 大小 10mm 小野篤司|

菲納鰓科 Fionidae
真鰓海蛞蝓屬 Eubranchus

西太平洋

## 眞鰓海蛞蝓之一種 1

*Eubranchus* sp. 1

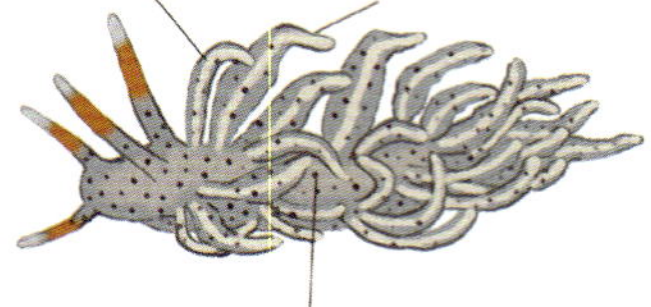
消化腺為棒狀
背側突起長且平滑
整體散布黑褐色點

身體爲白色半透明，包括背側突起在內，全身散布黑褐色點。背側突起長且平滑，消化腺大致爲棒狀。觸角和口觸手的中段有橙色環。外形近似純潔眞鰓海蛞蝓，但背側突起沒有長出衍生小突起。需進一步調查本種與越前眞鰓海蛞蝓之關係。長度達 10mm。

|八丈島 水深 18m 大小 10mm 早梅康廣|

菲納鰓科 Fionidae
真鰓海蛞蝓屬 Eubranchus

印度－太平洋

## 眞鰓海蛞蝓之一種 2

*Eubranchus* sp. 2

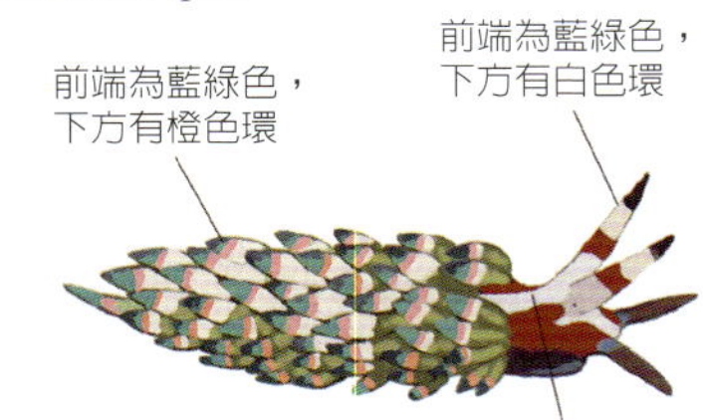
前端為藍綠色，
下方有橙色環
前端為藍綠色，
下方有白色環
頭部到尾端有寬
版白色色帶

身體爲黃褐色半透明。頭部前端到尾端有寬版白色色帶。背側突起爲淺黃綠色，前端爲藍綠色，下方有橙色環。觸角前端爲藍綠色，下方有白色環。口觸手爲藍綠色。長度達 8mm。

|慶良間群島 水深 5m 大小 6mm 小野篤司|

菲納鰓科 Fionidae
真鰓海蛞蝓屬 Eubranchus

西太平洋

## 眞鰓海蛞蝓之一種 3

*Eubranchus* sp. 3

背側突起又長又大，
散布較大的紅褐色斑

除了背側突起之外，
全身遍布紅褐色細點

身體爲白色半透明，除了背側突起之外，全身遍布紅褐色細點。背側突起又長又大，散布稀疏的紅褐色大斑。觸角、口觸手中段有紅褐色帶。可從細點的大小和分布密度，辨認其與近似種越前眞鰓海蛞蝓、眞鰓海蛞蝓之一種 1。三者是否同種，是今後要釐清的課題。長度達 10mm。

菲納鰓科 Fionidae
真鰓海蛞蝓屬 Eubranchus

# 眞鰓海蛞蝓之一種 4

西太平洋

*Eubranchus* sp. 4

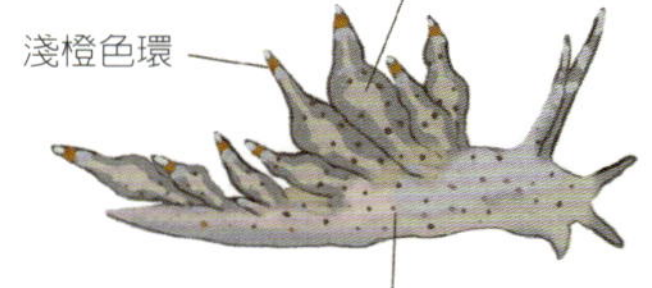
背側突起中段膨隆，
消化腺中段也膨脹
淺橙色環
全身散布深褐色細點

| 八丈島 水深 8m 大小 8mm 加藤昌一 |

身體爲白色半透明，包括背側突起在內，全身散布深褐色細點。背側突起中段膨隆，消化腺中段也呈膨脹狀。此外，曾觀察到前端下方膨隆的個體。突起前端爲白色，下方有淺橙色環。觸角和口觸手沒有明顯色帶。長度達 8mm。

菲納鰓科 Fionidae
真鰓海蛞蝓屬 Eubranchus

# 眞鰓海蛞蝓之一種 5

慶良間群島

*Eubranchus* sp. 5

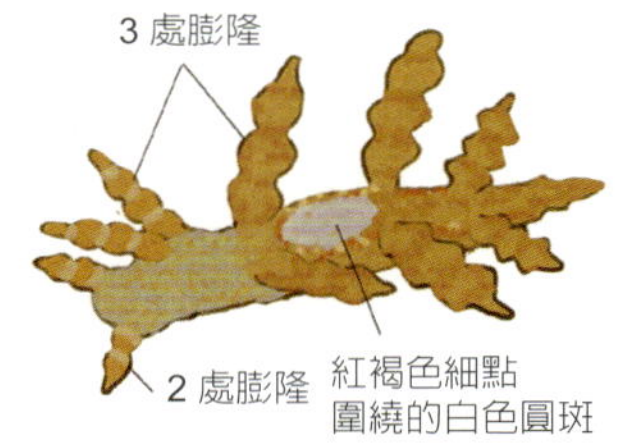
3 處膨隆
2 處膨隆
紅褐色細點
圍繞的白色圓斑

| 慶良間群島 潮間帶 大小 5mm 小野篤司 |

身體爲白色到黃色半透明。背面中央有白色圓斑，周邊圍繞紅褐色細點。背側突起有 3 處膨隆，觸角有 3 處膨隆，口觸手有 2 處膨隆。長度達 5mm。

菲納鰓科 Fionidae
真鰓海蛞蝓屬 Eubranchus

# 眞鰓海蛞蝓之一種 6

日本

*Eubranchus* sp. 6

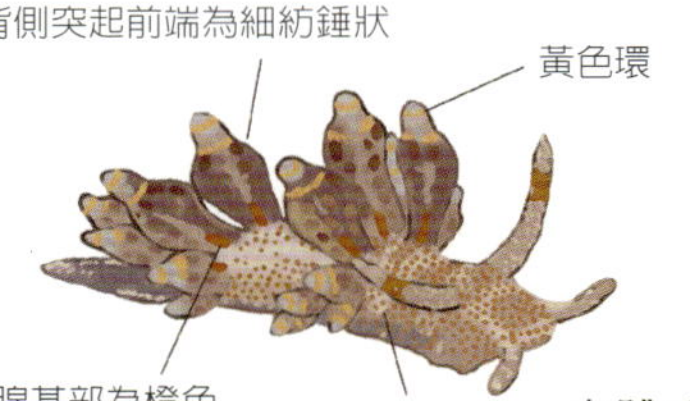
背側突起前端為細紡錘狀
黃色環
消化腺基部為橙色
除了背側突起
外，全身遍布
褐色點與白色
細點

| 大瀨崎 水深 8m 大小 6mm 山田久子 |

身體爲白色半透明，除了背側突起外，全身遍布褐色點與白色細點。背側突起呈紡錘狀，前端較細，前端下方有黃色環。消化腺基部爲橙色，背側突起的膨隆有分支，前端爲藍色。觸角中段上方有褐色環，但有些個體沒有。長度達 15mm。

菲納鰓科 Fionidae
真鰓海蛞蝓屬 Eubranchus

# 眞鰓海蛞蝓之一種 7

*Eubranchus* sp. 7

西太平洋

| 慶良間群島 水深 7m 大小 7mm 小野篤司 |

身體爲白色或黃色半透明，全身密布白色細點。背面有白色大斑紋和紅色小斑紋，但配置不規則。背側突起有 2 處膨隆，可從前端下方的膨隆看見體內消化腺。觸角中段有紅色環，日文異名爲ピナクルミノウミウシ。長度達 7mm。

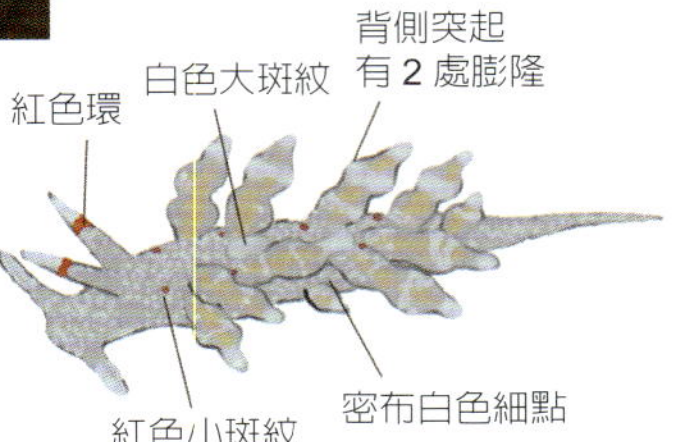
背側突起
有 2 處膨隆
白色大斑紋
紅色環
紅色小斑紋
密布白色細點

菲納鰓科 Fionidae
真鰓海蛞蝓屬 Eubranchus

# 眞鰓海蛞蝓之一種 8

*Eubranchus* sp. 8

西太平洋

| 慶良間群島 水深 8m 大小 8mm 小野篤司 |

身體爲白色半透明，背面散布黃褐色與白色小斑紋。背側突起幾乎透明，散布黑褐色細點。背側突起的消化腺爲乳白色，有 2 處明顯膨隆。觸角和口觸手的中段有紅褐色環。長度達 8mm。

消化腺為乳白色，
有 2 處明顯膨隆
紅褐色環
散布黑褐色細點
散布黃褐色與
白色小斑紋

菲納鰓科 Fionidae
眞鰓海蛞蝓屬 Eubranchus

# 眞鰓海蛞蝓之一種 9

*Eubranchus* sp. 9

西太平洋

| 慶良間群島 水深 15m 大小 10mm 小野篤司 |

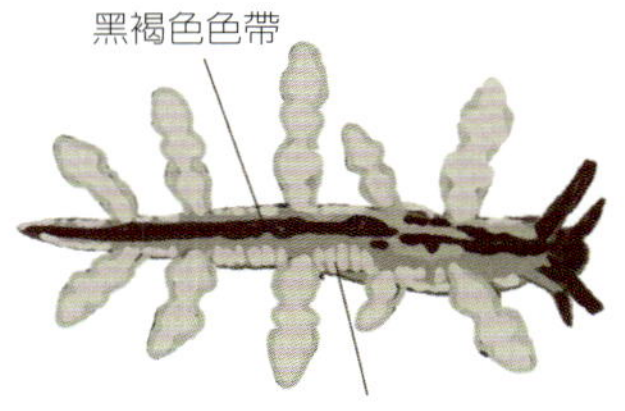
黑褐色色帶
白色細横帶緊密排列

身體爲白色半透明，背面和體側下方有黑褐色色帶。背側突起的體側上方有緊密排列的白色細横帶。背側突起幾乎爲透明，消化腺爲白色，有 2 ～ 3 處膨隆。觸角爲黑褐色，口觸手呈半透明。偶爾會觀察到欠缺白色與黑褐色色素的個體。長度達 20mm。

| 大瀨崎 水深 18m 大小 8mm 加藤昌一 |

菲納鰓科 Fionidae
眞鰓海蛞蝓屬 Eubranchus

# 眞鰓海蛞蝓之一種 10

*Eubranchus* sp. 10

西太平洋

| 八丈島 水深 15m 大小 4mm 廣江一弘 |

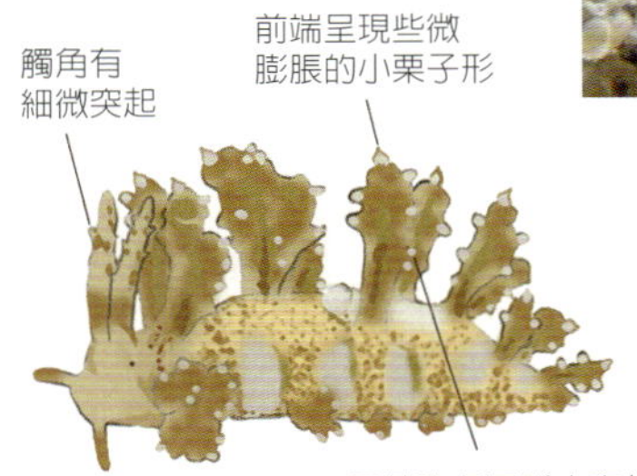
觸角有
細微突起
前端呈現些微
膨脹的小栗子形
長著許多圓形小突起

身體爲白色半透明，散布斑駁的褐色或綠褐色細點，但分布位置和量有個體變異。背側突起的前端呈現些微膨脹的小栗子形，整根突起長著許多前端爲圓形的小突起。觸角有些微突起，帶不明顯的黑褐色環。與 Gosliner et al., 2018 的 *Eubranchus* sp. 14 爲同種。

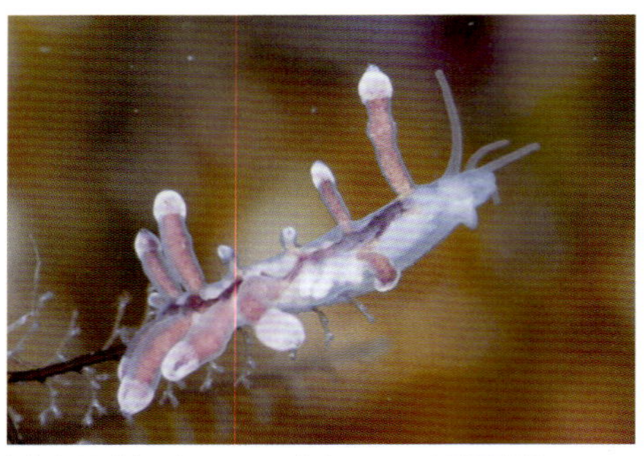

| 慶良間群島 水深 14m 大小 7mm 小野篤司 |

菲納鰓科 Fionidae
真鰓海蛞蝓屬 Eubranchus

西太平洋

## 眞鰓海蛞蝓之一種 11

*Eubranchus* sp. 11

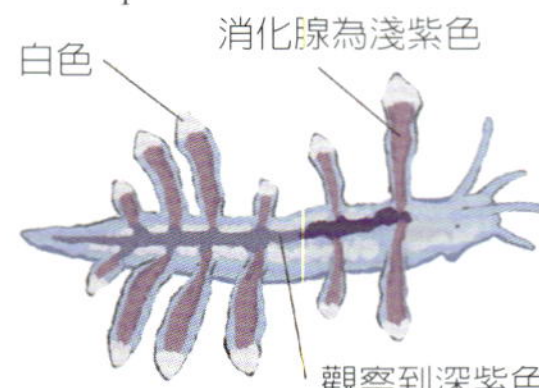
白色
消化腺為淺紫色
觀察到深紫色的消化腺
連結背側突起的模樣

身體爲白色半透明，可從體外看見內部器官。從背面可看到深紫色的消化腺連結背側突起的模樣。背側突起幾乎透明，前端爲白色。內部消化腺爲淺紫色，沒有明顯的膨隆。觸角與口觸手爲半透明。長度達 12mm。

| 慶良間群島 水深 15m 大小 15mm 小野篤司 |

菲納鰓科 Fionidae
真鰓海蛞蝓屬 Eubranchus

西太平洋

## 眞鰓海蛞蝓之一種 12

*Eubranchus* sp. 12

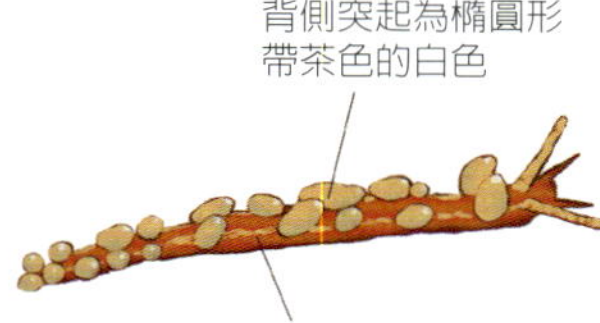
背側突起為橢圓形
帶茶色的白色
帶褐色的白色直線

身體爲褐色，十分細長，背側緣有帶褐色的白色直線。背側突起短，乍看像是短粒米膨脹飽滿的模樣，呈現出帶茶色的白色。觸角爲白色，散布褐色細點。口觸手爲褐色。長度達 15mm。

| 慶良間群島 水深 10m 大小 10mm 小野篤司 |

菲納鰓科 Fionidae
真鰓海蛞蝓屬 Eubranchus

慶良間群島

## 眞鰓海蛞蝓之一種 13

*Eubranchus* sp. 13

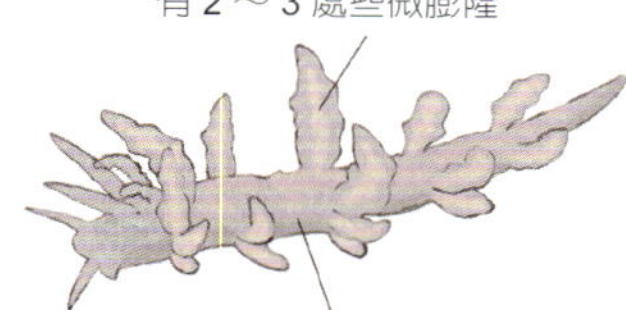
背側突起配合消化腺的形狀
有 2 ～ 3 處些微膨隆
白色半透明

身體爲淡粉紅色、白色半透明，沒有斑蚊和細點。背側突起與身體同色，配合消化腺的形狀有 2 ～ 3 處些微膨隆。觸角和口觸手爲半透明。長度達 10mm。

菲納鰓科 Fionidae
眞鰓海蛞蝓屬 Eubranchus

# 眞鰓海蛞蝓之一種 14

西太平洋

*Eubranchus* sp. 14

消化腺為黃綠色
長觸角表面平滑
有褐色細點和白色紋

| 慶良間群島 水深 12m 大小 15mm 小野篤司 |

身體幾乎爲半透明，散布褐色細點和白色紋。背側突起從基部到中段有大膨隆，前端略細。消化腺爲黃綠色，形狀較細，一直延伸至前端下方。觸角長，平滑，有褐色細點與白色紋。口觸手短，有褐色與白色紋。長度達 15mm。

---

菲納鰓科 Fionidae
優雅海蛞蝓屬 Abronica 屬

# 紫斑優雅海蛞蝓

西太平洋

*Abronica purpureoanulata*
（Baba, 1961）

前端為白色
下方有紫色環
紫色帶
消化腺為褐色

| 伊豆大島 水深 20m 大小 3mm 水谷知世 |

身體爲白色半透明，背面與頭部散布黃白色斑紋。背側突起從中段到上方爲黃白色，前端爲白色，下方有紫色環。突起內的消化腺爲褐色。觸角與口觸手各有 2 條紫色帶。長度達 15mm。

---

菲納鰓科 Fionidae
優雅海蛞蝓屬 Abronica

# 優雅海蛞蝓之一種 1

西太平洋

*Abronica* sp. 1

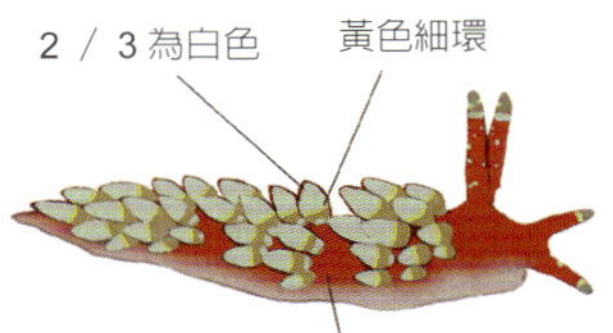
2 / 3 為白色
黃色細環
身體為橙紅色

| 慶良間群島 水深 10m 大小 8mm 小野篤司 |

身體爲橙紅色，背側突起上方 2 / 3 爲白色，中間有黃色細環。突起前端爲淺色，突起基部有白色紋。觸角爲橙紅色，散布黃色細點，前端附近有黃色環。口觸手前端附近有黃色環，最前端沒有顏色。過去的文獻曾將其列爲 *Tenellia* 屬。長度達 6mm。

菲納鰓科 Fionidae
優雅海蛞蝓屬 Abronica

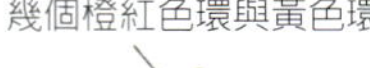

# 優雅海蛞蝓之一種 2

西太平洋、中太平洋

*Abronica* sp. 2

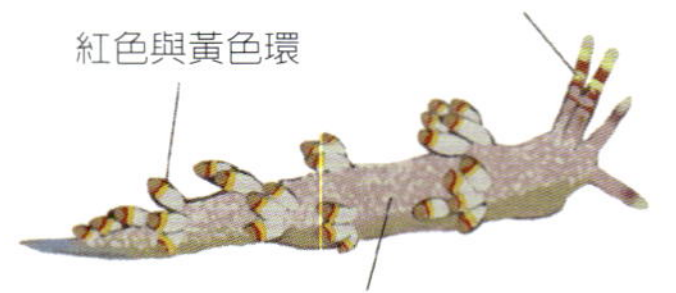
幾個橙紅色環與黃色環
紅色與黃色環
全身遍布白色細點

| 慶良間群島 水深 18m 大小 8mm 小野篤司 |

身體爲白色半透明，全身遍布白色細點。背側突起爲白色，前端無色，下方有紅色與黃色環。觸角有幾個橙紅色環，中間有黃色環，前端沒有顏色。過去的文獻曾將其列爲羽螅背鰓海蛞蝓屬之一種。長度達 9mm。

菲納鰓科 Fionidae
優雅海蛞蝓屬 Abronica

# 優雅海蛞蝓之一種 3

琉球群島

*Abronica* sp. 3

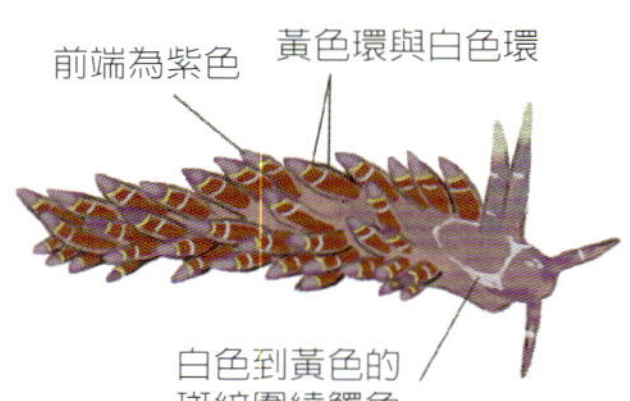
前端為紫色
黃色環與白色環
白色到黃色的
斑紋圍繞觸角

| 沖繩島 水深 3m 大小 3mm 今川郁 |

身體爲紫色半透明，頭部與背面有圍繞觸角的白色到黃色斑紋。背側突起幾乎透明，前端爲紫色，接著是黃色環，隔一段距離還有白色環。突起內部的消化腺爲褐色，愈往中段愈粗。觸角前端下方有黃色環。長度達 15mm。

菲納鰓科 Fionidae
羽螅背鰓海蛞蝓屬 Trinchesia

# 秋葉羽螅背鰓海蛞蝓

日本

*Trinchesia akibai*（Baba, 1984）

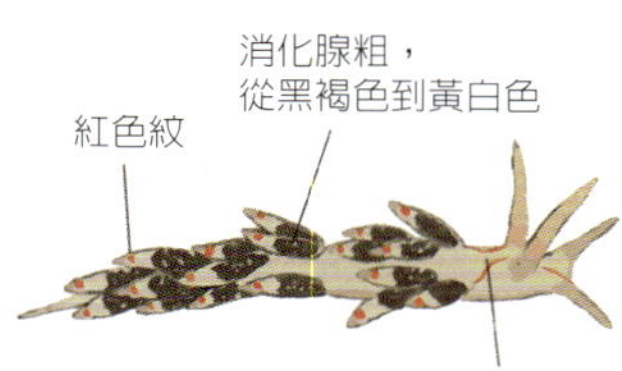
消化腺粗，
從黑褐色到黃白色
紅色紋
2 條紅線

| 荒崎海岸 水深 1m 大小 7mm 山田久子 |

身體爲黃色半透明，背面和頭部有黃白色斑紋，但大多不明顯。頭部有 2 條在觸角基部中斷的紅線。背側突起的前端下方有紅色紋。消化腺粗，顏色從黑褐色到黃白色，變異性大。長度達 10mm。

菲納鰓科 Fionidae
Tenellia 屬

## 莓果羽螅背鰓海蛞蝓

*Tenellia acinosa*（Risbec, 1928）

西太平洋

| 慶良間群島 水深 5m 大小 6mm 小野篤司 |

背側突起長，
呈紅褐色半透明

身體為白色

消化腺為橘色

身體爲白色，背側突起長，呈紅褐色半透明，可看見體內的橘色消化腺。背側突起有白色紋，觸角和口觸手爲紅褐色。長度達 13mm。

---

菲納鰓科 Fionidae
Tenellia 屬

## 少女羽螅背鰓海蛞蝓

*Tenellia puellula*（Baba, 1955）

日本

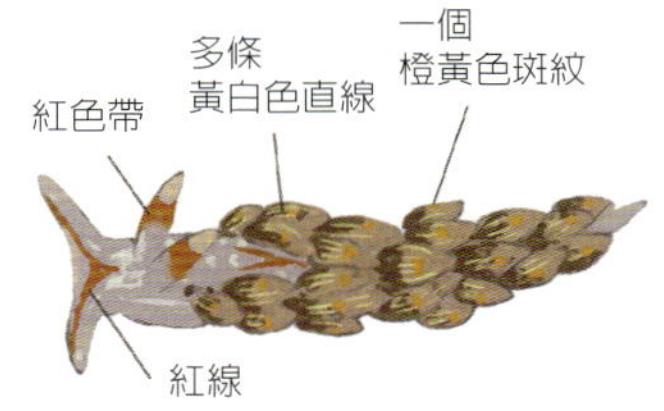
紅色帶
多條
黃白色直線
一個
橙黃色斑紋
紅線

| 八丈島 水深 10m 大小 8mm 加藤昌一 |

身體爲淺褐色半透明，背面和體側有許多不規則白色斑紋。透明的背側突起有許多黃白色直線，前端下方前面有一個橙黃色斑紋。突起內的消化腺爲黑褐色。觸角中段有紅色帶。口觸手上面有紅線，在頭部相連。長度達 10mm。

---

菲納鰓科 Fionidae
Tenellia 屬

## 雜色羽螅背鰓海蛞蝓

*Tenellia diversicolor*（Baba, 1975）

西太平洋

橙黃色環
和藍色環
散布
白色細點
橫長形的
黃色斑紋很搶眼

| 八丈島 水深 5m 大小 12mm 加藤昌一 |

身體爲白色半透明，背面有藍色雲狀斑紋，散布黃色小斑紋。頭部觸角前的橫長形黃色斑紋很搶眼。透明的背側突起前端下方有橙黃色環和藍色環。突起內的消化腺有褐色、綠褐色與黑色，變異性大。觸角和口觸手爲橙色，散布白色細點。長度達 20mm。

| 八丈島 水深 8m 大小 16mm 加藤昌一 |

菲納鰓科 Fionidae
Tenellia 屬

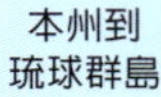

本州到
琉球群島

## 亞級羽螅背鰓海蛞蝓

*Tenellia beta*（Baba & Abe, 1964）

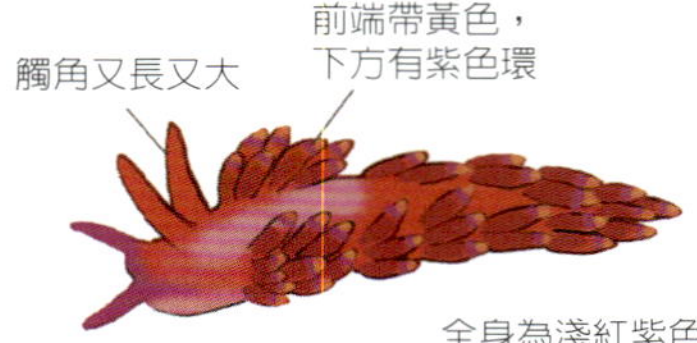
觸角又長又大
前端帶黃色，
下方有紫色環
全身為淺紅紫色

全身爲淺紅紫色。背側突起的前端帶黃色，下方有紫色環。觸角又長又大，爲橙紅色。口觸手爲紫色。長度達 10mm。

| 八丈島 水深 5m 大小 10mm 廣江一弘 |

菲納鰓科 Fionidae
Tenellia 屬

印度－
西太平洋

## 細長羽螅背鰓海蛞蝓

*Tenellia anulata*（Baba, 1949）

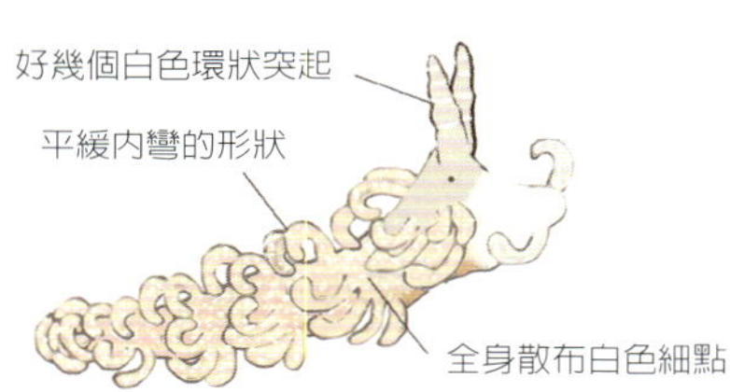
好幾個白色環狀突起
平緩內彎的形狀
全身散布白色細點

身體爲白色半透明，全身散布白色細點。背側突起呈現平緩內彎的形狀。觸角不透明，有好幾個白色環狀突起。過去僅南非與日本有觀察紀錄，但現在澳洲也有觀察報告。長度達 10mm。

| 大瀬崎 水深 12m 大小 5mm 加藤昌一 |

菲納鰓科 Fionidae
Tenellia 屬

北海道到
琉球群島

## 瞳孔羽螅背鰓海蛞蝓

*Tenellia pupillae*（Baba,1961）

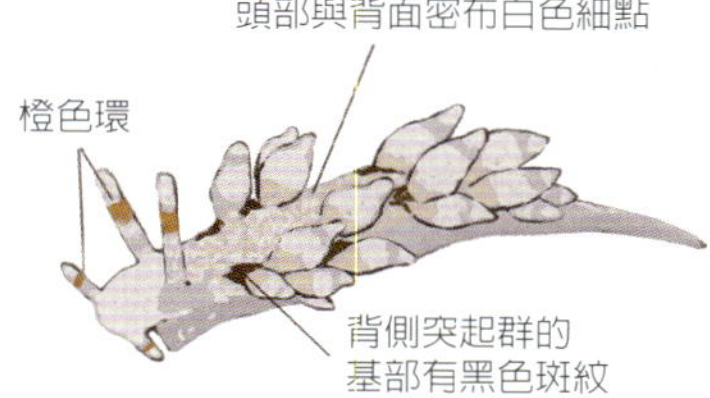
頭部與背面密布白色細點
橙色環
背側突起群的
基部有黑色斑紋

身體爲白色半透明，頭部與背面密布白色細點。背側突起群的基部有黑色斑紋，觸角和口觸手的中段有橙色環。外觀近似眞鰓海蛞蝓之一種 7，可從背側突起群基部有明顯黑斑、突起內消化腺分支較密，以及背面沒有紅色小斑紋等特點辨別。長度達 7mm。

菲納鰓科 Fionidae
Tenellia 屬

# 裝飾羽螅背鰓海蛞蝓

*Tenellia ornata*（Baba, 1937）

印度－西太平洋

中段有藍色色帶，
前端刺胞囊為黃色
觸角、口觸手的
顏色變異性大

| 八丈島 水深 16m 大小 8mm 加藤昌一 |

身體爲黃色到橙色半透明狀，背側突起透明，中段有帶黑色的藍色消化腺。前端刺胞囊爲黃色。觸角與口觸手爲紅色、黃色到白色，變異性大。長度達 15mm。

菲納鰓科 Fionidae
Tenellia 屬

# *Tenellia* 屬羽螅背鰓海蛞蝓之一種 1

*Tenellia* sp. 1

印度－西太平洋

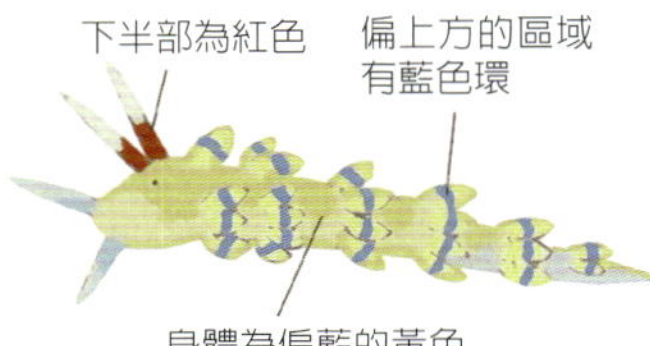
下半部為紅色
偏上方的區域
有藍色環
身體為偏藍的黃色

| 八丈島 水深 9m 大小 8mm 加藤昌一 |

身體爲偏藍的黃色，背側突起也是偏藍的黃色，中段偏上方的區域有藍色環。觸角下半部爲紅色，上方爲白色。口觸手爲偏藍的白色。長度達 8mm。

菲納鰓科 Fionidae
Tenellia 屬

# *Tenellia* 屬羽螅背鰓海蛞蝓之一種 2

*Tenellia* sp. 2

西太平洋、中太平洋

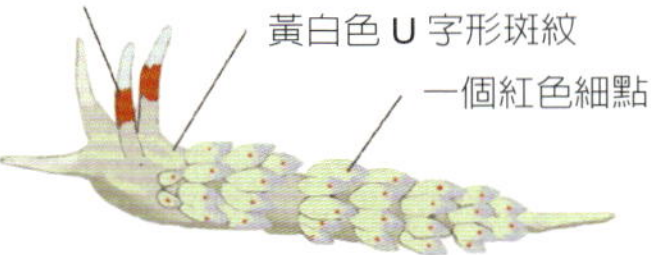
寬版紅色色帶
黃白色 U 字形斑紋
一個紅色細點

| 八丈島 水深 15m 大小 5mm 廣江一弘 |

身體爲白色半透明，頭部有黃白色 U 字形斑紋，周圍是藍色。背側突起爲黃白色，中段有一個紅色細點，前端爲藍色。觸角中段有寬版紅色色帶。長度達 10mm。

| 八丈島 水深 12m 大小 8mm 加藤昌一 |

菲納鰓科 Fionidae
Tenellia 屬

西太平洋

## *Tenellia* 屬羽螅背鰓海蛞蝓之一種 3

*Tenellia* sp. 3

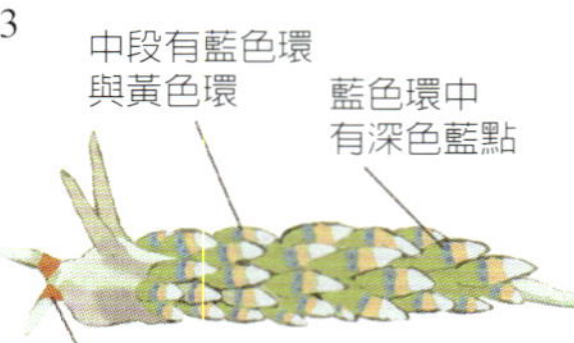
中段有藍色環
與黃色環
藍色環中
有深色藍點
根部有紅色環

身體爲黃色半透明，頭部和背面有淺白色斑點。背側突起的中段有藍色環與黃色環，藍色環中有深色藍點。觸角爲淺黃色。口觸手爲白色，根部有紅色環。長度達 8mm。

| 茅崎 水深 3m 大小 10mm 飯田將洋 |

菲納鰓科 Fionidae
Tenellia 屬

日本

## 双色羽螅背鰓海蛞蝓

*Tenellia futairo*（Baba,1963）

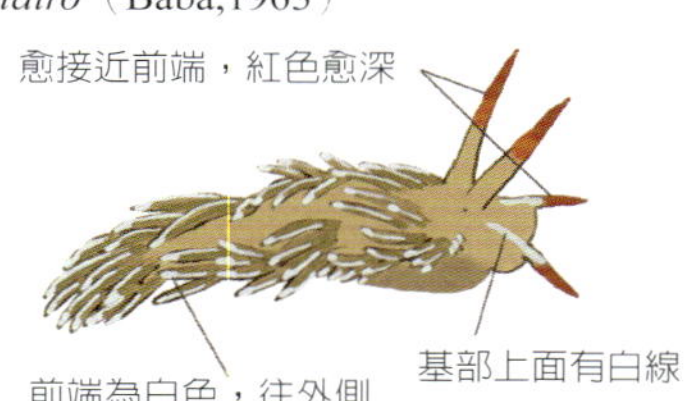
愈接近前端，紅色愈深
基部上面有白線
前端為白色，往外側
下方延伸出白色區域

身體爲橙黃色半透明，觸角和口觸手的顏色愈接近前端愈深，呈深紅色。口觸手基部上面有白線。背側突起前端爲白色，往外側下方延伸出白色區域。消化腺爲淺綠色。長度達 20mm。

| 大瀨崎 水深 18m 大小 13mm 山田久子 |

菲納鰓科 Fionidae
Tenellia 屬

印度－
西太平洋

## 西寶羽螅背鰓海蛞蝓

*Tenellia sibogae*（Bergh,1905）

前端為黃色
身體為紫色到淺紫色

身體爲紫色到淺紫色，背側突起的顏色和身體相同，前端爲黃色。有些個體的黃色下方有深紫色環。觸角和口觸手的顏色與身體一樣，不過顏色較深。長度達 35mm。

菲納鰓科 Fionidae
Tenellia 屬

本州

# *Tenellia* 屬羽螅背鰓海蛞蝓之一種 4

*Tenellia* sp. 4

上方 1 ／ 3 為白色
黃褐色消化腺
橙色線從口觸手基部
延伸至身體後方

| 一切 水深 11m 大小 5mm 山田久子 |

身體爲白色半透明，橙色線從口觸手基部經過背緣，延伸至身體後方。背部爲白色。背側突起上方 1 ／ 3 爲白色，下方的顏色與身體相同，可看見裡面的黃褐色消化腺。觸角上方 2 ／ 3 與口觸手爲白色。前足隅圓形。長度達 5mm。

---

菲納鰓科 Fionidae
Tenellia 屬

本州到
琉球群島

# *Tenellia* 屬羽螅背鰓海蛞蝓之一種 5

*Tenellia* sp. 5

前端為黃色
紫色帶
消化腺為
鮮豔的紅色
正中線上有紅紫色色帶

| 慶良間群島 水深 7m 大小 4mm 小野篤司 |

身體爲黃色半透明，正中線上有紅紫色色帶。背側突起幾乎爲透明，前端爲黃色，下方有紫色帶。突起內的消化腺爲鮮豔的紅色。頭部帶褐色，觸角和口觸手爲黃色或白色半透明。長度達 4mm。

---

菲納鰓科 Fionidae
Tenellia 屬

西太平洋、
中太平洋

# *Tenellia* 屬羽螅背鰓海蛞蝓之一種 6

*Tenellia* sp. 6

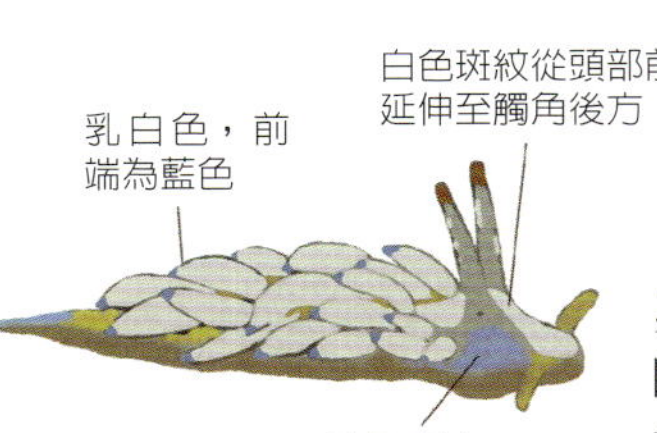
白色斑紋從頭部前端
延伸至觸角後方
乳白色，前
端為藍色
藍色斑紋

| 慶良間群島 水深 15m 大小 3mm 小野篤司 |

身體爲褐色半透明，白色斑紋從頭部前端延伸至觸角後方。眼下有藍色斑紋。背側突起爲乳白色，前端爲藍色。觸角前端爲紅色，口觸手爲紅色半透明。長度達 15mm。

|八丈島 水深 18m 大小 3mm 早梅康廣|

菲納鰓科 Fionidae
Tenellia 屬

日本

## *Tenellia* 屬羽螅背鰓海蛞蝓之一種 7

*Tenellia* sp. 7

淺藍色到紫色，
有 2 條黃色直線
藍色般圍繞的黃白色細斑紋

身體爲褐色半透明，頭部前端到觸角後方有黃白色細斑紋，周圍還有藍色斑紋。背側突起爲淺藍色到紫色，有 2 條黃色直線。觸角中段有淺紅褐色色帶。口觸手的顏色與身體一樣。長度達 7mm。

|宮古島 水深 14m 大小 30mm 鎌田陽介|

菲納鰓科 Fionidae
Tenellia 屬

印度－西太平洋

## 彌益羽螅背鰓海蛞蝓

*Tenellia yamasui*（Hamatani,1993）

背面突起覆蓋白色細點，前端
為橙色、最前端有白色小環
白色環
白線延伸至口觸手中段

頭部前端爲橙黃色，背面散布不規則白色斑紋。口觸手爲橙黃色，從頭部延伸的白線一直到口觸手中段。觸角也是橙黃色，前端下方有白色環。背側突起爲橙黃色到褐色，散布白色細點；前端爲橙色到褐色，最前端有極小的白色環。在日本屬於稀有種。長度達 30mm。

|慶良間群島 水深 7m 大小 10mm 小野篤司|

菲納鰓科 Fionidae
Tenellia 屬

西太平洋

## *Tenellia* 屬羽螅背鰓海蛞蝓之一種 8

*Tenellia* sp. 8

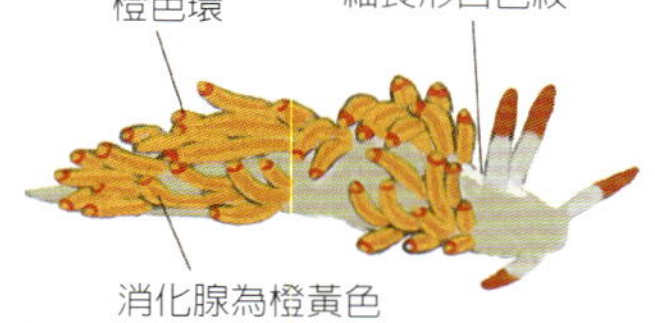
觸角間延伸到後方的
細長形白色紋
橙色環
消化腺為橙黃色

身體爲帶白色或藍色的半透明，白色細紋從頭部的觸角間延伸至後方。背側突起爲透明，前端下方有橙色環，消化腺爲橙黃色。觸角和口觸手的顏色與身體相同，上半部爲橙色。過去的文獻曾將其歸類於灰翼海蛞蝓科。Gosliner et al., 2018 的 *Tenellia* sp. 46 爲本種。長度達 8mm。

菲納鰓科 Fionidae
Tenellia 屬

# *Tenellia* 屬羽螅背鰓海蛞蝓之一種 9

*Tenellia* sp. 9

西太平洋

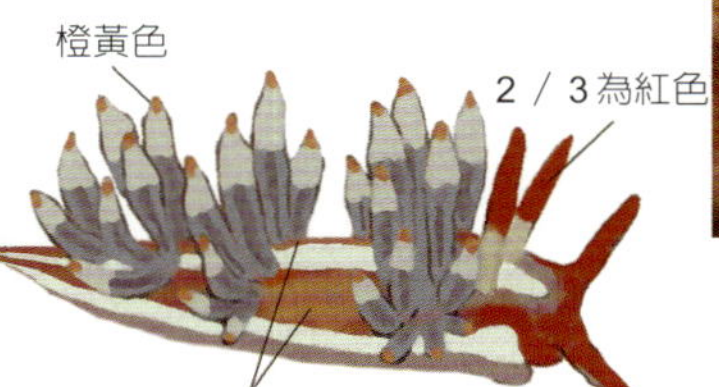
橙黃色
2／3為紅色
兩側有紅紫色色帶，
中間的背面為白色

| 八丈島　水深 8m　大小 6mm　加藤昌一 |

| 慶良間群島　水深 7m　大小 5mm　小野篤司 |

身體爲白色，兩側的紅紫色色帶通過口觸手、觸角基部與各背側突起群的基部，中間的背面爲白色。背側突起爲半透明，有些個體上方1／2爲白色，有些個體全爲紅紫色。突起前端的下方爲橙黃色，觸角基部爲白色，上方2／3爲紅色。日本異名爲マゼンタミノウミウシ。長度達 7mm。

菲納鰓科 Fionidae
Tenellia 屬

# *Tenellia* 屬羽螅背鰓海蛞蝓之一種 10

*Tenellia* sp. 10

印度－
西太平洋

| 慶良間群島　水深 12m　大小 30mm　小野篤司 |

前端以下依序為黑色、橙黃色、藍色、黃白色

從觸角前方延伸到背面的白色色帶

| 慶良間群島　水深 12m　大小 25mm　小野篤司 |

身體爲褐色半透明，白色色帶從觸角前方延伸到背面。背側突起的形態依狀況改變，有時會變成圓的。背側突起的顏色，從前端以下依序爲黑色、橙黃色、藍色、黃白色。觸角和口觸手爲褐色，前端爲白色。長度達 50mm。

|大瀨崎 水深 15m 大小 8mm 加藤昌一|

菲納鰓科 Fionidae
Tenellia 屬

西太平洋、中太平洋

## *Tenellia* 屬羽螅背鰓海蛞蝓之一種 11

*Tenellia* sp. 11

前端下方有無色環
頭部為白色
紅色
背側突起扁平，上方為帶粉紅色到黃色的白色

身體爲帶白色的紫色，頭部爲白色。背側突起扁平，上方爲帶粉紅色到黃色的白色，背面爲深色。觸角爲紅色，前端下方有無色環。口觸手爲紅色。在琉球群島，本種會捕食 *Corymorpha bigelowi*（一種水母），長度達 15mm。

---

|大瀨崎 水深 15m 大小 9mm 山田久子|

菲納鰓科 Fionidae
Tenellia 屬

日本

## *Tenellia* 屬羽螅背鰓海蛞蝓之一種 12

*Tenellia* sp. 12

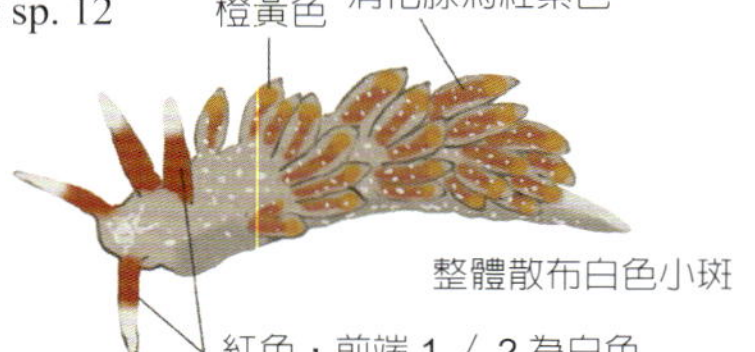
橙黃色
消化腺為紅紫色
整體散布白色小斑
紅色，前端 1 / 2 為白色

身體爲白色半透明。包括背側突起在內，全身散布白色小斑紋。背部突起爲透明，前端下方爲橙黃色。消化腺爲紅紫色，觸角和口觸手皆爲紅色，前端 1 / 2 爲白色。長度達 10mm。

---

|大瀨崎 水深 20m 大小 5mm 山田久子|

菲納鰓科 Fionidae
Tenellia 屬

伊豆半島

## *Tenellia* 屬羽螅背鰓海蛞蝓之一種 13

*Tenellia* sp. 13

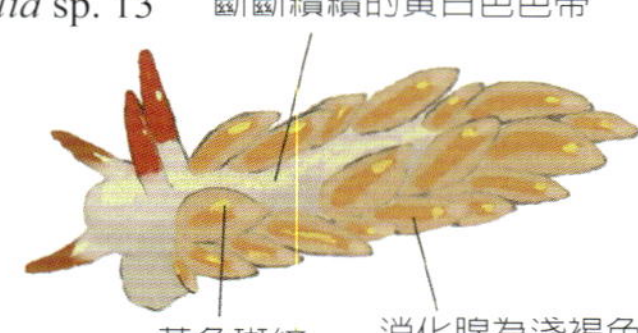
斷斷續續的黃白色色帶
黃色斑紋
消化腺為淺褐色

身體爲淺黃褐色半透明。背面正中線上有斷斷續續的黃白色色帶，背側突起爲褐色半透明，前端下方的前側有黃色斑紋。消化腺爲淺褐色，觸角上方 2 / 3 爲紅色，前端附近有黃色小斑紋。口觸手爲淺紅色，基部附近的表面有黃斑。長度達 5mm。

菲納鰓科 Fionidae
Tenellia 屬

日本

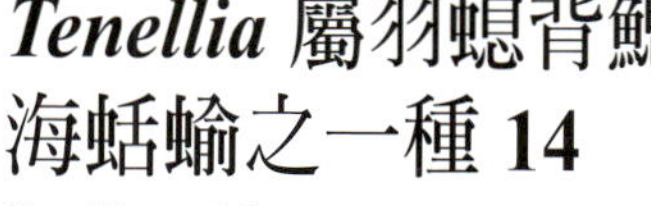

## *Tenellia* 屬羽螅背鰓海蛞蝓之一種 14

*Tenellia* sp. 14

橙黃色環
乳白色下方帶藍色
橙黃色斑紋
深褐色消化腺

| 八丈島 水深 4m 大小 4mm 山田久子 |

身體為白色半透明，背部為帶藍色的白色。頭部觸角間有橙黃色斑紋。背側突起的下半部為透明，可看見深褐色消化腺。上半部為乳白色，下半部帶藍色，前端下方帶橙黃色環。觸角為白色，口觸手為透明，前端有白色色素。長度達 4mm。

菲納鰓科 Fionidae
Tenellia 屬

西太平洋

## *Tenellia* 屬羽螅背鰓海蛞蝓之一種 15

*Tenellia* sp. 15

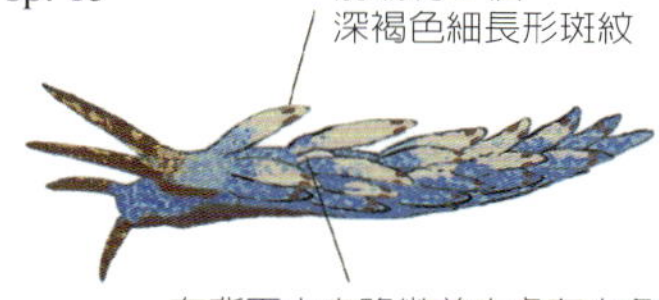
前端有 2 個
深褐色細長形斑紋
在背面中央略微前方處有白色圓紋

| 慶良間群島 水深 7m 大小 7mm 小野篤司 |

身體為藍色半透明，灰褐色斑紋幾乎覆蓋全身。在背面中央略微前方處有白色圓紋。背側突起為乳白色，通常帶藍色。背側突起前端各有 2 個深褐色細長形斑紋。通常在觸角後方有一條與觸角等長的褐色直線。長度達 7mm。

菲納鰓科 Fionidae
Tenellia 屬

本州

## *Tenellia* 屬羽螅背鰓海蛞蝓之一種 16

*Tenellia* sp. 16

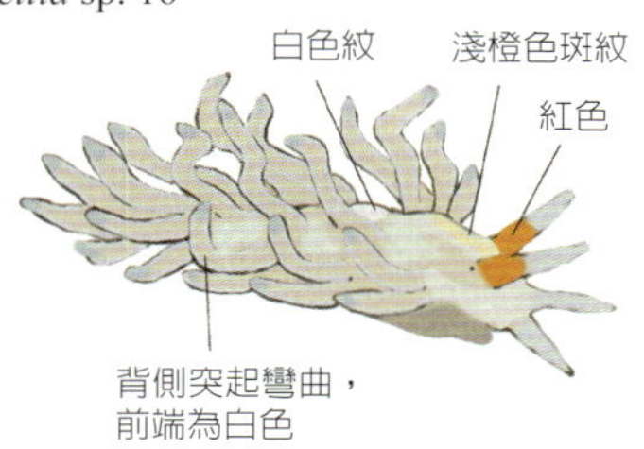
白色紋
淺橙色斑紋
紅色
背側突起彎曲，
前端為白色

| 雲見 水深 13m 大小 4mm 木村多葉紗 |

身體為白色半透明，頭部為白色，觸角前後有淺橙色斑紋。在背部中央略為前方的地方，有白色紋。背側突起彎曲，前端為白色。觸角下半部為橙紅色，上方為白色。口觸手為白色。長度達 6mm。

| 慶良間群島 水深 7m 大小 15mm 小野篤司 |

菲納鰓科 Fionidae

Tenellia 屬

琉球群島、菲律賓

## *Tenellia* 屬羽螅背鰓海蛞蝓之一種 17

*Tenellia* sp. 17

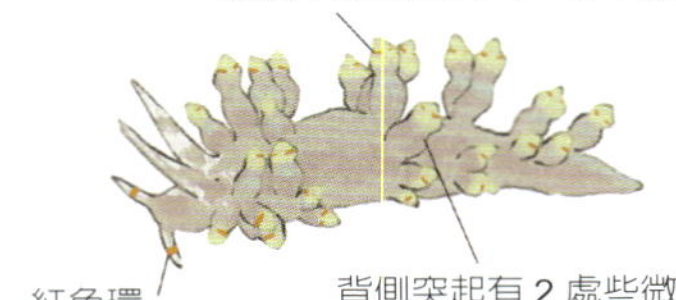
前端下方為淺黃色，有中斷的橙色環
紅色環
背側突起有 2 處些微膨隆

身體幾乎透明，背面帶白色。背側突起有 2 處些微膨隆，前端下方爲淺黃色，有中斷的橙色環。觸角幾乎爲白色，口觸手中段有紅色環。Gosliner et al., 2018 的 *Tenellia* sp. 58 爲本種。長度達 15mm。

| 慶良間群島 水深 8m 大小 10mm 小野篤司 |

菲納鰓科 Fionidae

Tenellia 屬

西太平洋

## *Tenellia* 屬羽螅背鰓海蛞蝓之一種 18

*Tenellia* sp. 18

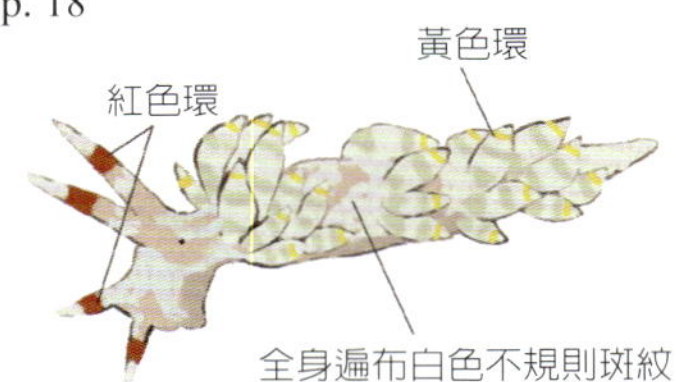
黃色環
紅色環
全身遍布白色不規則斑紋

身體帶白色半透明，全身遍布白色不規則斑紋。背側突起透明，中段與上方有白色環。突起前端下方有黃色環。觸角和口觸手中段有紅色環。長度達 10mm。

| 慶良間群島 水深 7m 大小 5mm 小野篤司 |

菲納鰓科 Fionidae

Tenellia 屬

西太平洋

## *Tenellia* 屬羽螅背鰓海蛞蝓之一種 19

*Tenellia* sp. 19

橙黃色前端為奶油色

前端為奶油色

消化腺為褐色

黃色斑紋

除了眼周區域之外，頭部其他部分皆為白色

身體爲白色半透明，觸角後方有黃色斑紋。除了眼周區域之外，頭部其他部分皆爲白色。背側突起細長，幾乎透明，散布白色細點，前端爲奶油色。消化腺爲褐色。觸角爲橙黃色，前端是奶油色。口觸手是白色。印尼也有觀察記錄。長度達 7mm。

菲納鰓科 Fionidae
Tenellia 屬

印度－太平洋

## *Tenellia* 屬羽螅背鰓海蛞蝓之一種 20

*Tenellia* sp. 20

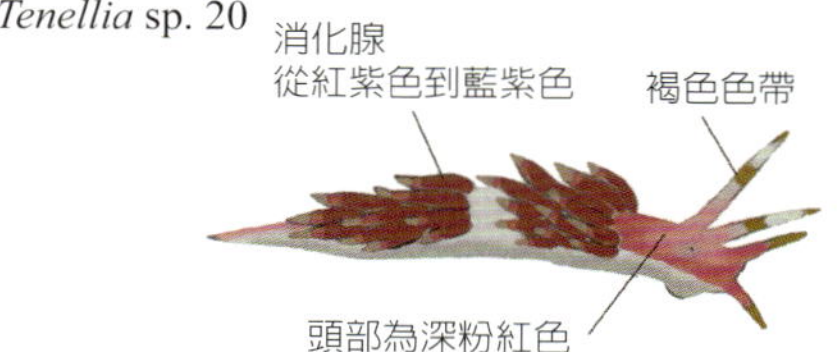
消化腺
從紅紫色到藍紫色
褐色色帶
頭部為深粉紅色

| 慶良間群島 水深 8m 大小 12mm 小野篤司 |

體呈白色半透明，頭部爲深粉紅色。背側突起爲粉紅色半透明，可見消化腺與白色刺胞囊。消化腺顏色有個體變異，從紅紫色到藍紫色。觸角中段有褐色色帶，前端爲乳白色。口觸手爲褐色。偶爾可觀察到觸角前方有白色斑紋的個體。與 Gosliner et al., 2018 的 *Tenellia* sp. 34 爲同種。

---

菲納鰓科 Fionidae
Tenellia 屬

大瀨崎

## *Tenellia* 屬羽螅背鰓海蛞蝓之一種 21

*Tenellia* sp. 21

只有後方一對
突起帶紅褐色環
橙色

| 大瀨崎 水深 8m 大小 5mm 山田久子 |

身體爲白色。背側突起爲白色半透明，消化腺爲白色。只有後方一對突起的基部帶紅褐色環，偶爾會觀察到內部消化腺前方有褐色環。肛門和腎門位於背面後端背側突起的右前方。觸角與口觸手爲橙色。日本根據加利福尼亞州科學院的標本，從當地潛水者的暱稱，提議新名稱「コウライニンジンウミウシ」。長度達 5mm。

---

菲納鰓科 Fionidae
Tenellia 屬

琉球群島

## *Tenellia* 屬羽螅背鰓海蛞蝓之一種 22

*Tenellia* sp. 22

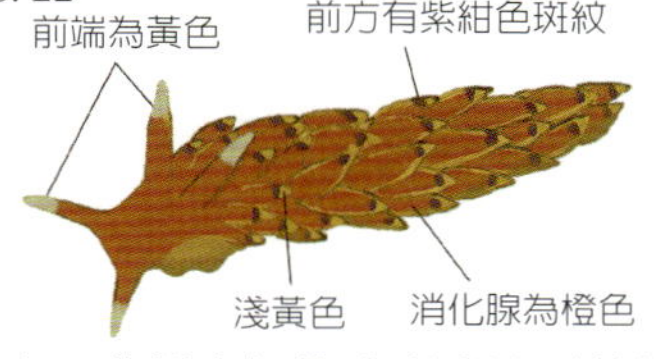
前端為黃色
前方有紫紺色斑紋
淺黃色
消化腺為橙色

| 慶良間群島 水深 8m 大小 7mm 小野篤司 |

身體爲橙色。背側突起幾乎爲透明，前端爲黃色，下方前面有紫紺色斑紋。消化腺爲橙色，可從體外看得清清楚楚。觸角和口觸手爲橙色，前端爲淺色。根據千葉大學的標本，從顏色類似沖繩風蘿蔔炒蛋，提議新名稱「ニンジンシリシリミノウミウシ」。長度達 7mm。

|慶良間群島 水深 10m 大小 10mm 小野篤司|

菲納鰓科 Fionidae
Tenellia 屬

印度－太平洋

## *Tenellia* 屬羽螅背鰓海蛞蝓之一種 23

*Tenellia* sp. 23

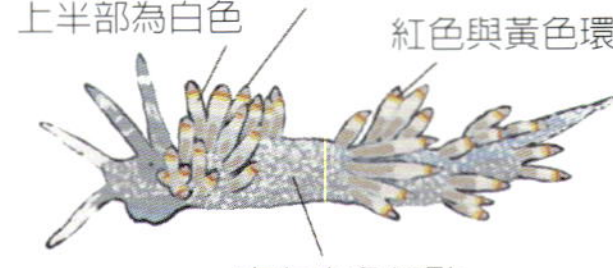
前端為半透明
上半部為白色
紅色與黃色環
密布白色細點

身體爲白色半透明，背面密布白色細點。背側突起的下半部略微透明，從體外可看見淺褐色消化腺。上半部爲白色，前端半透明，下方有紅色和黃色環。觸角有白色環，但不規則。口觸手除了基部之外，皆爲白色。根據千葉大學的標本，依原生地座間味村，提議新名稱「ザマミミノウミウシ」。

|慶良間群島 水深 15m 大小 7mm 小野篤司|

菲納鰓科 Fionidae
Tenellia 屬

琉球群島、巴布亞紐幾內亞

## *Tenellia* 屬羽螅背鰓海蛞蝓之一種 24

*Tenellia* sp. 24

前端下方為紅色環
2 個白色環
紅色環

身體爲白色半透明，頭部到背面有許多白色不規則小斑紋。背側突起幾乎透明，中段有 2 個白色環，前端下方有紅色環。突起內的消化腺顏色有個體變異，從黃白色、乳白色到米色。觸角與口觸手的前端下方有紅色環。根據千葉大學的標本，將背側突起的模樣比喻爲竹節，提議新名稱「タケノフシミノウミウシ」。長度達 8mm。

|慶良間群島 水深 8m 大小 8mm 小野篤司|

菲納鰓科 Fionidae
Tenellia 屬

琉球群島

## *Tenellia* 屬羽螅背鰓海蛞蝓之一種 25

*Tenellia* sp. 25

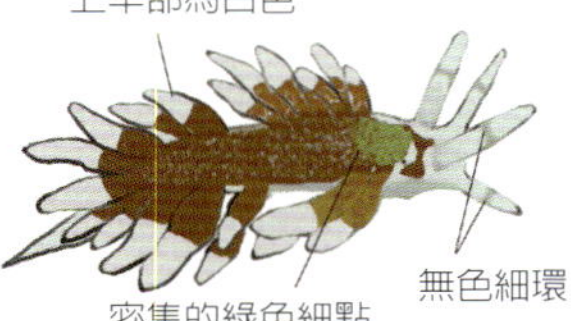
上半部為白色
密集的綠色細點
無色細環

身體爲白色半透明，背面爲褐色，散布白色細點，觸角後方帶綠色。背側突起的下半部爲透明，可從體外看見褐色消化腺，上半部爲白色。觸角和口觸手爲白色，中段有無色細環。根據千葉大學的標本，依觸角前方的頭部爲白色，提議新名稱「オモシロミノウミウシ」。長度達 8mm。

菲納鰓科 Fionidae
Tenellia 屬

西太平洋、中太平洋

## *Tenellia* 屬羽螅背鰓海蛞蝓之一種 26

*Tenellia* sp. 26

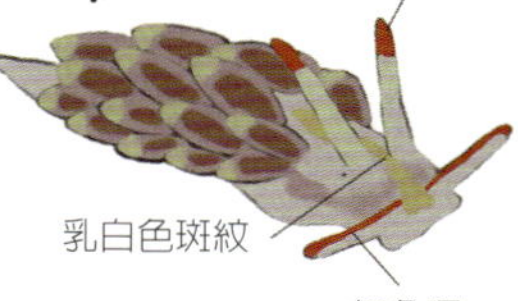
前端為紅色
乳白色斑紋
紅色環

| 慶良間群島 水深 7m 大小 4mm 小野篤司 |

身體爲白色半透明，乳白色斑紋從頭部前方通過觸角之間，延伸至觸角後方。背側突起透明，前端下方爲乳白色。突起內消化腺爲藍色到紫色，可從體外清楚看見。觸角爲乳白色，前端爲紅色。口觸手透明，有一條與口觸手等長的紅線。根據千葉大學的標本，將口觸手的紅線視爲鬍鬚，提議新名稱「アカヒゲミノウミウシ」。長度達 5mm。

---

菲納鰓科 Fionidae
Tenellia 屬

慶良間群島

## *Tenellia* 屬羽螅背鰓海蛞蝓之一種 27

*Tenellia* sp. 27

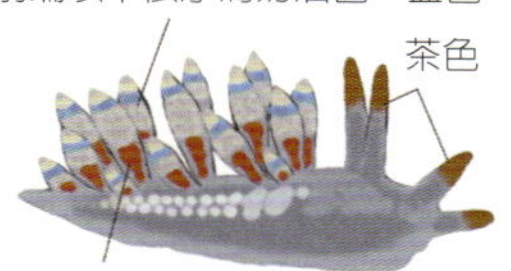
前端以下依序為奶油色、藍色、淺奶油色
茶色
消化腺為茶褐色

| 慶良間群島 水深 8m 大小 6mm 小野篤司 |

身體爲白色半透明，背部突起只有上半部爲彩色，前端以下依序爲奶油色、藍色、淺奶油色。下半部爲透明，可從體外看見茶褐色消化腺。觸角、口觸手爲半透明，前端爲茶色。根據千葉大學的標本，依近似玻璃製品的形態，提議新名稱「ビードロミノウミウシ」。長度達 6mm。

---

菲納鰓科 Fionidae
Tenellia 屬

慶良間群島

## *Tenellia* 屬羽螅背鰓海蛞蝓之一種 28

*Tenellia* sp. 28

刺胞囊為白色
消化腺為淺紅褐色
許多白色條狀斑紋

| 慶良間群島 水深 15m 大小 5mm 小野篤司 |

包括背側突起在內，身體爲白色半透明，身體寬度和腹足都很寬。頭部、背面到背側突起有許多白色條狀斑紋。突起內的消化腺爲淺紅褐色，刺胞囊爲白色。觸角長且平滑，前端爲白色。根據千葉大學的標本，由於消化腺令人聯想到牛肉乾，因此提議新名稱「ジャーキーミノウミウシ」。長度達 5mm。

| 慶良間群島 水深 12m 大小 9mm 小野篤司 |

菲納鰓科 Fionidae
Tenellia 屬

慶良間群島

## *Tenellia* 屬羽螅背鰓海蛞蝓之一種 29

*Tenellia* sp. 29

消化腺為黃色
紅色環
白色紋
前端為白色
尾部上面為白色
白色細點、白色斑紋

身體爲白色半透明，背面有白色細點、白色斑紋，尾部上面爲白色。背側突起幾乎透明，中段有白色紋。消化腺爲黃色，上方有白點，前端刺胞囊爲白色。 觸角和口觸手除了基部之外，幾乎爲白色。觸角基部前方有紅色紋。長度達 9mm。

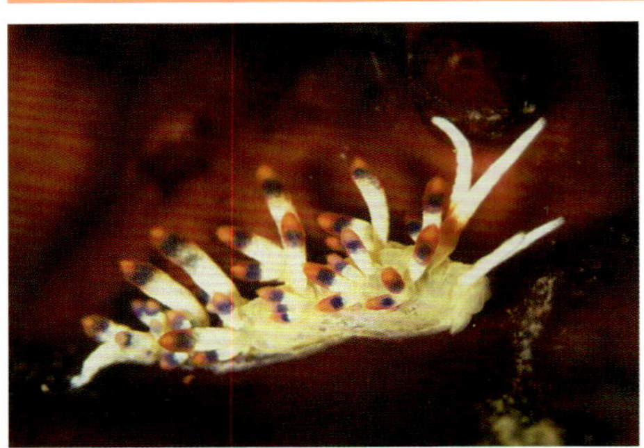

| 八丈島 水深 14m 大小 8mm 加藤昌一 |

菲納鰓科 Fionidae
Tenellia 屬

西太平洋

## *Tenellia* 屬羽螅背鰓海蛞蝓之一種 30

*Tenellia* sp. 30

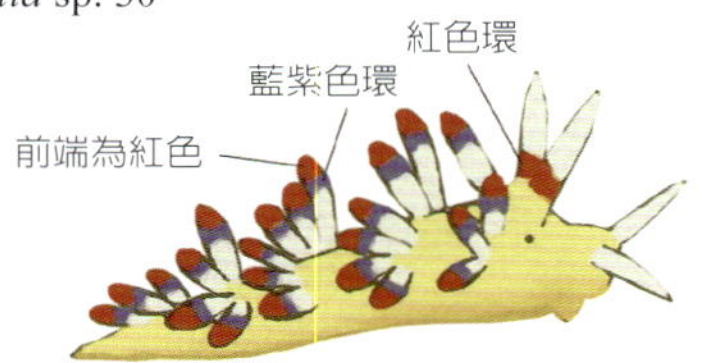
紅色環
藍紫色環
前端為紅色

身體爲黃色。背側突起爲黃白色，前端爲紅色，下方有藍紫色環。觸角爲黃白色，中段下方有紅色環。口觸手爲黃白色。長度達 8mm。

| 八丈島 水深 8m 大小 10mm 廣江一弘 |

菲納鰓科 Fionidae
Tenellia 屬

日本、馬紹爾群島

## *Tenellia* 屬羽螅背鰓海蛞蝓之一種 31

*Tenellia* sp. 31

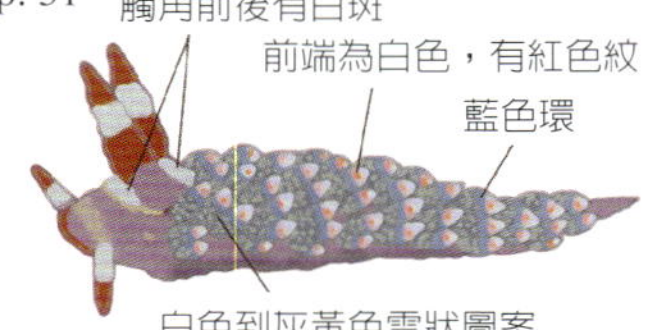
觸角前後有白斑
前端為白色，有紅色紋
藍色環
白色到灰黃色雲狀圖案

身體爲帶淡紫色或橙色半透明，觸角前後有白色斑。背側突起有白色到灰黃色雲狀圖案，略微突起。前端下方爲白色，有紅色紋，下方有藍色環。觸角爲紅色，中段有白色色帶。口觸手爲紅色，基部有白色環。個體有顏色的濃淡變異，但配置不變。長度達 20mm。

菲納鰓科 Fionidae
Tenellia 屬

本州到琉球群島

# *Tenellia* 屬羽螅背鰓海蛞蝓之一種 32

*Tenellia* sp. 32

2 個帶米色的白色環
下半部為紅色

| 浮島 水深 2m 大小 13mm 山田久子 |

身體爲米色半透明，背面爲帶米色的白色。背側突起的顏色與身體相同，前端下方有 2 個帶米色的白色環。突起內的消化腺爲深米色。觸角上半部爲黃白色，下半部爲紅色。口觸手爲黃白色。長度達 13mm。

菲納鰓科 Fionidae
Tenellia 屬

西太平洋

# *Tenellia* 屬羽螅背鰓海蛞蝓之一種 33

*Tenellia* sp. 33

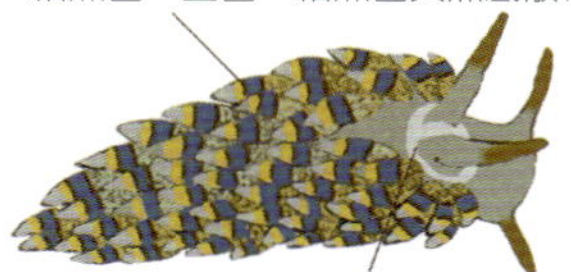
前端往下的配色依序為半透明、黃色、細黑色、藍色、細黑色與黑底散布黃點
眼鏡般的白色紋

| 伊豆海洋公園 水深 12m 大小 12mm 山田久子 |

身體爲白色半透明，眼鏡般的白色紋圍繞觸角基部。背側突起的配色由前端往下依序爲半透明、黃色、細黑色、藍色、細黑色與黑底散布黃點。觸角與口觸手爲白色半透明，上方帶褐色。長度達 12mm。

菲納鰓科 Fionidae
Tenellia 屬

琉球群島

# *Tenellia* 屬羽螅背鰓海蛞蝓之一種 34

*Tenellia* sp. 34

前端以下為白色半透明、黃白色與藍紫色
可看見深紅色消化腺
上半部為黃色

| 慶良間群島 水深 8m 大小 7mm 小野篤司 |

身體爲紅紫色半透明，背側突起的前端以下爲白色半透明、黃白色、藍紫色與透明。基部附近的透明部分可看見深紅色消化腺。外觀近似優雅海蛞蝓之一種 1，但本種的觸角、口觸手上半部爲黃色，背側突起的黃色環不清晰，有些模糊。長度達 7mm。

| 大瀨崎　水深 10m　大小 5mm　山田久子 |

菲納鰓科 Fionidae
Tenellia 屬

大瀨崎

## *Tenellia* 屬羽螅背鰓海蛞蝓之一種 35

*Tenellia* sp. 35

刺胞囊
為白色
消化腺為綠褐色
到淺褐色
頭部到背
部為白色

身體爲白色半透明，頭部到背面爲白色。背側突起幾乎透明，背部消化腺爲綠褐色到淺褐色。刺胞囊爲白色。觸角和身體同色，上半部爲白色。口觸手的顏色和身體一樣。長度達 6mm。

| 城島　水深 2m　大小 5mm　池田雄吾 |

菲納鰓科 Fionidae
Tenellia 屬

日本、
馬達加斯加

## *Tenellia* 屬羽螅背鰓海蛞蝓之一種 36

*Tenellia* sp. 36

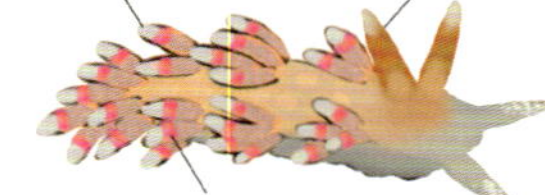
刺胞囊為白色
觸角為橙色，前端為白色
消化腺前端為紅紫色

身體爲白色半透明，背側突起也是半透明，淺桃色的消化腺上方爲紅紫色。前端的刺胞囊爲白色。觸角爲橙色半透明，前端爲白色。口觸手前端帶白色。長度達 7mm。

| 大瀨崎　水深 28m　大小 9mm　山田久子 |

菲納鰓科 Fionidae
Tenellia 屬

西太平洋

## *Tenellia* 屬羽螅背鰓海蛞蝓之一種 37

*Tenellia* sp. 37

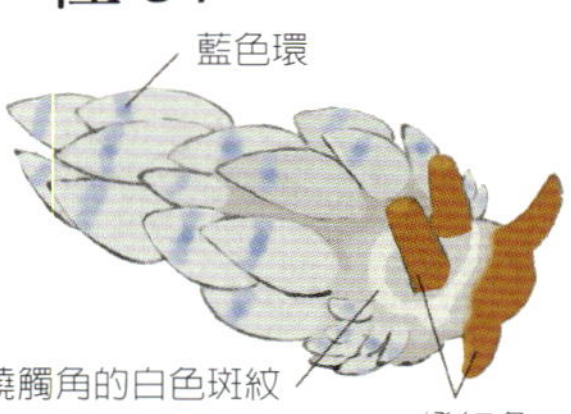
藍色環
圍繞觸角的白色斑紋
橙紅色

身體爲白色半透明。除了部分基部外，背側突起幾乎爲白色。背側突起中段的略上方有藍色環，再往上有黃色環。觸角爲橙紅色，有圍繞觸角的白色斑紋。口觸手爲橙紅色，頭部前端也是橙紅色。長度達 20mm。

菲納鰓科 Fionidae
Tenellia 屬

## *Tenellia* 屬羽螅背鰓海蛞蝓之一種 38

慶良間群島

*Tenellia* sp. 38

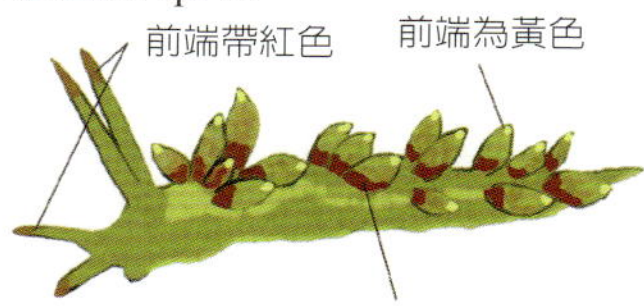
前端帶紅色
前端為黃色
紅茶色消化腺較粗，可從體外看見

| 慶良間群島 水深 15m 大小 8mm 小野篤司 |

身體爲黃色半透明，背側突起也是同色，上方 2 / 3 遍布黃白色色素，前端爲黃色。下方 1 / 3 可看見較粗的紅茶色消化腺。觸角與口觸手的顏色和身體一樣，前端帶紅色。長度達 8mm。

菲納鰓科 Fionidae
Tenellia 屬

## *Tenellia* 屬羽螅背鰓海蛞蝓之一種 39

八丈島

*Tenellia* sp. 39

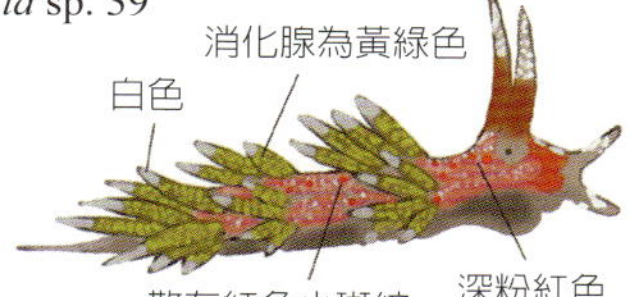
消化腺為黃綠色
白色
散布紅色小斑紋
深粉紅色

| 八丈島 水深 10m 大小 6mm 山田久子 |

身體爲白色半透明，背部到頭部爲深粉紅色，散布紅色小斑紋。背側突起爲透明，前端刺胞囊爲白色，密布粒狀分支的消化腺爲黃綠色。觸角上半部爲白色，下半部爲紅色。口觸手透明，局部爲白色。長度達 6mm。

菲納鰓科 Fionidae
Tenellia 屬

## *Tenellia* 屬羽螅背鰓海蛞蝓之一種 40

慶良間群島

*Tenellia* sp. 40

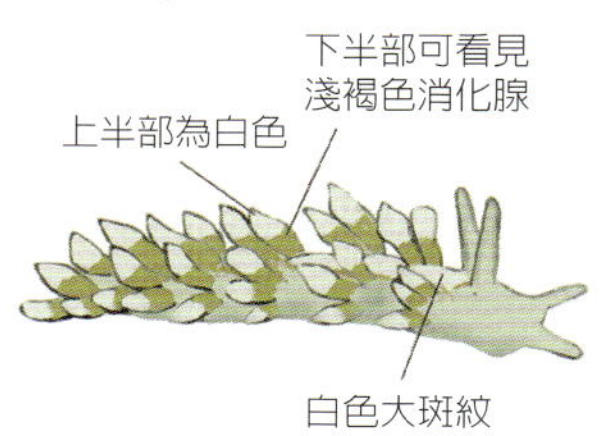
下半部可看見
淺褐色消化腺
上半部為白色
白色大斑紋

| 慶良間群島 水深 15m 大小 8mm 小野篤司 |

身體爲白色半透明，觸角後方背面有白色大斑紋。背側突起的上半部爲白色，下半部透明，可看見淺褐色消化腺。觸角爲白色半透明，口觸手爲白色。長度達 8mm。

| 八丈島 水深 4m 大小 8mm 木元伸彥 |

菲納鰓科 Fionidae

Tenellia 屬

八丈島

## *Tenellia* 屬羽螅背鰓海蛞蝓之一種 41

*Tenellia* sp. 41

前端為乳頭狀

有幾個半圓形皺褶

淺褐色底散布黑色細點

頭部到背面爲黃灰色到淺褐色，覆蓋黑色細點。正中線上有幾個白色斑點，偶爾可看見背側突起的根部也有不規則白斑，腹足上散布許多白色小斑。背側突起的前端爲乳頭狀，觸角有幾個半圓形皺褶。長度達 12mm。

| 沖繩島 水深 6m 大小 5mm 黑田貴司 |

菲納鰓科 Fionidae

Tenellia 屬

沖繩島

## *Tenellia* 屬羽螅背鰓海蛞蝓之一種 42

*Tenellia* sp. 42

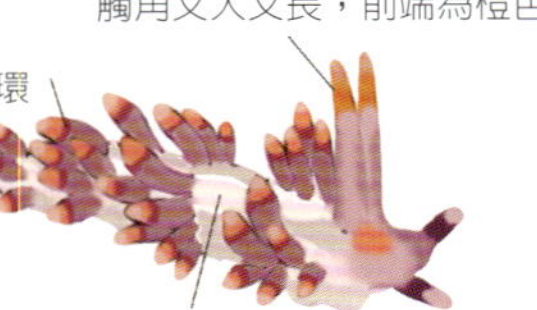
觸角又大又長，前端為橙色
背側突起帶紫色，
前端下方有深紫色環
背面帶白色

身體爲白色半透明。背側突起爲紫色半透明，前端下方有深紫色環。背側突起前端的刺胞囊上半部爲白橙色。觸角又大又長，帶淺紫色，前端爲橙色。口觸手帶紫色，前端下方顏色較深，前端爲白色半透明。長度達 8mm。

| 大瀨崎 水深 28m 大小 7mm 山田久子 |

菲納鰓科 Fionidae

Tenellia 屬

西太平洋

## *Tenellia* 屬羽螅背鰓海蛞蝓之一種 43

*Tenellia* sp. 43

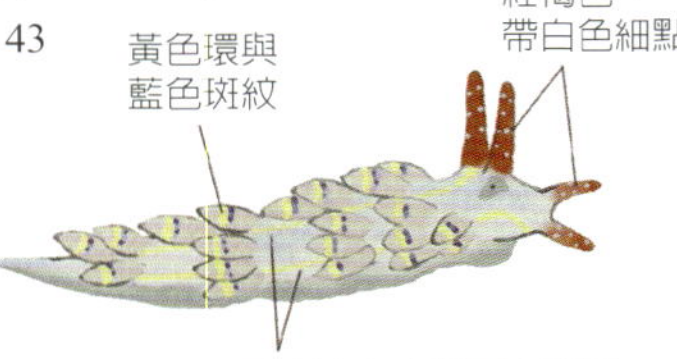
黃色環與
藍色斑紋
紅褐色，
帶白色細點
正中線上方與兩邊體側
有黃色長直線

身體爲帶藍色的白色，背面正中線上方與兩邊體側有黃色長直線。背側突起爲白色帶黃色環，下方前面有藍色斑紋。觸角和口觸手爲紅褐色，散布白色細點。Gosliner et al., 2018 的 *Tenellia* sp. 2 爲本種。長度達 7mm。

菲納鰓科 Fionidae
Tenellia 屬

西太平洋

# *Tenellia* 屬羽螅背鰓海蛞蝓之一種 44

*Tenellia* sp. 44

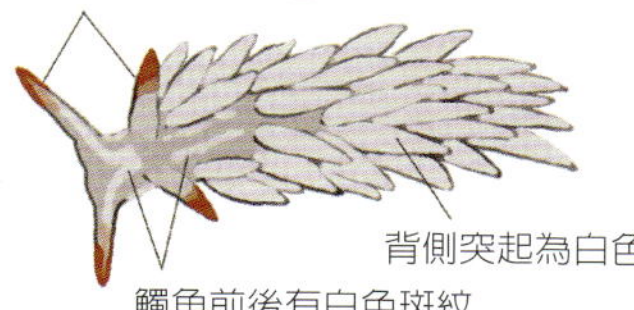
前端有明顯紅色
背側突起為白色
觸角前後有白色斑紋

| 大瀨崎 水深 15m 大小 7mm 山田久子 |

身體爲白色半透明，觸角前後有白色斑紋。背側突起爲白色，基部可隱約看見灰褐色消化腺。觸角和口觸手的白色色素上帶著橙紅色色素，愈往前端，紅色愈明顯。外觀近似 *Tenellia* 屬羽螅背鰓海蛞蝓之一種 18，但本種的背側突起沒有黃色環。長度達 10mm。

菲納鰓科 Fionidae
Tenellia 屬

日本、菲律賓

# *Tenellia* 屬羽螅背鰓海蛞蝓之一種 45

*Tenellia* sp. 45

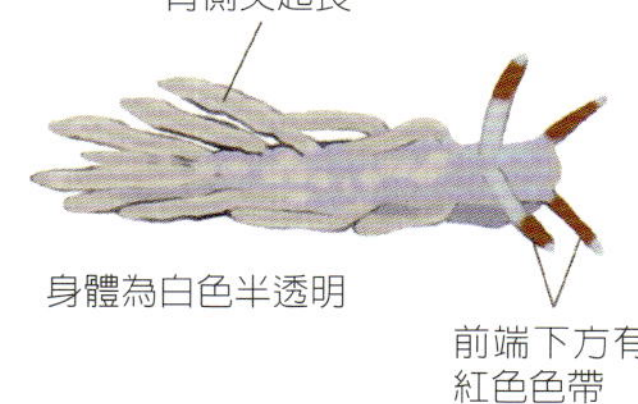
背側突起長
身體為白色半透明
前端下方有
紅色色帶

| 奄美大島 水深 10m 大小 3mm 山田久子 |

身體爲白色半透明，背面、頭部、背側突起覆蓋白色色素。背側突起很長。觸角和口觸手帶白色，前端無色，下方有紅色色帶。長度達 4mm。

菲納鰓科 Fionidae
Tenellia 屬

伊豆半島

# *Tenellia* 屬羽螅背鰓海蛞蝓之一種 46

*Tenellia* sp. 46

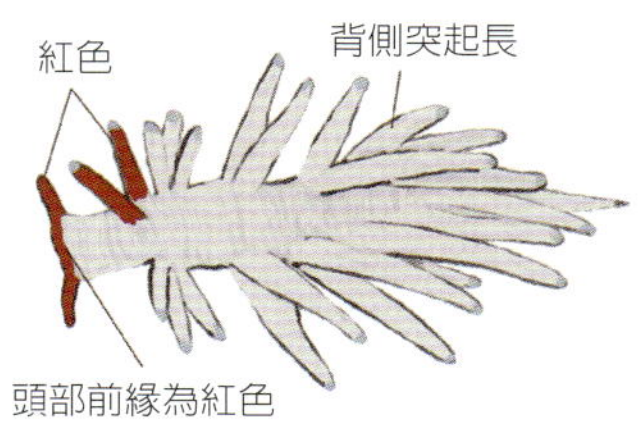
紅色
背側突起長
頭部前緣為紅色

| 大瀨崎 水深 10m 大小 5mm 山田久子 |

身體爲白色半透明，頭部、背部和背側突起爲白色。背側突起長，前端不透明。幾乎整根觸角都是紅色，前端略微不透明。口觸手基部 1 / 2 爲紅色，與頭部前緣的紅色色帶相連。長度達 5mm。

| 大瀨崎　水深 26m　大小 7mm　山田久子 |

菲納鰓科 Fionidae
Tenellia 屬

日本、巴布亞紐幾內亞

## *Tenellia* 屬羽螅背鰓海蛞蝓之一種 47

*Tenellia* sp. 47

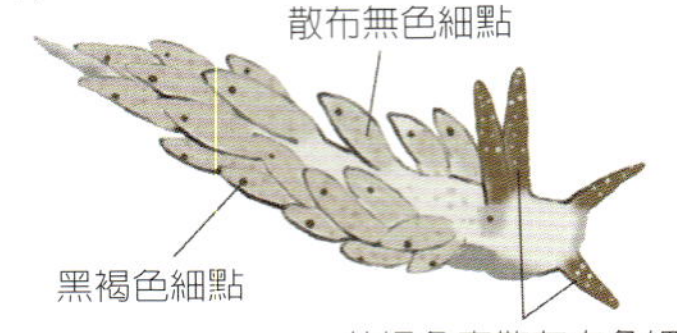
散布無色細點
黑褐色細點
茶褐色底散布白色細點

身體爲白色半透明，背面與頭部爲白色。背側突起爲偏黃的白色，背面與頭部散布無色細點。背側突起前端偏下處有黑褐色細點。觸角和口觸手爲茶褐色，散布白色細點。長度達 7mm。

| 奄美大島　水深 2m　大小 8mm　山田久子 |

菲納鰓科 Fionidae
Tenellia 屬

奄美大島

## *Tenellia* 屬羽螅背鰓海蛞蝓之一種 48

*Tenellia* sp. 48

整根為橙紅色
上半部為橙紅色
頭部和背面為白色

身體爲白色半透明，頭部與背部爲白色。背側突起的上半部爲橙紅色，整根觸角也是橙紅色，口觸手爲白色。長度達 8mm。

| 大瀨崎　水深 23m　大小 10mm　山田久子 |

菲納鰓科 Fionidae
Tenellia 屬

日本、菲律賓

## *Tenellia* 屬羽螅背鰓海蛞蝓之一種 49

*Tenellia* sp. 49

背側突起長
消化腺較細，呈淺褐色
前端為白色

身體爲白色半透明，從背部可見白色消化腺。背側突起長，幾乎透明，可看見細細的淺褐色消化腺。觸角爲淺褐色半透明，上半部爲白色。口觸手的前半部爲白色。長度達 10mm。

菲納鰓科 Fionidae
Tenellia 屬

# *Tenellia* 屬羽螅背鰓海蛞蝓之一種 50

日本、菲律賓

*Tenellia* sp. 50

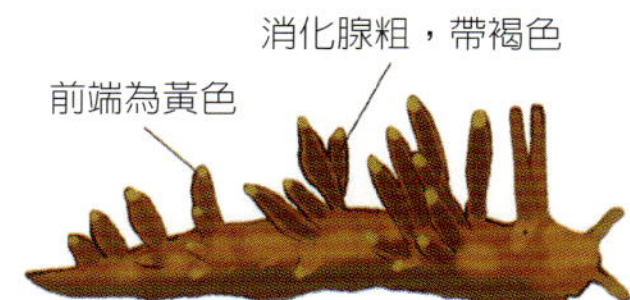
消化腺粗，帶褐色
前端為黃色

| 大瀨崎 水深 27m 大小 10mm 山田久子 |

全身爲半透明，帶紅蘿蔔橘色。背側突起內的消化腺較粗，帶褐色。突起前端爲黃色。Gosliner et al., 2018 的 *Tenellia* sp. 59 爲本種。長度達 11mm。

菲納鰓科 Fionidae
Tenellia 屬

# *Tenellia* 屬羽螅背鰓海蛞蝓之一種 51

伊豆半島

*Tenellia* sp. 51

多條白色直線
黃色
背面有不規則白線

| 大瀨崎 水深 20m 大小 5mm 山田久子 |

身體爲白色半透明，頭部爲白色。背面有不規則白線。背側突起爲半透明，有多條白色直線，可透過直線縫隙看到體內的淺褐色消化腺。整根觸角爲黃色。頭部前緣到口觸手前端爲黃色。外觀近似 Gosliner et al., 2018 的 *Tenellia* sp. 78，但觸角顏色不同。長度達 5mm。

菲納鰓科 Fionidae
Tenellia 屬

# *Tenellia* 屬羽螅背鰓海蛞蝓之一種 52

伊豆半島

*Tenellia* sp. 52

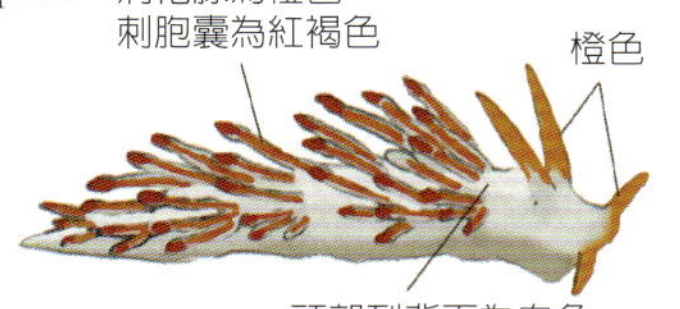
消化腺為橙色，
刺胞囊為紅褐色
橙色
頭部到背面為白色

| 大瀨崎 水深 8m 大小 10mm 山田久子 |

身體爲白色半透明。頭部到背面爲白色，背側突起爲透明，內部消化腺爲橙色。突起前端的刺胞囊爲紅褐色。整根觸角與口觸手皆爲橙色。外觀近似莓果羽螅背鰓海蛞蝓，但本種的背側突起較短，口觸手到前足隅不是橘色。刺胞囊的顏色和形狀也不同。長度達 10mm。

| 大瀨崎 水深 5m 大小 3mm 山田久子 |

菲納鰓科 Fionidae
Tenellia 屬

伊豆半島

## *Tenellia* 屬羽螅背鰓海蛞蝓之一種 53

*Tenellia* sp. 53

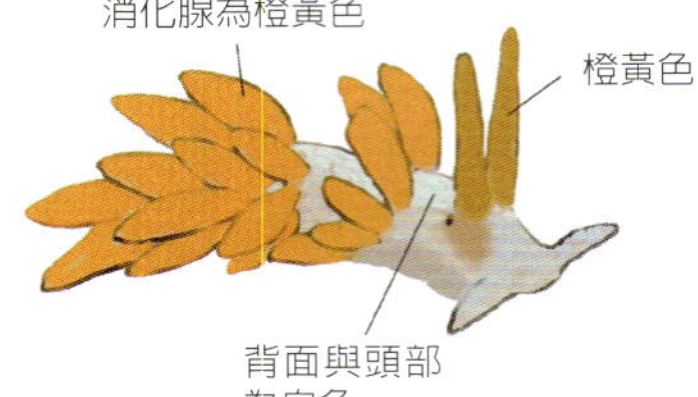
消化腺為橙黃色
橙黃色
背面與頭部
為白色

身體爲白色半透明，背面和頭部爲白色。背側突起較短，幾乎透明，內部消化腺爲橙黃色。整根觸角爲橙黃色，口觸手爲白色。長度達 3mm。

| 大瀨崎 水深 8m 大小 7mm 山田久子 |

菲納鰓科 Fionidae
Tenellia 屬

伊豆半島

## *Tenellia* 屬羽螅背鰓海蛞蝓之一種 54

*Tenellia* sp. 54

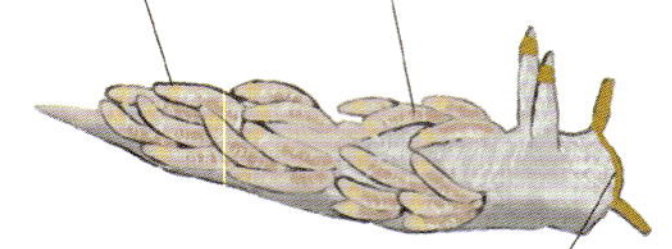
淡黃色環
隱約可見褐色消化腺
口觸手為褐色，褐色細線連結左右兩邊

身體爲白色半透明，背面與頭部密布白色細點。背側突起覆蓋白色細點，局部較稀疏，可看見體內的褐色消化腺。突起前端下方有淡黃色環。觸角前端下方有褐色環，口觸手爲褐色，頭前緣有褐色細線連結左右兩邊。長度達 7mm。

| 沖繩島 水深 3m 大小 10mm 石野昇太 |

菲納鰓科 Fionidae
Tenellia 屬

琉球群島、菲律賓

## *Tenellia* 屬羽螅背鰓海蛞蝓之一種 55

*Tenellia* sp. 55

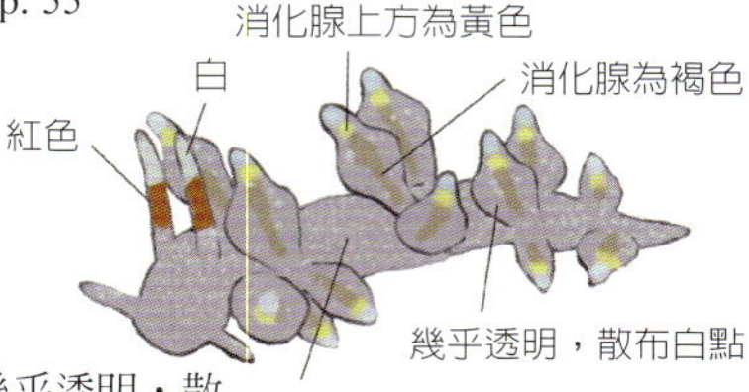
消化腺上方為黃色
白
消化腺為褐色
紅色
幾乎透明，散布白點
密布白色細點

身體爲白色半透明，頭部到背面密布白色細點。背側突起幾乎透明，散布白點，內部消化腺爲褐色。與白色刺胞囊相連的消化腺上端爲黃色。觸角中段有紅色色帶，上方爲白色。Gosliner et al., 2018 的 *Tenellia* sp. 55 爲本種，過去的文獻曾將其列爲 *Eubranchus* 屬的種。長度達 6mm。

菲納鰓科 Fionidae
Tenellia 屬

# *Tenellia* 屬羽螅背鰓海蛞蝓之一種 56

沖繩島

*Tenellia* sp. 56

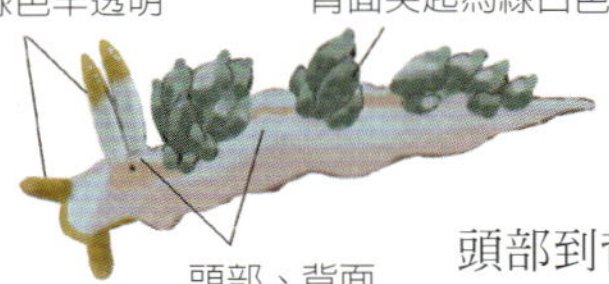
口觸手、觸角前端
為黃綠色半透明
背面突起為綠白色
頭部、背面
為白色

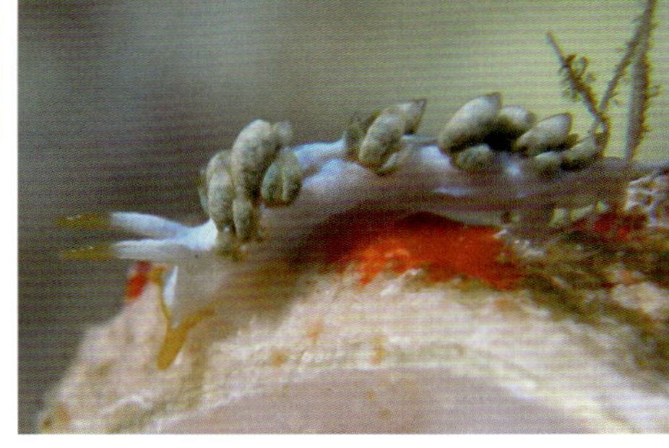

| 沖繩島 水深 6m 大小 5mm 今川郁 |

頭部到背面幾乎全部都是白色，腹足緣爲白色半透明。背側突起爲綠灰色，刺胞囊前端略帶白色，觸角有一半是白色，前端爲綠黃色。口觸手、頭部前緣爲綠黃色。長度達 7mm。

菲納鰓科 Fionidae
Tenellia 屬

# *Tenellia* 屬羽螅背鰓海蛞蝓之一種 57

八丈島

*Tenellia* sp. 57

散布白色細點
褐色環
消化腺為黑色
圍繞觸角的白色斑紋

| 八丈島 水深 15m 大小 30mm 早梅康廣 |

身體爲藍色半透明，整個背側突起覆蓋白色細點，可看見體內的黑色消化腺。前端下方有褐色環。頭部有圍繞觸角的白色斑紋。白色線連結口觸手之間的基部，觸角和口觸手爲深褐色。背側突起與 *Tenellia yamasui* 相同，但頭部和觸角的顏色、斑紋的配置不同。長度達 30mm。

菲納鰓科 Fionidae
Tenellia 屬

# *Tenellia* 屬羽螅背鰓海蛞蝓之一種 58

西太平洋

*Tenellia* sp. 58

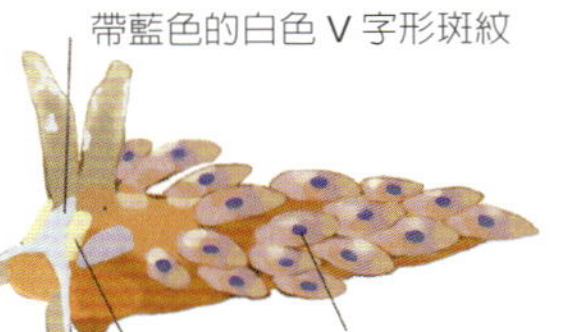
帶藍色的白色 V 字形斑紋
黃色細長形斑紋
前面中段有藍色紋

| 八丈島 水深 12m 大小 10mm 河村藍 |

身體爲橙色，頭部前方到口觸手上有帶藍色的白色 V 字形斑紋。此 V 字形斑紋的兩側連接黃色細長形斑紋。觸角上半部有白色條狀斑紋，背側突起前方中段處有藍色紋。與 Gosliner et al., 2018 的 *Tenellia* sp. 9、*Tenellia* sp. 50 爲同種。長度達 7mm。

菲納鰓科 Fionidae
Tenellia 屬

## *Tenellia* 屬羽螅背鰓海蛞蝓之一種 59

*Tenellia* sp. 59

靜岡縣

| 大瀨崎　水深 7m　大小 3mm　掛川學 |

身體爲白色和黃白色半透明，頭部、背面和背側突起散布白色細點。背側突起爲半透明。內部消化腺爲黃褐色，前方局部染成深褐色。觸角、口觸手較長，局部或整體有白色直線。長度達 5mm。

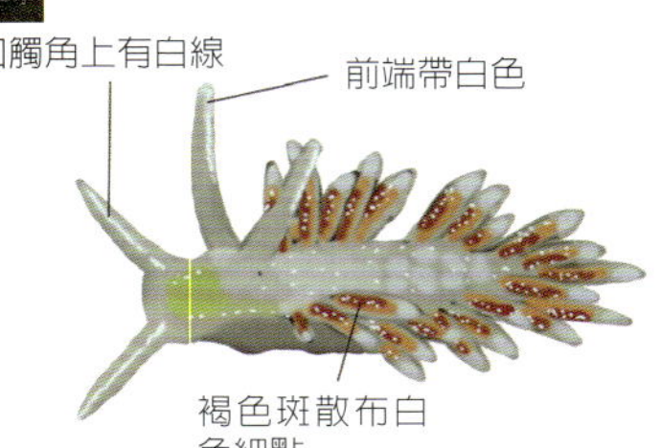
口觸角上有白線
前端帶白色
褐色斑散布白色細點

菲納鰓科 Fionidae
Tenellia 屬

## *Tenellia* 屬羽螅背鰓海蛞蝓之一種 60

*Tenellia* sp. 60

沖繩島

| 沖繩島　水深 3m　大小 10mm　石野昇太 |

身體爲白色半透明，背面和頭部爲白色，背側突起爲紅色半透明，可清楚看見內部的綠色消化腺。刺胞囊爲白色。觸角上半部爲淺紅色，整支口觸手爲淺紅色。長度達 7mm。

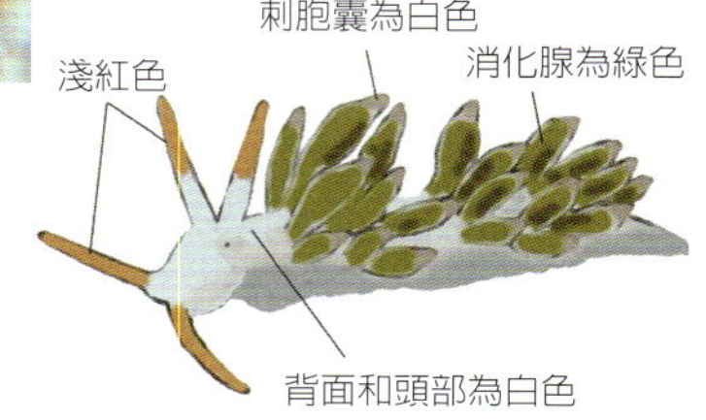
刺胞囊為白色
淺紅色
消化腺為綠色
背面和頭部為白色

菲納鰓科 Fionidae
Tenellia 屬

伊豆半島

# *Tenellia* 屬羽螅背鰓海蛞蝓之一種 61

*Tenellia* sp. 61

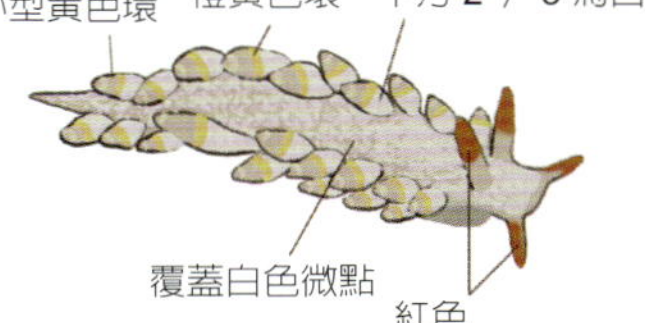
小型黃色環
橙黃色環
下方 2 / 3 為白色
覆蓋白色微點
紅色

| 大瀨崎 水深 16m 大小 4mm 山田久子 |

身體爲白色半透明，頭部到背面覆蓋白色微點。背側突起下方 2 / 3 爲偏黃的白色，其與上方的界線處有橙黃色環。此外，前端下方有小型黃色環。觸角上方 2 / 3 爲紅色，口觸手爲紅色。外觀近似 *Tenellia* 屬羽螅背鰓海蛞蝓之一種 18，但背側突起與觸角的配色不同。長度達 4mm。

菲納鰓科 Fionidae
Tenellia 屬

伊豆半島

# *Tenellia* 屬羽螅背鰓海蛞蝓之一種 62

*Tenellia* sp. 62

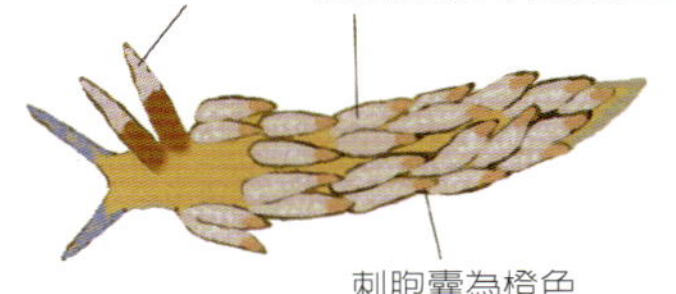
偏紅的白色
消化腺帶著閃亮的白色
刺胞囊為橙色

| 大瀨崎 水深 25m 大小 7mm 山田久子 |

身體爲黃色半透明，背面爲黃色。背側突起爲透明，消化腺帶著閃亮的白色。突起前端的米色刺胞囊很搶眼，觸角下半部爲紅色半透明，上半部爲偏紅的白色。口觸手爲偏藍的白色。長度達 7mm。

菲納鰓科 Fionidae
Phestilla 屬

印度－太平洋

# 食角孔珊瑚背鰓海蛞蝓

*Phestilla goniophaga*
Hu, Zhang, Yiu, Xie & Qiu, 2020

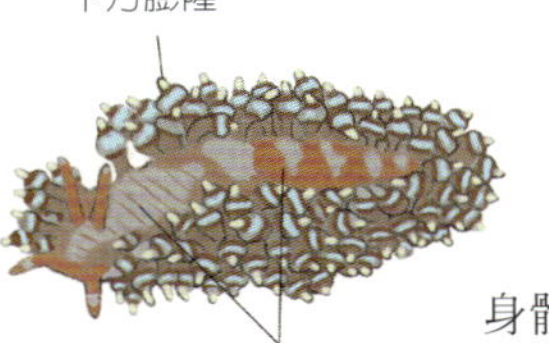
前端為黃白色，形狀圓潤，
下方膨隆
背面前半部有白色直線，
後半部有圓斑直列

| 慶良間群島 水深 7m 大小 30mm 小野篤司 |

身體爲黃褐色。背側突起中段透明，可看見褐色消化腺。背側突起的前端爲黃白色，形狀圓潤，下方膨隆。背部前半爲白色直線，後半有圓斑直列。觸角爲黃褐色，前端爲白色。外觀近似悲愴羽螅背鰓海蛞蝓，但背側突起的形狀和顏色不同。卵塊爲橙色。捕食合葉珊瑚屬的物種。長度達 60mm。

|八丈島 水深 24m 大小 20mm 加藤昌一|

菲納鰓科 Fionidae
Phestilla 屬

## 黑鰓羽螅背鰓海蛞蝓

*Phestilla melanobrachia*
（Bergh, 1874）

印度－太平洋、
東太平洋

消化腺為黑色、黃色、紅色，攝食的樹珊瑚種類影響了身上的顏色
體色為白色、黃色或偏紅的半透明

|八丈島 水深 15m 大小 22mm 加藤昌一|

體色爲白色、黃色或偏紅的半透明，背側突起反映體色，幾乎透明，內部的消化腺爲黑色、黃色與紅色，顏色取決於攝食的樹珊瑚種類。順帶一提，如果消化腺是黑色的，個體體色通常是白色半透明。此外，背側突起沒有刺胞囊。長度達 50mm。

|慶良間群島 水深 15m 大小 25mm 小野篤司|

菲納鰓科 Fionidae
Phestilla 屬

## 悲愴羽螅背鰓海蛞蝓

*Phestilla lugbris*（Bergh, 1870）

印度－太平洋、
東太平洋

身體較寬，爲黃白色半透明，背面散布白色小斑紋。背側突起與身體同色，有幾個帶白色的節和小突起。背側突起的前端爲白色。附生於微孔珊瑚上。長度達 40mm。

前端為白色
有幾個帶白色的節和小突起
背面散布白色小斑紋

菲納鰓科 Fionidae
Phestilla 屬

# *Phestilla* 屬海蛞蝓之一種 1

*Phestilla* sp. 1

印度－西太平洋

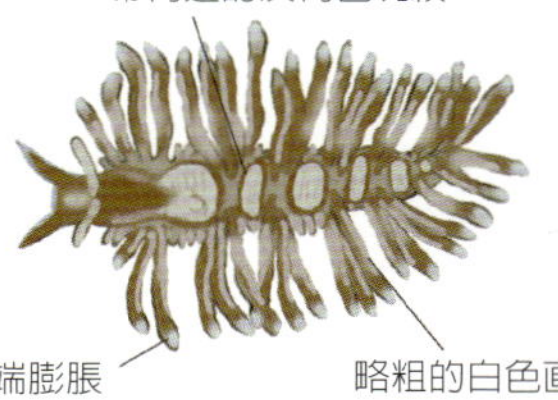
帶褐邊的灰褐色斑紋
只有前端膨脹
略粗的白色直線

| 八丈島 水深 15m 大小 30mm 加藤昌一 |

身體爲褐色到黑褐色，背面有帶褐邊的灰褐色斑紋。背側突起長，有略粗的白色直線，只有前端略微膨脹。附生在雀屏珊瑚上。Gosliner et al., 2018 的 *Tenellia* sp. 83 爲本種。長度達 30mm。

---

菲納鰓科 Fionidae
Phestilla 屬

# *Phestilla* 屬海蛞蝓之一種 2

*Phestilla* sp. 2

琉球群島、菲律賓

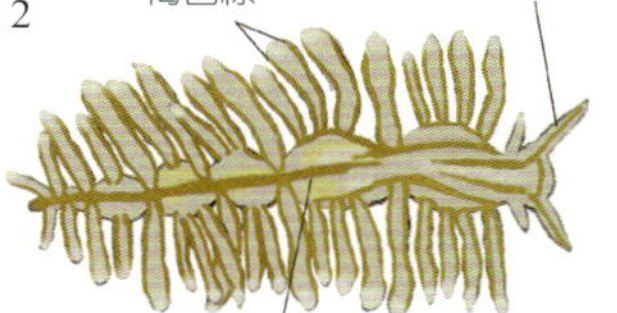
沿著前後全長有褐色線
全身有褐色的線條
背面有獨特的褐色直線

| 慶良間群島 水深 9m 大小 14mm 小野篤司 |

身體爲黃白色半透明，背面有獨特的褐色直線。背側突起幾乎透明，前後有等長的褐色線。消化腺爲乳白色，觸角爲半透明，口觸角有等長的褐色線。附生在雀屏珊瑚上。屬於擬態高手，很難發現。長度達 15mm。

---

菲納鰓科 Fionidae
Phestilla 屬

# 食微孔珊瑚背鰓海蛞蝓

*Phestilla poritophages* Rudman, 1979

印度－西太平洋

膨隆有白色環
前端為白色
背側突起朝水平生長
白色斑紋

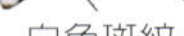

| 慶良間群島 水深 7m 大小 7mm 小野篤司 |

身體爲偏褐色的白色，背面排列數個白色斑紋。背側突起點綴些微白色細點，膨脹較明顯之處有白色環，前端爲白色。背側突起朝水平生長，背部上方沒突起。附生於微孔珊瑚。長度達 15mm。

菲納鰓科 Fionidae
Phestilla 屬

## 小羽螅背鰓海牛

*Phestilla minor* Rudman, 1981

印度－太平洋

| 慶良間群島 水深 15m 大小 10mm 小野篤司 |

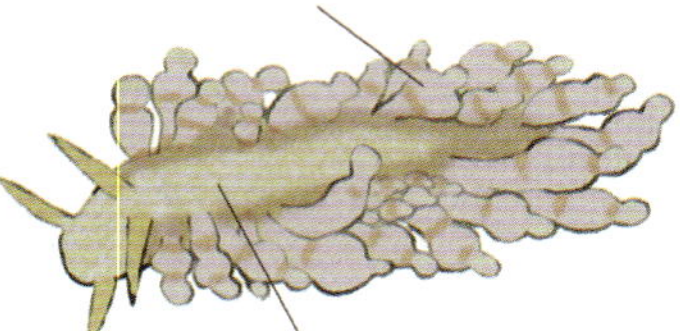
前端與下方膨隆
覆蓋白色細點與斑紋

身體爲白色和黃色半透明，背面和側面突起覆蓋白色細點和斑紋。背側突起的前端和下方膨隆。本州原生種攝食日本汽孔珊瑚，原生於琉球群島的物種以微孔珊瑚爲食，在形態和生態上都有差異。長度達 10mm。

| 八丈島 水深 10m 大小 6mm 加藤昌一 |

菲納鰓科 Fionidae
菲納鰓海蛞蝓屬 Fiona

## 羽狀菲納鰓海蛞蝓

*Fiona pinnata*（Eschscholtz, 1831）

全世界的海洋

| 慶良間群島 水面下 大小 20mm 小野篤司 |

消化腺為褐色
內側有波浪狀皺褶
腹足寬

| 八丈島 水面下 大小 10mm 加藤昌一 |

| 八丈島 水面下 大小 20mm 加藤昌一 |

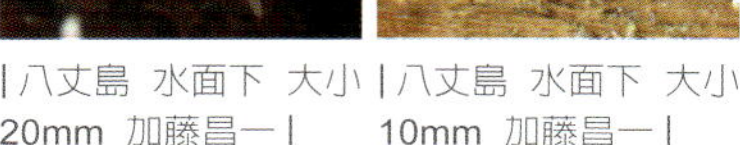

| 八丈島 水面下 大小 10mm 加藤昌一 |

身體爲白色和茶色半透明，頭部和背面有白色斑，但有些個體沒有。可從背側突起看見內部的褐色消化腺，外側除了前端之外，整個突起都有皺褶。皺褶密布，呈波浪狀，使得有些個體容易辨識成白色。腹足寬。附生於漂流物上，以茗荷爲食。可能還有幾個隱藏種。長度達 25mm。

菲納鰓科 Fionidae
Tergiposacca 屬

# 長羽菲納鰓海蛞蝓

*Tergiposacca longicerata*
Cella et al., 2016

西太平洋

| 慶良間群島 水深 8m 大小 10mm 小野篤司 |

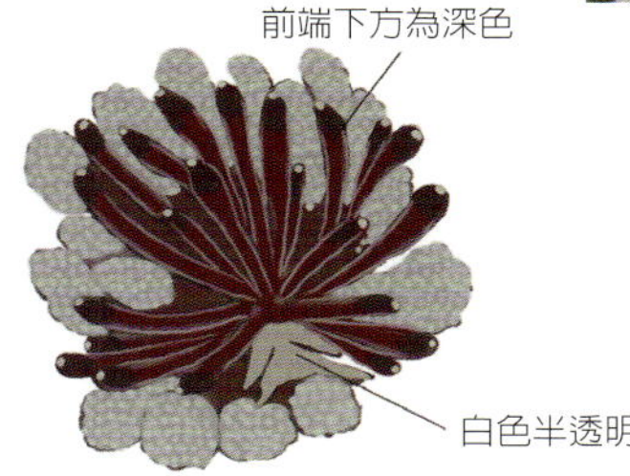
紫色到橙黃色，
前端下方為深色
白色半透明

身體爲白色半透明，背側突起透明且長，前端爲白色。突起內部的消化腺爲紫色到橙黃色，觸角和口觸手爲白色半透明。觸角後方有與消化腺同色的斑紋。產卵時卵會變大，卵塊也會變大。通常跟卵塊一起被發現。長度達 15mm。

菲納鰓科 Fionidae
Subcuthona 屬

# 蒼白菲納鰓海蛞蝓

*Subcuthona pallida* Baba, 1949

日本

| 大瀨崎 水深 2m 大小 5mm 山本敏 |

兩側各 6 根，在

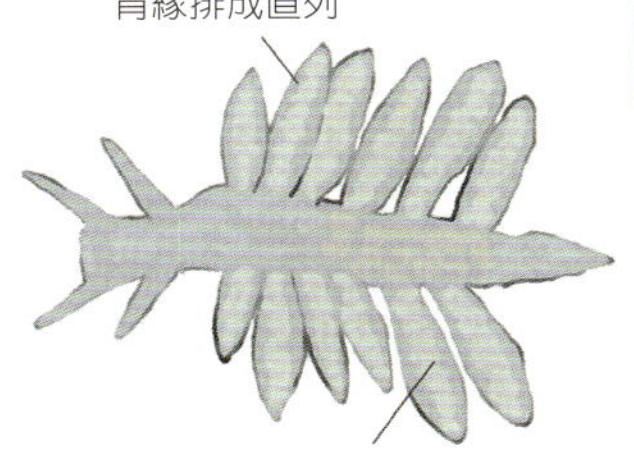
背緣排成直列
消化腺有細分支，
為帶偏黃的白色

身體爲藍白色半透明，觸角、口觸手、背側突起的顏色和身體一樣，表面平滑。兩側各 6 根背側突起，在背緣排成直列。背側突起內的消化腺有細分支，顏色爲偏黃的白色。本物種和屬需要再研議。長度達 3mm。

| 黃金崎　水深 12m　大小 10mm　中野誠志 |

菲納鰓科 Fionidae
Leostyletus 屬

## 岬眞鰓海蛞蝓

*Leostyletus misakiensis*（Baba, 1960）

日本、俄羅斯

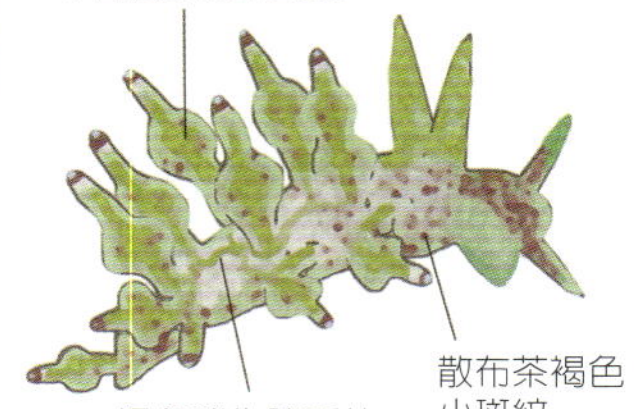
中間膨脹的消化腺
散布茶褐色小斑紋
褐色消化腺延伸至背側突起的基部

身體爲偏黃的白色，全身散布褐色小圓斑。背面可看見延伸至背側突起基部的褐色消化腺。背側突起幾乎透明，有淺褐色小圓斑，前端下方有褐色環。消化腺在背側突起的膨隆處分支，前足隅呈觸手狀。口觸手中段有褐色環。長度達 10mm。

---

菲納鰓科 Fionidae

## 菲納鰓科海蛞蝓之一種

Fionidae sp.

伊豆半島

| 大瀨崎　水深 25m　大小 13mm　山田久子 |

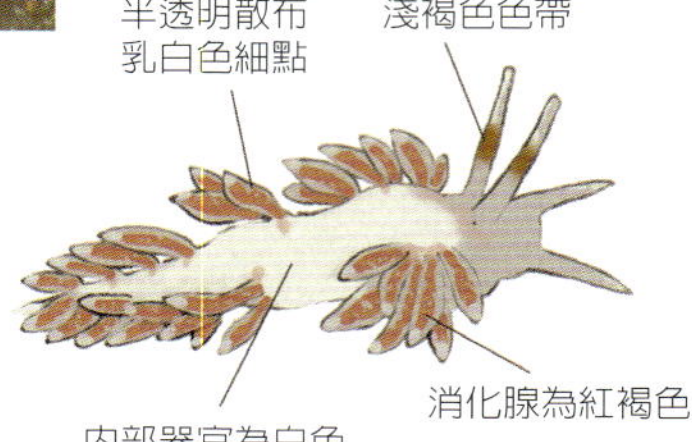
半透明散布乳白色細點
淺褐色色帶
消化腺為紅褐色
內部器官為白色

身體爲白色半透明，透過背部看見的內部器官是白色的。背側突起爲半透明，散布乳白色細點，可看見紅褐色消化腺。觸角中段有淺褐色色帶。前端爲白色。口觸手上有白色色素。外觀近似美麗卡蓑海蛞蝓（*Cuthonella concinna*），但本種的背側突起較短，有膨隆。長度達 13mm。

馬場海蛞蝓科 Babakinidae
馬場海蛞蝓屬 Babakina

# 印太馬場海蛞蝓

*Babakina indopacifica* Gosliner, Gonzalez-Duarte & Cervera, 2007

印度－
太平洋

| 八丈島 水深 15m 大小 35mm 加藤昌一 |

左右兩邊的觸角
很接近

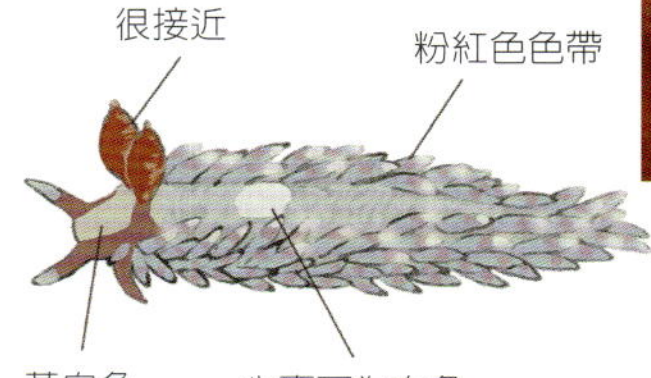
粉紅色色帶
黃白色
心囊區為白色

| 八丈島 水深 15m 大小 10mm 山田久子 |

身體爲偏紫的粉紅色，頭部前方爲黃白色。背面帶白色，心囊區爲白色。背側突起短，接近身體外側的突起帶紅色。左右兩邊的觸角很接近，褶葉點綴些微白色色素。口觸手爲粉紅色，前端爲白色。日本異名爲ミナミツツイシミノウミウシ。長度達 18mm。

---

灰翼海蛞蝓科 Facelinidae
灰翼海蛞蝓屬 Facelina

# 四線灰翼海蛞蝓

*Facelina quadrilineata*
（Baba, 1930）

北海道以南、
九州

| 大瀨崎 水深 6m 大小 15mm 木本伸彥 |

幾乎透明，
前端為橙色

4～6 條
黑褐色線

消化腺為
黑褐色

身體爲白色半透明，背側突起幾乎透明，前端爲橙色。背部中央的部分突起較長，前端沒有橙色部分。突起內部的消化腺爲黑褐色，從觸角基部、頭側部到口觸手有數條黑褐色線。觸角和口觸手帶褐色。長度達 20mm。

|八丈島 水深 10m 大小 20mm 加藤昌一|

灰翼海蛞蝓科 Facelinidae
灰翼海蛞蝓屬 Facelina

## 雙線灰翼海蛞蝓

*Facelina bilineata*
Hirano in Hirano & Ito, 1998

日本

身體爲白色半透明，背側突起幾乎透明，前端爲紅色。突起內部的消化腺爲黑褐色，觸角與口觸手帶橙色。觸角基部到口觸手有 2 條橘色線條。長度達 10mm。

觸角和口觸手為
半透明的淺橘色
胃的消化腺為黑色，
前端為橘色
2 條橘色線條

|八丈島 水深 15m 大小 10mm 加藤昌一|

灰翼海蛞蝓科 Facelinidae
灰翼海蛞蝓屬 Facelina

## 波氏灰翼海蛞蝓

*Facelina bouraili*（Risbec, 1928）

印度－
西太平洋

身體爲白色半透明，全體散布白色紋。此外，背部排列橙色點，有些個體呈串連的網狀。背側突起有黃白色直線，有些個體呈網眼狀。此外，前端下方有白色環。觸角有許多皿狀突起。口觸手爲白色，有 2 個無色環。過去列入 *Phidiana* 屬（*Phidiana* sp.）。長度達 15mm。

許多皿狀突起

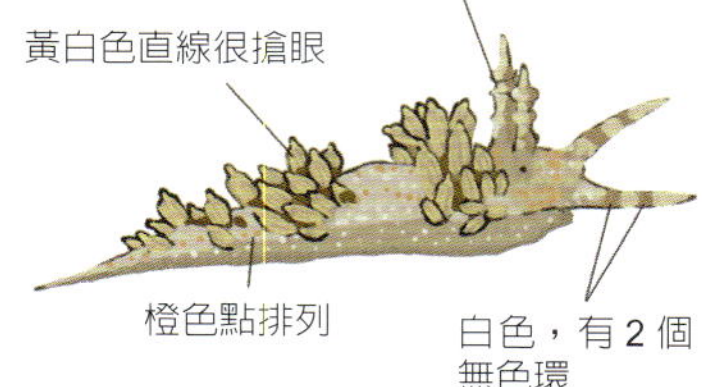
黃白色直線很搶眼
橙色點排列
白色，有 2 個
無色環

灰翼海蛞蝓科 Facelinidae
灰翼海蛞蝓屬 Facelina

西太平洋、中太平洋

# 灰翼海蛞蝓之一種 1

*Facelina* sp. 1

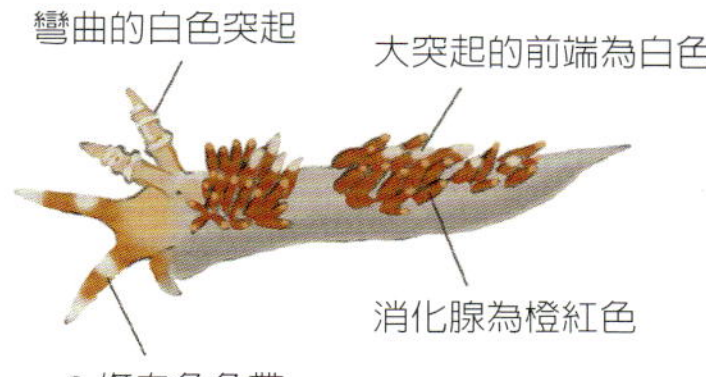
彎曲的白色突起
大突起的前端為白色
消化腺為橙紅色
2 條白色色帶

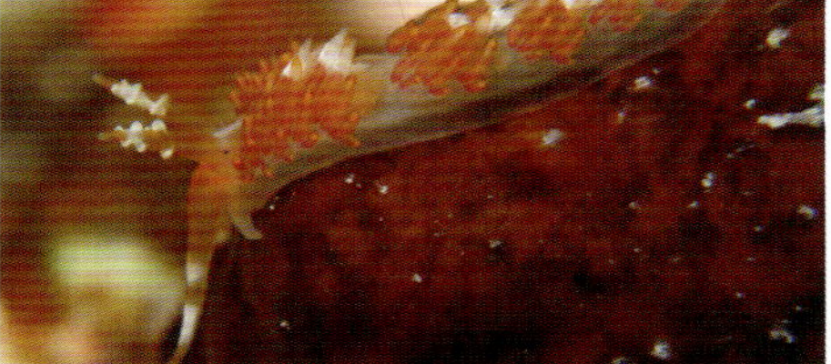

| 慶良間群島 水深 8m 大小 15mm 小野篤司 |

身體爲白色半透明，頭部、觸角、口觸手帶紅褐色。觸角彎曲，有幾個突起，突起部位爲白色。口觸手有 2 條白色色帶，背側突起幾乎透明，內側大突起的前端爲白色。突起內的消化腺爲橙紅色。長度達 15mm。

灰翼海蛞蝓科 Facelinidae
灰翼海蛞蝓屬 Facelina

西太平洋

# 灰翼海蛞蝓之一種 2

*Facelina* sp. 2

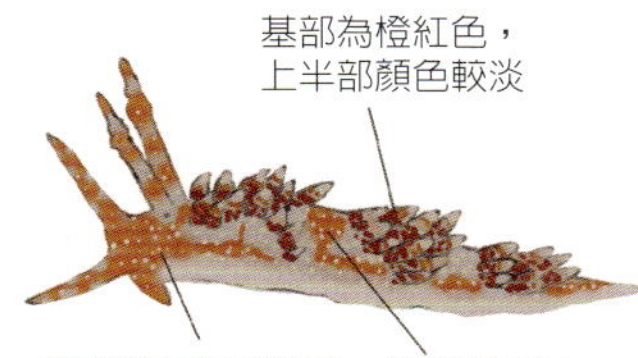
基部為橙紅色，
上半部顏色較淡
整體散布白色細點
淺橙色斑紋

| 慶良間群島 水深 5m 大小 4mm 小野篤司 |

身體爲白色半透明，全身散布白色細點。此外，淺橙色斑紋散落在背部突起基部以外的部位。背側突起的基部爲橙紅色，上半部顏色較淺，前端爲白色。觸角和口觸手爲淡橙色，有斑駁的無色部位。長度達 10mm。

灰翼海蛞蝓科 Facelinidae
灰翼海蛞蝓屬 Facelina

西太平洋

# 灰翼海蛞蝓之一種 3

*Facelina* sp. 3

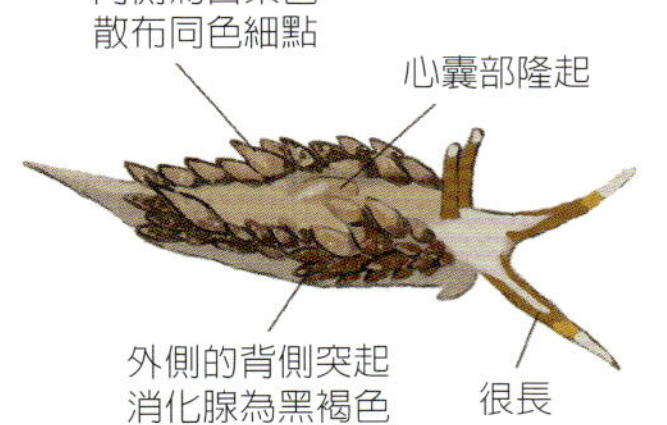
內側為白茶色，
散布同色細點
心囊部隆起
外側的背側突起
消化腺為黑褐色
很長

| 大瀨崎 水深 34m 大小 20mm 山田久子 |

背部和頭部爲白色，心囊部隆起。除了背面內側較長的突起基部外，背側突起皆爲白茶色，局部散布同色細點，基部可見黑褐色消化腺。背面外側較短的突起幾乎透明，可清楚看見黑褐色消化腺。觸角爲褐色，前端和中段爲白色，但有個體變異。口觸手爲白色，偶爾有較長的黃色帶。日本異名爲ケラマナガヒゲミノウミウシ。長度達 15mm。

| 慶良間群島　水深 8m　大小 5mm　小野篤司 |

灰翼海蛞蝓科 Facelinidae
灰翼海蛞蝓屬 Facelina

西太平洋

## 灰翼海蛞蝓之一種 4

*Facelina* sp. 4

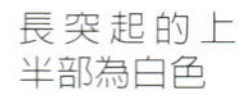
長突起的上
半部為白色

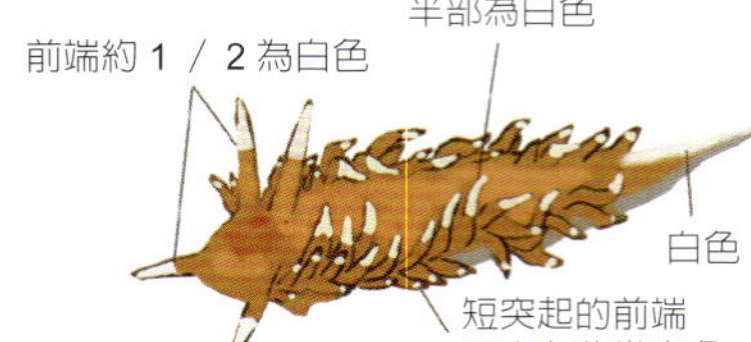
前端約 1 / 2 為白色
白色
短突起的前端
下方有些微白色

身體爲紅褐色，位於外側的背側短突起，前端下方有些微白色；位於內側的長突起，上半部爲白色。觸角和口觸手爲紅褐色，前端約 1 / 2 爲白色。尾部上緣也是白色。在苔蘚蟲群體，捕食與苔蘚蟲共生的刺胞動物。與 Gosliner et al., 2018 的 *Facelina* sp. 8 爲同種。長度達 18mm。

| 大瀨崎　水深 28m　大小 6mm　山田久子 |

灰翼海蛞蝓科 Facelinidae
灰翼海蛞蝓屬 Facelina

大瀨崎

## 灰翼海蛞蝓之一種 5

*Facelina* sp. 5

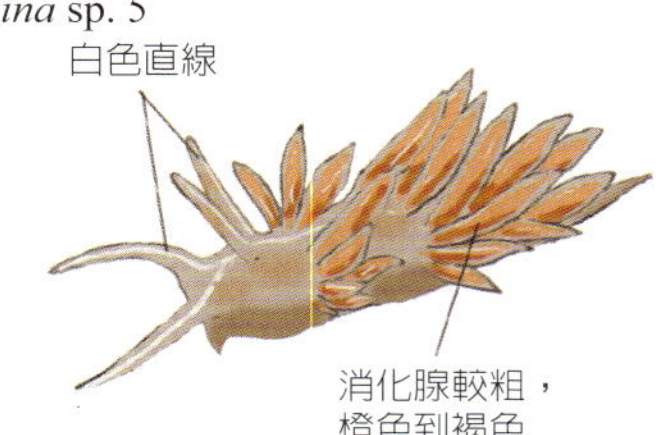
白色直線
消化腺較粗，
橙色到褐色

身體爲白色半透明，觸角、口觸手、背側突起有 1 條白色直線。背側突起爲透明，內部消化腺爲橙色到褐色。觸角平滑。外觀近似 Gosliner et al., 2018 的 *Facelina* sp. 9，不過背側突起的消化腺較粗。今後需要進一步研究調查。長度達 8mm。

| 大瀨崎　水深 28m　大小 6mm　山田久子 |

灰翼海蛞蝓科 Facelinidae
灰翼海蛞蝓屬 Facelina

大瀨崎

## 灰翼海蛞蝓之一種 6

*Facelina* sp. 6

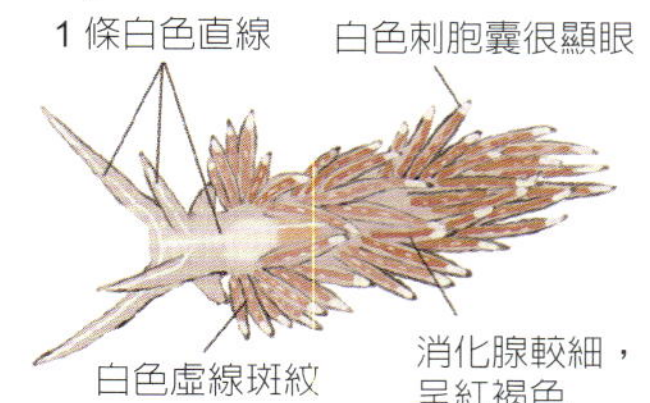
1 條白色直線
白色刺胞囊很顯眼
白色虛線斑紋
消化腺較細，
呈紅褐色

身體爲白色半透明，觸角、口觸手、背面正中線上有 1 條白色直線。背側突起較長，有白色虛線斑紋。突起內的消化腺較細，呈紅褐色。吃的食物可能影響消化腺的顏色。白色刺胞囊很顯眼。

灰翼海蛞蝓科 Facelinidae
近灰翼海蛞蝓屬 Facelinella

# 多環近灰翼海蛞蝓

*Facelinella anulifera* Baba, 1949

西太平洋、
中太平洋

| 八丈島 水深 6m 大小 12mm 加藤昌一 |

橘色
4 ～ 6 個環狀突起
消化腺為黑色
前端為白色
散布白色斑點

身體爲白色半透明，密布白色細點。體側和背面有橙色直線，頭部有橙色線，但有時斷斷續續，有些個體則沒有。背側突起爲半透明，前端爲黃色，整體散布白色細點，有些個體則沒有。突起內的消化腺爲黑色，觸角有 4 ～ 6 個環狀突起。長度達 15mm。

---

灰翼海蛞蝓科 Facelinidae
卡羅海蛞蝓屬 Caloria

# 印度卡羅海蛞蝓

*Caloria indica*（Bergh, 1896）

印度－
太平洋

| 八丈島 水深 15m 大小 20mm 加藤昌一 |

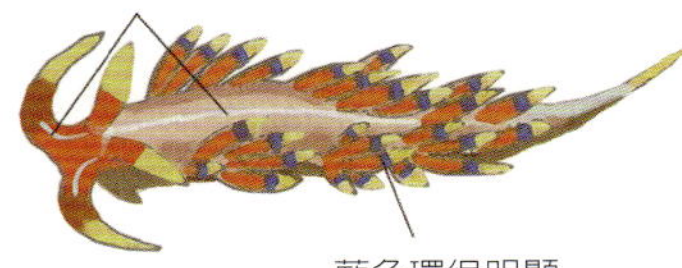
白色直線從口觸手延伸到頭部並通過背面
藍色環很明顯

身體爲白色半透明到橙紅色，個體變異大。觸角基部到口觸手基部有白線，此白線從觸角之間貫穿背部，但有時斷斷續續，有些個體則沒有。背側突起從前端以下依序爲黃色、藍色、紅褐色。觸角與口觸手的上半部爲黃色，下半部爲紅褐色。長度達 30mm。

灰翼海蛞蝓科 Facelinidae
卡羅海蛞蝓屬 Caloria

## 卡羅海蛞蝓之一種

*Caloria* sp.

印度－太平洋

| 八丈島　水深 8m　大小 10mm　廣江一弘 |

身體爲紅色半透明，背面和頭部爲紅褐色。背面正中線上有白色色帶，但有些個體不連續，有些則是沒有色帶。身體側面散布白色紋。背部突起密布白色細點，中段有藍色紋。觸角爲半透明，帶褐色與白色斑紋，有 2 ～ 3 個平緩的膨脹部位。口觸手爲紅褐色，有白色斑紋。長度達 15mm。

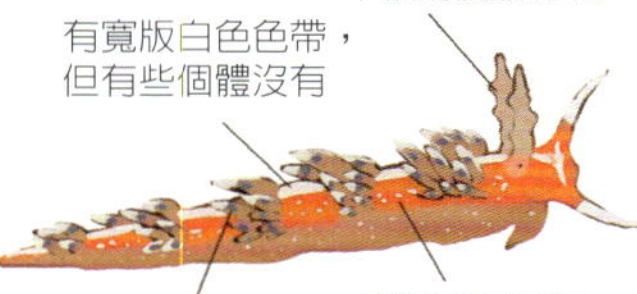
有 2 ～ 3 個
平緩的膨脹部位
有寬版白色色帶，
但有些個體沒有
中段有藍色紋
身體側面散布
白色紋

灰翼海蛞蝓科 Facelinidae
法沃海蛞蝓屬 Favorinus

## 太平洋法沃海蛞蝓

*Favorinus pacificus* Baba, 1937

西太平洋

| 大瀨崎　水深 3m　大小 15mm　山田久子 |

身體爲白色和黃色半透明，背側突起也與身體同色，前端爲白色。突起內的消化腺爲略深的黃色，前端爲紅紫色。觸角表面有隱約的節，整體爲褐色，前端爲白色。口觸手顏色略深，有白色小斑紋，有些個體連成一塊，從頭部延伸至背面。長度達 15mm。

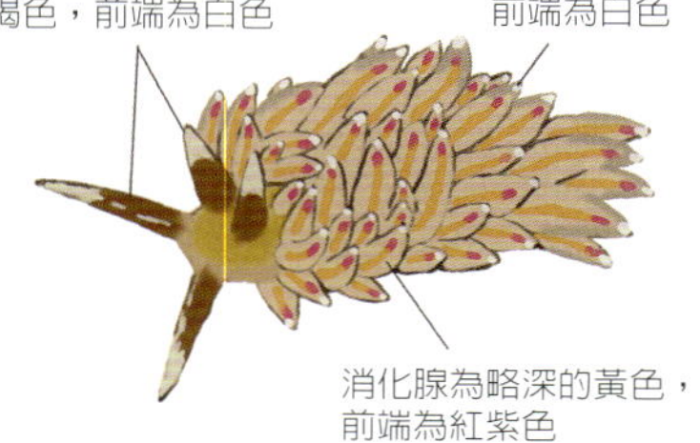
褐色，前端為白色
前端為白色
消化腺為略深的黃色，
前端為紅紫色

灰翼海蛞蝓科 Facelinidae
法沃海蛞蝓屬 Favorinus

# 奇異法沃海蛞蝓

*Favorinus mirabilis* Baba, 1955

印度－
太平洋

| 慶良間群島 水深 8m 大小 10mm 小野篤司 |

前端下方
有 1 個深紫色細點

全身遍布
白色細點

褶葉較大，
深褐色，前端為白色

身體爲白色半透明，包括背側突起在內，全身遍布白色細點。背側突起幾乎透明，前端下方有 1 個深紫色細點。消化腺的顏色來自於食物，有乳白色，也有黃褐色。觸角褶葉較大，整體爲深褐色，前端爲白色。長度達 12mm。

灰翼海蛞蝓科 Facelinidae
法沃海蛞蝓屬 Favorinus

# 穿葉法沃海蛞蝓

*Favorinus perfoliatus*
（Baba, 1949）

日本

| 八丈島 水深 8m 大小 7mm 加藤昌一 |

褶葉為深褐色，
體積小、數量多

後方有白色直線

消化腺從紫
色到紅紫色

包括背側突起在內，全身幾乎呈半透明。背側突起的前端帶白色，但不少個體沒有這項特徵。突起內的消化腺從紫色到紅紫色。觸角褶葉爲深褐色，體積小、數量多，排列緊密。觸角上半部的後方有白色直線。近似種奇異法沃海蛞蝓的背側突起有 12 群，本種只有 6～7 群，數量較少。過去的文獻曾將本種當成奇異法沃海蛞蝓。長度達 10mm。

| 慶良間群島 水深 7m 大小 10mm 小野篤司 |

灰翼海蛞蝓科 Facelinidae
法沃海蛞蝓屬 Favorinus

## 日本法沃海蛞蝓

*Favorinus japonicus* Baba, 1949

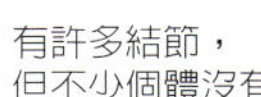

印度－
太平洋

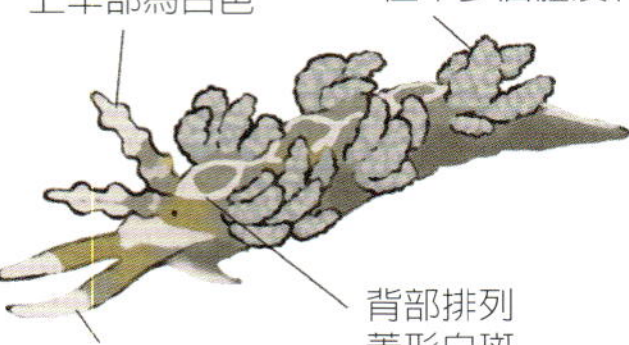
有 2 ～ 3 個膨脹處
上半部為白色
有許多結節，
但不少個體沒有
背部排列
菱形白斑
前半段為白色

| 八丈島 水深 12m 大小 12mm 加藤昌一 |

身體爲白色半透明，背部排列菱形白斑。背側突起有許多結節，但不少個體沒有。突起內的消化腺顏色，來自於吃下肚的後鰓類的卵。觸角有 2 ～ 3 個膨脹處，上半部爲白色。口觸手前半部爲白色。長度達 20mm。

| 八丈島 水深 7m 大小 12mm 加藤昌一 |

灰翼海蛞蝓科 Facelinidae
法沃海蛞蝓屬 Favorinus

## 敦賀法沃海蛞蝓

*Favorinus tsuruganus*
Baba & Abe, 1964

印度－
西太平洋

身體爲白色半透明，背部爲白色。背側突起呈半透明，內部消化腺爲黃色到橙色，變異幅度小，前端爲黑色。觸角爲黑色，有 3 片大褶葉。口觸手呈藍白色半透明。長度達 30mm。

消化腺為黃色到橙色，
變異幅度小，前端為黑色
背部為白色
觸角為黑色，
有 3 片大褶葉

灰翼海蛞蝓科 Facelinidae
法沃海蛞蝓屬 Favorinus

# 法沃海蛞蝓之一種 1

*Favorinus* sp. 1

慶良間群島

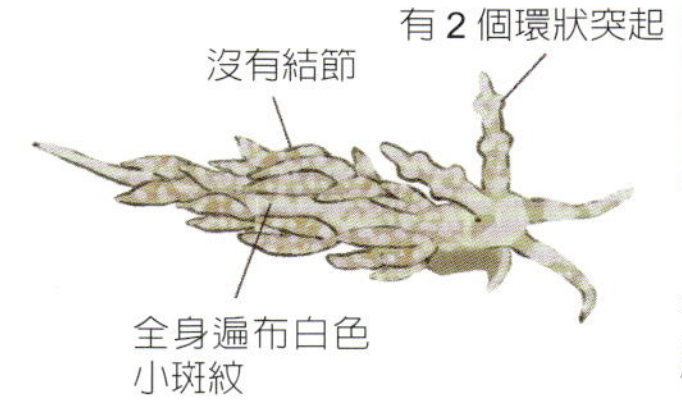
有 2 個環狀突起
沒有結節
全身遍布白色
小斑紋

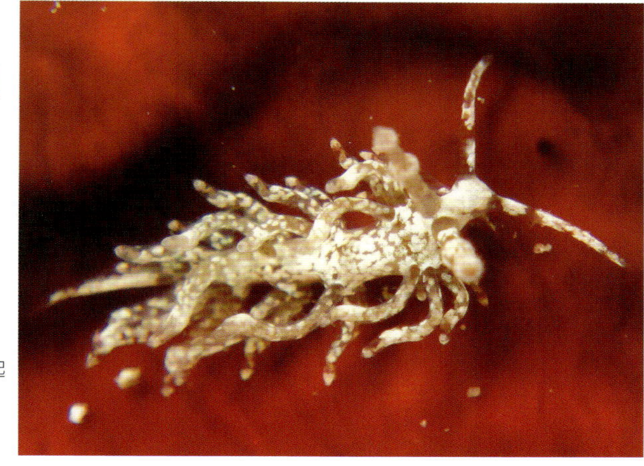

| 慶良間群島 水深 8m 大小 8mm 小野篤司 |

身體爲白色半透明，包括背側突起、觸角、口觸手在內，全身散布偏綠的白色小斑紋。有些個體的斑紋連在一起，有些個體的斑紋則是披覆背面和背側突起。背側突起的粗細有個體變異，沒有結節。觸角有 2 個環狀突起。長度達 15mm。

| 慶良間群島 水深 10m 大小 9mm 小野篤司 |

灰翼海蛞蝓科 Facelinidae
法沃海蛞蝓屬 Favorinus

# 法沃海蛞蝓之一種 2

*Favorinus* sp. 2

西太平洋、
紅海

背側突起
又長又大
觸角和口觸手平
滑，長度較短

消化腺為褐色或綠色
散布白色細點

| 慶良間群島 水深 7m 大小 5mm 小野篤司 |

身體爲白色半透明，背側突起和背面散布白色細點。背側突起內的消化腺顏色來自於吃下肚的卵，包括褐色與綠色。觸角和口觸手平滑，長度較短。入侵平時棲息於沙地的頭盾類軟體動物的球狀卵塊，吃裡面的卵。長度達 15mm。

| 慶良間群島 在卵裡 小野篤司 |

| 慶良間群島 水深 5m 大小 15mm 小野篤司 |

灰翼海蛞蝓科 Facelinidae
法沃海蛞蝓屬 Favorinus

琉球群島

## 法沃海蛞蝓之一種 3

*Favorinus* sp. 3

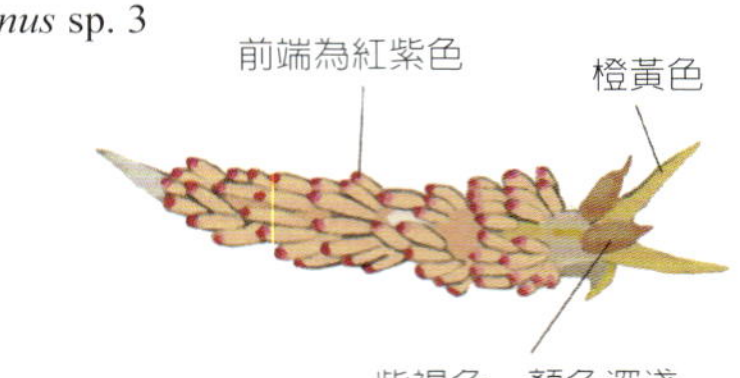
前端為紅紫色
橙黃色
紫褐色，顏色深淺
有個體變異

身體爲黃色半透明，背側突起幾乎透明，內部消化腺爲粉紅色、米色、紅色與橙黃色，個體變異豐富，前端爲紅紫色。觸角爲紫褐色，顏色深淺有個體變異，前端有時帶白色。口觸手爲橙黃色。外觀近似奇異法沃海蛞蝓，但本種沒有體表的白色細點，也沒有背側突起前端下方的深紫色。長度達 15mm。

| 慶良間群島 水深 5m 大小 10mm 小野篤司 |

灰翼海蛞蝓科 Facelinidae
法沃海蛞蝓屬 Favorinus

西太平洋

## 法沃海蛞蝓之一種 4

*Favorinus* sp. 4

消化腺為米色到褐色
1 個環狀突起
前端為深紫色
背面、背側突起與頭部有白色斑紋

身體爲白色半透明，背面、背側突起和頭部有白色斑紋。背側突起內部的消化腺爲米色到褐色，前端爲深紫色。觸角有 1 個輪狀突起。Gosliner et al., 2018 的 *Favorinus* sp. 8 爲本種。長度達 18mm。

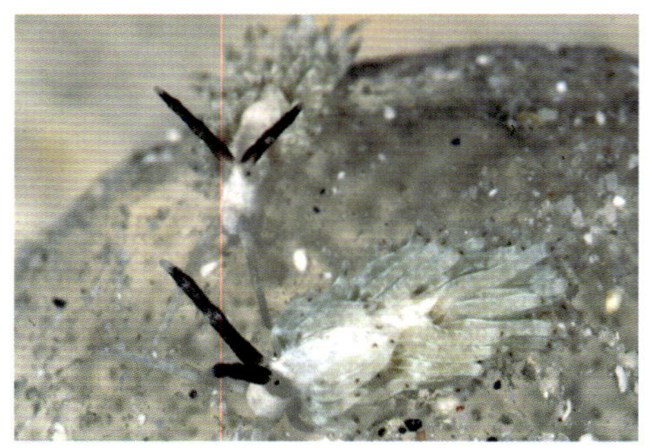

| 慶良間群島 水深 7m 大小 4mm 小野篤司 |

灰翼海蛞蝓科 Facelinidae
法沃海蛞蝓屬 Favorinus

西太平洋

## 法沃海蛞蝓之一種 5

*Favorinus* sp. 5

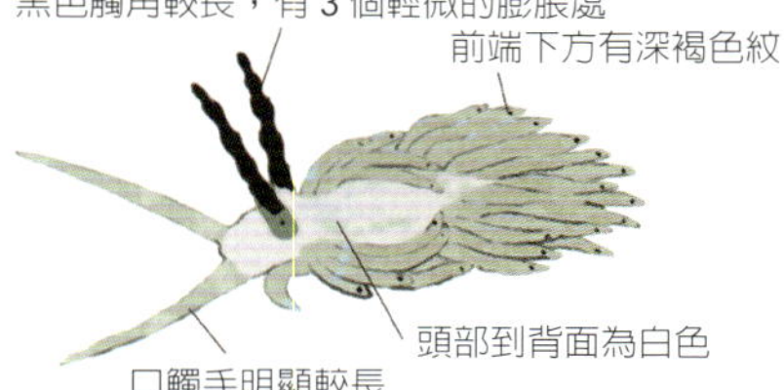
黑色觸角較長，有 3 個輕微的膨脹處
前端下方有深褐色紋
頭部到背面為白色
口觸手明顯較長

身體爲白色半透明，頭部到背面爲白色。背側突起有斑駁的白色色素，可從體外看見淺灰褐色消化腺。背側前端最前面的部分爲透明，下方有深褐色紋。黑色觸角較長，有 3 個輕微的膨脹處。口觸手明顯較長，有白色色素。食物是棲息在沙地的多毛類動物的卵塊。長度達 6mm。

灰翼海蛞蝓科 Facelinidae
法沃海蛞蝓屬 avorinus

## 法沃海蛞蝓之一種 6

西太平洋

*Favorinus* sp. 6

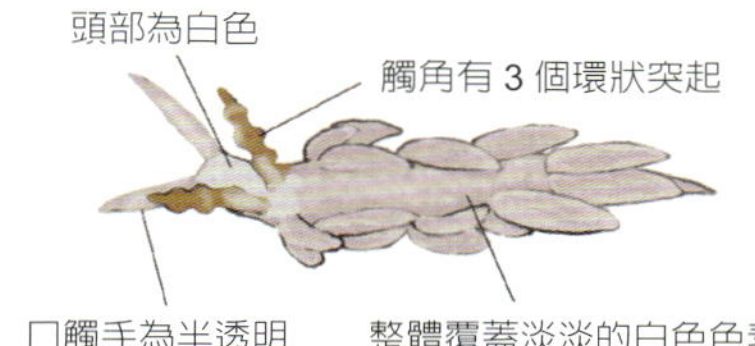
頭部為白色
觸角有 3 個環狀突起
口觸手為半透明
整體覆蓋淡淡的白色色素

| 慶良間群島 水深 8m 大小 7mm 小野篤司 |

身體爲白色半透明，全身覆蓋一層淡淡的白色色素。觸角後方到口觸手基部的頭部爲白色，背部突起的形狀類似小香腸。觸角帶褐色，有 3 個環狀突起。口觸手呈半透明。與 Gosliner et al., 2018 的 *Favorinus* sp. 15 爲同種。長度達 12mm。

灰翼海蛞蝓科 Facelinidae
安東尼海蛞蝓屬 Antonietta

## 紫安東尼海蛞蝓

日本

*Antonietta janthina*
（Baba & Hamatani, 1977）

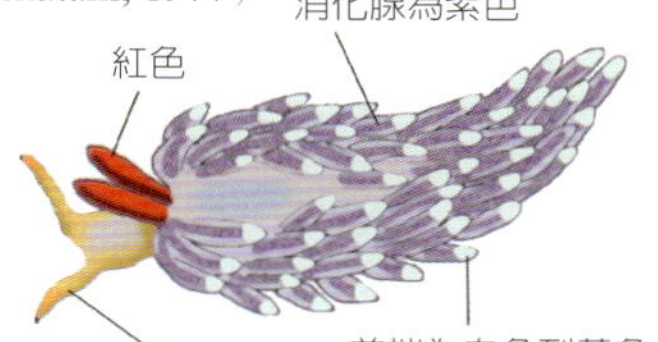
消化腺為紫色
紅色
黃色到橘色
前端為白色到黃色

| 間崎島 水深 5m 大小 18mm 大矢和仁 |

身體爲白色半透明，背面爲白色。兩個觸角之間到口觸手前端爲橙黃色。觸角爲紅色，許多個體的觸角中段有一條欠缺紅色的區域。背側突起爲透明，突起內的消化腺爲紫色，前端爲白色到黃色。長度達 20mm。

灰翼海蛞蝓科 Facelinidae
安東尼海蛞蝓屬 Antonietta

## 安東尼海蛞蝓之一種

伊豆半島

*Antonietta* sp.

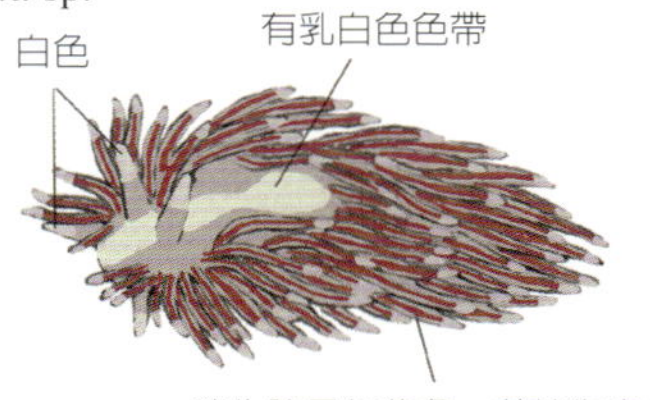
白色
有乳白色色帶
消化腺呈紅紫色，前端為白色

| 大瀨崎 水深 14m 大小 18mm 山田久子 |

身體爲白色半透明，乳白色色帶從頭部前緣，穿過觸角之間，延伸至背部後方。背側突起呈透明狀，長度較長。突起內部的消化腺爲紅紫色，前端爲白色。觸角顏色與身體相同，前端爲白色。口觸手爲白色。

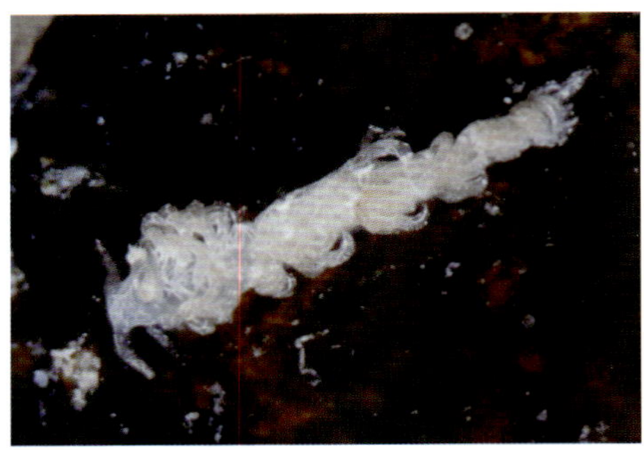

| 慶良間群島 水深 8m 大小 10mm 小野篤司 |

灰翼海蛞蝓科 Facelinidae
諾米亞海蛞蝓屬 Noumeaella

印度－西太平洋

## 伊莎諾米亞海蛞蝓

*Noumeaella isa*
Ev. Marcus & Er. Marcus, 1970

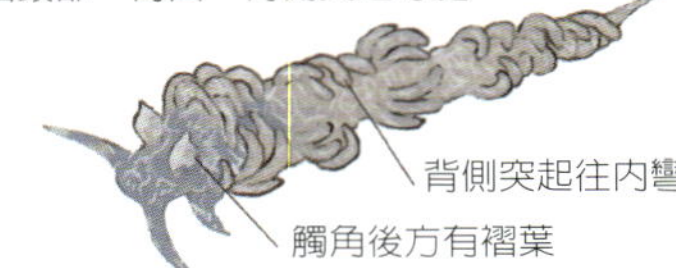
網眼狀白色細腺覆蓋全身，包括頭部、背面、背側突起等處
背側突起往內彎
觸角後方有褶葉

身體爲白色半透明，網眼狀白色細腺覆蓋全身，包括頭部、背面、背側突起等處。背側突起往內彎，觸角後方有褶葉。長度達 10mm。

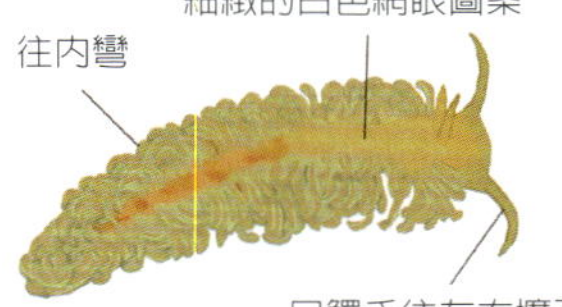
細緻的白色網眼圖案
往內彎
口觸手往左右擴張
身體平坦，整體為橙黃色到橙紅色

| 慶良間群島 水深 12m 大小 15mm 小野篤司 |

灰翼海蛞蝓科 Facelinidae
諾米亞海蛞蝓屬 Noumeaella

印度－西太平洋

## 諾米亞海蛞蝓之一種 1

*Noumeaella* sp. 1

身體平坦，整體爲橙黃色到橙紅色。背面有細緻的白色網眼圖案。背側突起往內彎。頭度較寬，口觸手往左右擴張。觸角又細又短，後面長著幾個小突起。常見於橙色海綿上。長度達 20mm。

| 一切 水深 11m 大小 6mm 山田久子 |

灰翼海蛞蝓科 Facelinidae
諾米亞海蛞蝓屬 Noumeaella

西太平洋

## 諾米亞海蛞蝓之一種 2

*Noumeaella* sp. 2

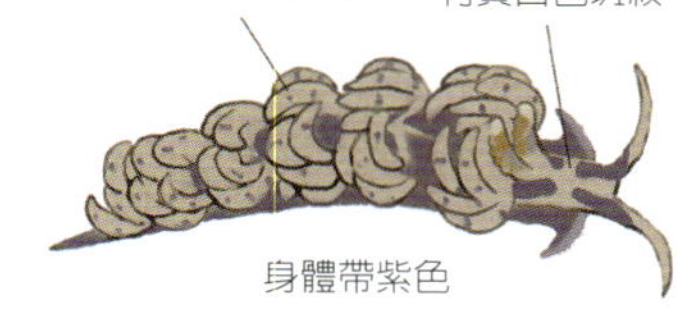
外側有 2 ～ 3 個褐色紋
有黃白色斑紋
身體帶紫色

身體爲紫色半透明，背面正中線上有黃白色直線，分叉延伸至各背側突起的基部。頭部的黃白色斑紋，避開了觸角基部和口觸手基部。各背側突起的外側有 2 ～ 3 個褐色紋。長度達 10mm。

灰翼海蛞蝓科 Facelinidae
哥代梵海蛞蝓屬 Godiva

## 瑞秋哥代梵海蛞蝓

印度－西太平洋

*Godiva rachelae* Rudman, 1980

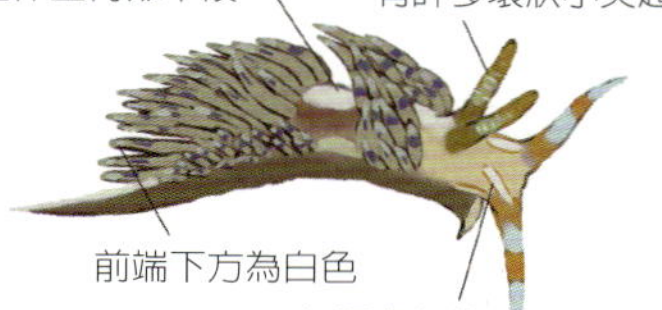
頭部為白色，白色斑紋
延伸至背部中段
有許多環狀小突起
前端下方為白色
紅褐色細線

| 慶良間群島 水深 27m 大小 30mm 小野篤司 |

身體爲橘色半透明，頭部爲白色，白色斑紋延伸至背部中段。頭部到口觸手有紅褐色細線。背側突起的前端下方爲白色，內部消化腺爲紅色到藍紫色，但通常看不見。觸角有許多環狀小突起，帶白色色素。過去的文獻曾將本種誤認爲未知種。長度達 35mm。

灰翼海蛞蝓科 Facelinidae
哥代梵海蛞蝓屬 Godiva

## 哥代梵海蛞蝓之一種 1

西太平洋、中太平洋

*Godiva* sp. 1

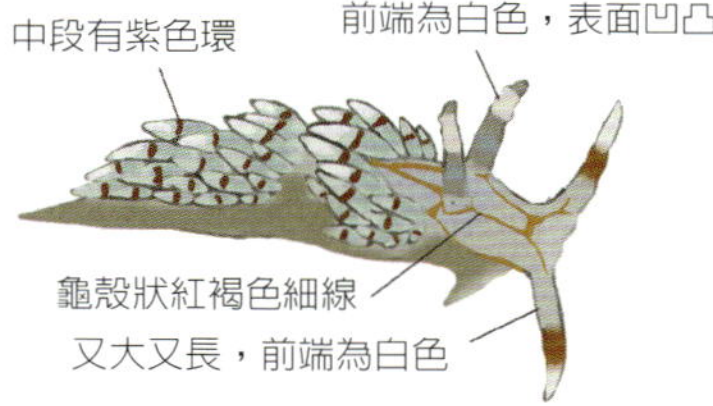
中段有紫色環
前端為白色，表面凹凸
龜殼狀紅褐色細線
又大又長，前端為白色

| 慶良間群島 水深 8m 大小 16mm 小野篤司 |

身體爲白色半透明，背面爲白色。觸角前後到背部有龜殼狀紅褐色細線，背側突起的中段有紫色環，下方顏色略深，前端爲黃白色。觸角前端 1 / 3 爲白色，表面些微凹凸不平。口觸手又大又長，前端爲白色。過去的文獻曾將本種當成瑞秋哥代梵海蛞蝓。長度達 30mm。

灰翼海蛞蝓科 Facelinidae
哥代梵海蛞蝓屬 Godiva

## 哥代梵海蛞蝓之一種 2

西太平洋、中太平洋

*Godiva* sp. 2

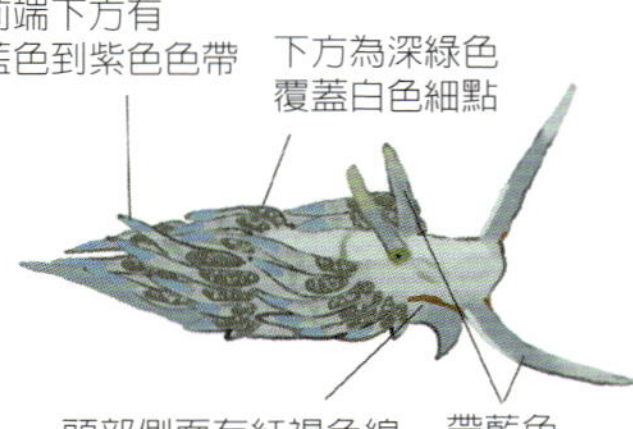
前端下方有
藍色到紫色色帶
下方為深綠色
覆蓋白色細點
頭部側面有紅褐色線
帶藍色

| 慶良間群島 水深 8m 大小 18mm 小野篤司 |

身體爲白色半透明，頭部與背面的心囊區爲白色。觸角和口觸手帶著藍色與白色，背側突起下方爲深綠色，覆蓋白色細點。背側突起的前端下方有藍色到紫色色帶。頭部側面有紅褐色線。根據千葉大學的標本，依照頰部的紅褐色線，提議新名稱「ホホスジミノウミウシ」。長度達 30mm。

灰翼海蛞蝓科 Facelinidae
葉蓑海蛞蝓屬 Phyllodesmium

## 石垣葉蓑海蛞蝓

*Phyllodesmium kabiranum*
Baba, 1991

西太平洋

扁平，有藍灰色斑
紋，前端為深褐色
身體為橙黃色
到深褐色
褐色，帶著不
透明的白色

| 慶良間群島 水深 8m 大小 35mm 小野篤司 |

身體爲橙黃色到深褐色，有些個體的頭部到背面正中線上有白色直線，但也有不少個體這部分不明顯或完全沒有。背側突起扁平，底色與身體相同。背側突起的藍灰色斑紋，有些個體在前端下方呈帶狀，有些個體則是覆蓋全身，變異性大。觸角和口觸手爲褐色，帶不透明的白色。長度達 40mm。

灰翼海蛞蝓科 Facelinidae
葉蓑海蛞蝓屬 Phyllodesmium

## 西表葉蓑海蛞蝓

*Phyllodesmium iriomotense*
Baba, 1991

琉球群島、
印尼

| 沖繩島 水深 4m 大小 10mm 世古徹 |

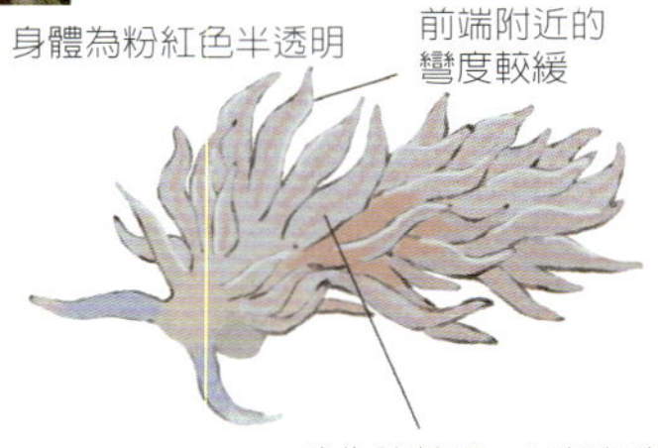
身體為粉紅色半透明
前端附近的
彎度較緩
消化腺較細，呈粉紅色，
整條都有小分支

包括背側突起、觸角和口觸手，身體爲粉紅色半透明。背側突起內的消化腺較細，呈粉紅色，整條可見小分支。背側突起前端附近的彎度較緩，但有時會遇到整根捲曲的個體。本種附生在蟲黃藻上。長度達 44mm。

灰翼海蛞蝓科 Facelinidae
葉蓑海蛞蝓屬 Phyllodesmium

# 長枝葉蓑海蛞蝓

*Phyllodesmium longicirrum*
（Bergh, 1905）

西太平洋

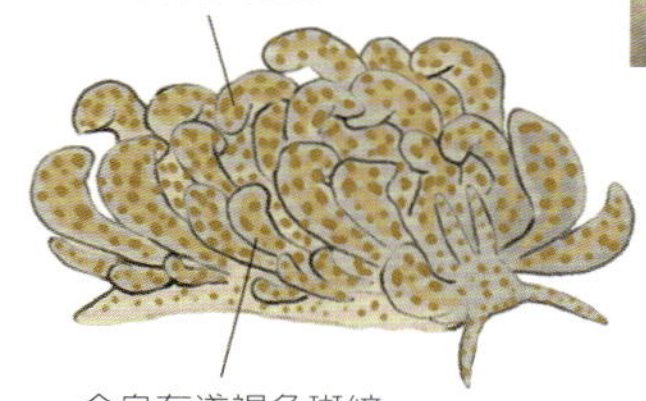
形狀扁平，又長又大，前端往內彎
全身有淺褐色斑紋

| 慶良間群島 水深 12m 大小 100mm 小野篤司 |

身體爲乳白色半透明，包括觸角、口觸手和背側突起在內，全身有淺褐色斑紋，此顏色來自於其共生的蟲黃藻。背側突起形狀扁平，又長又大，前端往內彎。此外，本屬物種沒有刺胞囊。長度達 120mm。

---

灰翼海蛞蝓科 Facelinidae
葉蓑海蛞蝓屬 Phyllodesmium

# 多變葉蓑海蛞蝓

*Phyllodesmium opalescens*
Rudman, 1991

西太平洋

| 富戶 水深 24m 大小 7mm 山田久子 |

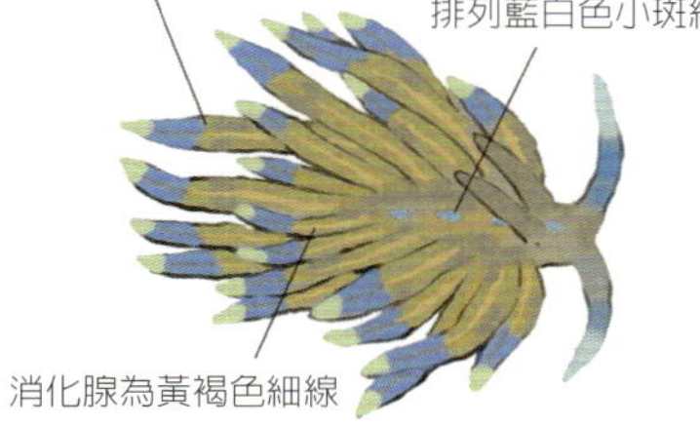
上方帶藍紫色，前端為黃白色
排列藍白色小斑紋
消化腺為黃褐色細線

身體爲半透明，背面正中線上排列藍白色小斑紋。背側突起細長，上方帶藍紫色，前端爲黃白色。突起內的消化腺較細，呈黃褐色，不分支。觸角平滑，前端爲黃白色。口觸手爲藍色半透明，前端爲白色。在沙地觀察到此個體，不知道在吃什麼。長度達 20mm。

｜八丈島 水深 8m 大小 40mm 加藤昌一｜

灰翼海蛞蝓科 Facelinidae
葉蓑海蛞蝓屬 Phyllodesmium

# 巨叢葉蓑海蛞蝓

*Phyllodesmium magnum*
Rudman, 1991

印度－太平洋

身體爲白色、灰褐色到紫色，變異性大。背側突起的顏色與身體相同，數量眾多，扁平彎曲的前端爲黃白色。觸角、口觸手與身體同色，前端 1 / 2 爲黃白色。是長度達 130mm 的大型種。

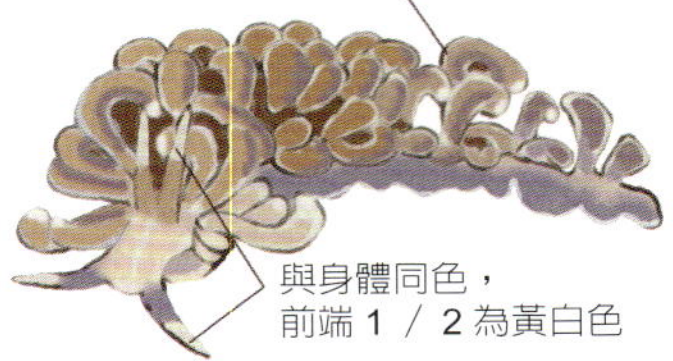
扁平彎曲的前端
為黃白色
與身體同色，
前端 1 / 2 為黃白色

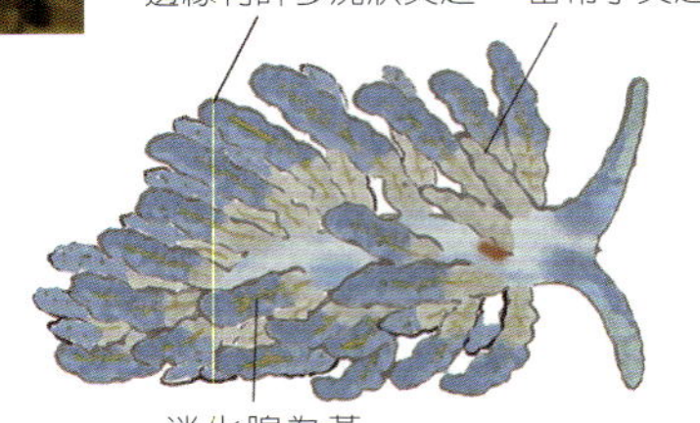
側突起扁平，
邊緣有許多疣狀突起
密布小突起
消化腺為黃
褐色，有細
分支

灰翼海蛞蝓科 Facelinidae
葉蓑海蛞蝓屬 Phyllodesmium

# 隱身葉蓑海蛞蝓

*Phyllodesmium crypticum*
Rudman, 1981

印度－西太平洋

｜八丈島 水深 3m 大小 30mm 加藤昌一｜

身體爲白色和藍色半透明，全身覆蓋細微白點。可從背側突起的無色部分，看到細分支的黃褐色消化腺。背側突起扁平，邊緣有特別多疣狀突起。觸角密布微小突起，但數量依個體而異。長度達 50mm。

灰翼海蛞蝓科 Facelinidae
葉蓑海蛞蝓屬 Phyllodesmium

# 柯勒葉蓑海蛞蝓

*Phyllodesmium koehleri* Burghardt, Schrödl, & Wägele, 2008

西太平洋

| 慶良間群島　水深 31m　大小 40mm　小野篤司 |

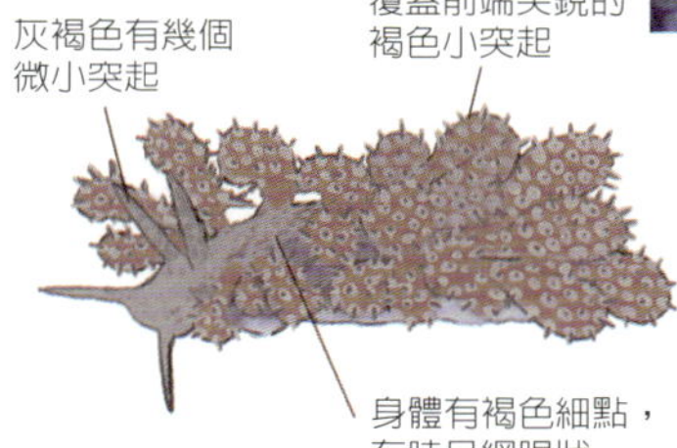
灰褐色有幾個
微小突起
覆蓋前端尖銳的
褐色小突起
身體有褐色細點，
有時呈網眼狀

身體爲白色與褐色半透明，散布褐色細點，有時呈網眼狀。背側突起覆蓋前端尖銳的褐色小突起。背側突起內的消化腺分支較多。觸角呈灰褐色，長著幾個微小突起。通常在軟珊瑚上發現。長度達 56mm。

灰翼海蛞蝓科 Facelinidae
葉蓑海蛞蝓屬 Phyllodesmium

# 鋸齒葉蓑海蛞蝓

*Phyllodesmium serratum*（Baba, 1949）

日本、
澳洲

| 奄美大島　水深 1m　大小 20mm　山田久子 |

沒有刺胞囊
消化腺為橙紅色
身體為紅紫色半透明

身體爲紅紫色半透明，藍白色直線從頭部延伸至背面，但有些個體不明顯。背側突起與身體同色，可清楚看見內部的橙紅色消化腺。本種雖攝食多種軟珊瑚，但體內沒有共生藻。長度達 35mm。

灰翼海蛞蝓科 Facelinidae
葉蓑海蛞蝓屬 Phyllodesmium

# 八放葉蓑海蛞蝓

*Phyllodesmium briareum*
（Bergh, 1896）

西太平洋

| 八丈島 水深 6m 大小 15mm 加藤昌一 |

包括背側突起在內，全身爲灰褐色。此顏色來自於共生藻。觸角、口觸手、背側突起的前端爲黃色。背側突起呈圓筒形、微彎，與牠的食物紫皮軟珊瑚的珊瑚蟲很像。有時會突然大爆發。長度達 30mm。

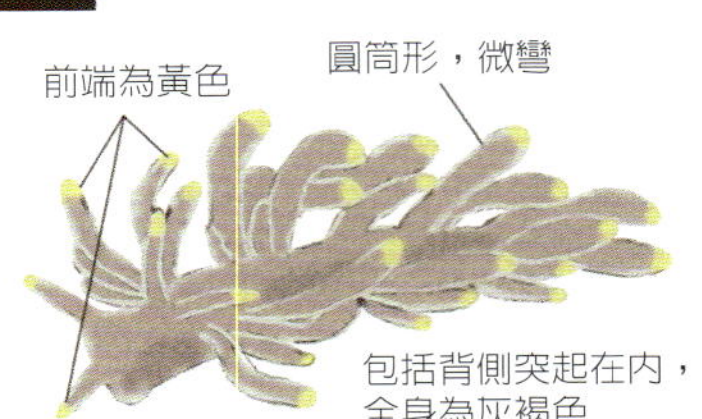
前端為黃色
圓筒形，微彎
包括背側突起在內，
全身為灰褐色

灰翼海蛞蝓科 Facelinidae
葉蓑海蛞蝓屬 Phyllodesmium

# 波紋葉蓑海蛞蝓

*Phyllodesmium undulatum*
Moore & Gosliner, 2014

西太平洋

| 八丈島 水深 13m 大小 25mm 加藤昌一 |

身體爲白色半透明，有 3 條白色直線，分別位於背面正中線上，以及左右背緣。背側突起半透明，明顯彎曲，前端爲黃色。突起內的消化腺不分支，呈螺旋狀或波浪狀。可在紅色的扇珊瑚上仔細觀察。長度達 40mm。

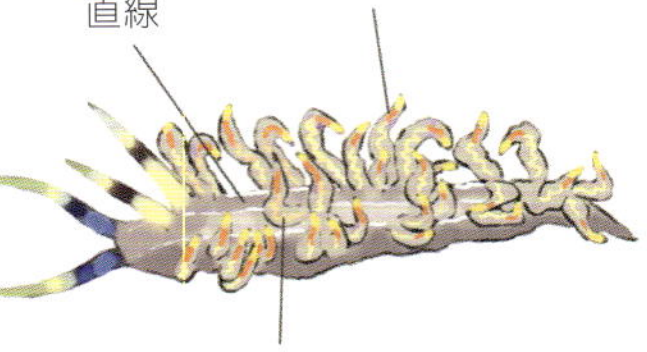
3 條白色
直線
半透明，明顯彎曲，
前端為黃色
橙色與黃色的消化腺不分支，
呈螺旋狀或波浪狀

灰翼海蛞蝓科 Facelinidae
葉蓑海蛞蝓屬 Phyllodesmium

# 波氏葉蓑海蛞蝓

*Phyllodesmium poindimiei*
（Risbec, 1928）

印度－
太平洋

｜八丈島　水深 8m　大小 30mm　加藤昌一｜

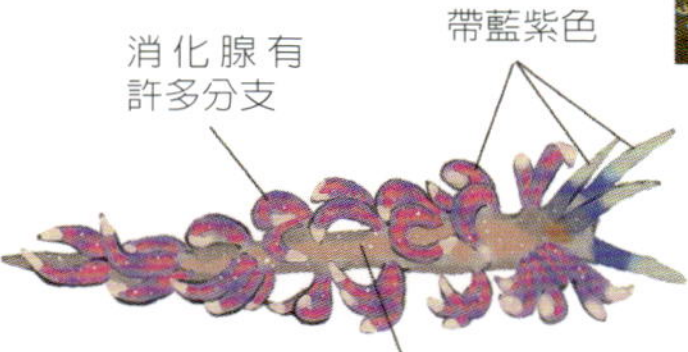
消化腺有
許多分支
帶藍紫色
全身遍布白色細點

身體為粉紅色半透明，全身遍布白色細點。觸角、口觸手的下半部、背側突起的中段帶藍紫色。背側突起有時明顯彎曲，有時直立。不僅如此，大小、前端的形狀等都有個體變異。突起內部的消化腺，有許多朝水平方向生長的分支。觸角平滑。過去的文獻曾將其列為波氏葉蓑海蛞蝓或曼佛森葉蓑海蛞蝓。長度達 40mm。

---

灰翼海蛞蝓科 Facelinidae
葉蓑海蛞蝓屬 Phyllodesmium

# 棘角葉蓑海蛞蝓

*Phyllodesmium acanthorhinum*
Moore & Gosliner, 2014

日本、
印度洋

｜八丈島　水深 10m　大小 25mm　加藤昌一｜

前端為黃白色，
下方帶藍色
波浪狀消化腺
為橙黃色
許多小突起
背面有 3 條白色直線和串聯
突起基部的白色橫線

身體為粉紅色半透明，背面正中線上有往各背側突起群分支的白色橫線，以及貫穿整個背緣的白色直線。通常白色直線是由白色細點聚集而成。背側突起的前端為黃白色，下方帶藍色。突起內的消化腺為橙黃色，呈波浪狀。觸角有許多小突起。長度達 32mm。

| 八丈島 水深 6m 大小 20mm 加藤昌一 |

灰翼海蛞蝓科 Facelinidae
葉蓑海蛞蝓屬 Phyllodesmium

# 曼佛森葉蓑海蛞蝓

*Phyllodesmium macphersonae*
（Burn, 1962）

西太平洋

身體爲灰黃色半透明，全身大致遍布褐色細點。此褐色細點是體表下方共生藻的顏色。背側突起的彎度平緩，上半部帶藍紫色，前端爲白黃色。觸角、口觸手的配色和背側突起一樣。長度達 20mm。

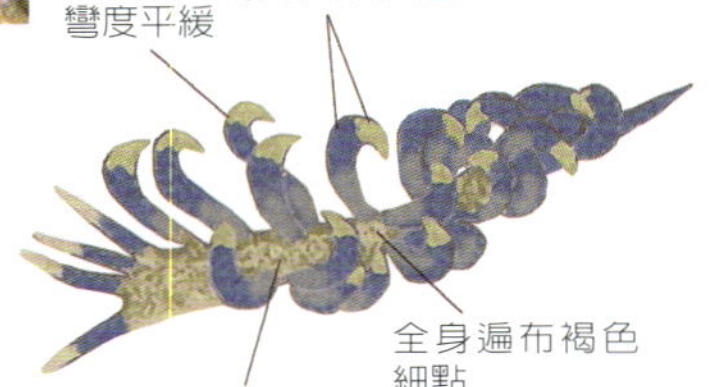
上半部帶藍紫色，
前端為白黃色
彎度平緩
全身遍布褐色
細點
身體為灰黃色
半透明

| 慶良間群島 水深 18m 大小 45mm 小野篤司 |

灰翼海蛞蝓科 Facelinidae
葉蓑海蛞蝓屬 Phyllodesmium

# 柯爾曼葉蓑海蛞蝓

*Phyllodesmium colemani*
Rudman, 1991

西太平洋

身體爲茶褐色，除了口觸手之外，全身有斑駁的白色斑紋。背側突起的彎度平緩，觸角和口觸手平滑且短。外觀近似八放葉蓑海蛞蝓，但本種有白斑，可由此區分。附生於笙珊瑚上，以笙珊瑚爲食。根據千葉大學的標本，依照身體白斑，提議新名稱「シロブチクセニアウミウシ」。長度達 45mm。

全身有斑駁的
白色斑紋
彎度平緩
身體為茶褐色
平滑且短

灰翼海蛞蝓科 Facelinidae
葉蓑海蛞蝓屬 Phyllodesmium

# 透明葉蓑海蛞蝓

*Phyllodesmium hyalinum*
Ehrenberg, 1831

印度－
西太平洋

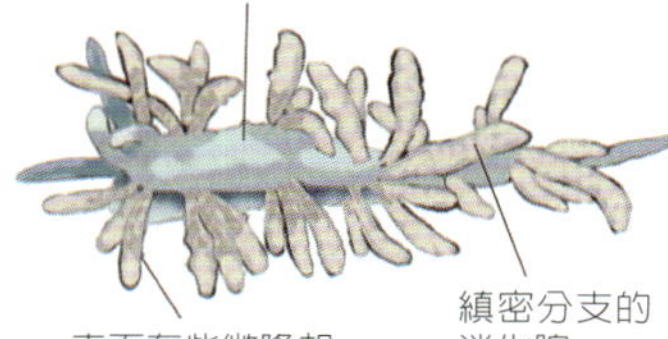
如下了霜的白色區域
縝密分支的
消化腺
表面有些微隆起

| 沖繩島 水深 6m 大小 13mm Robert F. Bolland |

身體爲白色半透明，體表有微小白點聚集而成的區域。背側突起爲半透明，前端偏白，可看見體內縝密分支的貝殼粉色消化腺。背側突起的表面有些微隆起。肛門在背部中央右側，呈管狀突出。日本根據 CAS 標本捐贈者 Bolland 之名，提議新名稱「ボブクセニアウミウシ」。長度達 45mm。

灰翼海蛞蝓科 Facelinidae
葉蓑海蛞蝓屬 Phyllodesmium

# 凱倫葉蓑海蛞蝓

*Phyllodesmium karenae*
Moore & Gosliner, 2009

西太平洋

| 慶良間群島 水深 7m 大小 20mm 小野篤司 |

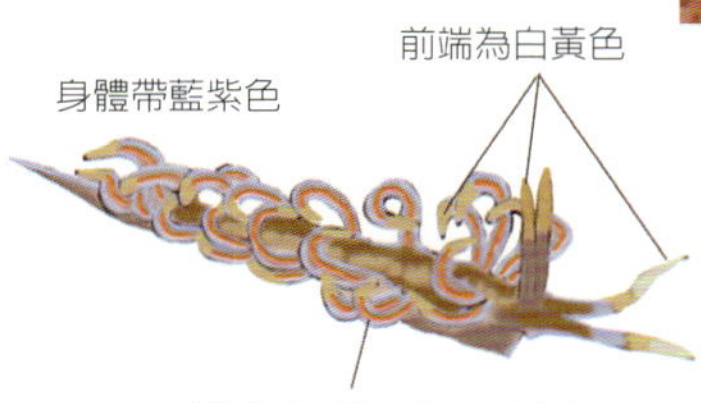
前端為白黃色
身體帶藍紫色
消化腺為橙紅色，不分支，
也不是大波浪狀

身體爲藍紫色半透明，背側突起、觸角、口觸手的前端皆爲白黃色。背側突起很長，前端彎度平緩。突起內的橙紅色消化腺不分支，也不是大波浪狀。長度達 20mm。

|八丈島 水深 3m 大小 12mm 加藤昌一|

灰翼海蛞蝓科 Facelinidae
葉蓑海蛞蝓屬 Phyllodesmium

## 葉蓑海蛞蝓之一種

*Phyllodesmium* sp.

日本、菲律賓

身體爲白色半透明，頭部到背面的正中線上，排列著 4～5 個有白邊的黃斑。背側突起的上半部爲白色，前端下方有黃色環；下半部有時偏藍，可看見體內的黃色消化腺。觸角上半部爲黃白色，口觸手除了基部之外，皆爲白色。長度達 15mm。

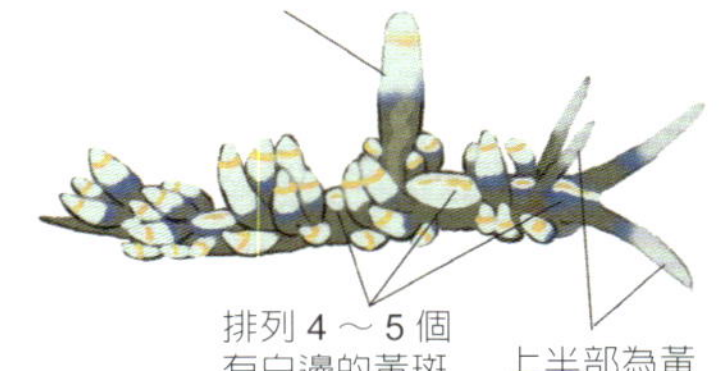
上半部為白色，
前端下方為黃色環
排列 4～5 個
有白邊的黃斑
上半部為黃
白色

|八丈島 水深 16m 大小 8mm 加藤昌一|

灰翼海蛞蝓科 Facelinidae
Moridilla 屬

## 布洛克灰翼海蛞蝓

*Moridilla brockii* Bergh, 1888

印度－
西太平洋

身體爲白色和橙色半透明，背側突起爲橙色，前端爲黃白色。各群背側突起位於內側的部分比較大，往後彎曲。橙色觸角短，後面有褶葉。口觸手較大，中段有白色色帶，前端爲橙色。長度達 40mm。

位於內側的突起
較大，往後彎曲
後面有褶葉
口觸手很大

灰翼海蛞蝓科 Facelinidae
普蓑海蛞蝓屬 Pruvotfolia

# 粉紅普蓑海蛞蝓

*Pruvotfolia rhodopos*
（Yonow, 2000）

印度－
太平洋

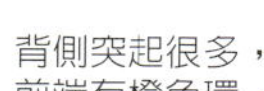
背側突起很多，
前端有橙色環

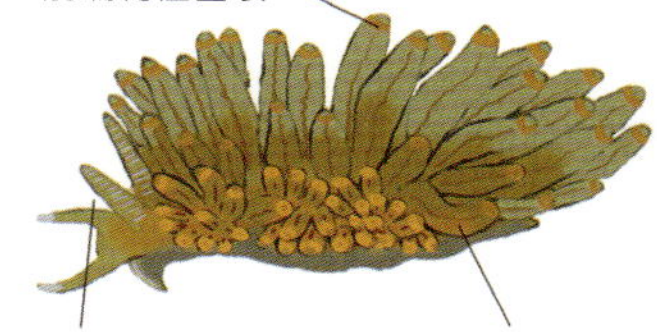
整根有細褶葉
消化腺很細呈褐色

| 慶良間群島 水深 12m 大小 20mm 小野篤司 |

身體爲淺橙色半透明，沒有斑紋。背側突起又大又長，數量很多，前端有橙色環。突起內的消化腺爲褐色，很細。整根觸角密布細褶葉。小型個體的觸角前端爲白色，但大型個體顏色不清。口觸手的顏色和身體相同，較大。長度達 25mm。

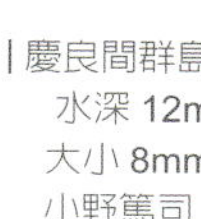
| 慶良間群島
水深 12m
大小 8mm
小野篤司 |

灰翼海蛞蝓科 Facelinidae
普蓑海蛞蝓屬 Pruvotfolia

# 普蓑海蛞蝓之一種 1

*Pruvotfolia* sp. 1

日本、
巴布亞紐幾內亞

| 慶良間群島 水深 7m 大小 12mm 小野篤司 |

消化腺為褐色，
不分支

整根有小褶葉
前端為白色，下方有藍
色或淺藍色小斑紋

身體爲白色半透明，背面有白色不規則小斑紋，但有些個體沒有。背側突起透明，前端爲白色，下方有藍色或淺藍色小斑紋，但有些個體沒有。突起內的消化腺從深褐色到淺褐色，不分支。可從眼下看見褐色的體內器官。整根觸角有小褶葉，前端爲白色。口觸手又長又大，前端爲白色。長度達 15mm。

灰翼海蛞蝓科 Facelinidae
普蓑海蛞蝓屬 Pruvotfolia

# 普蓑海蛞蝓之一種 2

*Pruvotfolia* sp. 2

琉球群島

| 慶良間群島 水深 3m 大小 8mm 小野篤司 |

消化腺為淡褐色
刺胞囊為白色
很小的褶葉
整體沒有斑紋

身體爲白色和橙色半透明，沒有斑紋。背側突起的顏色和身體相同，可從體外看到內部的淡褐色消化腺，與前端的白色小刺胞囊。整根觸角有很小的褶葉。Gosliner et al., 2018 的 *Pruvotfolia* sp. 3 外觀與本種近似，但整根觸角沒有明顯的褶葉。根據千葉大學的標本，依照體色提議新名稱「スカシフウセンミノウミウシ」。長度達 8mm。

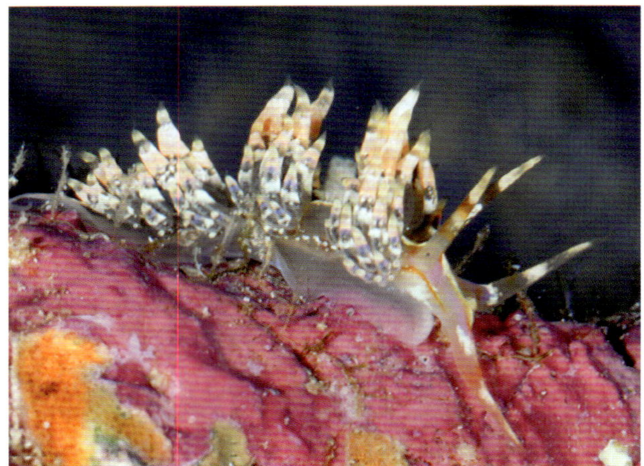

灰翼海蛞蝓科 Facelinidae
普蓑海蛞蝓屬 Pruvotfolia

# 普蓑海蛞蝓之一種 3

*Pruvotfolia* sp. 3

日本、
馬紹爾群島

| 慶良間群島 水深 12m 大小 18mm 小野篤司 |

粉紅色與淺
藍色色帶
延伸至尾部
的白色直線
帶粉紅色

身體爲白色半透明，頭部前方帶粉紅色。白色直線從頭部前緣延伸至尾部。背側突起爲半透明，寬版粉紅色與淺藍色色帶十分搶眼。粉紅色色帶下方有藍紫色斑紋。突起內的消化腺爲褐色，呈小波浪狀。觸角平滑，中段有褐色色帶，前端爲黃白色。長度達 32mm。

灰翼海蛞蝓科 Facelinidae
馬蹄鰓海蛞蝓屬 Sakuraeolis

# 白斑馬蹄鰓海蛞蝓

*Sakuraeolis enosimensis*
（Baba, 1930）

日本、香港

| 八丈島 水深 8m 大小 20mm 加藤昌一 |

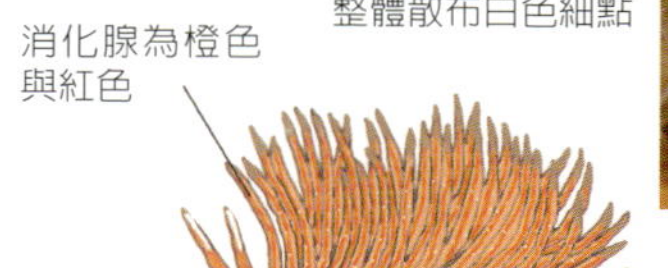

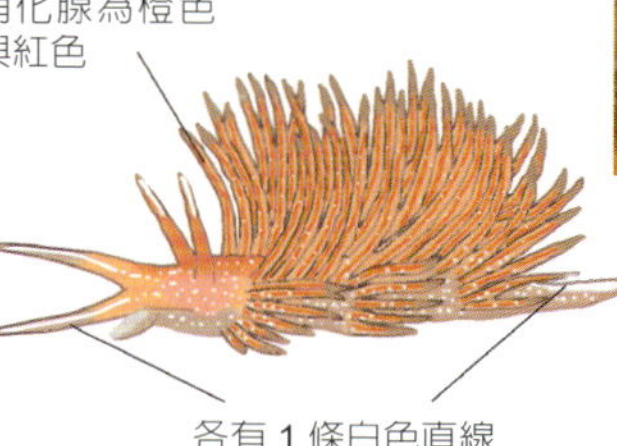
整體散布白色細點
消化腺為橙色
與紅色
各有 1 條白色直線

身體爲白色半透明，全身散布白色細點。捕食的食物會影響頭部與背側突起內部消化腺的顏色，呈現橙色或紅色。突起前端的刺胞囊爲不透明的白色，觸角、口觸手和尾部較長，有 1 條白色直線。經常可見本種寄生在橈足類上，粉紅色就是其卵塊。長度達 40mm。

| 獅子濱 水深 10m 大小 30mm 石田充彥 |

灰翼海蛞蝓科 Facelinidae
馬蹄鰓海蛞蝓屬 Sakuraeolis

# 非洲菊馬蹄鰓海蛞蝓

*Sakuraeolis gerberina* Hirano, 1999

日本、香港

| 八丈島 水深 14m 大小 12mm 加藤昌一 |

前端為白色
腹足緣為白色
消化腺為淡褐色

包括背側突起和觸角在內，全身爲白色半透明。前足隅、腹足緣爲白色。背側突起的前端爲白色，內部消化腺爲淡褐色。觸角與口觸手又長又大，前端 1 / 2 爲白色。附生在海扇水螅上。長度達 64mm。

| 八丈島 水深 25m 大小 28mm 加藤昌一 |

灰翼海蛞蝓科 Facelinidae
馬蹄鰓海蛞蝓屬 Sakuraeolis

## 櫻花馬蹄鰓海蛞蝓

*Sakuraeolis sakuracea* Hirano, 1999

日本

身體爲略顯不透明的白色。背側突起爲帶粉紅色的不透明白色，不容易看見突起內部的消化腺。觸角和口觸手爲略顯不透明的白色。附生於海扇水螅。長度達 45mm。

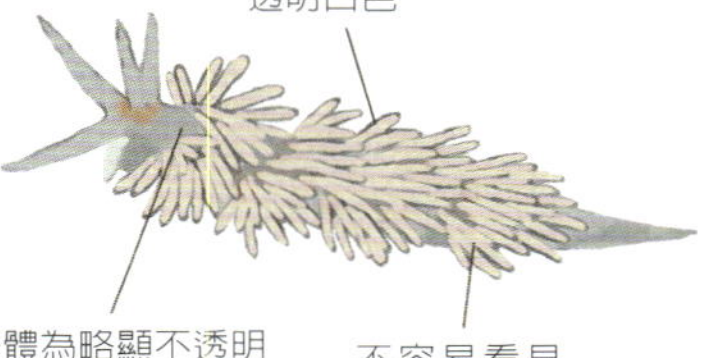
帶粉紅色的不
透明白色
身體為略顯不透明
的白色
不容易看見
消化腺

| 慶良間群島 水深 8m 大小 15mm 小野篤司 |

灰翼海蛞蝓科 Facelinidae
馬蹄鰓海蛞蝓屬 Sakuraeolis

## 馬蹄鰓海蛞蝓之一種

*Sakuraeolis* sp.

琉球群島、
菲律賓、
夏威夷

身體爲淡粉紅色到橙色。背側突起較長，前端捲曲，整體幾乎透明，前端爲白色。突起內部的消化腺與身體同色。觸角爲橙紅色到褐色，散布白點。口觸手爲帶褐色的半透明，散布白點。根據千葉大學的標本，由於背側突起的生長形態令人聯想到藝術家岡本太郎創作的黑色太陽，因此提議新名稱「タイヨウミノウミウシ」。長度達 20mm。

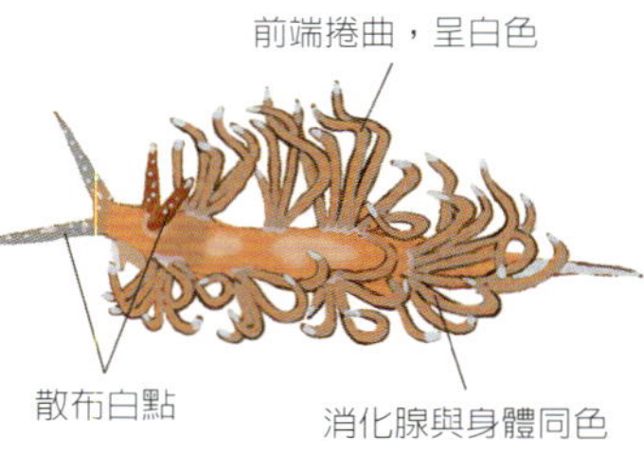
前端捲曲，呈白色
散布白點
消化腺與身體同色

灰翼海蛞蝓科 Facelinidae
赫米森海蛞蝓屬 Hermissenda

# 厚角赫米森海蛞蝓

*Hermissenda crassicornis*
（Eschscholtz, 1831）

北太平洋

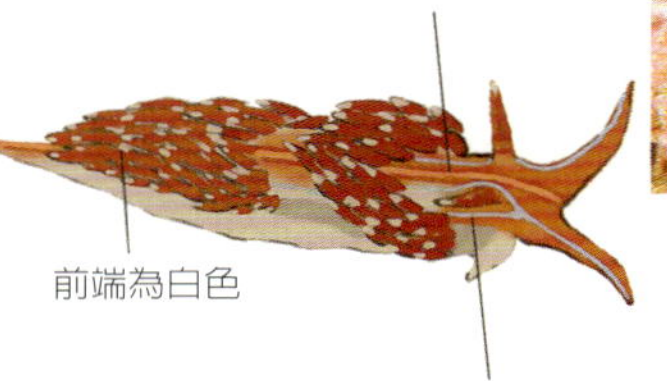
橙色線從頭部前緣延伸至尾部
前端為白色
通過體側的藍線

| 伊豆海洋公園 水深 20m 大小 20mm 高瀨步 |

身體爲白色半透明，有些個體局部帶橙色或藍色。橙色線從頭部前緣通過背面的正中線上方，延伸至尾部。此外，還有夾著口觸手到觸角基部的區域，通過體側的藍線。背側突起爲紅色、褐色到黃褐色，變異性大，前端爲白色。長度達 55mm。

| 八丈島 水深 9m 大小 6mm 加藤昌一 |

灰翼海蛞蝓科 Facelinidae
瀨戶蓑海蛞蝓屬 Setoeolis

# 無名瀨戶蓑海蛞蝓

*Setoeolis inconspicua*（Baba, 1938）

北海道以東、
九州

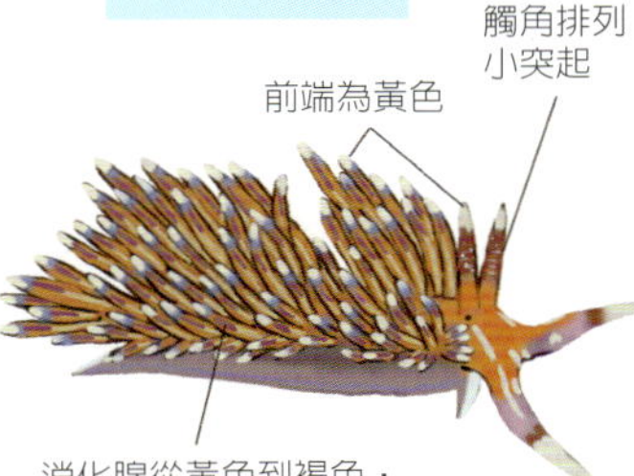
觸角排列小突起
前端為黃色
消化腺從黃色到褐色，前端為藍紫色

| 八丈島 水深 28m 大小 35mm 加藤昌一 |

身體爲橙黃色半透明，頭部到口觸手有橙色和藍白色線條，但色調與形狀變異較大。背側突起幾乎透明，前端爲黃色，下方帶藍色。突起內消化腺爲黃色到褐色，前端爲藍紫色。觸角排列小突起，底色爲褐色，前端下方爲黃白色。長度達 35mm。

| 八丈島 水深 16m 大小 6mm 加藤昌一 |

| 八丈島　水深 7m　大小 70mm　加藤昌一 |

灰翼海蛞蝓科 Facelinidae
翼蓑海蛞蝓屬 Pteraeolidia

# 桑氏翼蓑海蛞蝓

*Pteraeolidia semperi*（Bergh, 1870）

印度－
太平洋

長度略長、彎度平緩，
呈直線

前端為紫色

有幾個紫色環

| 八丈島　水深 12m　大小 6mm　加藤昌一 |

身體顏色變異性大，包括褐色、藍白色與藍紫色等。背側突起的顏色與身體相同，或是接近身體顏色，長度略長，彎度平緩，呈直線。觸角與身體同色，前端爲紫色。口觸手有幾個紫色環。長度達 190mm。

| 慶良間群島　水深 7m　大小 80mm　小野篤司 |

灰翼海蛞蝓科 Facelinidae
翼蓑海蛞蝓屬 Pteraeolidia

# 翼蓑海蛞蝓之一種

*Pteraeolidia* sp.

西太平洋

長度略短，
前端彎度較明顯

觸角為茶褐色

長出背側突起
的基板較大

身體爲褐色或紫色半透明，背側突起與身體同色，或接近體色，長度略短，前端彎度較明顯。與桑氏翼蓑海蛞蝓相較，長出背側突起的基板較大。觸角爲茶褐色。與共生藻行光合作用，通常背側突起呈扇狀展開。刺胞可貫穿人類手背的肌膚，請務必小心。長度達 200mm。

灰翼海蛞蝓科 Facelinidae
Phidiana 屬

# 友善灰翼海蛞蝓

*Phidiana salaamica* Rudman, 1980

印度－
西太平洋

| 慶良間群島 水深 7m 大小 17mm 小野篤司 |

內側突起帶白色，
彎度較明顯
黃白色色帶
消化腺為紅褐色
有黃白色斑紋

身體爲橙色，頭部觸角間的前後有黃白色斑紋。背側突起爲橙色半透明，背面內側較大的突起帶白色，彎度較明顯。突起內的消化腺爲紅褐色。受到刺激時，大突起會往外刺出。觸角與身體同色，上方有黃白色色帶，前端無色。長度達 17mm。

---

灰翼海蛞蝓科 Facelinidae
Cratena 屬

# 線紋灰翼海蛞蝓

*Cratena lineata*（Eliot, 1904）

印度－
西太平洋

| 八丈島 水深 12m 大小 12mm 加藤昌一 |

許多白色直線
消化腺為褐色，
基部為紅色
4 個橙紅色圓斑

身體爲白色半透明，背面和背側突起有許多白色直線。頭部前端和側面共計有 4 個橙紅色圓斑。背側突起爲半透明，突起內的消化腺爲褐色，基部帶紅色。觸角和口觸手前端 1 ／ 2 爲白色。長度達 20mm。

灰翼海蛞蝓科 Facelinidae

Cratena 屬

## 近緣灰翼海蛞蝓

*Cratena affinis*（Baba, 1949）

日本、菲律賓

| 浮島 水深 5m 大小 7mm 山田久子 |

身體爲白色半透明，整體遍布白色細點。頭部觸角前方有一對橙紅色斑紋。背側突起爲灰褐色，有條白色直線。觸角有 2 個皿狀突起。長度達 10mm。

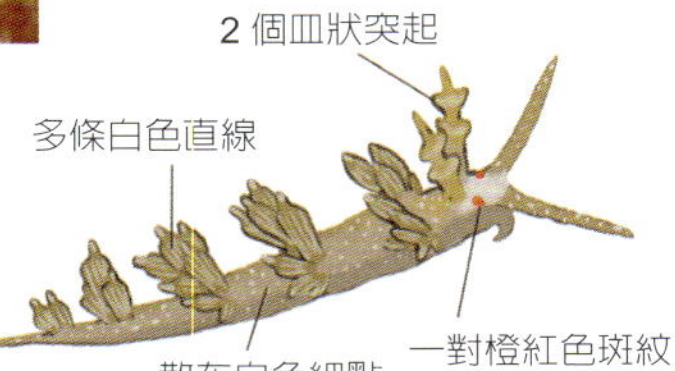
2 個皿狀突起
多條白色直線
一對橙紅色斑紋
散布白色細點

灰翼海蛞蝓科 Facelinidae

Cratena 屬

## 辛巴灰翼海蛞蝓

*Cratena simba* Edmunds, 1970

印度－西太平洋

| 慶良間群島 水深 5m 大小 7mm 小野篤司 |

身體呈白色與灰色帶半透明，除了背側突起之外，全身遍布白色細點。背面與頭部有深淺不一的白色區域。背面有波浪狀橙色細線。背側突起有黃白色直線，但大多不清晰。觸角平滑。口觸手長，前端爲白色。長度達 8mm。

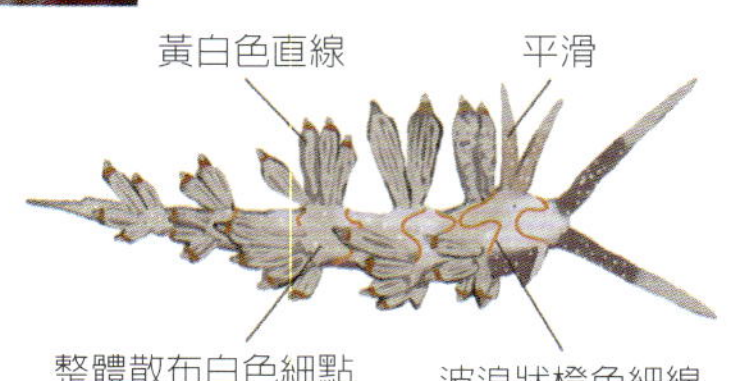
黃白色直線
平滑
整體散布白色細點
波浪狀橙色細線

灰翼海蛞蝓科 Facelinidae
Cratena 屬

印度－太平洋

# *Cratena* 屬灰翼海蛞蝓之一種 1

*Cratena* sp. 1

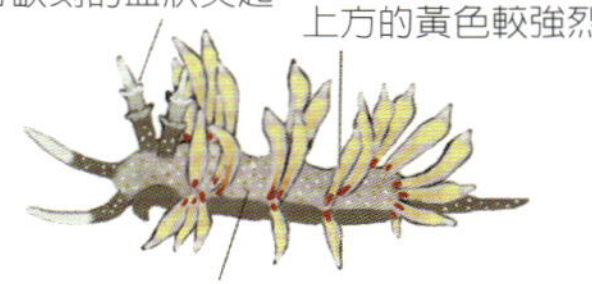
邊緣有 2 個
帶缺刻的皿狀突起
消化腺基部為紅色，
上方的黃色較強烈
全身遍布黃褐色與白色細點

| 八丈島 水深 8m 大小 8mm 加藤昌一 |

身體爲白色半透明，全身遍布黃褐色與白色細點。背側突起幾乎透明，有些個體的上方有幾條白色直線，有些個體則是除了基部之外，幾乎全爲白色。突起內的消化腺基部爲紅色，上方的黃色較強烈。刺胞囊爲白色。觸角有 2 個帶缺刻的皿狀突起。口觸手前半部爲白色。長度達 10mm。

灰翼海蛞蝓科 Facelinidae
Cratena 屬

西太平洋

# *Cratena* 屬灰翼海蛞蝓之一種 2

*Cratena* sp. 2

背面沒有白色直線
多條白色直線
雪人形狀的橙色斑紋
消化腺為茶褐色

| 八丈島 水深 12m 大小 10mm 加藤昌一 |

身體爲白色半透明，背側突起透明，有多條白色直線。突起內消化腺爲茶褐色。觸角上半部爲白色，前端無色。口觸手前端 3 / 4 爲白色。觸角前方到頭部側面有雪人形狀的橙色斑紋，近似種線紋灰翼海蛞蝓的橙色斑紋分成 2 個。根據 Gosliner et al., 2018 的內容，本種是否與線紋灰翼海蛞蝓同種，還需要進一步查證。長度達 20mm。

灰翼海蛞蝓科 Facelinidae
Cratena 屬

西太平洋

# *Cratena* 屬灰翼海蛞蝓之一種 3

*Cratena* sp. 3

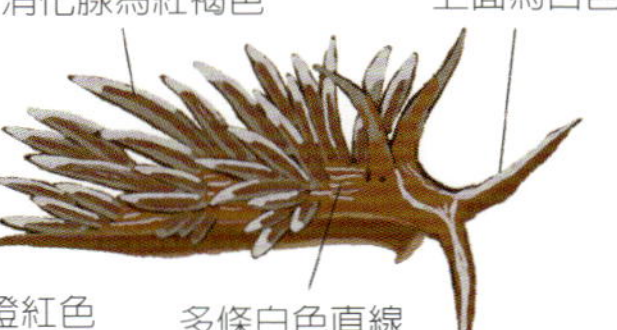
消化腺為紅褐色
上面為白色
身體帶橙紅色
多條白色直線

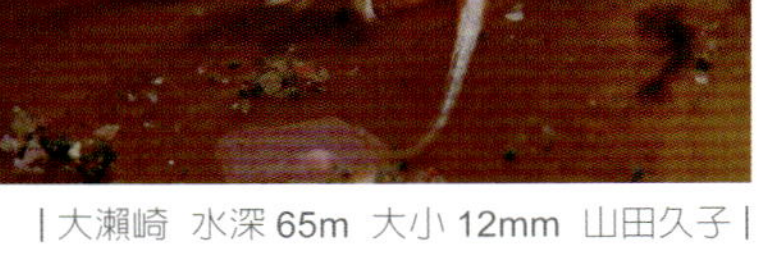

| 大瀨崎 水深 65m 大小 12mm 山田久子 |

身體爲橙紅色半透明，全身有多條白色直線。背側突起爲透明，有白色直線，前端爲白色。可從體外看見突起內的紅褐色消化腺。有 2 條與觸角等長且不清晰的白色直線。口觸手上面爲白色。與 Gosliner et al., 2018 的 *Cratena* sp. 4 爲同種。長度達 22mm。

| 慶良間群島 水深 7m 大小 7mm 小野篤司 |

灰翼海蛞蝓科 Facelinidae
Cratena 屬

慶良間群島

## *Cratena* 屬灰翼海蛞蝓之一種 4

*Cretena* sp. 4

前端為白色
帶黃色
不清晰的白色直線
消化腺為橙色

包括背側突起在內，身體爲白色半透明。背側突起的前端爲白色，有一條和突起等長的不清晰白色直線，內部消化腺爲橙色。觸角和口觸手帶黃色，觸角前後有等身長的白色直線。外觀近似前頁介紹的 *Cratena* 屬灰翼海蛞蝓之一種 3，但本種沒有貫穿身體的白色直線。長度達 7mm。

| 慶良間群島 潮間帶 大小 10mm 小野篤司 |

灰翼海蛞蝓科 Facelinidae
赫夫灰翼海蛞蝓屬 Herviella

西太平洋

## 谷津氏赫夫海蛞蝓

*Herviella yatsui*（Baba, 1930）

消化腺為淺褐色
前端為白色
覆蓋黑褐色細點
全身散布稀疏的白色細點

身體爲黃白色半透明，全身散布稀疏的白色細點。頭部到背面覆蓋黑褐色細點。背側突起與身體同色，前端爲白色，前端下方和突起下半部有黑色斑紋。突起內的消化腺爲淺褐色。觸角前端爲白色，前端下方有黑褐色色帶。可在潮間帶觀察到。長度達 18mm。

| 大瀨崎 水深 1m 大小 7mm 山田久子 |

灰翼海蛞蝓科 Facelinidae
赫夫灰翼海蛞蝓屬 Herviella

北海道到
琉球群島

## 近緣赫夫海蛞蝓

*Herviella affinis* Baba, 1960

上半部為白色，有橙色環
前端為黃白色
散布黑色細點

身體爲黃白色，包括背側突起的下半部在內，全身散布黑色細點。背側突起的上半部爲白色，前端下方有橙色環。下半部略顯透明，可隱約看見黃褐色消化腺。觸角前端爲黃白色，黑色細點通常散布在觸角下方，有時呈帶狀。長度達 15mm。

灰翼海蛞蝓科 Facelinidae
赫夫灰翼海蛞蝓屬 Herviella

# 白赫夫海蛞蝓

*Herviella albida* Baba, 1966

印度－太平洋

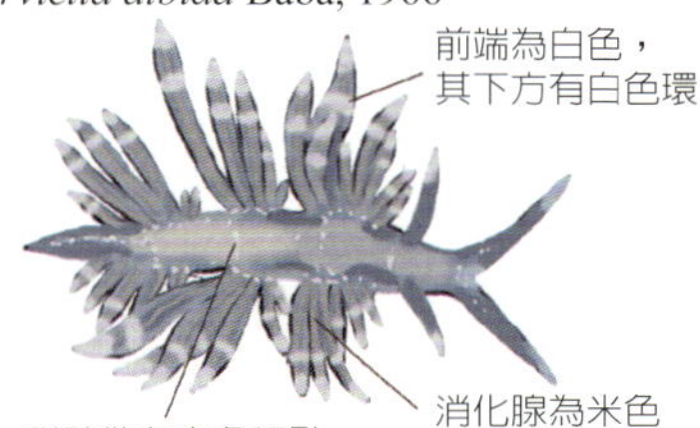
前端為白色，
其下方有白色環
消化腺為米色
稀疏散布白色細點

| 慶良間群島　潮間帶　大小 6mm　小野篤司 |

身體爲黃白色帶半透明，頭部到背面稀疏散布白色細點。背側突起透明，前端爲白色，其下方有白色環。突起內部的消化腺爲米色，觸角前端爲白色，其下方有深色色帶。口觸手前端爲白色。長度達 20mm。

灰翼海蛞蝓科 Facelinidae
米亞灰翼海蛞蝓屬 Myja

# 葫蘆米亞海蛞蝓

*Myja hyotan* Martynov et al., 2019

日本

前端下方有些微膨隆，
下方還有大膨隆
消化腺分支的
中心有紅色色素
消化腺為乳白色，基部為褐色

| 大瀬崎　水深 15m　大小 15mm　山田久子 |

身體爲白色半透明，背面稀疏散布白色細點。頭部觸角前方可見紅色色素。背側突起幾乎透明，前端下方有些微膨隆，下方還有大膨隆。突起內部的消化腺爲乳白色，基部爲褐色，前端分支，分支中心的紅色色素相當明顯。長度達 20mm。

灰翼海蛞蝓科 Facelinidae

# 灰翼海蛞蝓科之一種 1

Facelinidae sp. 1

日本

| 黃金崎　水深 25m　大小 15mm　中野誠志 |

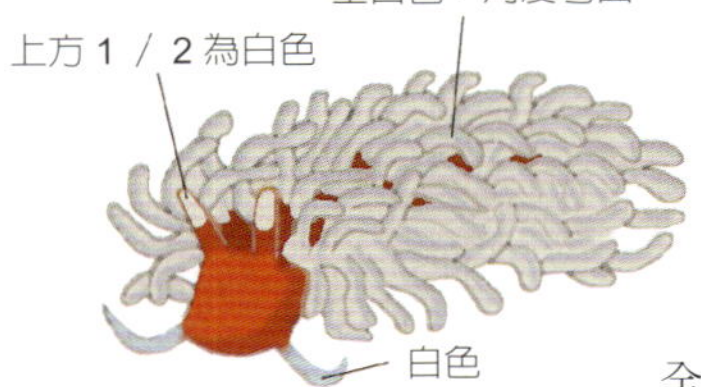
背側突起數量較多，
呈白色，角度彎曲
上方 1 / 2 為白色
白色

全身爲橙色，背側突起數量較多，呈白色，角度彎曲。觸角上方 1 / 2 爲白色，口觸手爲白色。外觀近似 Gosliner et al., 2018 的 *Phylodesmium* sp. 10，但細部不同。日本人對牠的暱稱是「ナマハゲミノウミウシ」。長度達 40mm。

| 大瀨崎 水深 7m 大小 9mm 木元伸彥 |

灰翼海蛞蝓科 Facelinidae

## 灰翼海蛞蝓科之一種 2

本州、九州

Facelinidae sp. 2

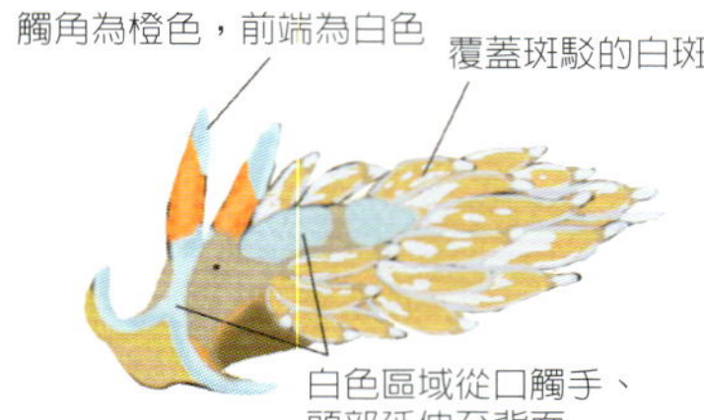
觸角為橙色，前端為白色
覆蓋斑駁的白斑
白色區域從口觸手、
頭部延伸至背面

身體為黃色半透明，白色區域布滿整個口觸手上方，通過頭部，延伸至背面。背側突起為透明，覆蓋不規則白斑。內部消化腺為橙黃色到黃色。前端的刺胞囊清晰，顏色為白色。觸角為淺橙色，前端為白色。長度達 10mm。

| 慶良間群島 水深 6m 大小 15mm 小野篤司 |

灰翼海蛞蝓科 Facelinidae

## 灰翼海蛞蝓科之一種 3

西太平洋

Facelinidae sp. 3

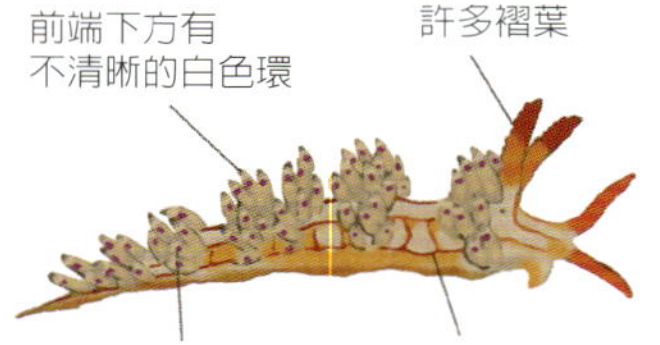
前端下方有
不清晰的白色環
許多褶葉
消化腺前端為紫色
往背側突起基部延伸的橙線

身體為偏橙色的白色，背緣的橙線往背側突起基部延伸。背側突起為略帶褐色的透明，前端下方有不清晰的白色環。突起內部的消化腺為黃白色，前端為紫色。觸角為白色到橙色，有個體變異，還有許多褶葉。口觸手為橙紅色，散布白色細點。長度達 35mm。

| 奄美大島 水深 2m 大小 6mm 山田久子 |

灰翼海蛞蝓科 Facelinidae

## 灰翼海蛞蝓科之一種 4

日本、
夏威夷群島

Facelinidae sp. 4

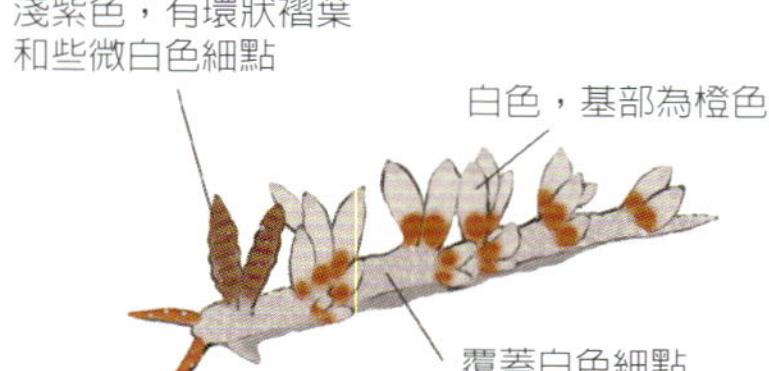
淺紫色，有環狀褶葉
和些微白色細點
白色，基部為橙色
覆蓋白色細點

身體為白色半透明，覆蓋白色細點。背側突起為白色，基部為橙色。觸角為淺紫色，有環狀褶葉，還有些微白色細點。口觸手為黃褐色，散布白色細點。本個體近似 Gosliner et al., 2018 的 *Facelinid* sp. 1，但頭部沒有 Y 形橙色斑紋。此外，本種也很像該書的 *Samla* sp. 5，但觸角褶葉較小。長度達 10mm。

灰翼海蛞蝓科 Facelinidae

## 灰翼海蛞蝓科之一種 5

西太平洋、中太平洋

Facelinidae sp. 5

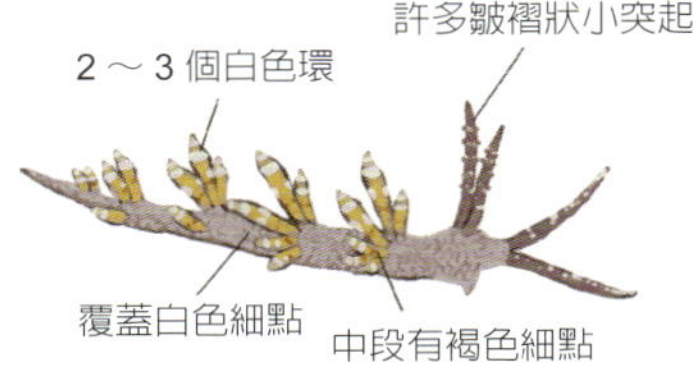
許多皺褶狀小突起
2～3 個白色環
覆蓋白色細點
中段有褐色細點

| 慶良間群島 水深 5m 大小 12mm 小野篤司 |

身體爲白色半透明，全身覆蓋白色細點。背側突起幾乎透明，有 2～3 個白色環，中段還有幾個褐色細點。突起內的消化腺爲土黃色。觸角爲淺紫色，有許多皺褶狀小突起。口觸手爲淺紫色，散布白色細點。長度達 20mm。

灰翼海蛞蝓科 Facelinidae

## 灰翼海蛞蝓科之一種 6

西太平洋

Facelinidae sp. 6

帶白色
刺胞囊為黃色
白色短直線
消化腺為紅色

| 慶良間群島 水深 5m 大小 18mm 小野篤司 |

身體爲橙黃色半透明，觸角之間到頭部前緣有白色短直線。口觸手上面帶白色，前足隅爲白色。背側突起帶白色，基部附近與上方 1 / 3 爲透明。可從透明處看見內部的紅色消化腺和前端的黃色刺胞囊。過去的文獻曾將其列爲灰翼海蛞蝓科之一種。長度達 25mm。

灰翼海蛞蝓科 Facelinidae

## 灰翼海蛞蝓科之一種 7

西太平洋

Facelinidae sp. 7

前端為白色
消化腺散布黑色細點，
基部較密
斷斷續續的橙黃色線

| 慶良間群島 水深 7m 大小 7mm 小野篤司 |

身體爲白色半透明，整個體表散布稀疏的白色細點。頭部到背面有左右各 2 條斷斷續續的橙黃色線。背側突起透明，散布些微白色細點。前端爲白色。內部的消化腺爲黃褐色，散布黑色細點，基部較密。觸角和口觸手前端爲白色。與 Gosliner et al., 2018 的 Facelinidae sp. 6 爲同種。長度達 10mm。

| 慶良間群島 水深 7m 大小 5mm 小野篤司 |

灰翼海蛞蝓科 Facelinidae

## 灰翼海蛞蝓科之一種 8

西太平洋

Facelinidae sp. 8

散布白色細點，
褶葉大小不一
白色大斑紋排列
前端下方有紅紫色小斑紋

身體爲乳白色到黃褐色半透明，背面、頭部和體側有白色大斑紋排列。背側突起的前端下方有紫色小斑紋。觸角散布白色細點，褶葉大小不一。口觸手的基部附近散布白色小斑紋。根據千葉大學的標本，依其獨特顏色提議新名稱「セジロアカホシミノウミウシ」。長度達 12mm。

| 大瀨崎 水深 15m 大小 20mm 加藤昌一 |

灰翼海蛞蝓科 Facelinidae

## 灰翼海蛞蝓科之一種 9

伊豆半島

Facelinidae sp. 9

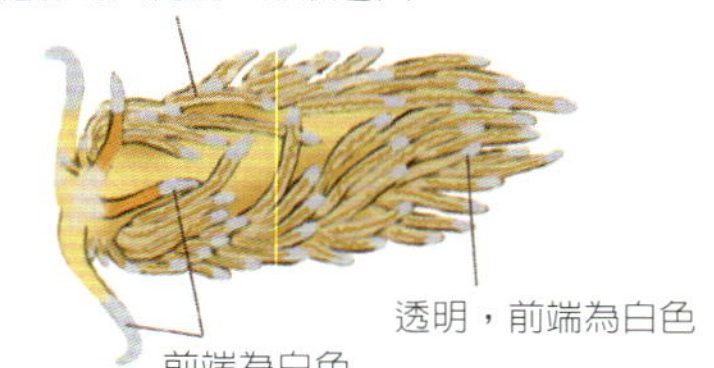
消化腺為黃褐色，形狀彎曲
透明，前端為白色
前端為白色

身體爲白色半透明，頭部、背面帶淡黃褐色。背側突起爲透明，前端爲白色，可看見內部的黃褐色消化腺。消化腺形狀彎曲。觸角和口觸手爲淡橙色，前端爲白色。20mm。

| 慶良間群島 水深 15m 大小 10mm 小野篤司 |

灰翼海蛞蝓科 Facelinidae

## 灰翼海蛞蝓科之一種 10

日本、印尼

Facelinidae sp. 10

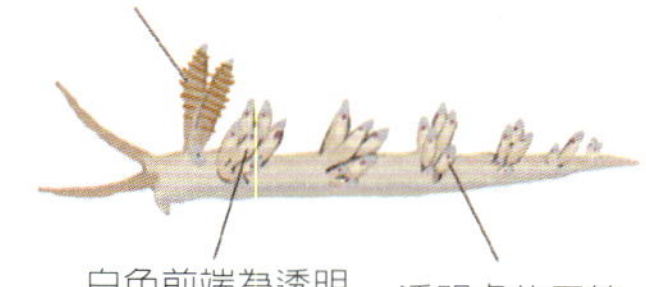
邊緣有許多褐色皿狀突起
白色前端為透明
透明處的界線
有紫色小斑點

身體爲白色半透明，有些個體除了背面局部外，其他部分帶褐色。背側突起爲白色，前端透明，其透明部位的界線有紫色小斑點。觸角有許多皿狀突起，邊緣爲褐色。口觸手顏色依個體而異，有的帶褐色，有些具明顯的白色細點。長度達 30mm。

灰翼海蛞蝓科 Facelinidae

## 灰翼海蛞蝓科之一種 11

伊豆半島

Facelinidae sp. 11

又長又大，前端為白色
整個突起散布白色細點
消化腺為淡褐色，形狀彎曲

| 大瀨崎 水深 14m 大小 10mm 山田久子 |

身體爲褐色半透明，背側突起幾乎透明，整體散布白色細點。突起內的消化腺爲淡褐色，形狀彎曲。刺胞囊爲白色半透明，觸角、口觸手與身體同色，前端爲白色。口觸手又長又大。10mm。

灰翼海蛞蝓科 Facelinidae

## 灰翼海蛞蝓科之一種 12

伊豆半島

Facelinidae sp. 12

觸角為紅色
刺胞囊較大，橙黃色
整體散布白色細點
消化腺為橙紅色

| 大瀨崎 水深 28m 大小 20mm 山田久子 |

身體爲橙紅色，全身散布白色細點。背側突起帶紅色半透明，內部消化腺爲橙紅色，前端的刺胞囊爲橙黃色。背側突起的白色細點很少。觸角爲紅色，口觸手爲紅色半透明，有許多白色細點。20mm。

灰翼海蛞蝓科 Facelinidae

## 灰翼海蛞蝓科之一種 13

西太平洋

Facelinidae sp. 13

前端 3 / 4 為白色
前端為淡褐色
褐色，前端為白色
消化腺為褐色，
前端為深褐色

| 大瀨崎 水深 10m 大小 13mm 山田久子 |

身體爲白色半透明，頭部、背面與背側突起覆蓋一層薄薄的白色色素，前端爲淡褐色。背側突起內部的消化腺爲褐色，前端爲深褐色，刺胞囊爲白色。觸角爲褐色，前端爲白色，其下方有深褐色環。口觸手前端 3 / 4 爲白色，基部帶褐色。13mm。

| 大瀨崎 水深 30m 大小 7mm 山田久子 |

灰翼海蛞蝓科 Facelinidae

## 灰翼海蛞蝓科之一種 14

Facelinidae sp. 14

伊豆半島

身體爲白色半透明，頭部、背面爲橙黃色。背側突起幾乎透明，有許多白色直線。突起內部的消化腺爲橙黃色，前端刺胞囊爲白色，十分明顯。觸角爲橙黃色，後面有白色直線。口觸手爲橙黃色，上面爲白色。7mm。

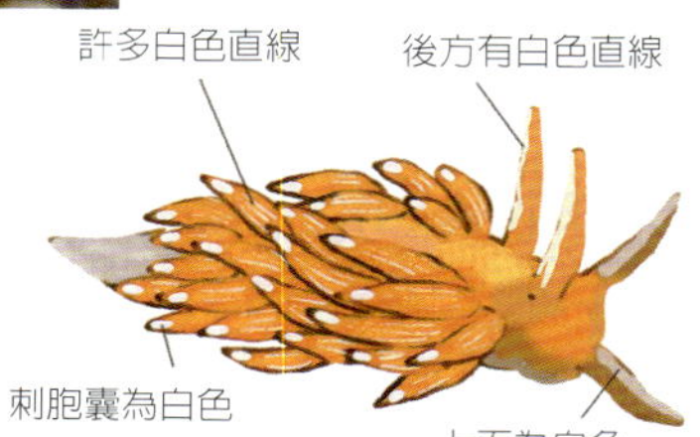
許多白色直線
後方有白色直線
刺胞囊為白色
上面為白色

| 慶良間群島 水深 8m 大小 10mm 小野篤司 |

灰翼海蛞蝓科 Facelinidae

## 灰翼海蛞蝓科之一種 15

Facelinidae sp. 15

慶良間群島

身體爲白色半透明，各背側突起群有紅褐色鞍狀斑紋。可以看見通過背面的褐色消化腺，在各背側突起群分支的樣子。頭部有一部分帶紅色。背側突起爲透明，前端下方帶紅色。觸角、口觸手、背側突起的前端皆爲無色。10mm。

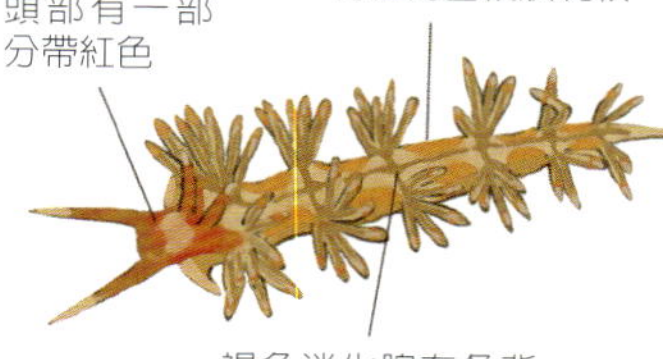
頭部有一部
分帶紅色
各背側突起間
有紅褐色鞍狀斑紋
褐色消化腺在各背
側突起群分支

海神鰓海蛞蝓科 Glaucidae
海神海蛞蝓屬 Glaucus

# 大西洋海神海蛞蝓

*Glaucus atlanticus* Forster, 1777

全世界的
溫暖海域

| 八丈島 水面 大小 20mm 加藤昌一 |

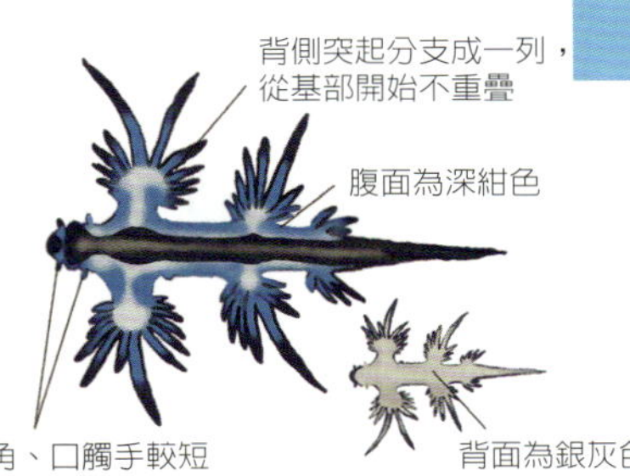
背側突起分支成一列，
從基部開始不重疊
腹面為深紺色
觸角、口觸手較短
背面為銀灰色

腹面爲深紺色，背面爲銀灰色。背側突起左右各分3群，分支成一列，彼此從基部開始不重疊。觸角、口觸手較短。捕食浮游於海面的僧帽水母和錢幣水母，吃進的刺胞收在刺胞囊裡。長度達 40mm。

海神鰓海蛞蝓科 Glaucidae
海神海蛞蝓屬 Glaucus

# 緣邊海神海蛞蝓

*Glaucus marginatus*
（Reinhardt in Bergh, 1864）

印度－
太平洋

| 八丈島 水面 大小 6mm 山田久子 |

散布白色細點
背側的突起
從基部開始重疊分支

身體爲深紺色，散布白色細點。背側突起分成左右 2 群，從基部重疊分支。背部後方也有突起群。觸角、口觸手較短。以僧帽水母和錢幣水母爲食。與本種在遺傳上不同的近似種有 3 種，但從外觀無法分辨。長度達 20mm。

| 八丈島 水深 16m 大小 20mm 加藤昌一 |

側角海蛞蝓科 Pleurolidiidae
側角海蛞蝓屬 Pleurolidia

## 茱莉側角海蛞蝓

*Pleurolidia juliae* Burn, 1966

印度－西太平洋

身體爲黑色到偏褐的紫色，背面正中線上有黃白色直線。背側突起爲深紫色，前端爲白色，觸角爲白色。口觸手與身體同色，前端無色。附生於樹水螅科的動物上。長度達30mm。

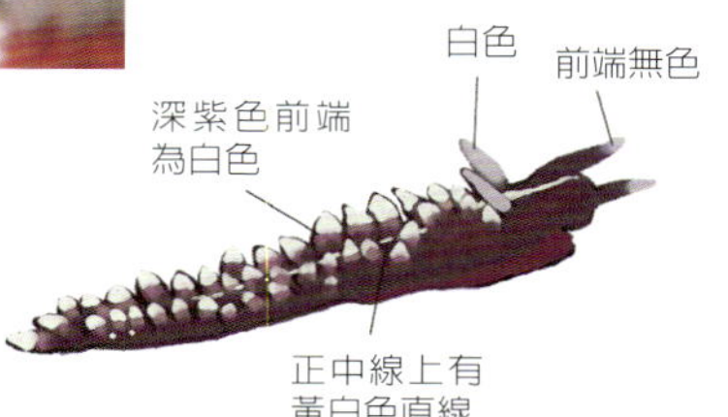
白色
前端無色
深紫色前端
為白色
正中線上有
黃白色直線

側角海蛞蝓科 Pleurolidiidae
原蓑海蛞蝓屬 Protaeolidiella

## 黑原蓑海蛞蝓

*Protaeolidiella atra* Baba, 1955

日本、韓國

| 八丈島 水深 12m 大小 35mm 加藤昌一 |

身體爲紫褐色到黑色，背側突起與身體同色，前端爲白色。觸角與口觸手和身體同色，前端略顯無色。外觀近似扇羽海蛞蝓之一種 1，但本種的背側突起略多且長，背面正中線上沒有白線。長度達 50mm。

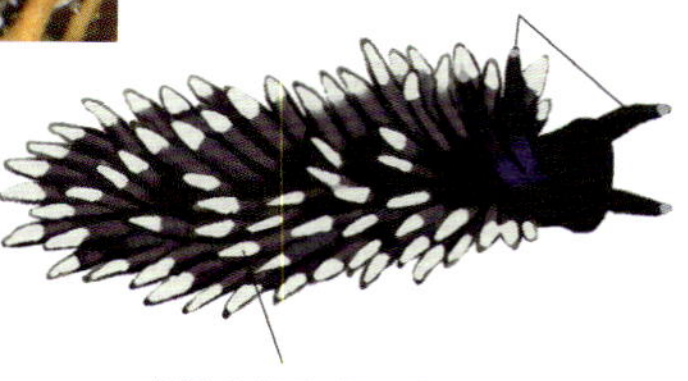
與身體同色，
前端略顯無色
背側突起略多且長，
前端為白色

蓑海蛞蝓科 Aeolidiidae
前蓑海蛞蝓屬 Anteaeolidiella

# 高野島前蓑海蛞蝓

*Anteaeolidiella takanosimensis*
（Baba, 1930）

日本

| 慶良間群島 水深 7m 大小 12mm 小野篤司 |

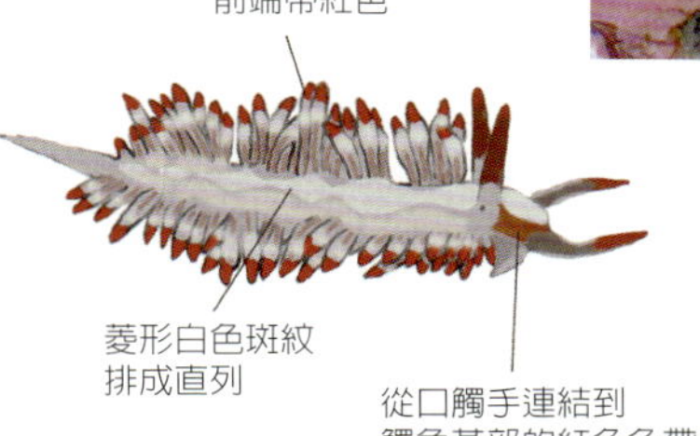
中段為白色，
前端帶紅色
菱形白色斑紋
排成直列
從口觸手連結到
觸角基部的紅色色帶

身體爲白色半透明，背面有菱形白色斑紋排成直列。背側突起爲半透明，中段爲白色，前端帶紅色。突起內的消化腺爲褐色。觸角爲橙紅色，前端帶些微的白色。口觸手爲紅色半透明，有紅色色帶連結觸角基部。長度達 35mm。

---

蓑海蛞蝓科 Aeolidiidae
前蓑海蛞蝓屬 Anteaeolidiella

# 褐色前蓑海蛞蝓

*Anteaeolidiella cacaotica*
（Stimpson, 1855）

西太平洋、
中太平洋

| 大瀨崎 水深 3m 大小 8mm 山田久子 |

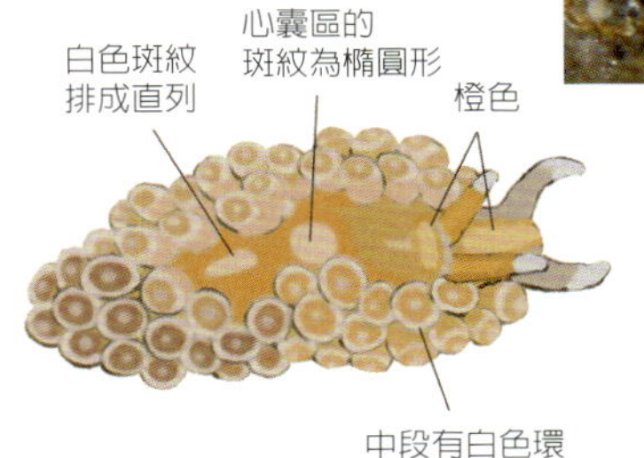
白色斑紋
排成直列
心囊區的
斑紋為橢圓形
橙色
中段有白色環

身體爲白色半透明，頭部上面、背面爲橙色。白色斑紋在背面排成直列。心囊區的大斑紋爲橢圓形，觸角、口觸手的前端爲白色。背側突起爲橙色半透明，中段有白色環。長度達 35mm。

|慶良間群島 水深 20m 大小 20mm 小野篤司|

蓑海蛞蝓科 Aeolidiidae
Baeolidia 屬

## 米氏蓑海蛞蝓

*Baeolidia moebii* Bergh, 1888

印度－太平洋

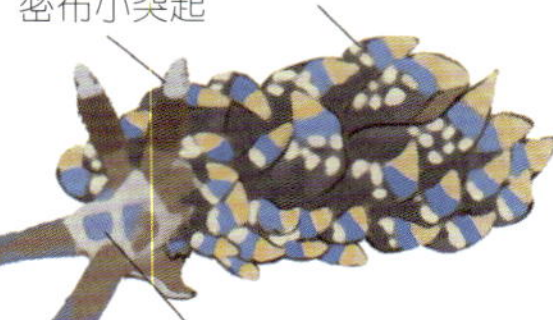
前端下方
有黃色和藍色環
密布小突起
有黃白色邊緣的
圓形斑紋

身體為褐色半透明，背面有幾個白色斑排成直列，有許多個體沒有此白斑列。背側突起的前端為黃白色，其下方有黃色和藍色環。這些斑紋的形狀有許多變異。觸角密布小突起。口觸手基部有黃白色邊緣的圓形斑紋。過去的文獻曾將其列為 *Eubranchus* 屬之一種。長度達 70mm。

|八丈島 水深 6m 大小 8mm 加藤昌一|

蓑海蛞蝓科 Aeolidiidae
Baeolidia 屬

## 友善蓑海蛞蝓

*Baeolidia salaamica*
（Rudman, 1982）

印度－太平洋

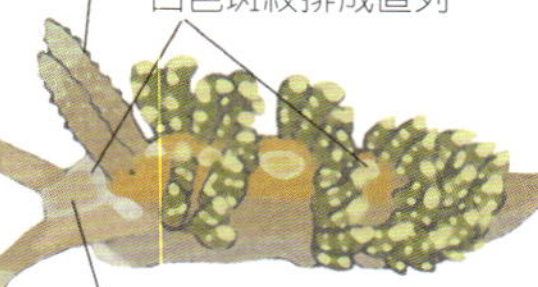
散布顆粒狀突起
從口觸手基部延伸的
白色斑紋排成直列
口觸手基部的
大斑紋不圓

身體為白色半透明，口觸手基部到心囊區後方的白色斑紋排成直列。外觀近似米氏蓑海蛞蝓，本種的口觸手基部斑紋較大，形狀不圓。觸角覆蓋顆粒狀突起。背側突起有白色與黃白色斑紋，形狀變異性大。長度達 20mm。

蓑海蛞蝓科 Aeolidiidae
Baeolidia 屬

# 日本蓑海蛞蝓

*Baeolidia japonica* Baba, 1933

西太平洋

| 八丈島 水深 3m 大小 8mm 加藤昌一 |

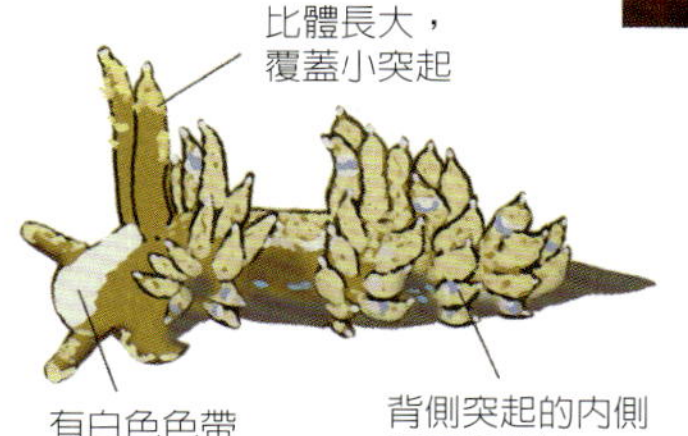
比體長大，
覆蓋小突起
有白色色帶
背側突起的內側
有藍色斑紋

身體爲白色半透明，頭部到背面爲黃白色、灰褐色、黑褐色，變異性大。頭部上面到背面有白色色帶，但不少個體呈斑駁狀。背側突起的內側有藍色斑紋。與體長相比，觸角較大，覆蓋小突起。長度達 12mm。

---

蓑海蛞蝓科 Aeolidiidae
Baeolidia 屬

# 多變蓑海蛞蝓

*Baeolidia variabilis*
Carmona et al., 2014

西太平洋、
中太平洋

| 慶良間群島 水深 7m 大小 7mm 小野篤司 |

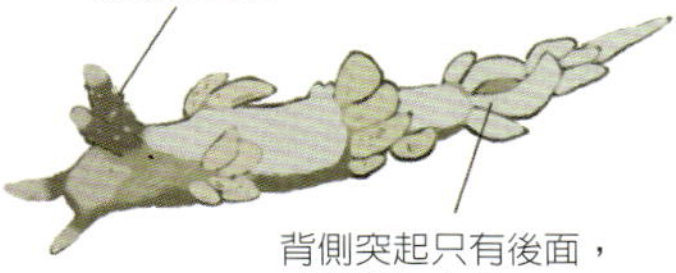

有許多小突起，
前端為白色
背側突起只有後面，
或整體為白色

身體爲白色半透明，頭部到背面爲白色、褐色，變異性大。背側突起爲褐色，有些個體只有後面爲白色，也有全身爲白色的個體，體色變異性也很大。觸角長著許多小突起，前端爲白色。長度達 10mm。

蓑海蛞蝓科 Aeolidiidae

Baeolidia 屬

## 芮蓑海蛞蝓

*Baeolidia rieae* Carmona et al., 2014

琉球群島

| 慶良間群島　水深 3m　大小 7mm　小野篤司 |

後方有等身長
的小突起
上方帶黃綠色，
前端為白色

身體爲淡褐色，又粗又短。頭部到背面有白色斑紋，覆蓋全身。背側突起爲褐色半透明，上半部有斑駁的黃綠色斑紋，前端略帶白色。突起內的消化腺爲褐色。觸角後方密布等身長的小突起，突起數因個體而異，但數量不同，有時難以辨識。長度達 7mm。

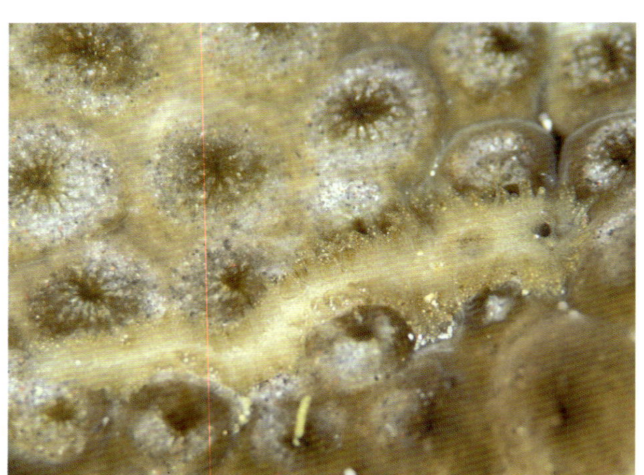

蓑海蛞蝓科 Aeolidiidae

Baeolidia 屬

## 蘭森蓑海蛞蝓

*Baeolidia ransoni* （Pruvot-Fol, 1956）

印度－
太平洋

| 八丈島　水深 8m　大小 25mm　加藤昌一 |

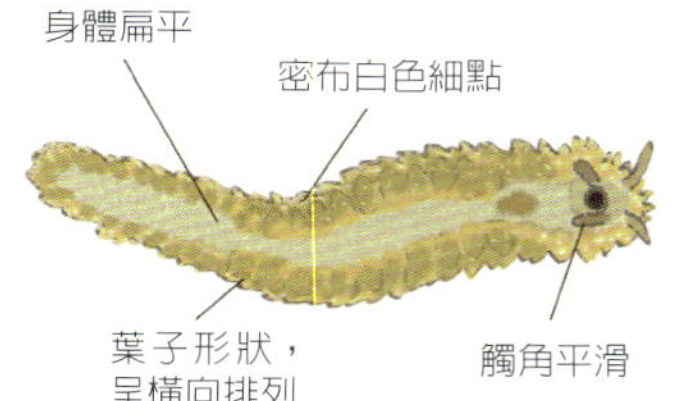
身體扁平
密布白色細點
葉子形狀，
呈橫向排列
觸角平滑

身體扁平，顏色從白色到褐色等多種變異。身體覆蓋白色細點。背側突起爲葉子形狀，呈橫向排列。觸角平滑。肛門開在背面，附生於菟葵（*Palythoa tuberculosa*）上。過去的文獻曾將其列爲近似種哈瑞特蓑海蛞蝓。長度達 20mm。

蓑海蛞蝓科 Aeolidiidae
Baeolidia 屬

# 哈瑞特蓑海蛞蝓

*Baeolidia harrietae*
（Rudman, 1982）

西太平洋

| 慶良間群島 水深 4m 大小 13mm 小野篤司 |

前端為白色
有幾個乳頭狀突起
腹足較寬
葉狀，散布
白色細點

身體爲白色半透明，若吃下蟲黃藻，身體通常會帶褐色。腹足較寬。背側突起爲葉狀，散布白色細點，但沒有蘭森蓑海蛞蝓那麼密。觸角生長乳頭狀突起。目前有人提議新名稱，但爲了避免混亂，再次提議根據千葉大學標本提出的「ハリアットミノウミウシ」。長度達 40mm。

蓑海蛞蝓科 Aeolidiidae
旋蓑海蛞蝓屬 Spurilla

# 巴西旋蓑海蛞蝓

*Spurilla braziliana*
MacFarland, 1909

全世界的
熱帶海域

| 大瀨崎 水深 2m 大小 50mm 加藤昌一 |

前端為白色，
彎度平緩
橙色，許多褶葉，
前端為白色
背面、頭部、背側突起
有許多白色小斑紋

身體爲橙色到黃白色，背面、頭部、背側突起有許多白色小斑紋。背側突起的前端爲白色，彎度平緩。觸角爲橙色，有許多褶葉，前端爲白色。捕食海葵類。長度達 70mm。

| 八丈島 水深 2m 大小 35mm 加藤昌一 |

蓑海蛞蝓科 Aeolidiidae
瘤角蓑海蛞蝓屬 Bulbaeolidia

## 白瘤角蓑海蛞蝓

*Bulbaeolidia alba*（Risbec, 1928）

全世界的
熱帶海域

| 八丈島 水深 3m 大小 7mm 加藤昌一 |

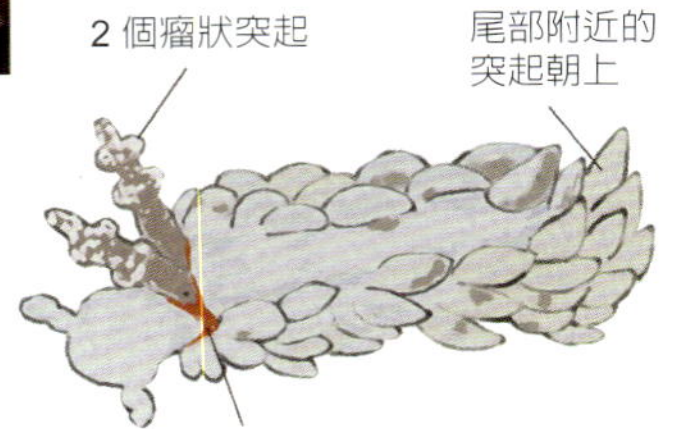
2 個瘤狀突起
尾部附近的
突起朝上
根部後方有紅線

身體爲白色半透明，頭部、背面、背側突起覆蓋不透明的白色。尾部附近的背側突起朝上。觸角有 2 個瘤狀突起，根部後方有紅線。以前後擺動身體的方式移動。長度達 15mm。

---

蓑海蛞蝓科 Aeolidiidae
瘤角蓑海蛞蝓屬 Bulbaeolidia

## 日本瘤角蓑海蛞蝓

*Bulbaeolidia japonica*
（Eliot, 1913）

日本

| 大瀨崎 水深 0.5m 大小 20mm 山田久子 |

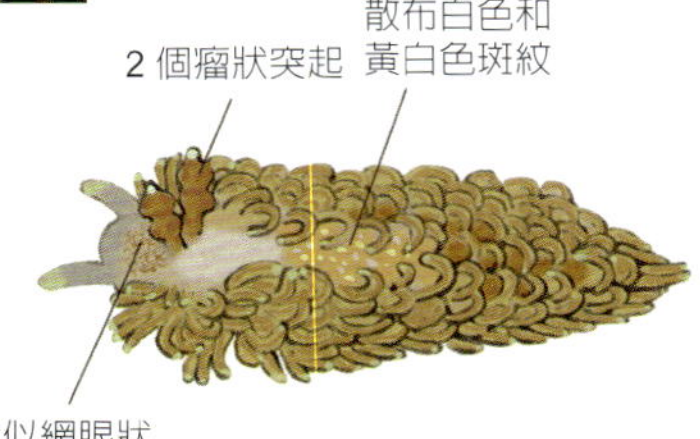
散布白色和
黃白色斑紋
2 個瘤狀突起
看似網眼狀
褐色消化腺

身體爲白色半透明，背面散布白色和黃白色斑紋。頭部的觸角前方有看似網眼狀的褐色消化腺。背側突起很多，往內彎曲，內部消化腺爲褐色。觸角有 2 個瘤狀突起。長度達 40mm。

蓑海蛞蝓科 Aeolidiidae
萊曼蓑海蛞蝓屬 Limenandra

# 羅莎那萊曼蓑海蛞蝓

*Limenandra rosanae*
Carmona et al., 2014

西太平洋、
中太平洋

除了背部之外，
全身覆蓋黑褐色細點
連續排列的白
色斑紋

| 八丈島 水深 7m 大小 16mm 廣江一弘 |

身體爲白色和黃白色半透明，除了背部之外，全身覆蓋黑褐色細點。連續排列的白色斑紋和背部一樣長，背側突起爲灰黃色，覆蓋黑褐色細點。偶爾會觀察到像朦朧萊曼蓑海蛞蝓一樣長著突起的個體。日本異名爲「ジャノメミノウミウシ」。長度達 50mm。

---

蓑海蛞蝓科 Aeolidiidae
萊曼蓑海蛞蝓屬 Limenandra

# 朦朧萊曼蓑海蛞蝓

*Limenandra confusa* Carmona, Pola, Gosliner & Cervera, 2014

西太平洋、
中太平洋

有棘狀小突起
背面排列眼狀斑
前端透明且尖銳
有小突起

| 八丈島 水深 6m 大小 10mm 加藤昌一 |

身體爲褐色半透明，背面正中線上排列白色圓斑。此圓斑由內往外有紫色和黃色環。背側突起群長短交互排列。各背側突起生長棘狀小突起，前端透明且尖銳。觸角後方有許多小突起。以前後擺動身體的方式移動。長度達 8mm。

| 慶良間群島 水深 12m 大小 12mm 小野篤司 |

蓑海蛞蝓科 Aeolidiidae
萊曼蓑海蛞蝓屬 Limenandra

## 紡錘萊曼蓑海蛞蝓

*Limenandra fusiformis*
（Baba, 1949）

印度－
太平洋

身體爲灰褐色，覆蓋不清晰的白色小斑紋。背面的正中線上有和背側突起間隔相對應的白色眼紋排列。背側突起表面平滑，第 3 斜列以後，大小突起交互排列。觸角後方生長許多小突起。長度達 20mm。

平滑，大小
交互排列
許多小突起
排列白色眼紋

| 明鐘岬 水深 10m 大小 30mm 小林岳志 |

蓑海蛞蝓科 Aeolidiidae
潛蓑海蛞蝓屬 Cerberilla

## 淺蟲潛蓑海蛞蝓

*Cerberilla asamusiensis* Baba, 1940

日本、印尼

| 大瀨崎 水深 3m 大小 10mm 加藤昌一 |

身體爲白色半透明，頭部到背面有帶些微褐色。背側突起透明，前端爲白色，其下方有三角形黑色斑紋。突起內的消化腺爲黃色，十分明顯。觸角爲黑褐色，口觸手又長又大，帶藍色，前端爲黑褐色。長度達 35mm。

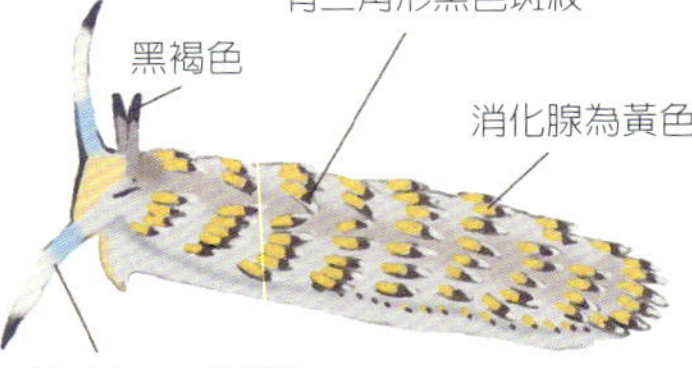
前端為白色，其下方
有三角形黑色斑紋
黑褐色
消化腺為黃色
又長又大，帶藍色，
前端為黑褐色

蓑海蛞蝓科 Aeolidiidae
潛蓑海蛞蝓屬 Cerberilla

# 近緣潛蓑海蛞蝓

*Cerberilla affinis* Bergh, 1888

印度－
太平洋

黑褐色與藍色色帶
中段有黑色環，
前端為黃色
面罩般的黑褐色斑紋

| 八丈島 水深 6m 大小 45mm 加藤昌一 |

身體爲灰白色，頭部的觸角周圍有面罩般的黑褐色斑紋。背側突起爲白色，中段有黑色環，前端爲黃色。觸角與口觸手有黑褐色和藍色色帶。以薄膜蠟花海葵爲食。長度達 90mm。

---

蓑海蛞蝓科 Aeolidiidae
潛蓑海蛞蝓屬 Cerberilla

# 環紋潛蓑海蛞蝓

*Cerberilla annulata*
（Quoy & Gaimard, 1832）

印度－
太平洋

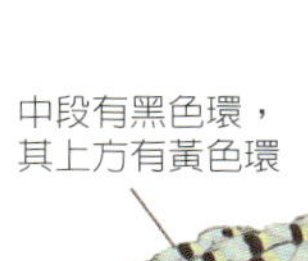

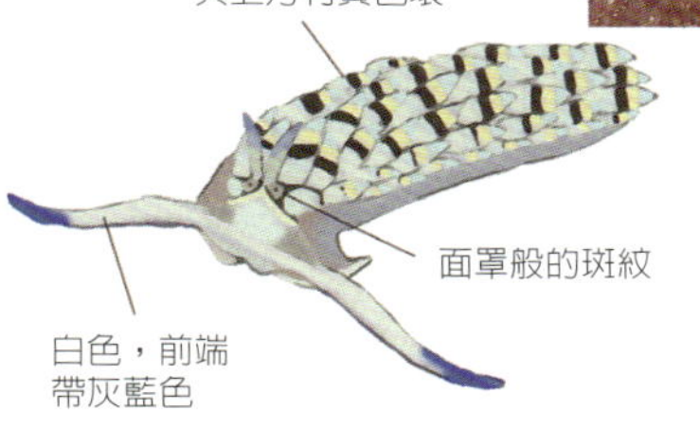
中段有黑色環，
其上方有黃色環
面罩般的斑紋
白色，前端
帶灰藍色

| 八丈島 水深 5m 大小 40mm 加藤昌一 |

身體爲藍白色半透明，頭部觸角基部和眼域周圍，帶有面罩般的斑紋。背側突起的中段有黑色環，其上方有黃色環。觸角和口觸手爲白色，前端帶灰藍色。夜行性。長度達 70mm。

蓑海蛞蝓科 Aeolidiidae
潛蓑海蛞蝓屬 Cerberilla

# 白斑潛蓑海蛞蝓

*Cerberilla albopunctata* Baba, 1976

日本、印尼

| 井田 水深 8m 大小 25mm 大石賢一 |

身體爲黑褐色，包括觸角和背側突起在內，全身覆蓋白色細點。背側突起有黃色斑紋，前端下方爲灰藍色。口觸手從前端以下依序爲黑褐色、白黃色、藍色色帶。長度達 40mm。

前端以下依序為黑褐色、白黃色、藍色色帶
黃色斑紋，前端下方為灰藍色
全身覆蓋白色細點

蓑海蛞蝓科 Aeolidiidae
潛蓑海蛞蝓屬 Cerberilla

# 安汶潛蓑海蛞蝓

*Cerberilla ambonensis* Bergh, 1905

西太平洋

| 大瀨崎 水深 23m 大小 12mm 加藤昌一 |

身體爲白色，腹足排列黑褐色直線。背側突起爲黑色，帶黃色斑紋，前端爲灰藍色。口觸手有藍色和黃色色帶，但有些個體這部分不明顯。長度達 50mm。

黑色底搭配黃色斑紋，前端為灰藍色
藍色與黃色色帶
排列黑褐色橫線

蓑海蛞蝓科 Aeolidiidae
潛蓑海蛞蝓屬 Cerberilla

# 長鰓潛蓑海蛞蝓

*Cerberilla longibranchus*
（Volvodchenko, 1941）

本州、四國

| 倉橋島 水深 4m 大小 20mm 藤本繁 |

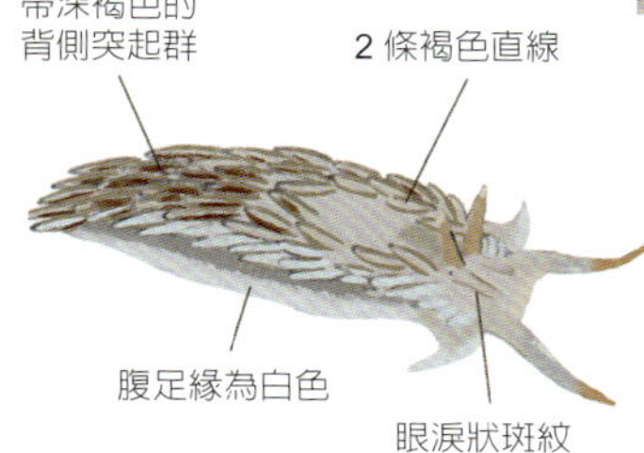
前端為褐色
腹足寬，有白色細線的邊
白線在頭部相連
前端為白色

身體爲白色半透明，腹足寬，周緣有白色細線圍邊。背側突起愈往後方愈長，前端爲白色，其下方帶褐色。突起內的消化腺爲淡褐色。背面正中線上有斷斷續續的白色直線，但有些個體沒有。左右口觸手上方有白線，在頭部相連。過去的文獻曾將其列爲潛蓑海蛞蝓之一種。長度達 20mm。

---

蓑海蛞蝓科 Aeolidiidae
潛蓑海蛞蝓屬 Cerberilla

# 定居潛蓑海蛞蝓

*Cerberilla incola* Burn, 1974

西太平洋

| 慶良間群島 水深 7m 大小 8mm 小野篤司 |

帶深褐色的
背側突起群
2 條褐色直線
腹足緣為白色
眼淚狀斑紋

身體爲白色半透明，頭部帶些微黑色。腹足緣爲白色。背側突起有 2 條褐色直線。背面後方有帶深褐色的背側突起群。觸角爲淡褐色，前端爲白色。根據千葉大學的標本，從觸角基部延伸至前端的斑紋，提議新名稱「ナミダカスミミノウミウシ」。長度達 10mm。

蓑海蛞蝓科 Aeolidiidae
潛蓑海蛞蝓屬 Cerberilla

## 潛蓑海蛞蝓之一種 1

*Cerberilla* sp. 1

| 井田　水深 8m　大小 13mm　片野猛 |

本州到
琉球群島

身體爲白色。背側突起爲白色，前端略下方有橙色點。觸角爲橙色到褐色。口觸手爲橙色半透明，基部內側有黃斑。全身有淡淡的紅色，有些個體的橙色點是黃色的，觸角爲深褐色。長度達 15mm。日本異名爲「キホシカスミミノウミウシ」。

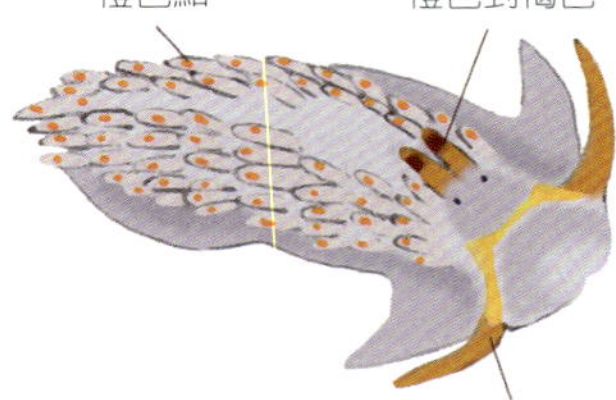
前端略下方有
橙色點
橙色到褐色
帶橙色，基部內側有黃斑

蓑海蛞蝓科 Aeolidiidae
潛蓑海蛞蝓屬 Cerberilla

## 潛蓑海蛞蝓之一種 2

*Cerberilla* sp. 2

| 大瀨崎　水深 8m　大小 35mm　法月麻紀 |

日本、菲律賓

身體爲白色，腹足帶黃色，腹足緣爲藍色。背側突起爲白色，中段有黃色斑紋，前端爲深紺色。觸角爲深紺色，中段有淺色環。觸角前後有橙色斑紋。口觸手有 2 個深紺色色帶。前足隅前端爲深紺色。長度達 70mm。日本異名是「ケイウカスミミノウミウシ」。

觸角前後
有橙色斑紋
中段有黃色斑紋，
前端為深紺色
帶黃色邊緣，
為藍色

蓑海蛞蝓科 Aeolidiidae
潛蓑海蛞蝓屬 Cerberilla

# 潛蓑海蛞蝓之一種 3

*Cerberilla* sp. 3

日本

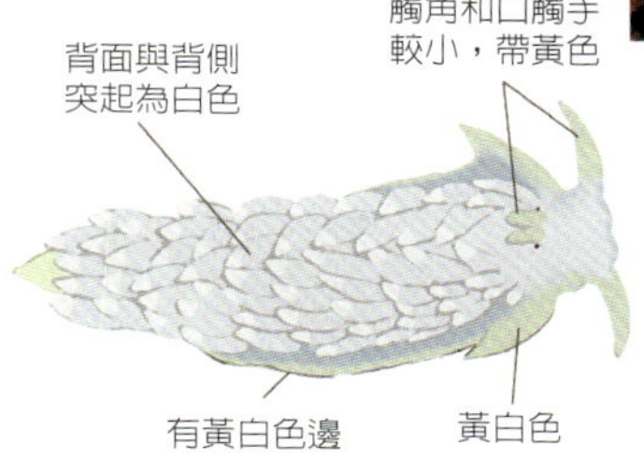
觸角和口觸手
較小，帶黃色
背面與背側
突起為白色
有黃白色邊
黃白色

| 大瀨崎　水深 23m　大小 14mm　山田久子 |

身體爲白色，腹足緣爲黃白色邊。前足隅爲黃白色。背面與背側突起爲白色。觸角與口觸手比本屬他種小，帶黃色。長度達 14mm。

蓑海蛞蝓科 Aeolidiidae
潛蓑海蛞蝓屬 Cerberilla

# 潛蓑海蛞蝓之一種 4

*Cerberilla* sp. 4

西太平洋

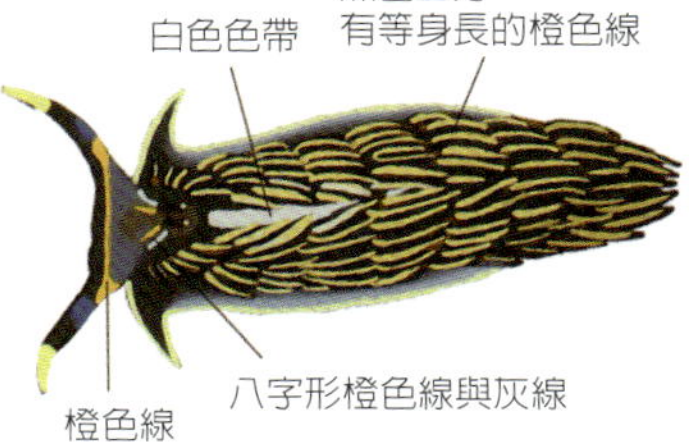
黑色上方
有等身長的橙色線
白色色帶
八字形橙色線與灰線
橙色線

| 大瀨崎　水深 12m　大小 40mm　山田久子 |

身體爲黑色，背面正中線上有白色色帶。腹足緣爲水藍色，有黃邊。背側突起爲黑色，上方有等身長的橙色線。觸角爲黑色，較小，前端爲黃色。頭部前緣到觸手基部有獨特的橙色線。八字形橙色線與灰線從觸角基部往前方延伸。長度達 40mm。

蓑海蛞蝓科 Aeolidiidae
潛蓑海蛞蝓屬 Cerberilla

## 潛蓑海蛞蝓之一種 5

*Cerberilla* sp. 5

琉球群島

| 慶良間群島 水深 6m 大小 5mm 小野篤司 |

身體爲白色半透明，頭部到背面爲黑色。背面突起有黑褐色，中段有白色斑紋，但有些個體沒有。突起前端爲白色。觸角爲黑色，基部的眼域和前端爲白色。口觸手與身體同色，白色色帶覆蓋下半部的上面，但有些個體沒有。棲息於沙底，感到危機時會在沙中潛行。長度達 10mm。

黑褐色，中段有白色
斑紋，前端為白色
黑色，前端
為白色
頭部到背面為黑色

蓑海蛞蝓科 Aeolidiidae
潛蓑海蛞蝓屬 Cerberilla

## 潛蓑海蛞蝓之一種 6

*Cerberilla* sp. 6

小笠原群島

| 小笠原 水深 8m 大小 30mm 古川智裕 |

身體爲白色半透明，頭部到背面爲白色。背側突起爲白色，前端爲黑紫色 V 字形邊緣，其下方有黃白色斑紋。黑紫色色帶從觸角基部，往左右兩邊的前方延伸。口觸手爲黃白色。30mm。

前端有黑紫色 V 字形邊緣，
其下方有黃白色斑紋
黑紫色色帶
黃白色

蓑海蛞蝓科 Aeolidiidae
潛蓑海蛞蝓屬 Cerberilla

# 潛蓑海蛞蝓之一種 7

*Cerberilla* sp. 7

琉球群島

| 慶良間群島 水深 10m 大小 14mm 小野篤司 |

前端下方為橙色點
淺紅褐色
1 對橙色小斑紋

身體爲白色半透明，背側突起與身體同色或白色，前端下方有橙色點。可觀察到身體中央與後方突起帶茶色的個體。觸角爲淺紅褐色。外觀近似潛蓑海蛞蝓之一種 1，本種前方有 1 對橙色小斑紋。長度達 15mm。根據千葉大學的標本，依背部突起的橙色斑紋，提議新名稱「トウモンミノウミウシ」。

---

蓑海蛞蝓科 Aeolidiidae
潛蓑海蛞蝓屬 Cerberilla

# 潛蓑海蛞蝓之一種 8

*Cerberilla* sp. 8

印度－
西太平洋

| 沖繩島 水深 5m 大小 10mm 今川郁 |

前端為黃色
2 條深褐色直線
淡褐色
長度較短，
顏色為藍色

身體爲茶色，背側突起爲淡褐色，有 2 條深褐色直線。觸角爲褐色，前端和基部無色。口觸手短，呈藍色，前端爲黃色。本種近似潛蓑海蛞蝓之一種 4，但沒有背面的白色色帶，也沒有腹足的黃線。長度達 10mm。

|大瀨崎 水深 3m 大小 20mm 加藤昌一|

蓑海蛞蝓科 Aeolidiidae
潛蓑海蛞蝓屬 Cerberilla

## 潛蓑海蛞蝓之一種 9

伊豆半島

*Cerberilla* sp. 9

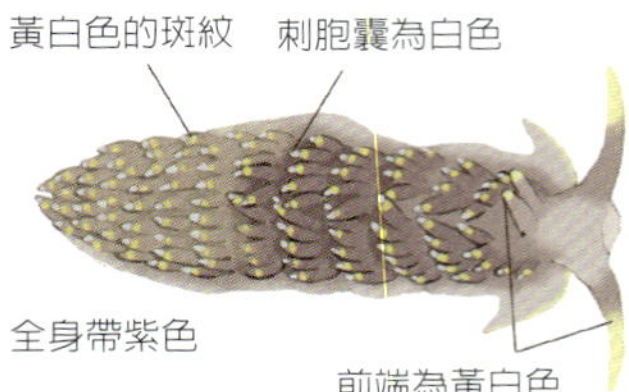
黃白色的斑紋
刺胞囊為白色
全身帶紫色
前端為黃白色

包括背側突起、觸角和口觸手在內，全身爲帶紫色半透明狀。背側突起的前端下方有黃白色斑紋，前端處的刺胞囊爲白色。觸角、口觸手前端爲黃白色。長度達 20mm。

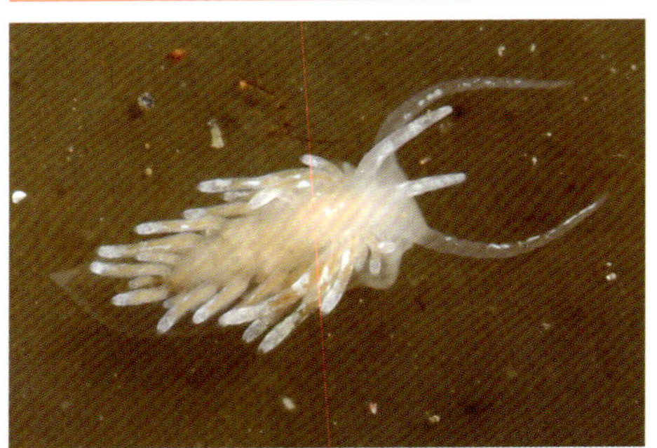

|大瀨崎 水深 6m 大小 4mm 山田久子|

蓑海蛞蝓科 Aeolidiidae

## 蓑海蛞蝓科之一種

伊豆半島

Aeolidiidae sp.

背側突起與觸角較長，
上半部散布白斑
明顯較長
腹足很寬
消化腺為褐色

身體爲白色半透明，背側突起與觸角爲半透明，長度很長，上半部散布白斑。背側突起內的消化腺爲褐色。口觸手明顯較長，有小凹凸，整個散布白色小斑紋。腹足很寬，前足隅是圓的。4mm。

|慶良間群島 水深 20m 大小 5mm 小野篤司|

蓑海蛞蝓總科 Aeolidioidea

## 蓑海蛞蝓之一種

慶良間群島

Aeolidina sp.

消化腺為褐色，
前端顏色較深
整體都有褶葉
白色斑紋直向排列

包括背側突起在內，身體爲帶著些許褐色的半透明，散布不清晰的白色小斑紋。頭部到背面直向排列幾個白色斑紋，背側突起內部的消化腺爲褐色，前端爲深色。整個觸角後方都有褶葉。屬別不明。根據千葉大學的標本，依捕食貝囊水母的特性，提議新名稱「クラゲハミミノウミウシ」。

# 脊側準綱
# Tectipleura
# 傘殼目
# Umbraculida

身體右側有鰓，身體上方有貝殼。
以傘螺科與黃傘螺科這兩科最有名。
傘螺可能有 **1** 科 **1** 屬 **1** 種。
目前對於 *Tylodina* 屬的種尚未有深入研究。

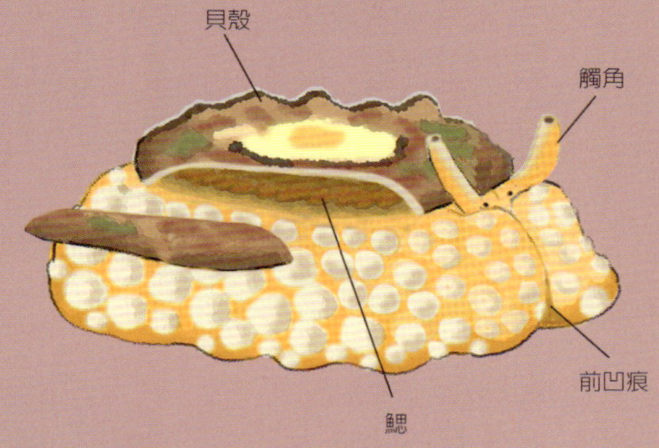
貝殼
觸角
前凹痕
鰓

| 八丈島 水深 9m 大小 120mm 加藤昌一 |

傘螺科 Umbraculidae
傘螺屬 Umbraculum

## 傘螺

*Umbraculum umbraculum*
（Lightfoot, 1786）

全世界的溫帶與熱帶海域

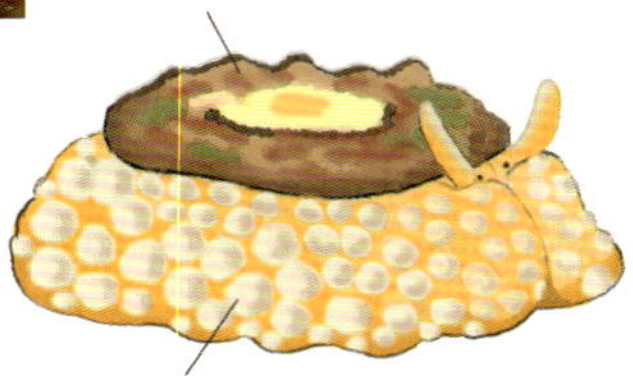
背上有又厚又硬的貝殼
黃色到白色的圓形瘤狀突起

身體底色為黃色到橙色，身上的圓形瘤狀突起顏色是比體色明亮的黃色到白色。貝殼為白色，被殼皮覆蓋，上方再覆蓋海藻、石灰藻等。觸角位於貝殼下方，形狀細長，可目視內側狀況。以海綿為食。長度達 280mm。

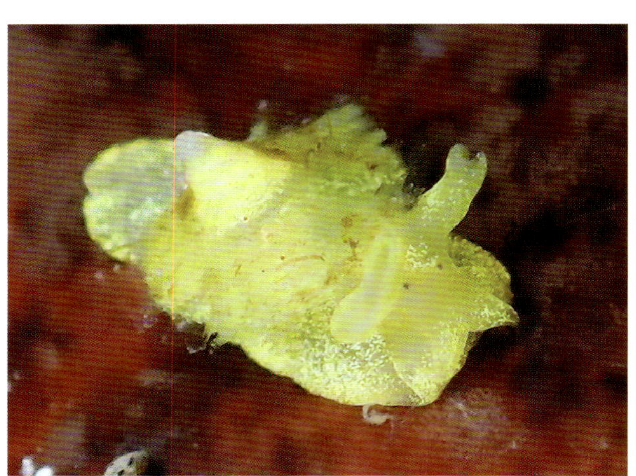

| 八丈島 水深 5m 大小 10mm 河村藍 |

黃傘螺科 Tylodinidae
黃傘螺屬 Tylodina

## 黃傘螺之一種

*Tylodina* sp.

西太平洋

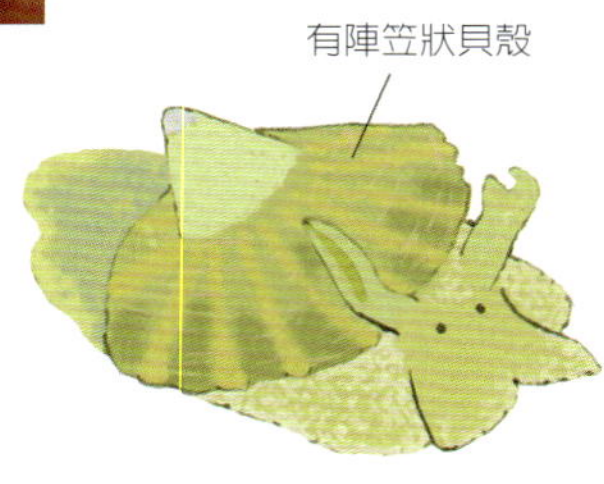
有陣笠狀貝殼

陣笠狀貝殼有放射狀的脊狀隆起（放射肋），和年輪般的成長線，中央殘留極小的幼殼。體色與貝殼相同，黃色個體較多時，也會觀察到白色個體。捕食黃色海綿。長度達 20mm。

# 頭盾目
## Cephalaspidea

頭部形成頭盾，沒有觸角。貝殼形態有外在性、內在性和無殼，依種而異。
頭側部有代替觸角的化學物質感受器官（**Hancock's organ**）。
食性豐富，包括其他細微的腹足類、扁形動物、多毛類、無腸動物、藻類等。

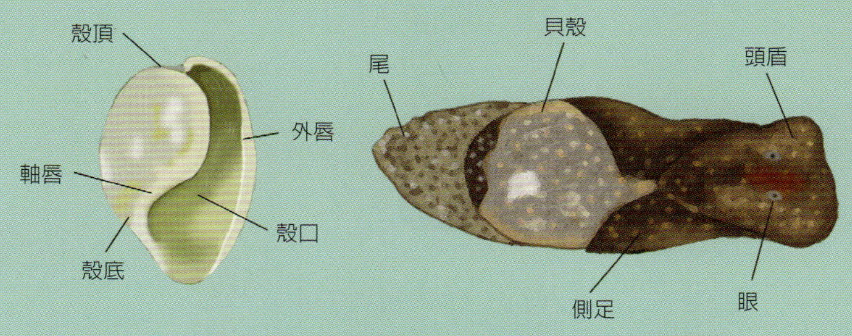
殼頂
外唇
軸唇
殼口
殼底
貝殼
尾
頭盾
側足
眼

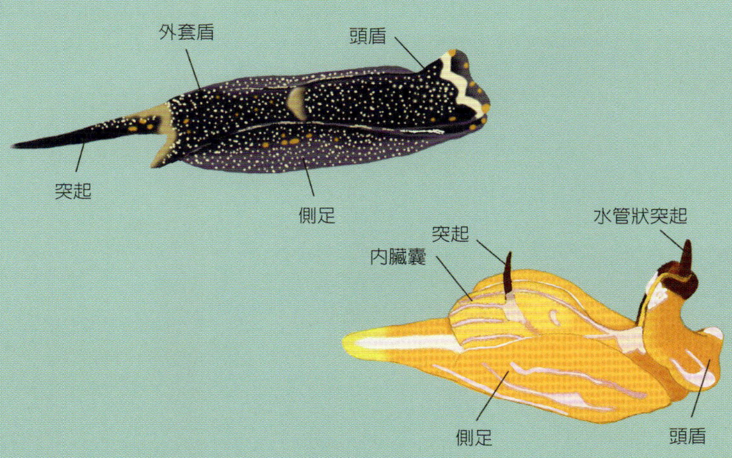
外套盾
頭盾
突起
側足
水管狀突起
突起
內臟囊
側足
頭盾

| 大瀨崎 水深 10m 大小 3mm 高重博 |

冰柱螺科 Cylichnidae
柱核螺屬 Adamnestia

西太平洋

# 日本柱核螺

*Adamnestia japonica*（A. Adams, 1862）

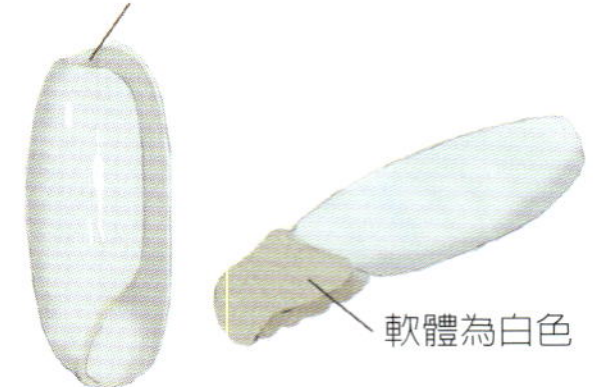
殼厚，具有光澤的白色，殼頂凹陷
軟體為白色

殼厚，具有光澤的白色，殼頂凹陷。軟體爲白色。有些研究者將本種列入盒螺屬（*Cylichna*），本書採用 WoRMS 的分類。*Adamnestia* 的日文譯名是「クダタマガイ」，由黑田、波部（1971）取名。殼長達 30mm。

| 大瀨崎 水深 33m 大小 3mm 高重博 |

冰柱螺科 Cylichnidae
冰柱螺屬 Cylichna

西太平洋

# 雙褶冰柱螺

*Cylichna biplicata*（A. Adams, 1850）

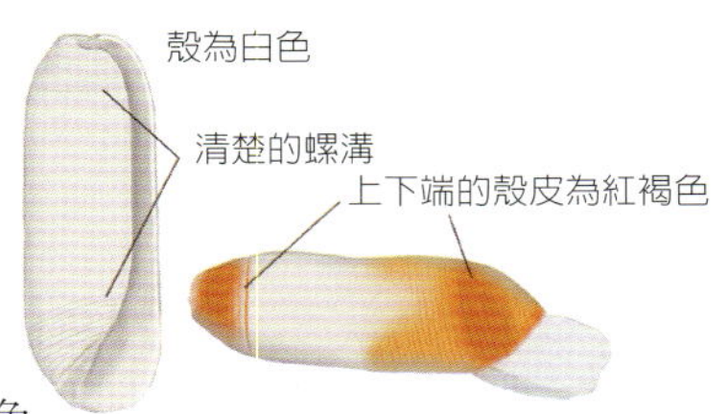
殼為白色
清楚的螺溝
上下端的殼皮為紅褐色

殼厚色白，上下端附近有清楚的螺溝。上下端的紅褐色爲殼皮的顏色。軟體爲白色。異名爲 *Eocylichna braunsi*（Yokoyama, 1920）。殼長達 10mm。

| 大瀨崎 水深 40m 大小 3mm 高重博 |

冰柱螺科 Cylichnidae
Roxania 屬

西太平洋

# 斑點粗米螺

*Roxania punctulata*（A. Adams, 1852）

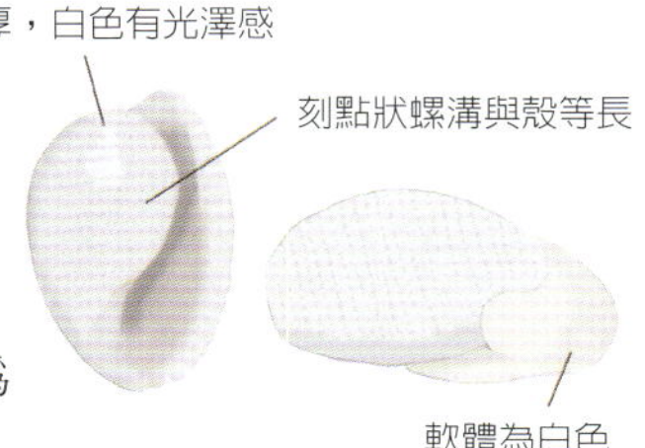
殼厚，白色有光澤感
刻點狀螺溝與殼等長
軟體為白色

殼厚，白色有光澤感，刻點狀螺溝與殼等長。軟體爲白色。有些研究者認爲本種是 *Mimatys punctulata*，本書採用 BISMaL 的分類。殼長達 3.5mm。

冰柱螺科 Cylichnidae

# 冰柱螺科之一種

Cylichnidae sp.

伊豆半島

白殼為橢圓形
整體有螺溝
殼皮的螺溝部分為紅褐色
軟體為白色

| 大瀨崎 水深 45m 大小 4mm 高重博 |

白殼爲橢圓形，整體有螺溝。殼皮的螺溝部分爲紅褐色，軟體爲白色。外觀近似長筒粗米螺，但本種的殼略粗又短。4mm。

---

Mnestiidae 科
Mnestia 屬

# 絨毛冰柱螺

*Mnestia villica*（Gould, 1859）

印度－太平洋

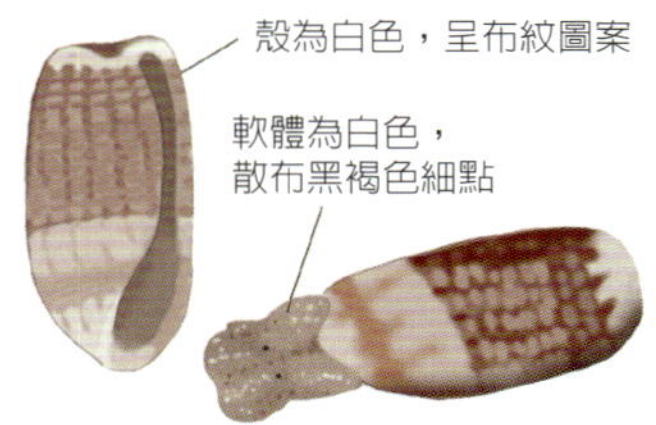
殼為白色，呈布紋圖案
軟體為白色，
散布黑褐色細點

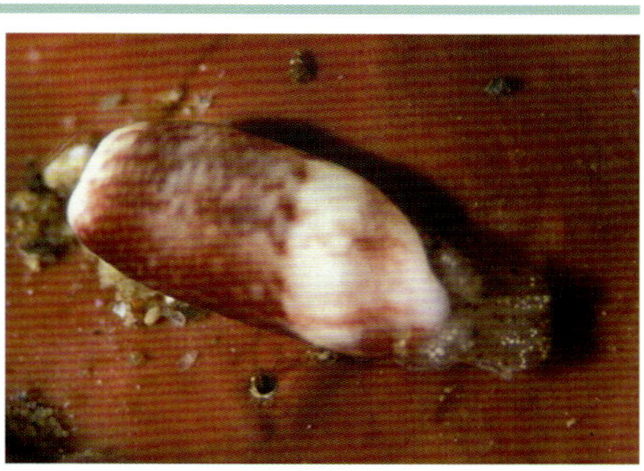

| 八丈島 水深 12m 大小 8mm 加藤昌一 |

外殼爲白色，呈布目狀花紋，變異性大。軟體爲半透明，散布白色與黑褐色細點。外殼長度達 4mm。

---

米螺科 Acteocinidae
米螺屬 Acteocina

# 大米螺

*Acteocina coarctata*（A. Adams, 1850）

西太平洋

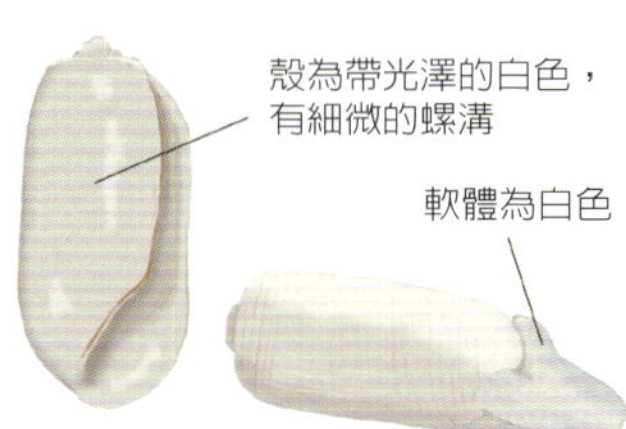
殼為帶光澤的白色，
有細微的螺溝
軟體為白色

| 大瀨崎 水深 5m 大小 4mm 高重博 |

外殼爲帶光澤的白色，有細微的螺溝。內唇爲褐色，軟體爲白色。可在 10m 以上的沙泥底觀察到。外殼長度達 10mm。

| 慶良間群島 水深 7m 大小 4mm 小野篤司 |

米螺科 Acteocinidae
米螺屬 Acteocina

西太平洋

## 紡錘米螺

*Acteocina fusiformis*（A. Adams, 1850）

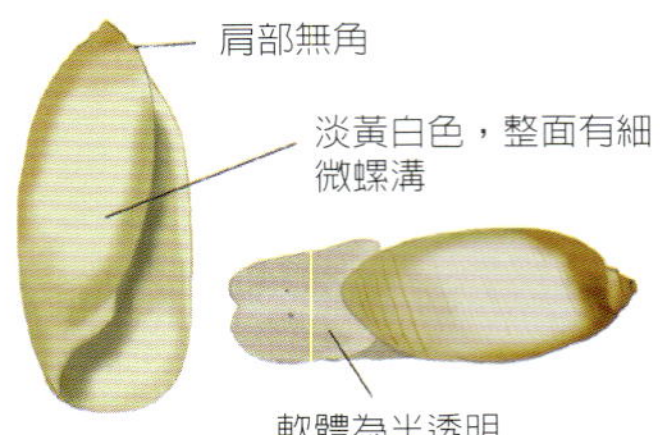
肩部無角
淡黃白色，整面有細微螺溝
軟體為半透明

殼爲淡黃白色，整面有細微螺溝。外觀近似飾擬捻螺（*Tornatina decolata*），但肩部無角。軟體爲半透明，可隱約看見眼睛。外殼長達 6.5mm。

| 慶良間群島 水深 5m 大小 10mm 小野篤司 |

長葡萄螺科 Haminoeidae
阿里螺屬 Aliculastrum

印度－西太平洋

## 圓柱阿里螺（長葡萄螺）

*Aliculastrum cylindricum*（Helbing, 1779）

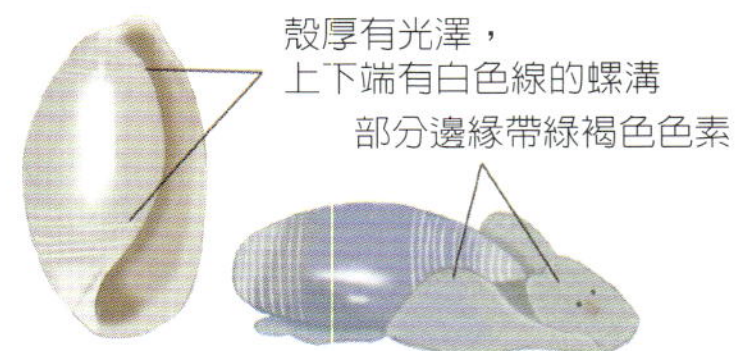
殼厚有光澤，上下端有白色線的螺溝
部分邊緣帶綠褐色色素

殼厚有光澤，上下端有白色線狀的螺溝。軟體部爲白色，綠色與綠褐色的色素大多散布在頭盾後端緣和腹足緣。過去的文獻曾將其列爲不同物種。殼長達 30mm。

| 慶良間群島 水深 8m 大小 3mm 小野篤司 |

長葡萄螺科 Haminoeidae
阿里螺屬 Aliculastrum

西太平洋、中太平洋

## 脆弱阿里螺

*Aliculastrum debile*（Pease, 1860）

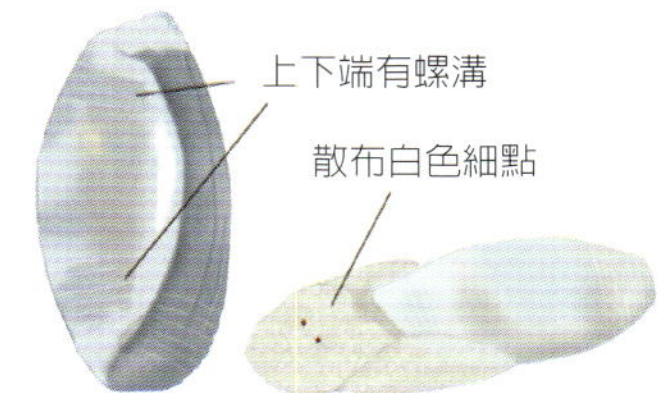
上下端有螺溝
散布白色細點

貝殼爲白色或黃色半透明，上下端有螺溝。軟體部分呈白色半透明，散布白色細點。外殼長達 20mm。

長葡萄螺科 Haminoeidae
阿地螺屬 Atys

# 瑣碎阿地螺（白葡萄螺）

*Atys naucum*（Linnaeus, 1758）

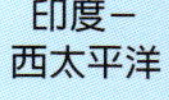
印度－
西太平洋

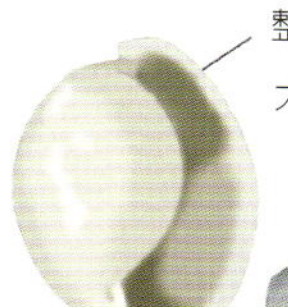
整體有螺溝

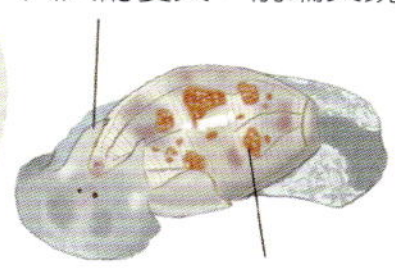
大大的雙叉，前端尖銳
可透過貝殼看見紅褐色斑紋

| 沖繩島 水深 10m 大小 20mm 今川郁 |

貝殼為白色半透明，整體有螺溝。幼貝有褐色直條紋，長至成貝即消失。頭盾後端有大大的雙叉，前端尖銳。可透過貝殼看見紅褐色斑紋，但有些個體沒有。與極相似的 *Atys kuhnsi* Pilsbry, 1917 之間的關係，今後需要進一步調查。外殼長達 40mm。

長葡萄螺科 Haminoeidae
阿地螺屬 Atys

# 多紋阿地螺

*Atys multistriatus* Schepmann, 1913

印度－
西太平洋

白色半透明
網眼狀螺溝
透過貝殼可看見紅褐色細點
白色與黑褐色的斑紋

| 大瀨崎 水深 8m 大小 8mm 山田久子 |

貝殼為白色半透明，透過貝殼可看見紅褐色細點。軟體部位的頭盾、腹足前方，有白色與黑褐色斑紋。夜行性。外殼長達 8mm。

長葡萄螺科 Haminoeidae
阿地螺屬 Atys

# 烏克麗麗阿地螺

*Atys ukulele* Too et al., 2014

西太平洋、
中太平洋

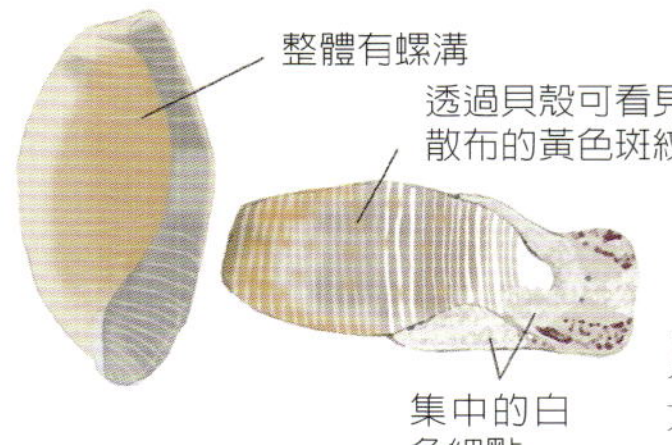
上下呈酒桶狀
整體有螺溝
透過貝殼可看見散布的黃色斑紋
集中的白色細點

| 大瀨崎 水深 5m 大小 4mm 山田久子 |

貝殼為白色半透明，上下呈酒桶狀。整體有螺溝，中間較不明顯。透過貝殼可看見黃色斑紋。軟體部位為白色半透明，白色細點集中在側足和頭盾中央。紅紫色細點的數量依個體而異，也有許多個體幾乎沒有。外殼長達 5.4mm。

| 慶良間群島 水深 6m 大小 5mm 小野篤司 |

長葡萄螺科 Haminoeidae
阿地螺屬 Atys

## 半紋阿地螺

*Atys semistriatus* Pease, 1860

印度－太平洋

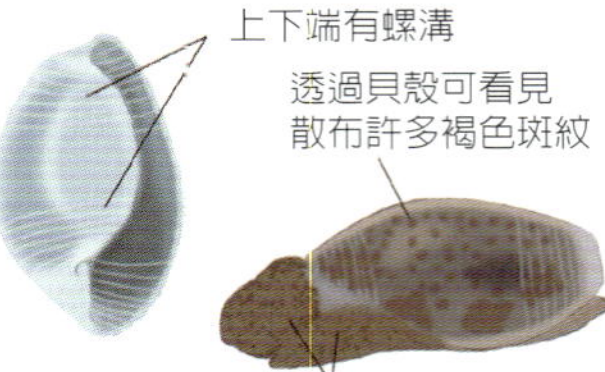
上下端有螺溝
透過貝殼可看見
散布許多褐色斑紋
散布黑褐色細點

貝殼爲白色半透明，上下端有螺溝。透過貝殼可看見散布許多褐色斑紋，軟體部分爲白色半透明，頭盾散布黑色細點。晝行性。本種和名「コクテンタマゴガイ」可能是「卵泥阿地螺（ホソタマゴガイ）」的同物異名。殼長達 6mm。

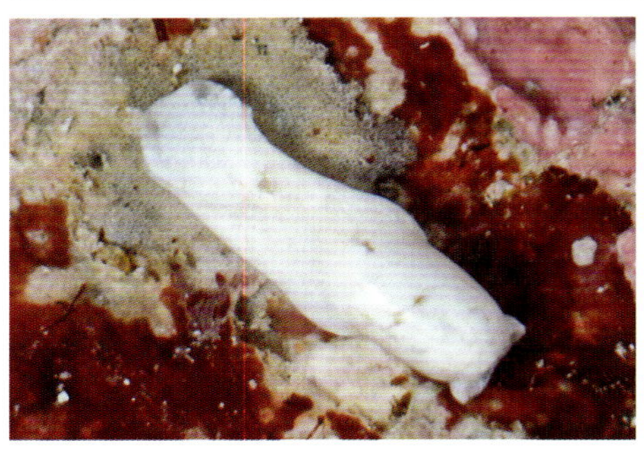

| 慶良間群島 水深 6m 大小 7mm 小野篤司 |

長葡萄螺科 Haminoeidae
阿地螺屬 Atys

## 阿地螺之一種

*Atys* sp.

西太平洋

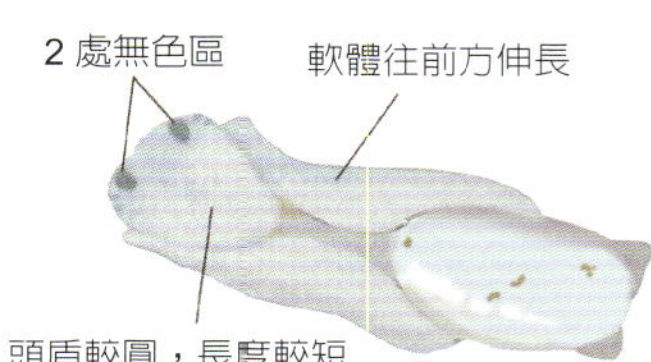
2 處無色區
軟體往前方伸長
頭盾較圓，長度較短

貝殼爲半透明，可看見外套膜的顏色。軟體往前方伸長。外套膜爲白色到綠褐色。頭盾、側足爲白色，有些個體有褐色細點。頭盾較圓，長度較短，後端無雙叉。頭盾前緣附近有 2 處無色區，側足長。小野（2004）的長葡萄螺科之一種 6 爲本種。殼長達 11mm。

| 浦安有海 水深 2m 大小 11mm 高重博 |

長葡萄螺科 Haminoeidae
長葡萄螺屬 Haminoea

## 日本長葡萄螺

*Haminoea japonica*（Pilsbry, 1895）

印度－太平洋、大西洋

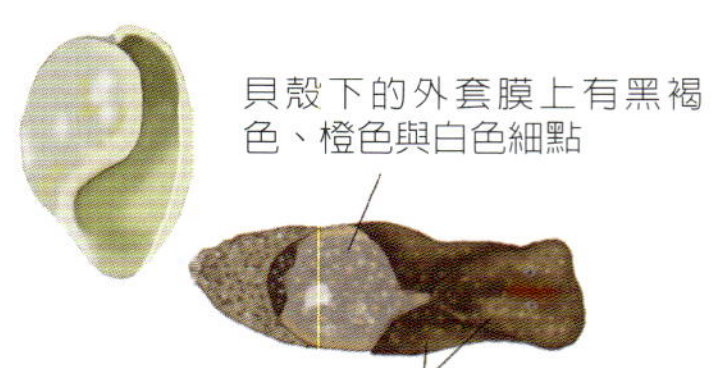
貝殼下的外套膜上有黑褐色、橙色與白色細點
帶綠褐色，白色細點明顯

貝殼爲白色和黃色半透明，可透過貝殼看見外套膜上的黑褐色、橙色與白色細點。頭盾與側足帶綠褐色，斑紋與外套膜相同。殼長達 20mm。

長葡萄螺科 Haminoeidae
長葡萄螺屬 Haminoea

印度－太平洋

# 空杯長葡萄螺

*Haminoea cymbalum*（Quoy & Gaimard, 1833）

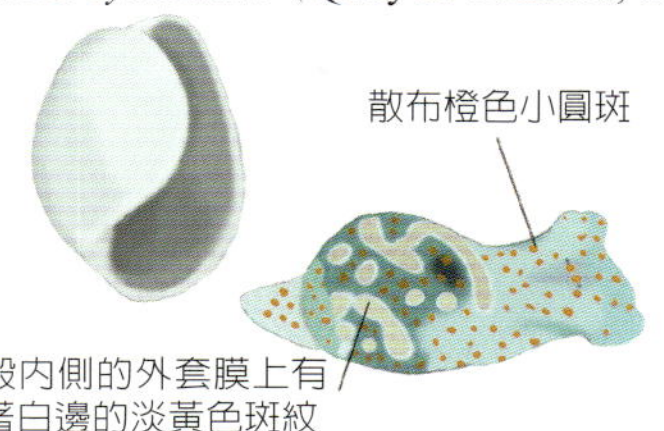
散布橙色小圓斑
貝殼內側的外套膜上有
鑲著白邊的淡黃色斑紋

| 慶良間群島 水深 6m 大小 18mm 小野篤司 |

貝殼呈蛋形，幾乎透明。軟體爲綠色到綠白色，散布橙色小圓斑。貝殼內側的外套膜上，有鑲著白邊的淡黃色斑紋。此斑紋位置和形狀有一定的規則性。有些研究者將本種與長葡萄螺列入 *Haloa* 屬。殼長達 10mm。

長葡萄螺科 Haminoeidae
長葡萄螺屬 Haminoea

西太平洋、中太平洋、東太平洋

# 卵形長葡萄螺

*Haminoea ovalis* Pease, 1868

全身散布橙色斑紋
散布深紫色斑紋
部分橙色斑紋被白色斑紋圍繞

| 八丈島 水深 10m 大小 5mm 廣江一弘 |

貝殼幾乎透明，可直接看見內側外套膜的顏色。軟體爲綠色半透明，全身散布橙色斑紋。部分橙色斑紋被白色斑紋圍繞。深紫色斑紋散布在身體局部，但不少個體沒有這個部分。全長達 10mm。

長葡萄螺科 Haminoeidae
長葡萄螺屬 Haminoea

西太平洋

# 珠華長葡萄螺

*Haminoea margaritoides*（Kuroda & Habe, 1971）

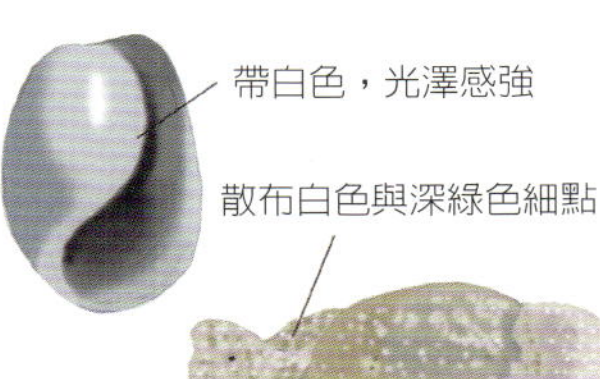
帶白色，光澤感強
散布白色與深綠色細點

| 慶良間群島 水深 12m 大小 8mm 小野篤司 |

貝殼爲白色半透明，光澤感強。軟體爲淺綠褐色或白色半透明，散布白色與深綠色細點。乍看近似帶齒漩阿地螺（小葡萄螺），但本種眼較小，雙眼間較寬。此外，也沒有雙眼間的褐線。貝殼部分缺乏軸唇的突起，殼長達 11mm。

長葡萄螺科 Haminoeidae
長葡萄螺屬 Haminoea

印度－太平洋

# 納塔爾長葡萄螺

*Haminoea natalensis*（Krauss, 1868）

散布白色細點與褐色斑
白色細點、綠褐色斑駁圖案、黑色小圓斑

| 慶良間群島 水深 1m 大小 10mm 小野篤司 |

貝殼幾乎透明，可肉眼辨識外套膜的斑紋。軟體爲綠色半透明，散布白色細點、黑點、斑駁狀褐色斑紋。可在深度達 3m 的淺水區觀察到。全長達 15mm。

長葡萄螺科 Haminoeidae
長葡萄螺屬 Haminoea

西太平洋

# 長葡萄螺之一種 1

*Haminoea* sp. 1

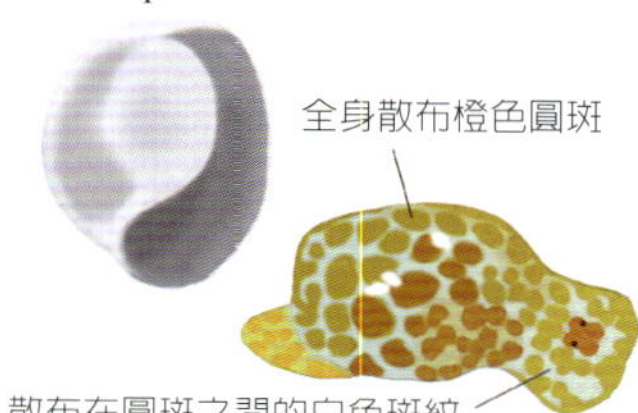
全身散布橙色圓斑
散布在圓斑之間的白色斑紋

| 慶良間群島 水深 5m 大小 7mm 小野篤司 |

貝殼幾乎透明，可直接看見外套膜的模樣。軟體爲淡綠色，全身散布橙色圓斑，圓斑之間通常覆蓋白色斑紋。橙色斑紋有時爲橙紅色，大小也有個體變異。外觀近似卵形長葡萄螺，但本種橙色斑紋的大小有個體變異，沒有深紫色斑紋。殼長達 5.5mm。

長葡萄螺科 Haminoeidae
長葡萄螺屬 Haminoea

慶良間群島

# 長葡萄螺之一種 2

*Haminoea* sp. 2

貝殼圓潤，呈黃褐色透明狀
覆蓋黑褐色小斑紋，散布些微白色細點

| 慶良間群島 水面下 大小 10mm 小野篤司 |

貝殼圓潤，呈黃褐色透明狀，可從外面看見內側的外套膜斑紋。外套膜、頭盾與側足覆蓋黑褐色小斑紋，散布些微白色細點。記錄種的可能性高。全長達 10mm。

長葡萄螺科 Haminoeidae
長葡萄螺屬 Haminoea

# 長葡萄螺之一種 3

*Haminoea* sp. 3

沖繩島、
巴布亞紐幾內亞

| 沖繩島　水深 11m　大小 4mm　山田久子 |

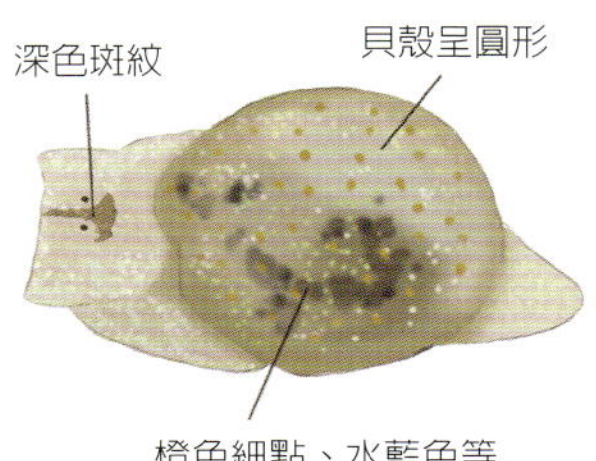
深色斑紋
貝殼呈圓形
橙色細點、水藍色等
微細點呈斑駁模樣

貝殼幾乎透明，形狀圓潤。貝殼內側的外套膜散布橙色細點，水藍色、黃色與粉紅色微細點密集，形成斑駁模樣。頭盾、側足和尾部散布美麗的微點。頭盾的雙眼之間有深色斑紋。全長達 8mm。

長葡萄螺科 Haminoeidae
長葡萄螺屬 Haminoea

# 長葡萄螺之一種 4

*Haminoea* sp. 4

西太平洋

| 慶良間群島　水深 5m　大小 5mm　小野篤司 |

殼為圓形，呈
褐色半透明
黃白色短突起
黃白色斑紋

殼呈褐色半透明圓形。殼下的外套膜散布橙紅色條狀斑紋，但有些個體難以辨認。殼後端的軟體有短而黃白色的突起，頭盾爲褐色，前緣有黃白色斑紋通過 2 個突起。與 Gosliner et al., 2018 的 *Haminoea* sp. 3 爲同種。殼長 5mm。

長葡萄螺科 Haminoeidae
Liloa 屬

## 蒙氏麗羅螺

*Liloa mongii*（Audouin, 1826）

印度－太平洋

| 慶良間群島　水深 7m　大小 8mm　小野篤司 |

貝殼為白色半透明，形狀細長，整體有螺溝。整個軟體散布白色微細點和紅褐色細點。可以透過貝殼看見內側的外套膜。殼長達 17mm。

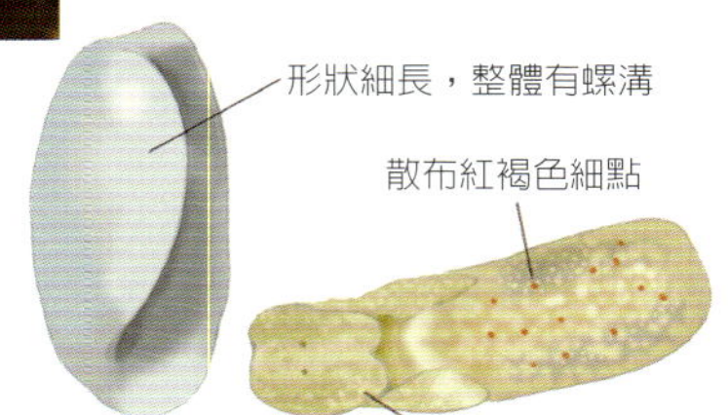
形狀細長，整體有螺溝
散布紅褐色細點
白色微細點密集

長葡萄螺科 Haminoeidae
Liloa 屬

## 瓷麗羅螺

*Liloa porcellana*（Gould, 1859）

西太平洋、
中太平洋

| 大瀨崎　水深 10m　大小 13mm　山田久子 |

貝殼為白色半透明，整體有螺溝，但幼齡時中央部位不明顯。軟體為白色或褐色半透明，散布深褐色和白色斑紋。不只是頭盾和側足有斑紋，亦可透過貝殼看到斑紋。長度達 20mm。

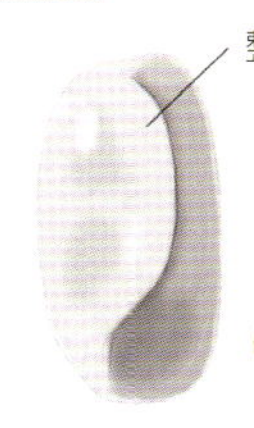
整體有螺溝

散布深褐色
與白色斑紋

長葡萄螺科 Haminoeidae
漩阿地螺屬 Diniatys

# 帶齒漩阿地螺（小葡萄螺）

印度－太平洋

*Diniatys dentifer*（A.Adams, 1850）

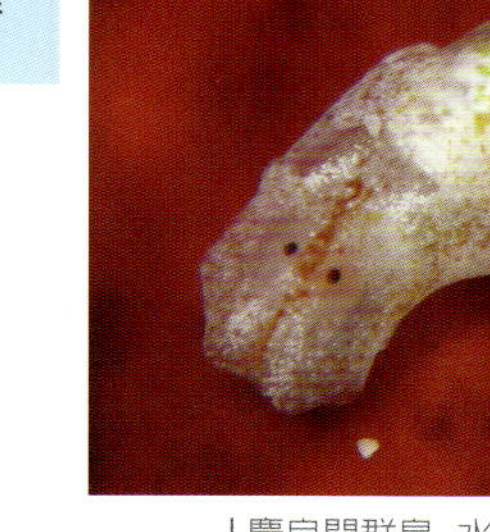
散布綠色、褐色與白色細點
有齒狀突起
褐色線狀斑紋

| 慶良間群島　水深 15m　大小 7mm　小野篤司 |

貝殼的軸唇中央有牙齒般突起。軟體散布綠色、褐色與白色細點，各斑點的量有個體變異。頭盾正中線上有褐色線狀斑紋。近似種單齒阿地螺（*Diniatys monodonta*）的貝殼膨隆較為平緩，肉眼難以辨識。殼長達 7mm。

長葡萄螺科 Haminoeidae
清眼螺屬 Phanerophthalmus

# 黃清眼螺

西太平洋、中太平洋

*Phanerophthalmus luteus*（Quoy & Gaimard, 1833）

全身呈黃綠色到綠色

三角形，後端較小，呈雙叉

| 慶良間群島　潮間帶　大小 30mm　小野篤司 |

全身呈黃綠色到綠色，沒有白色色素。過去使用的學名 *P. smaragdinus* 是 *P. olivaceus* 的同物異名，原生於紅海，頭盾有白色區域。印度洋有近似種 *P. minikoiensis*。通常棲息在潮間帶的滾石下。殼長可達 50mm。

長葡萄螺科 Haminoeidae
清眼螺屬 Phanerophthalmus

# 蒼白清眼螺

印度－太平洋

*Phanerophthalmus perpallidus* Risbec, 1928

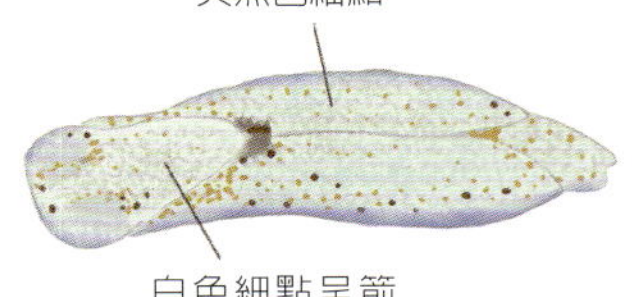
散布白色、褐色
與黑色細點
白色細點呈箭
頭狀聚集

| 八丈島　水深 6m　大小 5mm　加藤昌一 |

身體為白色半透明，散布白色、褐色與黑色細點。頭盾的白色細點呈現指向後方的箭頭狀。過去的文獻曾將其列為別種。殼長可達 10mm。

| 慶良間群島 水深 5m 大小 5mm 小野篤司 |

長葡萄螺科 Haminoeidae
清眼螺屬 Phanerophthalmus

西太平洋、中太平洋

## 阿內特清眼螺

*Phanerophthalmus anettae*
Austin, Gosliner & Malaquias, 2018

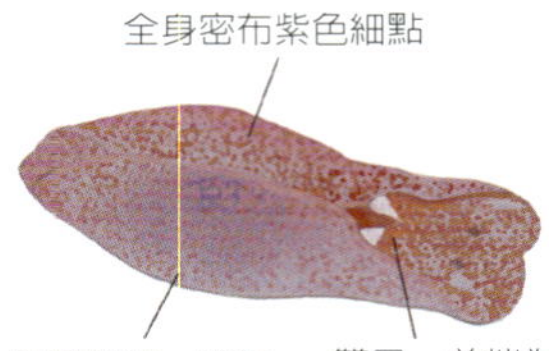
全身密布紫色細點
身體較粗，略短
雙叉，前端為白色

身體為白色半透明，全身密布紫色細點。頭盾後端為雙叉，前端為白色。外觀近似紫斑清眼螺，但身體較粗，略短。近似種 *P. albocollaris* 原生於紅海。可達 20mm。

| 慶良間群島 水深 15m 大小 7mm 小野篤司 |

長葡萄螺科 Haminoeidae
清眼螺屬 Phanerophthalmus

日本、菲律賓、印尼

## 紫斑清眼螺

*Phanerophthalmus purpura*
Austin, Gosliner & Malaquias, 2018

全身密布紫色細點
身體較細，略長
雙叉，前端為白色

身體為白色半透明，全身密布紫色細點。頭盾後端為雙叉，前端為白色。側足在正中線上重疊。外觀近似阿內特清眼螺，但本種身體較為細長。可達 25mm。

| 慶良間群島 水深 10m 大小 6mm 小野篤司 |

長葡萄螺科 Haminoeidae
清眼螺屬 Phanerophthalmus

印度－太平洋

## 雀斑清眼螺

*Phanerophthalmus lentigines*
Austin, Gosliner & Malaquias, 2018

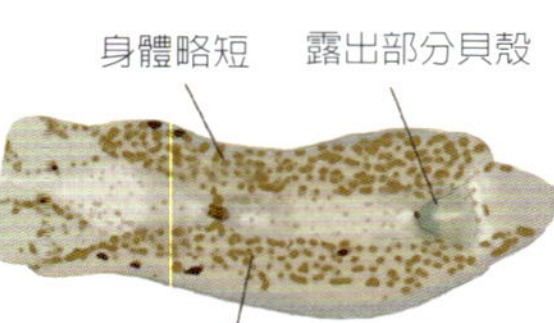
身體略短
露出部分貝殼
茶褐色小斑點
幾乎覆蓋全身

身體為白色半透明，茶褐色小斑點幾乎覆蓋全身。外套盾後部露出部分貝殼。外觀近似蒼白清眼螺，但本種頭盾白色斑紋的輪廓不明顯，身體略短。可達 9mm。

長葡萄螺科 Haminoeidae
清眼螺屬 Phanerophthalmus

# 白三角清眼螺

*Phanerophthalmus albotriangulatus*
Austin, Gosliner & Malaquias, 2018

西太平洋

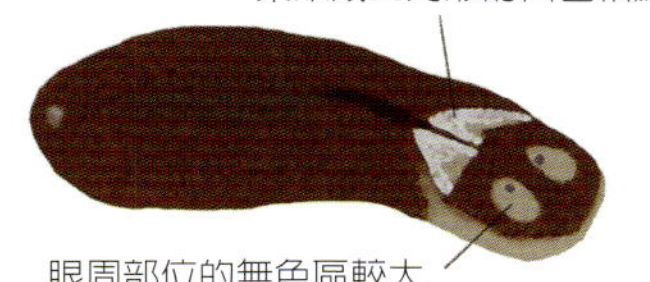
聚集成三角形的白色細點
眼周部位的無色區較大

| 石垣島 水深 6m 大小 10mm 木元伸彥 |

身體爲綠褐色，綠色的比例有個體變異。頭盾後端有聚集成三角形的白色細點，身體後方也有一小塊白色細點密布的區域。眼周部位的無色區較大。常見於八重山群島以南。可達 6mm。

長葡萄螺科 Haminoeidae
清眼螺屬 Phanerophthalmus

# 清眼螺之一種疑似圓柱清眼螺

*Phanerophthalmus* sp. cf. cylindricus（Pease, 1861）

印度－太平洋

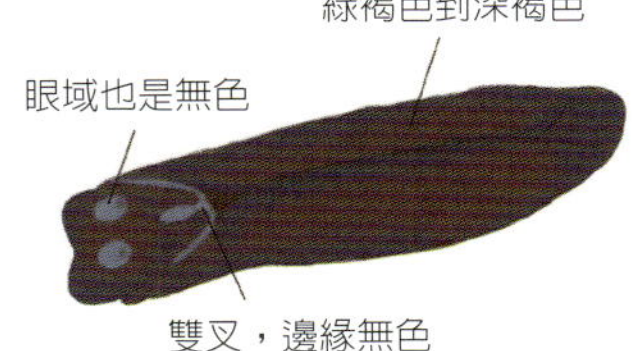
綠褐色到深褐色
眼域也是無色
雙叉，邊緣無色

| 慶良間群島 水深 15m 大小 25mm 小野篤司 |

身體爲綠褐色到深褐色，頭盾後方有雙叉，各自的邊緣皆爲無色。眼域也是無色。近似種 *P. cylindricus* 的側足緣爲淺色，因此列爲未知種。可達 10mm。

長葡萄螺科 Haminoeidae
翡翠螺屬 Smaragdinella

# 綠珠翡翠螺

*Smaragdinella calyculata*
（Broderip & Sowerby, 1829）

印度－太平洋

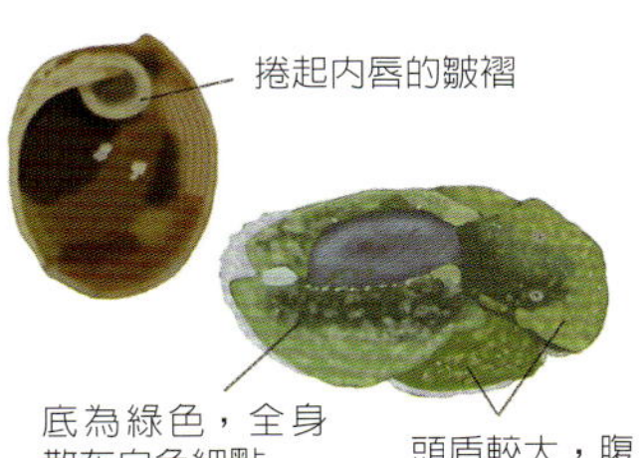
捲起內唇的皺褶
底為綠色，全身散布白色細點
頭盾較大，腹足也大

| 八丈島 水深 0.5m 大小 10mm 高重博 |

貝殼露出，呈綠色，殼口比西寶翡翠螺（西寶綠珠螺）寬，內唇有湯匙狀皺褶。露出部位的表面因爲鈣化的關係，通常看起來不像綠色。軟體爲綠色，全身散布白色細點。頭盾較大，腹足也大，適應於波浪拍打的潮間帶棲息環境。殼長可達 12mm。

| 大瀨崎 水深 1m 大小 6mm 高重博 |

長葡萄螺科 Haminoeidae
翡翠螺屬 Smaragdinella

# 西寶翡翠螺

印度－西太平洋

*Smaragdinella sieboldi* A. Adams, 1864

殼口上端突出殼頂
帶光澤的綠色
底為深綠色，全身散布白色細點

貝殼為帶光澤的綠色。內唇沒有像綠珠翡翠螺（綠珠螺）的匙狀皺褶。殼口上端突出殼頂，軟體為深綠色，全身散布白色細點。身體粗短，頭盾大，體型比綠珠翡翠螺小。殼長 5mm。

| 千本濱 水深 23m 大小 3mm 高重博 |

長葡萄螺科 Haminoeidae
杯阿地螺屬 Cylichnatys

# 角杯阿地螺（角杯葡萄螺）

*Cylichnatys angusta*（Gould, 1859）

西太平洋

貝殼有光澤，殼頂微凹

外套膜為黃褐色，中央處有一大塊深褐色

貝殼為白色半透明，帶光澤。整體有細波狀螺溝，殼頂微凹。貝殼下的外套膜為黃褐色，覆蓋不規則深褐色小斑，中央處有一大塊深褐色。頭盾為黃白色。殼長達 8.3mm。

| 千本濱 水深 5m 大小 6mm 高重博 |

長葡萄螺科 Haminoeidae
Vellicolla 屬

# 卵圓泥阿地螺

西太平洋

*Vellicolla ooformis*（Habe, 1952）

上下端附近有許多螺溝

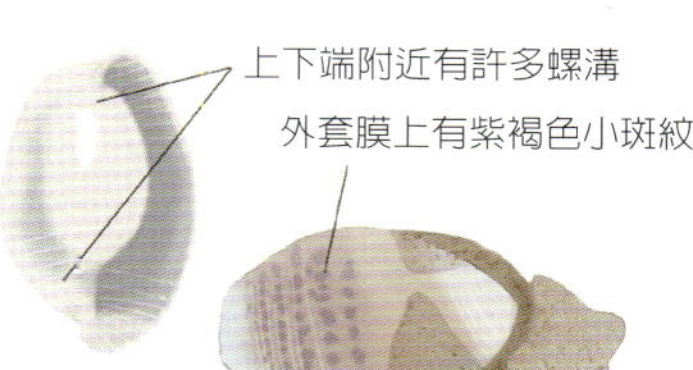
外套膜上有紫褐色小斑紋
散布黑褐色微點

貝殼為白色半透明，可見外套膜上的紫褐色小斑紋。貝殼上下端附近各有 15 條螺溝。軟體為白色半透明，散布黑褐色微點。本種可能是 *Atys semistriatus* 的同物異名。殼長 13mm。

長葡萄螺科 Haminoeidae
Vellicolla 屬

# 蠅泥阿地螺

*Vellicolla muscarius*（Gould, 1859）

西太平洋

外套膜有白色花
瓣狀小斑紋
頭盾後方和腹足緣有白色細點形成的斑紋

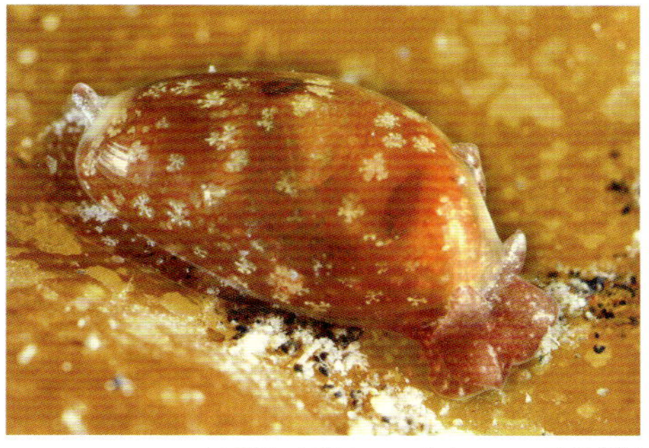

| 三保 水深 21m 大小 8mm 高重博 |

貝殼為黃綠色半透明，帶光澤。上下端附近有幾條螺溝。軟體為茶褐色，頭盾後方有白色細點形成的斑紋。透過貝殼可看見外套膜有許多白色花瓣狀小斑紋。貝殼後方有 1 根來自軟體的小突起。過去的文獻曾刊載其日文異名「カバヅラブドウガイ」。此外，根據 WoRMS，將本種的屬從 *Lymulatys* 改成 *Vellicolla*。殼長達 58mm。

---

長葡萄螺科 Haminoeidae

# 長葡萄螺科之一種 1

Haminoeidae sp. 1

西太平洋、中太平洋

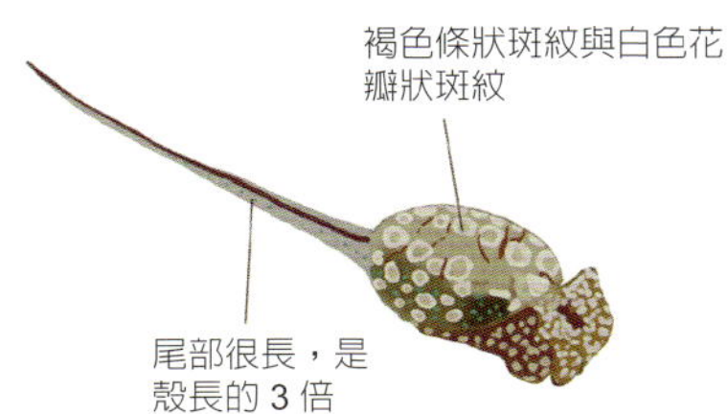
褐色條狀斑紋與白色花
瓣狀斑紋
尾部很長，是
殼長的 3 倍

| 慶良間群島 水深 5m 大小 13mm 小野篤司 |

身體為白色半透明，貝殼幾乎透明。外套膜有褐色條狀斑紋與白色花瓣狀斑紋。有些個體帶著黑褐色斑紋。尾部很長，是殼長的 3 倍。在沙地與 *Nakamigawaia nakanoae* 一起生活。殼長 4mm。

---

長葡萄螺科 Haminoeidae

# 長葡萄螺科之一種 2

Haminoeidae sp. 2

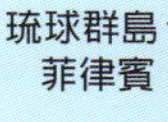

琉球群島、菲律賓

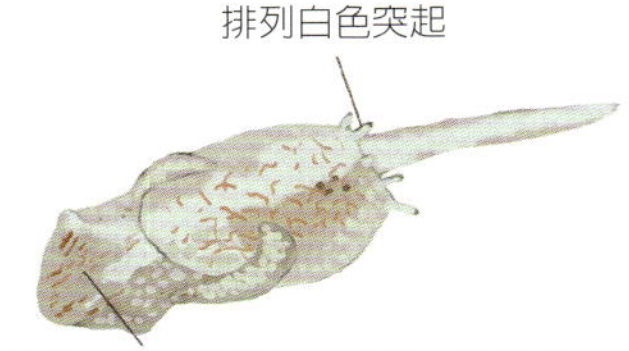
排列白色突起
外套膜、頭盾散布不規則紅褐色線

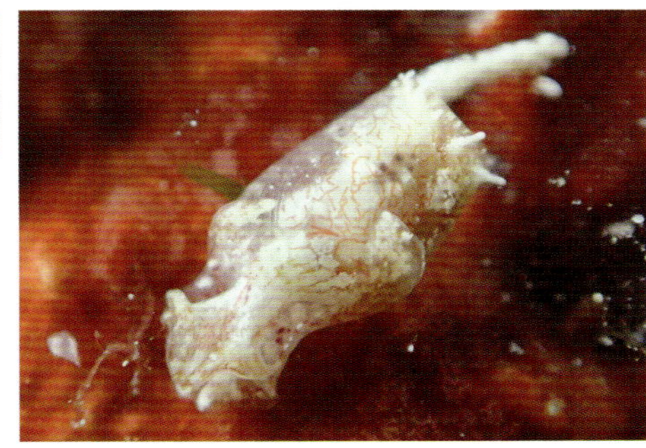

| 慶良間群島 水深 7m 大小 5mm 小野篤司 |

貝殼為白色半透明，外套膜、頭盾散布不規則紅褐色線。全身帶褐色或紫褐色。貝殼後方的軟體有白色突起排列。可在藍綠菌上觀察到。殼長可達 4mm。

長葡萄螺科 Haminoeidae

## 長葡萄螺科之一種 3

Haminoeidae sp. 3

琉球群島

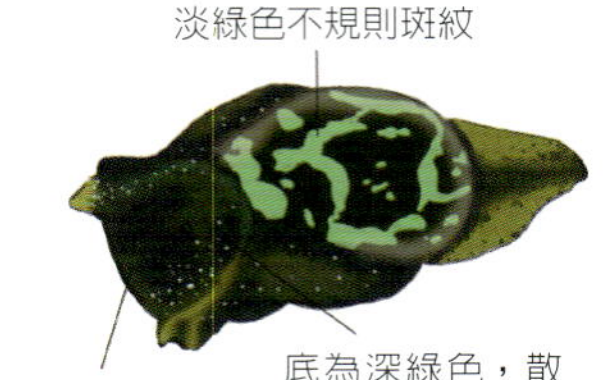
淡綠色不規則斑紋
前緣呈直線狀
底為深綠色，散布白色細點

| 慶良間群島 潮間帶 大小 7mm 小野篤司 |

貝殼爲透明，帶圓形。殼下的外套膜爲深綠色，有淡綠色不規則斑紋。頭盾與側足爲深綠色，散布白色細點。頭盾有寬度，前緣呈直線狀。殼長 3.5mm。

長葡萄螺科 Haminoeidae

## 長葡萄螺科之一種 4

Haminoeidae sp. 4

琉球群島

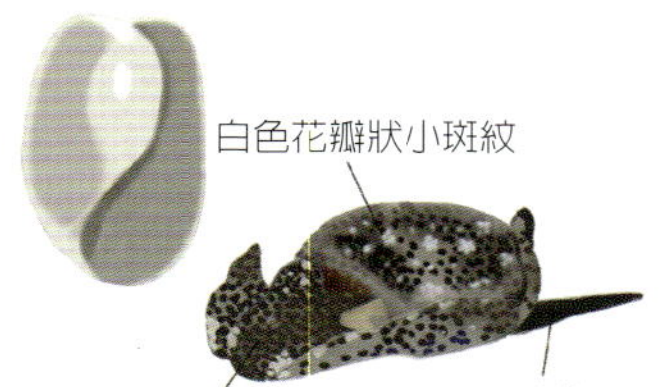
白色花瓣狀小斑紋
軟體密布黑色小斑紋
比較短

| 慶良間群島 水深 5m 大小 8mm 小野篤司 |

軟體爲白色半透明，貝殼幾乎透明。軟體密布黑色小斑紋，有時全身爲黑色。外觀近似長葡萄螺科之一種 1，透過貝殼看見外套膜上的白色花瓣狀斑紋比較小，尾部爲殼長的 1.5 ～ 2 倍。殼長可達 4mm。

長葡萄螺科 Haminoeidae

## 長葡萄螺科之一種 5

Haminoeidae sp 5

慶良間群島

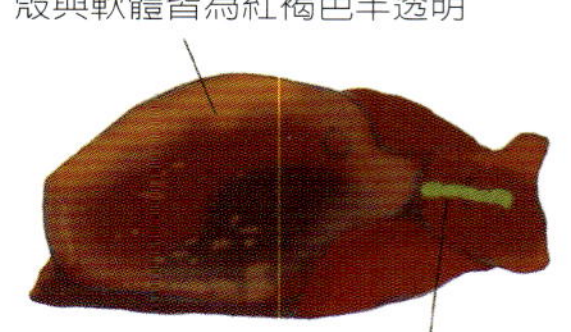
殼與軟體皆為紅褐色半透明
雙眼之間有綠色細長斑紋

| 慶良間群島 水深 7m 大小 6mm 小野篤司 |

殼爲紅褐色半透明，愈往殼頂愈細。貝殼下的外套膜也是紅褐色半透明，散布微小紅點，隱約透出內部器官。側足、頭盾也是紅褐色，頭盾的雙眼之間有綠色細長斑紋。應爲長葡萄螺屬的物種。殼長 5mm。

長葡萄螺科 Haminoeidae

# 長葡萄螺科之一種 6

慶良間群島

Haminoeidae sp. 6

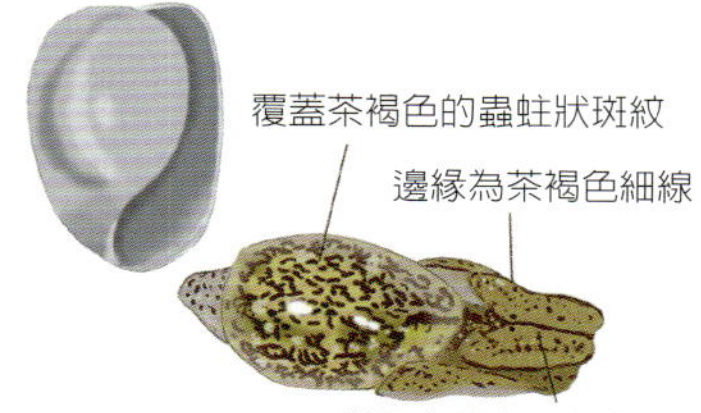
覆蓋茶褐色的蟲蛀狀斑紋
邊緣為茶褐色細線
雙眼之間有 1 條茶褐色直線

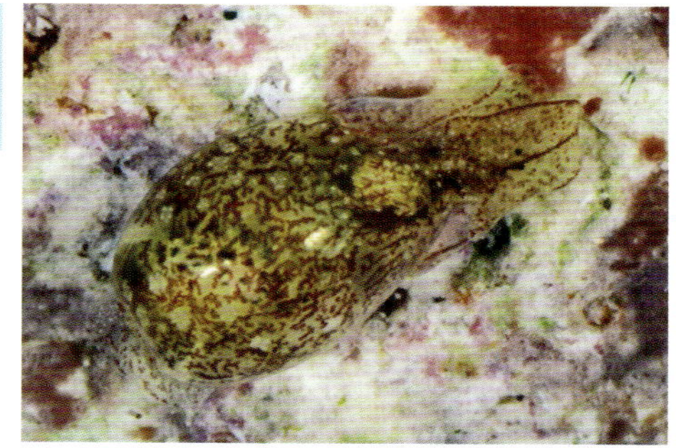
|慶良間群島 水深 5m 大小 9mm 小野篤司|

殼幾乎透明。殼內側的外套膜帶黃色，覆蓋茶褐色蟲蛀狀斑紋。頭盾、側足爲黃色半透明，散布白色細點、茶褐色小斑紋，還有茶褐色細線圍邊。雙眼之間也有 1 條茶褐色直線。殼長 6mm。

長葡萄螺科 Haminoeidae

# 長葡萄螺科之一種 7

八丈島

Haminoeidae sp. 7

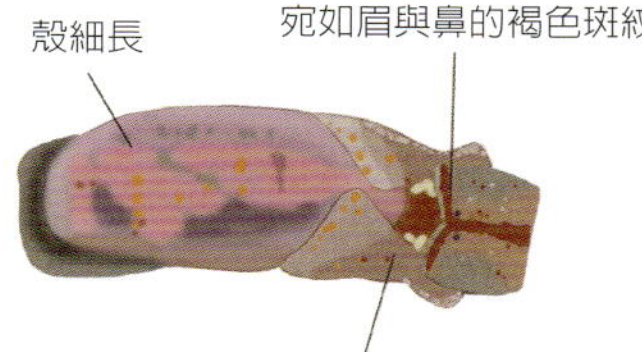
殼細長
宛如眉與鼻的褐色斑紋
軟體散布褐色小斑紋

|八丈島 水深 13m 大小 7mm 山田久子|

殼爲白色半透明，呈細長狀。軟體爲粉紅色半透明，散布褐色小斑紋。頭盾處宛如眉與鼻的斑紋十分特別。雖然從巴布亞紐幾內亞得到顏色近似長葡萄螺屬的物種，但從圓殼這一點來看，兩者並非同種同屬。此外，本照片個體貝殼上的白線是受傷所致。長度達 7mm。

棗螺科 Bullidae
棗螺屬 Bulla

# 光亮棗螺

西太平洋、中太平洋

*Bulla vernicosa* Gould, 1859

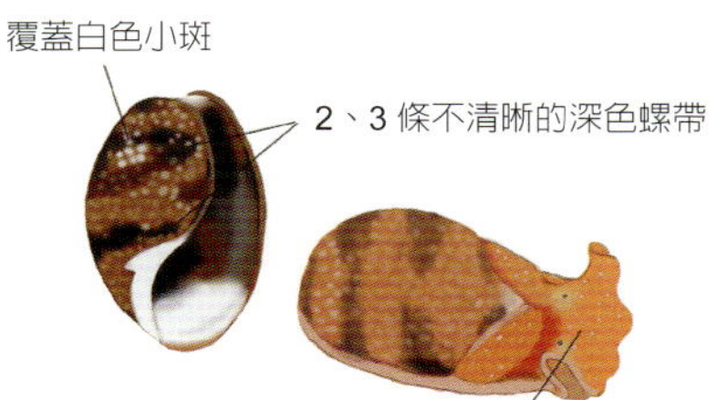
覆蓋白色小斑
2、3 條不清晰的深色螺帶
散布稀疏的白色細點

|八丈島 水深 10m 大小 20mm 加藤昌一|

軟體爲橙色到深橙色，散布稀疏的白色細點。貝殼爲紅褐色，覆蓋白色小斑，有 2、3 條不清晰的深色螺帶。殼長達 50mm。

| 八丈島　水深 1m　大小 20mm　加藤昌一 |

棗螺科 Bullidae
棗螺屬 Bulla

## 東方棗螺

*Bulla orientalis* Habe, 1950

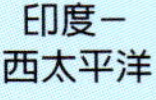
印度－
西太平洋

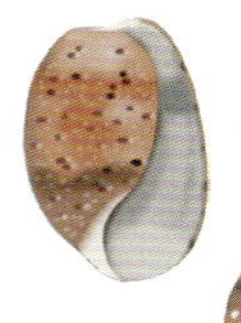

覆蓋伴隨細長形黑褐
色斑紋的白色小斑
散布白色細點

軟體爲褐色，散布白色細點。貝殼爲褐色，覆蓋伴隨細長形黑褐色斑紋的白色小斑。比光亮棗螺細長。殼長可達 30mm。

| 慶良間群島　水深 5m　大小 10mm　小野篤司 |

棗螺科 Bullidae
棗螺屬 Bulla

## 棗螺之一種

*Bulla* sp.

慶良間群島

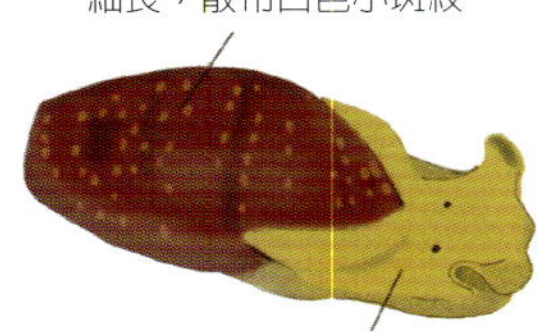
細長，散布白色小斑紋
黃色，無斑紋

殼細長，散布白色小斑紋。軟體爲黃色，沒有斑紋。可能是已知種的幼貝。殼長 7mm。

| 大瀨崎　水深 3m　大小 12mm　高重博 |

棗螺科 Bullidae
哈米新棗螺屬 Hamineobulla

## 川村氏哈米新棗螺

*Hamineobulla kawamurai* Habe, 1950

西太平洋

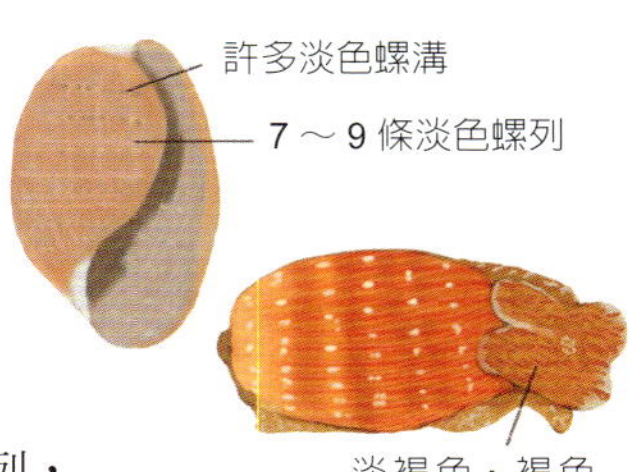
許多淡色螺溝
7 ～ 9 條淡色螺列
淡褐色，褐色
斑駁模樣

貝殼爲褐色，有多條淡色螺溝。還有 7 ～ 9 條淡色螺列，但數量依個體而異，有些個體沒有這個部分。軟體爲淡褐色，還有褐色的斑駁圖案。殼長可達 12mm。

凹塔螺科 Retusidae
凹塔螺屬 Retusa

# 腰帶凹塔螺

*Retusa succincta*（A. Adams, 1862）

西太平洋

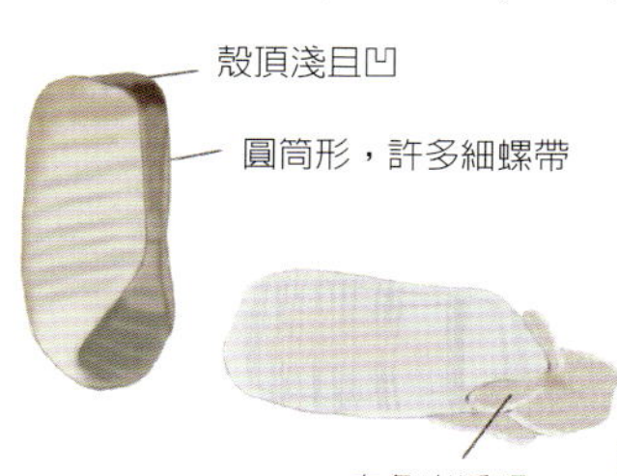
殼頂淺且凹
圓筒形，許多細螺帶
白色半透明

| 慶良間群島 水深 15m 大小 5mm 小野篤司 |

貝殼爲白色圓筒形，有許多半透明細螺帶。殼頂淺且凹。軟體爲白色半透明，可看見頭盾的眼。此外，*Retusa pumila* 是無效學名，*Cylichna pumila* 爲另一物種。殼長可達 4mm。

---

凹塔螺科 Retusidae
梨螺屬 Pyrunculus

# 碗梨螺

*Pyrunculus phiala*（A. Adams, 1862）

西太平洋

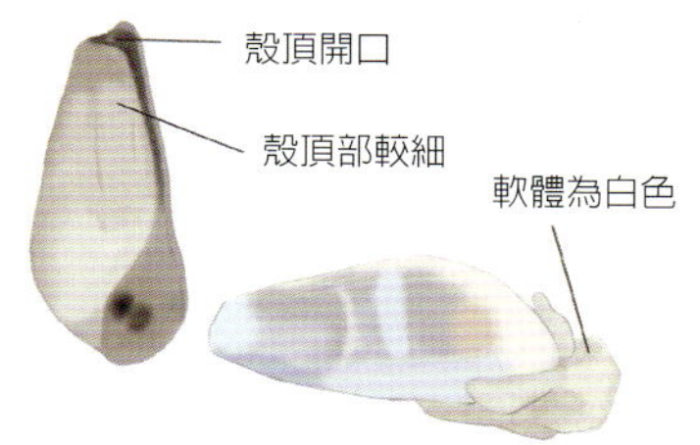
殼頂開口
殼頂部較細
軟體為白色

| 千本濱 水深 17m 大小 3mm 高重博 |

貝殼細長，帶具有光澤的白色，殼頂部細。殼頂有開口。上下端附近有螺溝。軟體爲白色較強烈的半透明狀。殼長達 5mm。

---

薄泡螺科 Philinidae
薄泡螺屬 Philine

# 梯形薄泡螺

*Philine trapezia* Hedley, 1902

印度－西太平洋

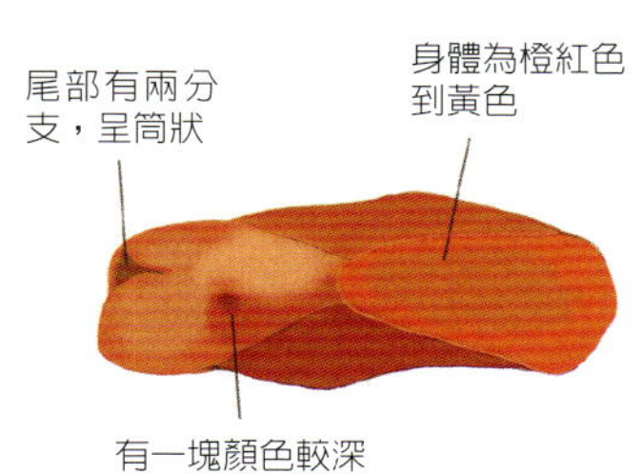
尾部有兩分支，呈筒狀
身體為橙紅色到黃色
有一塊顏色較深

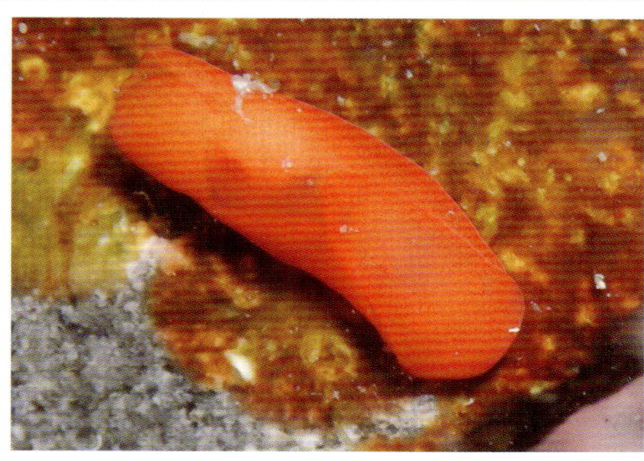

| 大瀨崎 水深 2m 大小 8mm 山田久子 |

身體爲橙紅色到黃色，尾部有兩分支，呈筒狀，不伸長。外套盾的右後方有深色區。*Philine rubrata* Gosliner, 1988 爲同物異名，但無論如何，不影響本物種的和名。長度達 10mm。

| 八丈島 水深 11m 大小 4mm 山田久子 |

薄泡螺科 Philinidae
薄泡螺屬 Philine

## 虎鯨薄泡螺

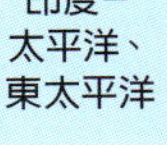
印度－
太平洋、
東太平洋

*Philine orca* Gosliner, 1988

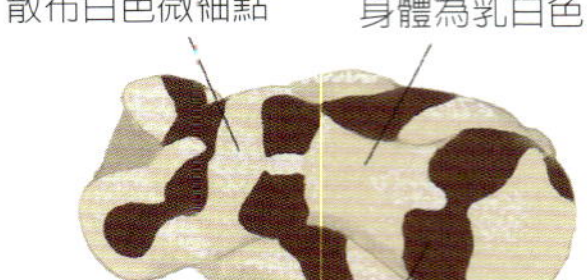
散布白色微細點
身體為乳白色
有黑褐色大斑紋

身體爲乳白色，散布白色微細點，有黑褐色大斑紋。此黑褐色斑紋的位置和形狀大致固定，有時還分成細點。由於斑紋顏色近似虎鯨，因此取種小名爲 *orca*。虎鯨的學名是 *Orcinus orca*。長度達 5mm。

| 千本濱 水深 11m 大小 16mm 高重博 |

薄泡螺科 Philinidae
薄泡螺屬 Philine

## 東方薄泡螺

西太平洋

*Philine orientalis* A. Adams, 1854

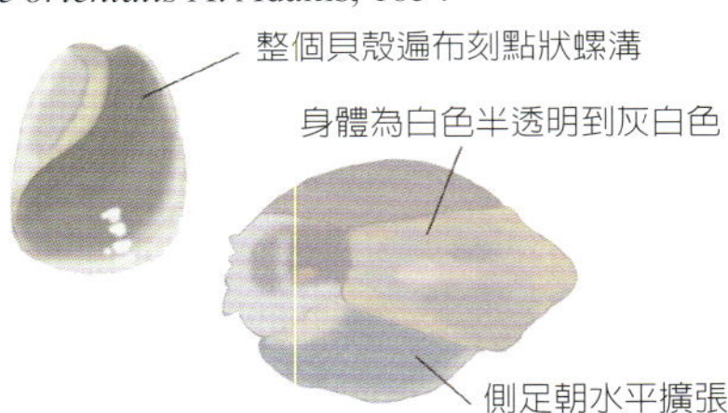
整個貝殼遍布刻點狀螺溝
身體為白色半透明到灰白色
側足朝水平擴張

全身爲白色半透明到一致的灰白色。由於側足朝水平擴張，使整體看起來圓圓的。整個貝殼遍布刻點狀螺溝。雖本種和名沒有問題，但學名在近幾年有近似種的新記載，原記載的描述不完全，對於本種學名需進一步調查。長度達 60mm。

| 大瀨崎 水深 50m 大小 37mm 高重博 |

薄泡螺科 Philinidae
薄泡螺屬 Philine

## 黑田薄泡螺

日本、南海

*Philine kurodai* Habe, 1946

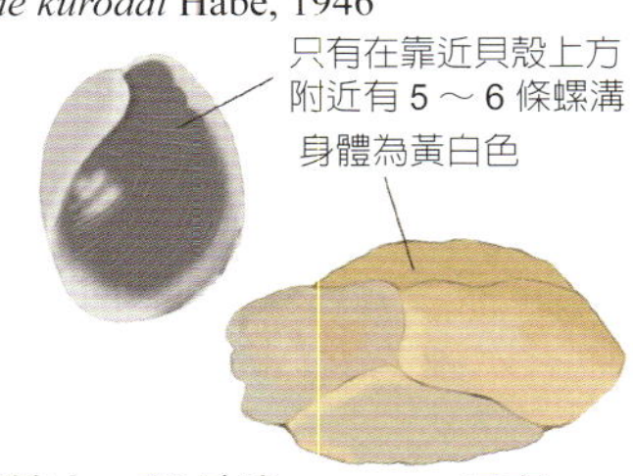
只有在靠近貝殼上方
附近有 5 ～ 6 條螺溝
身體為黃白色

身體爲黃白色。外觀近似東方薄泡螺，但本種體型較大，殼長達 20mm。只有在靠近貝殼上方附近有 5 ～ 6 條螺溝。從目前的資料來看，本種與近似種的鑑定是正確的，但包括海外原生種在內，需要進一步調查。

薄泡螺科 Philinidae
薄泡螺屬 Philine

# 薄泡螺之一種 1

*Philine* sp. 1

伊豆半島

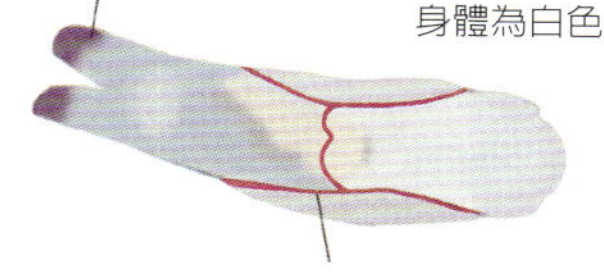
兩個尾端為紅紫色
身體為白色
側足、頭盾後緣有紅紫色邊

| 大瀨崎 水深 6m 大小 17mm 山田久子 |

身體爲白色，側足、頭盾後緣有紅紫色邊。兩個尾端染成紅紫色。關於本種的描述，在日本多以貝殼的資訊爲主，從軟體的照片記錄提議和名是十分危險的。今後需要整合軟體與貝殼的相關紀錄。長度達 18mm。

---

薄泡螺科 Philinidae
薄泡螺屬 Philine

# 薄泡螺之一種 2

*Philine* sp. 2

伊豆半島

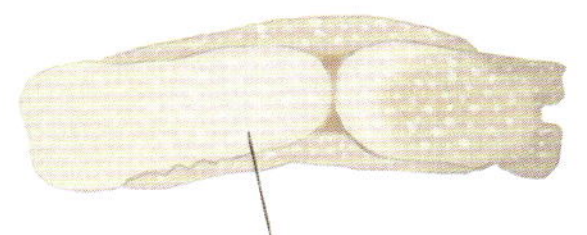
身體為黃白色半透明
覆蓋白色細點
與不規則白色
小斑紋

| 大瀨崎 水深 7m 大小 6mm 山田久子 |

身體爲黃白色半透明，全身覆蓋白色細點與不規則白色小斑紋。頭盾長。外觀近似 *P. pittmani*，但本種頭盾與外套盾的長度比較小，全身散布一致的白色斑紋。此外，*P. pittmani* 外套盾內的褐色殼可一眼看出。7mm。

---

薄泡螺科 Philinidae
薄泡螺屬 Philine

# 薄泡螺之一種 3

*Philine* sp. 3

琉球群島

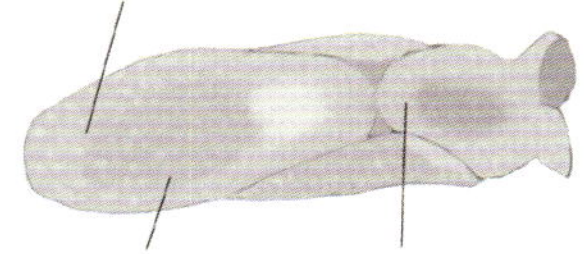
頭盾前半散布許多不規
則白色小斑紋
頭盾較長
全身覆蓋白色微點

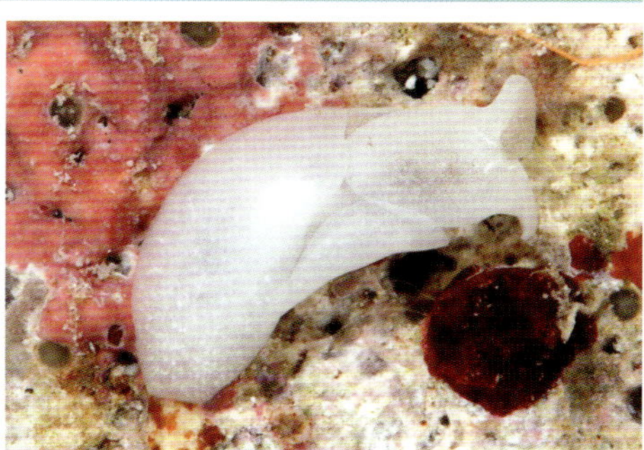

| 慶良間群島 水深 6m 大小 7mm 小野篤司 |

身體爲白色半透明，由於全身覆蓋白色微細點，因此看起來是白色的。頭盾較長。頭盾前半散布許多不規則白色小斑紋，加上頭盾前端的寬度較窄，這兩點很像 *Philine pittmani*，但需要進一步調查。長度達 14mm。

| 慶良間群島 水深 12m 大小 7mm 小野篤司 |

似海蛞蝓科 Aglajidae
諾亞海蛞蝓屬 Noalda

## 諾亞海蛞蝓之一種 1

*Noalda* sp. 1

印度－西太平洋

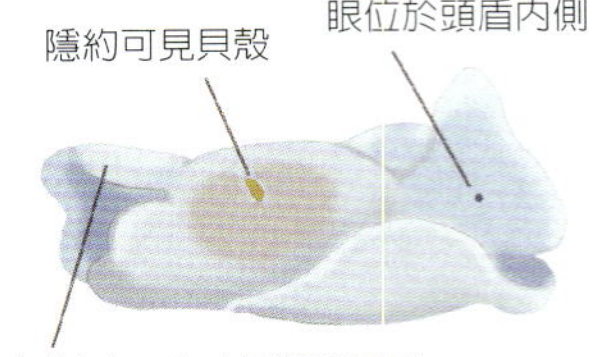
隱約可見貝殼
眼位於頭盾內側
左側較大，左右兩邊都不尖

身體為白色，眼位於頭盾內側。外套盾上方有開口，可看見內部的貝殼。尾部雙叉，左側較大，左右兩邊都不尖。偶爾可在死珊瑚礫上發現。長度達 7mm。

| 慶良間群島 水深 28m 大小 15mm 小野篤司 |

似海蛞蝓科 Aglajidae
諾亞海蛞蝓屬 Noalda

## 諾亞海蛞蝓之一種 2

*Noalda* sp. 2

西太平洋

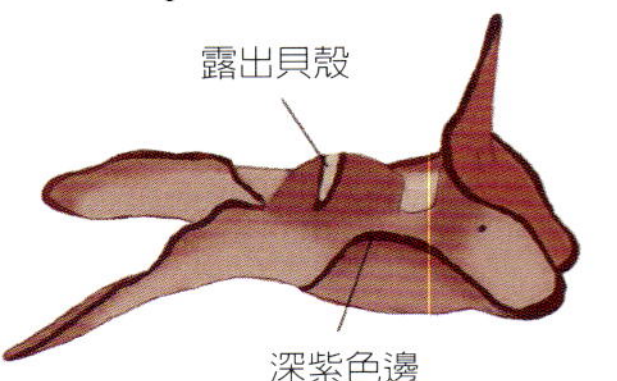
露出貝殼
深紫色邊

身體為淺紫色，頭盾、側足、雙叉尾、外套盾上方的開口處有深紫色邊。頭盾後端高高立起，清楚看見內側有眼。可從外套盾的開口處看見貝殼。長度達 60mm。

| 慶良間群島 水深 28m 大小 12mm 小野篤司 |

似海蛞蝓科 Aglajidae
諾亞海蛞蝓屬 Noalda

## 諾亞海蛞蝓之一種 3

*Noalda* sp. 3

慶良間群島、菲律賓

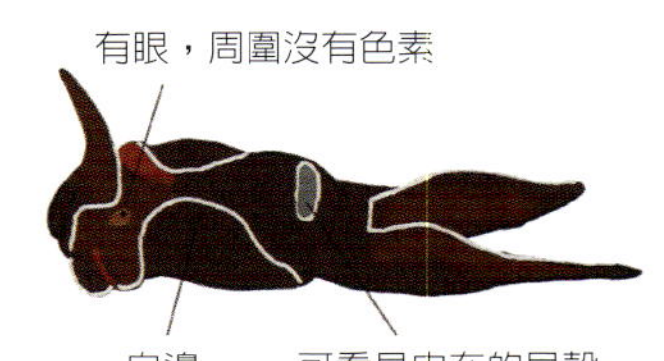
有眼，周圍沒有色素
白邊
可看見內在的貝殼

體色為茶褐色到黑褐色，頭盾緣、側足緣、外套盾上方的開口處、尾緣有白邊。可從外套盾的上方開口處，看見內在的貝殼。頭盾內側有眼，周圍沒有色素。根據 CAS 標本，依獨特的白邊提議新名稱「シロフチノアルダ」。長度達 12mm。

似海蛞蝓科 Aglajidae
諾亞海蛞蝓屬 Noalda

# 諾亞海蛞蝓之一種 4

*Noalda* sp. 4

西太平洋

| 八丈島 水深 6m 大小 3mm 仲谷順五 |

貝殼有明顯的黑褐色粗線

雙叉尾很長

頭盾小，內側有眼

身體為白色，可從外套盾上方開口處看見貝殼，貝殼有黑褐色粗線與極細的褐色線，兩者之間還有淺褐色帶。雙叉尾很長，頭盾小，可看見內側有眼。長度達 4mm。

---

似海蛞蝓科 Aglajidae
齒麗海蛞蝓屬 Odontoglaja

# 關島齒麗海蛞蝓

*Odontoglaja guamensis* Rudman, 1978

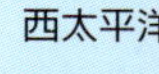
西太平洋

| 八丈島 水深 8m 大小 10mm 加藤昌一 |

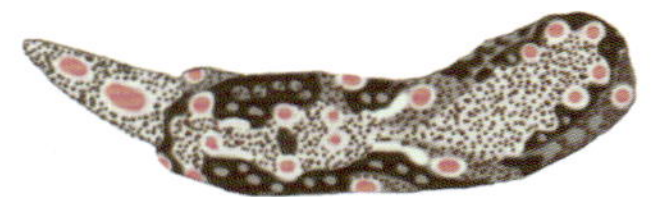

幾乎左右對稱的綠褐色斑紋、細點、粉紅色圓斑

身體為白色，綠褐色斑紋、細點與粉紅色圓斑幾乎左右對稱。這是個體數很多的普通種。長度達 15mm。

---

似海蛞蝓科 Aglajidae
齒麗海蛞蝓屬 Odontoglaja

# 齒麗海蛞蝓之一種

*Odontoglaja* sp.

西太平洋、中太平洋

| 慶良間群島 水深 5m 大小 8mm 小野篤司 |

散布紅色微細點

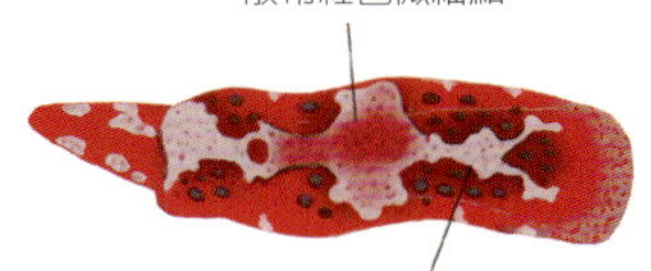

幾乎左右對稱的乳白色斑紋、藍色圓斑

身體為紅褐色，乳白色斑紋與藍色圓斑幾乎左右對稱。乳白色斑紋上散布紅褐色微細點，需要進一步調查本種與關島齒麗海蛞蝓的關係。與關島齒麗海蛞蝓相較，本種的個體數少很多，但不是稀有種。常見於珊瑚礁的岩礁上。長度達 10mm。

似海蛞蝓科 Aglajidae
Niparaya 屬

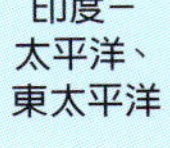
印度－
太平洋、
東太平洋

# 王冠似海蛞蝓

*Niparaya regiscorona*（Bertsth, 1972）

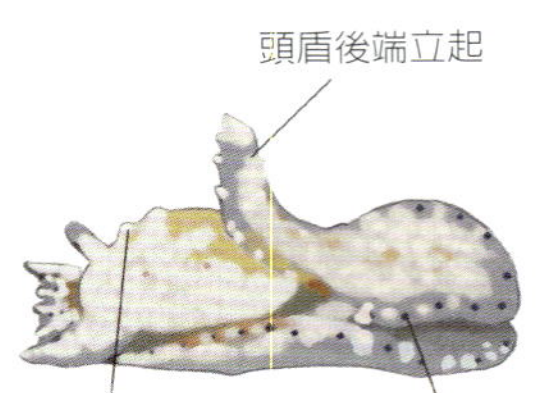
頭盾後端立起
散布小突起
黑色細點排列

| 慶良間群島　水深 7m　大小 3mm　小野篤司 |

身體爲帶淺褐色的白色，體表散布小突起。頭盾前緣、腹足緣排列黑色細點。頭盾後端伸長，通常立起。長度達 5mm。

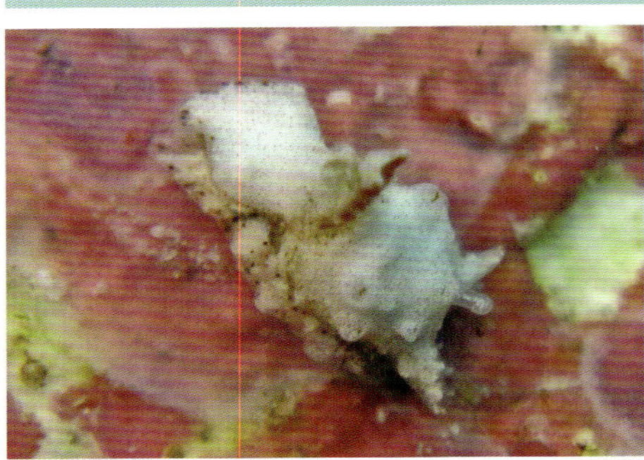

似海蛞蝓科 Aglajidae
Niparaya 屬

日本、印尼

# *Niparaya* 屬似海蛞蝓之一種 1

*Niparaya* sp. 1

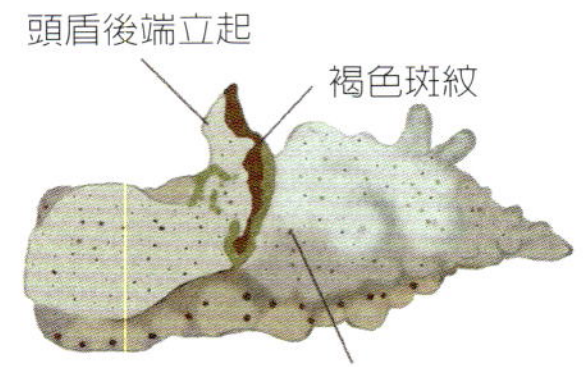
頭盾後端立起
褐色斑紋
散布黑褐色細點

| 慶良間群島　水深 5m　大小 3mm　小野篤司 |

身體爲白色，頭盾裡面有褐色斑紋。頭盾前緣與側足緣散布黑褐色細點。頭盾和外套盾覆蓋黑褐色微細點。頭盾後端立起。長度達 5mm。

似海蛞蝓科 Aglajidae
Niparaya 屬

日本、巴布亞紐幾內亞

# *Niparaya* 屬似海蛞蝓之一種 2

*Niparaya* sp. 2

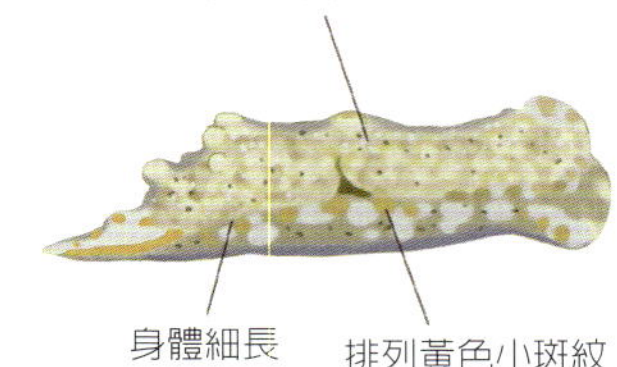
全身散布白色與黑褐色細點
身體細長
排列黃色小斑紋

| 慶良間群島　水深 6m　大小 3mm　小野篤司 |

身體爲帶褐色的白色，全身散布白色與黑褐色細點。體表散布小突起。頭盾前緣與側足緣排列黃色小斑紋。長度達 7mm。

似海蛞蝓科 Aglajidae
Niparaya 屬

三浦半島以南、琉球群島

## *Niparaya* 屬似海蛞蝓之一種 3

*Niparaya* sp. 3

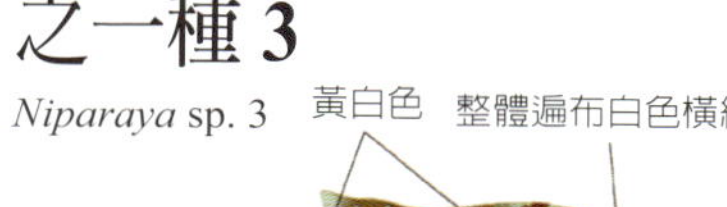

黃白色
整體遍布白色橫線
散布帶著小突起的黃白色細點

| 慶良間群島 水深 15m 大小 6mm 小野篤司 |

身體為淺褐色到黑褐色。全身覆蓋許多白色橫線，散布帶著小突起的黃白色細點。身體略長，頭盾後方和尾端為黃白色。小野（2004）的 *Aglajidae* sp. 9 為本種。根據千葉大學的標本，由於外觀令人想起綁繩子的叉燒肉，因此提議新名稱「チャーシューキセワタ」。

似海蛞蝓科 Aglajidae
Niparaya 屬

慶良間群島

## *Niparaya* 屬似海蛞蝓之一種 4

*Niparaya* sp. 4

頭盾後方延伸出 6 ～ 7 根突起
白色，圓形
全身有許多白色直線

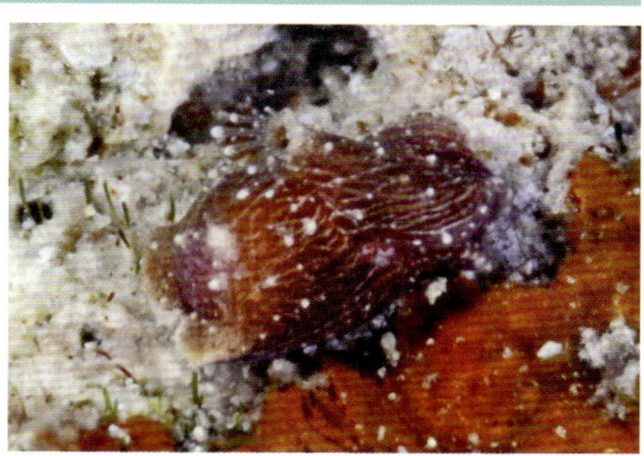

| 慶良間群島 水深 6m 大小 3mm 小野篤司 |

身體為帶紫色的褐色，許多白色直線幾乎遍布全身。頭盾後方立起，伸出 6 ～ 7 根細長的透明突起。突起前端為白色。體表散布白色小突起。3 mm。

似海蛞蝓科 Aglajidae
Niparaya 屬

慶良間群島

## *Niparaya* 屬似海蛞蝓之一種 5

*Niparaya* sp. 5

不規則白色斑紋帶深褐色線
乳白色突起
左右尾部較短

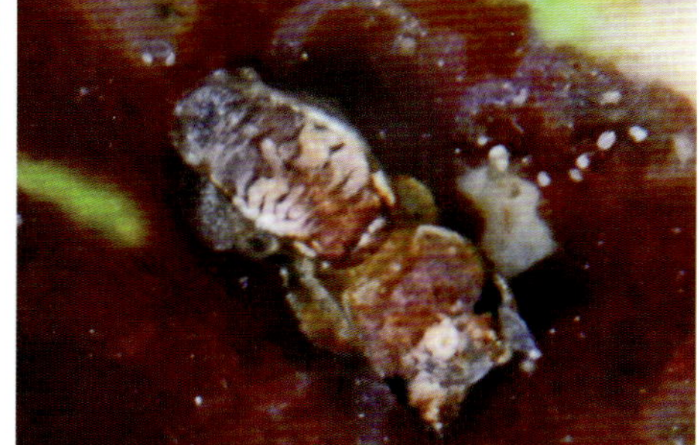

| 慶良間群島 水深 7m 大小 3mm 小野篤司 |

身體為紫褐色，頭盾後半有不規則白色斑紋帶深褐色線。外套盾後方有乳白色突起。左右尾部較短。長度達 3mm。

| 慶良間群島 水深 12m 大小 3mm 小野篤司 |

似海蛞蝓科 Aglajidae
Niparaya 屬

琉球群島

## *Niparaya* 屬似海蛞蝓之一種 6

*Niparaya* sp. 6

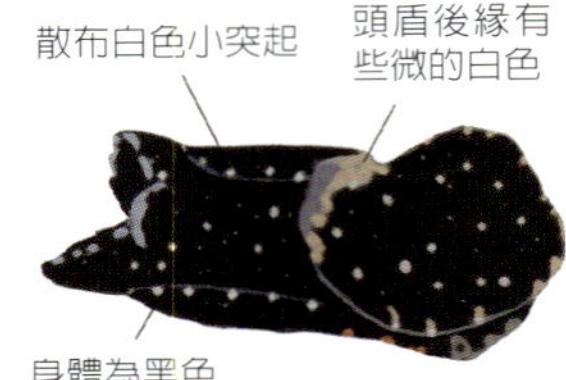
散布白色小突起
頭盾後緣有
些微的白色
身體為黑色

身體爲黑色，前端與後端各有一部分沒有顏色。體表散布白色小突起。頭盾前緣、頭盾後緣、側足緣帶褐色。頭盾後緣帶些微白色。3mm。

| 慶良間群島 水深 5m 大小 2mm 小野篤司 |

似海蛞蝓科 Aglajidae
Niparaya 屬

日本

## *Niparaya* 屬似海蛞蝓之一種 7

*Niparaya* sp. 7

無色，末端排列白點
2 條明顯的褐色突起
頭盾中央與邊緣、後端排列白色小突起

身體爲淺褐色，長度較短。頭盾中央與邊緣、後端排列白色小突起，頭盾末端的小突起中，有 2 條明顯的褐色突起。往左右擴張的突起和小突起覆蓋外套盾。尾部後方無色，末端排列白點。2mm。

| 慶良間群島 水深 5m 大小 4mm 小野篤司 |

似海蛞蝓科 Aglajidae
Niparaya 屬

慶良間群島

## *Niparaya* 屬似海蛞蝓之一種 8

*Niparaya* sp. 8

白色突起排列成三角形
白色突起
頭盾前端的兩側往外突出，呈圓形

身體爲淺紫色到褐色，有一些稍微隆起的白色細點。頭盾前端的兩側往外突出，呈圓形。突出處的內側有一對白色突起，加上前方的突起，形成三角形，是其特色所在。頭盾後端爲白色到黑褐色，外套盾後方有稍大的低矮突起。長度達 4mm。

似海蛞蝓科 Aglajidae
Niparaya 屬

慶良間群島

# *Niparaya* 屬似海蛞蝓之一種 9

*Niparaya* sp. 9

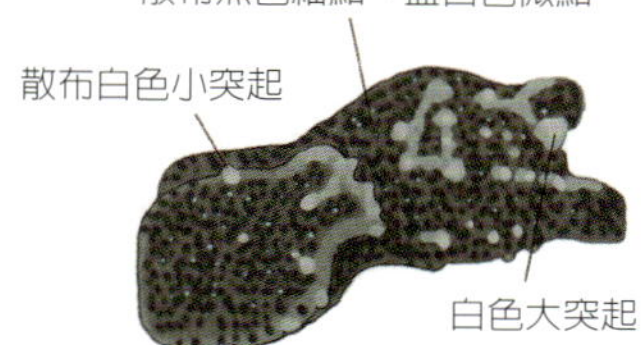
散布黑色細點、藍白色微點
散布白色小突起
白色大突起

| 慶良間群島 水深 6m 大小 3mm 小野篤司 |

身體爲半透明，體表遍布黑色細點、藍白色微細點。頭盾後方、外套盾散布白色小突起。外套盾末端的一個白色突起較大，十分搶眼。長度達 6mm。

---

似海蛞蝓科 Aglajidae
Niparaya 屬

琉球群島、印尼

# *Niparaya* 屬似海蛞蝓之一種 10

*Niparaya* sp. 10

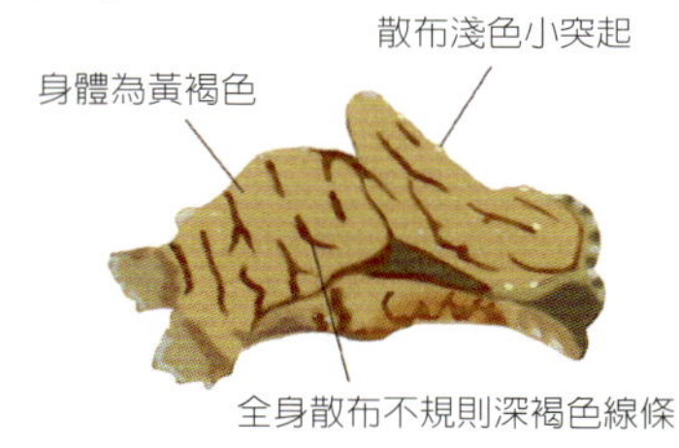
散布淺色小突起
身體為黃褐色
全身散布不規則深褐色線條

| 慶良間群島 水深 7m 大小 3mm 小野篤司 |

身體爲黃褐色，全身散布不規則深褐色線條。體表散布淺色小突起。頭盾後方稍微立起，左右尾部的大小幾乎相同。長度達 5mm。

---

似海蛞蝓科 Aglajidae
Niparaya 屬

西太平洋

# *Niparaya* 屬似海蛞蝓之一種 11

*Niparaya* sp. 11

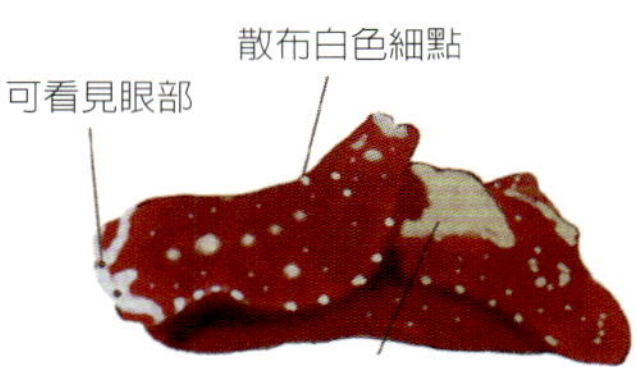
散布白色細點
可看見眼部
略大的黃白色
斑紋

| 慶良間群島 水深 7m 大小 3mm 小野篤司 |

身體爲紅色，全身散布白色細點。頭盾前緣缺少紅色色素，可看見眼部。頭盾後方略微隆起。外套盾前方有略大的黃白色斑紋，後方突起也是黃白色，很明顯。長度達 5mm。

| 慶良間群島 水深 5m 大小 3mm 小野篤司 |

似海蛞蝓科 Aglajidae
Niparaya 屬

慶良間群島

## *Niparaya* 屬似海蛞蝓之一種 12

*Niparaya* sp. 12

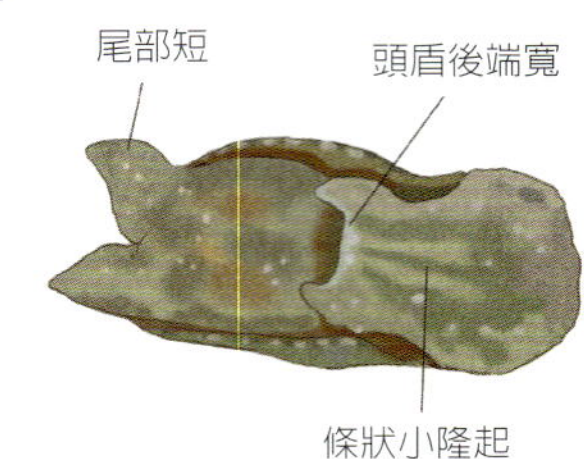
尾部短
頭盾後端寬
條狀小隆起

身體爲綠褐色，體表有條狀小隆起。頭盾後端寬。全身散布淺色小突起，大多聚集在外套盾後方。尾部短，3mm。

| 大瀨崎 水深 5m 大小 4mm 山田久子 |

似海蛞蝓科 Aglajidae
Niparaya 屬

伊豆半島

## *Niparaya* 屬似海蛞蝓之一種 13

*Niparaya* sp. 13

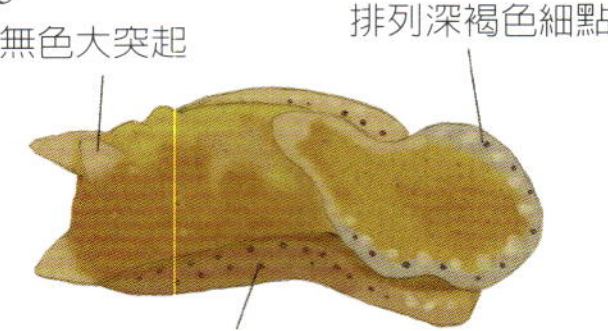
無色大突起
排列深褐色細點
散布深褐色細點

身體爲黃褐色，頭盾前緣與後緣的顏色較淺。頭盾前緣排列深褐色細點。側足散布深褐色細點。外套盾有幾個與身體同色的圓形小突起，後方中央的大突起無色。長度達 4mm。

| 千本濱 水深 8m 大小 23mm 高重博 |

似海蛞蝓科 Aglajidae
中上川海蛞蝓屬 Nakamigawaia

日本

## 螺旋中上川海蛞蝓

*Nakamigawaia spiralis* Kuroda & Habe, 1961

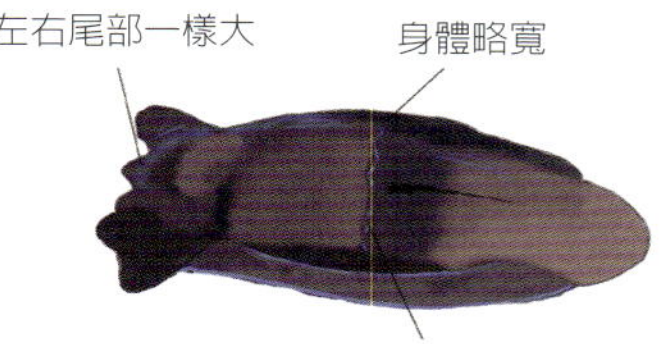
左右尾部一樣大
身體略寬
頭盾後端呈直線狀

身體爲黑紫色，略寬。側足內側偏白，內在貝殼捲曲，軟體達 25mm 的個體，直徑爲 5mm。左右尾部一樣大。本照片個體近似馬場（1961）記載的 Fig. 2，也很接近福田黑衣海蛞蝓（*Melanochlamys fukudai*）原記載 *M. fukudai* S. Cooke et al., 2014 的 Fig. 3，但本種的頭部前端寬度較窄。此外，本種在前述 S. Cooke et al. 列入別屬，因此沒有 *Melanochlamys fukudai* 與本種的對照說明。長度達 35mm。

似海蛞蝓科 Aglajidae
中上川海蛞蝓屬 Nakamigawaia

# 中上川海蛞蝓之一種

*Nakamigawaia* sp.

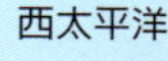

西太平洋

頭盾長
身體細長
尾部呈扁平葉狀，左側較大

| 慶良間群島 水深 7m 大小 10mm 小野篤司 |

身體全黑，但許多個體散布白色或灰藍色細點。身體細長，頭盾也長。外套盾後端的「尾部」呈扁平葉狀，左側較大。有些研究者將本種列為 *N. spiralis*，但尾部形狀及尺寸都天差地別。因此對於本屬種的分類需重新調查。最大可達 15mm。

似海蛞蝓科 Aglajidae
菲力海蛞蝓屬 Philinopsis

# 豔麗菲力海蛞蝓

*Philinopsis speciosa* Pease, 1860

印度－太平洋、東太平洋

體型大致為長方形
尾部短，前端圓
2 條橙黃色直線

| 巴丈島 水深 1m 大小 30mm 加藤昌一 |

身體為白色、褐色、黑色等，個體變異大，有黃色與藍色斑紋，但有些個體沒有。從上方俯瞰，體型大致為長方形。頭盾有 2 條從前緣延伸至後緣的橙黃色線。側足通常有藍色邊。尾部短，前端圓。這是棲息在白色沙地的小型個體，可觀察到幾乎透明的個體。最大可達 35mm。

似海蛞蝓科 Aglajidae
菲力海蛞蝓屬 Philinopsis

# 吉吉羅拉菲力海蛞蝓

*Philinopsis gigliolii* Tapparone-Canefri, 1874

西太平洋北部

全身覆蓋白色小斑紋
2 個黃色斑紋
頭盾的正中線上有白色直線

| 伊勢志摩 水深 7m 大小 32mm 大矢和仁 |

身體為褐色到黑褐色，全身覆蓋白色小斑紋。頭盾的正中線上有白色直線。豔麗菲力海蛞蝓有 2 條黃色直線，本種則是在頭盾前方有 2 個黃色斑紋。希望進一步調查本種與豔麗菲力海蛞蝓的關係。最大可達 50mm。

|三保 水深 7m 大小 15mm 高重博|

似海蛞蝓科 Aglajidae
菲力海蛞蝓屬 Philinopsis

## 食櫛蟲菲力海蛞蝓

*Philinopsis ctenophoraphaga* Gosliner, 2011

西太平洋

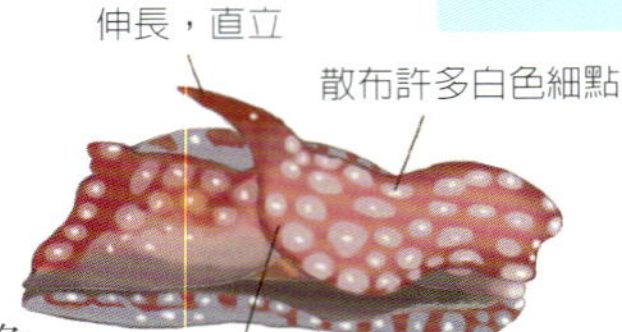

伸長，直立
散布許多白色細點
全身覆蓋粉紅色到紅棕色斑紋


身體爲白色半透明，全身覆蓋白色細點，與粉紅色到紅棕色斑紋。本照片個體的白色細點周圍爲無色，原記載描述全身爲紅棕色。頭盾後端伸長，直立。長度達 20mm。

似海蛞蝓科 Aglajidae
菲力海蛞蝓屬 Philinopsis

## 尾形菲力海蛞蝓

*Philinopsis buntot* Gosliner, 2015

日本、菲律賓

|大瀨崎 水深 24m 大小 6mm 山田久子|

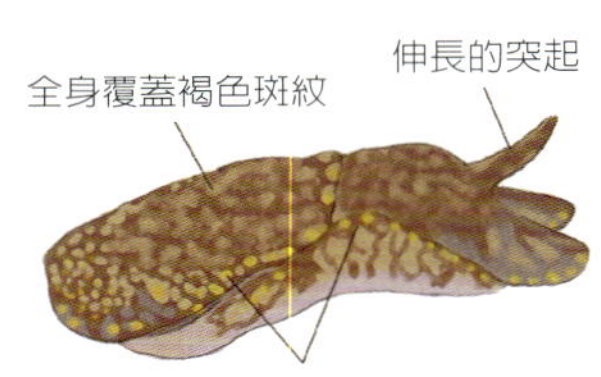

全身覆蓋褐色斑紋
伸長的突起
頭盾緣、側足緣有許多黃色小斑紋


身體爲白色半透明，全身覆蓋不規則褐色斑紋。全身有黃色小斑紋，頭盾緣和側足緣較多。外套盾後端有伸長的突起。長度達 30mm。

|慶良間群島 水深 10m 大小 30mm 小野篤司|

似海蛞蝓科 Aglajidae
美尾海蛞蝓屬 Mariaglaja

## 無飾美尾海蛞蝓

*Mariaglaja inornata*（Baba, 1949）

西太平洋、中太平洋

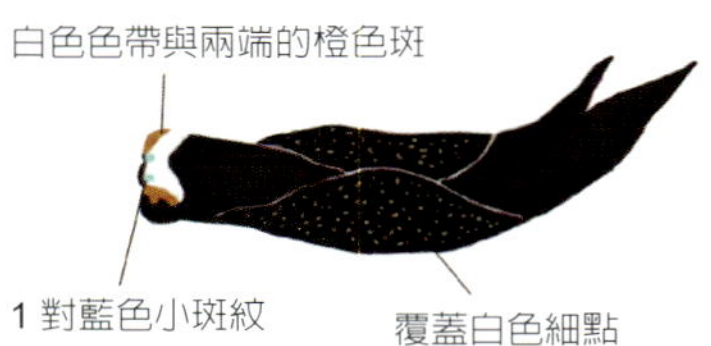

白色色帶與兩端的橙色斑
1 對藍色小斑紋
覆蓋白色細點


身體爲黑色，頭盾前緣有白色色帶，兩端有橙色斑。橙色斑內側通常有一對藍色小斑紋。側足遍布白色細點。本種有許多個體變異，但有些個體全身遍布橙紅色斑紋，有些則缺少側足的白色細點。不應僅依賴單一特徵，必須綜觀多個特徵來進行分類。長度達 40mm。

似海蛞蝓科 Aglajidae
美尾海蛞蝓屬 Mariaglaja

# 幻影美尾海蛞蝓

*Mariaglaja mandroroa*（Gosliner, 2011）

印度－西太平洋

| 石垣島 水深 5m 大小 30mm 野底聰 |

身體為黑色
有幾個帶黃邊紅褐色斑紋

身體爲黑色，全身有幾個帶黃邊的紅褐色斑紋，形成橫條紋。在先島群島以南觀察到此物種。長度達 30mm。

---

似海蛞蝓科 Aglajidae
美尾海蛞蝓屬 Mariaglaja

# 敦賀美尾海蛞蝓

*Mariaglaja tsurugensis*（Baba & Abe, 1959）

印度－西太平洋

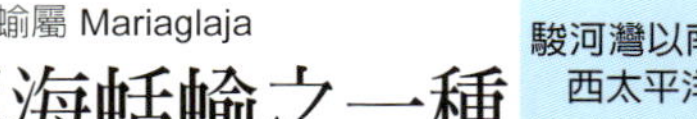
半透明，可看見眼部
通常有橙色小圓斑或白色斑紋

| 慶良間群島 水深 5m 大小 10mm 小野篤司 |

身體爲黑色，變異多，通常全身有橙色小圓斑或白色斑紋，有些個體沒有。頭盾前緣爲半透明，密布短鬚狀感覺器官，可看見眼部。日本異名爲「ヒョウモンツバメガイ」。長度達 20mm。

---

似海蛞蝓科 Aglajidae
美尾海蛞蝓屬 Mariaglaja

# 美尾海蛞蝓之一種

*Mariaglaja* sp.

駿河灣以南、西太平洋

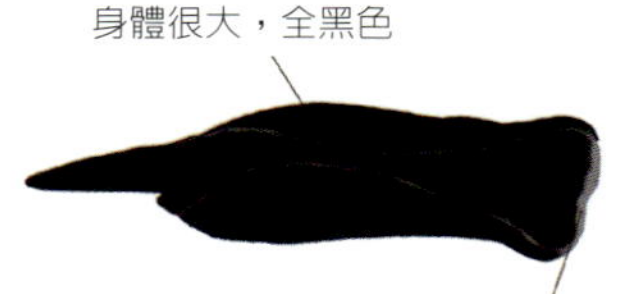
身體很大，全黑色
無法辨識眼部

| 慶良間群島 水深 7m 大小 20mm 小野篤司 |

身體全黑，沒有斑紋。與敦賀美尾海蛞蝓一起生活，但體長爲對方的 2 倍，頭部前緣沒有無色區，無法辨識眼部。頭部前緣半透明，密布鬚狀感覺器官。長度達 20mm。

| 八丈島 水深 5m 大小 20mm 加藤昌一 |

似海蛞蝓科 Aglajidae
雙曲海蛞蝓屬 Biuve

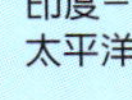
印度－
太平洋

## 黃點雙曲海蛞蝓

*Biuve fulvipunctata*（Baba, 1938）

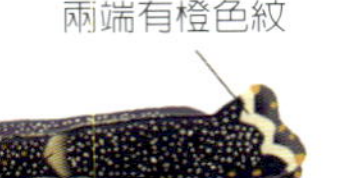
白色 W 字形斑紋，
兩端有橙色紋
些微白色
密布白色細點

身體為褐色到黑色，通常密布白色細點。有些個體全身散布橙色小斑紋。頭盾前緣有白色 W 字形斑紋，兩端有橙色紋。頭盾後端有些微白色。由於顏色變異大，因此需要綜合多個分類特徵來判斷。以前的文獻將本種幼體列為 *Aglajidae* sp. 5。最大可達 30mm。

| 八丈島 水深 8m 大小 20mm 加藤昌一 |

似海蛞蝓科 Aglajidae
雙曲海蛞蝓屬 Biuve

西太平洋、
中太平洋

## 雙曲海蛞蝓之一種

*Biuve* sp.

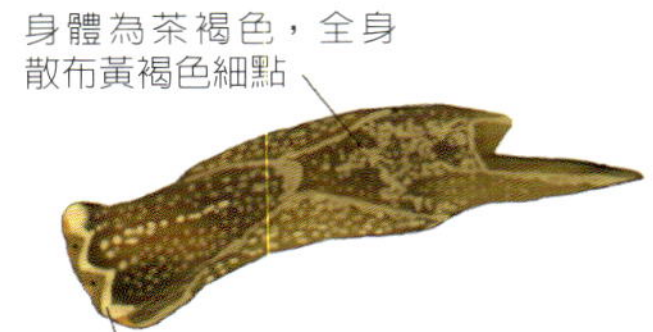
身體為茶褐色，全身
散布黃褐色細點
黃白色 W 字形斑紋

身體為茶褐色，全身散布黃褐色細點。頭緣有白色到黃色 W 字形細斑紋。頭盾正中線上有淺色斑紋列，外套盾有不規則淺色斑紋。側足緣有斷斷續續的深褐色小斑紋。最大可達 30mm。

| 八丈島 水深 5m 大小 20mm 加藤昌一 |

似海蛞蝓科 Aglajidae
刺似海蛞蝓屬 Spinoaglaja

印度－
西太平洋

## 東方刺似海蛞蝓

*Spinoaglaja orientalis*（Baba, 1949）

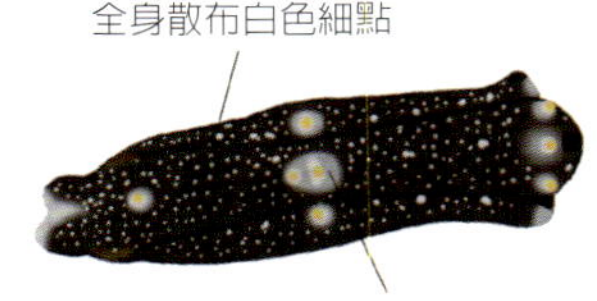
全身散布白色細點
淺色區中央有橙
黃色斑紋

身體為黃褐色到黑色，全身散布白色細點。頭盾、側足的前方與後方有一塊淺色區，中央有橙黃色斑紋。最大可達 30mm。

似海蛞蝓科 Aglajidae
刺似海蛞蝓屬 Spinoaglaja

# 刺似海蛞蝓之一種

*Spinoaglaja* sp.

日本、印尼

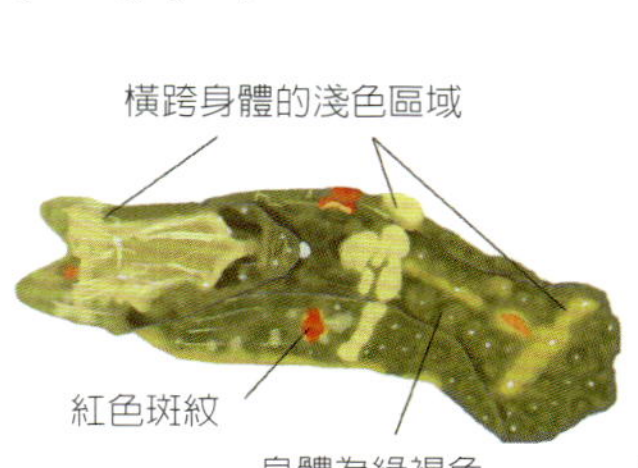
橫跨身體的淺色區域
紅色斑紋
身體為綠褐色

| 八丈島 水深 10m 大小 15mm 加藤昌一 |

身體爲綠褐色，全身散布白色小突起，各突起還有放射狀白線。頭盾中段與側足緣有紅色斑紋。頭盾中段與後緣、尾部有橫跨身體的淺色區域。長度達 15mm。

---

似海蛞蝓科 Aglajidae
管狀菲力海蛞蝓屬 Tubulophilinopsis

# 賈第納管狀菲力海蛞蝓

*Tubulophilinopsis gardineri*（Eliot, 1903）

印度－太平洋

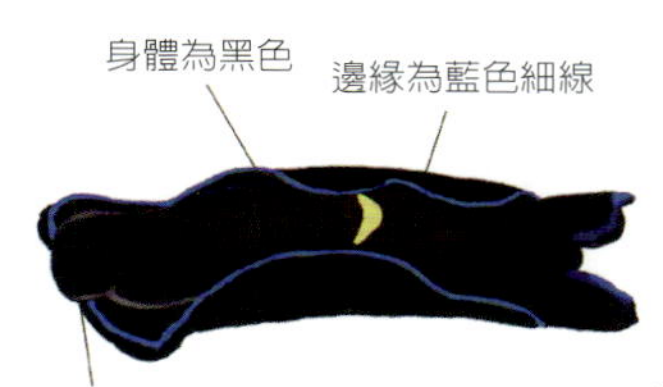
身體為黑色
邊緣為藍色細線
形狀較細，直立

| 八丈島 水深 16m 大小 35mm 加藤昌一 |

身體爲黑色，頭盾後緣有白色或黃色線，但有些個體沒有。從側足到尾部有藍色細線圍邊。頭盾前端直立，形狀較細，在前端附近有時可看到眼睛。長度達 35mm。

---

似海蛞蝓科 Aglajidae
管狀菲力海蛞蝓屬 Tubulophilinopsis

# 網紋管狀菲力海蛞蝓

*Tubulophilinopsis reticulata*（Eliot, 1903）

印度－西太平洋

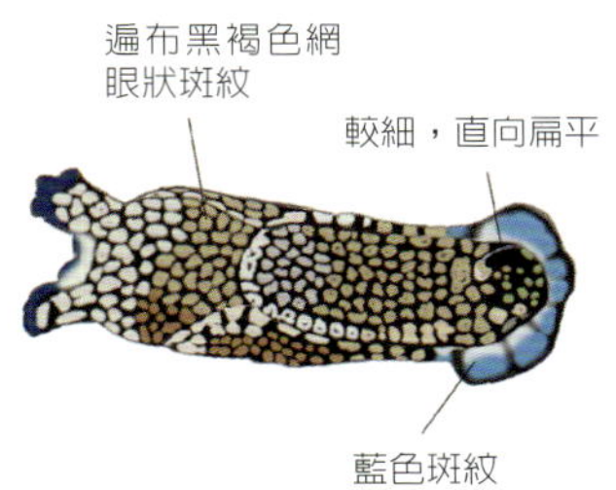
遍布黑褐色網
眼狀斑紋
較細，直向扁平
藍色斑紋

| 八丈島 水深 1m 大小 25mm 加藤昌一 |

身體爲白色，遍布黑褐色網眼狀斑紋。斑紋網目的大小略有個體差異。頭盾前端較細，直向扁平。側足前緣有藍色斑紋。長度達 30mm。

| 八丈島 水深 5m 大小 40mm 加藤昌一 |

似海蛞蝓科 Aglajidae
管狀菲力海蛞蝓屬 Tubulophilinopsis

## 線紋管狀菲力海蛞蝓

*Tubulophilinopsis lineolata*（H. & A. Adams, 1854）

西太平洋

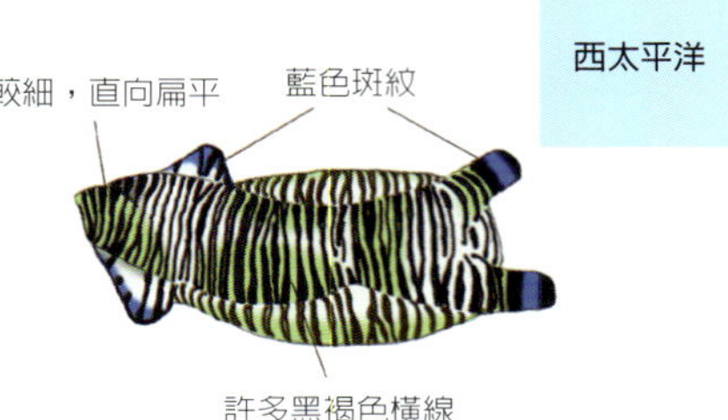
較細，直向扁平
藍色斑紋
許多黑褐色橫線

身體爲白色，有許多黑褐色橫線。頭盾前端較細，直向扁平。側足前緣與尾部有藍色斑紋。長度達 40mm。

| 慶良間群島 水深 9m 大小 30mm 小野篤司 |

似海蛞蝓科 Aglajidae
管狀菲力海蛞蝓屬 Tubulophilinopsis

## 皮氏管狀菲力海蛞蝓

*Tubulophilinopsis pilsbryi*（Eliot, 1900）

印度－太平洋

黑褐色環狀
大斑紋
頭部較細，
直向扁平

身體爲乳白色到黃白色，全身有黑褐色環狀大斑紋。頭部較細，直向扁平。可看出眼部。長度達 40mm。

| 八丈島 水深 1m 大小 25mm 加藤昌一 |

似海蛞蝓科 Aglajidae
管狀菲力海蛞蝓屬 Tubulophilinopsis

## 管狀菲力海蛞蝓之一種

*Tubulophilinopsis* sp.

西太平洋

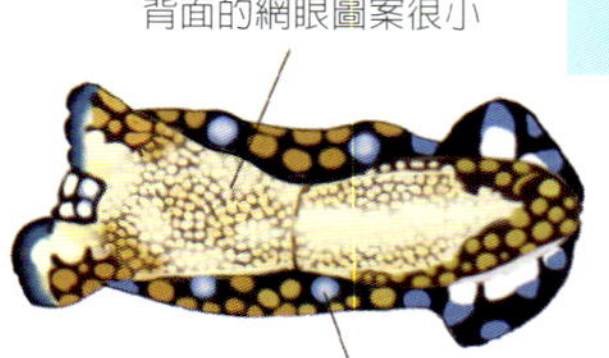
背面的網眼圖案很小
側足的網眼圖
案很大

身體爲黃白色，覆蓋黑色與黑褐色網眼圖案。側足的黑色網眼圖案很大，頭盾和外套盾的網眼圖案極小。頭盾的前方斑紋略大，緊密排列出斜向區域。長度達 35mm。

似海蛞蝓科 Aglajidae
棘莖海蛞蝓屬 Spinophallus

# 鐮形刺莖海蛞蝓

西太平洋

*Spinophallus falciphallus*（Gosliner, 2011）

| 慶良間群島　水深 7m　大小 20mm　小野篤司 |

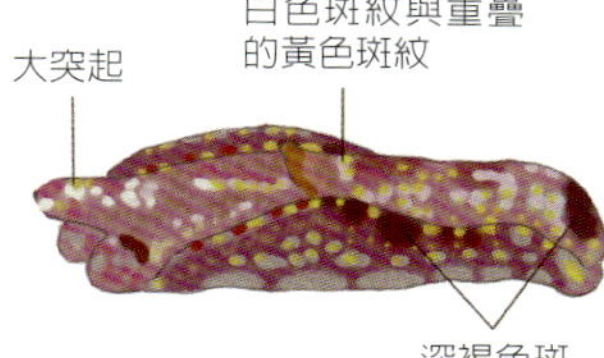
白色斑紋與重疊的黃色斑紋
大突起
深褐色斑

身體爲紅紫色，黃色斑紋疊在白色斑紋上，披覆全身。頭盾前緣與側足緣有深褐色斑。外套盾後端有大突起。長度達 30mm。

似海蛞蝓科 Aglajidae
燕尾海蛞蝓屬 Chelidonura

# 燕尾海蛞蝓

印度－太平洋

*Chelidonura hirundinina*（Quoy & Gaimard, 1833）

| 八丈島　水深 5m　大小 15mm　加藤昌一 |

身體爲黑色，全身有藍色～綠色、黃色～橙色直線。頭盾前方的藍色斑紋呈 T 字形。背部後方有白色橫線。左側尾部較長。根據分子系統分類的結果，可能有隱藏種。長度達 30mm。

似海蛞蝓科 Aglajidae
燕尾海蛞蝓屬 Chelidonura

# 蒼白燕尾海蛞蝓

東印度洋、西太平洋

*Chelidonura pallida* Risbec, 1951

| 慶良間群島　水深 7m　大小 25mm　小野篤司 |

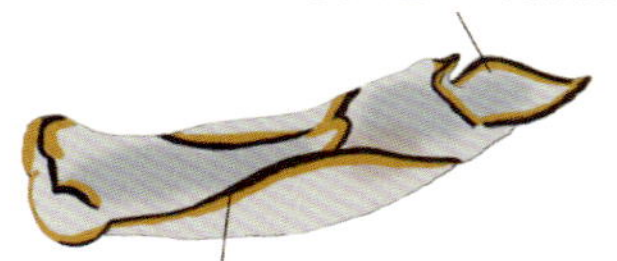
黑色與黃色邊

身體爲白色，有黑色與黃色邊。雙叉尾、左側較寬較大。頭盾後端較小，呈直立狀。長度達 50mm。

| 八丈島 水深 5m 大小 25mm 加藤昌一 |

似海蛞蝓科 Aglajidae
燕尾海蛞蝓屬 Chelidonura

## 迷人燕尾海蛞蝓

*Chelidonura amoena* Bergh, 1905

西太平洋

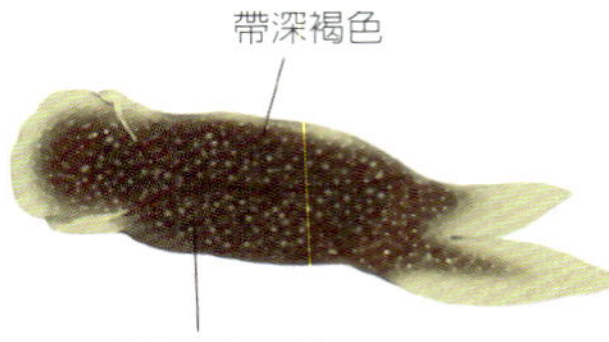
帶深褐色
覆蓋黃白色細點

身體爲乳白色，背部帶深褐色，偶爾可發現除了頭楯前端，全身爲黑色的個體。帶深褐色或黑色的深色區塊，覆蓋黃白色細點。有些個體近似黃點雙曲海蛞蝓或無飾美尾海蛞蝓，本種頭楯前端的白色區域沒有橙色斑點。長度達 55mm。

| 沖繩島 水深 10m 大小 50mm 世古徹 |

似海蛞蝓科 Aglajidae
燕尾海蛞蝓屬 Chelidonura

## 多變燕尾海蛞蝓

*Chelidonura varians* Eliot, 1903

西太平洋

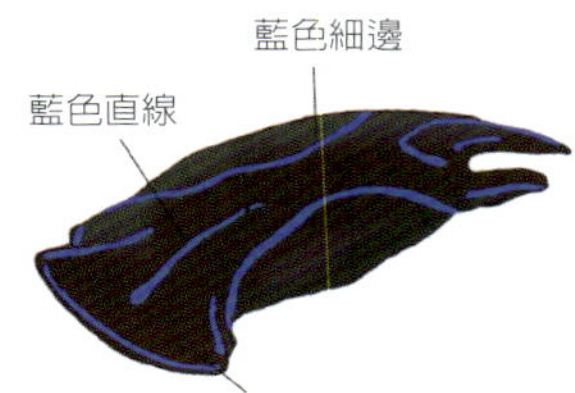
藍色細邊
藍色直線
頭楯前端往橫向擴張

身體爲黑色，有藍色細邊。頭楯正中線上也有藍色短直線。頭楯前端往橫向擴張。在日本此物種常見於八重山群島以南，沖繩島是觀察記錄的最北限。大型種的長度達 70mm。

| 大瀨崎 水深 5m 大小 12mm 高重博 |

似海蛞蝓科 Aglajidae
黑衣海蛞蝓屬 Melanochlamys

## 福田黑衣海蛞蝓

*Melanochlamys fukudai* Cooke et al., 2014

北太平洋

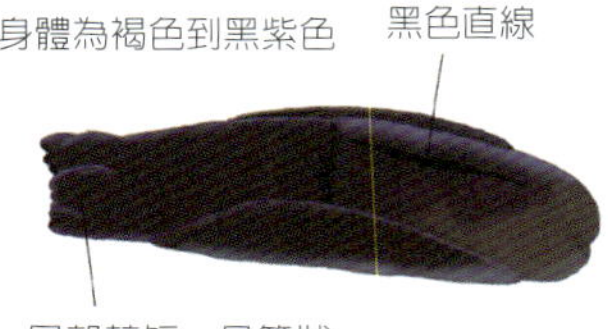
身體為褐色到黑紫色
黑色直線
尾部較短，呈筒狀，
左右幾乎同長

身體爲褐色到黑紫色，頭盾正中線上有黑色直線。尾部較短，呈筒狀，左右幾乎同長。長度達 12mm。

似海蛞蝓科 Aglajidae
黑衣海蛞蝓屬 Melanochlamys

# 寇氏黑衣海蛞蝓

*Melanochlamys kohi*
Cooke et al., 2014

日本、韓國

| 大瀨崎 水深 7m 大小 7mm 山田久子 |

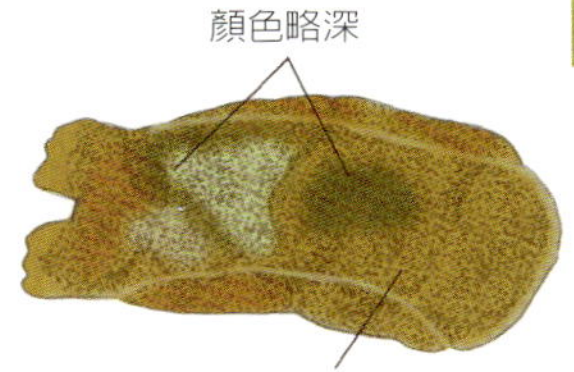
顏色略深
身體為淺褐色，
覆蓋褐色、黑褐色細點

身體爲淺褐色，覆蓋褐色、黑褐色細點。頭盾後方到外套盾中段，可看見顏色略深的消化腺。過去的文獻曾使用日文異名「アメイロキセワタ」。本照片個體外套盾上的圓形物是沙粒。14mm。

---

似海蛞蝓科 Aglajidae
黑衣海蛞蝓屬 Melanochlamys

# 黑衣海蛞蝓之一種疑似信天翁黑衣海蛞蝓

*Melanochlamys* sp. cf. *diomedia*
（Bergh, 1894）

日本

| 大瀨崎 水深 3m 大小 13mm 山田久子 |

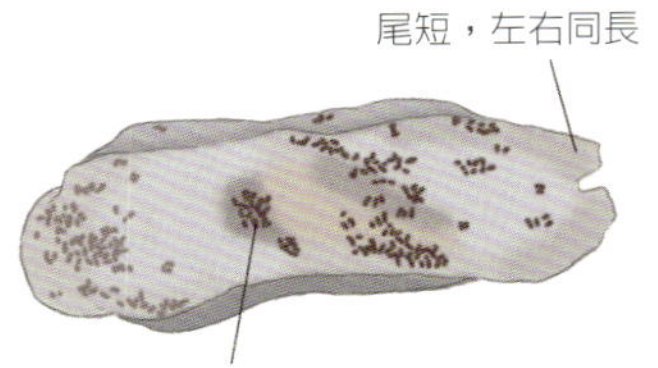
尾短，左右同長
散布褐色與黑
色小斑紋

身體爲灰色半透明，全身散布褐色與黑色小斑紋。尾短，左右同長。外觀近似從南加州分布至阿拉斯加的 *M. diomedea*，是否爲同種需進一步調查才能確認。13mm。

似海蛞蝓科 Aglajidae

## 似海蛞蝓科之一種 1

Aglajidae sp. 1

慶良間群島

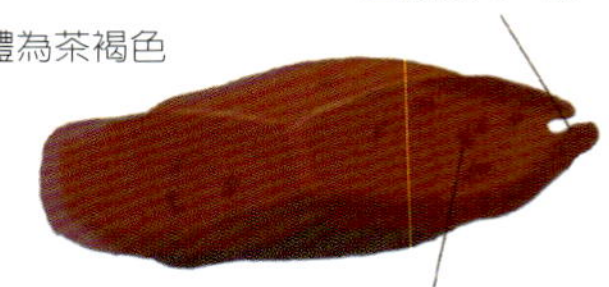
尾部短且扁平，
左側稍大一點
身體為茶褐色
散布少量深褐色
不規則斑紋

| 慶良間群島 水深 10m 大小 12mm 小野篤司 |

身體爲茶褐色，散布少量深褐色不規則斑紋。尾部短且扁平，左側稍大一點。外觀近似 *Nakamigawaia* 屬的物種，由於未確定貝殼，因此暫時只標註科別。12mm。

似海蛞蝓科 Aglajidae

## 似海蛞蝓科之一種 2

Aglajidae sp. 2

慶良間群島

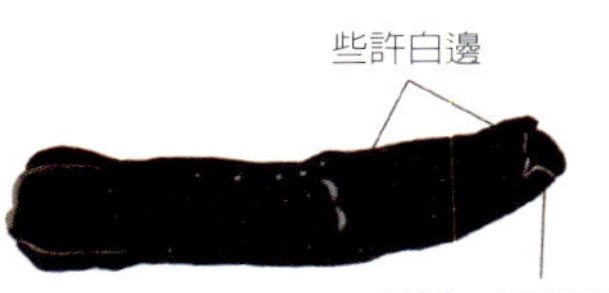
些許白邊
尾短，呈筒狀

| 慶良間群島 水深 15m 大小 10mm 小野篤司 |

身體爲黑色，覆蓋極小的白色小點。頭盾前端呈半透明，後端有些許白邊。尾端也有些許白邊。外觀近似 *Nakamigawaia nakanoae*，尾短，呈筒狀。10mm。

似海蛞蝓科 Aglajidae

## 似海蛞蝓科之一種 3

Aglajidae sp. 3

伊豆半島

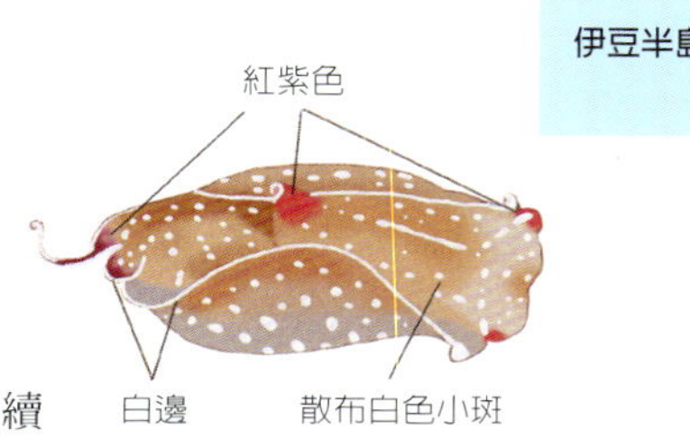
紅紫色
白邊
散布白色小斑

| 千本濱 水深 23m 大小 3mm 高重博 |

身體呈淺褐色，全身散布白色小斑。頭盾有斷斷續續的 T 字形斑紋。側足、尾部有白邊。頭盾前端左右、頭盾後端和尾部染成紅紫色。長度達 15mm。

透螺科 Colpodaspididae
透螺屬 Colpodaspis

## 湯普生透螺

*Colpodaspis thompsoni* Brown, 1979

有大白邊的
黃色斑紋

右側後方有
黑褐色突起

印度－
太平洋

| 八丈島 水深 7m 大小 4mm 加藤昌一 |

包覆貝殼的外套膜爲黑褐色，點綴有大白邊的黃色斑紋。此黃色斑紋微微隆起。頭部上面和尾部是黑褐色，腹足到頭部下面帶白色。身體右後方有黑褐色突起。殼長達 3mm。

透螺科 Colpodaspididae
透螺屬 Colpodaspis

## 透螺之一種 1

*Colpodaspis* sp. 1

Y 字形棕色帶

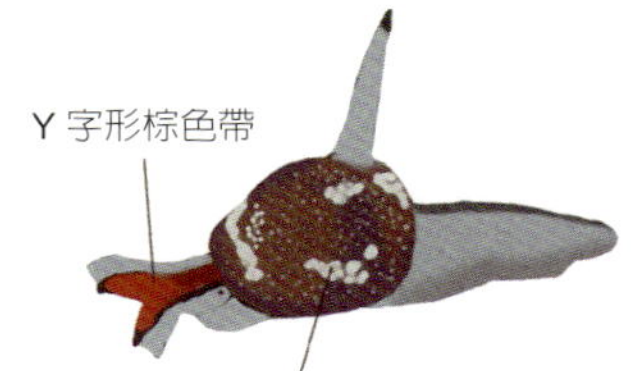

外套膜散布乳白
色細點和斑紋

西太平洋

| 慶良間群島 水深 18m 大小 7mm 小野篤司 |

軟體爲淡藍色，邊緣帶深褐色。包覆貝殼的外套膜爲紫褐色，覆蓋乳白色細點和斑紋。頭部上面爲黑色，有鑲黑邊的 Y 字形棕色帶。本種尾部正中線上帶白色，沒有黑色線。長度達 7mm。

透螺科 Colpodaspididae
透螺屬 Colpodaspis

## 透螺之一種 2

*Colpodaspis* sp. 2

露出貝殼的
圓形區域

頭部前端有 2 個
淺淺的分支

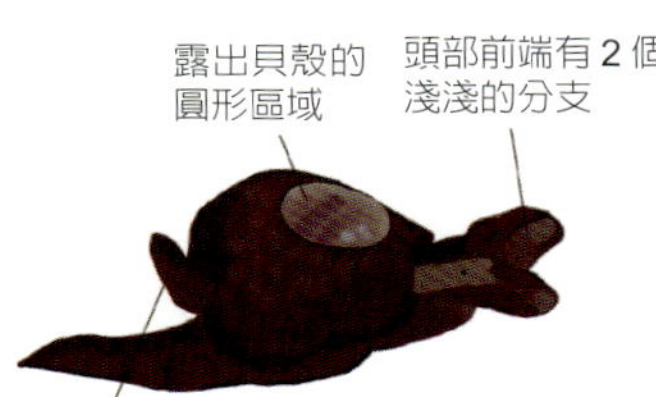

右側後方的突起又粗又短

琉球群島

| 慶良間群島 水深 8m 大小 4mm 小野篤司 |

包括覆蓋貝殼的外套膜在內，全身爲均勻的茶褐色，沒有斑紋。頭部前端有 2 個淺淺的分支，眼域周圍透明。身體右後方的突起又粗又短，頭部後方有一塊圓形區域露出貝殼。身長有 4mm，貝殼約爲 1.8mm。

透螺科 Colpodaspididae
透螺屬 Colpodaspis

琉球群島、巴布亞紐幾內亞

# 透螺之一種 3

*Colpodaspis* sp. 3

清晰的茶褐色 Y 字形線條
深褐色直線
散布白色細點

| 慶良間群島　水深 6m　大小 4mm　小野篤司 |

身體爲白色半透明，包覆貝殼的外套膜和尾部爲淺茶褐色。頭部上面有清晰的茶褐色 Y 字形線條。外套膜、尾部有不均勻分布的白色細點。頭部後方的外套膜有深褐色邊的開口處，尾部正中線上有深褐色直線。過去的文獻曾將其當成「キツネコトリガイ」。長度達 5mm。

透螺科 Colpodaspididae
透螺屬 Colpodaspis

伊豆半島

# 透螺之一種 4

*Colpodaspis* sp. 4

突起長、前緣和
上面局部為褐色
前足隅稍微突出

| 大瀨崎　水深 18m　大小 3mm　山田久子 |

包覆貝殼的外套膜、尾部爲茶褐色。本種近似透螺之一種 2，但可從頭部前端兩分支的突起比較長，只有前緣和上面局部爲褐色，前足隅稍微突出等特徵區分。

腹翼螺科 Gastropteridae
腹翼海蛞蝓屬 Gastropteron

西太平洋

# 雙角腹翼海蛞蝓

*Gastropteron bicornutum*
Baba & Tokioka, 1965

2 根突起
散布橙色點、黑色細點、白點
不規則散布黑褐色
雲狀圖案

| 大瀨崎　水深 2m　大小 7mm　法月麻紀 |

身體爲白色半透明，並有不規則的黑褐色雲狀圖案。全身散布橙色點、黑色細點與白點。內臟囊的後方有 2 根突起，尾部長，正中線上有黑色直線。長度達 15mm。

腹翼螺科 Gastropteridae
腹翼海蛞蝓屬 Gastropteron

# 小腹翼海蛞蝓

*Gastropteron minutum* Ong & Gosliner, 2017

西太平洋、中太平洋

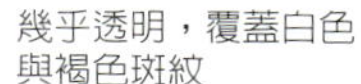
幾乎透明，覆蓋白色
與褐色斑紋

許多小突起

| 大瀨崎 水深 2m 大小 3mm 加藤昌一 |

身體幾乎透明，覆蓋白色與褐色斑紋。體表有許多不規則小突起。尾長。內臟囊後方突起細長。長度達 3mm。

腹翼螺科 Gastropteridae
腹翼海蛞蝓屬 Gastropteron

# 綠腹翼海蛞蝓

*Gastropteron viride* Tokiokab & Baba, 1964

日本

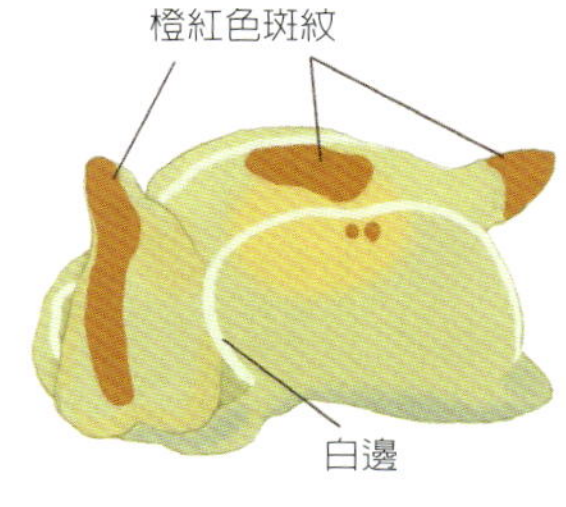
橙紅色斑紋
白邊

| 大瀨崎 水深 26m 大小 5mm 山田久子 |

身體爲略帶綠色的黃色，頭盾中央到後端、內臟囊上面、後方突起和側足上緣有橙紅色斑紋。側足有白邊。稀有種。長度達 5mm。

腹翼螺科 Gastropteridae
腹翼海蛞蝓屬 Gastropteron

# 幽靈腹翼海蛞蝓

*Gastropteron multo* Ong & Gosliner, 2017

沖繩島、菲律賓

白色半透明
突起粗，前端圓
側足有橙色斑紋

| 沖繩島 水深 5m 大小 7mm 今川郁 |

身體爲白色半透明，頭盾後端、側足、內臟囊後方的突起有橙色斑紋。內臟囊後方的突起較粗，前端圓。尾部伸長。長度達 20mm。

| 千本濱 水深 6m 大小 6mm 山田久子 |

腹翼螺科 Gastropteridae
腹翼海蛞蝓屬 Gastropteron

日本、北美西海岸

## 太平洋腹翼海蛞蝓

*Gastropteron pacificum* Bergh, 1894

側足幾乎完全覆蓋內臟囊，頂部有小孔

全身散布紅褐色與黃色細點

身體爲白色半透明，紅褐色與黃色細點形成小塊，散布全身。側足大，幾乎完全覆蓋內臟囊，頂部有小孔。四處游動的身影相當出名。棲息水深的範圍很廣，從潮間帶到 500m 都有觀察記錄。可能是外來種。最大可達 40mm。

| 慶良間群島 水深 7m 大小 10mm 小野篤司 |

腹翼螺科 Gastropteridae
腹翼海蛞蝓屬 Gastropteron

琉球群島

## 腹翼海蛞蝓之一種 1

*Gastropteron* sp. 1

紫褐色邊

後方有 1 根突起，長度很長

不規則黑褐色雲狀圖案

身體爲白色半透明，並有不規則黑褐色雲狀圖案。體表有不規則橙色斑紋以及許多白色細點。頭盾緣、側足有紫褐色邊，內臟囊後方有 1 根長突起。受到刺激時會游泳或在沙中潛行。長度達 10mm。

| 沖繩島 水深 7m 大小 3mm 今川郁 |

腹翼螺科 Gastropteridae
腹翼海蛞蝓屬 Gastropteron

沖繩島、印尼

## 腹翼海蛞蝓之一種 2

*Gastropteron* sp. 2

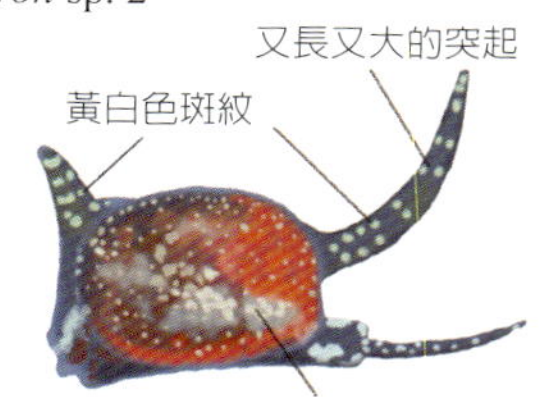
又長又大的突起
黃白色斑紋
白色斑紋
白色細點與斑紋

身體爲紅茶色到白色，側足散布白色細點與斑紋。側足的白色紋有一部分略微隆起。頭部正中線上有白色區域。頭盾後方有黃白色小斑紋。內臟囊後方的突起又長又大，且有黃白色小斑紋。尾部呈絲狀延伸。長度達 5mm。

腹翼螺科 Gastropteridae
腹翼海蛞蝓屬 Gastropteron

# 腹翼海蛞蝓之一種 3

日本

*Gastropteron* sp. 3

身體為白色或黃色，
有時頭盾後端呈紅色
突起為透明，散布白色細點

| 慶良間群島　水深 5m　大小 4mm　小野篤司 |

身體爲白色或黃色，無論何種顏色的個體，有時頭盾後端呈紅色。內臟囊後方的突起透明細長，散布白色細點。長度達 3mm。

腹翼螺科 Gastropteridae
腹翼海蛞蝓屬 Gastropteron

# 腹翼海蛞蝓之一種 4

琉球群島

*Gastropteron* sp. 4

橙色與深褐色不
規則斑紋
白色大斑紋

| 沖繩島　水深 1m　大小 3mm　今川郁 |

身體底色爲半透明，內臟囊、側足有橙色與深褐色不規則斑紋。橙色斑紋遍布整個側足。此外，頭盾、內臟囊有白色大斑紋。內臟囊後端的突起偏右，長度較短。長度達 5mm。

腹翼螺科 Gastropteridae
腹翼海蛞蝓屬 Gastropteron

# 腹翼海蛞蝓之一種 5

西太平洋

*Gastropteron* sp. 5

頭盾後端的突起較
粗，往前傾
細微的褐色橫線
淡褐色斑紋

| 慶良間群島　水深 7m　大小 4mm　小野篤司 |

身體爲白色，頭盾有細微的褐色橫線。側足有淡褐色斑紋或斑點，但通常不明顯。頭盾後端的突起較粗，往前傾。體表散布細微突起。內臟囊後端的突起散布白色細點，形狀細長。長度達 4mm。

|沖繩島 水深 33m 大小 3mm 今川郁|

腹翼螺科 Gastropteridae
腹翼海蛞蝓屬 Gastropteron

## 腹翼海蛞蝓之一種 6

*Gastropteron* sp. 6

沖繩島

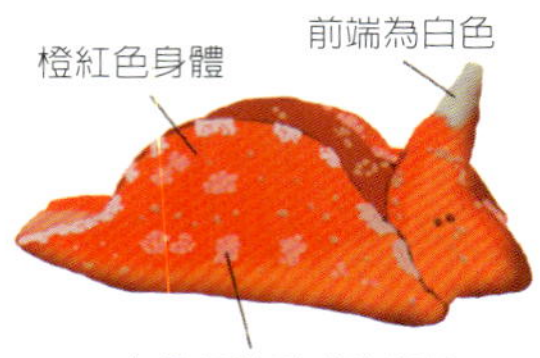
橙紅色身體
前端為白色
白色細點形成的斑紋

身體爲橙紅色，全身點綴稀疏的黃色細點。側足有幾個白色細點形成的斑紋，邊緣排列白色紋。內臟囊後方有大型白紋，無突起。頭盾後端爲白色。長度達 5mm。

---

|慶良間群島 水深 8m 大小 8mm 小野篤司|

腹翼螺科 Gastropteridae
相模野海蛞蝓屬 Sagaminopteron

## 黑點相模野海蛞蝓

*Sagaminopteron nigropunctatum*
Carlson & Hoff, 1973

印度－西太平洋

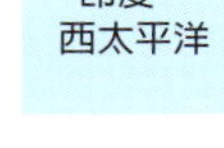

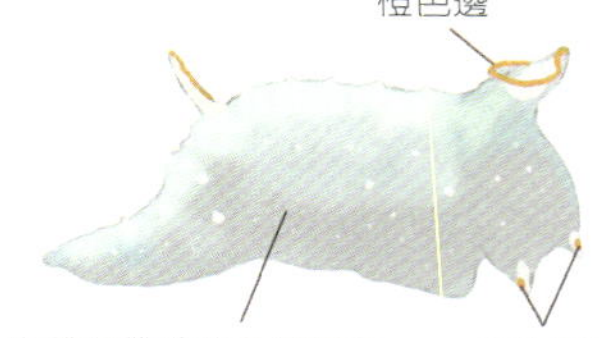
橙色邊
身體為帶淺紫色的灰色
橙色斑紋

身體爲帶淺紫色的灰色，整體散布略微突起的白色細點。頭盾後方的突起緣有橙色邊。內臟囊後方的突起與頭盾前端左右兩邊，有橙色斑紋。背側突起緣爲橙色的個體也很出名。附生於同色的海綿 *Dysidea* sp.，以其爲食。長度達 13mm。

---

|八丈島 水深 10m 大小 10mm 加藤昌一|

腹翼螺科 Gastropteridae
相模野海蛞蝓屬 Sagaminopteron

## 迷幻相模野海蛞蝓

*Sagaminopteron psychedelicum*
Carlson & Hoff, 1974

印度－太平洋

頭盾後端為紅色
身體右側有鰓露出
全身覆蓋帶黑邊的橙色斑紋

身體爲奶油色到粉紅色，全身覆蓋帶黑邊的橙色斑紋。頭盾後端與內臟囊突起爲紅色。身體右側有鰓露出。附生於灰色海綿 *Dysidea* sp.，以其爲食。種小名有「迷幻」之意長度達 20mm。

腹翼螺科 Gastropteridae
相模野海蛞蝓屬 Sagaminopteron

# 華麗相模野海蛞蝓

*Sagaminopteron ornatum*
Tokita & Baba, 1964

西太平洋

| 八丈島 水深 12m 大小 15mm 加藤昌一 |

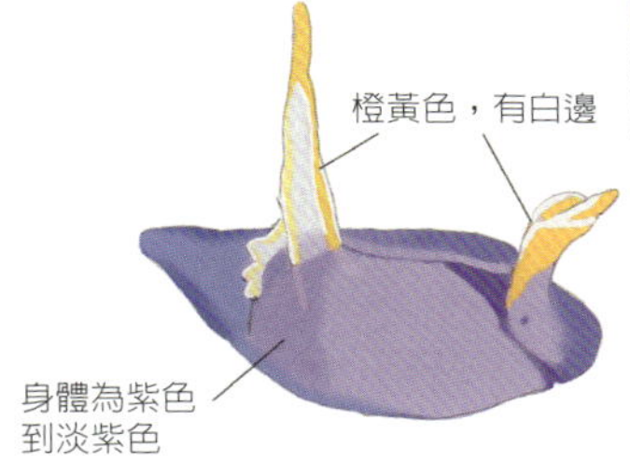
橙黃色，有白邊
身體為紫色
到淡紫色

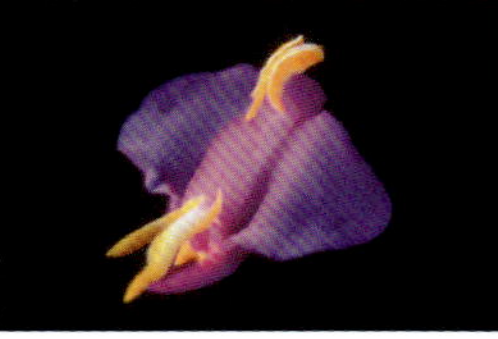

| 游泳中 八丈島 加藤昌一 |

身體爲紫色到淡紫色。頭盾後端與內臟囊後方的突起爲橙黃色，有白邊。游泳時拍動側足。常見於淺紫色的海綿上，雖一般認爲這是正在進食，但有學者從齒舌形狀否定這項猜測。最大可達 15mm。

---

腹翼螺科 Gastropteridae
相模野海蛞蝓屬 Sagaminopteron

# 密點相模野海蛞蝓

*Sagaminopteron multimaculatum*
Ong & Gosliner, 2017

日本、
菲律賓

| 慶良間群島 水深 10m 大小 4mm 小野篤司 |

頭盾短，後
端突起偏黑

褐色，散布白色不規則
斑紋與黃色細點

身體爲褐色，散布白色不規則斑紋與黃色細點。側足緣和尾緣的一部分爲紅褐色。內臟囊後部沒有突起。頭盾短，後端突起偏黑。小野（2004）鑑定本種爲 *Siph. pohnpei* 是錯的。過去的文獻也曾稱此物種爲「サキシマウミコチョウ」。最大可達 5mm。

腹翼螺科 Gastropteridae
相模野海蛞蝓屬 Sagaminopteron

## 彭培相模野海蛞蝓

*Sagaminopteron pohnpei*
（Hoff & Carlson, 1983）

西太平洋、中太平洋

| 大瀨崎　水深 1m　大小 5mm　山田久子 |

身體爲白色半透明，因黑褐色色素集中而看起來偏黑。體表散布白色和黃色細點。內臟囊後方有數個瘤狀小突起。過去的文獻曾將其當成密點相模野海蛞蝓。長度達 5mm。

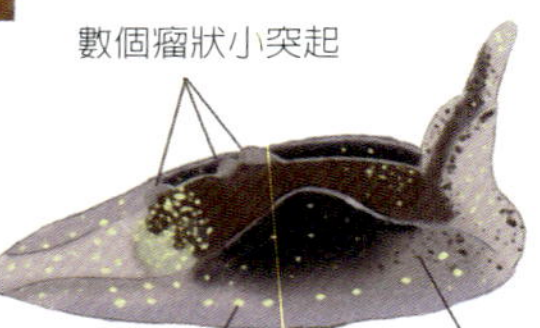
數個瘤狀小突起
散布白色和
黃色細點
黑褐色色素
匯聚

腹翼螺科 Gastropteridae
管翼海蛞蝓屬 Siphopteron

## 暗色管翼海蛞蝓

*Siphopteron fuscum*
（Baba & Tokioka, 1965）

日本

| 明鐘岬　水深 6m　大小 2mm　德家寬之 |

身體爲黑褐色，散布白色斑紋。頭盾後端與內臟囊後方的突起前端帶朱紅色。尾部有橙色邊，正中線上的白色帶有寬度。長度達 10mm。

突起前端為朱紅色
身體為黑褐色，散布
白色斑紋

腹翼螺科 Gastropteridae
管翼海蛞蝓屬 Siphopteron

# 棕緣管翼海蛞蝓

*Siphopteron brunneomarginatum*
（Carlson & Hoff, 1974）

西太平洋、
中太平洋

| 慶良間群島 水深 5m 大小 4mm 小野篤司 |

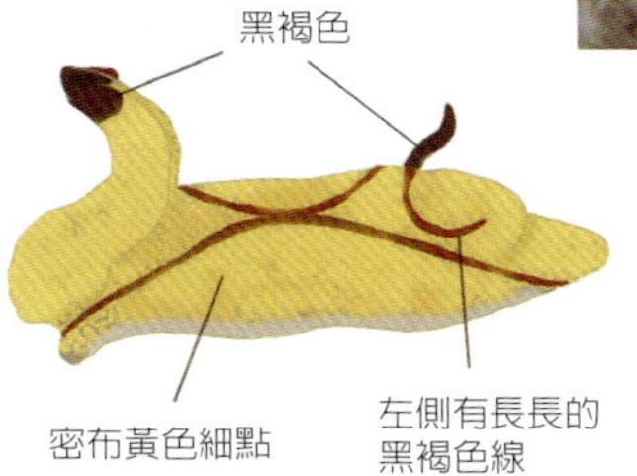
黑褐色
密布黃色細點
左側有長長的
黑褐色線

身體爲白色半透明，密布黃色細點。頭盾後端、側足緣、內臟囊後方的突起爲黑褐色。內臟囊後方的突起基部到左右兩邊有黑褐色線，左邊的線特別長。近似種黑緣管翼海蛞蝓的頭盾後端有水管狀突起，形狀細長。內臟囊渾圓。長度達 5mm。

腹翼螺科 Gastropteridae
管翼海蛞蝓屬 Siphopteron

# 黃管翼海蛞蝓

*Siphopteron flavum*
（Tokita & Baba, 1964）

西太平洋、
中太平洋

| 沖繩島 水深 7m 大小 4mm 今川郁 |

又粗又短，前端圓潤
黑褐色
黑褐色線

身體爲黃色，頭盾的水管狀突起有一條黑褐色線，延伸至背面基部。內臟囊後方的突起又粗又短，前端圓潤。有些個體的內臟囊和側足有黑褐色斑。長度達 6mm。

腹翼螺科 Gastropteridae
管翼海蛞蝓屬 Siphopteron

# 虎紋管翼海蛞蝓

*Siphopteron tigrinum* Gosliner, 1989

印度－西太平洋

| 八丈島 水深 10m 大小 4mm 加藤昌一 |

身體爲橙色，細長形藍紫色直斑紋遍布全身。頭盾的水管狀突起前端，與內臟囊後方的突起爲黑色，形狀細長。過去的文獻曾將其當成レモンウミコチョウ（*Siphopteron* sp. 6）。Gosliner et al., 2018 的 *Siphopteron* sp. 4 爲近似種，頭盾後端爲紅色。最大可達 10mm。

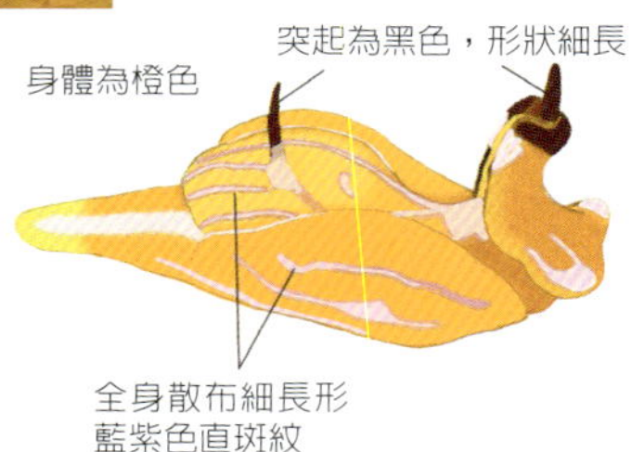
突起為黑色，形狀細長
身體為橙色
全身散布細長形
藍紫色直斑紋

腹翼螺科 Gastropteridae
管翼海蛞蝓屬 Siphopteron

# 黑緣管翼海蛞蝓

*Siphopteron nigromarginatum* Gosliner, 1989

西太平洋

| 八丈島 水深 12m 大小 5mm 加藤昌一 |

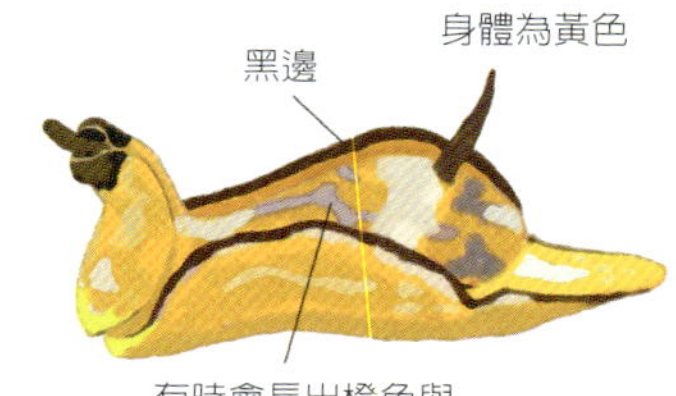
身體為黃色
黑邊
有時會長出橙色與
藍色不規則斑紋

| 八丈島 水深 12m 大小 8mm 加藤昌一 |

身體爲黃色，體表通常有橙色與藍色不規則斑紋。側足緣有黑邊。頭盾上的水管狀突起前端及內臟囊後方突起爲黑色。有些個體外觀近似棕緣管翼海蛞蝓，但可從側足較短、背部中央不接觸、水管狀突起前端呈棒狀突出等特徵做區分。長度達 5mm。

腹翼螺科 Gastropteridae
管翼海蛞蝓屬 Siphopteron

# 優美管翼海蛞蝓

*Siphopteron makisig*
Ong & Gosliner, 2017

西太平洋

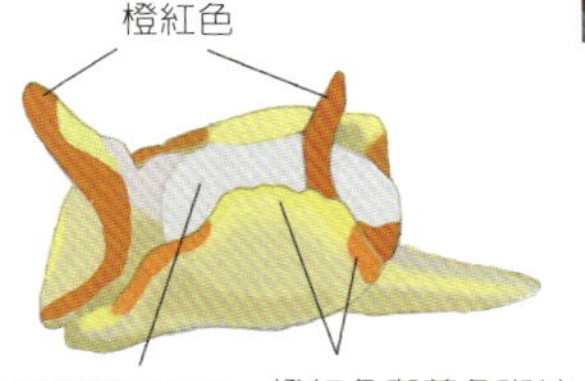
橙紅色
內臟囊為白色
橙紅色與黃色斑紋

| 八丈島 水深 8m 大小 5mm 加藤昌一 |

身體為白色，內臟囊的白色特別明顯。側足緣有橙紅色與黃色斑紋。頭盾緣與內臟囊後方突起為橙紅色。此外，突起基部還有像畫圓般的橙紅色線。尾部正中線上有黃色直線。長度達 5mm。

---

腹翼螺科 Gastropteridae
管翼海蛞蝓屬 Siphopteron

# 賊管翼海蛞蝓

*Siphopteron ladrones*
（Carlson & Hoff, 1974）

印度－
西太平洋

有橙色細線
圍繞的白斑
大型褐色斑
兩側與正中線
上有橙色線

| 八丈島 水深 7m 大小 8mm 加藤昌一 |

身體為乳白色到淡粉紅色。頭盾兩側與正中線上有橙色線。側足有大型褐色斑。內臟囊有橙色細線圍繞的白斑。內臟囊後方突起與身體同色，形狀較粗。移動時，身體前後搖動。長度達 5mm。

腹翼螺科 Gastropteridae
管翼海蛞蝓屬 Siphopteron

## 飛象管翼海蛞蝓

*Siphopteron dumbo*
Ong & Gosliner, 2017

日本、
菲律賓

| 慶良間群島　水深 7m　大小 4mm　小野篤司 |

突起又長又尖，
前端為黑褐色
淡藍色線狀斑紋
淡藍色邊

身體爲黃色，頭盾緣、側足緣有淡藍色邊。側足、內臟囊有淡藍色線狀斑紋。內臟囊後方突起又長又尖，前端爲黑褐色。頭盾的水管狀突起前端爲黑褐色，還有在背面相連的黑褐色線。長度達 4mm。

---

腹翼螺科 Gastropteridae
管翼海蛞蝓屬 Siphopteron

## 檸黃管翼海蛞蝓

*Siphopteron citrinum*
（Carlson & Hoff, 1974）

日本、
關島

| 慶良間群島　水深 18m　大小 3mm　小野篤司 |

又長又尖，
前端為黑色
前端突出，呈黑色
黃色、橘色細點幾乎遍布全身

身體爲白色半透明，黃色、橘色細點幾乎遍布全身。水管狀突起的前端突出，呈黑色。內臟囊後方的突起又長又尖，前端爲黑色。根據千葉大學的標本，從身體顏色提議新名稱爲「タンポポウミコチョウ」。長度達 5mm。

腹翼螺科 Gastropteridae
管翼海蛞蝓屬 Siphopteron

# 管翼海蛞蝓之一種 1

印度－西太平洋

*Siphopteron* sp. 1

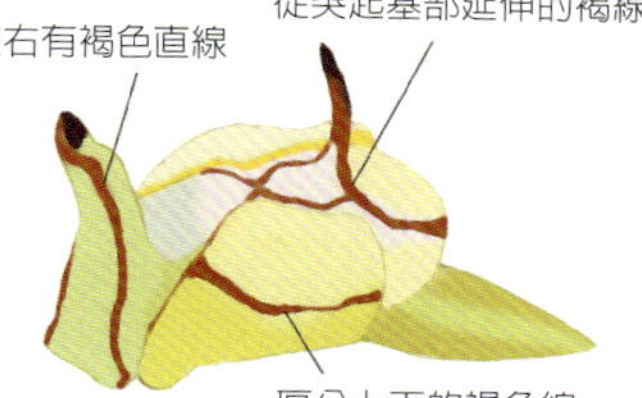
從突起基部延伸的褐線
左右有褐色直線
區分上下的褐色線

| 八丈島 水深 10m 大小 5mm 水谷知世 |

身體爲白色半透明，全身覆蓋黃色細點。頭盾的左右兩邊有褐色直線。側足上有平緩的褐色曲線將上下部分區分開來。內臟囊後方突起爲褐色，並從基部延伸出同色線條。這些褐線在某些個體上會變成紅線。長度達 5mm。

---

腹翼螺科 Gastropteridae
管翼海蛞蝓屬 Siphopteron

# 管翼海蛞蝓之一種 2

日本

*Siphopteron* sp. 2

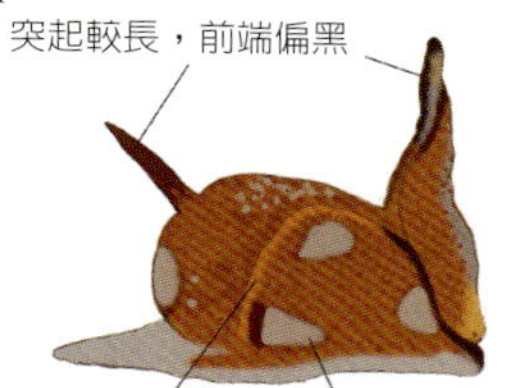
突起較長，前端偏黑
側足緣為土黃色
散布灰白色大斑紋

| 慶良間群島 水深 7m 大小 3mm 小野篤司 |

身體爲茶褐色，全身散布灰白色大斑紋，有些個體沒有。側足緣爲土黃色，頭盾後端與內臟囊後方突起較長，前端偏黑。尾部正中線上有白線。近似種 *S. vermiculum* 的側足緣有白色細線圍邊，可以此區分，但仍需進一步確認。長度達 3mm。

---

腹翼螺科 Gastropteridae
管翼海蛞蝓屬 Siphopteron

# 管翼海蛞蝓之一種 3

日本、印尼

*Siphopteron* sp. 3

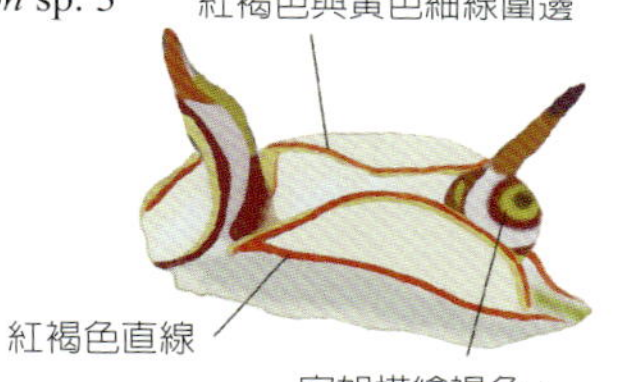
紅褐色與黃色細線圍邊
紅褐色直線
宛如描繪褐色、
白色與黃色圓圈的斑紋

| 慶良間群島 水深 12m 大小 4mm 小野篤司 |

身體爲白色半透明，頭盾緣有白邊，側足緣有紅褐色與黃色細線圍邊。側足中段有紅褐色直線。頭盾有褐色直線，內臟囊後方有褐色與白色圓形斑紋，中心爲黃色。後方突起長，呈紅褐色。長度達 8mm。

| 八丈島 水深 5m 大小 6mm 加藤昌一 |

腹翼螺科 Gastropteridae

## 腹翼螺科之一種 1

Gastropteridae sp. 1

八丈島

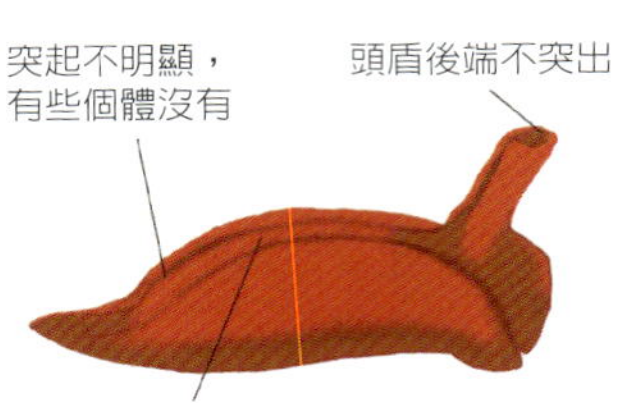
突起不明顯，
有些個體沒有
頭盾後端不突出
整體內臟囊細長

身體爲橙紅色到黃色，身體局部有白色斑紋。整體內臟囊細長。內臟囊後方突起小且不明顯，有些個體沒有。頭盾後端不突出。長度達 5mm。

| 八丈島 水深 5m 大小 8mm 加藤昌一 |

腹翼螺科 Gastropteridae

## 腹翼螺科之一種 2

Gastropteridae sp. 2

八丈島

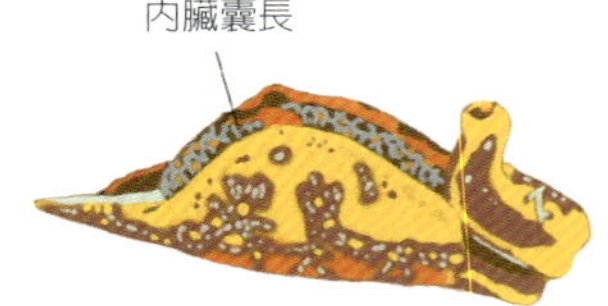
內臟囊長
身體為深褐色，散布白色與橙色斑紋

身體爲深褐色，散布白色與橙色斑紋。內臟囊長。除了顏色外，與腹翼螺科之一種 1 在形態上無太大差異。本書視爲不同物種，但仍需要根據標本進一步確認。長度達 8mm。

| 大瀨崎 水深 4m 大小 4mm 山田久子 |

腹翼螺科 Gastropteridae

## 腹翼螺科之一種 3

Gastropteridae sp. 3

伊豆半島

內臟囊比較小

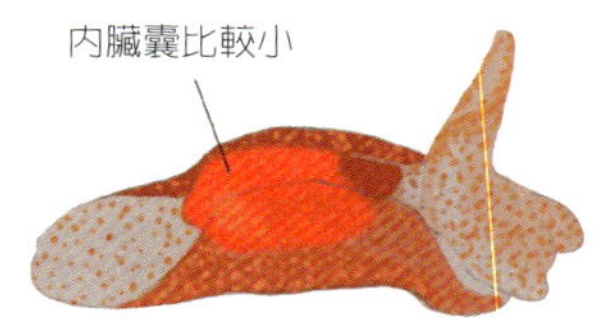
全身覆蓋朱紅色小斑紋

身體爲白色半透明，全身覆蓋朱紅色小斑紋。內臟囊比較小，沒有後方的小突起。可能是記載物種的紅化個體。長度達 4mm。

# 羽葉鰓目
## Runcinida

背面單一，不分為二。殼已退化，不是在外套膜內，
就是微微露出。有些個體無殼。
鰓的有無、形態、位置顯示了進化過程。
是衆所周知的直接發育種。

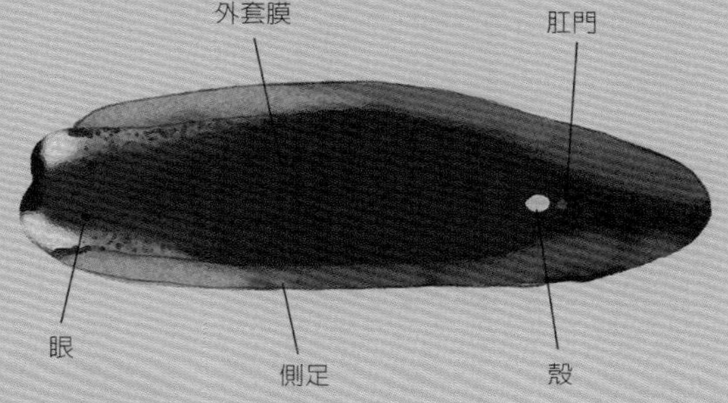
外套膜
肛門
眼
側足
殼

|八丈島 水深 7m 大小 5mm 加藤昌一|

羽葉鰓科 Runcinidae
後羽葉鰓屬 Metaruncina

# 瀨戶後羽葉鰓海蛞蝓

*Metaruncina setoensis*（Baba, 1954）

日本、南非、馬紹爾群島

身體呈褐色半透明，覆蓋黑褐色細點。背面與側足緣有黑褐色線圍邊。身體細長。背面後端的右側下方有短羽狀鰓。殼藏於體內。棲息在潮下帶等淺水區。長度達 15mm。

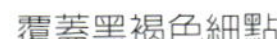

覆蓋黑褐色細點
身體細長
背面與側足緣有黑褐色邊線

|慶良間群島 潮間帶 大小 3mm 小野篤司|

羽葉鰓科 Runcinidae
羽葉鰓海蛞蝓屬 Rucina

# 羽葉鰓海蛞蝓之一種 1

*Runcina* sp. 1

慶良間群島

身體爲褐色半透明，全身覆蓋黑褐色細點與細點匯聚形成的小斑紋。背緣、腹足有黑褐色邊。外觀近似瀨戶後羽葉鰓海蛞蝓，但身體較短。在潮間帶的漁網中觀察到好幾種個體。長度達 4mm。

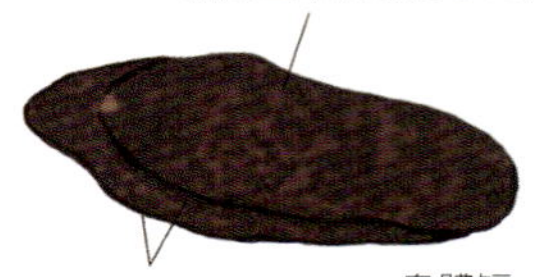
覆蓋由黑褐色細點與細點匯聚形成的小斑紋
黑褐色邊
身體短

羽葉鰓科 Runcinidae
羽葉鰓海蛞蝓屬 Rucina

## 羽葉鰓海蛞蝓之一種 2

*Runcina* sp. 2

慶良間群島

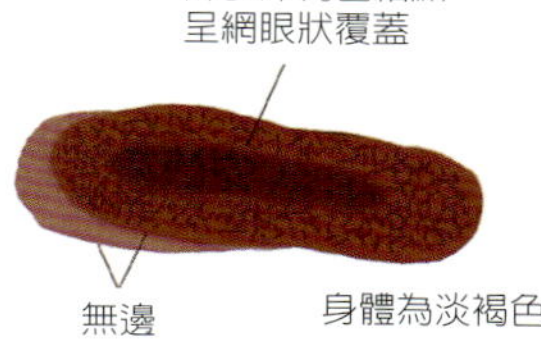
許多深褐色細點
呈網眼狀覆蓋
無邊
身體為淡褐色

| 慶良間群島 水深 4m 大小 3mm 小野篤司 |

身體爲淡褐色，背面有許多從深褐色細點延伸的放射狀細線，形成網目狀圖案。背緣、腹足緣沒有邊緣裝飾。可在淺水區的石塊間被發現。長度達 3mm。

---

羽葉鰓科 Runcinidae
羽葉鰓海蛞蝓屬 Rucina

## 羽葉鰓海蛞蝓之一種 3

*Runcina* sp. 3

本州

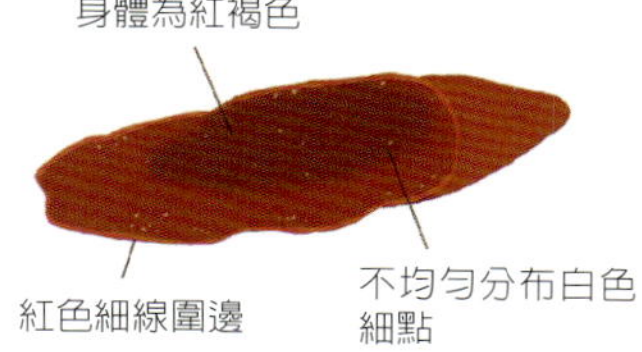
身體為紅褐色
紅色細線圍邊
不均勻分布白色
細點

| 真鶴 水深 2m 大小 3mm 山田久子 |

身體爲紅褐色，背緣有紅色細線圍邊。背面不均勻分布白色細點。長度達 3mm。

---

羽葉鰓科 Runcinidae

## 羽葉鰓科海蛞蝓之一種 1

Runcinidae sp. 1

本州

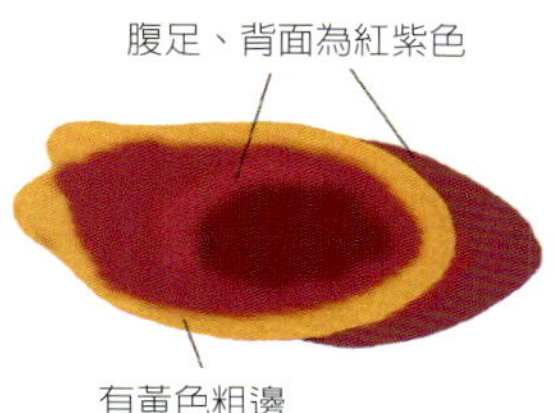
腹足、背面為紅紫色
有黃色粗邊

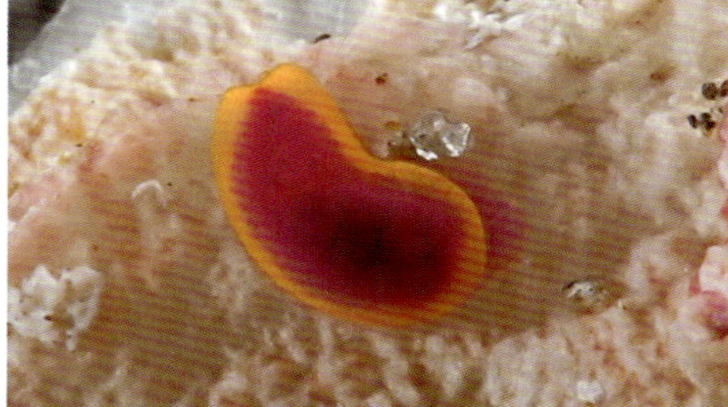

| 大瀨崎 水深 27m 大小 3mm 山田久子 |

腹足、背面爲紅紫色，背面有黃色粗邊。由於無法確認鰓的形狀和位置，本書只列科。長度達 5mm。

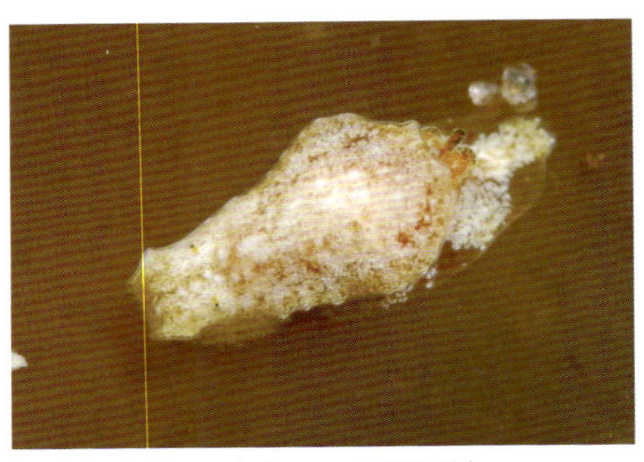

| 八丈島　水深 7m　大小 4mm　山田久子 |

羽葉鰓科 Runcinidae

## 羽葉鰓科海蛞蝓之一種 2

八丈島

Runcinidae sp. 2

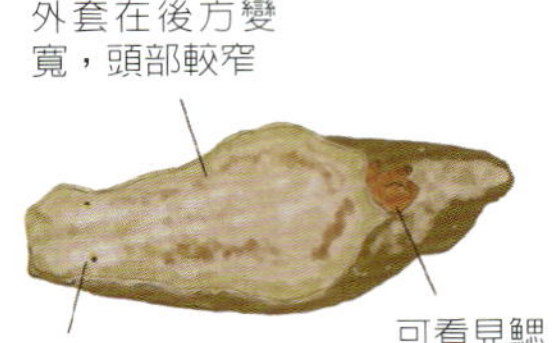
外套在後方變
寬，頭部較窄
可看見眼部
可看見鰓

身體爲褐色半透明，背面覆蓋著白色、黃白色斑紋。尾部也有白色斑紋。外套膜在後方變寬，頭部較窄。可看見頭上的眼睛。外套膜的後端下方可看見鰓。長度達 4mm。從鰓的形態來看可能是 *Runcinella*，本書只列科。

| 一切　水深 15m　大小 3mm　山田久子 |

羽葉鰓科 Runcinidae

## 羽葉鰓科海蛞蝓之一種 3

本州

Runcinidae sp. 3

身體為橙黃色到黃褐色
黃色細色帶圍邊
腹足緣顏色略深

身體爲橙黃色到黃褐色，背面有黃色細色帶圍邊，部分邊緣模糊。腹足緣顏色略深。長度達 3mm。

| 沖繩島　水深 5m　大小 2mm　今川郁 |

Ilbiidae 科

Ilbia 屬

## 馬里亞納羽葉鰓海蛞蝓

西太平洋、中太平洋

*Ilbia mariana* Hoff & Carlson, 1990

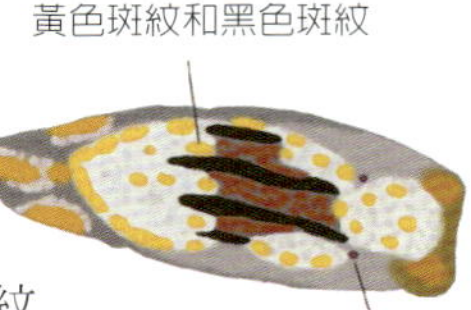
有白色色素為底的
黃色斑紋和黑色斑紋
可看見眼部

身體爲半透明，背面有白色不規則斑紋，上方還有黃色斑紋和黑色斑紋。黑色斑紋從頭部後方往背部中央分布，有時黃色斑紋遍布整個背面。可看見眼部。長度達 3mm。

# 海兔目
## Aplysiida

由筒螺總科與海兔總科兩個總科組成。
筒螺總科有明顯的外在殼，沒有觸角和口觸手。
海兔總科的殼退化，部分露出或在內部，形狀扁平。亦可見無殼的種。
頭部各有一對觸角和口觸手。皆為草食性。

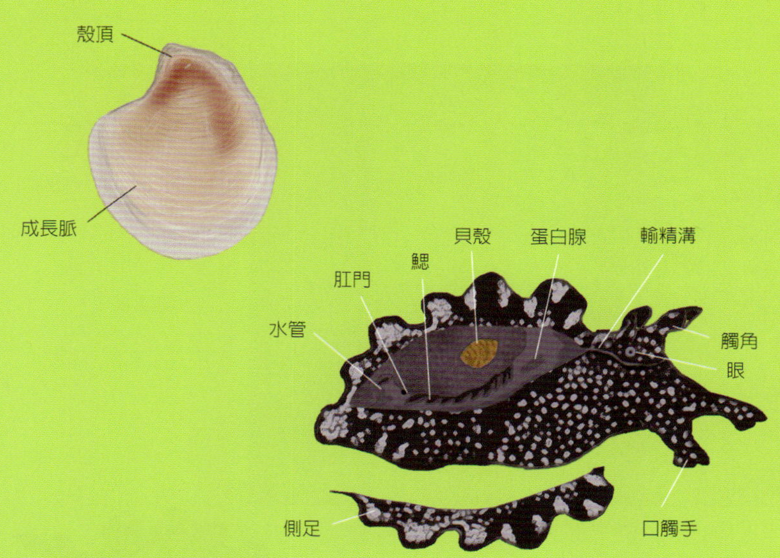
殼頂
成長脈
貝殼
蛋白腺
輸精溝
鰓
肛門
水管
觸角
眼
側足
口觸手

| 千本濱 水深 20m 大小 8mm 高重博 |

筒螺科 Akeridae
筒螺屬 Akera

## 散漫筒螺

*Akera soluta*（Gmelin, 1791）

印度－西太平洋

貝殼呈酒桶形
頭部沒有觸角
側足發達且大
散布許多白色細點

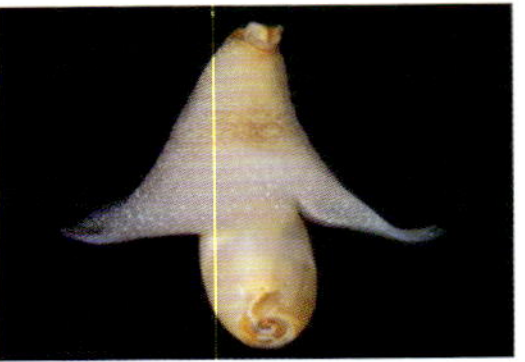

| 游泳中 千本濱 高重博 |

貝殼呈酒桶形，軟體爲白色半透明，散布許多白色細點。頭部帶褐色，沒有觸角。側足發達，有時會拍動側足游泳。棲息在海草床或沙泥底，以石蓴爲食。這幾年個體數明顯減少。殼高達 40mm。

| 八丈島 水深 8m 大小 200mm 加藤昌一 |

海兔科 Aplysiidae
海兔屬 Aplysia

## 黑斑海兔

*Aplysia kurodai*（Baba, 1937）

西太平洋

身體底色爲黑褐色，全身覆蓋白色細點。以海藻類爲食。偶爾可看見數個個體相連交尾（連鎖交配）的情景。卵塊在日本俗稱海麵線，日文漢字爲「雨虎」。長度達 400mm。

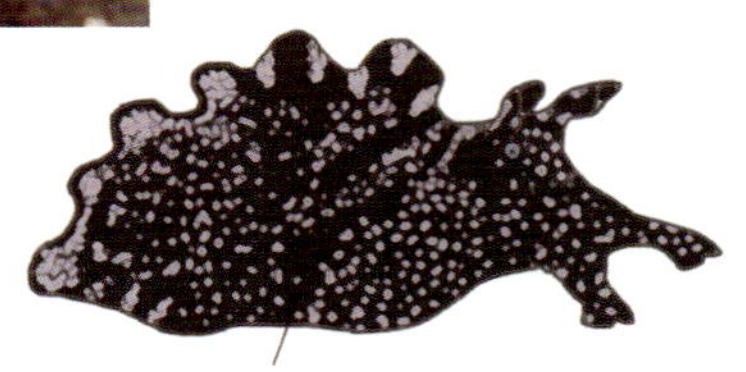
身體底色為黑褐色，
全身覆蓋白色細點

海兔科 Aplysiidae
海兔屬 Aplysia

# 環眼海兔

*Aplysia argus*
Rüppell & Leuckart, 1830

全世界的溫帶、熱帶海域

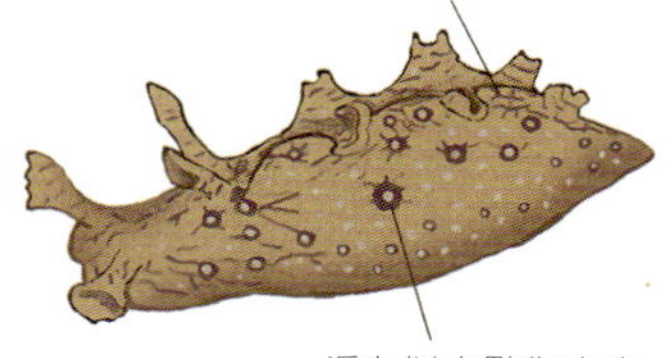
黑線呈波浪狀
或網眼狀
遍布以白點為中心
的眼紋

| 八丈島 水深 7m 大小 250mm 加藤昌一 |

身體底色為綠灰色到灰褐色，整體遍布以白點為中心的眼紋。側足周緣和身體上部有黑色細線排列成波浪狀或網眼狀。通常可在沖繩晚上的海底礁原觀察到。多數個體長度約 200mm。

---

海兔科 Aplysiidae
海兔屬 Aplysia

# 染斑海兔

*Aplysia juliana*
Quoy & Gaimard, 1832

全世界熱帶海域到亞寒帶海域

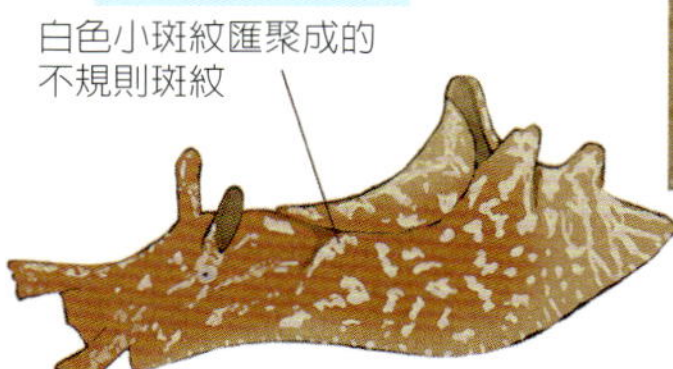
白色小斑紋匯聚成的
不規則斑紋
身體底色為深褐色到黃褐色

| 八丈島 水深 3m 大小 80mm 加藤昌一 |

體色為深褐色到黃褐色，有白色小斑紋組成的不規則斑紋，但有時也會出現黑色斑紋，變異性大。小型個體欠缺斑紋，不少個體有一條白線從觸角通過眼部，延伸至口觸手。通常海兔屬的體型為 100mm，本種算小型種。

| 八丈島 水深 3m 大小 150mm 加藤昌一 |

| 八丈島 水深 6m 大小 80mm 加藤昌一 |

| 八丈島 水深 12m 大小 350mm 加藤昌一 |

海兔科 Aplysiidae
海兔屬 Aplysia

## 大海兔

*Aplysia gigantea* Sowerby, 1869

日本、澳洲

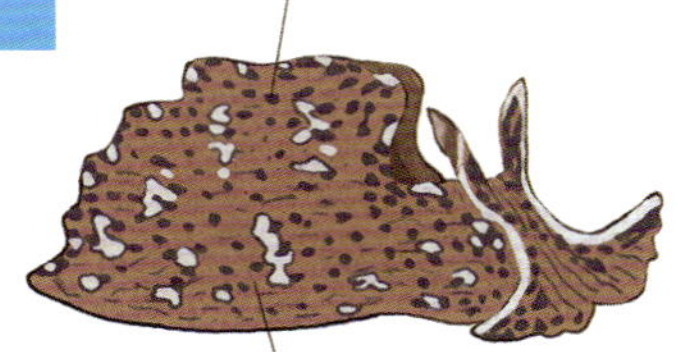
覆蓋紅褐色
或褐色斑紋
身體底色為灰褐色，
有時帶紅色或綠色

身體底色爲灰褐色，有時帶紅色或綠色。體表覆蓋紅褐色或褐色斑紋，有些個體沒有。側足大。最大特點是體型很大，擅長游泳。長度達 700mm。

| 八丈島 水深 8m 大小 80mm 加藤昌一 |

海兔科 Aplysiidae
海兔屬 Aplysia

## 眼斑海兔

*Aplysia oculifera*
（Adams & Reeve, 1850）

印度－
西太平洋、
中太平洋

許多個體欠缺眼紋
體表有許多由白色細點
匯聚的區域

身體底色爲淺黃綠色到黃褐色，變異幅度大，通常不同棲息地的個體，顏色有所差異。體表有許多由白色細點匯聚的區域，不少個體欠缺眼紋。多數個體長度約 50mm。

海兔科 Aplysiidae
海兔屬 Aplysia

# 相模海兔

*Aplysia sagamiana* Baba, 1949

西太平洋

| 黃金崎 水深 5m 大小 40mm 中野誠志 |

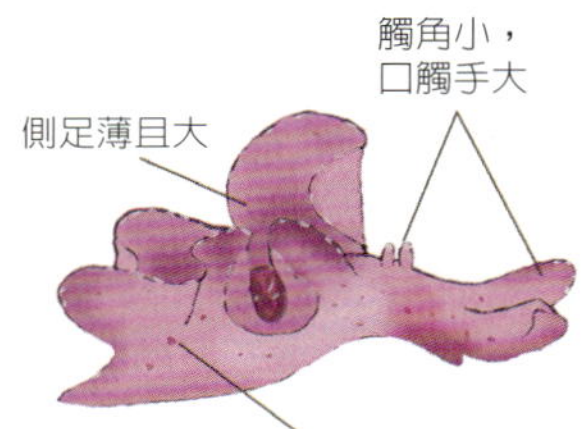
觸角小，
口觸手大
側足薄且大
身體底色為淺
紫到朱紅色

小型個體的身體底色爲淺紫色，隨著成長變成朱紅色。身體偶有深色小斑。側足薄且大。觸角小，口觸手大。可達 70mm。

海兔科 Aplysiidae
海兔屬 Aplysia

# 日本海兔

*Aplysia japonica*
G. B. Sowerby II, 1869

日本、韓國

| 八丈島 水深 6m 大小 25mm 余吾涉 |

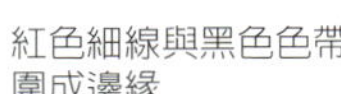
紅色細線與黑色色帶
圍成邊緣

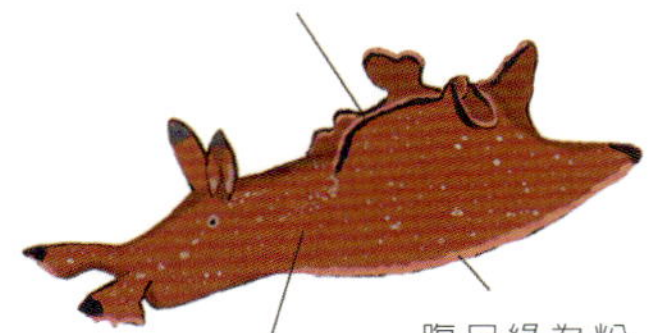
散布白色小斑紋
腹足緣為粉
紅色

身體底色爲紅褐色到茶色，體表散布白色小斑紋。側足緣有紅色細線與黑色色帶圍成邊緣，黑色色帶上散布白色細點。腹足緣爲粉紅色，沒有黑邊。觸角和口觸手上方有黑色斑紋，散布白色細點。可達 60mm。

| 八丈島 水深 3m 大小 12mm 加藤昌一 |

海兔科 Aplysiidae
海兔屬 Aplysia

## 黑邊海兔

*Aplysia nigrocincta* von Martens, 1880

印度－太平洋、東太平洋

側足緣為白色

身體從乳白色到黑褐色

黑色邊緣

體色從乳白色到黑褐色、茶褐色或紅褐色，變異性大。不少個體幾乎全身都是黑褐色。黑褐色個體的側足緣爲白色，淺色個體的側足緣是黑色。腹足有黑線框邊。根據 Golestani et al., 2019 的固定標本，最大爲 20mm。

| 慶良間群島 水深 3m 大小 15mm 小野篤司 |

海兔科 Aplysiidae
海兔屬 Aplysia

## 海兔之一種

*Aplysia* sp.

西太平洋

散布白色細點所
匯聚成的斑紋
藍紫色邊緣

身體爲茶褐色到紅褐色，散布白色細點所匯聚成的斑紋，側足緣、腹足緣、口觸手前緣有藍紫色邊。外觀近似日本海兔，但可從腹足緣的邊緣特徵區分。本種的採集個體只有兩個，由於數量很少，無法記載爲新種。長度達 20mm。

海兔科 Aplysiidae
柱唇海兔屬 Stylocheilus

# 條紋柱唇海兔

*Stylocheilus striatus*
（Quoy & Gaimard, 1832）

印度－
西太平洋、
大西洋

| 八丈島　水深 4m　大小 50mm　加藤昌一 |

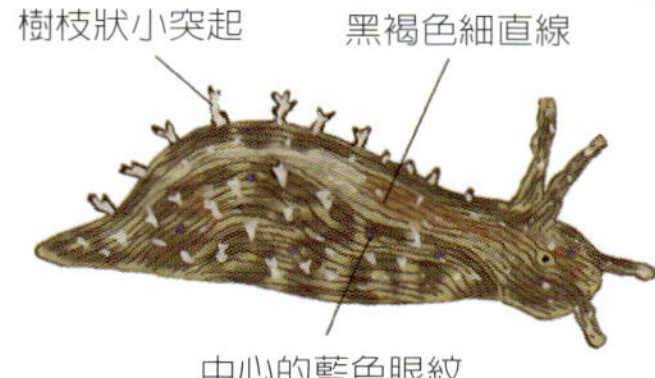
樹枝狀小突起
黑褐色細直線
中心的藍色眼紋

身體底色爲褐色半透明。體表有樹枝狀小突起，但數量有個體差異。此外，是否有黑褐色直線和中心的藍色眼紋也存在多種變異。長度達 75mm。

---

海兔科 Aplysiidae
柱唇海兔屬 Stylocheilus

# 長尾柱唇海兔

*Stylocheilus longicauda*
（Quoy & Gaimard, 1825）

全世界的
熱帶海域

| 慶良間群島　水面下　大小 30mm　小野篤司 |

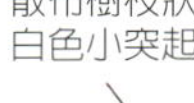
散布樹枝狀
白色小突起

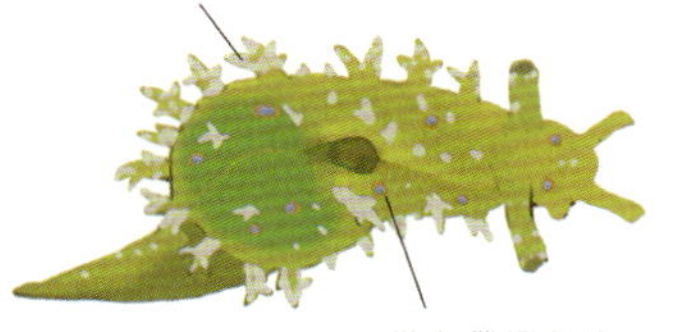
身體為黃綠色半透明
散布帶橙色邊
的紫色眼紋

身體爲黃綠色半透明，體表散布著橙色邊緣的眼紋，中央呈藍色到紫色。此外，身上散布許多樹枝狀小突起，然而在小型個體上並不明顯。尾長。附生於漂流海藻或漂流物上。長度達 60mm。

| 八丈島　水深 2m　大小 250mm　加藤昌一 |

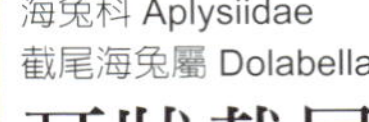

海兔科 Aplysiidae
截尾海兔屬 Dolabella

## 耳狀截尾海兔

*Dolabella auricularia*
（Lightfoot, 1786）

印度－
太平洋熱帶海域

身體後半部呈現出被
切成圓片的形狀
褐色不規則斑紋

| 慶良間群島　水深 7m　大小 10mm　小野篤司 |

身體爲灰褐色，有褐色不規則斑紋。身體後半的體型很像圓片，中心有水管。有些 15mm 的小型個體，帶著美麗的紅褐色。最常見的個體長度爲 200mm。

| 龍飛　水深 3m　大小 30mm　吉川一志 |

海兔科 Aplysiidae
葉海兔屬 Petalifera

## 斑葉海兔

*Petalifera punctulata*
（Tapparone-Canefri, 1874）

本州到
琉球群島

體色爲深褐色、淺褐色到綠色，變異性大。有時可觀察到小白斑個體，或體表有小突起的個體。身體扁平，觸角大致較小。本屬的分類尚未統整，推測該物種可能廣泛分布於西太平洋。附生於海草上。長度達 40mm。

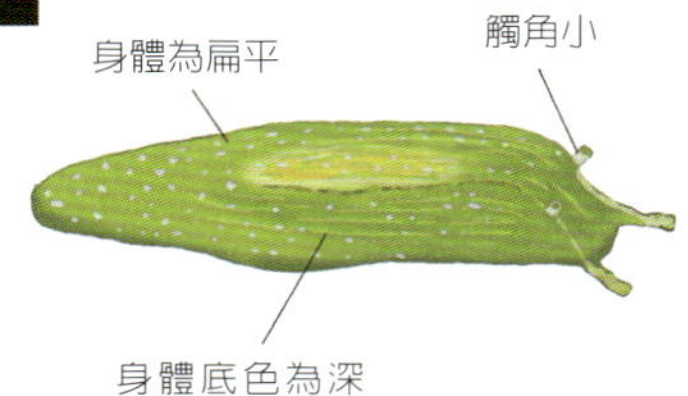
身體為扁平
觸角小
身體底色為深
褐色到淺褐色

海兔科 Aplysiidae
葉海兔屬 Petalifera

# 藻狀葉海兔

*Petalifera ramosa* Baba, 1959

印度－太平洋

| 八丈島　水深 8m　大小 50mm　加藤昌一 |

身體底色爲綠色到茶褐色，體表散布許多有白色環圍繞的圓錐形小突起。部分小突起較長且有分支。此外，還帶有些微突起的粉紅色細點。游泳時身體會對折。長度達 70mm。

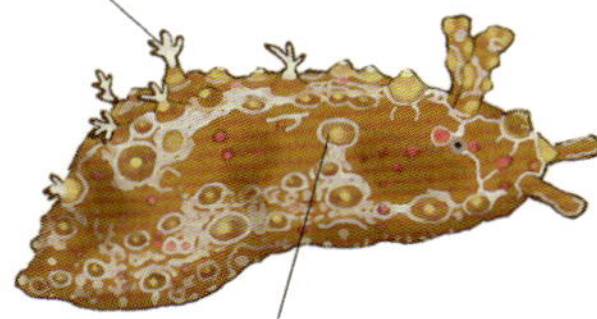
部分小突起
較長且有分支
散布許多有白色環圍繞的
圓錐形小突起

海兔科 Aplysiidae
葉海兔屬 Petalifera

# 葉海兔之一種

*Petalifera* sp.

慶良間群島

| 慶良間群島　水深 5m　大小 25mm　小野篤司 |

身體扁平，呈黃褐色，整體密布褐色細點。體表的淺色紋爲小突起。有些個體的背面帶深色斑或白色斑。運送精子的生殖溝緣微微隆起。長度達 25mm。

生殖溝緣微微隆起

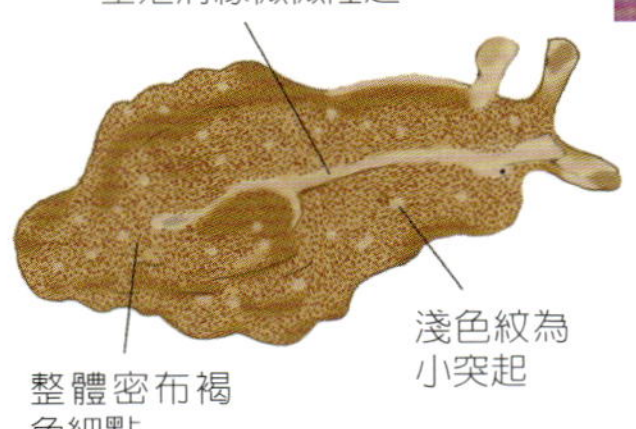
淺色紋為
小突起
整體密布褐
色細點

海兔科 Aplysiidae
斧殼海兔屬 Dolabrifera

# 斧殼海兔

*Dolabrifera dolabrifera*
（Cuvier, 1817）

印度－
太平洋熱帶海域

| 八丈島 水深 2m 大小 70mm 加藤昌一 |

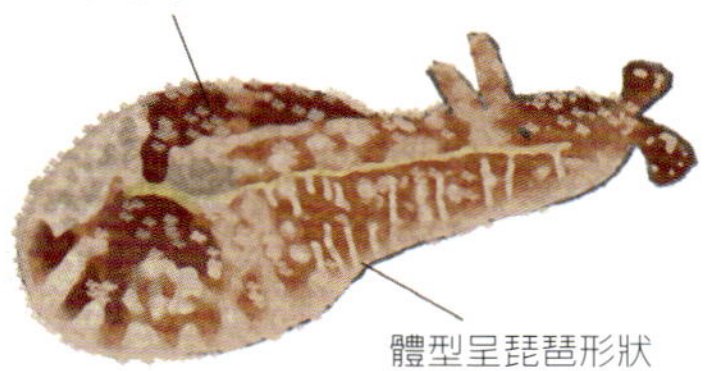
體表散布圓
錐形小突起
體型呈琵琶形狀

身體變異甚鉅，包括乳白色、綠色、紅褐色、褐色、黑褐色，有時也觀察到各色混合的個體。體表散布圓錐形小突起。體呈琵琶形，可自由變形。藏於內部的貝殼形狀也有個體變異。長度達 70mm。

---

海兔科 Aplysiidae
背海兔屬 Notarchus

# 印度背海兔

*Notarchus indicus*
Schweigger, 1820

印度－
太平洋

| 八丈島 水深 3m 大小 40mm 加藤昌一 |

體表散布樹狀小突起
散布深色小斑紋

身體爲黃褐色，散布深色小斑紋。體表散布樹狀小突起。背面有背孔，感到危險時會擠壓海水噴出，以滾動的方式逃走。長度達 40mm。

海兔科 Aplysiidae
鬚海兔屬 Bursatella

# 利氏鬚海兔

*Bursatella leachii leachii* de Blainville, 1817

**印度－西太平洋、中太平洋**

| 八丈島　水深 5m　大小 150mm　加藤昌一 |

身體底色為深褐色，體表覆蓋樹枝狀大突起。腹足緣有許多不分支的短突起。背面散布黑色到褐色邊的藍色斑紋。長度達 300mm。

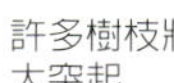
許多樹枝狀
大突起

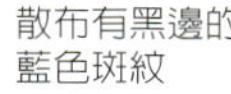
散布有黑邊的
藍色斑紋

腹足緣突起，
不分支且短

海兔科 Aplysiidae
紋海兔屬 Syphonota

# 地圖紋海兔

*Syphonota geographica* (Adams & Reeve, 1850)

**全世界的熱帶海域**

| 沖繩島　水深 14m　大小 30mm　世古徹 |

身體底色為黃褐色到綠色。斑紋有個體變異，但從眼部延伸至口觸手前端的白線，和從口觸手下方延伸至側足後半部的白線，在小型個體中也可見到以上特徵。有些個體帶眼紋圖樣斑紋。觸角接近。有時會游泳。長度達 100mm。

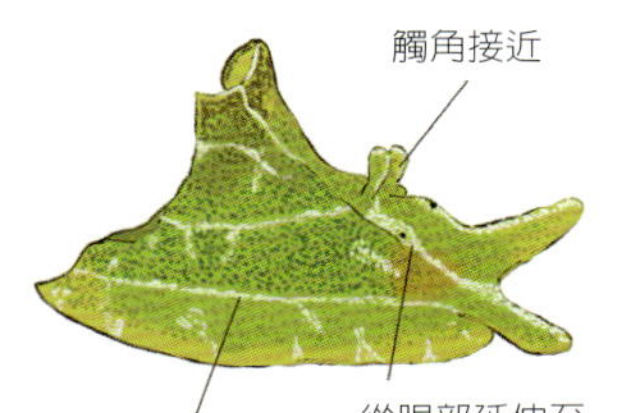
觸角接近
從口觸手下方延伸至
側足後半部的白線
從眼部延伸至
口觸手前端的白線

|慶良間群島　水深 2m　大小 14mm　小野篤司|

海兔科 Aplysiidae

藻海兔屬 Phyllaplysia

## 拉氏藻海兔

*Phyllaplysia lafonti*（Fischer, 1870）

全世界熱帶海域

體色為半透明，有些
部位的白色細點很密，
有些則很稀疏

體色爲半透明，有些部位的白色細點很密，有些則很稀疏。這應該是一種隱蔽型擬態，避免在宿主小團扇藻上被發現。有些個體的體表散布乳白色小突起。側足內側有貝殼。觸角有數根小突起，與口觸手一樣幾乎透明。長度達 40mm。

|慶良間群島　水深 7m　大小 12mm　小野篤司|

海兔科 Aplysiidae

藻海兔屬 Phyllaplysia

## 藻海兔之一種

*Phyllaplysia* sp. cf. *edmundsi*（Bebbington, 1974）

印度－西太平洋

身體爲綠色，散布些微白斑與不規則黑褐色斑點。側足散布幾近透明的樹狀突起。觸角幾乎透明，口觸手爲綠色。長度達 35mm。

散布白斑與不規則黑褐色小斑

觸角幾乎透明，口觸手為綠色

側足散布幾近透明的樹狀突起

# 囊舌目
## Sacoglossa

分成有殼物種、無殼物種，以及帶大型側足或背側突起的物種，
形態豐富多樣，整體為小型種。
擁有收納齒舌的舌囊，沒有口觸手。
藻食性，有些物種會利用從藻類身上吸收的葉綠素。
近幾年的研究證實本目接近肺螺類，亦變更了圖鑑中的位置。

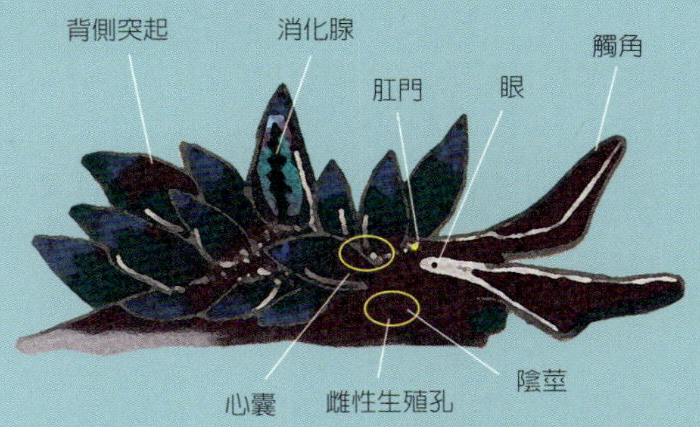
背側突起
消化腺
觸角
肛門
眼
心囊
雌性生殖孔
陰莖

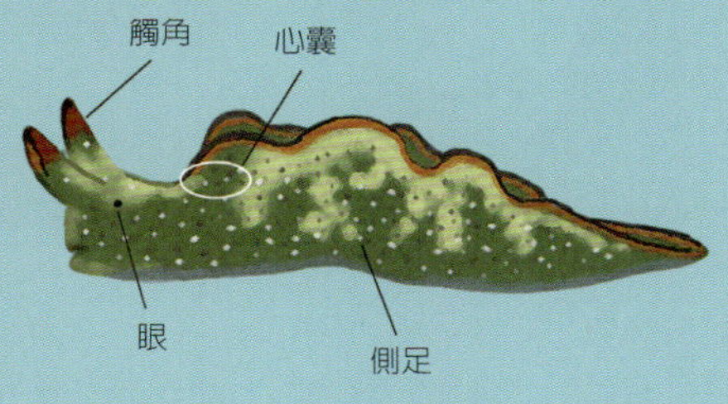
觸角
心囊
眼
側足

圓捲螺科 Volvatellidae
囊棗螺屬 Ascobulla

# 費氏囊棗螺

*Ascobulla fischeri*
（A. Adams & Angas, 1864）

印度－
太平洋

| 慶良間群島　水深 10m　大小 12mm　小野篤司 |

貝殼呈黃褐色，捲成圓筒狀。有時黃白色細點形成帶狀。軟體爲白色，頭盾中央有溝。適應沙中生活，可在齒形蕨藻根部發現。受到刺激會釋放白色汁液。殼長可達 8mm。

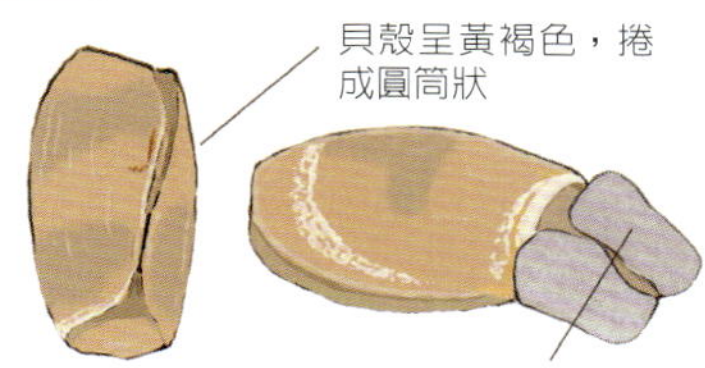
貝殼呈黃褐色，捲成圓筒狀
軟體為白色，頭盾中央有溝

圓捲螺科 Volvatellidae
圓捲螺屬 Volvatella

# 青綠圓捲螺

*Volvatella viridis* Hamatani, 1976

西太平洋
熱帶海域

| 八丈島　水深 3m　大小 8mm　加藤昌一 |

貝殼爲綠色，略圓。噴出管粗短，長在右邊。軟體爲白色，有 2 個非觸角的突起。雖全世界已有近似種的觀察報告，但仍需進一步整理及研究。中野（2018）記載的個體，可透過貝殼，看到軟體廣泛遍布黃白色細點。Gosliner et al., 2018 將本種列爲 *Volvatella* sp. 4。殼長 7mm。

貝殼為綠色，略圓

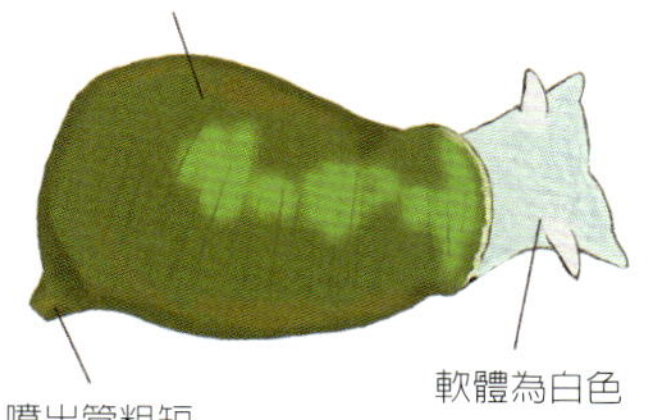
噴出管粗短
軟體為白色

圓捲螺科 Volvatellidae
圓捲螺屬 Volvatella

# 紀伊圓捲螺

*Volvatella ayakii* Hamatani, 1972

八丈島、
紀伊半島以南、
琉球群島

| 八丈島 水深 10m 大小 12mm 加藤昌一 |

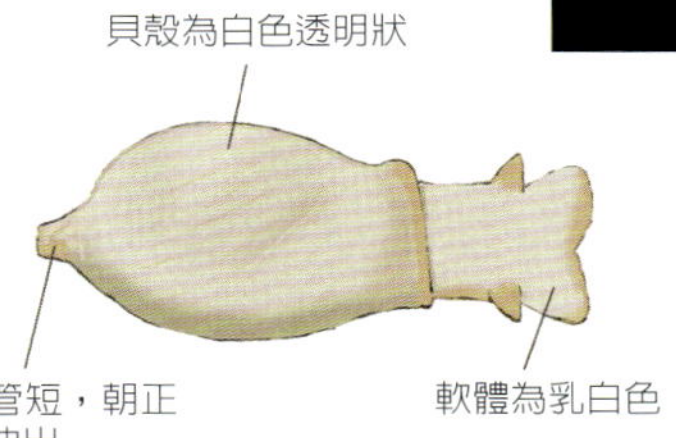
貝殼為白色透明狀
噴出管短，朝正後方伸出
軟體為乳白色

貝殼爲乳白色到白色透明狀，外唇緣後方處較細。噴出管短，朝正後方伸出。軟體爲乳白色，頭部有 2 根突起。附生於蕨藻類。殼長達 6mm。

圓捲螺科 Volvatellidae
圓捲螺屬 Volvatella

# 河村圓捲螺

*Volvatella kawamurai* Habe, 1946

西太平洋、
中太平洋
熱帶海域

| 慶良間群島 水深 2m 大小 18mm 小野篤司 |

貝殼部分呈草綠色，形狀細長

頭部為白色

噴出管朝正後方延伸，長度較長

貝殼呈淺小麥色，形狀細長，體積較大。噴出管朝正後方延伸，長度較長。貝殼部分的軟體呈草綠色，頭部爲白色。附生於齒形蕨藻。過去的文獻將其當成「オンナソンブドウギヌ」。此外，*Volvatella ventricosa* 的噴出管很短。殼長可達 16mm。

| 沖繩島 水深 5m 大小 3mm 今川郁 |

圓捲螺科 Volvatellidae
圓捲螺屬 Volvatella

# 白紋圓捲螺

*Volvatella angeliniana* Ichikawa, 1933

西太平洋
熱帶海域

貝殼爲淺黃色，噴出管短，略往右傾。可透過貝殼，看見密布軟體的白色圓形斑紋或石牆狀斑紋。頭部的觸角狀突起前端爲紅色。殼長可達 6mm。

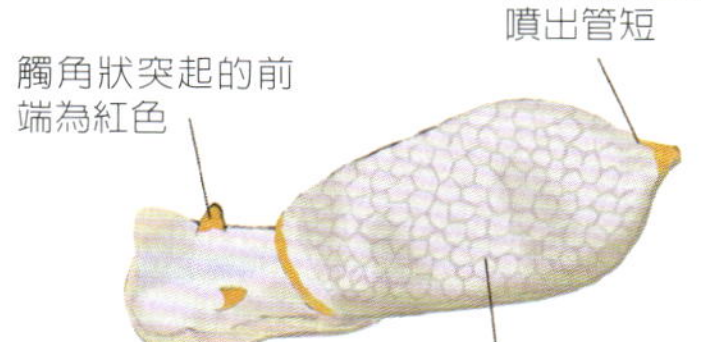
貝殼為淺黃色，
噴出管短
觸角狀突起的前
端為紅色
白色石牆狀斑紋

| 沖繩島 水深 3m 大小 6mm 今川郁 |

圓捲螺科 Volvatellidae
圓捲螺屬 Volvatella

# 斑點圓捲螺

*Volvatella maculata* Jansen, 2015

西太平洋

貝殼爲白色半透明，略顯細長。內側的軟體爲白色，散布無色圓斑。噴出管長，基部的收縮較弱。長度達 9mm。

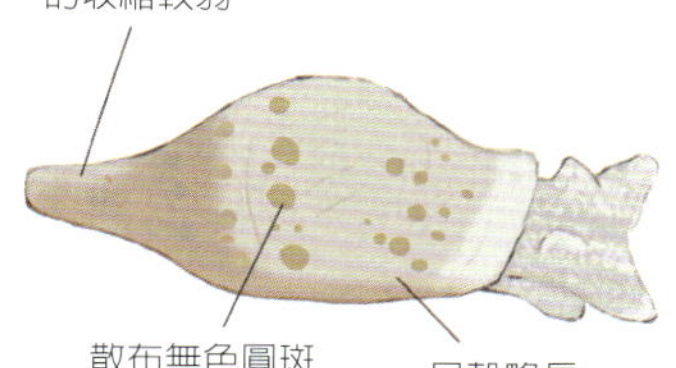
噴出管長，基部
的收縮較弱
散布無色圓斑
貝殼略長

圓捲螺科 Volvatellidae
圓捲螺屬 Volvatella

## 圓捲螺屬之一種 1

*Volvatella* sp. 1

日本

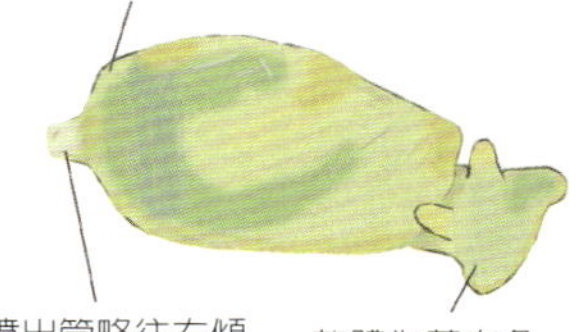
貝殼為黃白色，
後方呈膨脹角狀
噴出管略往右傾
軟體為黃白色

| 八丈島　水深 3m　大小 8mm　加藤昌一 |

軟體部爲黃白色，貝殼爲黃白色，後方呈膨脹角狀。噴出管略往右傾。日本一直將本種當成 *V. vigourouxi*，但原生於法屬新喀里多尼亞的正模標本身上帶橙黃色色素，Rudman（2002）也有所質疑。長度達 20mm 的大型種。

圓捲螺科 Volvatellidae
圓捲螺屬 Volvatella

## 圓捲螺屬之一種 2

*Volvatella* sp. 2

琉球群島

可看見黃綠色細點
分布在外套膜上

| 沖繩島　水深 3m　大小 4mm　今川郁 |

軟體部爲白色，貝殼爲綠色半透明，可看見黃綠色細點分布在外套膜上。近似種青綠圓捲螺貝殼下的外套膜未散布細點。Gosliner et al., 2018 的 *Volvatella* sp. 4 爲本種。過去的文獻曾將其稱爲綠圓捲螺。

珠綠螺科 Juliidae
珠綠螺屬 Julia

## 精緻珠綠螺

*Julia exquisita* Gould, 1862

印度－
西太平洋

貝殼為綠色或帶褐色的綠
色，有時帶放射狀白色斑紋
殼頂後方有明顯的
凹陷處

| 慶良間群島　水深 5m　大小 5mm　小野篤司 |

貝殼爲綠色或帶褐色的綠色，有時帶放射狀白色斑紋。有許多黑色細點，部分與白色細長形斑紋相連，有些個體身上的斑紋看似流星。狀似二枚貝的貝殼厚重，本種爲次生殼，原本是卷貝。殼頂後方有明顯的凹陷處。頭部與貝殼爲同色。附生於蕨藻類。3mm。

| 八丈島 水深 3m 大小 4mm 加藤昌一 |

珠綠螺科 Juliidae
珠綠螺屬 Julia

# 斑馬珠綠螺

*Julia zebra* Kawaguti, 1981

印度－太平洋

貝殼與精緻珠綠螺幾乎相同，但殼頂後方有大凹處。殼頂朝前方有 10 條左右的褐色放射狀帶，可藉此區分兩者。頭部為綠色，有一條褐色色帶從觸角通過眼下，一直延伸到後方。殼長可達 5mm。

殼頂後方有大凹處
褐色色帶
約 10 條褐色的放射帶

| 七尾市 水深 2m 大小 5.5mm 高重博 |

珠綠螺科 Juliidae
Berthelinia 屬

# 蛞蝓雙殼螺

*Berthelinia limax*
（Kawaguti & Baba, 1959）

本州

貝殼薄，呈綠色透明狀，貝殼為雙殼貝。殼的後方彎度比偽綠雙殼螺平緩，幼殼比偽綠雙殼螺大。軟體為綠色。數量較少，產下大型卵，孵化時做好變態的準備，孵化後面盤就會脫落。以卵作為營養來源。捕食岡村蕨藻。*Berthelinia* 是化石種的屬。殼長達 8mm。

幼殼比偽綠雙殼螺大
雙殼貝（二枚貝）
殼後方弧度較緩

珠綠螺科 Juliidae
Berthelinia 屬

# 僞綠雙殼螺

*Berthelinia pseudochloris* Kay, 1964

印度－
太平洋

| 慶良間群島 水深 15m 大小 5mm 小野篤司 |

幼殼比蛞蝓
雙殼螺小
雙殼貝

殼後方弧度細尖

體制與蛞蝓雙殼螺相同。殼大多有條紋圖案，後端的弧度比蛞蝓雙殼螺細尖。幼殼比蛞蝓雙殼螺略小。產大量小型卵，浮游期與變態後的食性不同，以浮游生物作爲營養來源。食草也不同，本種吃齒形蕨藻。殼長達 8mm。

長足螺科 Oxynoidae
長足螺屬 Oxynoe

# 青綠長足螺

*Oxynoe viridis*（Pease, 1861）

印度－
太平洋

| 八丈島 水深 2m 大小 25mm 加藤昌一 |

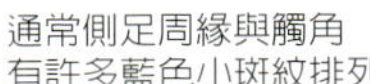
通常側足周緣與觸角
有許多藍色小斑紋排列

側足散布均勻的
褐色細點與藍色細點

身體底色爲淺草綠色到綠色，有些個體在覆蓋貝殼的側足周緣、側足下方和觸角排列著藍色斑紋。有時側足散布均勻褐色細點與藍色細點。這些特徵的變異較多。受到刺激時會釋放白色汁液，自斷尾部。長度達 35mm。

長足螺科 Oxynoidae
長足螺屬 Oxynoe

# 川平長足螺

*Oxynoe kabirensis* Hamatani, 1980

西太平洋

| 八丈島 水深 5m 大小 30mm 加藤昌一 |

體色大多是淺綠色，貝殼比青綠長足螺圓。側足外側有輪廓清晰的深色區域延伸至上方。側足和尾部散布細微分支的小突起。附生於蕨藻類。長度達 25mm。

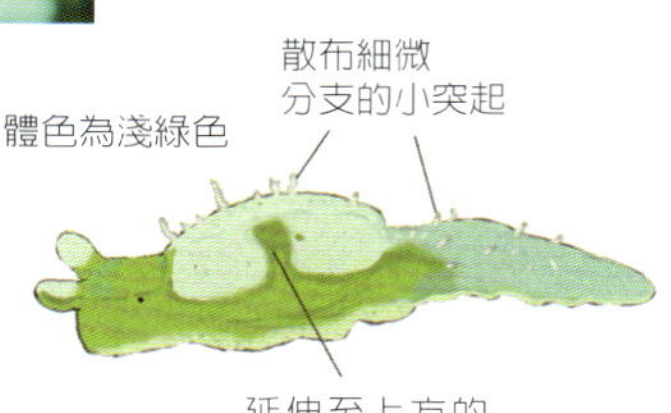
散布細微
分支的小突起
體色為淺綠色
延伸至上方的
深色區域

長足螺科 Oxynoidae
長足螺屬 Oxynoe

# 凱氏長足螺

*Oxynoe kylei*
Krug, Berriman & Valdés, 2018

西太平洋、
中太平洋

| 沖繩島 水深 5m 大小 3mm 今川郁 |

身體底色爲淺黃色，軟體部被綠褐色細線以網眼狀覆蓋。側足散布鈍突起。從背面側足未覆蓋的區域和側足中間的洞，可透過貝殼看見藍色斑紋。附生在輪生蕨藻和絲狀蕨藻。長度達 10mm。

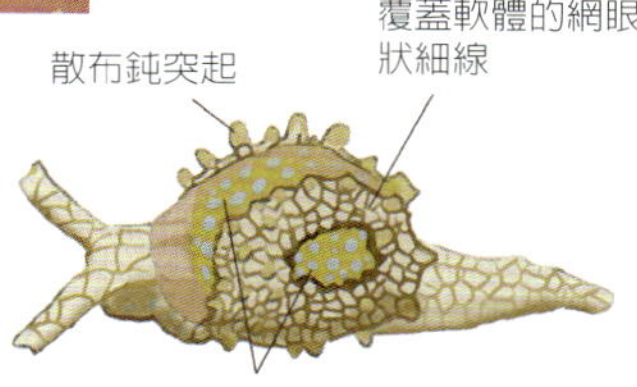
覆蓋軟體的網眼
狀細線
散布鈍突起
透過貝殼可
見藍色斑紋

長足螺科 Oxynoidae
長足螺屬 Oxynoe

# 長足螺之一種

*Oxynoe* sp.

八丈島

| 八丈島 水深 8m 大小 15mm 加藤昌一 |

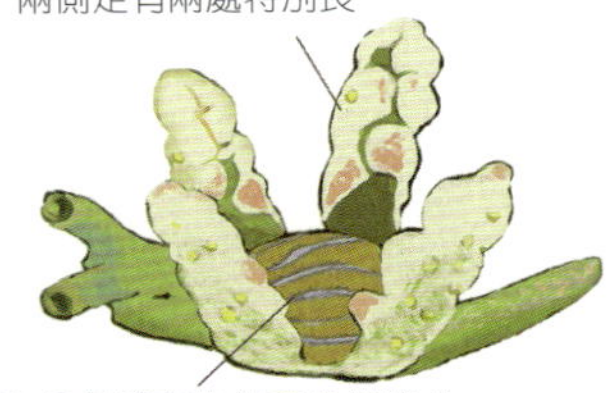
散布藍色小斑紋
底色為黃色，密布黑褐色細點
散布鈍狀小突起

身體底色爲乳白色，頭部和觸角有藍色小斑紋分布。側足和尾部爲黃色，分布非常密集的黑褐色細點。側足散布鈍狀小突起。近似種喬丹長足螺（*Oxynoe jordani*）的側足也有藍色眼紋分布。附生於絨毛蕨藻。長度達 10mm。

---

長足螺科 Oxynoidae
葉突螺屬 Lobiger

# 青綠葉突螺

*Lobiger viridis* Pease, 1863

印度－太平洋

| 八丈島 水深 6m 大小 20mm 加藤昌一 |

| 慶良間群島 水深 7m 大小 25m 小野篤司 |

兩側足有兩處特別長

許多個體有數條藍色細線分布，部分個體沒有

體色爲草綠色。貝殼薄且幾乎透明，下方的軟體部大多有 4 條直向分布的藍色細線，但有些個體完全沒有。某些個體可見藍色微細點，但這帶藍色色素並非該物種的特徵。兩側足有兩處特別長。此外，*L. souverbii* 是加勒比海的物種，遺傳上屬不同物種。長度達 25mm。

| 慶良間群島 水深 3m 大小 17mm 小野篤司 |

美葉海蛞蝓科 Caliphyllidae

Cyerce 屬

## 黑美葉海蛞蝓

*Cyerce nigricans*（Pease, 1866）

印度－
西太平洋
熱帶海域

白色細線圍邊
黃褐色到
紅褐色斑紋
沿著輪廓的紅褐色
色帶與內側小圓斑

體色從黑褐色到黑色，頭部與觸角有黃褐色到紅褐色斑紋。背側突起有白色細線圍邊，還有沿著輪廓的紅褐色色帶，色帶內側散布小圓斑。長度達 40mm。本種背側突起的圖案表裡相同，近似種虎紋美葉海蛞蝓的背側突起後方與本種相似，但前方沒有圓斑而是橫條紋。

| 西表島 水深 16m 大小 40mm 笠井雅夫 |

美葉海蛞蝓科 Caliphyllidae

Cyerce 屬

## 華美美葉海蛞蝓

*Cyerce elegans* Bergh, 1870

印度－
西太平洋
熱帶海域

背側突起充分膨脹
幾乎透明，
覆蓋粗葉脈狀線條

體色爲白色、褐色到紅褐色半透明，背側突起幾乎透明，充分膨脹，覆蓋粗葉脈狀白色線條。通過邊緣的褐色細線與葉脈狀白色線條的連接部分，形成小菱形斑紋，通常很明顯。長度達 50mm。

美葉海蛞蝓科 Caliphyllidae
Cyerce 屬

# 馬場菊太郎美葉海蛞蝓

*Cyerce kikutarobabai* Hamatani, 1976

印度－西太平洋

｜八丈島 水深 2m 大小 8mm 加藤昌一｜

上半為紅紫色，
有許多黃灰色圓斑
頭部上方與觸角為紅紫色

體色幾乎半透明，背面爲綠色，頭部上方爲紅紫色，心囊爲白色。背側突起充分膨脹，上半部爲紅紫色，有許多黃灰色圓斑。觸角有乳白色斑紋分布。長度達15mm。

---

美葉海蛞蝓科 Caliphyllidae
Cyerce 屬

# 波本美葉海蛞蝓

*Cyerce bourbonica* Yonow, 2012

印度－西太平洋

｜八丈島 水深 3m 大小 15mm 加藤昌一｜

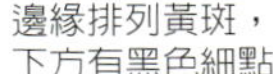

邊緣排列黃斑，
下方有黑色細點
淺褐色斑駁模樣散布在
頭部、觸角到心囊處

頭部、觸角到心囊處有淺褐色斑駁模樣，背緣爲綠色，背側突起爲藍灰色半透明，散布白色細點，邊緣排列黃斑，且沿著邊緣有些微黑色細點點綴。長度達20mm。可從頭部斑紋與近似種 *Mourgona* sp. 1 識別。

|八丈島 水深 3m 大小 30mm 加藤昌一|

美葉海蛞蝓科 Caliphyllidae

Cyerce 屬

## 孔雀美葉海蛞蝓

*Cyerce pavonina* Bergh, 1888

印度－西太平洋

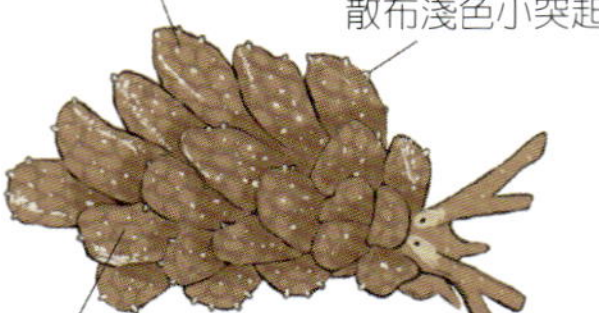
覆蓋淺褐色網眼狀斑紋
散布淺色小突起
網眼的眼為圓形

體色爲淺黃色到褐色，背側突起覆蓋淺褐色網眼狀斑紋。表面散布淺色小突起。長度達 30mm。外觀近似 *Cyerce* 屬美葉海蛞蝓之一種 1，但可從網眼圖案是模糊的色素匯聚而成，以及網眼的眼爲圓形來進行區分。

---

|慶良間群島 水深 12m 大小 8mm 小野篤司|

美葉海蛞蝓科 Caliphyllidae

Cyerce 屬

## *Cyerce* 屬美葉海蛞蝓之一種 1

*Cyerce* sp. 1

西太平洋熱帶海域

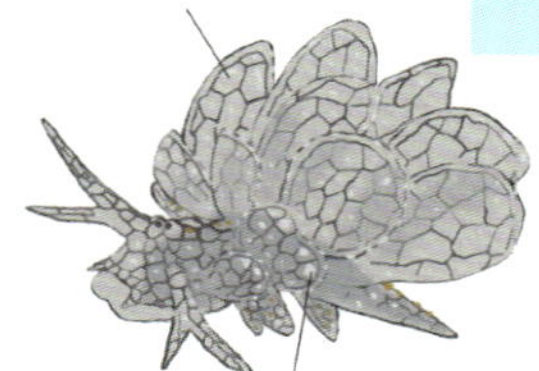
體表覆蓋網眼狀深灰色線
散布白色與黃灰色圓形小突起

包括背側突起在內，身體爲半透明，網眼狀深灰色線覆蓋體表，有白色與黃灰色圓形小突起分布。游泳時會拍動背側突起。長度達 8mm。

---

|慶良間群島 水深 15m 大小 6mm 小野篤司|

美葉海蛞蝓科 Caliphyllidae

Cyerce 屬

## *Cyerce* 屬美葉海蛞蝓之一種 2

*Cyerce* sp. 2

西太平洋熱帶海域

從眼部往後方延伸的褐色斑

綠色的粗色帶圍邊

心囊部為白色

上部緣排列白色小突起

體色爲白色半透明，背面有深綠色粗色帶圍邊，眼部到心囊前方有褐色斑，心囊部爲白色。背側突起幾乎半透明，上部緣排列白色小突起。觸角前端也有白色色素匯聚。長度達 6mm。

美葉海蛞蝓科 Caliphyllidae
Cyerce 屬

## *Cyerce* 屬美葉海蛞蝓之一種 3

*Cyerce* sp. 3

西太平洋
熱帶海域

上部緣為白色，
內側為粉紅色
中斷的
網眼狀褐線
頭部和觸角散布褐
色細點

| 慶良間群島 水深 5m 大小 12mm 小野篤司 |

身體底色爲黃色半透明，頭部和觸角散布褐色細點。背側突起的上部緣爲白色，內側有粉紅色區塊。下方還有中斷的網眼狀褐線。波本美葉海蛞蝓的幼齡個體很容易與本種混淆，但可從頭部、觸角斑紋區別。日本異名爲「ハナビラウロコウミウシ」。長度達 12mm。

---

美葉海蛞蝓科 Caliphyllidae
Cyerce 屬

## *Cyerce* 屬美葉海蛞蝓之一種 4

*Cyerce* sp. 4

慶良間群島

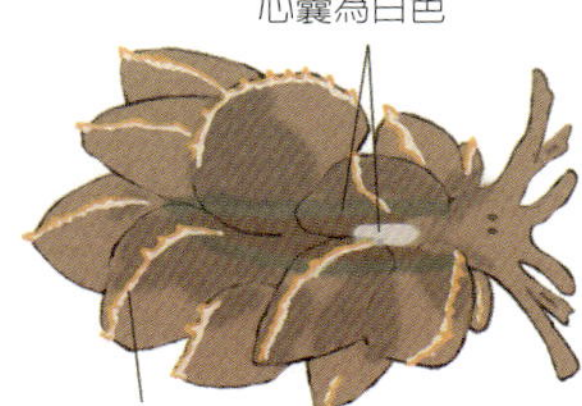
背面為綠褐色，
心囊為白色
只有背側突起的上緣
有褐色與橘色細線圍邊

| 慶良間群島 水深 13m 大小 10mm 小野篤司 |

體色爲淺橘色，背面爲綠褐色，心囊爲白色。只有背側突起的上緣有褐色與橘色細線圍邊。由於只觀察到一個個體，很可能是 *Cyerce* 屬美葉海蛞蝓之一種 2 的變異。本種與中野（2018）的美葉海蛞蝓之一種 7 爲同一種。10mm。

| 慶良間群島 水深 15m 大小 8mm 小野篤司 |

美葉海蛞蝓科 Caliphyllidae
Mourgona 屬

## *Mourgona* 屬美葉海蛞蝓之一種

*Mourgona* sp.

西太平洋、
中太平洋
熱帶海域

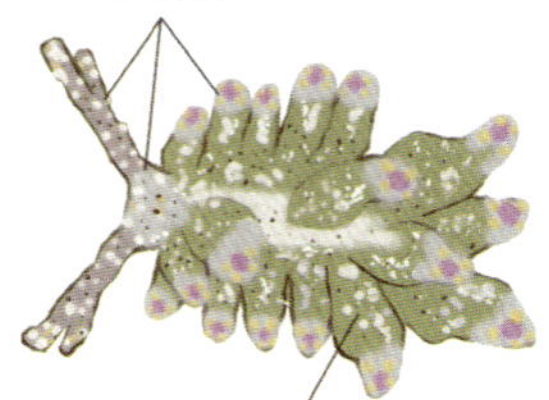
散布黑色細點
與黃點
綠色消化腺

體色幾乎半透明，頭部、觸角與背側突起散布黑色細點與黃點。背側突起的前端附近有略大的黃點，圍繞桃色斑紋排列。此外，本種的背側突起內有綠色消化腺，因此列入 *Mourgona* 屬。長度達 20mm。

| 八丈島 水深 3m 大小 10mm 加藤昌一 |

美葉海蛞蝓科 Caliphyllidae
宋氏海蛞蝓屬 Sohgenia

## 帛琉宋氏海蛞蝓

*Sohgenia palauensis* Hamatani, 1991

印度－
西太平洋

身體爲淡綠色，背側突起長又透明，表面散布褐色細點，上半部的內側是白色。觸角後方與心囊部爲白色。觸角從根部附近形成 2 分支，沒有口觸手。長度達 15mm。

散布褐色細點，
上半部的內側
是白色

觸角從根部
附近形成 2 分支

觸角後方與
心囊部為白色

美葉海蛞蝓科 Caliphyllidae
宋氏海蛞蝓屬 Sohgenia

# 宋氏海蛞蝓之一種

*Sohgenia* sp.

**琉球群島**

| 慶良間群島 水深 10m 大小 4mm 小野篤司 |

背面覆蓋白色
短直線
只有前端密
生乳白色小突起
觸角呈 2 分支，
下方較短

背面為綠色，白色短線如皺紋般覆蓋整個背部。背側突起幾乎透明，細長扁平，只有前端密生乳白色小突起。觸角呈 2 分支，下方較短。此外，觸角為參雜白色到褐色的斑駁圖案，表面有許多小突起。長度達 4mm。

美葉海蛞蝓科 Caliphyllidae
多鰓海蛞蝓屬 Polybranchia

# 東方多鰓海蛞蝓

*Polybranchia orientalis*
（Kelaart, 1858）

**相模灣以南、沖繩島**

| 慶良間群島 水深 7m 大小 40mm 小野篤司 |

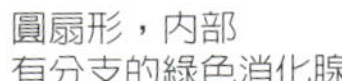
圓扇形，內部
有分支的綠色消化腺

中央有 1 個深色斑

體色為灰綠色半透明，背側突起為團扇狀，與身體底色相同。可看見內部分支的消化腺。背側突起中央有 1 個深色斑。原記載為黑斑，本個體是紅紫色。長度達 40mm。

美葉海蛞蝓科 Caliphyllidae
多鰓海蛞蝓屬 Polybranchia

印度－太平洋

# 珊蔓莎多鰓海蛞蝓

*Polybranchia samanthae* Medrano, Krug, Gosliner, Biju Kumar & Valdés, 2018

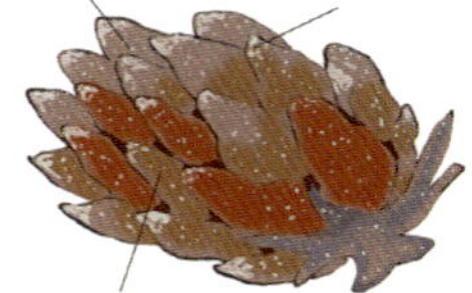
背部散布白色小突起
白色消化腺延伸至前端
背側突起為半透明，顏色從橄欖綠到褐色

| 慶良間群島 水深 6m 大小 50mm 小野篤司 |

體色爲淺橄欖綠到褐色，背部散布白色小突起。背側突起爲半透明，有橄欖綠、綠色到褐色色塊。白色消化腺跨越綠色色塊，延伸至前端。長度達 40mm。

美葉海蛞蝓科 Caliphyllidae
多鰓海蛞蝓屬 Polybranchia

慶良間群島

# 多鰓海蛞蝓之一種 1

*Polybranchia* sp. 1

中央有較大的瘤狀乳白色紋
觸角有許多白色小突起
白色消化腺呈葉狀配置

| 慶良間群島 水深 6m 大小 10mm 小野篤司 |

身體幾乎透明，散布白色色素。背側突起較大，呈 1 列。白色消化腺呈葉狀配置，中間有較大的瘤狀乳白色紋。觸角長著許多白色小突起。與澳洲固有種 *P. burni* 相似。8mm。

美葉海蛞蝓科 Caliphyllidae
多鰓海蛞蝓屬 Polybranchia

琉球群島

# 多鰓海蛞蝓之一種 2

*Polybranchia* sp. 2

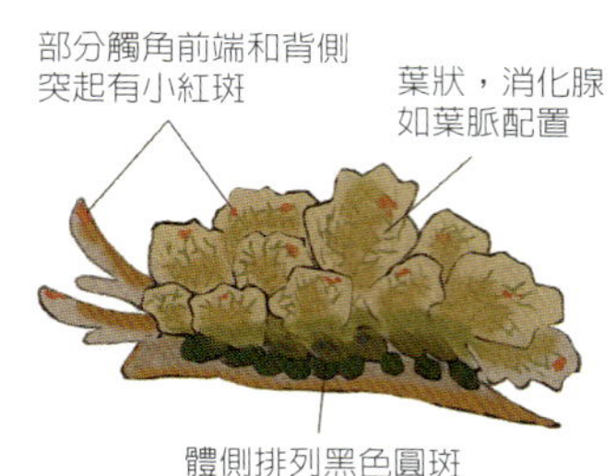
部分觸角前端和背側突起有小紅斑
葉狀，消化腺如葉脈配置
體側排列黑色圓斑

| 慶良間群島 水深 5m 大小 8mm 小野篤司 |

身體爲橄欖綠半透明，背側突起呈葉狀，消化腺如葉脈配置。部分觸角前端和背側突起有小紅斑。體側排列黑色圓斑。8mm。

美葉海蛞蝓科 Caliphyllidae
美葉海蛞蝓屬 Caliphylla

# 美葉海蛞蝓之一種

*Caliphylla* sp.

琉球群島

觸角有分支的一邊較小
消化腺如樹狀結構般
從基部單一枝條分支

| 沖繩島　水深 5m　大小 20mm　今川郁 |

身體爲綠色半透明，觸角有分支的一邊較小。背側突起呈薄長葉狀，消化腺如樹狀結構般從基部單一枝條分支，延伸至背側突起緣。長度達 20mm。

柱狀科 Limapontiidae
阿爾德海蛞蝓屬 Alderia

# 黑近阿爾德海蛞蝓

*Alderiopsis nigra*（Baba, 1937）

太平洋、大西洋的溫帶～亞寒帶海域

背側突起的前端為白色，
幾乎呈一橫列
觸角捲曲
身體為扁平橢圓形

| 倉橋島　水深 5m　大小 4mm　藤本繁 |

身體爲扁平橢圓形，底色爲黃灰色，邊緣爲綠褐色。觸角捲曲，呈白色。背側突起的前端爲白色，幾乎呈一橫列，背面空蕩蕩。附生於大葉藻。長度達 8mm。

柱狀科 Limapontiidae
阿爾德海蛞蝓屬 Alderia

# 謙遜阿爾德海蛞蝓

*Alderia modesta*（Loven, 1844）

太平洋、大西洋的溫帶～亞寒帶海域

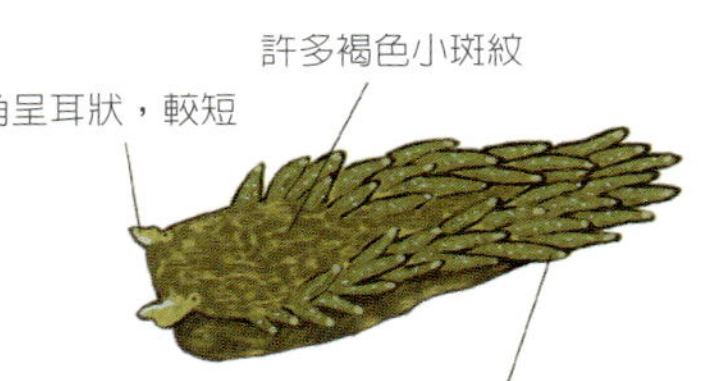
許多褐色小斑紋
觸角呈耳狀，較短
半透明，可見消化腺
散布白色細點

| 浮島　水深 8m　大小 10mm　山田久子 |

體色爲綠黃色，形狀細長。背面有許多褐色小斑紋。背側突起爲半透明，可見消化腺，表面散布白色細點，數量因個體而異。觸角呈耳狀，較短。長度達 15mm。

|大瀨崎 水深 5m 大小 5mm 木元伸彥|

柱狀科 Limapontiidae

Stiliger 屬

## 柏氏柱海蛞蝓

*Stiliger berghi* Baba, 1937

日本、俄羅斯

身體幾乎透明，散布褐色小斑紋，可清楚看見白色的內部器官。茶色消化腺從頭部延伸到尾根部，一直延續到背側突起的前端。背側突起左右不規則排列，表面散布白點。長度達 7mm。

表面散布白點
背面的茶色消化腺延續至
背側突起前端

|八丈島 水深 5m 大小 5mm 廣江一弘|

柱狀科 Limapontiidae

Stiliger 屬

## 美麗柱海蛞蝓

*Stiliger ornatus* Ehrenberg, 1828

印度－
西太平洋

身體爲淡黃色，頭部觸角間有深色色帶。背側突起眾多，前端以下依序爲黑色、鮮黃色、紺色、散布白色細點的黃色。部分個體缺少前端的黑色。觸角爲紺色。原記載與赫倫島原生種很像，但與日本原生種略有不同。長度達 10mm。

觸角間有深色色帶
前端依序為黑色、鮮豔的黃色、
紺色、散布白色細點的黃色
觸角為紺色

柱狀科 Limapontiidae

Stiliger 屬

# 金邊柱海蛞蝓

*Stiliger aureomarginatus* Jensen, 1993

印度－西太平洋

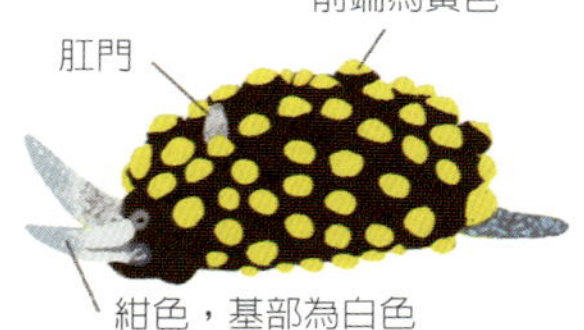
深紺色到黑色，
前端為黃色
肛門
紺色，基部為白色

| 八丈島 水深 12m 大小 8mm 加藤昌一 |

身體底色從深紺色到黑色，觸角爲紺色，基部爲白色。背側突起從深紺色到黑色，前端爲黃色，密布於背面，使整體看起來圓潤。位於心囊區的白色肛門，有時會跨越背側突起，往外突出。長度達 15mm。

柱狀科 Limapontiidae

Stiliger 屬

# *Stiliger* 屬柱海蛞蝓之一種 1

*Stiliger* sp. 1

西太平洋熱帶海域

散布白色細點
黑色短細線
消化腺為黃白色，
形狀細長，分支多

| 慶良間群島 水深 10m 大小 6mm 小野篤司 |

身體爲白色半透明，全身遍布白色細點，背側突起前端最密。背側突起的消化腺爲黃白色，形狀細長，分支多。頭部兩眼間有短短的黑色細線。心囊區後方正中線上也有黑色細線。附生於沙地的粗硬毛藻。長度達 8mm。

柱狀科 Limapontiidae

Stiliger 屬

# *Stiliger* 屬柱海蛞蝓之一種 2

*Stiliger* sp. 2

西太平洋、中太平洋熱帶海域

頭部與觸角有褐色
消化腺

心囊區為白色
前端為乳頭狀，
看起來圓圓的

| 慶良間群島 水深 6m 大小 3mm 小野篤司 |

身體爲淺褐色半透明，褐色消化腺通過頭部和觸角。心囊區爲白色，十分明顯。背側突起爲紡錘形，前端圓潤，呈乳頭狀。前端有乳白色組織，可看見內部器官。長度達 4mm。

| 慶良間群島 水深 5m 大小 5mm 小野篤司 |

柱狀科 Limapontiidae
Stiliger 屬

## *Stiliger* 屬柱海蛞蝓之一種 3

*Stiliger* sp. 3

西太平洋熱帶海域

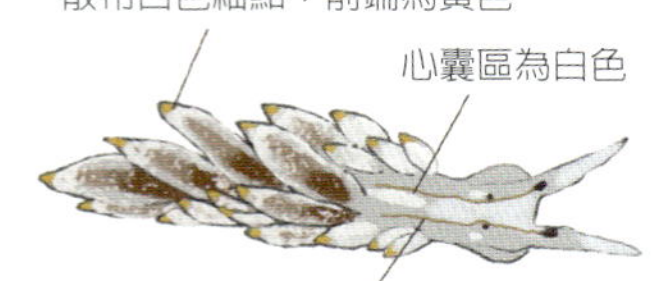
散布白色細點，前端為黃色
心囊區為白色
2 條綠色消化腺

身體為白色半透明，心囊區為白色。消化腺從心囊旁通過眼域，往前延伸，觸角基部有明顯的黑色末端。背側突起為細長紡錘形，散布白色細點，前端為黃色。消化腺為黃褐色，較粗，顏色與根部一樣深。根據千葉大學的標本，依頭部 2 條消化腺，提議新名稱「フタスジアオモウミウシ」。長度達 5mm。

| 慶良間群島 水深 7m 大小 8mm 小野篤司 |

柱狀科 Limapontiidae
Stiliger 屬

## *Stiliger* 屬柱海蛞蝓之一種 4

*Stiliger* sp. 4

慶良間群島

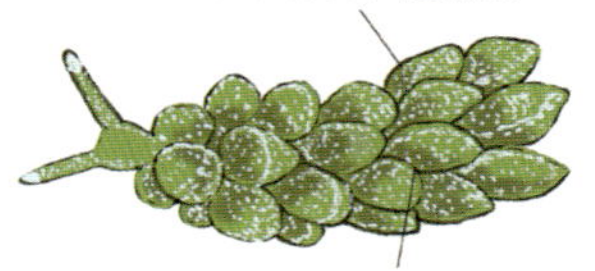
表面散布白色細點
略微細長的球狀或扁平團扇狀

身體為綠色，全身密布白色細點。背側突起為淡綠色，表面散布白色細點。呈略微細長的球狀或扁平團扇狀，能在較短時間改變形狀。外觀近似翡翠囊葉海蛞蝓，但本種的背側突起扁平，可藉此區分。長度達 8mm。

| 慶良間群島 水深 10m 大小 6mm 小野篤司 |

柱狀科 Limapontiidae
Stiliger 屬

## *Stiliger* 屬柱海蛞蝓之一種 5

*Stiliger* sp. 5

西太平洋熱帶海域

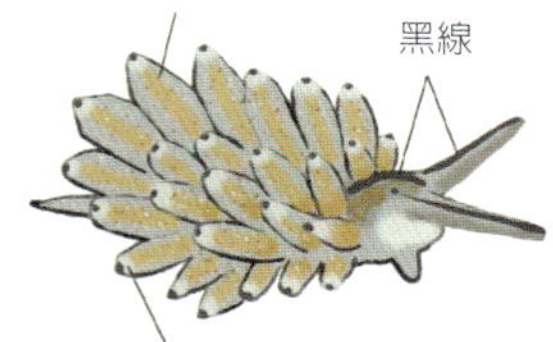
表面散布黑色微細點
黑線
前端較白，頂部有黑點

身體底色為些微的白色或綠色半透明。頭部的眼域間、觸角上方有等身長的黑色線。背側突起幾乎透明，表面散布黑色細線。前端較白，頂部有黑點。外觀近似 *Stiliger* 屬柱海蛞蝓之一種 1，但背側突起內的消化腺較粗，看不見細分支。長度達 6mm。

柱狀科 Limapontiidae
囊葉海蛞蝓屬 Sacoproteus

# 翡翠囊葉海蛞蝓

*Sacoproteus smaragdinus*
（Baba, 1949）

西太平洋、
中太平洋

｜八丈島 水深 8m 大小 15mm 加藤昌一｜

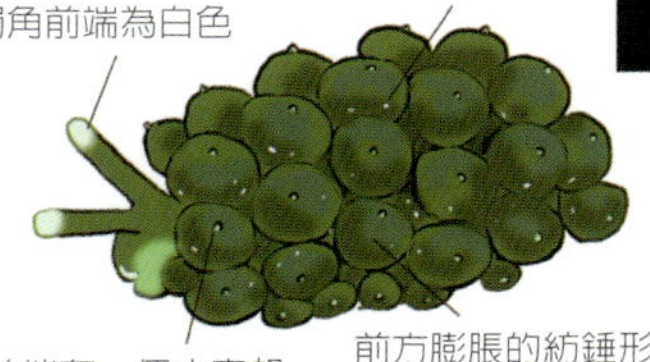
散布白色細點
觸角前端為白色
前端有一個小突起
前方膨脹的紡錘形

｜八丈島 水深 8m 大小 15mm 加藤昌一｜

身體爲綠色，散布白色細點。觸角前端爲白色，背側突起的前方爲膨脹的紡錘形，前端長著小突起。形態是對岡村蕨藻所做的隱蔽型擬態。近年變更屬別，分爲 5 種，可從觸角顏色、背側突起的顏色和形狀辨識。長度達 30mm。

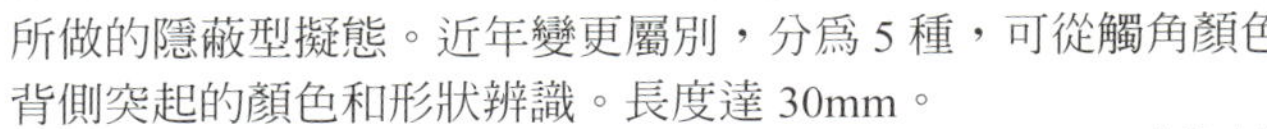

柱狀科 Limapontiidae
葉鰓海蛞蝓屬 Ercolania

# 布氏葉鰓海蛞蝓

*Ercolania boodleae*（Baba, 1938）

包括琉球群島
的日本、
俄羅斯

｜八丈島 水深 5m 大小 8mm 加藤昌一｜

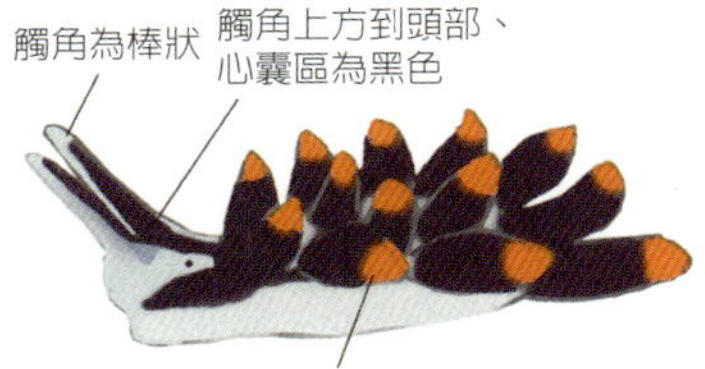
觸角為棒狀
觸角上方到頭部、
心囊區為黑色
黑色，前端為橙紅色

身體底色爲白色，除了眼域之外，從整個觸角的上方到頭部、心囊區皆爲黑色，黑色的背側突起呈紡錘形，前端爲橙紅色到黃色。觸角呈棒狀。澳洲與紐西蘭也曾發現近似種，但是否爲異名尚未確定。長度達 20mm。

| 八丈島 水深 5m 大小 5mm 山田久子 |

柱狀科 Limapontiidae
葉鰓海蛞蝓屬 Ercolania

本州、八丈島

# 淺綠葉鰓海蛞蝓

*Ercolania subviridis*（Baba, 1959）

幾條深綠色直線
消化腺略帶黃色
心囊區前端有紅色小斑

身體為綠色半透明，體表有消化腺。心囊區前端有紅色小斑。背側突起為紡錘形，有幾條深綠色直線。突起內的消化腺偏黃。過去的文獻曾將其當成柔海蛞蝓之一種 1。長度達 10mm。

| 慶良間群島 水深 5m 大小 8mm 小野篤司 |

柱狀科 Limapontiidae
葉鰓海蛞蝓屬 Ercolania

印度－西太平洋

# 葉鰓海蛞蝓之一種 1

*Ercolania* sp. 1

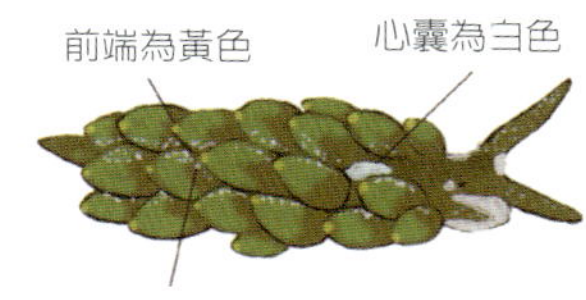
前端為黃色
心囊為白色
背側突起為深綠色，
左右內側有白斑

身體為深綠色到黃綠色，略有變異。背側突起為深綠色，左右內側有白斑。前端為黃色。心囊為白色，有些個體觸角上半部為白色。本種也會躲在球法囊藻這類球狀的藻類中覓食。長度達 8mm。

| 慶良間群島 水深 15m 大小 4mm 小野篤司 |

柱狀科 Limapontiidae
葉鰓海蛞蝓屬 Ercolania

慶良間群島

# 葉鰓海蛞蝓之一種 2

*Ercolania* sp. 2

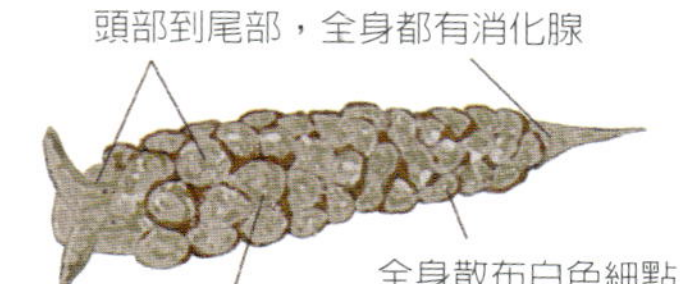
頭部到尾部，全身都有消化腺
全身散布白色細點
有許多扁平狀背側突起

身體很細長，綠色半透明，消化腺貫穿全身，包括頭部、觸角、背側突起到尾部。此外，全身散布白色細點，特別集中在背側突起前端。有許多扁平狀背側突起。根據千葉大學的標本，從背側突起像樹葉之特性，提議新名稱「コノハモウミウシ」。長度達 5mm。

杜狀科 Limapontiidae
Costasiella 屬

# 蟻巢天兔海蛞蝓

*Costasiella formicaria*
（Baba, 1959）

西太平洋、
中太平洋

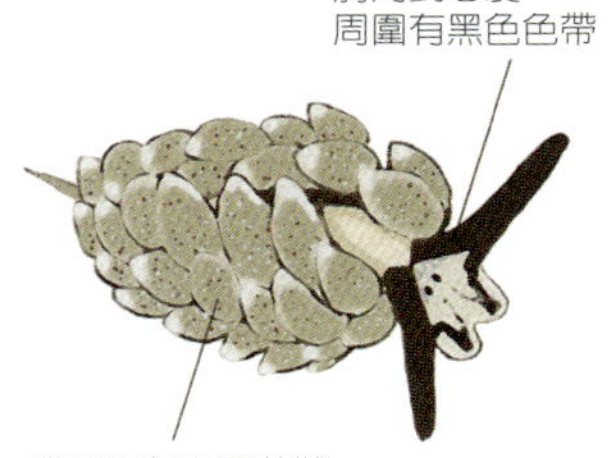
觸角到心囊
周圍有黑色色帶
背側突起為厚葉狀，
散布白色細點

| 大瀨崎　水深 10m　大小 8mm　山田久子 |

身體底色爲半透明的白色，觸角到心囊周圍有黑色色帶。背側突起爲厚葉狀，散布白色細點。前端是圓的還是尖的，則因個體而異。本州常見綠色個體，琉球群島種則是茶色個體。以藍藻爲食，通常在沙地發現其蹤跡。長度達 15mm。

---

杜狀科 Limapontiidae
Costasiella 屬

# 維嘉天兔海蛞蝓

*Costasiella vegae* Ichikawa, 1993

琉球群島

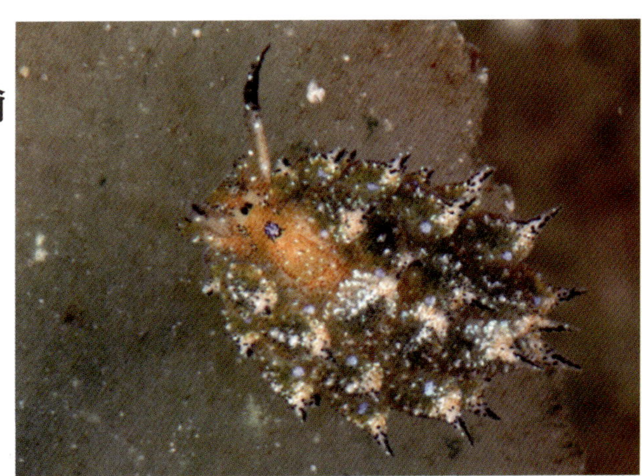

| 慶良間群島　水深 9m　大小 4mm　小野篤司 |

藍色圓形斑紋
褐色色帶從頭部
延伸到背面
前端為白色，
散布黑色素
觸角前端 1 / 3 為黑色

身體爲白色半透明，除了從吻端到眼域這一區之外，褐色色帶一直延伸到背部後方。背側突起呈葉狀，綠色，前端爲白色，散布黑色素，下方爲偏紅的乳白色，再下方有明顯的藍色圓形斑紋。觸角前端 1 / 3 爲黑色。很像加勒比海的物種 *Costasiella ocellifera*（Simroth, 1895）。長度達 5mm。

|慶良間群島 水深 12m 大小 4mm 小野篤司|

杜狀科 Limapontiidae

Costasiella 屬

## 帕氏天兔海蛞蝓

*Costasiella paweli* Ichikawa, 1993

西太平洋
熱帶海域

觸角前端到全長的
2 / 3 為黑色

上方為白色，前端
為粉紅色～紅褐色

眼的前後有褐色斑紋

|慶良間群島 水深 13m 大小 4mm 小野篤司|

身體底色爲白色半透明，眼的前後有褐色斑紋，但有些個體則缺少。觸角前端到全長的 2 / 3 爲黑色，背側突起爲透明，散布黑褐色與水藍色細點，數量有個體差異。突起內的消化腺爲綠色到褐色，上方爲白色。有時前端爲粉紅色到紅褐色。長度達 7mm。

|八丈島 水深 6m 大小 5mm 加藤昌一|

杜狀科 Limapontiidae

Costasiella 屬

## 黑島天兔海蛞蝓

*Costasiella kuroshimae* Ichikawa, 1993

西太平洋
熱帶海域

眼域到吻端有細細的黃褐色區域，有些個體的這塊區域顏色很淺，只能看到些微顏色。眼域後方有褐色斑。觸角只有前端染黑。背部突起的前端爲白色到橘色。下方是否有藍色斑，是否有許多水藍色小斑，這些特徵都有很大的變異。長度達 6mm。

下方有藍色斑，但
變異性大

只有前端染黑

眼域後方有褐色斑

眼域到吻端有細細
的黃褐色區域

杜狀科 Limapontiidae
Costasiella 屬

# 天兔海蛞蝓

*Costasiella usagi* Ichikawa, 1993

西太平洋
熱帶海域

| 慶良間群島 水深 6m 大小 10mm 加藤昌一 |

觸角前端到全長
2 / 3 為黑色
背側突起有明顯的
白色直條紋

身體爲白色，頭部無斑紋。心囊爲黑色。觸角前端到全長 2 / 3 爲黑色，背側突起有明顯的白色直條紋，正中線上附近的突起很大，白色強烈，外側的小突起顏色較深。長度達 10mm。包括本種在內，本屬種顏色變異豐富，可特別注意背側突起的特徵。

---

杜狀科 Limapontiidae
Costasiella 屬

# 彩晶天兔海蛞蝓

*Costasiella iridophora*
Ichikawa, 1993

印度－
西太平洋
熱帶海域

| 慶良間群島 水深 20m 大小 12mm 小野篤司 |

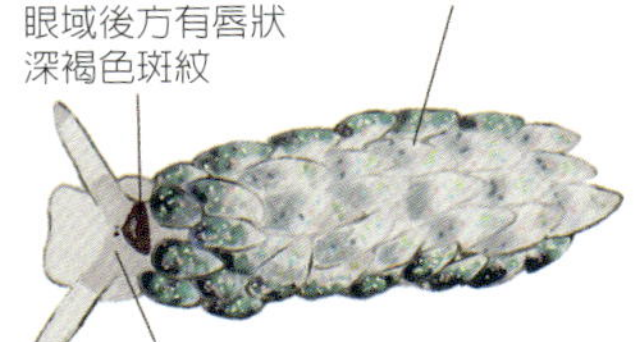
散布粉紅色、綠色、藍色、白色
等顏色亮麗的細點，前端為白色
眼域後方有唇狀
深褐色斑紋
眼域周邊有一部分沒有顏色

身體底色爲白色，眼域前方到心囊區前有一部分沒有顏色。眼域後方有唇狀深褐色斑紋，有些個體沒有。背側突起爲略顯扁平的紡錘形，散布粉紅色、綠色、藍色、白色等顏色亮麗的細點，有些個體沒有細點。突起前端爲白色。長度達 12mm，但通常爲 4mm。

| 八丈島 水深 6m 大小 6mm 加藤昌一 |

| 慶良間群島 水深 14m 大小 3mm 小野篤司 |

柱狀科 Limapontiidae
Costasiella 屬

# 天兔海蛞蝓之一種 1

*Costasiella* sp. 1

琉球群島、
巴布亞紐幾內亞

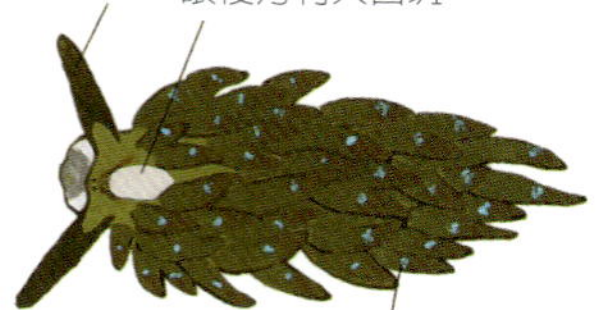
除了基部外
皆為黑色
眼後方有大白斑
褐色到綠色，
有時前端附近帶藍紋

| 慶良間群島 水深 15m 大小 3mm 小野篤司 |

觸角上方 2 / 3 爲黑色，有時中央會有部分褪色。眼前方有一條從觸角長出的黑線，眼後方有大白斑，但有時顏色會變黑。背側突起爲褐色到綠色，前端附近有藍紋。吻部爲白色，但有時會變黑。長度達 5mm。

---

| 慶良間群島 水深 25m 大小 3mm 小野篤司 |

柱狀科 Limapontiidae
Costasiella 屬

# 天兔海蛞蝓之一種 2

*Costasiella* sp. 2

印度－
西太平洋
熱帶海域

身體爲黃色，心囊爲白色。觸角爲黃色，有黑線延伸至前端。背側突起爲黃色，前端下方有藍色環。棲息於略深的沙地，附生在直立絨扇藻。儘管鑑定時容易混淆，但從兩眼間較窄和食性來看，本種是 *Costasiella* 屬，不是 *Stiliger* 屬。長度達 10mm。

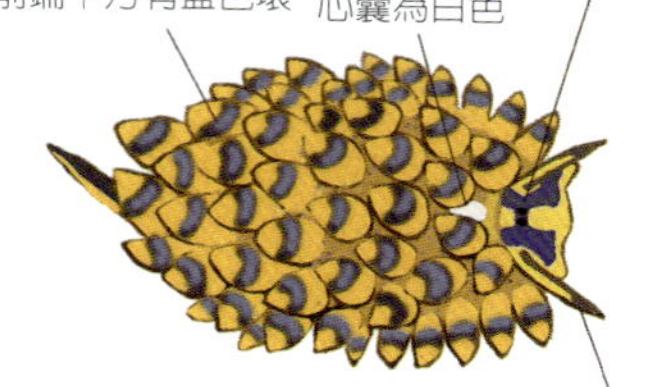
兩眼間隔較窄
前端下方有藍色環
心囊為白色
黃色，黑線延伸至前端

柱狀科 Limapontiidae
Costasiella 屬

# 天兔海蛞蝓之一種 3

*Costasiella* sp. 3

琉球群島、菲律賓、印尼

看得見深色消化腺
前端有白紋與黑紋排列
白色心囊區有稀疏褐紋
從吻端延伸到觸角的獨特黑線

| 西表島 水深 7m 大小 10mm 笠井雅夫 |

| 宮古島 水深 6m 大小 20mm 木元伸彥 |

身體底色爲白色半透明，從吻端延伸到觸角的黑線是本種特徵。白色心囊區有稀疏褐紋。背側突起爲黃色半透明，可看見顏色略深的消化腺。有些個體沒有突起側面的黑色直線，前端有白紋與黑紋排列。附生在直立絨扇藻。長度達 12mm，日本大多爲 5mm 左右的個體。

柱狀科 Limapontiidae
Costasiella 屬

# 天兔海蛞蝓之一種 4

*Costasiella* sp. 4

西表島

| 西表島 水深 15m 大小 3mm 笠井雅夫 |

背面和背側突起有斑駁的水藍色不規則斑紋
觸角上方前緣為黑色

背面和背側突起有斑駁的水藍色不規則斑紋，可從斑紋縫隙看到部分體內的綠色消化腺。頭部與觸角爲白色。觸角上方前緣爲黑色。附生在直立絨扇藻。觀察到 2 個個體。長度達 3mm。

| 八丈島　水深 4m　大小 8mm　木元伸彥 |

柱狀科 Limapontiidae
柔海蛞蝓屬 Placida

## 李凱文柔海蛞蝓

*Placida kevinleei*
McCarthy, Krug & Valdés, 2017

印度－
太平洋

身體底色爲黃色，背面爲暗黃色。頭部爲黑色，但腹足前緣的圓形部位幾乎沒有黑色。觸角爲黑色，始自眼域的白色區塊延續到觸角後緣中段。背側突起爲橙色，散布黃色細點，前端 1 ／ 3 爲黑色。長度達 12mm。

始自眼域的白色區塊
延續到觸角後緣中段
橙色，散布黃色細點，
前端 1 ／ 3 為黑色
頭部為黑色，腹足前緣的
圓形部位幾乎沒有黑色

---

| 八丈島　水深 6m　大小 6mm　加藤昌一 |

柱狀科 Limapontiidae
柔海蛞蝓屬 Placida

## 歐巴馬柔海蛞蝓

*Placida barackobamai*
McCarthy, Krug & Valdés, 2017

西太平洋、
中太平洋

身體底色爲黃色，從頭部到整個觸角前方、尾部上面爲黑色。頭部的黑色延伸至腹足前緣的圓形部位。整個觸角後方爲白色。背側突起爲橙色，散布黃色細點，上半部爲黑色。過去的文獻曾將其列爲李凱文柔海蛞蝓。長度達 6mm。

整個觸角後方為白色
橙色，散布黃色細點，
上半部為黑色
頭部的黑色延伸至
腹足前緣的圓形部位

杜狀科 Limapontiidae
柔海蛞蝓屬 Placida

# 達桂拉柔海蛞蝓

*Placida daguilarensis*
K. Jensen, 1990

**北海道到沖繩、香港**

| 大瀨崎 水深 10m 大小 5mm 山田久子 |

除基部外，
觸角為簡單的棒狀
背面有看起來
黑黑髒髒的點狀斑紋
偏白的心囊區
形狀細長

偏白的心囊區比柔海蛞蝓之一種1細長許多。此外，比起整根觸角有溝的柔海蛞蝓之一種1，本種觸角除基部外，呈簡單的棒狀。腹足前端略呈方形。背面可見稀疏的深褐色斑點。長度達15mm。

---

杜狀科 Limapontiidae
柔海蛞蝓屬 Placida

# 柔海蛞蝓之一種 1

*Placida* sp. 1

**包含東北地方的日本**

| 八丈島 水深 2m 大小 6mm 加藤昌一 |

心囊區幾乎呈蛋形
體表消化腺很密
前足隅偏圓
整根觸角為帶溝耳狀

遍布體表的消化腺比近似種達桂拉柔海蛞蝓密集。頭部後方的心囊區幾乎呈卵圓形。整根觸角爲帶溝耳狀，前足隅偏圓。至今被鑑定爲以英國爲模式產地的 *P. dendritica*，但這些物種遍布全世界，需重新調查。以刺松藻、羽藻爲食。長度達18mm。

| 慶良間群島　水深 5m　大小 6mm　小野篤司 |

杜狀科 Limapontiidae
柔海蛞蝓屬 Placida

## 柔海蛞蝓之一種 2

琉球群島

*Placida* sp. 2

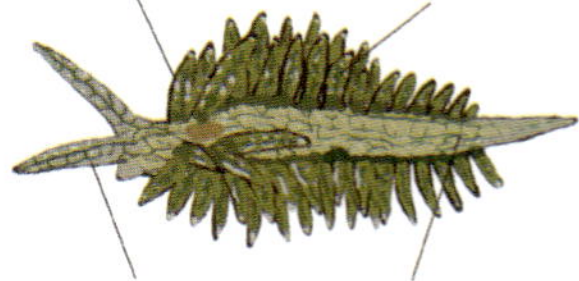
全身散布白色細點
消化腺多分支
延續到前端
觸角到尾部密布綠色消化腺

身體幾乎透明，觸角到尾部密布綠色消化腺。此外，包括背側突起在內，整體散布白色細點。心囊爲偏褐色的卵形。背側突起內的消化腺有小分支，延續到前端。觸角爲耳狀。長度達 6mm。

| 大瀨崎　水深 8m　大小 8mm　山田久子 |

杜狀科 Limapontiidae
柔海蛞蝓屬 Placida

## 柔海蛞蝓之一種 3

本州

*Placida* sp. 3

覆蓋體表的消
化腺略粗
前端許多白色細點
前足隅略呈方形
觸角為耳狀

身體與背側突起爲灰褐色半透明，覆蓋體表的消化腺比柔海蛞蝓之一種 1 略粗，前足隅略呈方形，觸角爲耳狀。白色細點通常集中在背側突起和觸角前端。長度達 8mm。

| 八丈島　水深 4m　大小 5mm　廣江一弘 |

杜狀科 Limapontiidae
柔海蛞蝓屬 Placida

## 柔海蛞蝓之一種 4

西太平洋、中太平洋

*Placida* sp. 4

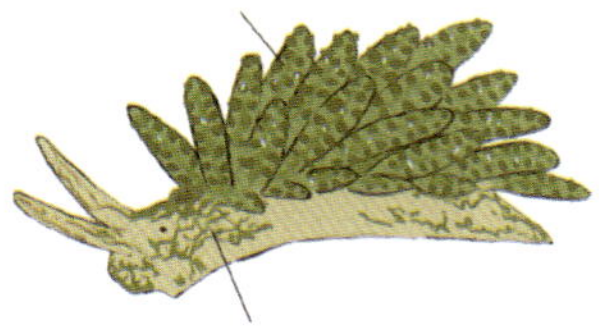
綠色消化腺有許多分支，
分支前端膨脹
體表密布深綠色消化腺

身體爲白色半透明，包括觸角在內，體表覆蓋深綠色消化腺。背側突起幾乎透明，綠色消化腺有許多分支。分支前端呈不規則膨脹是本種特徵。長度達 8mm。

柱狀科 Limapontiidae

## 柱狀科海蛞蝓之一種 1

慶良間群島

Limapontiidae sp. 1

背側突起為黑色，
前端下方有黃色環
觸角為棒狀，表面平滑
頭部有獨特黑斑
兩眼略接近

| 慶良間群島 水深 5m 大小 4mm 小野篤司 |

身體帶白色半透明，頭部後方、觸角基部到口幕部有獨特黑斑。觸角爲棒狀，表面平滑。背側突起爲黑色，前端下方有黃色環。心囊爲黑色。兩眼間距與柔海蛞蝓之一種 3 一樣，比荷葉海蛞蝓屬的物種接近，比 *Costasiella* 屬的物種分開。長度達 4mm。

柱狀科 Limapontiidae

## 柱狀科海蛞蝓之一種 2

西太平洋、中太平洋熱帶海域

Limapontiidae sp. 2

2 ～ 3 個橙色斑橫向排列，
圍繞黑色消化腺
前端為水藍色
觸角為耳狀

| 慶良間群島 水深 6m 大小 7mm 小野篤司 |

身體幾乎透明，散布帶藍色微細點。背側突起呈透明的細長淚滴形，前端爲水藍色，下方有 2 ～ 3 個橙色斑橫向排列，圍繞黑色消化腺。觸角爲耳狀。長度達 8mm。

柱狀科 Limapontiidae

## 柱狀科海蛞蝓之一種 3

慶良間群島

Limapontiidae sp. 3

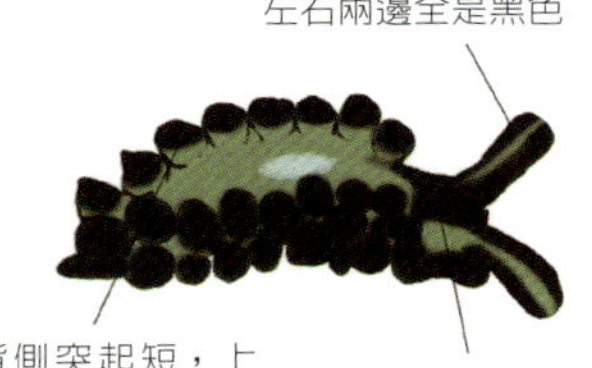
耳狀、外擴觸角的
左右兩邊全是黑色
背側突起短，上
半部為黑色
頭部為黑色

| 慶良間群島 水深 10m 大小 3mm 小野篤司 |

身體爲白色半透明，頭部爲黑色。觸角爲耳狀，往旁邊擴張的角度很大，觸角左右兩邊全是黑色。心囊呈白色圓形，背側突起短，上半部爲黑色。由於突起短，可清楚看見背面。長度達 3mm。

| 慶良間群島　水深 7m　大小 8mm　小野篤司 |

荷葉鰓科 Hermaeidae
Hermaea 屬

# 能登荷葉海蛞蝓

*Hermaea noto*（Baba, 1959）

日本

身體爲白色半透明，有一條紅褐色線從觸角通過眼域周圍，圍繞心囊，延伸至背部後方。心囊大又白。背側突起爲淚滴形，略微膨脹，前端緣部有黃白色條紋。觸角爲耳狀，前端爲黃白色。長度達 10mm。

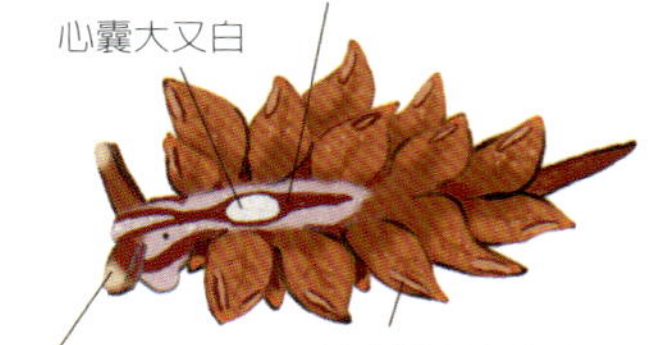
始於觸角的紅褐色線圍繞心囊，
延伸至背部後方
心囊大又白
耳狀，前端為黃白色
前端緣部有黃白
色條紋

| 慶良間群島　水深 10m　大小 4mm　小野篤司 |

荷葉鰓科 Hermaeidae
荷葉海蛞蝓屬 Hermaea

# 荷葉海蛞蝓之一種 1

*Hermaea* sp. 1

西太平洋
熱帶海域

身體爲黃褐色，觸角爲耳狀，生長幾個小突起。背側突起較多，前端下方消化腺分支成十字形的部分膨脹。Gosliner et al., 2018 的 *Hermaea* sp. 5 是本種。長度達 4mm。

觸角為耳狀，
生長幾個小突起
前端下方消化腺
分支成十字形的部分膨脹

荷葉鰓科 Hermaeidae
荷葉海蛞蝓屬 Hermaea

# 荷葉海蛞蝓之一種 2 疑似艾芙琳荷葉海蛞蝓

*Hermaea* sp. 2 cf. *evelinemarcusae* Jensen, 1993

印度－西太平洋

| 慶良間群島 水深 2m 大小 9mm 小野篤司 |

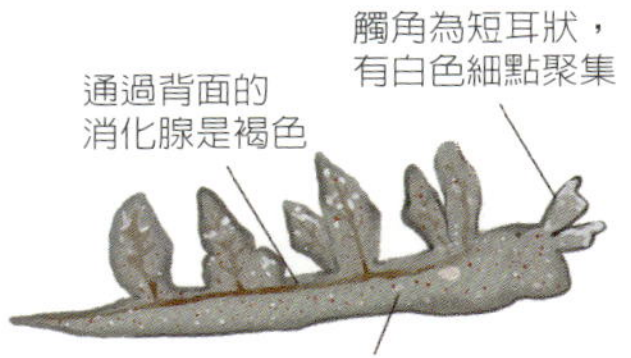
觸角為短耳狀，
有白色細點聚集
通過背面的
消化腺是褐色
散布暗紅色細點
與白色細點

身體細長，底色半透明。通過背面的消化腺爲褐色，體表散布暗紅色細點與白色細點。觸角爲短耳狀，有白色細點聚集。眼下的消化腺在進食後會變成其他顏色。今後還需要進一步研究本種與本屬之一種 3 的關係。長度達 9mm。

---

荷葉鰓科 Hermaeidae
荷葉海蛞蝓屬 Hermaea

# 荷葉海蛞蝓之一種 3

*Hermaea* sp. 3

西太平洋

| 八丈島 水深 5m 大小 4mm 加藤昌一 |

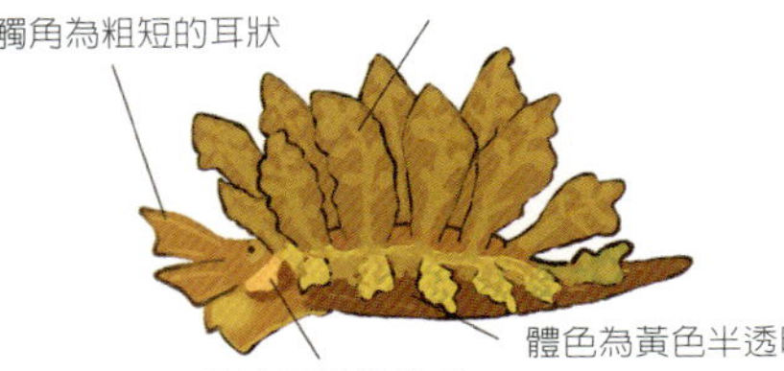
背部突起內測的消化腺略
粗，上半部清楚分支
觸角為粗短的耳狀
體色為黃色半透明
可從外面看見橘色
消化腺的末端

身體爲白色和黃色半透明，全身散布白色與黃色細點。觸角爲耳狀。背側突起的顏色和身體底色一樣，呈紡錘形，四處都有小膨脹。內部消化腺的上半部清楚分支。可從體外看見眼域下方獨特的橘色消化腺。照片個體全身粗短，但有些個體十分細長。長度達 10mm。

荷葉鰓科 Hermaeidae
荷葉海蛞蝓屬 Hermaea

## 荷葉海蛞蝓之一種 4

*Hermaea* sp. 4

西太平洋
熱帶海域

| 慶良間群島 水深 25m 大小 15mm 小野篤司 |

身體爲偏褐的紫色，觸角前端爲紫色。兩眼之間有平行的紫色短線。背側突起與身體同色，呈略長的紡錘形，前端像是浸染了紺色，下方有黃色環。有些個體幾乎看不見黃色環。背側突起內的消化腺粗且無分支。長度達 10mm。

前端為紺色，下方有黃色環
觸角前端為紫色
兩眼之間有平行的紫色短線

---

荷葉鰓科 Hermaeidae
近綿海蛞蝓屬 Aplysiopsis

## 黑近綿海蛞蝓

*Aplysiopsis nigra*（Baba, 1949）

日本

| 大瀨崎 水深 7m 大小 20mm 山本敏 |

身體底色爲黑色，圍繞眼域的白色細線延伸至觸角前端。背側突起爲細長的棒狀，有白色細直線，部分分支呈葉脈狀。前端爲偏綠色的白色。長度達 30mm。

前端為略帶綠色的白色
有白色細直線
圍繞眼域的白色細線延伸至觸角前端

荷葉鰓科 Hermaeidae
近綿海蛞蝓屬 Aplysiopsis

# 小近綿海蛞蝓

*Aplysiopsis minor*（Baba, 1959）

日本

| 倉橋島 水深 5m 大小 15mm 中原 CHIHIRO|

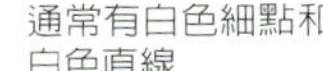
通常有白色細點和
白色直線

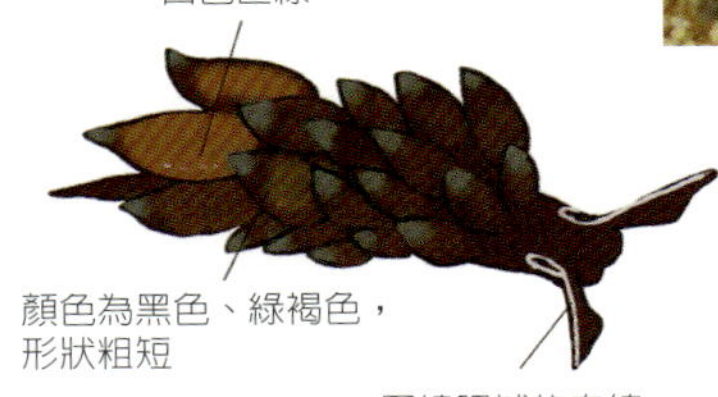
顏色為黑色、綠褐色，
形狀粗短
圍繞眼域的白線
延伸至觸角前端

身體爲黑色到綠褐色，圍繞眼域的白線延伸至觸角前端。背側突起爲黑色到綠褐色，剖面爲圓形。突起表面通常有白色細點和白色直線，但沒有富山近綿海蛞蝓的葉脈狀。與同屬他種相較，突起粗短。前端爲藍黑色。腹足裡面可見黑近綿海蛞蝓沒有的 2 條長黑色帶。長度達 10mm。

荷葉鰓科 Hermaeidae
近綿海蛞蝓屬 Aplysiopsis

# 東方近綿海蛞蝓

*Aplysiopsis orientalis*
（Baba, 1949）

本州－
琉球群島

| 雲見 水深 10m 大小 15mm 木村多葉紗 |

白色細點的
分布區域很長

前端為深藍色

心囊前到觸角
有褐色區域

前端分成 2 小支

身體底色爲黃白色半透明，心囊前到觸角有褐色區域。觸角大，前端分成 2 小支。背側突起爲長紡錘形，略微扁平。底色爲草綠色，散布白色細點，前端微深藍色。長度達 25mm。

荷葉鰓科 Hermaeidae
近綿海蛞蝓屬 Aplysiopsis

## 富山近綿海蛞蝓

*Aplysiopsis toyamana*（Baba, 1959）

日本

| 浮島 水深 5m 大小 10mm 山田久子 |

有幾條白色直線
呈葉脈狀
突起前端為褐色
與黑褐色
褐色區塊從頭部延伸到
背面後方

身體底色爲黃白色。褐色區域在頭部吻端通過心囊，延伸至背面後方。觸角爲耳狀，圍繞眼域的白線朝前方延伸。背側突起爲草綠色，有幾條白色直線，散布白色細點。白色直線呈葉脈狀。突起上方爲褐色到黑褐色，前端顏色略淺。長度達 13mm。

平鰓科 Plakobranchidae
海天牛屬 Elysia

## 天草海天牛

*Elysia amakusana* Baba, 1955

西太平洋

| 井田 水深 5m 大小 4mm 片野猛 |

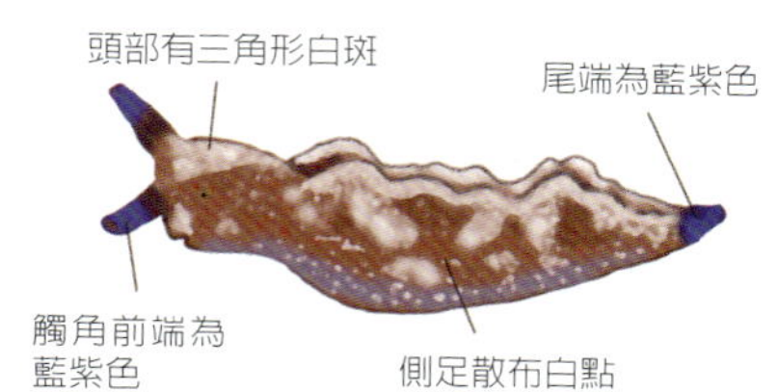
頭部有三角形白斑
尾端為藍紫色
觸角前端為
藍紫色
側足散布白點

觸角前端和尾端爲藍紫色，側足散布白點，亦有散布紅色和黃色細點的個體。身體底色變異性大，從草綠色到深褐色都有。頭部觸角間到側足前有三角形白斑。長度達 25mm。

平鰓科 Plakobranchidae
海天牛屬 Elysia

# 鈍圓海天牛

*Elysia obtusa* Baba, 1938

印度－太平洋

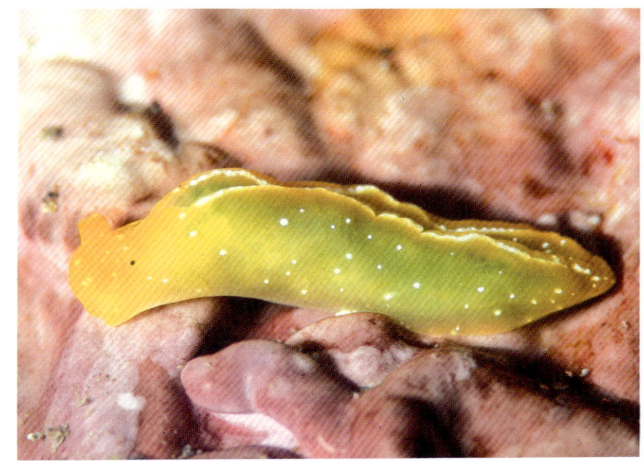

| 八丈島　水深 3m　大小 20mm　加藤昌一 |

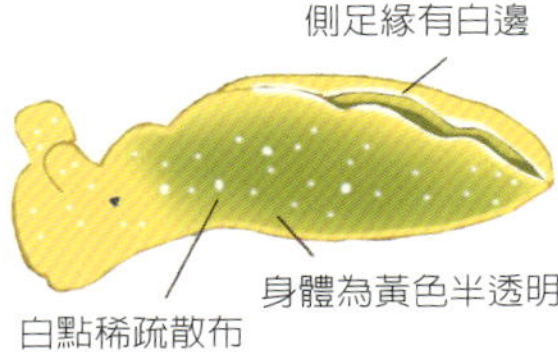
側足緣有白邊
身體為黃色半透明
白點稀疏散布

身體爲黃色半透明，側足緣有白邊，有些個體沒有。體表有白點稀疏散布，但也有些個體沒有。側足緣有時看起來偏綠，這是消化腺內有葉綠素的關係。長度達 15mm。

---

平鰓科 Plakobranchidae
海天牛屬 Elysia

# 緣邊海天牛

*Elysia marginata*（Pease, 1871）

印度－太平洋

| 八丈島　水深 5m　大小 25mm　加藤昌一 |

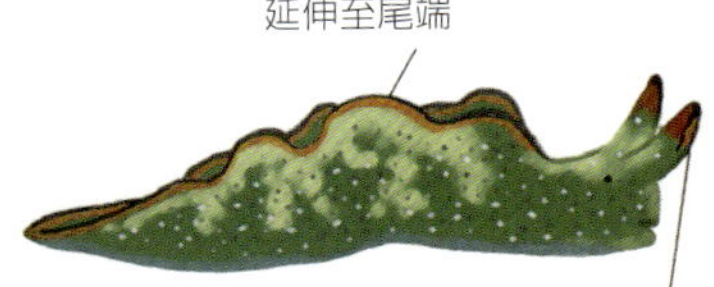
側足緣的黑線從前端延伸至尾端
觸角帶紅色，前端染黑

體色從淺綠、綠色到褐色，變異性大。側足緣的黑線從前端延伸至尾端。側足有黑色細點與白點散布。觸角上方 1 / 3 帶紅色，前端染黑。本種還有其他 3 個隱藏種（Gosliner, 2018）。

| 慶良間群島　水深 5m　大小 20mm　小野篤司 |

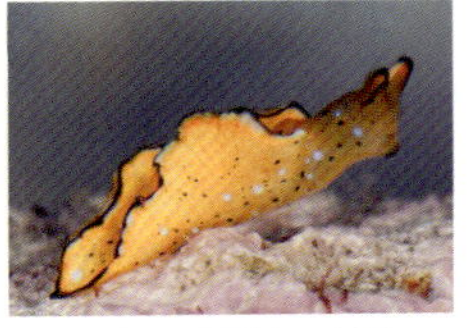

| 慶良間群島　水深 7m　大小 15mm　小野篤司 |

平鰓科 Plakobranchidae
海天牛屬 Elysia

# 橙緣海天牛

*Elysia rufescens*（Pease, 1871）

印度－太平洋

| 八丈島　水深 3m　大小 25mm　加藤昌一 |

身體底色為偏黃的淺綠色，側足有網眼狀褐色斑紋。側足緣由外而內有黑紫色與橙紅色線條圍邊。觸角為深紅色。長度達 30mm。

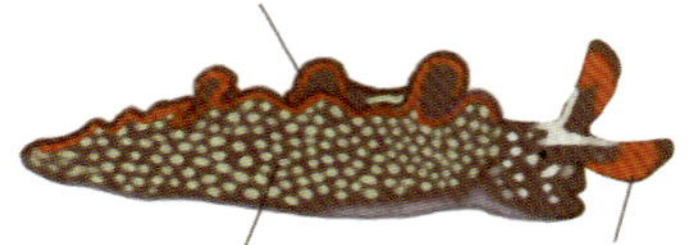
側足緣由外而內有黑紫色
與橙紅色線條圍邊
褐色斑紋呈網眼狀
觸角為深紅色

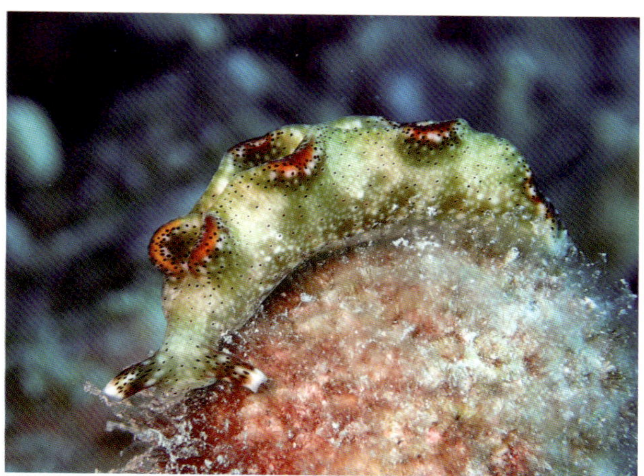

平鰓科 Plakobranchidae
海天牛屬 Elysia

# 黑點海天牛

*Elysia nigropunctata*（Pease, 1871）

印度－太平洋

| 慶良間群島　水深 8m　大小 30mm　小野篤司 |

身體柔軟呈淺綠色，包含觸角在內，整體散布白斑與黑色細點。側足厚，邊緣有 3 處往外擴張，擴張處為橙色。觸角前端為白色。長度達 50mm。

側足緣有 3 處往外擴張，
呈橙色
前端為白色
整體散布白斑、
黑色細點

平鰓科 Plakobranchidae
海天牛屬 Elysia

# 深綠海天牛

*Elysia atroviridis* Baba, 1955

日本

| 八丈島　水深 3m　大小 8mm　加藤昌一 |

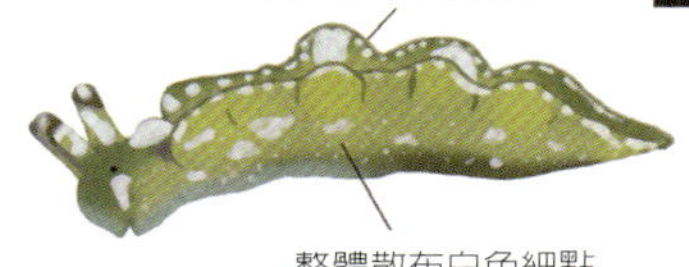
側足緣有淺色細邊
整體散布白色細點

身體底色為綠色，整體散布白色細點。側足緣有淺色邊，有時斷斷續續。觸角前端為深紺色。可從尾端非深紺色與天草海天牛區別。長度達 20mm。

---

平鰓科 Plakobranchidae
海天牛屬 Elysia

# 葉狀海天牛

*Elysia lobata* Gould, 1852

西太平洋－
中太平洋

| 八丈島　水深 3m　大小 8mm　加藤昌一 |

前端為深色，
帶褐色環

邊緣外側有斷斷續續的深色
和淺色，內側有黃線

側足散布白點與
黑色細點

身體底色為嫩草色到淺褐色，側足散布白點與黑色細點，邊緣外側有斷斷續續的深色和淺色，內側有黃線。觸角中段有褐色環，前端為深色。長度達 15mm。

| 八丈島 水深 3m 大小 6mm 加藤昌一 |

平鰓科 Plakobranchidae
海天牛屬 Elysia

## 三曲海天牛

*Elysia trisinuata* Baba, 1949

印度－西太平洋

身體底色爲綠色，深淺不一。體表帶紅色細點，但有些個體沒有。側足散布白色小突起。觸角上半部爲白色，密生小突起。長度達 25mm。

側足散布白色小突起
白色小突起聚集
體表散布紅色細斑點

---

| 八丈島 水深 3m 大小 30mm 加藤昌一 |

平鰓科 Plakobranchidae
海天牛屬 Elysia

## 密毛海天牛

*Elysia tomentosa* Jensen, 1997

印度－太平洋

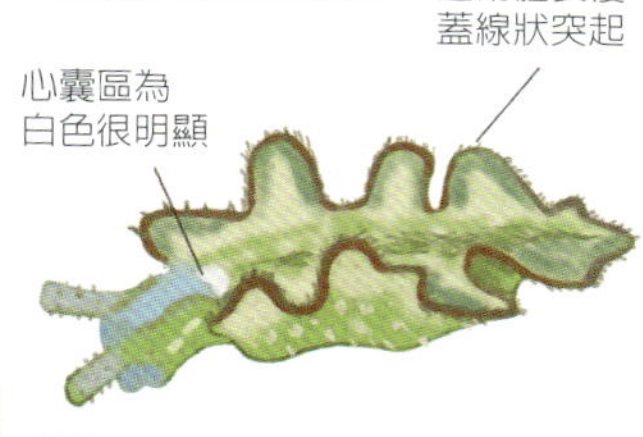
通常體表覆蓋線狀突起
心囊區為白色很明顯

體色爲綠色，有些個體接近白色，變異性大。心囊區爲白色，很明顯。體型變異也多，側足形狀和大小有寬度，有些個體的側足往外擴張。通常體表覆蓋絲狀突起。長度達 30mm。

| 八丈島 水深 5m 大小 30mm 加藤昌一 |

| 慶良間群島 水深 8m 大小 20mm 小野篤司 |

| 慶良間群島 水深 8m 大小 25mm 小野篤司 |

平鰓科 Plakobranchidae
海天牛屬 Elysia

# 德氏海天牛

*Elysia degeneri* Ostergaard, 1955

西太平洋
熱帶海域

| 八丈島 水深 3m 大小 15mm 加藤昌一 |

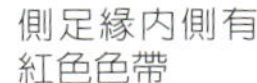
側足緣內側有
紅色色帶

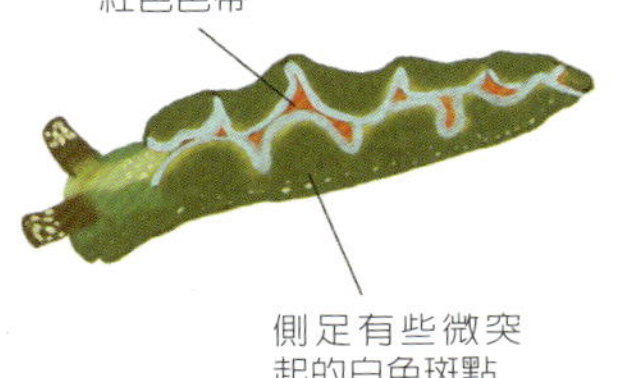
側足有些微突
起的白色斑點

身體底色爲綠色，側足緣內側有紅色色帶。觸角與側足有些微突起的白色斑點。長度達 15mm。

---

平鰓科 Plakobranchidae
海天牛屬 Elysia

# 阿氏海天牛

*Elysia asbecki* Wägele, Stemmer, Burghardt & Händeler, 2010

西太平洋、
中太平洋

| 八丈島 水深 3m 大小 15mm 加藤昌一 |

側足緣中央
隆起
觸角前端下
有黑色環

基本上身體底色是綠色，有些個體帶白色或紅斑，個體變異多。觸角前端的下方有黑色環。側足緣中央隆起。長度達 8mm。

| 慶良間群島 水深 5m 大小 10mm 小野篤司 |

平鰓科 Plakobranchidae
海天牛屬 Elysia

## 湯普森海天牛

*Elysia thompsoni* Jansen, 1993

印度－西太平洋

身體底色爲綠色。頭部與側足散布白點與黑點。2 對側足緣伸長，前端爲紫色。觸角前端有時也是紫色。長度達 10mm。

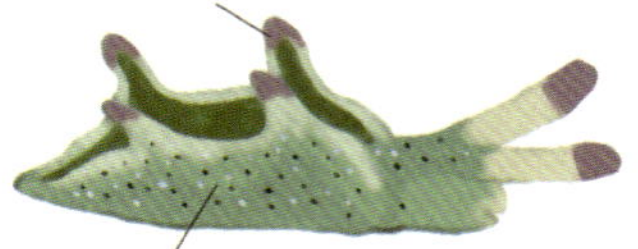
2 對側足緣的前端很長，呈紫色
頭部與側足散布白點與黑點

| 大瀨崎 水深 1.5m 大小 8mm 山田久子 |

平鰓科 Plakobranchidae
海天牛屬 Elysia

## 濱谷海天牛

*Elysia hamatanii* Baba, 1957

日本

身體底色爲綠色。頭部上方與側面爲褐色。側足密布黃色與深褐色細點。側足緣排列淺色斑紋。觸角上有條等長的黃色腺體。長度達 15mm。

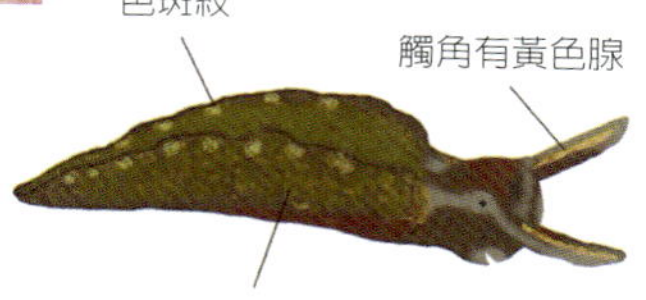
側足緣排列淺色斑紋
觸角有黃色腺
側足密布黃色與深褐色細點

平鰓科 Plakobranchidae
海天牛屬 Elysia

# 梅氏海天牛

*Elysia mercieri*
（Pruvot - Fol, 1930）

印度－
太平洋

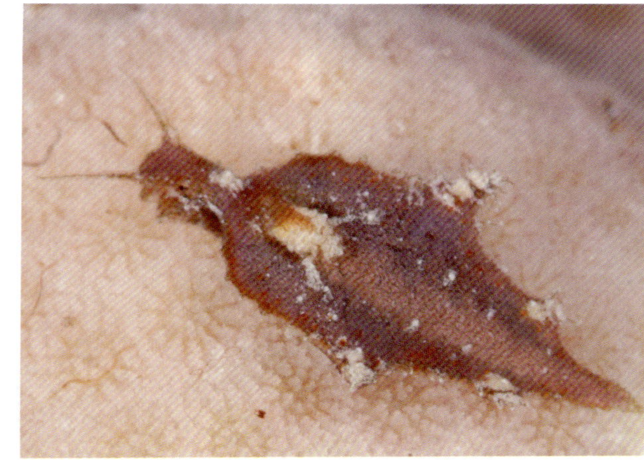

| 慶良間群島 水深 28m 大小 6mm 小野篤司 |

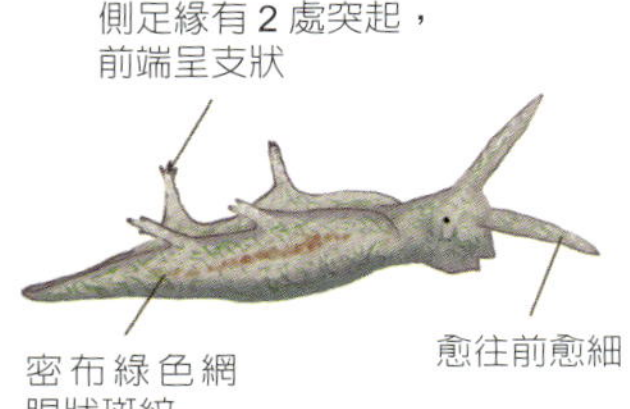
側足緣有 2 處突起，
前端呈支狀
密布綠色網
眼狀斑紋
愈往前愈細

身體底色呈半透明，密布細微的綠色網眼狀斑紋。側足緣有 2 處突起，前端呈小支狀。觸角愈往前端愈細。長度達 7mm。

| 慶良間群島 水深 5m 大小 7mm 小野篤司 |

平鰓科 Plakobranchidae
海天牛屬 Elysia

# 小海天牛

*Elysia pusilla*（Bergh, 1872）

印度－
太平洋

| 慶良間群島 水深 5m 大小 15mm 小野篤司 |

體型會產生各種變化，包括細長、扁平或直立變高

身體底色爲綠色，有些個體全身覆蓋白斑。觸角顏色與體色相同，前端爲白色。體型會產生各種變化，包括細長、扁平或直立變高。擅長擬態成類似仙掌藻的模樣。若附生在白化的仙掌藻身上，本種也會變白。長度達 30mm。

| 慶良間群島 水深 5m 大小 20mm 小野篤司 |

平鰓科 Plakobranchidae
海天牛屬 Elysia

## 微細海天牛

*Elysia minima* Ichikawa, 1993

琉球群島

| 慶良間群島 水深 16m 大小 3mm 小野篤司 |

身體爲偏白的綠色到灰褐色，心囊前方有白紋。側足從心囊後方隆起。觸角有小突起，前緣的黑色直線有時在基部左右相連。觸角中段有深色環。附生於廣翅蠟蟬。過去的文獻曾將其列爲 *Elysia minima*。長度達 5mm。

側足從心囊後方隆起
前緣較黑，中段
有深色環

平鰓科 Plakobranchidae
海天牛屬 Elysia

## 八重山海天牛

*Elysia yaeyamana* Baba, 1936

琉球群島

| 慶良間群島 水深 13m 大小 18mm 小野篤司 |

身體底色爲綠色，整體散布紅褐色細點與水藍色斑紋。側足內面也有水藍色斑紋。側足外側有紅褐色邊，內側有紅褐色與橙色邊。觸角有很多白點，前端較密。長度達 70mm。

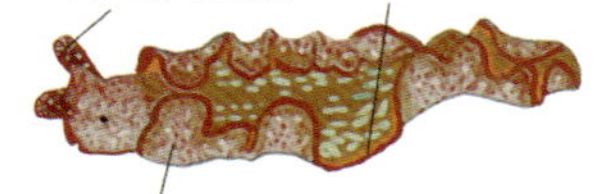
許多白點前端較密
外側有紅褐色線，
內側有紅褐色與橙色線
整體散布紅褐色細
點與水藍色斑紋

平鰓科 Plakobranchidae
海天牛屬 Elysia

# 黃點海天牛

*Elysia flavipunctata* Ichikawa, 1993

西太平洋
熱帶海域

| 慶良間群島　水深 5m　大小 7mm　小野篤司 |

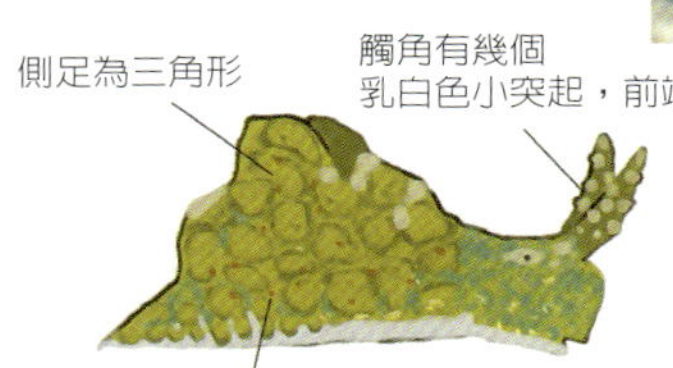
側足為三角形
觸角有幾個
乳白色小突起，前端較細
身體底色為綠色，散布些
微褐色細點

身體底色爲綠色，散布些微褐色細點。側足在心囊區後方伸長，看起來像三角形，邊緣排列黃點。觸角有幾個乳白色小突起，周圍顏色較深，前端較細。長度達 5mm。

---

平鰓科 Plakobranchidae
海天牛屬 Elysia

# 白邊側足海天牛

*Elysia leucolegnote* Jensen, 1990

西表島、
香港、
菲律賓

| 西表島　水面下　大小 10mm　笠井雅夫 |

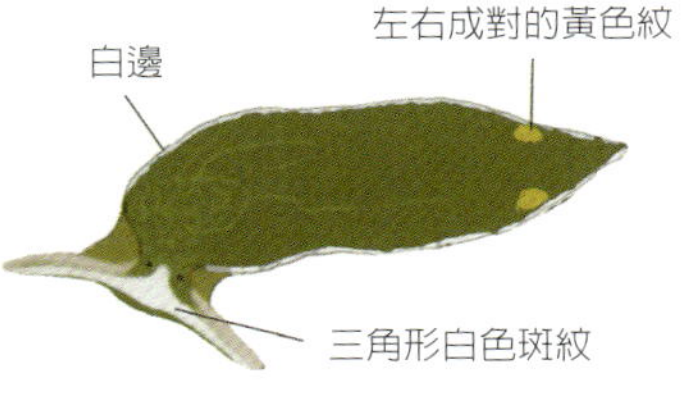
白邊
左右成對的黃色紋
三角形白色斑紋

身體爲綠色，白色斑紋從頭部兩眼中央，延伸至兩觸角前端。側足展開，有白邊。有些個體的側足緣有 2 ～ 4 個左右成對的黃色紋。在紅樹林成群棲息。長度達 40mm。

平鰓科 Plakobranchidae
海天牛屬 Elysia

西太平洋、中太平洋

# 尼爾海天牛

*Elysia nealae* Ostergaad, 1955

全身散布白色細點
身體為綠色

| 慶良間群島 水深 7m 大小 8mm 小野篤司 |

身體爲綠色，全身散布白色細點，兩眼間通常帶白色紋。觸角後緣、側足緣也有白色色素匯聚。側足緣有時呈小波浪狀。此外，本種在日本大多使用「アマミミドリガイ」這個名字，但這是彌益（1997）用在 *Berthelinia* 屬的種上，因此本書日本版使用的和名，是取自學名讀音的片假名。長度達 15mm。

平鰓科 Plakobranchidae
海天牛屬 Elysia

本州、琉球群島

# 海天牛之一種 1

*Elysia* sp. 1

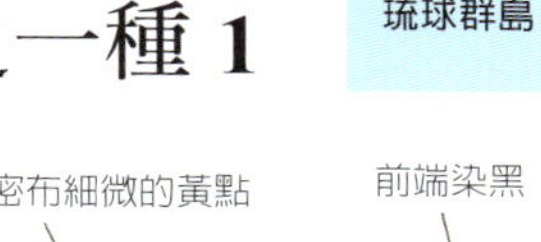
全身密布細微的黃點
前端染黑

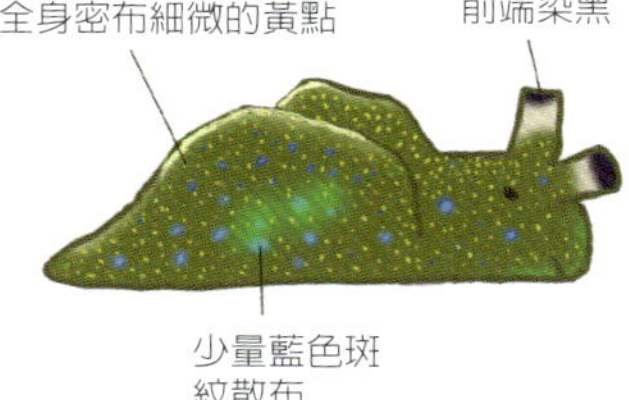
少量藍色斑紋散布

| 八丈島 水深 5m 大小 8mm 加藤昌一 |

身體爲綠色，全身密布細微的黃點。此外，少量藍色斑紋散布，十分顯眼。觸角前端染黑。長度達 10mm。

平鰓科 Plakobranchidae
海天牛屬 Elysia

西太平洋熱帶海域

# 海天牛之一種 2

*Elysia* sp. 2

散布紅色細點

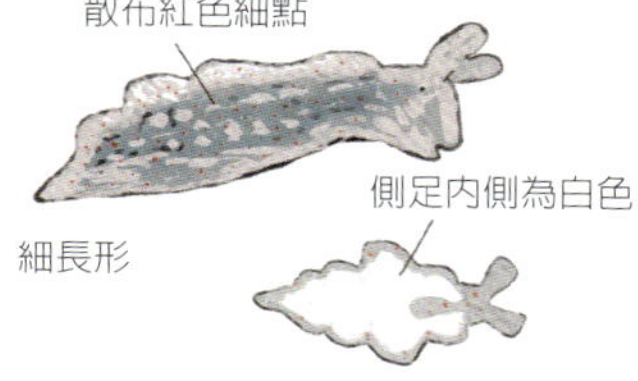
側足內側為白色
細長形
側足展開呈楓葉狀

| 慶良間群島 水深 20m 大小 8mm 小野篤司 |

體型有變異，側足短，整體看起來細長，側足打開時就像一片楓葉。體色爲藍綠色，抹上紅色細點，側足內側爲白色。長度達 8mm。

平鰓科 Plakobranchidae
海天牛屬 Elysia

## 海天牛之一種 3

*Elysia* sp. 3

琉球群島

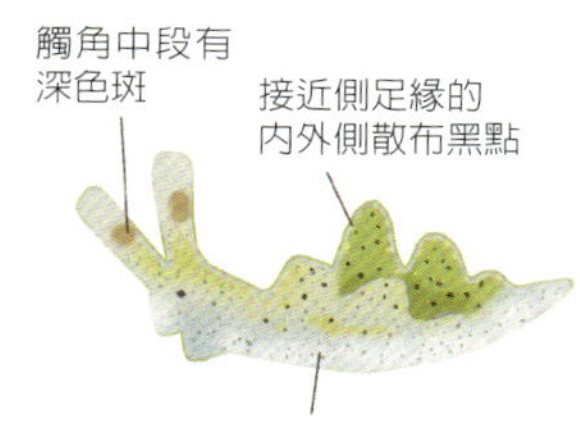
觸角中段有
深色斑
接近側足緣的
內外側散布黑點
體色為白色，密布
綠色細點

| 慶良間群島 水深 3m 大小 12mm 小野篤司 |

身體底色爲白色，密布綠色細點。側足緣排列黃點。接近側足緣的內側與外側散布黑點。觸角中段有深色斑。長度達 13mm。

平鰓科 Plakobranchidae
海天牛屬 Elysia

## 海天牛之一種 4

*Elysia* sp. 4

關東
以南的日本

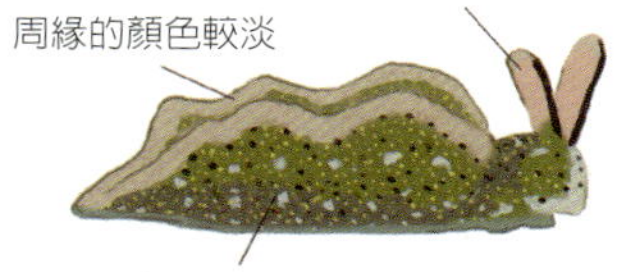
觸角為粉紅色，
有黑色細線
周緣的顏色較淡
身體底色為綠色，
散布白色紋、黑點與黃色細點

| 慶良間群島 水深 5m 大小 4mm 小野篤司 |

身體爲綠色，白色紋稀疏，黑點也略顯稀疏，黃色細點密布。側足直立，呈波浪狀。周緣的顏色較淡。觸角爲粉紅色，前方有一條等身長的細黑線。長度達 7mm。

平鰓科 Plakobranchidae
海天牛屬 Elysia

## 海天牛之一種 5

*Elysia* sp. 5

西太平洋
熱帶海域

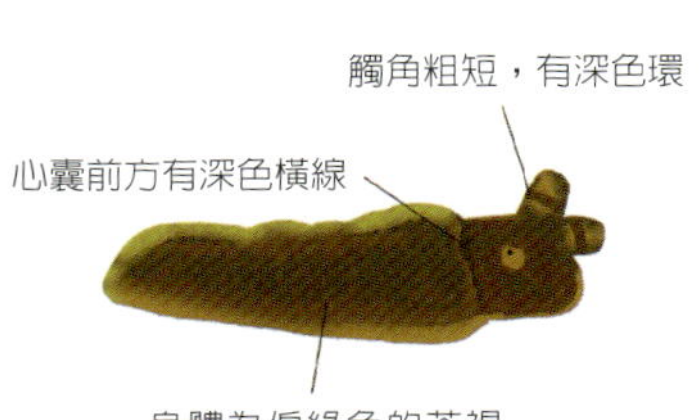
觸角粗短，有深色環
心囊前方有深色橫線
身體為偏綠色的茶褐
色，形狀粗短

| 慶良間群島 水深 15m 大小 4mm 小野篤司 |

身體爲偏綠色的茶褐色，形狀粗短。心囊前方有深色橫線，往側面延伸。觸角粗短，有深色環。移動時的動作令人聯想到尺蠖。長度達 7mm。

平鰓科 Plakobranchidae
海天牛屬 Elysia

# 海天牛之一種 6

*Elysia* sp. 6

西太平洋－
中太平洋
熱帶海域

｜慶良間群島　水深 5m　大小 15mm　小野篤司｜

｜慶良間群島　水深 6m　大小 15mm　小野篤司｜

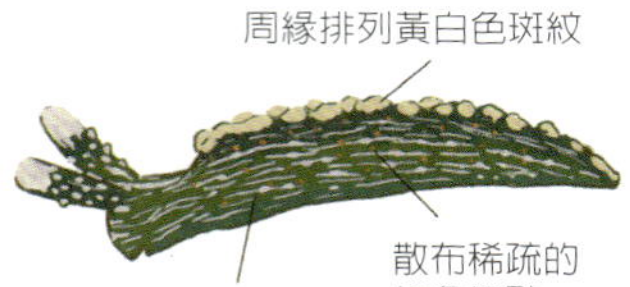
周緣排列黃白色斑紋
散布稀疏的
紅色細點
許多白色直線

身體為綠色，體表有許多白色直線。側足散布稀疏的紅色細點，周緣排列黃白色斑紋，但有些個體沒有。觸角散布白色小突起，前端為白色。附生於瘤枝藻。此外，第二張圖在 Gosliner et al., 2018 被當成另一物種。長度達 15mm。

---

平鰓科 Plakobranchidae
海天牛屬 Elysia

# 海天牛之一種 7

*Elysia* sp. 7

西太平洋

｜慶良間群島　水深 5m　大小 8mm　小野篤司｜

身體底色為半透明，有茶色大斑紋，中間還有細微白點，白點有時聚集。頭部上面呈淺紫色到白色。長度達 10mm。

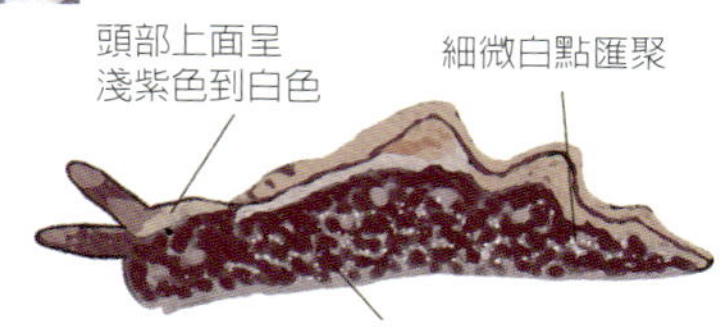
頭部上面呈
淺紫色到白色
細微白點匯聚
身體底色為半透明，覆蓋茶色
大斑紋，因此看起來像茶色

平鰓科 Plakobranchidae
海天牛屬 Elysia

# 海天牛之一種 8

*Elysia* sp. 8

慶良間群島

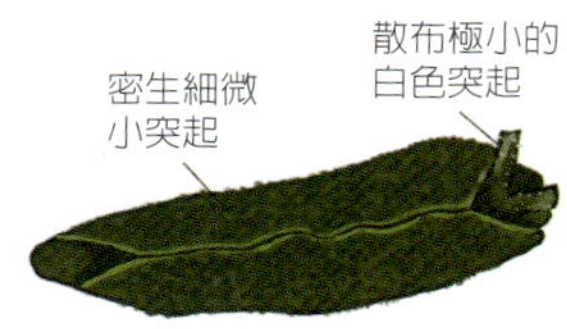
密生細微
小突起
散布極小的
白色突起

| 慶良間群島 水深 15m 大小 15mm 小野篤司 |

身體爲綠色，沒有斑紋。側足表面密生細微小突起。觸角散布極小的白色突起。頭部可以收在側足內側。長度達 15mm。

平鰓科 Plakobranchidae
海天牛屬 Elysia

# 海天牛之一種 9

*Elysia* sp. 9

沖繩群島

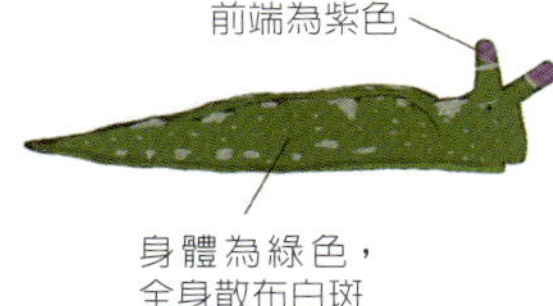
前端為紫色
身體為綠色，
全身散布白斑

| 慶良間群島 水深 14m 大小 9mm 小野篤司 |

身體爲綠色，全身散布白斑，中心有微微突起的白點。觸角前端爲紫色。可能與尼爾海天牛爲同種。長度達 9mm。

平鰓科 Plakobranchidae
海天牛屬 Elysia

# 海天牛之一種 10

*Elysia* sp. 10

八丈島

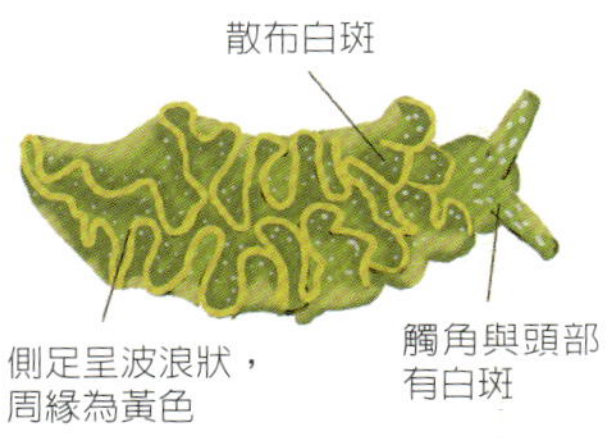
散布白斑
側足呈波浪狀，
周緣為黃色
觸角與頭部
有白斑

| 八丈島 水深 5m 大小 30mm 山田久子 |

身體爲黃綠色，側足緣附近散布白斑，周緣爲黃色。觸角、頭部也有白斑。側足有許多波浪狀邊緣。長度達 30mm。

| 慶良間群島　水深 12m　大小 8mm　小野篤司 |

平鰓科 Plakobranchidae
海天牛屬 Elysia

琉球群島、菲律賓

## 海天牛之一種 11

*Elysia* sp. 11

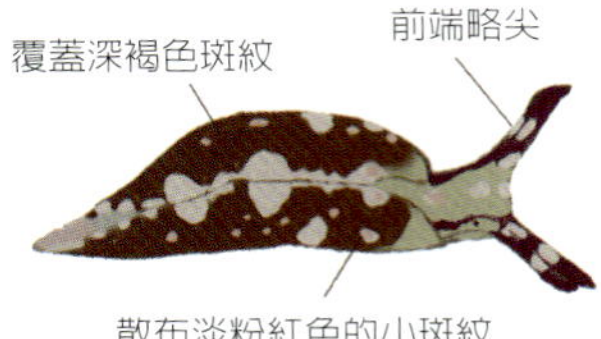
覆蓋深褐色斑紋
前端略尖
散布淡粉紅色的小斑紋

身體爲偏白的綠色，側足廣泛覆蓋深褐色斑紋，散布淡粉紅色的小斑紋。有些個體散布藍色小斑紋。觸角有 1 ～ 2 個白色小斑紋。觸角前端爲深色，形狀略尖。可在沙上觀察。長度達 10mm。

---

| 慶良間群島　水深 4m　大小 9mm　小野篤司 |

平鰓科 Plakobranchidae
卷角海天牛屬 Thuridilla

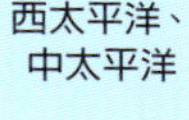
西太平洋、中太平洋

## 霍夫卷角海天牛

*Thuridilla hoffae* Gosliner, 1995

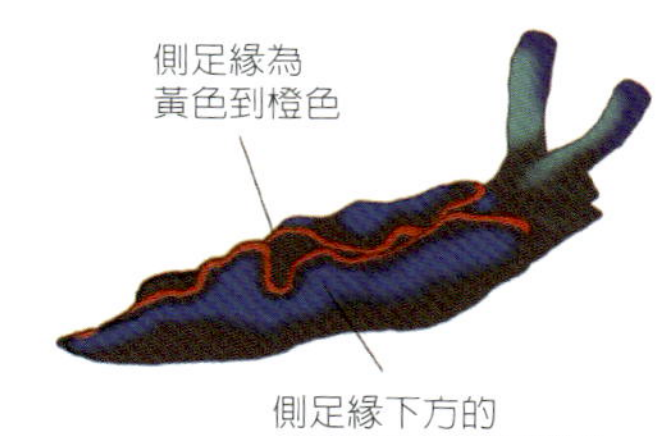
側足緣為黃色到橙色
側足緣下方的大範圍區域呈藍綠色

身體爲黑色，側足中段到邊緣爲藍綠色。側足緣有橘色波浪狀邊緣。觸角爲藍綠色。長度達 20mm，但大多個體不滿 10mm。

---

| 慶良間群島　水深 5m　大小 10mm　小野篤司 |

平鰓科 Plakobranchidae
卷角海天牛屬 Thuridilla

印度－太平洋

## 凱芮卷角海天牛

*Thuridilla kathae* Gosliner, 1995

側足為深色，散布白色細點
側足緣有白邊
身體底色為橘色

身體爲橙色，側足爲深綠色，散布白色細點。側足緣和頭部上面爲白色。大多棲息在內灣區域。長度達 15mm。

平鰓科 Plakobranchidae
卷角海天牛屬 Thuridilla

# 卡爾森卷角海天牛

*Thuridilla carlsoni* Gosliner, 1995

西太平洋、中太平洋

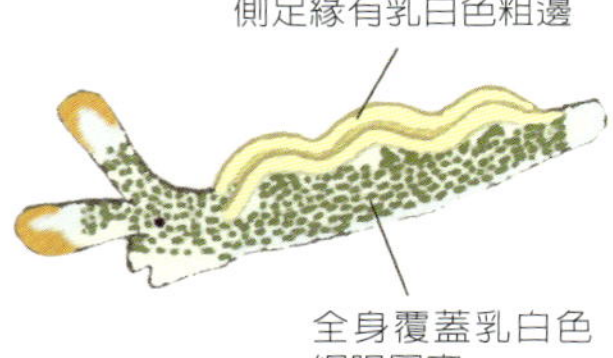
側足緣有乳白色粗邊
全身覆蓋乳白色網眼圖案

| 八丈島 水深 8m 大小 12mm 加藤昌一 |

身體為深綠色，側足、頭部覆蓋乳白色網眼狀斑紋。側足緣為乳白色。觸角前端變黑。長度達 30mm。

平鰓科 Plakobranchidae
卷角海天牛屬 Thuridilla

# 燦爛卷角海天牛

*Thuridilla splendens*
（Baba, 1949）

印度－西太平洋

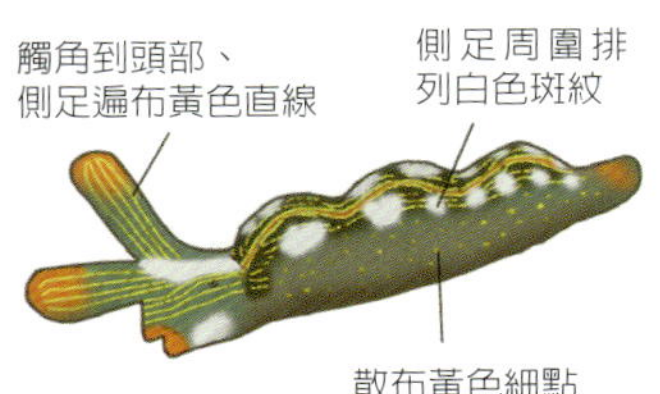
觸角到頭部、側足遍布黃色直線
側足周圍排列白色斑紋
散布黃色細點

| 八丈島 水深 5m 大小 20mm 加藤昌一 |

身體為深綠色，頭部側面到觸角有許多黃綠色線條。側足散布黃綠色細點，側足緣到頭部上面排列白色紋，偶爾會觀察到沒有白色紋的個體。長度達 45mm。

| 慶良間群島　水深 5m　大小 15mm　小野篤司 |

平鰓科 Plakobranchidae
卷角海天牛屬 Thuridilla

## 黃點卷角海天牛

*Thuridilla flavomaculata* Gosliner, 1995

西太平洋

身體爲深褐色到綠褐色，頭部側面與側足散布白色微細點與橙色紋。側足周緣排列 4 ～ 6 個白色紋，側足緣匯聚乳白色細點。觸角上半部爲白色與褐色斑駁圖案。長度達 22mm。

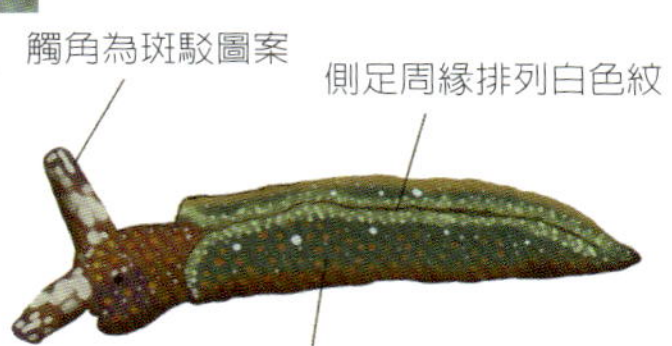
觸角為斑駁圖案
側足周緣排列白色紋
整個側足散布
橙色紋與白色微細點

| 慶良間群島　水深 6m　大小 15mm　小野篤司 |

平鰓科 Plakobranchidae
卷角海天牛屬 Thuridilla

## 細長卷角海天牛

*Thuridilla gracilis*（Risbec, 1928）

印度－
西太平洋

身體爲深綠色，多條連續的乳白色細線，從頭部、觸角延伸到尾部。觸角前端爲橙色。可觀察到側足排列藍色紋的個體，但日本個體通常沒有藍色紋。長度達 25mm。

觸角前端為橙色
多條連續的乳白色細線
從頭部觸角延伸到尾部

平鰓科 Plakobranchidae
卷角海天牛屬 Thuridilla

# 瓦塔卷角海天牛

*Thuridilla vataae*（Risbec, 1928）

印度－
西太平洋

| 慶良間群島　水深 7m　大小 14mm　小野篤司 |

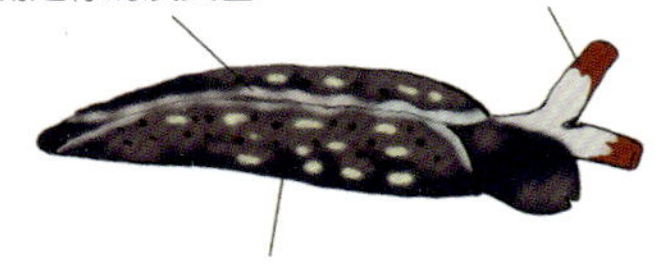
觸角為白色，
前端為紅色
側足緣為淡黃色
側足散布黑色與淡
黃色細點

身體爲偏藍的暗灰色，散布黑點與黃點。不同個體的黃點數量各異。側足緣爲乳白色。觸角爲白色，前端爲紅色。外觀近似白疣卷角海天牛，但本種有黑點，可藉此區別。長度達 15mm。

---

平鰓科 Plakobranchidae
卷角海天牛屬 Thuridilla

# 白疣卷角海天牛

*Thuridilla albopustulosa*
Gosliner, 1995

印度－
西太平洋

| 八丈島　水深 5m　大小 12mm　加藤昌一 |

觸角上方 2 / 3
為鮮豔的紅色
體側有雲狀圖案
體色為藍色
到淡紫色

身體爲水藍色，頭部側面和側足下方爲深色。側足散布不規則白色與黃色斑紋，斑紋呈現滲透的感覺。觸角上方 2 / 3 爲橙色。外觀近似瓦塔卷角海天牛，但本種沒有黑色細點。長度達 15mm。

| 慶良間群島　水深 5m　大小 10mm　小野篤司 |

平鰓科 Plakobranchidae
卷角海天牛屬 Thuridilla

## 黑藍卷角海天牛

*Thuridilla livida*（Baba, 1955）

印度－西太平洋

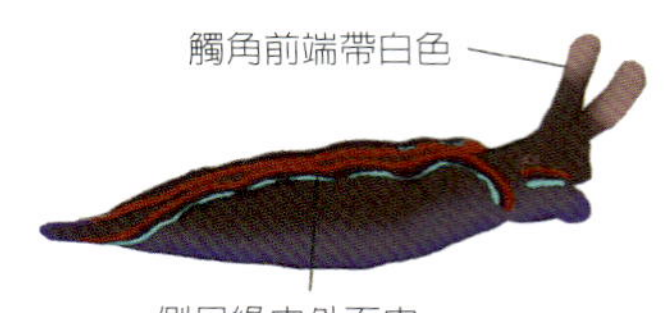
觸角前端帶白色
側足緣由外而內
依序為橘邊、黑邊、藍邊

身體爲深紫色，頭部側邊排列黃線和藍線。側足緣由外而內依序爲橘邊、黑邊、藍邊。外觀近似霍夫卷角海天牛，但本種的觸角前端爲白色，可藉此區分。長度達 20mm。

| 慶良間群島　水深 20m　大小 15mm　小野篤司 |

平鰓科 Plakobranchidae
卷角海天牛屬 Thuridilla

## 波紋卷角海天牛

*Thuridilla undula* Gosliner, 1995

印度－西太平洋

側足有鑲藍邊的
紅褐色波浪圖案
觸角前端為紅褐色，
邊緣鑲藍邊

身體爲淺藍色，整條側足上緣有鑲藍邊的紅褐色波浪圖案。觸角上方 2 / 3 爲紅褐色，鑲藍邊。長度達 25mm。

| 八丈島　水深 6m　大小 10mm　加藤昌一 |

平鰓科 Plakobranchidae
波士海天牛屬 Bosellia

## 波士海天牛之一種

*Bosellia* sp.

八丈島、琉球群島

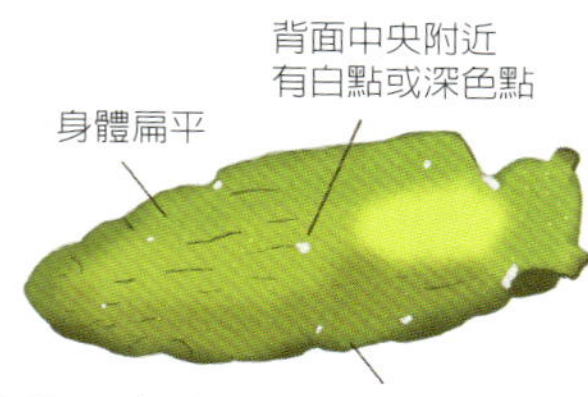
背面中央附近
有白點或深色點
身體扁平
沒有側足

身體底色爲草綠色，形狀扁平，沒有側足。背面中央的正中線上，有白點或深色小圓斑。乍看像是小海天牛，但本種背面中央的正中線上看不見側足緣，可藉此區分。長度達 8mm。

平鰓科 Plakobranchidae
平鰓海天牛屬 Plakobranchus

# 眼斑平鰓海天牛

*Plakobranchus ocellatus*
Van Hasselt, 1824

印度－太平洋熱帶海域

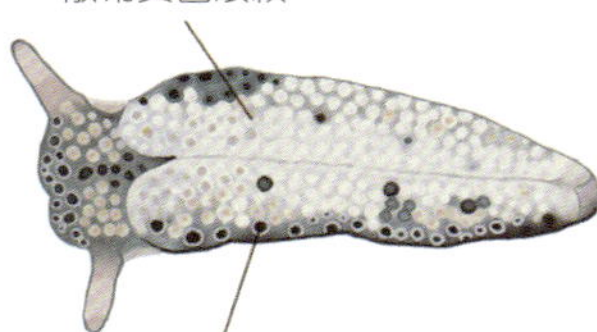
散布黃色眼紋
頭部和側足下方
有許多黑藍色大眼紋

| 慶良間群島 水深 2m 大小 35mm 小野篤司 |

身體為白色，側足散布由深色邊圍繞黃斑的眼紋。此外，頭部和側足下方有許多鑲黑邊的黑藍色大眼紋。腹足散布許多白邊圍繞黑斑形成的眼紋。目前已知有許多近似種，但不同種在慶良間群島的棲息地各異。長度達 60mm。

| 腹足面 慶良間群島 小野篤司 |

平鰓科 Plakobranchidae
平鰓海天牛屬 Plakobranchus

# 平鰓海天牛屬之一種 1

*Plakobranchus* sp. 1

琉球群島、菲律賓

| 慶良間群島 水深 5m 大小 35mm 小野篤司 |

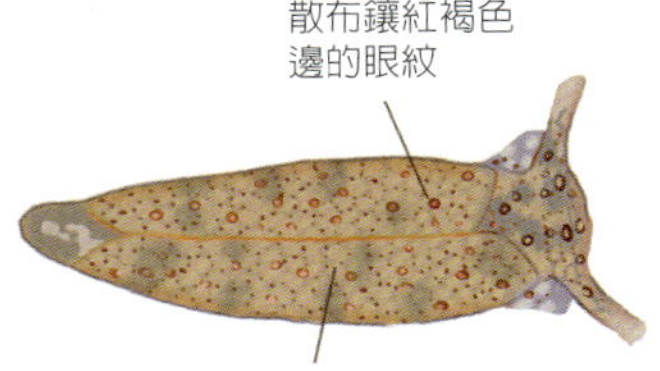
散布鑲紅褐色
邊的眼紋
紅褐色細點呈網眼
狀散布

身體為米色，側足和頭部散布有紅褐色邊的橙色與黃色眼紋。這些眼紋之間有紅褐色細點呈網眼狀分布。腹足帶綠色，密布黑色細點。體型是繼眼斑平鰓海天牛後第二大，長度達 50mm。

| 腹足面 慶良間群島 小野篤司 |

| 慶良間群島 水深 4m 大小 20mm 小野篤司 |

平鰓科 Plakobranchidae
平鰓海天牛屬 Plakobranchus

# 平鰓海天牛屬之一種 2

*Plakobranchus* sp. 2

琉球群島

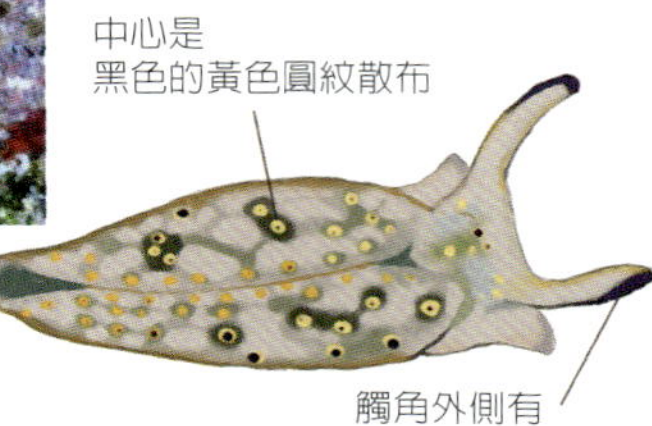
中心是
黑色的黃色圓紋散布
觸角外側有
等身長的黑紫色

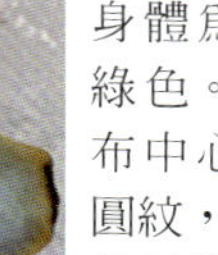
| 腹足面 慶良間群島 小野篤司 |

身體爲白色，局部帶綠色。側足與頭部散布中心爲黑色的黃色圓紋，有一部分是黑色區域較大的眼紋。觸角外側有等身長的黑紫色。腹足爲白色，只有周緣散布些許黑色紋。屬於小型種，大多是 20mm 的個體。

| 慶良間群島 水深 3m 大小 30mm 小野篤司 |

平鰓科 Plakobranchidae
平鰓海天牛屬 Plakobranchus

# 平鰓海天牛屬之一種 3

*Plakobranchus* sp. 3

琉球群島

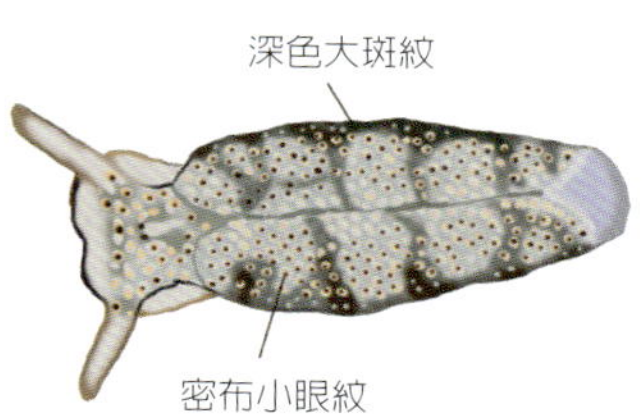
深色大斑紋
密布小眼紋

| 腹足面 慶良間群島 小野篤司 |

身體爲白色，有幾個深色大斑紋從腹足緣往上延伸。頭部與側足密布有黃邊的黑色小眼紋。腹足爲白色，沒有斑紋。與腹足連接的側足部爲深色。中型種，長度約爲 30mm。

# 專家傳授海蛞蝓攝影術

海蛞蝓總是安靜地待在海底，讓人以為牠是很容易拍攝的主角，但實際上拍了才發現，海蛞蝓真的很難拍……。相信很多人都拍不出理想照片。接下來為各位講解如何利用小型數位相機拍攝出漂亮的海蛞蝓！

攝影 · 撰文：加藤昌一

## 小型數位相機攝影術

海蛞蝓又有「海中寶石」的美譽，不僅五彩繽紛，外形也變化萬千。許多潛水愛好者潛入海中，都想將各式各樣的海蛞蝓拍得更美麗。

但讓許多人煩惱的是，怎麼做才能拍出更好看的照片？話說回來，真的要用專業的單眼相機才能拍出好照片嗎？

當然，若懂得使用單眼相機，一定能拍出足以做成圖鑑或攝影集的出色作品。不過，各位可能會覺得做到這一點很難。一想到要將單眼相機帶入水中，就覺得必須買齊機身、鏡頭、防水殼（防水套）、閃燈等各式器材。不僅花錢，也要花時間學會怎麼使用。最重要的是，整組器材很重！帶著這麼重的器材下水，要如何潛水呢？

對於想要省錢，以更輕鬆的方式享受水中攝影的潛水愛好者來說，小型數位相機是最好的選擇。

不過，小型數位相機使用者中，有人說：「我用的是小型數位相機，拍不出好照片。只是拿來記錄當天潛水活動，方便事後回憶自己看見的景物。」

話說回來，小型數位相機真的拍不出好照片嗎？

事實並非如此，小型數位相機的功能日新月異，如今已能拍出媲美單眼相機的好照片。應該說，若只論拍攝海蛞蝓一途，小型數位相機反而更有利。

### ●原因一　低角度也能拍

幾乎所有海蛞蝓都小於 3cm，是很小型的生物，通常附著在水底、岩壁、海藻或海綿上生活。若是大型相機，只能從斜上方（高角度）往下拍攝。高角度拍的照

上：以高角度拍的照片。
下：以低角度拍的照片。

片無法表現海蛞蝓外形之美與可愛之處。

由於小型數位相機尺寸較小，可以在較低的位置，和海蛞蝓一樣的高度拍攝（低角度拍攝），眞的很方便。

### ●原因二　容易對焦

若要拍攝小型海蛞蝓，單眼相機必須使用微距鏡頭，這種鏡頭通常用來拍攝陸地上的花朵和昆蟲特寫。使用此鏡頭不只能將主體拍得細膩，還能拍出背景有點模糊的照片，展現漂亮的散景效果。

反過來說，使用微距鏡頭對焦，只要鏡頭稍微偏離拍攝主體，照片就會變得模糊（景深較淺），很難將焦距對準整體。例如，要是對焦在海兔的觸角，其他部位就會變得模糊，這使得對整體進行對焦變得困難。

小型數位相機原本的設計就能用於廣角拍攝和微距拍攝，景深比單眼相機深，拍攝小型海蛞蝓也能將焦距對準觸角到身體後方，很容易拍出整體特色。

### ●原因三　在狹小的地方也能近距離拍攝

小型數位相機最大的優點在於，可輕鬆拍攝棲息在岩石縫隙或凹陷處的微小海蛞蝓。使用單眼相機時，可能因爲相機本體或閃光燈碰到岩壁或岩石，而無法近距離拍攝。輕薄小巧的小型數位相機可在狹小的地方，輕鬆接近拍攝主體。

聚焦在次生鰓，其他部位模糊的失敗照（以單眼相機拍攝）。

明明小型數位相機有這麼多優點，爲什麼還有很多人感嘆無法拍出好照片？

是因爲使用的是舊款相機？還是因爲沒有外接閃光燈或微距鏡頭？或者純粹就是拍攝技巧差？

就算有再多人使用小型數位相機，能拍出好照片的依舊寥寥無幾。幾乎所有使用者都認爲「我用這個相機拍出的照片就是如此而已」，抱持著無奈的態度持續拍攝。

小型數位相機可在狹小地方輕鬆拍攝。

### 1）改變相機設定！

小型數位相機的設計概念是讓所有人輕鬆上手，若將拍攝模式設定爲自動模式，無論在何種條件下，相機都能自動感應，拍出過得去的照片。這就是這麼多人覺得自己不擅長拍照的原因。

自動模式的設定方便所有人拍照，但也只是拍出普通照片罷了。比起陸上攝影，水中攝影對相機來說，攝影條件相當嚴苛。有時候自動模式會讓相機無法應付水下的特殊條件。

每一種小型數位相機都有各種拍攝模式，請先改變你的相機設定吧！只要改變設定，就能拍出前所未有的好照片。

●拍攝模式

請尋找可以調整ISO感光度的模式。若是無法變更ISO感光度，那麼請設定自動模式或水中拍攝模式。不同相機廠牌的模式名稱不同，請設定成可拍攝1cm近距離的微距模式。

大多數的海蛞蝓都很小，不會到處移動。透過小型數位相機的液晶螢幕觀察，體型顯得更小。如果試圖將海蛞蝓拍大一點而靠得更近，就會發現無法對焦問題。

每款相機使用的鏡頭決定了可以拍攝的最短距離，只要超過此最短距離就會無法對焦。建議設定微距模式，以鏡頭最短的距離拍攝海蛞蝓。

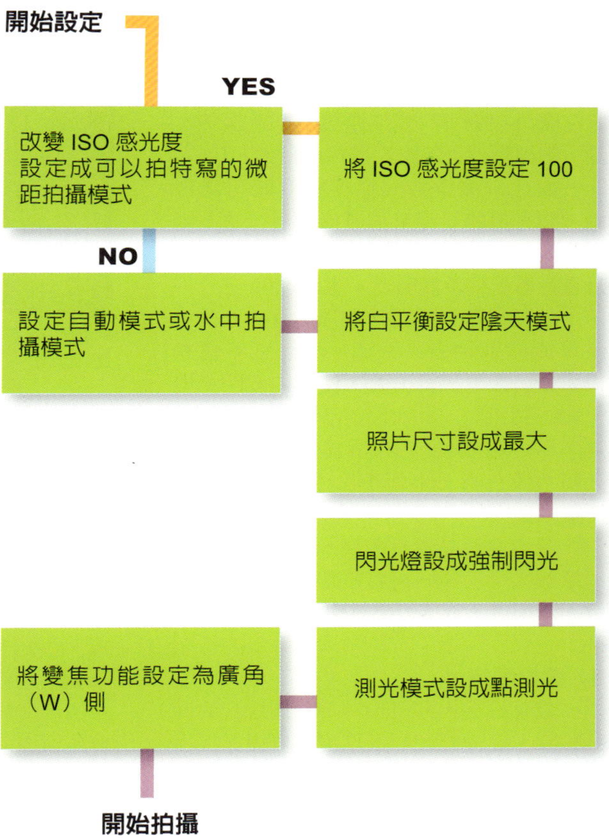
開始設定
YES
改變ISO感光度
設定成可以拍特寫的微距拍攝模式
將ISO感光度設定100
NO
設定自動模式或水中拍攝模式
將白平衡設定陰天模式
照片尺寸設成最大
閃光燈設成強制閃光
將變焦功能設定為廣角（W）側
測光模式設成點測光
開始拍攝

● ISO感光度

若能調整ISO感光度，請設定爲100。

此數值愈大（例如200），感光度就愈強，拍出來的照片愈明亮。以數值較大的ISO感光度拍攝偏白的海蛞蝓，主體反而會整個變白，拍不出細節和凹凸形狀。

若覺得ISO 100拍出來的照片過暗，或許是拍攝處離主體太遠，不妨靠近10cm再拍一次。

●白平衡

請設定爲陰天模式。使用燈光攝影的情形將在後面說明。

●照片尺寸

選擇最大尺寸。

●閃光燈

使用內建閃光燈時，請設定強制閃光。閃光補償請設定-1。使用外接閃光燈的情形將在後面說明。

●測光模式

設定點測光模式。

●變焦功能

焦距位置設定在廣角（W）側。

### 2）調整與拍攝主角的距離

確認拍攝主體在液晶螢幕裡之後，先確認其大小。此時的重點是將相機焦距設定在廣角（W）側。當焦距設定在攝遠（T）側，不用靠近也能將主體拍得很大。

如此一來會造成你從距離較遠處拍攝，閃光燈的光線無法發揮作用，拍不出鮮豔顏色。照片容易顯得偏藍或暗沉，而且也容易受到手震影響，難以對焦。

請將焦距位置設定在廣角（W）側，盡可能靠近拍攝。不過，請注意不要靠得太近。如果靠得太近，使用內建閃光燈只會照到正面，反而沒辦法照亮主體海蛞蝓。靠近距離請以 10cm 爲宜，將拇指放在防水殼右側，伸出直指，在食指指尖的距離拍攝。

若透過液晶螢幕觀察，覺得此距離的海蛞蝓太小，不妨再將焦距拉近一點。拉近一點即可，千萬不要拉到攝遠（T）側。

### 3）開始對焦！

設定好後，即可拍照。發現想拍的海蛞蝓時，請先確認周遭環境，慢慢靠近海蛞蝓。在身體晃動的狀況下，絕對無法聚焦。

讓身體與拿相機的手保持穩定，透過液晶螢幕確認拍攝主角，使海蛞蝓進入對焦範圍內。液晶螢幕的中央會顯示對焦區。

半按快門就能自動對焦，確定對焦時，相機會閃綠燈，或是液晶螢幕的框亮

距離太近，內建閃光燈照在左上方。

將拇指放在防水殼上，伸出直指，這個距離就是 10cm。

綠燈。若對焦失敗，則是閃紅燈或液晶螢幕的框亮紅燈。

請務必確定綠燈亮起再按下快門。亮紅燈時按快門，只會拍出一大堆失焦照片。請放開快門，再次半按，直到亮綠燈爲止。

若真的無法對焦，或許拍攝模式跑掉，已不是微距拍攝模式。誠如前方所說，千萬不可將焦距拉太近。絕對不能因爲看不清小型海蛞蝓，就將變焦拉到攝遠（T）側，這樣反而無法對焦。

### 4）確認照片的明亮度

拍好照片後，請務必確認結果。

透過液晶螢幕確認，若覺得照片太暗，請將 ISO 感光度 100 拉高至 200。若還是太暗則調至 400，就能拍出最適合的亮度。相反的，若覺得照片太明亮，由於 ISO 感光度已在 100，請將曝光補償值調至 -1 或 -2，讓照片暗一點。

### 5）以數量取勝！

拍攝體型很小的海蛞蝓時，有時會遇到明明主體在對焦區內，焦距卻對在周遭景物，使主體海蛞蝓失焦的情形。

此時請以數量取勝。至少按下 20 次快門，照片數量愈多，一定能找到幾張清晰的照片。

最近小型數位相機的記憶卡容量已經達到 128GB 或 256GB，即使每隻海蛞蝓拍 20 張照片，還不至於將記憶卡填滿。潛完水後只要整理照片，將模糊失焦的照片刪除即可。

### 6）拍照後再裁剪，讓海蛞蝓變大一點！

透過相機觀看約 2 公分大小的海蛞蝓時，其在液晶螢幕裡不過是個小點。想看得更清楚些，就會忍不住拉近焦距，放大海蛞蝓……。我真的很了解這種心情。

不可否認的，海蛞蝓只是個小點，但這是在液晶螢幕裡看起來的尺寸。若事先將照片尺寸設成最大，實際沖洗照片時，可沖洗出 A3 尺寸（以一千萬畫素的小型數位相機為例），也就是 297mm×420mm。

在最大尺寸的照片裡看起來像小點的海蛞蝓，剛好可以裁剪成 L 尺寸（89mm×127mm）的大小。

姑且不論製成 A3 海報的情形，若是要上傳至網站，或用電子郵件傳送，L 尺寸的大小已經夠用。

拍成大尺寸照片後，即使裁剪放大海蛞蝓，畫質也不會變差。

容我再次強調，拍攝時拉近焦距，將主角拍得大大的照片，通常都會出現些許失焦，或畫質低落等情形。

最近許多小型數位相機內建裁剪功能，也能透過手機應用程式編輯照片。拍到自己想拍的海蛞蝓後，不妨加以編輯，只留下好看的照片。

相當於 A3 的照片。

裁剪至 L 尺寸的照片。

## 善用相機配件的攝影術

前方介紹的是將小型數位相機放在防水殼裡拍照的技巧，無須外加配件，光靠相機就能拍出十分美麗的作品。

然而，若想再下點工夫，想拍出與眾不同的照片，對於現在的拍攝成果已無法滿足的人，市面上也有許多相機配件可以購買。接下來介紹的是眾多配件中的一部分。

要注意的是，使用外接閃燈（strobe）或閃光燈拍攝時，不適合無法變更 ISO 感光度的機種。

### 1）使用外接閃燈的拍攝方法

微距拍攝模式可以拍攝特寫，即使以超近距離拍攝米粒大小的海蛞蝓仍能對焦。不過，若以超近距離拍攝，使用內建閃光燈時，只有燈的正面有光，液晶螢幕前的海蛞蝓反而照不到光。最後拍出主角海蛞蝓在陰影裡的照片。

爲了避免這個問題，必須加裝閃燈，讓光照在拍攝主角身上。

外接閃燈與內建閃光燈不同，可以自由改變位置和角度。此外，大量的光照射可以增加拍照角度，不只是主角，就連周遭也能拍得明亮清晰。

外接閃燈可以調整亮度和光線量，不只能手動調整，還能使用 TTL（鏡後測光）功能自動調整，眞的很方便。

然而，TTL 有時也會失敗。失敗時拍出來的照片，不是全白（過度曝光）就是全黑（曝光不足）。

當相機的 ISO 感光度設定爲 AUTO 時，通常容易拍出過度曝光的照片。

參照下方照片即可發現，使用外接閃燈 TTL 功能時，要將 ISO 感光度的數值調至最小，設定爲 ISO 100 即可。

外接閃燈的光線量與 ISO 感光度都設為自動模式，拍出曝光過度的照片。

外接閃燈設為 TTL，ISO 感光度設為 100 拍出的照片。

曝光過度的照片。

曝光補償值設為 -2 的照片。

閃燈拉遠一點拍出的照片。

## ●避免曝光過度的拍攝法

話說回來，即使將 ISO 設爲 100，也可能拍出曝光過度的照片，像是遇到白色海蛞蝓時，就很容易曝光過度。

有三個方法可以避免拍出曝光過度的照片。

第一是將曝光補償的數值設爲 -2；第二是將閃燈遠離拍攝主角；第三是在閃燈加裝減光鏡。

請對照上頁三張紅紋螺的照片。將曝光補償設爲負值的照片，背景也會變暗。拉遠閃燈距離的照片，背景維持明亮。

雖然都是拍同一隻海蛞蝓，照片成果卻有差異。善用這些技巧，就能拍出自己喜歡的照片。

若在閃燈加裝減光鏡（第三種方法）就能減弱閃燈的光線量，即使是白色主角也不會曝光過度。如果可以的話，使用外接閃燈時建議加裝減光鏡。若如此還是拍出曝光過度的照片，請按照第一種和第二種方法調整，

什麼樣的照片是曝光不足的照片呢？請對照右側三張迷幻相模野海蛞蝓的照片。ISO 感光度 100 時，整體是暗的。此時請用液晶螢幕確認拍攝的照片，慢慢增加 ISO 感光度的數值，直到調出理想色調爲止。

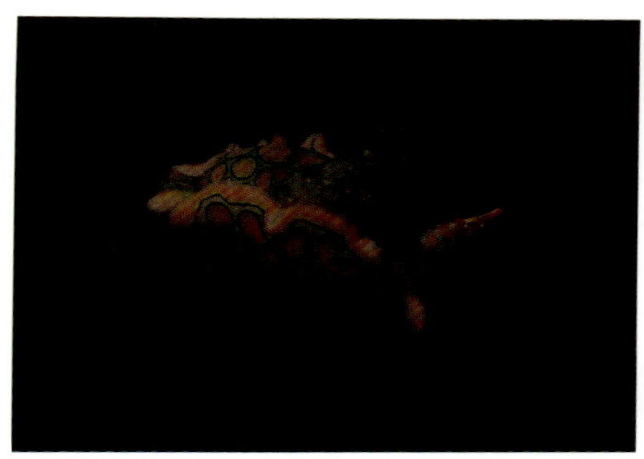

**ISO100** 整體很暗。

**ISO200** 慢慢提高 ISO 感光度。

**ISO300** 繼續提高 ISO 感光度，調整出最理想的色調。

加裝兩盞閃燈的小型數位相機，閃燈使用減光鏡。

安裝閃燈與燈光的小型數位相機。

### ●調整外接閃燈的角度

確定曝光值後，接下來調整外接閃燈的角度。

若外接閃燈只有一盞，照射角度爲由上往下，光線照在斜前方。無論如何調整角度，都會形成陰影。一定要從液晶螢幕確認拍攝的照片，努力找出不會形成陰影的角度。

若有兩盞外接閃燈，就無須擔心陰影。

只有一盞燈容易形成陰影。

使用兩盞燈就不會有陰影。

### 2）使用閃光燈或閃燈加燈光的拍攝方法

使用內建閃光燈，以極近距離拍攝，會使局部照不到光，形成一半黑暗的照片。

若使用外接閃燈，可充分發揮相機性能，但若只有一盞燈，還是會在海蛞蝓下方形成陰影。不過，只有一盞燈就算了，使用兩盞燈反而增加重量和體積。

此時不妨使用內建閃光燈，或只用一盞外接閃燈，再用手持光源消除陰影。

這個時候建議選擇色溫 5800K 的燈。

首先，使用內建閃光燈，或只用一盞外接閃燈拍攝海蛞蝓。

確認哪裡較暗，哪裡又產生陰影，以手持光源照射暗部，再次拍攝。只要讓光均勻照射，就能拍出漂亮的照片。

此外，在背光狀態下拍攝，能讓海蛞蝓的輪廓發光，拍出奇特的照片。這是善用閃光燈與燈光光線的表現法，也是海蛞蝓特有的拍照技巧，請務必挑戰看看。

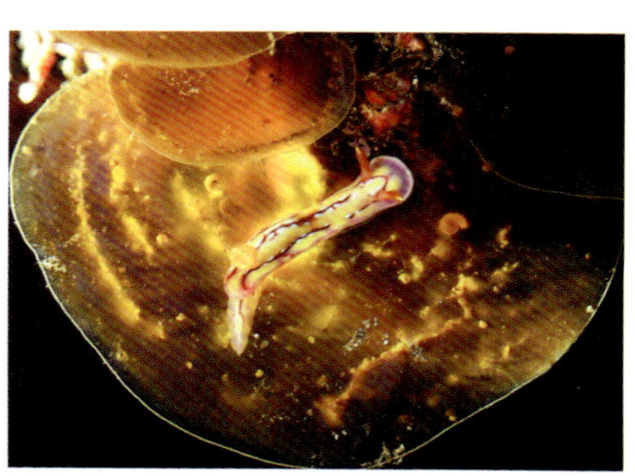

內建閃光燈、環狀擴散板與燈光。

### 3）使用環狀擴散板拍照！

使用內建閃光燈時，以極近距離拍攝特寫，會使畫面右半部變暗。若爲了解決這個問題而使用外接閃燈，不僅笨重也不方便攜帶。此時正是環狀擴散板派上用場的時候。

若只拍攝海蛞蝓，個人建議一定要用環狀擴散板。

環狀擴散板的功能是將通常內建在左上方的閃光燈射出的光線，擴散成像是從鏡片周圍發出的光。由於這個緣故，無論多麼近距離拍攝都不會出現暗部，也不會造成陰影。

這個拍攝方法只限定用在不動的海蛞蝓身上，而且是體型較小的海蛞蝓，一定可以拍出令人驚豔的照片，各位不妨試試。

內建閃光燈與外加燈光。

外接閃燈與外加燈光。

### 4）只用燈光的拍攝法

燈光可以持續照射在不太移動的海蛞蝓身上，不使用閃光燈或閃燈，只用燈光也能拍攝。

先設定禁用內建閃光燈，關鍵在於白平衡。與閃光燈和閃燈的光不同，燈光的光色因廠牌而異。光的色調通常以色溫（計量單位爲 K）表示。

● RGBlue premium → 3950K

● RGBlue 非 premium、INON 舊款 → 4750K

● INON 新款→ 5800K

看起來偏黃的光，色溫較低；看起來偏白的光，色溫較高。以不同色光照射，

加上環狀擴散板的防水殼。

環狀擴散板能讓光線圍繞海蛞蝓，拍出明亮照片。

利用燈臂加裝燈光照射，再手持燈光消除陰影。

使用燈光拍攝，讓明暗的表現更柔和。

可以拍出不同色調的照片。由於這個緣故，一定要配合使用燈光的色溫，設定相機的白平衡。

大多市售燈具的光線偏黃，多爲4000K左右的產品。將白平衡設定成可拍出偏藍色調的螢光燈，就能拍出好照片。

INON的通常色溫較高，顏色偏白，此時白平衡應設定可拍出偏紅色調的陰天模式。

若想如實呈現拍攝對象的顏色，請務必先確認手邊燈光的色溫。

有些相機機種在設定白平衡的選項中，不只能設定螢光燈或陰天模式，還能設定色溫（K）數字。此時只要配合燈光色溫選擇數字即可。

設定完成就可以拍照了。

可以手持燈光拍攝，也能裝在機器手臂上。使用兩盞燈也可以。拍攝時請調整出不會形成陰影的角度。

這個方法與使用閃光燈或閃燈拍攝的差異，在於明亮表現較爲柔和，色調也較爲溫和。各位不妨嘗試看看。

### 5）特製自己的專屬設定

設定內容可說是小型數位相機是否能拍出好照片的關鍵。錯誤的設定怎麼拍都不對，請用海蛞蝓的專用設定拍攝。

有些相機機種可以在相機裡，特製自己喜歡的設定。

若每次遇到不同拍攝對象，就要重新調整拍攝模式、ISO感光度、白平衡與測光模式，就會錯過按下快門的時機。

將拍攝大型種海蛞蝓和極小型種海蛞蝓的設定，特製成不同專屬模式，依照使用頻率的高低事先儲存在相機裡。遇到緊急的時候，也不怕設定錯誤。

各位在拍攝海蛞蝓的時候，如果遇到海豚，只要一鍵就能變更設定，眞的很方便。

以上就是海蛞蝓的拍攝技巧。各位可以不用配件，只帶一個小型數位相機輕鬆拍攝。也能外接閃燈，拍攝各種尺寸的海蛞蝓，有時還能順便拍攝其他海中生物。或是安裝環狀擴散板、使用燈光，享受專門拍攝海蛞蝓的樂趣。想要拍攝不動的海蛞蝓，小型數位相機可說是最適合的工具。

衷心希望各位善用小型數位相機，拍出色彩繽紛的海蛞蝓。

# 如此就能找到海蛞蝓！

明明很喜歡海蛞蝓，卻怎麼找也找不到。雖然導遊和潛水同伴找到時會讓我看，但自己就是找不到。如果你有這個煩惱，請參考以下的建議。

攝影、撰文：加藤昌一

## 在固定地點潛水，希望在此盡可能找到更多海蛞蝓

各位平常都怎麼潛水呢？絕大多數的人是由導遊帶隊，和其他人一起潛水。向志同道合的朋友借氣瓶，自己去潛水的人絕對是少數派。

無論是何種潛水方式，如果是一群海蛞蝓愛好者組隊潛水，那還沒話說。但若是一群人必須緊跟著導遊或領隊，潛水時不僅要顧慮其他人，還要尋找海蛞蝓，就真的分身乏術。尋找海蛞蝓有許多規定，不妨先從其中一項著手吧！

上岸之後，若覺得今天比以前看到更多海蛞蝓，就代表各位尋找海蛞蝓的技巧愈來愈純熟了。

### ●課程 1
### 不要游泳！

當你慢跑經過兩旁盛開繡球花的小徑，你能看到幾隻繡球花上的蝸牛呢？當一個人顧著抬頭看向天空，或是欣賞盛開的花朵，就會忽略滿地的蝸牛。

尋找海蛞蝓也是同樣的道理，當你忙著追尋五顏六色的魚，或是在高低起伏的海底游動，欣賞大自然的美景，除非是十分搶眼的物種，否則絕對不可能看到小小的海蛞蝓。

建議各位請喜歡海蛞蝓的導遊帶著你一起潛水。相信對方不會帶你到處遊動，而是靜靜待在可能有海蛞蝓的地方仔細尋找。若是平常熱衷尋找觀察熱點的導遊，對方一定會帶你去海蛞蝓聚集的地方。若是如此，各位務必和導遊一起仔細尋找。

如果你參加的潛水團無暇尋找海蛞蝓，不妨拜託導遊在上岸前聚集的安全地點，導遊可以掌握你的蹤跡之處，讓你自由活動十分鐘。不少海蛞蝓喜歡待在淺水區，這是潛水者可以安心潛水的地方，通常可以看到不少海蛞蝓。

靜下心來，慢慢地仔細尋找。將自己當成海蛞蝓，想像在三坪的房間裡細心尋找每一寸地方，專心觀察。

### ●課程 2
### 尋找海蛞蝓聚集的地方！

喜歡海蛞蝓的導遊都是尋找海蛞蝓的高手，一定會帶我們去海蛞蝓聚集之處。若必須自己尋找海蛞蝓聚集地點，請停下來，不要游動，先花十分鐘努力尋找。

只要在該地點找到一隻海蛞蝓，周邊一定還有其他幾隻海蛞蝓。如果花十分鐘還找不到，代表該處沒有海蛞蝓，請立刻放棄，到其他地方尋找。

接下來請找一個和剛剛截然不同的地點。假設一開始找的是淺礫區，接著請找植物根部的壁面。多做幾次就能慢慢掌握哪些地點有很多海蛞蝓，哪些地點寥寥無幾。

若是在沒有導遊帶領的狀況下獨自潛水，不妨向當地的潛水店家，請教哪個時間哪個地點可以找到許多海蛞蝓。

拿著燈仔細尋找！

對於像芥菜籽般的海蛞蝓來說，波濤萬丈的海洋充滿危險。

### ●課程 3
### 使用水中燈具

從未見過的色彩鮮豔海蛞蝓。然而，在缺乏陽光的海中，通常只能看到單調的顏色。即使顏色很鮮豔，若身處在色彩繽紛的海藻或海綿周邊，一樣看不出來。

不只是顏色，形狀也是同樣的道理。海蛞蝓的外形變化豐富，十分驚人，其中不乏奇形怪狀。然而，這正是海蛞蝓巧妙融入周遭環境，適合躲藏的原因。

人類可以區別陸地上的許多顏色和形狀，但是水中缺乏陽光，還有許多生物帶著陌生的顏色與外形。對於不習慣水中生活的我們而言，想要從中找到海蛞蝓，一定會遇到重重阻礙。燈是我們克服困難的工具。

利用燈具探照就能看到平時在圖鑑或攝影集見到的海蛞蝓顏色，還能輕易辨識周遭海藻、海綿、水螅、海鞘等生物的顏色和外形，找到海蛞蝓。

盡可能慢慢移動燈光，仔細尋找。你一定能在燈光協助下，發現印象中海蛞蝓的顏色與外形。找到後請更加仔細尋找周邊，一定能找到其他種類的海蛞蝓。

### ●課程 4
### 連續幾天風平浪靜就是尋找海蛞蝓的好時機！

大海有時波濤洶湧，有時風平浪靜。同一個地點在不同氣候下，也有不同風景。隨著季節和天氣變化，海洋會展現出各種面向。

海蛞蝓就像是在大海中的芥菜籽，波濤萬丈的海洋對海蛞蝓來說充滿危險。若是不小心附著在海藻和岩石上，就會被海流帶到其他地方去。此時海蛞蝓會躲在岩壁縫隙間、岩石凹處或沙中，靜靜等待風暴過去。等到暴風雨過去，海面恢復平靜，過了幾天安穩的日子，海蛞蝓就會再次出來，四處游動。

由於這個緣故，若昨天狂風暴雨，今天立刻潛入海中，無論怎麼努力也很難找到海蛞蝓。

最好等到連續幾天風平浪靜時，再出發去尋找海蛞蝓，比較容易找到。想去潛水，一定要先知道哪個季節容易出現連續幾天風平浪靜的時候。平常若有想去潛水的地點，一定要先確認潛水日誌才能去。

## 鎖定某種海蛞蝓時

### ●課程 5
### 請先翻閱圖鑑

「我已經知道自己想找哪隻海蛞蝓，不用看圖鑑也知道海蛞蝓長什麼樣子。」各位是不是也有這樣的想法？話說回來，對於你想看的海蛞蝓，你是否只知道其顏色和形狀。圖鑑刊載的不只是照片，還有許多可以幫助各位找到海蛞蝓的資訊。

首先是「大小」。爲了方便大家了解，圖鑑的照片全都是同樣大小。無論是小型種或大型種海蛞蝓，在照片中都一樣大。

*Cerberilla*屬海蛞蝓通常在夜間活動。

飾紋螺這類帶殼的海蛞蝓，每到夜晚就會四處游動。

不過，照片旁邊一定會記載海蛞蝓的尺寸大小。尋找 3mm 和 3cm 的海蛞蝓時，須注意的重點截然不同。

照片旁邊也會註明拍攝地點，解說文還會記載棲息地。想在伊豆半島尋找只棲息在沖繩的海蛞蝓，只能說是白費心機，徒勞無功。若想找棲息在沖繩的海蛞蝓，第一步就是去沖繩。

在預約潛水店前，最好先確認是否能看到自己想看的海蛞蝓。

### ●課程 6
### 鎖定海蛞蝓較多的季節！

日本國內的海蛞蝓在春天到初夏之際最多，雖然不同地區的海蛞蝓數量各有不同，但這段時間是日本海藻大量出現的時候。

以海藻為食的海蛞蝓，可以在海藻茂密的季節大快朵頤，繁衍後代。吃海藻的草食性海蛞蝓增加，以其為食的肉食性海蛞蝓也會現身。

不過，只要仔細調查，就會發現潛水地點和海蛞蝓的種類，都有各自最好的季節。自己想看的海蛞蝓，會在何時何地大量出現？尋找海蛞蝓的旅程就從出發至大海的前置作業開始！

### ●課程 7
### 掌握生活習慣！

海蛞蝓中不乏夜行性的物種。夜行性海蛞蝓白天會潛入沙裡，或是在岩石縫隙深處、滾石下方休息，無論怎麼找都找不到。不過，一到夜晚就會紛紛出動，來回游動，隨便找就是一大把。

淺蟲潛蓑海蛞蝓與近緣翼蓑海蛞蝓等 *Cerberilla* 屬海蛞蝓，是白天潛入沙裡，晚上外出活動，最具代表性的夜行性海蛞蝓。大嘴海蛞蝓屬也是每到晚上就會四處游動覓食的海蛞蝓，夜潛時也能觀察到巨型福斯卡側鰓海蛞蝓活潑好動的模樣。

晚上是與夜行性海蛞蝓相遇的最佳時機。請務必嘗試夜潛，觀察牠們不為人知的一面。

### ●課程 8
### 了解海蛞蝓喜歡的食物！

若要在家裡養海蛞蝓，你知道該準備什麼食餌嗎？

事實上，不同種的海蛞蝓，吃的食物都不一樣。海蛞蝓有草食性也有肉食性，形態之豐富媲美熱帶草原的生物多樣性。有些種類還能和平共存。

舉例來說，吃海藻的草食性海蛞蝓有吃各種海藻的，也有只吃蕨藻的青綠長足螺。潛水客最愛的太平洋角鞘海蛞蝓，俗稱皮卡丘，最愛吃苔蘚蟲。因此，若沒找到苔蘚蟲聚集之處，就不可能發現到牠。同屬的豐羽角鞘海蛞蝓和角鞘海蛞蝓之一種 3，也同樣愛吃苔蘚蟲類，應該能在同一地點發現到牠們。

此外，還有捕食八放珊瑚、水螅蟲的海神鰓科※，以海葵為主食的蓑海蛞蝓

1. 花斑裸海蛞蝓吃東方角鰓海蛞蝓側腹部的情景（海蛞蝓吃東西的三個基本動作：嚼碎、緊咬吸吮、吞入）。 2. 桔黃裸海蛞蝓吃白豆厚唇螺的情景。攝影者：法月麻紀 3. 吃日本法沃海蛞蝓的卵。攝影者：廣江一弘 4. 豐羽角鞘海蛞蝓大口吃苔蘚蟲的情景。攝影者：片野猛 5. 八放葉蓑海蛞蝓集體吃紫皮珊瑚（八放珊瑚類）。 6. 秀麗擬三歧海蛞蝓集體吃光指芽軟珊瑚（八放珊瑚類）。 7. 突丘小葉海蛞蝓的幼齡個體集體吃海綿。 8. 布洛克高澤海蛞蝓聚集吃海綿。

科，愛吃海綿的多彩海蛞蝓等。想看海蛞蝓時，一定要先了解牠們愛吃的食物在哪裡。不過，每個族群都有異類，海蛞蝓還有愛吃其他海蛞蝓卵的物種。潛水時若發現海蛞蝓的卵，請務必尋找四周。

最具代表性的肉食性海蛞蝓，是黑色裸海蛞蝓。牠們會緊咬著魚鰭吃。海蛞蝓沒手沒腳，移動相當緩慢，沒想到牠們還會吃活魚，眞是不簡單。

幸虧現在人類已經知道大多數海蛞蝓喜歡吃什麼。心中若有鎖定的目標，一定要掌握牠喜歡吃的食物。另一方面，若發

1. 管星珊瑚是黑鰓羽蝓背鰓海蛞蝓的主食。 2. 水螅蟲類（刺胞動物）也是海蛞蝓的食物。 3. 海牛科海蛞蝓喜歡吃海綿類。 4. 紅扇珊瑚類是大西洋海神海蛞蝓的食物之一。※ 5. 蕨藻之類的海藻是草食性海蛞蝓的食物之一。 6. 刺松藻類也是草食性海蛞蝓的食物之一。

現自己喜歡的海蛞蝓，不妨觀察牠們喜歡吃的食物。

無論想看何種海蛞蝓，事先掌握出沒季節、偏好的棲息環境以及喜歡吃的食物，潛水時努力尋找，就能很快發現目標。

※ 審訂註：海神海蛞蝓一般漂浮在水面，能否以海底的珊瑚或水螅蟲為食令人存疑。

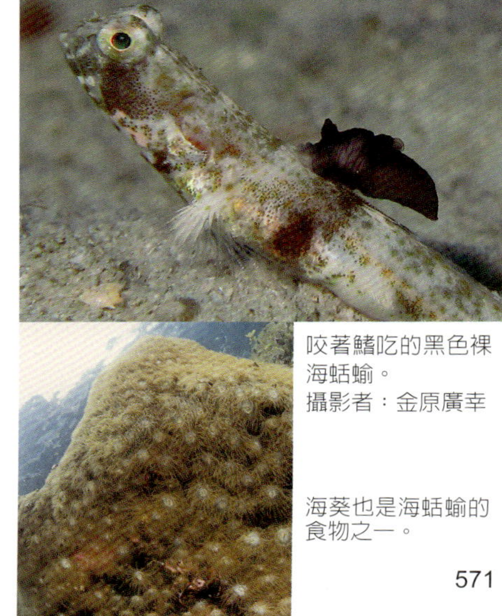

咬著鰭吃的黑色裸海蛞蝓。
攝影者：金原廣幸

海葵也是海蛞蝓的食物之一。

退潮時留下的大大小小水池，稱為潮池、岩池。

沙子落下累積在岩石上的環境。

## ●課程 9
## 掌握海蛞蝓喜歡待的地方！

海中有淺處也有深處，海底有高底起伏也有平坦沙地，有岩石、有珊瑚、有沙地等各種環境。水中生物並非隨意散落在如此豐富的環境裡。牠們都有自己喜歡的地方，也不會去其他地方。

海蛞蝓也是一樣，牠們不只是行動緩慢，吃的食物也大多生長在固定地點，因此比起其他生物，海蛞蝓沒有選擇棲息地點的餘地。

餌食豐沛的環境，就是海蛞蝓喜歡的地點。若想看的海蛞蝓只吃棲息在深處的食物，就要到深處去。若想看的海蛞蝓只吃棲息在平靜淺海的食物，就必須潛到淺海處。有些海蛞蝓吃的食物只棲息在有海浪拍打的海岸線附近，不妨穿著雨鞋在岸邊來回走動，就有機會看到。

話說回來，你知道自己想看的海蛞蝓都喜歡待在什麼地方嗎？比起亂槍打鳥，事先掌握海蛞蝓喜歡的地點，更能事半功倍。

接下來，爲各位介紹幾個人氣海蛞蝓喜歡的棲息環境。

### 「潮池等淺水區」

潮池是因爲潮水漲退等潮位變化而形成。一般潛水客很難有機會在潮池潛水，但有許多海蛞蝓只在平靜無波的淺水處棲息。最常見的包括貓瓦西海蛞蝓、巴西旋囊海蛞蝓、樹狀枝鰓海蛞蝓等。

此外，不只是潮池，平常潛水地點若有類似入口的環境，通常可以見到許多波紋鱗泡螺、紅線鱗捻螺、玫瑰泡螺等，有著美麗貝殼的海蛞蝓。

### 「淺岩礁圍繞的沙塘」

安靜的內灣、水深 10m 以上、岩礁圍繞的沙塘與周遭岩石上，積著一層薄沙之處，這些地方很容易發現似海蛞蝓科、腹翼海蛞蝓科等同類。

其他還包括馬場菊太郎美葉海蛞蝓等美葉海蛞蝓科，以及瓦塔卷角海天牛等海天牛屬同類。

### 「滾石帶」

在水深 50cm ～ 1m 左右的岩石海底，鋪滿滾落的石頭。在滾石的側面和底部可以找到許多海牛科與夜行性的海蛞蝓。

不過，若是任意翻動滾石，不只會影響海蛞蝓，也會破壞其他生物的棲息環境。爲了保護生態，有些地區規定潛水客不可觸摸水中生物。請各位務必遵守當地法規。

最近有愈來愈多海蛞蝓派或蝦蟹派的潛水客，任意翻動滾石，再這樣下去，滾石底部就會變得光滑，造成幾個月沒有動物可以生存的狀況。滾石底部確實有很多

綿延的滾石。

潮水流通順暢的岩礁。

各種珊瑚齊聚的珊瑚礁。

海蛞蝓，幾乎都是夜行性的種類。各位如果夜潛，千萬不要翻動滾石。

**「潮水流通順暢的岩礁區」**

潮水流通順暢的地方包括許多環境，大致可分成根部上方與側面、根部裂痕等暗處、淺水區與深水區。每個地方都有許多海蛞蝓分開棲息。

例如伊莉莎白多彩海麒麟、埃卡拉多彩海蛞蝓等多彩海蛞蝓，棲息在根部上方；側面有媚眼葉海蛞蝓等葉海蛞蝓的同類。宛如覆蓋水底的懸垂巨石根部暗處，有偏好陰暗地點的尖枝捲髮海蛞蝓、端紫三鰓海蛞蝓。

水深較深的地方有許多沖繩瘤背盤海蛞蝓、多彩海蛞蝓之一種 3。在潮水流通順暢的地方，無法好整以暇地尋找海蛞蝓。最好專攻根部側面或根部上方，事先鎖定特定地點，縮小範圍仔細尋找。

尤其是水深 25m 以下的海域，減壓潛水的風險很高。由於氧氣消耗得很快，不建議在該處慢慢尋找海蛞蝓。如果有必要，應確實建立潛水計畫，決定好在哪裡尋找幾分鐘，再付諸行動。

**「珊瑚礁區」**

綿延海底的珊瑚礁真的很美。還沒掌握尋找訣竅之前，只會覺得珊瑚散布海底，各位不妨仔細觀察。事實上珊瑚礁可分成兩種，一種是同種珊瑚群生，另一種是由各種珊瑚形成的環境。

通常可以看到許多海蛞蝓的地方，即使規模較小，仍長著各種不同的珊瑚。

建議各位靜靜待在珊瑚礁周邊持續觀察，有許多珊瑚礁生長的地方，代表是適合許多生物棲息的環境。這裡有海蛞蝓喜歡的苔蘚蟲、水螅蟲、海綿等各式各樣的生物。這類環境可在不同季節，觀察到各種海蛞蝓。

本書作者，同時也是海蛞蝓尋找專家小野兄給予以下忠告：

「發現此環境請以尋找 3mm 海蛞蝓爲目標。」

## ●課程 10
## 屬是找到海蛞蝓的線索！

如前所述，不同種類的海蛞蝓都有各自的生存環境。說得更精準一點，分類學上的「屬」是區隔出各自生存環境的關鍵。

以內灣淺水海域爲例，假設你在岩盤上積著一層沙子的地方，發現 *Siphopteron* 屬的黃管翼海蛞蝓，通常也能在類似的環境，找到同爲 *Siphopteron* 屬的黑緣管翼海蛞蝓和虎紋管翼海蛞蝓。

「屬」是找到他種海蛞蝓的線索。發現一種海蛞蝓，就能找到其他同屬的海蛞蝓。建議各位發現一種海蛞蝓之後，請確認該海蛞蝓的「屬」，記住發現地點的環境。這些資訊能幫助你找到下一隻海蛞蝓。

其他還有許多尋找海蛞蝓的技巧，但課程暫時告一段落。傾囊相授反而破壞了尋找海蛞蝓的樂趣。透過本課程掌握線索後，請務必前往大海實際體驗，繼續上課！

無論哪個地方都能找到美麗的海蛞蝓，希望各位都能找到各式各樣的海蛞蝓。

海蛞蝓美術館
**Opisthobranche Museum**

# 海蛞蝓畫作：解說

撰文：大木卓

美得不像是這個世界該有的事物。動物界中的鳥、魚、昆蟲帶著令人驚豔的美麗面容，但海蛞蝓的妖麗之美獨樹一格。人類在某種程度上可以保留鳥類與蝴蝶生前的美麗，但海蛞蝓一定要活著才能體現其美麗；觀賞用的鳥類和魚類已經有飼養方法，但海蛞蝓可在水族館飼育展示，一般人卻難以飼養。

許多海蛞蝓的體長僅 1 ～ 3cm 左右，隨著戰後彩色照片印刷機的進步，人類第一次愛上海蛞蝓之美。在此之前，想要記錄海蛞蝓的美麗，必須在採集後立刻畫下來。十九世紀前期，人類開始繪製海蛞蝓的彩色畫作。海蛞蝓外形複雜，線條流暢，至今海蛞蝓的畫作對於標本紀錄仍具有重大意義。

## ●恩斯特•海克爾畫的海蛞蝓

（原色圖在 P.18）

在德國推動進化論的動物學家恩斯特•海克爾（1834 ～ 1919 年）撰寫《自然創造史》（1868 年）、《宇宙之謎》（1899 年）、《生命的不思議》（1905 年）等思辨力十足的作品，是知名哲學家。其著作也在日本推出日文翻譯版。

恩斯特•海克爾從年輕就立志當畫家，他在《一般形態學》（1866 年）中系統性地統整生物形態。在《自然界的藝術形式》（1899 ～ 1904）中，刊載了自己手繪的 100 張石版圖，加上生物形態的解說。其中第 43 圖記載了 7 種海蛞蝓（圖 1）。海蛞蝓複雜多樣的形態，成爲恩斯特•海克爾生物藝術形式的一環。此圖版的 7 種海蛞蝓，荒俣宏（1994 年）加上了屬種的說明（註 1）。恩斯特•海克爾爲 1 訂定的學名 *Hermaea bifida* 至今仍在，但圖與種似乎不同，荒俣宏認爲是 *H. variopicta*。此囊舌目海蛞蝓分布在地中海到大西洋東北部，沒有和名，暫且以「イロドリモウミウシ」稱呼之。至於其他 6 種裸鰓目已刊載在 P.19。就像鳥類和哺乳類，有待專家將所有海蛞蝓現存種取秀逸的正式和名。

7 的 *Ancula cristata* 是分布於日本海、太平洋北部及大西洋北部的 *A. gibbosa*（腫凸隅海蛞蝓）的異名。

## ●平瀨信太郎畫的海蛞蝓

（原色圖在 P.20）

昭和 2 年（1927 年），東京的北隆館出版了《日本動物圖鑑》，將一個國家所有動物約 4000 種收錄在一本書中，放眼全世界，可說是劃時代巨作。其中卷首插圖第 16 圖，收錄了彩色印刷的 10 種後鰓類海蛞蝓畫作，是十分罕見的戰前作品（圖 2）。

繪者是大正時代彩色木版圖譜《貝千種》作者平瀨與一郎的長男，貝類學者平瀨信太郎（1883 ～ 1939 年）。尤其是明治到昭和前半的動物學者，在撰寫觀察紀錄和論文時，如果內容中沒有一定程度的精準畫作當參考，就無法完成自己的工作。

從那個時候到今日，和名與學名都有變更，詳情請參照 P.21。此處繪製的 10 種海蛞蝓中，有 7 種換了新的和名（註 2）。

4 的「あかおにうみうし」也是新名稱（註 3），此和名十分有趣，可惜現在已經不用了。馬場菊太郎在 1928 年以此和名，發表了與其發光器官有關的演講（註 4）。不過，在 1930 年鑑定爲泰氏束鬚海蛞蝓（ヒカリウミウシ〔新名稱〕/ *Plocamopherus tilesii* / 註 5）。戰後很快就出版了此圖鑑的修訂增補版，書中將「あかおにうみうし」與「ヒカリウミウシ」並存，可能是爲了尊重平瀨在初版的記載（註 6）。

6 的「ほゝずきふしえらがひ」也是新名稱，當時的解說「如成熟燈籠果般」，在今日仍是經常引用的文句（註 7）。馬場（1949 年）使用「ホオズキフシエラガイ」

圖 1
海克爾畫的 7 種海蛞蝓
恩斯特•海克爾的著作與插圖
阿道夫•吉爾奇的石版畫作（1900 年）
《自然界的藝術形式》第 43 個插圖

Haeckel, Kunstformen der Natur.
Tafel 43 — Aeolis.
Nudibranchia. — Nacktkiemen-Schnecken.

（註 8）之後，日本大多使用此和名。此文獻的第 2 刷（1990 年）即使用新假名，改成「ホオズキフシエラガイ」（註 9），此後大致統一。

此外，明治後期到昭和前半，東京舉辦喜慶遊行時使用的「花電車」也成爲海蛞蝓的名字。那就是佩飾巢海蛞蝓（ハナデンシャ / *Kalinga ornata* / P.21 的圖）。海蛞蝓不乏獨特怪異的和名，「ハナデンシャ」可說是這股風潮的濫觴。由於此圖鑑（初版）使用「ハナデンシャ」之名（註 10），只能說 1927 年就有這個名稱。但根據馬場的說法，這是三崎海產動物的採集名人青木熊吉所命名（註 11）。

## ●海蛞蝓的語源

中國人將同爲卷貝的蝸牛觸角比做牛角，因此取名蝸牛。正因爲海蛞蝓的觸角很像牛角，才會取名爲「海牛（ウミウシ）」，而且有些海蛞蝓的口觸手也很像牛角。

一世紀羅馬人老普林尼撰寫的《博物志》（又譯《自然史》），也將海兔類海蛞蝓以拉丁文取名爲 *lepus marinus*，英文 sea hare 也是同樣意思。日本江戶中期的《和漢三才圖會》（1712 年刊）也將類似海兔的動物記載爲「海兔（ウミウサギ）」，傳說中只要殺死牠就會流黑血，而且立刻下雨。應該是將海兔的口觸手當成兔子耳朵。

明治 16 年（1883 年）出刊的《普通動物學》，將海兔的別名稱爲海鹿（ウミシカ），快下雨的時候就會大量出現。江戶後期的《百品考》（1839 年出版）也稱海兔類爲海鹿（片假名則有ウミジカ或ウミシカ兩種寫法），原因是海兔的口觸手或觸角很像鹿角，深褐色的體色則像小鹿身上的斑紋。話說回來，海兔與海牛類在江戶中期以後皆稱爲海牛的可能性相當高。

明治 17 年（1884 年），動物學者岩川友太郎出版了《生物學語彙》，使用 Opithobranchiata 後鰓類、Nudibranchiata 裸鰓類、Doridoe 海牛屬、Sea-lemon 海牛類等譯文（註 12）。可以確定的是，這個時間點在動物學上已經出現海牛（海蛞蝓 / ウミウシ）等用語。

圖 2
平瀨信太郎筆、後鰓類 10 種
平瀨信太郎分擔執筆（1927 年）：《日本動物圖鑑》（卷首插圖第 16 圖）、北隆館、東京轉藏

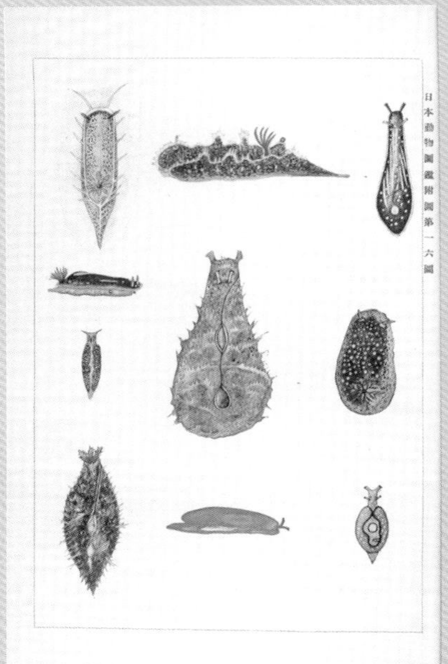
日本動物圖鑑附圖第一六圖

① *Petalifera*（*Pseudaplysia*）*punctulata* Tapparone-Canefri ② *Doris*（*Homoiodoris*）*japonica* Bergh ③ *Tethys*（*Tethys*） *nigrocincta* Martens ④ *Plocamopherus* sp. ⑤ *Dolabella* sp. ⑥ *Oscanius* sp. ⑦ *Idalia* sp. ⑧ *Chromodoris marenzelleri* ⑨ *Elysia viridis* （Montagu） ⑩ *Aclesia freeri* Griffin

註 1：荒俣宏（1994 年）：《世界大博物圖鑑》別卷 2〈水生無脊椎動物〉、平凡社、東京、p.173
註 2：平瀨信太郎分擔執筆（1927 年）：《日本動物圖鑑》、北隆館、東京、pp.1467 ～ 1476
註 3：同上、p.1472
註 4：岡田彌一郎、馬場菊太郎（1928 年）：《Preliminary note on the luminous organs of *Procamopherus* sp.》、（第四屆日本動物學會大會演講要旨）、《動物學雜誌》第 40 卷 482 號、日本動物學會、東京、pp.483 ～ 484
註 5：馬場菊太郎（1930 年）：《日本產裸鰓類之研究（1）》、《Venus》2 卷 1 號、日本貝類學會、京都、p.6
註 6：平瀨信太郎分擔執筆、馬場菊太郎追記（1947 年）：改訂增補《日本動物圖鑑》、北隆館、東京、pp.1073 ～ 1074
註 7：註 2 文獻、p.1469
註 8：生物學御研究所編（1949 年）：《相模灣產後鰓類圖鑑》、岩波書店、東京、p.37、馬場菊太郎解說
註 9：生物學御研究所編（1990 年）：《相模灣產後鰓類圖鑑》第 2 刷、岩波書店、東京、p.197、馬場菊太郎解說
註 10：註 2 文獻、p.1472
註 11：註 5 文獻、p.8
註 12：岩川友太郎（1884 年）：《生物學語彙》、集英堂、東京、pp.166、161、77、219

# 中名索引

## 一劃

中名索引

## 二劃



## 三劃



## 四劃



## 五劃

六劃



七劃

八劃



九劃

## 十劃

十一劃



十二劃

## 十三劃



## 十四劃

## 十五劃



## 十六劃



## 十七劃

## 十八劃



## 十九劃



## 二十劃



## 二十一劃



## 二十二劃



## 二十三劃



## 二十四劃



## 二十五劃



## 二十八劃

# 學名索引

A

*Abronica purpureoanulata*（Baba, 1961） 343
*Abronica* sp. 1 343
*Abronica* sp. 2 344
*Abronica* sp. 3 344
*Acteocina coarctata*（A. Adams, 1850） 435
*Acteocina fusiformis*（A. Adams, 1850） 436
*Actinocyclus papillatus*（Bergh, 1878） 178
*Actinocyclus verrucosus* Ehrenberg, 1831 178
*Adamnestia japonica*（A. Adams, 1862） 434
*Aegires citrina* Bergh, 1875 108
*Aegires exeches* Fahey & Gosliner, 2004 104
*Aegires flores* Fahey & Gosliner, 2004 106
*Aegires gardineri*（Eliot, 1906） 109
*Aegires hapsis* Fahey & Gosliner, 2004 107
*Aegires incusus* Fahey & Gosliner, 2004 105
*Aegires lemoncello* Fahey & Gosliner, 2004 106
*Aegires malinus* Fahey & Gosliner, 2004 107
*Aegires minor* Eliot, 1904 109
*Aegires pruvotfolae* Fahey & Gosliner, 2004 105
*Aegires serenae*（Gosliner & Behrens, 1997） 108
*Aegires* sp. 109
*Aegires villosus* Farran, 1905 104
Aeolidiidae sp. 430
Aeolidina sp. 430
Aglajidae sp. 1 470
Aglajidae sp. 2 470
Aglajidae sp. 3 470
*Akera soluta*（Gmelin, 1791） 490
*Alderia modesta*（Loven, 1844） 517
*Alderiopsis nigra*（Baba, 1937） 517
*Aldisa albatrossae* Elwood, Valdes & Gosliner, 2000 134
*Aldisa cooperi* Robilliard & Baba, 1972 132
*Aldisa fragaria* Tibiriçá, Pola & Cervera, 2017 132
*Aldisa pikokai* Bertsch & Johnson, 1982 133
*Aldisa* sp. 1 134
*Aldisa* sp. 2 135
*Aldisa zavorensis* Tibiraça, Pola, Caevera, 2017 133
*Aliculastrum cylindricum*（Helbing, 1779） 436
*Aliculastrum debile*（Pease, 1860） 436
*Ancula gibbosa*（Risso, 1818） 101
*Ancula kariyana* Baba, 1990 101
*Anteaeolidiella cacaotica*（Stimpson, 1855） 415
*Anteaeolidiella takanosimensis*（Baba, 1930） 415
*Antonietta janthina*（Baba & Hamatani, 1977） 385
*Antonietta* sp. 385
*Apata pricei komandorica* Korshunova et al., 2017 333
*Aplysia argus* Rüppell & Leuckart, 1830 491
*Aplysia gigantea* Sowerby, 1869 492
*Aplysia japonica* G. B. Sowerby II, 1869 493
*Aplysia juliana* Quoy & Gaimard, 1832 491
*Aplysia kurodai*（Baba, 1937） 490
*Aplysia nigrocincta* von Martens, 1880 494
*Aplysia oculifera*（Adams & Reeve, 1850） 492
*Aplysia sagamiana* Baba, 1949 493
*Aplysia* sp. 494
*Aplysiopsis minor*（Baba, 1959） 535
*Aplysiopsis nigra*（Baba, 1949） 534
*Aplysiopsis orientalis*（Baba, 1949） 535
*Aplysiopsis toyamana*（Baba, 1959） 536
*Ardeadoris angustolutea*（Rudman, 1990） 211
*Ardeadoris averni*（Rudman, 1985） 210
*Ardeadoris cruenta*（Rudman, 1986） 210
*Ardeadoris egretta* Rudman, 1984 209
*Ardeadoris electra*（Rudman, 1990） 211
*Ardeadoris poliahu*（Bertsch & Gosliner, 1989） 212
*Ardeadoris* sp. 212
*Ardeadoris symmetrica*（Rudman, 1990） 211
*Ardeadoris tomsmithi*（Bertsh & Gosliner, 1989） 212
*Armina comta*（Bergh, 1880） 267
*Armina magna* Baba, 1955 266
*Armina major* Baba, 1949 266
*Armina semperi*（Bergh, 1861） 267
*Armina* sp. 1 268
*Armina* sp. 2 268
*Armina* sp. 3 269
*Armina variolosa*（Bergh, 1904） 268
*Ascobulla fischeri*（A. Adams & Angas, 1864） 502
*Asteronotus cespitosus*（van Hasselt, 1824） 148
*Asteronotus raripilosus*（Abraham, 1877） 149
*Atagema intecta*（Kelaart, 1858） 156
*Atagema* sp. 1 157
*Atagema* sp. 2 157
*Atagema* sp. 3 158
*Atagema* sp. 4 158
*Atagema* sp. 5 158
*Atagema spongiosa*（Kelaart, 1858） 157
*Atys multistriatus* Schepmann, 1913 437
*Atys naucum*（Linnaeus, 1758） 437
*Atys semistriatus* Pease, 1860 438
*Atys* sp. 438
*Atys ukulele* Too et al., 2014 437

B

*Babakina indopacifica* Gosliner, Gonzalez-Duarte & Cervera, 2007 375
*Baeolidia harrietae*（Rudman, 1982） 419
*Baeolidia japonica* Baba, 1933 417
*Baeolidia moebii* Bergh, 1888 416
*Baeolidia ransoni*（Pruvot-Fol, 1956） 418
*Baeolidia rieae* Carmona et al., 2014 418
*Baeolidia salaamica*（Rudman, 1982） 416
*Baeolidia variabilis* Carmona et al., 2014 417
*Berthelinia limax*（Kawaguti & Baba, 1959） 506
*Berthelinia pseudochloris* Kay, 1964 507
*Berthella chacei*（J. Q. Burch, 1944） 41
*Berthella martensi*（Pilsbry, 1896） 40
*Berthella stellata*（Risso, 1826） 40
*Berthellina delicata*（Pease, 1861） 41
*Biuve fulvipunctata*（Baba, 1938） 464
*Biuve* sp. 464

*Bornella anguilla* Johnson, 1984 294
*Bornella hermanni* Angas, 1864 293
*Bornella johnsonorum* Pola, Rudman & Gosliner, 2008 295
*Bornella pele* Pola, Rudman & Gosliner, 2008 294
*Bornella* sp. 1 295
*Bornella* sp. 2 296
*Bornella stellifer*（A. Adams & Reeve in A. Adams, 1848） 293
*Bosellia* sp. 554
*Bulbaeolidia alba*（Risbec, 1928） 420
*Bulbaeolidia japonica*（Eliot, 1913） 420
*Bulla orientalis* Habe, 1950 450
*Bulla* sp. 450
*Bulla vernicosa* Gould, 1859 449
*Bullina lineata*（Gray, 1825） 32
*Bullina nobilis* Habe, 1950 33
*Bullina* sp. 34
*Bullina vitrea* Pease, 1860 33
*Bursatella leachii leachii* de Blainville, 1817 499

C

*Cabangus noahi*（Pola & Stout, 2008） 289
*Cadlina japonica* Baba, 1937 132
*Cadlinella ornatissima*（Risbec, 1928） 182
*Cadlinella sagamiensis*（Baba, 1937） 182
*Cadlinella subornatissima* Baba, 1996 182
*Caliphylla* sp. 517
*Caloria indica*（Bergh, 1896） 379
*Caloria* sp. 380
*Carminodoris armata* Baba, 1993 139
*Carminodoris bifurcata* Baba, 1993 140
*Carminodoris estrelyado*（Gosliner & Behrens, 1998） 141
*Carminodoris flammea*（Fahey & Gosliner, 2003） 140
*Carminodoris grandiflora*（Pease, 1860） 141
*Carminodoris* sp. 1 142
*Carminodoris* sp. 2 142
*Carminodoris* sp. 3 142
*Cephalopyge trematoides*（Chun, 1889） 322
*Ceratophyllidia africana* Eliot, 1903 264
*Ceratophyllidia* sp. 1 264
*Ceratophyllidia* sp. 2 264
*Ceratosoma gracillimum* Semper in Bergh, 1876 235
*Ceratosoma palliolatum* Rudman, 1988 236
*Ceratosoma* sp. 1 237
*Ceratosoma* sp. 2 237
*Ceratosoma* sp. 3 237
*Ceratosoma tenue* Abraham, 1876 236
*Ceratosoma trilobatum*（J. E. Gray, 1827） 235
*Cerberilla affinis* Bergh, 1888 423
*Cerberilla albopunctata* Baba, 1976 424
*Cerberilla ambonensis* Bergh, 1905 424
*Cerberilla annulata*（Quoy & Gaimard, 1832） 423
*Cerberilla asamusiensis* Baba, 1940 422
*Cerberilla incola* Burn, 1974 425
*Cerberilla longibranchus*（Volvodchenko, 1941） 425
*Cerberilla* sp. 1 426
*Cerberilla* sp. 2 426
*Cerberilla* sp. 3 427
*Cerberilla* sp. 4 427
*Cerberilla* sp. 5 428
*Cerberilla* sp. 6 428
*Cerberilla* sp. 7 429
*Cerberilla* sp. 8 429
*Cerberilla* sp. 9 430
*Chelidonura amoena* Bergh, 1905 468
*Chelidonura hirundinina*（Quoy & Gaimard, 1833） 467
*Chelidonura pallida* Risbec, 1951 467
*Chelidonura varians* Eliot, 1903 468
Chromodorididae sp. 1 240
Chromodorididae sp. 2 240
*Chromodoris alcalai* Gosliner, 2020 186
*Chromodoris annae* Bergh, 1877 183
*Chromodoris aspersa*（Gould, 1852） 187
*Chromodoris colemani* Rudman, 1982 184
*Chromodoris dianae* Gosliner & Behrens, 1998 190
*Chromodoris lineolata*（van Hasselt, 1824） 184
*Chromodoris lochi* Rudman, 1982 185
*Chromodoris magnifica*（Quoy & Gaimard, 1832） 183
*Chromodoris michaeli* Gosliner & Behrens, 1998 187
*Chromodoris* sp. 1 188
*Chromodoris* sp. 2 188
*Chromodoris* sp. 3 189
*Chromodoris* sp. 4 189
*Chromodoris* sp. 5 189
*Chromodoris* sp. 6 190
*Chromodoris* sp. 7 190
*Chromodoris strigata* Rudman, 1982 185
*Chromodoris willani* Rudman, 1982 186
*Colpodaspis* sp. 1 471
*Colpodaspis* sp. 2 471
*Colpodaspis* sp. 3 472
*Colpodaspis* sp. 4 472
*Colpodaspis thompsoni* Brown, 1979 471
Coryphellidae sp. 333
*Costasiella formicaria*（Baba, 1959） 523
*Costasiella iridophora* Ichikawa, 1993 525
*Costasiella kuroshimae* Ichikawa, 1993 524
*Costasiella paweli* Ichikawa, 1993 524
*Costasiella* sp. 1 526
*Costasiella* sp. 2 526
*Costasiella* sp. 3 527
*Costasiella* sp. 4 527
*Costasiella usagi* Ichikawa, 1993 525
*Costasiella vegae* Ichikawa, 1993 523
*Cratena affinis*（Baba, 1949） 404
*Cratena lineata*（Eliot, 1904） 403
*Cratena simba* Edmunds, 1970 404
*Cratena* sp. 1 405
*Cratena* sp. 2 405
*Cratena* sp. 3 405
*Cretena* sp. 4 406
*Crimora lutea* Baba, 1949 66
*Crosslandia* sp. 299
*Crosslandia viridis* Eliot, 1903 299
*Cyerce bourbonica* Yonow, 2012 511

H

# 後記

本書以日本全域的海蛞蝓為目標，收集所有的物種。相信各位都想知道日本原生種究竟有幾種，隨著地球暖化，如今南方種的觀察紀錄愈來愈多，數字將年年增加。在菲律賓和印尼有觀察紀錄的種，飛越沖繩，出現在伊豆半島已屢見不鮮。或許這樣的遷徙徒勞無功，但仍能感受到繁衍子孫、開枝散葉的強韌生命力。

其實有幾個溫帶和亞寒帶海域的種，由於在分類學上沒有正確定位，因此決定不納入本書。不可否認，研究的腳步還是慢了點，期待未來有研究學者登錄新種。

小野篤司

本書是 2009 年出版《海蛞蝓　活著的海中妖精》的增訂版，總計收錄 1200 種以上物種。與前作一樣，不只有生態照片，更加上解說所有界定特徵的插圖，淺顯易懂，所有人都能輕鬆辨識海蛞蝓。請各位到各地觀察海蛞蝓時，務必帶著本書比對參考。

在此衷心感謝高重博先生，不僅執筆繪製本書插圖，還給予不少與貝類有關的建議。此外，十分感謝給予本書出版機會的誠文堂新光社，以及協助完成本書編輯的各界人士。

加藤昌一

---

**照片提供**（省略敬稱／依五十音順序）
飯田将洋、池﨑知恵子、池田雄吾、石田充彦、石野昇太、市山めぐみ、今川郁、岩切秋人、大石賢一、大矢和仁、掛川学、笠井雅夫、片野猛、鎌田陽介、川原晃、川原ゆい、河村藍、菅野隆行、菅野美保、木村多葉紗、木元伸彦、金原広幸、黒田貴司、小島和子、小林岳志、篠田飛香里、世古徹、高重博、高瀬歩、田中惇也、鉄多加志、徳家寛之、中原ちひろ、中野誠志、仲谷順五、野底聡、廣江一弘、早梅康広、藤本繁、古川智裕、法月麻紀、細田智恵子、堀部ひろ子、松田望実、水谷知世、村上あゆみ、村上三男、村上千島、山田久子、山本敏、横井謙典、余吾渉、吉川一志、Robert F. Bolland、若林健

**執筆協力**
**大木卓**（海蛞蝓畫作解說）
1932 年出生於東京。動物文化史研究家。從貓文化史研究切入，解開狗、鳥等文化史之謎，撰寫文章投稿歷史與美術等專業雜誌。著作包括《貓的民俗學》（田　書店）、《犬的民間故事》（誠文堂新光社）等。
**福元勝治**（海蛞蝓郵票收藏提供者）
在美國、澳洲、菲律賓等海外各國，從事地下資源調查，同時收集貝類。長年收集貝類郵票，在 2005 與 2006 年的郵票展專題，以「世界的貝類郵票」和「郵票的貝類圖鑑（卷貝篇）」榮獲金獎。
**協力**
有限会社イノン　Umi Umi 株式会社　株式会社アンサー　オリンパス株式会社
**貝殼 & 郵票攝影**
武井哲史
**日文版設計**
太田益美（m+oss）

# 参考文獻

World Register of Marine Species　http://www.marinespecies.org/
世界のウミウシ　https://seaslug.world/
The Sea Slug Forum http://www.seaslugforum.net/
貝類図鑑　http://bigai.world.coocan.jp/
ウミウシ図鑑 .com http://www.umiushi-zukan.com/main/top.php
Hardy's Internet Guide to Marine Gastropods （& Near Classes） Release 45.04 http://www.gastropods.com/

馬場菊太郎（1949）「相模灣産後鰓類圖譜」（Opisthobranchia of Sagami Bay, collected by his Majesty the Emperor of Japan）、生物学御研究所編、岩波書店
馬場菊太郎（1955）「相模灣産後鰓類圖譜　補遺」（Opisthobranchia of Sagami Bay, collected by his Majesty the Emperor of Japan）、生物学御研究所編、岩波書店
肥後俊一、後藤芳央（1993）日本及び周辺地域産軟体動物総目録　エル貝類出版局
小野篤司 （2004）　沖縄のウミウシ、ラトルズ
小野篤司（1999）　ウミウシガイドブック　株式会社ティービーエス・ブリタニカ
岡山県野生動植物調査検討会 （2019）　岡山県野生生物目録 2019 ver.1.0」21、岡山県環境文化部自然環境課 （タソガレキセワタ Melanochlamys kohi : 福田宏・平野弥生・和田太一 新称）
中野理枝 （2018）　フィールド図鑑　日本のウミウシ　文一総合出版
中野理枝 （2019）　ネイチャーガイド　日本のウミウシ 第二版　文一総合出版
中野理枝、朝倉知子、池田 紫、石川雅教、今本 淳、岩瀬南美、西田和記、堀江 諒、山田久子、渡井久美 （2017）　奄美大島北部海域における後鰓類相の調査報告
中野理枝、小谷 光 （2016）　高知県大月町樫西海域及び一切海域から記録された後鰓類
中野理枝、今川 郁 and 今本 淳 （2015）　南西諸島で記録された嚢舌類の報告
中野理枝 （2011）　高知県大月町西泊海域から記録された後鰓類
伊関亜里砂、真鍋友久、武藤裕美子、仲与志 勇、城間一仁 （2010）久米島より採集されたクメジマヒョウモンウミウシ（新称）
平野義明、平野弥生、Cynthia C. Trowbridge （2006）ミドリアマモウミウシとその隠蔽種
滝 巌 （1932/08/10）　貝類雑記（4）
藤田經信 （1893/05/15）相州三浦三崎近傍ノ隱鰓うみうし科（Cryptobranchiate Nudibranchiata）（第五十三號ノ續キ）、動物學雜誌 5（55）馬場菊太郎（1988）日本産ジボガウミウシ属 2 種の比較研究
奥谷喬司（2000）日本近海産貝類図鑑　東海大出版会
日本ベントス学会（2012）干潟の絶滅危惧種　東海大学出版会

Nudibranch and Sea Slug Identification Indo-Pacific 2nd Edition, 2018 - Terrence Gosliner, Ángel Valdés and David Behrens
Austin J., Gosliner T. & Malaquias M.A.E. （2018）. Systematic revision, diversity patterns and trophic ecology of the tropical Indo-West Pacific sea slug genus Phanerophthalmus A. Adams, 1850 （Cephalaspidea, Haminoeidae）. Invertebrate Systematics. 32（6）: 1336-1387.
Matsuda S.B. & Gosliner T.M. （2018）. Glossing over cryptic species: Descriptions of four new species of Glossodoris and three new species of Doriprismatica （Nudibranchia: Chromodorididae）. Zootaxa. 4444（5）: 501-529.
Golestani, H.; Crocetta, F.; Padula, V.; Camacho, Y.; Langeneck, J.; Poursanidis, D.; Pola, M.; Yokeş, M. B.; Cervera, J. L.; Jung, D.-W.; Gosliner, T. M.; Araya, J. F.; Hooker, J.; Schrödl, M.; Valdés, Á. （2019）. The little Aplysia is coming of age: from one species to a complex of species complexes in Aplysia parvula （Mollusca: Gastropoda: Heterobranchia）. Zoological Journal of the Linnean Society.
Pola M., Hallas J.M. & Gosliner T.M. （2019）. Welcome back Janolidae and Antiopella: Improving the understanding of Janolidae and Madrellidae （Cladobranchia, Heterobranchia） with description of four new species. Journal of Zoological Systematics and Evolutionary Research. 57（2）: 345-368.
Epstein, H. E.; Hallas, J. M.; Johnson, R. F.; Lopez, A.; Gosliner, T. M. （2018）. Reading between the lines: revealing cryptic species diversity and colour patterns in Hypselodoris nudibranchs （Mollusca: Heterobranchia: Chromodorididae）. Zoological Journal of the Linnean Society. 2018, XX, 1–74. With 40 figures.
Krug P.J., Berriman J.S. & Valdés Á. （2018）. Phylogenetic systematics of the shelled sea slug genus Oxynoe Rafinesque, 1814 （Heterobranchia: Sacoglossa）, with integrative descriptions of seven new species. Invertebrate Systematics. 32（4）: 950-1003.
Ong E., Hallas J.M. & Gosliner T.M. （2017）. Like a bat out of heaven: the phylogeny and diversity of the bat-winged slugs （Heterobranchia: Gastropteridae）. Zoological Journal of the Linnean Society. 180（4）: 755-789.
Hannah E Epstein Joshua M Hallas Rebecca Fay Johnson Alessandra Lopez Terrence M Gosliner （2018）. Reading between the lines: revealing cryptic species diversity and colour patterns in Hypselodoris nudibranchs （Mollusca: Heterobranchia: Chromodorididae）. Zoological Journal of the Linnean Society, zly048
Medrano S., Krug P.J., Gosliner T.M., Biju Kumar A. & Valdés Á. （2018）. Systematics of Polybranchia Pease, 1860 （Mollusca: Gastropoda: Sacoglossa） based on molecular and morphological data. Zoological Journal of the Linnean Society.
ALEXANDER MARTYNOV1,7, YOSHIHIRO FUJIWARA2, SHINJI TSUCHIDA2, RIE NAKANO3, NADEZHDA SANAMYAN4, KAREN SANAMYAN4, KARIN FLETCHER5 & TATIANA KORSHUNOVA1,6 Three new species of the genus Dendronotus from Japan and Russia （Mollusca, Nudibranchia） Zootaxa 4747 （3）: 495–513

國家圖書館出版品預行編目（CIP）資料

海蛞蝓圖鑑 / 小野篤司、加藤昌一著 . 游韻馨譯 -- 初版 . --
臺中市 : 晨星出版有限公司 , 2025.01
面；　公分 . --（台灣自然圖鑑 052；）
譯自 : 新版 ウミウシ

ISBN 978-626-320-974-9（平裝）

1.CST: 腹足綱 2.CST: 動物圖鑑

386.794025　　113015729

台灣自然圖鑑 052

# 海蛞蝓圖鑑

## 新版 ウミウシ

作者　小野篤司、加藤昌一
翻譯　游韻馨
審定　黃興倬
主編　徐惠雅
執行主編　許裕苗
版面編排　許裕偉

創辦人　陳銘民
發行所　晨星出版有限公司
臺中市 407 西屯區工業三十路 1 號
TEL：04-23595820　FAX：04-23550581
http：//www.morningstar.com.tw
行政院新聞局局版臺業字第 2500 號
法律顧問　陳思成律師
初版　西元 2025 年 1 月 06 日
讀者專線　TEL：（02）23672044 /（04）23595819#212
FAX：（02）23635741 /（04）23595493
E-mail：service@morningstar.com.tw
網路書店　http：//www.morningstar.com.tw
郵政劃撥　15060393（知己圖書股份有限公司）
印刷　上好印刷股份有限公司

定價　990 元

ISBN 978-626-320-974-9